U0161466

本书为教育部人文社会科学重点研究基地重大项目"科学解释与科学哲学的现代性研究"（项目号：16JJD720013）成果，由教育部人文社会科学重点研究基地"山西大学科学技术哲学研究中心"、山西省"1331工程"重点学科建设计划资助出版。

ON SCIENTIFIC EXPLANATION AND
MODERNITY OF PHILOSOPHY OF SCIENCE

科学解释与科学哲学的现代性研究

郭贵春 等 著

科学出版社

北 京

内 容 简 介

本书从当代科学哲学发展进程提炼出当前科学解释转向了语义分析方法，并提出了科学解释的语境化趋向。本书立足语义分析方法在科学解释中的理论意义与科学解释、科学修辞学的语境化趋向，提出了科学解释模型的语境建构及科学解释意义建构的语境计算化，在此过程中，还从数学哲学与物理学哲学两方面简要分析了现代视域下科学哲学的语境关联性；在整体上揭示了科学解释的语境计算化发展，并指出该研究范式是科学理性与人文理性、形式与意义之间的价值取向的体现，在当代科学解释与科学哲学现代性研究中具有重要的研究意义。

本书试图通过语义分析的语境化、模型化、形式化和可计算化，构建以语境为基底的科学解释与科学哲学的现代性研究范式，进而重建科学解释模型，重新确立科学哲学的规范性，实现科学解释层面的计算化建构。

本书可供科技哲学专业的研究人员及相关专业的研究生、本科生和哲学爱好者阅读参考。

图书在版编目（CIP）数据

科学解释与科学哲学的现代性研究 / 郭贵春等著. —北京：科学出版社，2020.6

ISBN 978-7-03-065233-1

Ⅰ. ①科… Ⅱ. ①郭… Ⅲ. ①科学哲学-研究 Ⅳ. ①N02

中国版本图书馆 CIP 数据核字（2020）第 090054 号

责任编辑：邹 聪 陈晶晶 / 责任校对：贾伟娟
责任印制：徐晓晨 / 封面设计：有道文化

科学出版社 出版
北京东黄城根北街 16 号
邮政编码：100717
http://www.sciencep.com

涿州市般润文化传播有限公司 印刷
科学出版社发行 各地新华书店经销

*

2020 年 6 月第 一 版 开本：720×1000 B5
2021 年 7 月第二次印刷 印张：29 3/4
字数：480 000
定价：198.00 元

（如有印装质量问题，我社负责调换）

目　　录

绪　　论

当前中国社会正在经历着一场全面而深刻的变革，虽然我们只用了数十年的时间便走完了西方国家三个多世纪才完成的现代化进程，但传统社会向现代文明社会的转型远未完成，这便使得西方现代化过程中逐步展开的历时性的现代性问题转化成了我们当下的共时性的现代性问题。

一、科学哲学的现代性是哲学现代性，因而也是现代性的重要组成部分和重要标志

"现代性"这一概念从词源学上来看，最早起源于拉丁文 modernus（现代人），到公元 5 世纪的时候成为正式的基督教用语，意指"当时""现时"，在英文中相当于 the present，指的是区别于过去的、当下的生活时代；11 世纪"现代性"一词以拉丁文 modernitas 的形式出现，意指"当代时期"；在基督教新约与旧约关系的辩论中，这一词语用作表示与古代相对的当前或当下时期，而且包含现代优越于古代的意味。可见，"现代性"这一概念本身就包含现代优于古代的含义，因此现代性实际上标示了一种进步主义的价值取向和自我确证的要求，而 18 世纪之后的古典现代社会理论家们将"发展"看成是现代性的展开，这就使现代性与发展、进步不可分割地联系在一起。

现代性具体表现为科学的现代性、社会的现代性、思想的现代性等。历史已经表明，哲学作为人类思想的精华，必然要在现代性过程中发挥关键作用，因而哲学现代性是现代性的核心。在构建现代性的过程中，哲学现代性的构建将成为首要的、不可或缺的关键。

和现代性一样，哲学现代性本身同样也是"一项未完成的方案"，这是由现代性不断自我超越的要求决定的，可以说，哲学的"现代性"是一个意义逐渐展开的概念，是一个不断被赋予时代意义的概念，主要表现为哲学使

命的根本转向和哲学思维的深刻变革。其内涵包括以下几个维度。

其一，主体理性的维度。哲学史上我们通常把笛卡儿、洛克至休谟时期的哲学称为近代哲学，但西方语境中没有"近代"的概念，这个词是由modernity，即"现代"表达出来的。近代哲学的标志是它开启了主体性转向，建立了现代性的主体理性维度，而"现代"就是主体理性的时代，现代主体的自由、平等和解放等都奠基在主体理性的基础上。

其二，批判理性的维度。康德的"规范性转向"开启了现代性的批判性维度，而科技发展和现代社会带来的种种弊端和困境促使人们对现代性进行持续的批判和反思，这种批判和反思实际上是理性的自我批判和自我反思。

其三，科学理性的维度。逻辑经验主义通过"语言学转向"建立了现代性的科学理性维度。逻辑经验主义者的历史使命就是对工业革命以来人类在科学研究方面所取得的巨大成就进行理论总结和反思，他们所采用的逻辑的和语义的方法是科学理性的直接表现。伴随着对新黑格尔主义和心理主义的批判，"语言学转向"促使科学哲学借由新的研究方法在逻辑经验主义那里得到全面复兴，这种语言分析或者更确切地说是语义分析方法被他们当作一种横断的科学方法论，这就不仅塑造了哲学分析的基本风格，而且也使得这种方法内在地融入几乎所有学科发展的可能趋势之中。

现代性的丰富内涵催生了多元现代性的观念，这就为我们构建不同于西方的现代性观念提供了哲学基础。不论如何，哲学现代性的这些变革无不是在科学进步和社会发展的推动下产生的，尤其是"语言学转向"以来，逻辑经验主义者开启了科学哲学现代性的进程，进而带来了哲学研究的范式革命，科学哲学由此进入快速发展通道。就此而言，科学哲学的现代性是哲学现代性的核心。实际上，对现代性的描述始终伴随着对科学的解释，现代性进程中哲学的一个根本任务就是为科学知识的确定性奠基并为科学的进步提供解释和说明，这是科学哲学一切理论成就的内在驱动力。因此，科学哲学的现代性是哲学现代性因而也是现代性的重要组成部分和重要标志。

二、科学解释和科学理论的意义建构是科学哲学研究的关键，概念语义分析的进步就是科学哲学的进步

自工业革命以来，牛顿力学、麦克斯韦电磁理论、热力学与统计物理学、相对论力学、量子力学、基因论与分子生物学等各种科学理论的不断更

迭与科学研究的进步，无不展现出强大的解释和预测能力。而解释和预测的差别无非在于被解释项是否是已知的或预先给出的，因此，解释无疑是科学理论的核心。科学研究通常从个体事件的观察开始，上升到普遍的解释性原理，再返回来对个体事件做出解释。

如果科学的本性是对自然的解释，那么科学哲学就是对这种解释的解释。从逻辑经验主义提出的经验证实标准到波普尔（Karl Popper）的科学发现的逻辑，从库恩（Thomas Kuhn）解释科学革命的范式理论到拉卡托斯（Imre Lakatos）的科学研究纲领，从亨普尔（C. G. Hempel）的覆盖律模型到范·弗拉森（Bas van Fraasen）、阿钦斯坦（Peter Achinstein）等的语用解释，从汉森（Norwood Hanson）强调的溯因推理到后来的最佳说明推理，等等，经典的科学哲学理论和研究方法无不表明，科学解释是科学哲学的核心，科学哲学研究最本质的功能之一就是在科学解释或说明的过程中实现对科学理论意义的建构。因此为科学理论的进步提供恰当合理的解释成为科学哲学家不断努力的目标。①

具体来说，一般科学哲学的核心任务就是对科学概念进行解释。因为每一次科学理论的创新和进步都伴随着新概念的提出或者旧概念的重新建构。一方面，科学概念的发展变化集中反映了科学理论和科学研究的进步。比如，尽管"电子"这一概念在玻尔（Niels Bohr）的理论、汤姆孙（Joseph John Thomson）的理论、海森伯（Werner Heisenberg）的理论和薛定谔（Erwin Schrödinger）的理论中都发挥着重要作用，但其意义却不尽相同，而这种意义的变化反映了科学认识的不断深化。另一方面，科学概念的演进也改变了传统哲学概念的内涵。比如，物理学中量子概念的出现导致了现代物质观的重新定位，生物学研究丰富了进化和基因概念的内涵，促使生命观和伦理观也发生相应的变化，计算机科学研究中计算概念导致了哲学中智能概念的变革，等等。

然而，科学理论中没有一个概念是完全独立于其他概念的，它们的定义互相依赖，其语义结构往往是系统性的。因此，每一个科学概念的形成在语

---

① 关于狭义的科学解释或说明，涌现出了大量的解释模型，它们从不同角度提供对科学解释问题的某种洞察，大体可以分为以下几个维度：①语义维度。以亨普尔的解释模型为代表，还包括后来萨尔蒙（Wesley C. Salmon）、兰顿（Perter Raiton）等所做的改进。②语用维度。范·弗拉森等从不同的角度阐述了"解释的语用学"。③历史和社会维度。以库恩提出的基于社会认识的"范式"理论为代表，布鲁尔等提出了更激进的社会建构论。④解释学维度。克里斯（R. P. Crease）等试图将伽达默尔（也译作加达默尔）的哲学解释学用于自然科学领域。

义上都是系统相关的。这就使得概念的语义分析在科学解释乃至整个科学哲学研究中都占据了核心地位。可以说，科学哲学的发展取决于概念的语义分析方法的发展，而概念语义分析的进步就是科学哲学的进步。逻辑经验主义的崛起得益于弗雷格（Gottlob Frege）、罗素（Bertrand Russell）等发展起来的数理逻辑及由此引申出来的语言分析理论，但这种经典语义分析过分注重概念的逻辑关系而不顾科学发展的复杂史实，容易导致科学哲学与科学史的脱节，于是历史主义抛弃了语言的逻辑分析，而转向历史学中概念之间"模糊的综合关系"。范·弗拉森、阿钦斯坦和阿佩尔（Karl-Otto Apel）等从不同的角度阐述了"解释的语用学"，转向概念的语用分析，认为科学解释不仅仅是句法学和语义学的事情，更多的是一种语用学的事务，是人们在语言实践环境中根据心理意向使用语言的问题，但广义地说这种语用分析也是围绕语义的澄清来进行的，是对早期逻辑语义分析的一种发展和丰富。

概念的语义分析过程其实也就是概念意义的建构过程，换言之，科学概念的解释同时也就是意义建构。意义是嵌入科学解释或科学说明过程中的理性建构，或者说是科学交流中的思想建构。解释或说明就是建构意义而不是揭示意义。因此，"意义是被建构的"，而不是"被发现的"，建构的过程是形成意义的过程，建构的价值就是意义的价值，而这种建构过程归根结底是通过解释实现的。

由此可见，科学解释和科学理论的意义建构对于整个科学哲学研究而言具有基础性的重要地位，而概念的语义分析方法则是实现这种科学解释和意义建构的关键。

三、语境化和可计算化的语义分析和意义建构是科学哲学现代性的标志

从某种程度上讲，近年来科学哲学的研究陷入一些困境，各种解释理论各有优势，但同时也存在不同程度的问题。例如，逻辑分析进路只关注逻辑语义关系容易导致与科学史实脱节，历史主义则带有非理性的色彩，语用学进路最终模糊了人们对事件寻求科学解释的努力和价值。导致这一状况的根本原因在于，科学哲学在最近三十年的发展中，已经失去了能够影响自己同时也能够影响相关研究领域发展的研究范式。一个学科一旦缺少了范式，就缺少了纲领，没有了范式和纲领，当然也就失去了凝聚自身学科，同时能够

带动相关学科发展的能力，其理论创新的能力和示范作用必然要降低。再加上后现代主义思潮的冲击，使得科学哲学的研究整体上呈现出支离破碎的纷乱局面。

因此，努力构建一种新的范式并在此基础上重构科学哲学的理论解释与意义建构成为科学哲学发展的迫切要求，而现代性恰恰为这种新范式提供了全新的视野。科学哲学的现代性进程实质上就是以科学解释为核心的不断发展和进步，而科学解释就是一个不断语境化的进程，但始终没有建立起普遍适用的语境分析模型，使得语境的作用大受局限。计算机科学的出现导致了计算的科学哲学，"由于新的计算因素的加入，这就为逻辑方法和计算方法的部分综合创造了可能性"[①]。同时也为语境分析方法的发展指明了方向，即模型化、形式化和可计算化，"事实上，我们可以认为计算的科学哲学是历史方法与形式方法的成功联姻"[②]，这种联姻必然是以语境为基底的，这就使得一种以语境为基底、以计算为特征的科学哲学研究的现代性范式成为可能。因此，一般科学哲学的未来发展实际上就包含在如下两个趋势之中。

（一）科学哲学意义建构的语境化趋势

虽然传统语义分析因过分强调逻辑分析忽略语境因素的影响，而遭到不同程度的批判，但语义分析因其强大优势而成为哲学分析的代名词，更何况，语义分析的局限性完全可以通过语境因素的引入而得到弥补。历史主义和语用主义的分析已经体现出明显的语境论倾向，而近年来二维语义分析方法的迅速崛起则是对语境分析方法的全面提升，代表了语义分析方法的必然趋向。因此，在重构"语言学转向"的基础上回归语义分析，是当代具有分析本性的科学哲学探究意义建构的必然选择。这种超越与回归，恰恰理性地体现了语境论语义分析方法的本质特征及其历史渊源。

不言而喻，探索科学理论解释的意义建构问题，绝不能离开语境意义及其结构性的变化而谈。在这里，科学解释的意义建构过程，就是其自身语境化的过程。实际上，无论是实在论者还是反实在论者都表现出一种共同特

---

① 阿托奇娅·阿利西达，唐纳德·吉利斯. 逻辑的、历史的和计算的方法[M]//西奥·A. F. 库珀斯. 爱思唯尔科学哲学手册·一般科学哲学：焦点主题. 郭贵春，等译. 北京：北京师范大学出版社，2015：566.

② 阿托奇娅·阿利西达，唐纳德·吉利斯. 逻辑的、历史的和计算的方法[M]//西奥·A. F. 库珀斯. 爱思唯尔科学哲学手册·一般科学哲学：焦点主题. 郭贵春，等译. 北京：北京师范大学出版社，2015：566.

征，即他们往往将科学理论的意义标准看作是语境化的，并在此基础上用语境化的整体论方法来处理理论难题。因此，在当代科学哲学研究中，科学理论解释中意义建构的语境化趋向已经成为不可忽视的方向之一，其议题主要包含以下几个方面。

其一，对语境的相关概念给出合理的界定。这需要对"语境"、"语境性"和"语境特性"等不同概念进行界定并对它们之间的联系和区别做出分析，而且"语境"本身的意义正是在这一解释过程中逐渐呈现、丰富和明晰的，这不取决于我们如何描述它，实际上对于"语境"的解释就是其意义被构建出来的过程，也是不断地再语境化的过程。对于语境诸要素的构成性分析表明，语境的变换过程是以各种语境要素的变化为前提的，是有着强烈"背景关联"的结构性变换，而并非不可通约的"格式塔变换"。此外，对语境依赖性和语境敏感性的分析也要基于多重维度的考量。

其二，意义建构的语境化趋向需要重视和借鉴当代解释学的发展成果，解释学的释义学方法有助于在语境的重建过程中充分实现科学理论解释的意义建构。这体现为：①在基于特定语境的科学解释中，不仅可以体现伽达默尔所认为的语义分析与释义理解的一致性[1]，更能体现当代哲学研究的一个明显特征——大陆哲学与英美哲学的相互借鉴与彼此融合。一个典型的例子是，解释学方法的定性的本质分析对于分析哲学的启示，以及解释学对分析哲学定量分析法的借鉴。②意义建构过程中解释学方法的运用不仅对于科学解释具有独特价值，反过来讲，也有助于进一步明确解释学本身的理论特征。比如，有可能避免解释学常会遭受的"相对主义倾向"的批评与质疑。原因在于，基于语境的意义建构必然受到给定语境集合中各种要素的约束，而相对主义本身的立场和局限性使其无法满足这些约束性条件。[2]

其三，意义建构的语境化趋向包含较复杂的结构分析并历经了一种自身演化过程。语境因素自身的复杂性决定了语境分析方法的多重意蕴，这需要在当代语义学视域中结合意义理论的发展与特征来解释语境分析及其发展的

---

① Gadamer H G. Philosophical Hermeneutics[M]. Linge D E (trans. and ed.). Berkeley: University of California Press, 1977: 82-83.

② 伽达默尔等就认为，相对主义问题成立的前提是其中蕴涵着类似于绝对真理或绝对主义标准，但这种绝对观点本身已经被解释学自身所否定。特别是对科学理论解释的意义建构过程而言，它本身是基于特定语境的，这也表明了绝对主义标准在其中存在的不合理和不可能性。此外，意义的建构过程以一种有限性的探讨为基础，对语境的边界及其意义的划分过程就是这一特征的体现，这种探讨的可靠性是以有限的边界为保证的，这也显然与相对主义的无边界性特征形成对照。

趋向。

其四，意义建构语境化趋向的意向规定性。对科学理论的语境分析实质上也是对相关语境的价值取向的衡量，而这一价值取向的选择过程集中体现为相关语境具有的意向规定性。

其五，意义建构的语境化趋向必然导致"非充分决定性"观念的出现。因为唯一的绝对性的意义标准对于任何理论都是不存在的，也不可能诉诸单纯的经验标准，而具有普遍可接受的理论竞争力的合理解释对于意义标准而言才是必要的。

（二）语境模型的计算化趋势

在科学理论解释的意义建构过程中，我们可以看到，在给定语境下，可以通过可能世界语义学将现实世界的表征模型化，具体来说，可能世界和语境构成了决定这些表征方式的形式化命题意义的二维矩阵，在这样一种矩阵关系中，意义的建构是由表达命题时所处的情境以及命题的赋值环境共同决定的。这其实也就是二维语义分析方法的核心，可以用二维模态逻辑来精确描述这一过程。可见，二维语义分析方法为语境的模型化和计算化提供了契机。

其一，语境的模型化。二维语义分析方法使得语境成为一个语境集合，从而使意义的建构过程形式化为 $P(a)=\varphi(a, e)$，其中 e 属于语境要素集 E 并体现了 E 的特性，如意义建构过程 P 通过可能的方式接受了一种输入 a，这一来源会影响 P 的最终输出。在这个集合中，静态的特定语境可以转化成连续动态的系统语境，而语境的模型化可以是一个语境集合的模型化，从而使对单个模型的演算转化成对一个语境集合的逻辑演算。因此，语境的意义不是静态地存在的，而是一个生成、变化和发展的逻辑演算过程。在这个逻辑演算过程中，语境意义的丰富性、多样性及连续性获得了统一。

其二，语境的计算化。在当代以"大数据"和"云计算"为背景的技术进步中，与科学理论解释相关的任何特定语境内的所有要素以及语境与语境之间的关联，都具有了可形式化计算的技术支撑。这可以概括为：①语境的模型化和语境模型的逻辑演算如何为这种计算化趋势奠基；②"语境的计算化"或"计算化的语境"如何促进科学理论的解释和意义建构；③语境的计算化如何实现当下"科学的技术化"与"技术的科学化"的统一、自然语言的形式化与形式语言的自然化的统一。因此，科学理论解释的意义建构将迈进"计算语境的时代"。尽管这是一个充满了挑战和论争的方向，但它不得不受到当代科学哲学家们的极大关注。

正如阿利西达（Atocha Aliseda）与吉利斯（Donald Gillies）指出的那样，计算机科学、认知科学以及逻辑学本身的深入发展提供了一套新的工具，这套工具具有逻辑的和计算的本质。新逻辑系统的发现，如非单调逻辑，拓展了维也纳学派所使用的那种颇受局限的逻辑。[①]"计算机的使用对于逻辑研究法有一种深远的影响，它能够提供一种新范式，即以一种目标导向的方式来看待逻辑。"[②]

当代学者也越来越重视语境在概念分析和意义建构中的作用和意义。卡普林（H. Cappelen）[③]正确地指出，整体的意义建构依赖于相关命题的语境意义及其相互之间构成的方式，并由此构成了特定语用过程中整体语境的价值取向。拉平（S. Lappin）[④]、斯克拉（L. Sklar）[⑤]阐述了语形和语义在语境中的相互作用。此外，邦克（T. Bonk）[⑥]阐述了"非充分决定性"对意义建构的影响。兰斯（M. Lance）等[⑦]论述了语法的规范性和意义建构的语义特性。查尔默斯（D. Chalmers）等提出了二维语义学理论，为语境的模型化和计算化创造了条件。国内关于科学解释和意义建构的研究近年来有逐渐增加的趋势，出现了很多较为深入的具体研究。比如，孙思[⑧]具体研究了科学解释模型中的若干疑难问题，闫坤如等[⑨]研究了解释者信念度语境相关模型，王巍[⑩]探讨了科学解释与自然定律的关系。

① 阿托奇娅·阿利西达，唐纳德·吉利斯. 逻辑的、历史的和计算的方法[M]//西奥·A. F. 库珀斯. 爱思唯尔科学哲学手册·一般科学哲学：焦点主题. 郭贵春，等译. 北京：北京师范大学出版社，2015：565.

② 阿托奇娅·阿利西达，唐纳德·吉利斯. 逻辑的、历史的和计算的方法[M]//西奥·A. F. 库珀斯. 爱思唯尔科学哲学手册·一般科学哲学：焦点主题. 郭贵春，等译. 北京：北京师范大学出版社，2015：546.

③ Cappelen H. Semantics and Pragmatics: Some Central Issues[M]//Preyer G, Peter G. Context-Sensitivity and Semantic Minimalism: New Essays on Semantics and Pragmatics. New York: Oxford University Press, 2007: 7.

④ Lappin S. The Handbook of Contemporary Semantic Theory[M]. Oxford: Blackwell, 1997: 446.

⑤ Sklar L. The Nature of Scientific Theory[M]. New York: Garland Publishers, 2000: 120.

⑥ Bonk T. Underdetermination: An Essay on Evidence and the Limits of Natural Knowledge[M]. Dordrecht: Springer, 2008: 38-44.

⑦ Lance M N, Hawthorne J. The Grammar of Meaning: Normativity and Semantic Discourse[M]. Cambridge: Cambridge University Press, 2008: 2.

⑧ 孙思. 基于贝叶斯网络方法的说明者信念度相关性模型——科学说明相关性问题的一个解决方案[J]. 自然辩证法通讯，2010，（1）：1-7.

⑨ 闫坤如，桂起权. 科学解释的语境相关重建[J]. 科学技术与辩证法，2009，（2）：29-33.

⑩ 王巍. 因果机制与定律说明. 自然辩证法研究，2009，（2）：98-101.

　　总的来看，目前关于现代性的研究往往集中于与艺术或意识形态有关的反思性或批判性研究，而基于语境的语义分析方法从科学哲学现代性的视角解决科学解释和意义建构问题可以说是一种全新的尝试。因此，我们所要建立的新范式是以方法论的革新为根本标志的，即语境基底上的语义分析方法。这种语义分析，可以使我们对当下语境进行历史的、现行的以及未来发展的理解、评价和预测成为可能。也就是说，语义分析是我们解读语境对象的方法论工具。立足于语境论基底上的意义建构才能构建更为合理的科学解释模型，实现语义与语用的统一、形式理性与价值理性的统一、科学理性与人文理性的统一，这恰恰迎合了当今科学哲学研究的必然走向。由此，我们才能真正实现科学理性的重建，并揭示出科学理论解释的"意义"建构的意义。这种起源于分析学派的语义分析方法，需要我们随着历史的演进和科学的进步而不断进行新的提升和重构。

　　本书所要尝试的就是通过语境化的语义分析方法，使得语境分析模型化、形式化、可计算化，进而建立起以语境为基底的科学哲学研究的现代性范式。总之，在科学哲学现代性的视域中重新考察逻辑经验主义的语义分析方法，全面构建语境论的语义分析模式，进而在超越"语言学转向"的基础上实现语义分析更高层次上的回归，是当代科学哲学探究意义建构的必然选择。在构建科学哲学现代性的这一过程中，一方面，通过语义分析对科学概念进行解释和意义建构必须尽可能合理地考虑科学家对这些概念的实际使用；而另一方面，构建科学解释新的模型，也能反过来推动科学解释的发展，由此把科学研究推向整体进步。这主要体现在以下几个方面。

　　第一，科学哲学的现代性有助于统领具体科学哲学的研究域面，形成普遍研究纲领和范式，其根本标志是以语境论为基底的语义分析方法，并且将模型化、形式化、计算化的语境分析贯彻到具体科学哲学研究的各个领域，形成新的科学哲学研究范式，引领具体科学哲学研究的发展。

　　第二，科学哲学的现代性有助于加深对科学概念的理解，形成科学研究的方法论特征。科学解释模型和意义的建构能够对科学研究起到方法论的指引作用，有助于科学家合理地使用科学概念和理论。

　　第三，科学哲学的现代性是哲学现代性发展的重要路径，有助于推进哲学现代性的发展。本书通过科学哲学规范性的重建回归科学理性，这是科学哲学现代性的价值追求和精神内核。离开科学哲学规范性和科学理性的重建，哲学现代性的建构也就无从谈起。

　　总体来讲，本书将揭示语义分析方法在科学哲学进步中的核心地位和作用，通过语义分析的语境化、模型化、形式化和计算化，克服传统语义分析的局限，建立起以语境为基底的科学哲学的现代性研究范式，进而重建科学解释模型，重新确立科学哲学的规范性，力图实现科学理性的回归和科学哲学的意义建构。研究结构如图 0.1 所示。

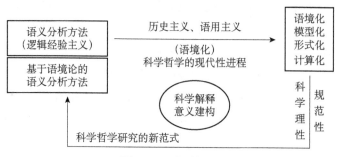

图 0.1　研究结构图

　　本书的整体结构、思路与具体研究内容如下。

　　科学哲学的现代性是哲学现代性因而也是现代性的核心，而科学哲学现代性的标志就是语义分析。本书第一章首先通过一般科学哲学与具体科学哲学的分野，考察了科学解释在科学哲学中的重要地位和理论意义。科学解释的关键就在于科学概念的语义分析，这就使得语义分析方法的意义凸显出来。逻辑经验主义者将语义分析方法作为一种横断的科学方法论，不仅塑造了哲学分析的基本风格，而且也使得这种方法内在地融入几乎所有学科发展的可能趋势之中，形成了科学哲学研究方法的语义学转向，成为科学哲学现代性的显著标志。该章第二节考察了语义学分析方法的必然性以及它在科学哲学研究中的演进，论证了语境化、计算化的语义分析方向对于传统语义分析方法的巨大优势，最后一节从科学解释与意义建构的角度进一步论证这一趋势对于科学哲学的重要意义。

　　第二章具体就科学解释，特别是修辞解释的语境化展开论证。修辞学作为一种具有元分析特征的方法，渗透在科学解释的各个层面。该章主要从科学修辞学的语境化趋向以及科学修辞解释的语境分析两方面对科学解释的语境化展开分析。在第一节中，我们回顾了修辞学分析方式在近代科学兴起之后的重新萌生，梳理了其理论渊源与当代进展，特别是其在科学理论研究域面的渗入。其中，传统修辞学与修辞批评、新修辞学、修辞哲学等学科的发展为科学修辞学的产生提供了条件因素。第二节探讨了科学修辞学的语境化趋向，着重分析了其语境化下的语形基础、语义规范以及语用关联。并在此基础上从科学修辞解释的过程入手，解析科学修辞解释的逻辑基础与语境特征，进一步对科学修辞解释的核心问题与论域展开讨论。在最后一节中，我们通过上文分析给出了一种科学修辞解释的方法论结构，并指出修辞分析法与语境分析法的有机结合。从科学文本分析入手，通过对篇际语境分析本质和主要特征的解读，引出科学文本分析中语境和修辞结合的重要性。从科学案例研究的角度入手，对科学争论问题展开讨论，重新梳理了科学争论研究的进路，并指出当前研究中语境解释的走向特征，回答了科学争论研究中语境解释的意义问题。科学修辞解释的科学语境、社会语境、修辞语境一起组成了科学修辞解释的语境结构，并在一种语境的基底上构建统一的解释。

而要在语境基底上构建统一的解释离不开解释的模型化与形式化，因此本书第三章主要讨论科学解释的模型化，特别是隐喻建模。隐喻和模型作为科学解释的一种重要工具和策略，在当代科学哲学中所发挥的表征作用逐渐凸显。第一节首先讨论了科学解释的模型化，这种模型化是一种基于隐喻思维的模型化，因为科学模型本质上可以理解成一种扩展的隐喻，在这个过程中要注意模型表征中的虚构方法与虚构主义的关系、理想化与模型表征的稳健性之间的关系等。第二节针对隐喻建模展开具体的语境分析，指出这种模型表征具有语境关联性、动态层级性和理论建构性的语境特征，基于隐喻思维的科学模型的建构充分体现了科学解释的语境化特征，以及科学哲学发展的现代性特征。最后该章讨论了隐喻建模的理想化表征及其逻辑特征，理想化弥合了我们认知局限性与现实世界复杂性之间的鸿沟，而基于理想化的隐喻推理作为一种特殊的表征手段，在科学建模的方法论实践中体现了科学理论所具有的统一的逻辑特征。

第四章和第五章分别以数学哲学和物理学哲学为例，针对具体科学哲学中的理论解释展开论述，揭示基于语境的语义分析在这些领域的科学解释中发挥的独特作用。第四章主要围绕范畴论数学基础研究中的科学解释展开，第一节指出结构主义是当前数学哲学的主要研究趋势，而范畴论思想的引入为数学结构主义提供了一种新的解释路径，形成了范畴结构主义的研究方向，使数学基础挣脱集合论的研究模式，为解决数学基础争论提供了新的可能。第二节将数学理论与哲学思辨相结合，探讨了范畴论作为数学基础的可行性。接下来阐述了在数学基础研究中，范畴论和集合论这两种基础进路之间相互阐释的可能，分析了范畴论数学基础相对于集合论数学基础的研究优势和意义，揭示了范畴论数学基础的语境分析意义。

第五章以语义分析方法为基础对科学解释进行了物理学分析，特别是对波函数以及量子空间进行了详细的阐述，首先以波函数实在论的语义解读方式为例，阐述并评价波函数实在论当前的难题，即宏观客体难题与经验上的不相关性威胁。接着分析了物理哲学家们就这些难题所提供的建议：波函数反实在论、量子态实在论、结构实在论与量子场论等。继而提出一种语境论的波函数实在论是最优出路。在此基础上，将量子空间基本实体的特征概括为相对非确定性、被选择时的意向性、指称的语境依赖性以及确定指称时的意向性特征。最后借助隐喻思维在量子空间基础本体以及量子空间模型建构过程中的介入和体现，阐释了量子力学的符号系统及其与其他空间结构的相似性有着极其重要的科学哲学研究价值。

在语境基底上讨论科学解释的形式化与模型化内在地包含着一种可计算化的趋向，因此本书第六章专门讨论科学解释的可计算化分析。逻辑是语境可计算化模型建构的基础工具，特别是非经典逻辑，因为非经典逻辑的每一次推理都是在特定条件下的推理，那么给定了推理的前提条件就意味着给定了逻辑的推理语境。该章正是以非经典逻辑系统群作为切入点的，围绕模态逻辑、语境逻辑、次协调逻辑、概率论，表明非经典逻辑具有语境相干性，尝试说明语境可以作为算子被引入逻辑系统中，实现语境的模型化、形式化，充分揭示科学解释的可计算化表征和分析。

实际上，科学解释与意义建构的形式化、模型化与可计算化都是关于科学哲学中规范性的讨论与重建，也是对科学理性基础和规范性根源的一种回归与辩护，因此在本书的最后一章，即第七章，我们从规范性的语义分析以及规范性语境的解释入手，为意义的解释提供一种合理性辩护，进而分析意义建构的语境化趋向的具体表现，通过隐喻模型的语境化建构、意义的可计算化建构、人类理性的计算化发展等方面，展现科学理性精神的价值取向，以及形式与非形式研究方法的彼此渗透、科学理性与人文理性的相互融合。该章第一节分析了科学解释规范性的重建，阐明规范性既可以在语义维度上说明语言表达式的意义及其正确性条件，又可以在语用维度上理解表达式的运用，并通过规范性语境为意义建构提供解释与辩护，进而实现科学解释的规范化。第二节主要确立了科学表征语境中隐喻建模的基本框架，并基于隐喻思维构建语境化隐喻模型，实现对客观世界的近似化或理想化的表征。隐喻建模作为语境可计算化表征的特殊方式，标志着当代科学哲学研究的新模式。最后，在该章第三节中，我们通过分析研究对象的复杂性、计算主义未来的架构以及研究内容的不足，指出意义建构将走向基于逻辑演算的语境可计算化道路，这种路径既可以保证意义建构的形式表征和语义解释的统一性、规范性与合理性，又可以尝试实现人文理性与科学理性的统一。从一定意义上讲，科学解释规范性的重建让科学哲学的研究回归科学理性的道路，同时语境的模型化与形式化意味着科学哲学的研究走向可计算化，充分揭示了语境可计算化对科学哲学的重要意义。

本书是教育部人文社会科学重点研究基地重大项目"科学解释与科学哲学的现代性研究"的最终研究成果，也是近些年我们在科学哲学领域研究的最新成果。科学哲学的现代性是哲学现代性发展的重要路径，本书试图通过语义分析的语境化、模型化、形式化和可计算化，构建以语境为基底的科学哲学的现代性研究范式，进而重建科学解释模型，重新确立科学哲学的规范性，实现科学理性的回归和科学哲学的意义建构，这是科学哲学现代性的价值追求和精神内核。

第一章　科学哲学的现代性特征

科学哲学的现代性是哲学现代性的核心。在现代性进程中，哲学的一个根本任务就是为科学知识的确定性奠基并为科学的进步提供解释和说明。逻辑经验主义者自觉接受了这一任务，他们通过"语言学转向"建立了现代性的科学理性维度，带来了哲学研究的范式革命，使科学哲学进入快速发展通道，由此开启了科学哲学现代性的进程。逻辑经验主义者将语义分析方法作为一种横断的科学方法论，不仅塑造了哲学分析的基本风格，而且也使得这种方法内在地融入几乎所有学科发展的可能趋势之中，形成了科学哲学研究方法的语义学转向，成为科学哲学现代性的显著标志。

第一节　科学哲学的现代性与语义转向

在过去的几十年里，科学哲学发展的一个明显特征是越来越专门化和碎片化。一般科学哲学与具体科学哲学的分野越来越明显，各门具体科学哲学得到了长足的发展。自 20 世纪 70 年代以来，科学哲学不再是有限数量的出版物中较小的学科领域，它的期刊与专著成倍增长，关注了越来越多的具体主题、学科和方法，正如拉德（Hans Radder）指出的那样，"越来越明显的专门化是当代科学哲学发展的显著特征，一个典型的例子就是'爱思唯尔科学哲学手册'系列丛书"[1]。该丛书目前包括 16 卷本，涉及多种论题（诸如生态学、信息学和逻辑学）、学科（诸如工程学、数学、人类学和社会学）和方法（包括逻辑的、历史的和计算的方法），而且根据出版方的设想，这一系列的丛书可以包括更多卷本。

然而，这种专门化的特征与趋势，不但没有削弱一般科学哲学的地位，

---

① Radder H. What prospects for a general philosophy of science? [J]. Journal for General Philosophy of Science, 2012, 43（1）：89.

反而越来越彰显了它的理论功能和重要意义。一般科学哲学被认为是关于"一般科学"的哲学，然而，不论是一般科学还是一般科学哲学，要对它们进行清晰明确的界定是非常困难的，因为不存在有关一般科学的非渗透的绝对边界，自然也不存在有关一般科学哲学的非渗透的绝对边界。这实际上是科学划界问题带给我们的困惑。人们试图提出一套描述性的与规范性的科学指标体系，以刻画人类知识不同领域的基本特征，进而为科学与伪科学的划分提供依据，然而，相比单一的划界标准，维特根斯坦式的"家族相似"或许更能全面体现科学实践的丰富内涵。通过透视一般科学哲学与具体科学哲学之间的关系，我们能更好地把握一般科学哲学研究的重要意义，进而把握科学哲学的现代性特征。

一、科学解释与科学哲学的现代性

（一）一般科学哲学与具体科学哲学

我们通常把一门科学（如物理学、生物学、化学、经济学、心理学等）称为其自身领域的一种理性抽象。但是很难为这些科学提出一种普遍有效的定义。以物理学为例，物理学的主题以及研究内容从它诞生之日起至今，已经发生了巨大的改变。当代物理学包含了众多分支领域和子学科，因此今天的物理学更像是一组科学或学科的集合，而物理学哲学作为"一般物理学"的哲学，自然也包含了物理学各个子学科的哲学，如时空哲学、量子力学哲学、统计力学哲学、弦理论哲学等。类似地，生物学也是这样的一组科学或学科，如生态学、古生物学、合成生物学等，而且一组新的生物学科学已经在形成，如"生命科学"，因而一般生物学哲学要面对的也是各种生物学子学科的哲学。这样看来，一般科学哲学之于各门具体科学哲学，正好比一般物理学哲学之于各种物理学子学科的哲学，以及一般生物学哲学之于各种生物学子学科的哲学。

一般科学哲学与具体科学哲学之间的这种关系已经触及另一个关键性的问题，即科学统一性的思想。基切尔（Philip Kitcher）认为，我们之所以应该关注科学的统一性，正是因为"在统一性和解释性之间存在着紧密的关联"①，

---

① 威廉·贝奇特尔，安德鲁·汉密尔顿. 还原、整合与科学的统一：自然科学、行为科学和社会科学以及人文科学[M]//西奥·A. F. 库珀斯. 爱思唯尔科学哲学手册·一般科学哲学：焦点主题. 郭贵春，等译. 北京：北京师范大学出版社，2015：442.

因为统一性可以成为一种标准,"借助于它,新的解释能够相对于旧的解释而得到评价,同时它也是一种通过解释去提高我们理解能力的方法"①。但这种解释性一度被认为是"通过阐明它们在所有可能情形中运用的必备条件来为它们提供一种普遍适用的解释"②。这一纲领被认为是失败的,而科学能够被统一的思想在 20 世纪七八十年代也遭到了猛烈的批评,但这并未使科学哲学家完全放弃统一科学的梦想,因为"对于统一性的追求可以采取多种形式,通常会实现整合而非真正的统一"③。不论是统一还是整合,其意义在于,一般科学哲学必须要通过某种方式给出关于对象世界整体的"科学的影像",也就是说,要将具体科学所提供的各种关于实在的科学影像结合为一个整体,这正是作为"一般"科学哲学的特殊使命。

各种科学提供给我们有关实在的不同视角,使用了不同的概念体系,它们实际上是通过不同的概念结构将对象世界概念化。例如,"化学键"所属的概念体系和结构不同于"基因"或"夸克"所属的概念体系和结构。这一方面意味着概念阐释将成为一般科学哲学的核心任务;另一方面也意味着,不同的概念体系是关于同一世界的不同视角和维度的,因而需要将基于不同视角所形成的这些不同的科学影像结合起来,这正是一般科学哲学的工作,而且也只有一般科学哲学能够做到。④因此,由于看到了整个图景,一般科学哲学提供的是一种关于实在的更全面的(但不是绝对的)视角。也正是由于这个缘故,一般科学哲学能够对各门具体科学的哲学起到统摄和统领的作用,而各门科学的哲学也需要一般科学哲学的理论框架和解释功能。

(二)一般科学哲学的主要功能:解释与批判

一般科学哲学之所以对具体科学哲学有整合与统摄作用,是因为一般科

---

① 威廉·贝奇特尔,安德鲁·汉密尔顿. 还原、整合与科学的统一:自然科学、行为科学和社会科学以及人文科学[M]//西奥·A. F. 库珀斯. 爱思唯尔科学哲学手册·一般科学哲学:焦点主题. 郭贵春,等译. 北京:北京师范大学出版社,2015:443.

② Kitcher P. Toward a pragmatist philosophy of science[J]. Theoria:An International Journal for Theory, History and Foundations of Science, 2013, 2(77):185-231.

③ 威廉·贝奇特尔,安德鲁·汉密尔顿. 还原、整合与科学的统一:自然科学、行为科学和社会科学以及人文科学[M]//西奥·A. F. 库珀斯. 爱思唯尔科学哲学手册·一般科学哲学:焦点主题. 郭贵春,等译. 北京:北京师范大学出版社,2015:469.

④ 关于科学知识、"影像"及相关理论,塞拉斯(Wilfrid Sellars)那里就已经作了详细的理论描述,特别是对"明显的影像"与"科学的影像"的区分及其相互关联做出了系统阐述,具体可参见塞拉斯的相关分析. 参见:Sellars W. Philosophy and scientific image of man[M]//Colodny R. Frontiers of Science and Philosophy. Pittsburgh:University of Pittsburgh Press, 1962:35-78.

学哲学与各种具体科学哲学之间是相互渗透的,这种渗透基于一般科学哲学相对于一般科学的两个重要功能:解释功能和批判功能。

其一,一般科学哲学的解释功能。[①]解释功能旨在解释各门科学所使用的基本概念和理论,继而阐明其共同内容及其区别和联系。如果不认为科学提供了研究对象的解释,那么科学几乎是不可思议的——即便没有涵盖所有典型科学的一般性解释。如果各门科学的研究对象的统一性体现为自然及其属性本身,那么一般科学就体现为对于自然及其属性的某种知识模式。虽然同一概念在不同科学中往往有不同的解释,但所有这些解释都可以整合到一个更宏观的视域中来,因此概念多元论恰恰是一般科学哲学的要求。毋庸置疑,单一的解释概念是不存在的,也就是说,科学解释实质上要求的是一种理论说明的立场,从中所有竞争的解释概念都要被考察和比较,而这就是一般科学哲学的立场。

其二,一般科学哲学的批判功能。批判功能旨在对各种科学概念以及阐述科学的不同方式(其方法和目标)进行批判。比如,批评功能的一个关键是厘清科学理论中哪些部分是取决于我们的、哪些是取决于对象世界的,或者换句话说,在我们关于世界的科学影像中区分哪些是心灵构建而成的、哪些是属于客观世界的。另一个关键是讨论科学知识的范围和限制,以及对一个理论的接受所涉及的不同因素的认识论资格,或者科学哲学与科学史之间的关系。[②]

需要指出的是,在这两种功能中,解释功能是首要的和基础性的,任何批判都是基于某种具体的解释而产生的,一个纯粹描述的角度无法容纳对科学的批评,因此如果没有解释功能,批判将失去对象。在从事一般科学哲学的时候,我们从科学的一些理论概念开始,致力于批评涉及不同科学之间关

---

① 不可否认,从严格意义上讲,科学理论的"解释"、"阐释"和"说明"这些概念之间的确存在一些区别。例如,"解释"强调对研究对象进行本质意义的分析,侧重于探讨对象的原理或规律,在解释学意义上也可作"诠释""阐释"等,而"说明"主要体现为对科学体系的形式进行逻辑学角度的分析,侧重于探讨对象的原因和根据,而且在各特定的科学理论中可以体现为不同的说明形式。然而,如无特别指出,从广义上讲,科学理论的"解释"、"阐释"与"说明"都是对科学理论的某种阐明与解说,在本质上无须强调这些差异,这里所使用的科学"解释"或"阐释"就是在这种较宽泛的意义上使用的。相似的使用方式及其说明可参见郭贵春. 科学研究中的意义建构问题[J]. 中国社会科学,2016,(2):19-36.

② 关于一般科学哲学的解释功能和批判功能,斯塔西斯·普斯洛斯(Stathis Psillos)曾对此做出系统而深入的论述,具体可参见他探讨一般科学哲学及其意义的文章。参见 Psillos S. Having science in view: general philosophy of science and its significance[M]//Humphreys P. The Oxford Handbook of Philosophy of Science. New York:Oxford University Press,2016:137-162.

联的各种理论解释，从而在这些概念与科学的恰当现实和历史特征之间实现一种反思性平衡。由此可见，科学解释是一般科学哲学的核心任务和功能。

（三）从一般科学哲学与具体科学的关系看科学哲学的现代性特征

从一般科学哲学与具体科学的关系不难揭示科学哲学的现代性特征。

其一，一般科学哲学与各科学的哲学总是协调一致地发挥作用，而且前者为后者提供了理论框架和功能。然而，正如具体科学的研究未必需要具有某种本质以作为哲学研究的对象，关于科学的哲学研究也并非仅仅描述各门科学探讨的问题。也就是说，尽管一般科学哲学的对象是一般科学，它并不是为科学应当如何做来"立法"，而是要提供看待科学的最佳方式，从各门科学和科学哲学中凝练出统一性的基础性判断。

其二，一般科学哲学对于具体科学哲学的整合性不仅源于各科学主题的统一性，还由于一般科学自身也体现出一种"理性的抽象"的特征。这种彼此关联也使得一般科学哲学的"解释性"和"批判性"这两种重要功能得到充分体现。

其三，一般科学哲学对具体科学哲学具有不可替代的统摄和引领作用，其根本意义在于能够将具体科学哲学关于实在的各种科学影像整合为关于对象世界的整体画卷，它们本质上都构成了关于对象世界的某种解释。

其四，无论基于一般科学哲学还是各科学的哲学研究，这一整体图景都揭示出科学解释与科学理论的意义建构对于科学哲学研究的基础性作用，这一意义建构的过程也是不断语境化的进程，在超越"语言学转向"的基础上回归语义分析并实现语境的模型化和计算化，这不仅是语境论语义分析方法的根本特征，也是科学理论意义建构的语境化趋向的内在要求，更是当代科学哲学探究意义建构的必然性与合理性选择。

二、科学解释的核心：概念分析与概念进步

任何科学理论都存在其概念的体系或框架，存在需要阐明其内容的重要概念或论题。例如，生物学哲学中的生殖适应性概念，种群生物学中的或然性（probabilities）概念；化学哲学中这方面的问题有，是否存在不可还原的化学律，如元素周期律，构成世界的物质材料是单一的还是多样的，等

等；在物理学哲学中也有一些著名论题，如量子力学的解释、空间和时间的本质等。这表明，概念阐释在具体科学哲学中有着不可替代的重要地位。

如果说具体科学哲学的任务是对自身领域的科学概念进行解释，那么，一般科学哲学的任务则是为一般科学的核心概念提供解释，如确证、理论、说明等。概念阐释对科学哲学研究的意义主要体现为以下几个方面。

其一，从一般科学哲学的理论任务上看，它不仅集中体现为对一般科学的核心概念的阐释，而且反过来讲，概念的进步也可以作为科学进步的一种衡量标准。

不论对于具体科学哲学还是一般科学哲学来说，概念的解释或阐释都占据着核心地位。正如库珀斯（Theo A. F. Kuipers）在《一般科学哲学：焦点主题》序言中指出的①，概念阐释②是一种重要的甚至占据统治性地位的科学哲学方法，而且这一方法往往是隐含着的，之所以隐含，是因为其自明性，它已经被"内化"为一种普遍的、具有横断性的研究方法。正是基于这样一种考量，该书序言以"科学哲学中的阐释"为题，明确揭示了概念阐释在科学哲学中的地位和意义，同时也传达了这样一种意图，即概念阐释是贯穿该套丛书各个分册的一条隐藏的主线，而这套丛书本身实际上也构成解释的一个环节或部分。

值得注意的是，库珀斯在这篇序言中谈到了"概念进步"的思想，因为当一个概念的两种解释处于相互竞争的状态时，自然就会产生孰优孰劣的问题，库珀斯认为，"概念进步"能够在严格意义上被界定，"并因此能够作为一种规范性理念而发挥作用"③。这就意味着概念进步实际上可以为科学进步提供标杆，因为每一次科学理论的创新和进步都伴随着新概念的提出或旧概念的重新诠释。可以说，科学概念的发展和进步集中反映了科学理论和科学研究的进步。比如，尽管"电子"这一概念在玻尔、汤姆孙、海森伯和薛定谔等的理论中都发挥着重要作用，但其意义却不尽相同，而且这种意义的变化反映了科学认识的不断深化。另外，科学概念的演进也改变了传统哲学

① 西奥·A. F. 库珀斯. 序言：科学哲学中的阐释[M]//西奥·A. F. 库珀斯. 爱思唯尔科学哲学手册·一般科学哲学：焦点主题. 郭贵春，等译. 北京：北京师范大学出版社，2015：序言11.
② 这里同"概念解释"。
③ 西奥·A. F. 库珀斯. 序言：科学哲学中的阐释[M]//西奥·A. F. 库珀斯. 爱思唯尔科学哲学手册·一般科学哲学：焦点主题. 郭贵春，等译. 北京：北京师范大学出版社，2015：序言9.

概念的内涵。比如，物理学中量子概念的出现导致了现代物质观的重新定位；生物学研究丰富了进化和基因概念的内涵，促使生命观和伦理观也发生相应的变化；计算机科学研究中的计算概念导致了哲学中智能概念的变革；等等。

其二，从哲学史上探讨知识及其可能性的相关理论来看，各种理论的竞争过程集中体现为概念阐释的功能不断凸显的过程，而一般科学哲学的研究框架在此过程中也得到明晰化，这正展示了一般科学哲学在建立科学知识的结构中所发挥的独特作用。

具体来讲，相关的代表性理论有：亚里士多德（Aristotle）对于"知识"的理解①；唯理论与经验论之间的争论（特别是休谟关于知识的可能性的怀疑论）；康德对哲学与科学的论争以及纯粹自然科学的可能性的反思；逻辑经验主义者的理论演绎模型与演绎-律则解释概念；亨普尔（C. G. Hempel）等的解释概念及因果性概念的合法化；穆勒有关解释归于统一观念的再现和发展以及因果模型、统计和概率解释模型等，都体现了一般科学哲学不断进步的探讨模式与解释框架。普斯洛斯（Stathis Psillos）曾系统地梳理和解读了有关"解释"的具有代表性的哲学家及其观点，并在此基础上系

---

① 通常认为，亚里士多德关于"知识"、世界的知识模式的阐释为科学认识论以及科学的形而上学的发展提供了一个开端，特别是亚里士多德的《后分析篇》被看作与一般科学哲学有着紧密关联。因为亚里士多德的"知识"（episteme）实际上表明：①对于亚里士多德而言，episteme 与理解事物是其所是的"理由"有关系，而这种"理由"体现为事物以其方式呈现出来的原因（aitia）。这种认识论被认为体现了世界如其所是的某种本质主义观点；原因的说明是依据本质及本质属性的说明，正如亚里士多德在《形而上学》（1029b14）中指出的："你的是其所是乃是就你自身而言的东西"，即一种事物的本质是就其自身而言它是什么。②亚里士多德认为存在一种关于世界的知识模式，而且它是一种需要进步的特殊模式。尽管我们对于这个世界的深层结构的研究始终有一种独立的本体论动机，但亚里士多德的 episteme 首先体现了一种关于这个世界的深层结构的观点并且以这种深层结构为基础。③科学作为知识的一种特殊模式，它依赖于解释和说明，这自然地要求一种说明的模式，至少在亚里士多德那里，这一说明模式需满足两个需求：首先，它俘获了原因；其次，它体现为一种（非对称的）证明性论证，如演绎的三段论。这种论证被认为俘获了一种必然性，凭借该必然性原因可以导致结果。可见，这些关于世界是其所是的本质和原因的讨论不必涉及幻想出来的对象，它有助于在进行说明时对于基本性质与其他相关性做出区分。④由亚里士多德的"知识"相关论述可知，科学知识被构建的方式也体现了这个世界被构造的方式。他在《后分析篇》（71b18-25）中指出："所谓科学知识，是指只要我们把握了它，就能据此知道事物的东西。……作为证明知识出发点的前提必须是真实的、首要的、直接的，是先于结果、比结果更容易了解的，并且是结果的原因。只有具备这样的条件，本原才能适当地应用于有待证明的事实。"这也意味着，科学知识应该被构建成一种统一的理论方案，即体现出一种统一性。参见：亚里士多德. 形而上学[M]//苗力田. 亚里士多德全集. 第七卷. 北京：中国人民大学出版社，1993：156，247-248.

统性地考察了一些重要的和有争议的当代解释模型。①

在诸种解释模式变换和进步的过程中，一般科学哲学的解释作用也至少可以归结为以下几方面：①对那些由新奇的科学理论所产生的概念上的混乱予以清理和澄清；分析在描述对象世界结构时所产生的概念上的困难，从而对以往的科学哲学研究范式予以质疑或辩护。②一般科学哲学不同的研究范式的变换根本上都源自为科学知识的可能性建立基础的迫切需要，而这一过程实质上集中体现为一系列重要概念的转换。科学知识的构建方式也不再仅仅对世界构造的方式予以表征，科学知识的系统性和统一性越来越明显。其中，一般科学哲学研究所遵循的不同维度就逐渐呈现、展开并得到重塑，如形而上学的维度、认知的维度、概念的维度、实践的维度等。③合理的解释理论包含的优点主要有：真、似真性、一致性、先天和后天的可能性、信息内容、经验内容、解释力和预言力、解决问题的能力、精确性、简洁性，而所有这些概念都需要在理论框架中得到解释。

其三，从概念生成的角度上看，概念阐释的必要性还源于科学理论中概念语义结构的系统性与互明性。

语义分析方法无疑在概念阐释中具有重要地位，因为科学理论中没有一个概念是完全独立于其他概念的，它们的定义互相依赖，其语义结构往往是系统性的。因此，每一个科学概念的形成在语义上都是系统相关的。"解释是一个适用于很多事物的松散概念……能由不同的模型和阐述部分地把握"，"理解解释的唯一方式就是把它嵌入到同类概念的框架中，并尝试着解开它们间的相互关联"。②因此，概念分析归根结底其实是概念的语义分析。

由此可见，科学哲学的发展在某种程度上取决于概念的语义分析方法的发展，而概念语义分析的进步可以说就是科学哲学的进步。如果考察科学哲学的发展史，就会发现，不论是科学哲学中本体论、认识论和方法论立场的探讨，统一科学概念的发展史的论述，还是逻辑经验主义的发展史，都表明了概念语义分析对于科学哲学的重要的方法论意义。这一方法至少可以追溯至亚里士多德，但真正作为一种统一科学的根本方法应该说是直接得益于逻辑经验主义，但这种经典的语义分析过分注重概念的逻辑关系而不顾科学发

---

① 斯塔西斯·普斯洛斯. 对解释的以往和当代观点[M]//西奥·A. F. 库珀斯. 爱思唯尔科学哲学手册·一般科学哲学：焦点主题. 郭贵春，等译. 北京：北京师范大学出版社，2015：106-192.

② 斯塔西斯·普斯洛斯. 对解释的以往和当代观点[M]//西奥·A. F. 库珀斯. 爱思唯尔科学哲学手册·一般科学哲学：焦点主题. 郭贵春，等译. 北京：北京师范大学出版社，2015：188-189.

展的复杂史实，容易导致科学哲学与科学史的脱节。于是历史主义抛弃了语言的逻辑分析，而转向历史学中概念之间"模糊的综合关系"，范·弗拉森、阿钦斯坦和阿佩尔等从不同角度阐述了"解释的语用学"，转向概念的语用分析，认为科学解释不仅仅是句法学和语义学的事情，更多的是一种语用学的事务，是人们在语言实践环境中根据心理意向使用语言的问题，但广义地说，这种语用分析也是围绕语义的澄清来进行的，是对早期逻辑语义分析的一种发展和丰富。

通过概念阐释对科学哲学研究意义的剖析可知，随着"语言学转向"以来人们对语义学理论研究的反思和重建，语义学的分析方法这一科学方法论已内在地融入了几乎所有学科发展的可能趋势之中，其方法论地位毋庸置疑。从科学哲学的历史来看，科学哲学的进步无不伴随着语义分析方法的发展与改进。而且在某种意义上正是语义分析方法的进步推动了科学哲学的进步。从普遍的科学研究方法论的视角审视概念分析在过去几十年中的演进，就会发现存在如下几种进路。

（1）逻辑经验主义的逻辑分析进路。其主要标志是"意义的可证实性"原则，即一个命题是否有认识上的意义，在于它是否能够通过经验事实来加以证实。这样科学解释问题也就自然地成为科学命题之间的逻辑推导问题，意义建构就是从语形和语义学层面构造普遍逻辑图式。虽然存在明显的不足，但逻辑经验主义奠定了语义分析方法的基本架构。

（2）历史语境分析进路。历史主义摈弃了逻辑分析的进路而引入历史语境的维度，反对把科学看作是若干孤立命题的逻辑结合，认为科学是由许多相互联系依存的命题、定律和原理所构成的统一整体，主张科学发展的动态模式，反对静态地研究科学问题。库恩和拉卡托斯都认为，他们的范式或研究纲领概念能够描述出科学的短期与长期发展。

（3）语用分析进路。科学解释和意义建构不可避免地涉及语用因素，因为对科学理论的语义分析不会仅局限于命题层次的形式分析，而必然会扩展到研究主体的心灵状态，涉及主体的信念、意欲、希望、意向等命题态度。而且对于某一特定主体来说，一种满意的解释将依赖于他固有的信仰、理解能力和个人特质，也就是说，解释和意义建构是解释者与理解者在具体的语用情境中决定的。

可以看出，伴随着科学哲学的进步，语境因素在语义分析中的地位和作用逐渐彰显出来。虽然由于对逻辑经验主义的长期批判，对语义分析方法仍存在一定的偏见，但基于语境的分析方法本质上已经与传统的语义分析方法有着重要区别，而且科学哲学研究中也越来越呈现出一种语义学的转向。

三、科学哲学面临的困境

科学哲学是哲学的一门分支学科，它研究由学科群提出的问题，而不是像物理学哲学、化学哲学、生物学哲学等学科那样，思考由一门学科提出的问题。这些问题主要包括：科学的哲学基础、科学知识的产生机制、科学理论的变化与进步模式、科学预言与科学概念的内在本性、科学目标与科学方法的合理性地位等。逻辑经验主义的科学哲学是以规范的态度来阐述这些问题的，主要目的是试图通过对科学行为背后的逻辑和推理的探索，寻找科学中的理性基础。首先，他们所坚持的对语言进行逻辑分析的方法，隐含了把科学理解成是一架推理机器的基本前提。其次，他们所坚持的经验主义观点，把科学理论理解成是由真命题组成的集合体系，隐含了下列基本前提：观察行为是中立的；观察结果是可靠的、公正的，是对自然界的直接感知；用来描述观察事实的语言与自然界是同构的。这个过程包括了下列三个层次，如图 1.1 所示。①

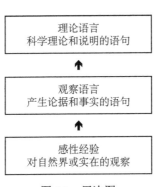

图 1.1　层次图

然而，逻辑经验主义者所推崇的逻辑分析方法无法与科学家的实践活动和具体决定一致起来，出现了难以克服的悖论。一方面，他们要坚持所辩护的观念，另一方面，又要避免出现下列情况：科学家在大多数情况下会违反要辩护的推理规则。1951 年，奎因（W. V. O. Quine）在《哲学评论》上发

---

① McErlean J. Philosophies of Science: From Foundations to Contemporary Issues[M]. Belmont: Wadsworth Cengage Learning，1999：98.

表《经验主义的两个教条》一文，从语言哲学的角度对分析性和还原论的哲学观点进行了深刻的批评；1958 年，汉森在《观察》一文中，基于感知本性，对观察/理论和事实/解释的二分法提出了质疑，认为纯粹的观察是不存在的，图 1.1 中的第三个层次会影响第一个层次。特别是奎因的整体论和迪昂-奎因的非充分决定性论题表明，具有经验意义的是整个理论，而不是理论术语或孤立的理论语句，仅凭观察事实不足以对相互竞争的理论做出选择，从而摧毁了完全建立在稳定的观察基础之上的基础主义的理论知识图像。这种"观察渗透理论"的整体论思想在后经验主义科学哲学家的思维方式中得到了回应。

1962 年，库恩的《科学革命的结构》一书的出版，明确地把科学哲学家的研究视野带到了科学史的领域，与此同时，逻辑学家的科学哲学开始逐渐地被历史学家的科学哲学所取代。库恩认为，科学是一个历史发展的过程，不是简单地通过经验观察的辩护、证实或证伪。证实主义把科学发展理解成是真命题的不断积累；证伪主义把科学发展过程理解成是对假命题的不断推翻。这些看法都与科学史不相符。因此，试图研究真科学，而不是研究理想的推理系统，更不是研究哲学家虚构的科学的哲学，必须关注科学史。20 世纪 70 年代以来，越来越多的科学哲学家已经走出逻辑经验主义的阵营，接受并学习科学史，他们准备从科学史中建构科学的理论。拉卡托斯的研究纲领方法论、费耶阿本德的"怎么都行"的无政府主义的方法论，都是从科学史的案例研究中总结出来的。

这些观点拒绝接受把理论概念看成是逻辑的公理化体系的标准解释，而是主张把科学进步理解成是理论系列或理论变化的结果。他们认为，并不存在选择理论的中立的算法规则，更没有使一个共同体中的每位科学家都做出相同选择的系统的决定程序。用库恩的术语来说，基于相互竞争的范式的理论是不可通约的，理论变化是范式转变的结果。用拉卡托斯的术语来说，理论变化是研究纲领的更替。于是，关于理论变化的模式与科学发现的合理性问题的讨论，便构成了 20 世纪六七十年代科学哲学研究的核心论题。

问题在于，按照传统科学哲学的思维习惯，一旦这些研究完全抛弃了占有主导地位的辩护主义者的科学哲学（辩护主义者把科学实验等同于中性的观察结果，并用观察结果来检验理论，认为科学知识是由已经证明的命题构成的），那么，就相当于承认，不可能把科学理性还原为一套可靠的科学方法论规则。于是，这些历史学家的科学哲学虽然批判了逻辑实证主义的局限性，但是，他们的非辩护主义的科学哲学体系，在某种程度上有相对主义之嫌。

与此同时，一批社会学家开始普遍地把他们的研究视角转向了对科学知识的理解与说明，对逻辑实证主义确立的独特而客观的科学形象进行实践考察。当社会学家把科学探索活动作为一项普遍的社会活动重新概念化时，他们更注重科学知识产生过程中内含的社会因素所起的作用。不论是布鲁尔的强纲领、拉图尔的普遍对称性原则，还是柯林斯的相对主义的经验纲领，都在不同程度上把科学知识理解成是社会建构的产物，从而消解了真理的作用，走向了认识论的相对主义或方法论的相对主义。

这个时期，不论是在科学哲学内部还是外部，非理性主义和相对主义思想都处于十分活跃的地位，从而为科学哲学的进一步发展带来了危机。自20世纪80年代以来，首先是以劳丹（Larry Laudan）、夏皮尔（Dudley Shapere）和萨普（Frederick Suppe）等为代表的理性主义的科学哲学家，一方面，继承了历史主义学派坚持科学哲学与科学史相结合的研究进路；另一方面，又试图彻底批判和否定不断扩张的非理性主义与各种形式的相对主义的进路，从而诞生了科学哲学的新历史主义学派。新历史主义学派以坚持理性主义为出发点，对科学哲学的研究，由对理论变化与科学进步的关注，转向了对科学成功和科学目标的说明，从而掀起了科学实在论与反实在论之间旷日持久的争论。然而，不论是以普特南（Hilary Putnam）和波义德（Richard Boyd）为代表的"奇迹论证"，还是以卡特赖特（Nancy Cartwright）和哈金（Ian Hacking）为代表的"操作论证"；不论是范·弗拉森的经验建构论，还是法因（Arthur Fine）的"自然本体论态度"，都没能够提供一条有生命力的科学哲学的研究进路，也没能够真正解决科学实在论与相对主义之间的内在矛盾。

另外，1996年，自著名的文化研究期刊《社会文本》刊载了纽约大学的量子物理学家索卡尔的《超越界线：走向量子引力的超形式的解释学》一文之后，震惊学术界的"索卡尔事件"掀起了一场席卷科学家与人文社会学家之间的"科学大战"。这场大战不仅彻底地暴露了科学家与人文知识分子在本体论、认识论、方法论和价值论方面存在的本质差异，而且揭示了传统实在论与哲学相对主义之间的根本对立，以及科学主义与人文主义之间的矛盾冲突，体现了科学家对人文知识分子把科学理论理解成是社会文本的极端的相对主义与非理性主义的观点的反驳。"科学大战"引发了对科学本性、科学真理与理性、科学方法等问题的重新思考与理解。

国际学术界通常把后历史主义者的科学哲学理论称为内在论者的科学哲学，把科学知识社会学家的科学哲学理论称为外在论者的科学哲学。前者强调了科学哲学的历史学转向，突出了历史语境的价值；后者则强调了科学哲学的社会学转向，突出了社会语境的作用。问题在于，在当代大科学背景下，这种首先把科学与社会现实分离出来，然后再强调回归到社会中去的二分法的思维方式，已经失去了存在的前提。因为对逻辑经验主义只强调观察结果的客观性和真理性的思维方式的批判，必然会走向另一个反面，即只突出科学研究过程中的社会因素。事实上，在当代的科学实践中，科学并不只是关于自然界与社会的命题集合，在一定的历史条件下，科学在受到社会影响的同时，也在建构与改变着社会。因此，我们必须确立新的思维方式，寻找新的进路来重新反思与阐述科学哲学问题。

其实，不论是逻辑学家的科学哲学、历史学家的科学哲学，还是社会学家的科学哲学，都只是对科学的某方面特征的强调。这些研究方式的出发点本身已经内在地决定了，他们的科学哲学体系必然是失之偏颇的。科学理论既不是由永真命题构成的逻辑证明体系，也不是科学家随意建构的结果，而是对特定条件下的世界的一种整体性模拟。在科学家模拟与解读世界的过程中，研究对象越远离人的感官知觉系统，科学理论的建构性成分就会越多，对观察现象与科学事实的理解就会越难以统一，科学家的求真目标就会越来越与他们的心理和社会的因素纠缠在一起。科学家的居功自傲与人文社会学家的极端批评，典型地代表了对同一过程的两种偏激的解读方式。因此，未来科学哲学的发展要想既走出相对主义的困境，又能对科学给予实在论的理解，一条可能的出路便是将语义分析奠基于语境分析，持续推进科学哲学的语义转向，使语境分析模型化、可计算化，走向语境论的科学哲学。

四、科学哲学的语义转向

科学哲学的现代性进程是由"语言学转向"开启的，现代科学哲学由此进入了高速发展和繁荣的时期，而"语言学转向"内在的分析特征预设了未来"语义学转向"的走势，因为概念的语义分析过程其实也就是概念意义的建构过程。换言之，科学概念的解释同时也就是意义建构。意义是嵌入科学解释或科学说明过程中的理性建构，或者说是科学交流中的思想建构。解释或说明就是建构意义而不是揭示意义。因此，"意义是被建构的"，而不是"被发现的"，建构的过程是形成意义的过程，建构的价值就是意义的价值，而这种建构过程归根结底是通过解释实现的。①这一点我们在本章第三节进一步展开阐述。

一个多世纪以来，科学哲学研究的方法论演变与整个分析哲学的发展相关，它们之间有着密不可分的本质联系。而意义建构的思想，恰是在这个过程中不断地被提出、深化、完善和逐渐达到成熟的趋势的，显现了这一思想发展的历史必然性。

首先，20世纪哲学发展中的"语言学转向"给出了意义建构的分析基础。大多数哲学家认为"语言学转向"的根本目的就在于：第一，哲学的目的一方面是对概念系统的结构和表征进行理解，另一方面是对哲学的难题进行求解。第二，哲学的初始方法就是对语词使用的模糊性等难题进行检验，以拨清概念的混乱。第三，哲学既不是对客观实在的直接认识，也不存在优越于科学知识的认知水平，而是对一种极富特色的人类理解方式的贡献。②由此可见，"语言学转向"的根本目的就是要给出一种富有特色的关于理解的方法论。所以，这既不是要把逻辑的价值推向极端，也不是要把语言的意义抽象到极致，而是要给出一种理解的方法论。

其次，在"语言学转向"的哲学进程中，内在的"分析学转向"预设了未来"语义学转向"的走势，强化了意义建构的分析方法。从19世纪和20世纪之交产生的分析哲学来看，是要在否弃传统唯心主义的语境中，拓展解构化的概念分析方法，即强化被称作"解构的分析概念语境"。这是一个什么样的语境呢？摩尔、罗素和早期维特根斯坦（Ludwing Wittgenstein）都走向了一个"缩小"了的逻辑表征形式的语境分析，即逻辑原子论。但这种表征形式的语境分析方法，其本质在于赋予理论对象可变换的或可解释的概念特征。③正是这个变化，我们把它视为奠定了20世纪"语言学转向"的"分析学转向"。早在"分析学转向"的时代，罗素和弗雷格就意识到了不同语境存在着不同限制，或者说不同概念框架可以给出不同语境趋向。而且在一

① 郭贵春. 科学研究中的意义建构问题[J]. 中国社会科学, 2016, (2)：22.

② Hacker P. Analytic philosophy: beyond the linguistic turn and back again[M]//Beaney M. The Analytic Turn: Analysis in Early Analytic Philosophy and Phenomenology. New York: Routledge, 2007: 133.

③ Beaney M. The analytic turn in early twentieth-century philosophy[M]//Beaney M. The Analytic Turn: Analysis in Early Analytic Philosophy and Phenomenology. New York: Routledge, 2007: 2.

个特定语境下，每一个命题都有一个最具优势的表征形式，它由语境的本质价值取向所给定。语义分析的本质就是要给出一个最佳的赋有语境本质价值取向的命题表征形式，把握了它，就把握了给定语境下一个命题的本质意义。

再次，超越"语言学转向"并且回归语义分析，是当代具有分析本性的科学哲学探究意义建构的必然选择之一。因为我们所要建立的方法论就是语境基底上的语义分析论。在这里，对"语言学转向"的超越和对语义分析的回归，恰恰理性地体现了语境论语义分析方法的本质特征及其历史渊源。这种语义分析使我们对当下语境进行历史的、现行的以及未来发展的理解、评价和预测成为可能。语义分析成为我们解读语境对象的方法论工具。所以，这种起源于分析学派的语义分析方法，需要我们随着历史的演进不断地进行新的提升和重构。因为就分析学派的起源来讲，达米特曾对其本质的特征或核心观念给过一个较好的说明：只有弗雷格最终建立了哲学的适当对象，即哲学的目标是对思想结构的分析，分析思想的唯一适当的方法存在于对语言的分析之中。①尽管达米特的这个看法仍存在着很多争议，但他给出了分析学派某些最基本的特征则是不言而喻的。我们需要看到的是，汲取分析方法的本质精髓，避免其僵化和绝对的框架，在分析过程中探究意义建构的趋向，则是科学哲学发展的必然。

最后，科学哲学对意义建构的探究，促使其在自身发展的进程中自然地提出了一个基于语境的新的"语义学转向"。这个"语义学转向"较之逻辑实证主义时期的"语言学转向"有着它自身更加清晰的特征：第一，它的分析基底是语境实在论的本体论立场，而不是非实在论的纯演算的方法论基底；它的出发点是语境论的整体性基础，而不是单纯语句真值的考量。因此，语境的建构是具有相关价值取向的意义建构的前提，它实现了科学哲学分析方法的逻辑前提的变换。第二，"语义学转向"不是一种分析方法对另一种方法的单纯排斥或"自我评价"，而是建构一个各种分析立场和价值取向相互交融、相互渗透、相互借鉴以及相互促进的"语境平台"。在这个平台上，任何一种取向都不具有唯一的优越性，而是在科学理性的法庭上平权的。第三，"语义学转向"既面对着科学理论日益远离经验的形式体系更加完备、其对象意义更加鲜明的进步，同时又面对着其相关技术的现实意义更

---

① Hacker P. Analytic philosophy: beyond the linguistic turn and back again[M]//Beaney M. The Analytic Turn: Analysis in Early Analytic Philosophy and Phenomenology. New York: Routledge, 2007: 134.

加突出、现实特征更加确定的发展。在这里，科学的技术化与技术的科学化的统一，形成了意义建构不可忽视的背景要素。第四，"语义学转向"启迪了科学创造和科学发展的选择模型，使科研主体在给定语境下进行语义分析和意义建构的过程中，具有更积极的自主性和能动性，有了更多选择语境创新的权利和机会，从而使科学哲学所研究的意义建构这一难题，具有了更鲜明的模型化的语境重建，形成了意义建构研究的新趋势。

"语义学转向"是当代科学哲学面向 21 世纪发展的选择之一。"语义学转向"的本质就是要在科学哲学的理论解释中重建意义建构的分析方法，而这一分析方法的内核则是语境基底上的模型分析。模型分析是意义的语境分析的一个类型。在模型的建构和说明中，表征系统指谓了隐含的指称对象的给定特征，从历史和现实、形式和内容、显性和隐性相结合的结构中表达了特定模型的意义。由此，意义建构的分析过程才能在现实世界和可能世界之间架一座桥梁，从而给出特定可能世界的意义或价值取向。①所以，我们认为"意义是被建构的"，而不是"被发现的"，建构的过程是形成意义的过程，建构的价值就是意义的价值。因此，科学解释或说明的过程就是意义建构的过程，解释或说明建构就是揭示意义。可见，语义分析是建构或揭示在给定模型中形式表征已被规定的意义。这便是笔者对意义建构的理解。

第二节　语义分析方法与科学哲学的进步

回顾 20 世纪科学哲学的演进历程，我们发现，重新理解、认识、把握语义分析方法，是当代科学哲学研究的一项具有战略性意义的任务。因为科学哲学的进步首先在于它的研究方法的进步。语义分析方法作为"一类横断的研究方法，类似于血管与神经，浸透在语言学、哲学以及科学理论的建构、阐述和解释内"②。只有在新的历史和发展的平台上，重建语义分析方法的系统功能，强化语义分析方法合理运用的必要性，才能把握语义分析方法论研究的新趋势，才具有与反实在论进行论争、对话及相互融合与渗透的可能性和现实性。把握语义分析方法论研究的新趋势，无论是对于一般科学哲

① Garcia-Carpintero M，Macia J. Introduction[M]//Garcia-Carpintero M，Macia J. Two-Dimensional Semantics. New York：Oxford University Press，2006：1.

② 郭贵春，殷杰. 后现代主义与科学实在论[J]. 自然辩证法研究，2001，（1）：6-11.

学还是具体科学哲学研究来说，都是十分重要的。语义分析作为方法论的一种高层次的螺旋式的历史回归，正是当代科学哲学发展和进步的重要标志。

一、语义分析方法及其必然性

科学哲学的历史告诉我们，在 20 世纪 30 年代，卡尔纳普（Rudolf Carnap）、赖兴巴赫（Hans Reichenbach）和亨普尔之所以放弃"逻辑实证主义"而高举"逻辑经验主义"的旗帜，就是要在科学理论的解释中强化语义分析，以解决不可观察对象的解释难题。即放弃直接可观察证据的局限性，通过逻辑语义分析的途径达到对不可观察对象的科学认识。因此，语义分析方法在逻辑经验主义的成长中不断成熟，具有理论的、历史的必然性和合理性。否则任何科学理论形式体系中的谓词及关联词、理论术语及常项（操作符号和个体常项）的意义便无从谈起。

一个重要而又往往被忽略的事实是，1950 年，卡尔纳普在《经验主义、语义学与本体论》一文中，就谈到了各种理论实体（尤其是逻辑和数学中的抽象实体）的存在性问题，这恰恰揭示了卡尔纳普具有科学实在论的倾向性。其实质就在于，只要存在着可观察世界和不可观察世界的区别，存在着直指和隐喻的差异，存在着逻辑描述与本质理解的不同，语义分析方法就永远不可或缺。而且它将始终伴随着实在论与反实在论的论争以及实在论进步的历史过程。这就是萨尔蒙声称"在逻辑经验主义的传统中存在着科学实在论的倾向"的根本原因。[1]同样，批判的科学实在论者尼尼鲁托（Ilkka Niiniluoto）促使我们注意到，20 世纪 50 年代伴随着逻辑经验主义的"死亡"而崛起的科学实在论，恰恰是继承了科学哲学中分析哲学的传统。[2]"语义学的实在论"（realism in semantics）正是批判的科学实在论的主要旨趣之一。因为语义分析方法早已占据了分析哲学和解释学传统的核心地位，这个传统到现在依然存在。更重要的是，"真理是语言与实在之间的语义关联"这一语义实在论的断言，至今仍然没有被打破。[3]

科学哲学的历史表明，语义分析在科学哲学中的运用是"中性的"，这个方法本身并不必然地导向实在论或反实在论，而是为某种合理的科学哲学

① Salmon W C. Reality and Rationality[M]. New York：Oxford University Press，2005：21.
② Niiniluoto I. Critical Scientific Realism[M]. New York：Oxford University Press，1999：v.
③ Salmon W C. Reality and Rationality[M]. New York：Oxford University Press，2005：42.

立场提供有效的方法论论证。逻辑经验主义关注的焦点在于理论术语的意义问题，正是在意义理论上科学实在论与逻辑经验主义完全可以比较，而且科学实在论的意义理论并"没有超越经验主义的界限"①。只是科学实在论拓展了对经验意义的解释域及其"语义下降"和"语义上升"的深度。在科学实在论的复兴运动中，无论是普特南、邦格（Mario Bunge）、克里普克（Saul Kripke）还是其他人，都自觉地运用了语义分析，以强化其科学实在论解释的可接受性。可见，语义分析是坚持科学理论解释和说明的一种必备手段。

总之，塔斯基（Alfred Tarski）和卡尔纳普在 20 世纪 30 年代中期开创了逻辑语义学的新纪元，到 50 年代中期，这个趋势在模型论和可能世界语义学中达到高潮。后来，它在逻辑语用学中延伸到对自然语言的研究。这种趋势的强大影响，甚至迫使反叛的历史主义也采取了"意义的整体论"思想，以至导致了辛提卡（Jaakko Hintikka）的深刻洞见："语义学建立在语用学的基础之上。"②可见，在 20 世纪的"语言学转向"、"解释学转向"及"修辞学转向"的"三大转向"运动中，始终贯穿着语义分析的哲学传统。科学实在论顺应了这种历史潮流，从而展现了它强大的生命力。

毫无疑问，语义分析的科学哲学传统促进了科学实在论的理论解释和说明，推动了科学实在论的进步。科学实在论的理论解释和说明离不开语义分析，这至少有如下几个原因。

第一，任何科学理论都是具有不同程度的公理化的表征系统，对它们的解释和说明涉及各个层面的意义分析，因此对于语义分析在科学理论解释和说明中的地位，是任何其他分析方法所不能比拟的。尤其是现代语义逻辑分析为形式演算提供了适当的语义结论，这为理解那些抽象的、远离经验的模型框架和理论实体的物理意义，提供了极好的视角。

第二，从整体性上讲，对科学理论的解释，除了公理化的形式体系所给定的内在特性之外，同时也还存在着确定这些理论模型的意向特性的问题，而这种意向特性对于形式化的理论体系本身而言是外在的。只有内在与外在特性相统一，才能够真正使一个理论的意义得以整体性地完备说明，从而使理论的创造和建构过程与理论的解释和说明过程统一起来。而解释清楚这个问题，正是语义分析方法在科学理论说明中最关键的作用之一。

---

① Salmon W C. Reality and Rationality[M]. New York：Oxford University Press，2005：x.

② Salmon W C. Reality and Rationality[M]. New York：Oxford University Press，2005：43-44.

　　第三，对理论实体进行解释和说明，是科学理论解释中最复杂的难题；而清晰地给出理论实体的意义说明，则又恰是语义分析方法的基本目标。比如，在经典物理学中，对同一个物理事实可以给出不同的理论模型，而这些不同的模型选择了不同的指称框架，又都由伽利略变换所关联。这样用语义分析方法求解这一难题就是必然的。

　　第四，与检验科学理论的实验方法论相关的一个重要方面，就是理论模型内在自洽性的存在，对这两方面的语义关联的合理解释是语义分析方法的核心功能。它需要语义结构的一致性关联以及"语义上升"和"语义下降"之间的不断调整和变换。在这一点上，语义分析方法的展开有它独特的魅力。

　　第五，在科学理论的发明过程中，从测量对象、测量仪器、经验现象到测量表征的整个结构系统，都需要有一个结构性的、可理解的说明。这涉及物理对象的指称和物理意义之间的一系列关联，涉及经验描述和理论模型之间的一系列属性，也涉及可能性与必然性之间的一系列逻辑要求。因此，语义分析方法的结构性和整体性特征就会发挥其内在的功用。①

　　上述原因表明，科学实在论对理论进行的解释和说明是一个非常复杂的系统。它既关联形式化体系的价值趋向性，又关联科学家心理意向的趋向性，它们内在地交织在一起，试图把二者割裂开来只能是一种幻想。因此，完全有必要建构一种系统的、完整的语义分析方法论，以便将这两种趋向性相结合，对科学理论的意义进行解释和说明。特别是将形式化的规范语义学的分析与自然语言的语义分析相结合，充分注意语义分析对象的"主体性"地位，对科学实在论的理论建构极其重要。因为对当代科学实在论最核心的批评，是由测量证据所导致的"理论的不确定性（underdetermination）"观点。它试图在经验等价性的基础上，通过整体的或局域的"算法战略"（algorithmic strategy），来说明可选择理论存在的可能性，并用这种推测的可能性来否定现存理论的合理性。对于这种反实在论的批评，有科学实在论者将其称为"魔鬼的交易"（devil's bargain）。因为"它仅仅是用将这一难题转入一个更古老的哲学故事的手段，以看似迷人的算法为不确定性预设提供证明"②。但是科学实在论者们必须清醒地看到，对反实在论的"理论不确定性"的反驳，不能仅仅是一种断言，以系统的语义分析方法作为反批评的战

---

① Suppes P. Representation and Invariance of Scientific Structure[M]. Stanford：CSLI Publications，2002：8.
② Stanford P K. Exceeding our Grasp[M]. Oxford：Oxford University Press，2006：11-16.

略性的方法论支撑，是一种历史要求的必然选择。

二、语义分析方法的演进及其根本任务

语义分析方法构成了语义学研究的核心，考察语义分析方法的演进就必须将其置于语义学发展的大背景中加以审视。实际上，从 20 世纪 70 年代开始，语义学就已经从语法理论的边缘地位进入了语言学和语言哲学研究的核心，并逐渐地奠定了它尔后发展的坚实基础。

20 世纪 70 年代初，在生成语法框架内进行研究的语言学家们，将语义学看作是一个缺乏规范框架的，或者说是一个缺乏明确意义纲领的欠发展的领域。这一点乔姆斯基在 1971 年就表达得很明确，他曾指出："毋庸置疑，在语义学的领域中，存在着需要充分探讨的事实及原则的难题，因为不存在人们能够合理参照的具体的或明确定义的'语义表征理论'。"①从这以后，他不仅致力于这方面的努力，并做出了令人启迪的成果。而后，蒙塔古（Richard Montague）提出了一个发展自然语言规范语义理论的模型。在这个理论中，对自然语言语句的模型理论解释，是通过与生成其结构表征的句法操作严格一致的规则来构造的。他的这一工作为尔后 20 余年的规范语义学的研究奠定了基础。与此同时，杰肯道夫（Ray Jackendoff）在生成语法范围内提出了表征词汇语义关联的研究。这一研究主要是提供了词汇意义与语形之间关联的可进一步探究的基础。到 90 年代左右，由于语义学研究的规范发展，经验领域和理论的解释力都得到了进一步的扩张。尤其是在传统的语义难题的求解中，出现了真正的进步。比如，经典的蒙塔古语法采取的是本质上静态的、与句子关联的意义观，但新的对解释过程的动态研究，却提出了要通过论述将信息的增量流动模型化的见解。同样，通过把模型理论扩张到表征论述情景的内在结构，基于情态的理论也提出了对各个超语言学语境的给定游戏规则的严格说明。而且在生成完备的句子解释中，也提出了对句子意义的独立语境的组成部分的说明。这种变化发展到世纪之交，在语境的基底上来谈论语义学的分析已成为一种不可忽视的趋势。它已将各种分散的语义分析模型建构在了语境分析的基础之上。可以说，到现在为止，没有语境便没有真正意义上动态的、规范的、结构性的语义分析

---

① Lappin S. The Handbook of Contemporary Semantic Theory[M]. Oxford：Blackwell，1997：1.

理论。

　　语义学的历史发展表明，语义的整体性就是意义的整体性，它是由相关语境的整体性所决定的，语义分析方法具有它必要的整体的整合性功能。因此，语义评价也是一种整体性的评价。所以，理论的意义不是简单的整体和部分之间关联的功能，而是一个相关表征整体的系统功能和系统目标的集合。在这个整体性的基础上，"语义学的任务就是阐释特定的原则，并通过这些原则使语句表征世界。倘若世界与表征是一致的，那么作为表征世界的特定方式而缺乏潜在的必须被满足的严肃条件，就完全是不可能的了"[①]。无论不同的语义学家们在这些条件上有多少不同的看法，但在语义学必须遵循特定的原则这一点上却是有共识的。而坚持语境分析的原则则是最有前途的一个方向。所以说，"一个句子的意义就是从言说的语境到这些语境中由句子所表达的命题的函项（function）"。也就是说，失去了语境就是失去了意义存在的基础。

　　语义学的历史发展告诉人们，语义学本质上是一门横断的方法论性的学科。一方面语义分析方法已渗透到了所有的学科之中，另一方面，语义学本身的存在也是建立在哲学、逻辑学和语言学基础之上的。所以，20世纪30年代中期弗雷格、卡尔纳普和塔斯基的工作，为尔后蒙塔古的模型理论语义学的发展奠定了最有效的前提。当然，语义学在它的整体性、逻辑性及意向性各个方面都存在着持久的历史争论，或者说这几个方面都是争论的本质性的缘由。所以，协调以上几个方面的关联，是历史地建立语义学的科学性的根本问题。可见，在语境的基底上，将语形、语义和语用结合起来去处理这些问题是非常重要的。而且只有将其作为方法论来建立才是适当的。

　　在这种方法论的历史建构中，规范语义学（formal semantics）的研究具有非常典型的意义。规范语义学试图从三个方面回应各种批评：首先，认为对意向性表征理论的批评是不适当的；其次，有必要发展更适当的逻辑和模型结构；最后，应当对"心理实在"问题进行哲学、语言学和心理语言学的探索。各种批评是方法论意义上的，因此规范语义学的回应也应当是方法论意义上的。在这一点上，规范语义学最大限度地将语义学的整体性概括为三类：①经验的。这种整体性表达了关于语形建构的根本主张，所以规范语义学的理论在某种意义上说，是对能否将这一主张可持续化的问题的讨论。

① Richard M. Meaning[M]. Oxford：Blackwell，2003：235.

②方法论的。这种整体性被看作是一种对语法理论的最基本的制约，因为只有包括了清晰语形的语法才能做出构造完美的语法说明。所以，规范语义学在一定程度上讲就是对这种方法论原则的成效的探索。③心理的。这种整体性的原则并不在于它自身被给定了特殊的地位，而是对更基本的方法论原则给出了心理意向上的说明，当然这种原则必须存在某种语形和语义之间的系统关联。规范语义学的这种发展，被人们称为"后蒙塔古语义学"时代。可以说，在向科学和社会学开放的广泛基础上，在整体性、逻辑性和意向性上进行更深入的研究，正是"后蒙塔古语义学"的必然要求。

在这种方法论的历史建构中，自然语言语义学（natural language semantics）从另一个方面体现了语义学研究的方法论意义。建构自然语言的意义理论，必须包容自然语言的两个最基本的特征，因为它们完全不同于命题演算或谓词演算那样的形式语言。这就是，第一，使用语言是为了表达讲话者的交流意向；第二，这种语言的语句可以包含开放的"标志表征"（indexical expression），而这些表征的值只能在语境中予以决定。所以，在自然语言语义学中，意义理论不仅包含语义分析，而且包含语用分析，由此才能决定句子如何被用于建构陈述，才能为讲话者的意向和语境给出相关的条件。这就是说，在一定意义上讲，语用的具体突现过程是意向和语境得以实现的物质基础。同时，这种语用的物质条件性，决定了语境的本体论意义上的实在性。在语境实在的基础上，去实现语形、语义和语用的统一。可见，"语境至少是实体、时间、空间和对象的集合"①。语句表征的意向性及其意义正是在这个集合中被交流、被完成、被确定的。这样一来，语言陈述在量和质两个方面，即陈述在形式上的丰富性和本质上的价值取向的内在性，均在语境中获得了统一。所以在语义学的框架内，"理解是语境的事情"②。在一个特定的语境中，一个陈述或表征所具有的确定意义事实上是语境所给定的一种本质特性或者价值趋向，在语境中对相关特性或价值趋向的选择，是由与语境一致的特性条件决定的。语境决定特性或价值趋向，而特性或价值趋向决定意义。意义表现为特性或价值趋向的"值"或"函项"。归根到底，这些特性或价值趋向是语境的"值"或"函项"。所以，在理解的过程中，意义的重建从根本上讲是语境的重建问题，仅仅在语形重建层面上的一致性，并不能保证意义的一致性，只有语境的重建才能有意义重建的可能

① Lappin S. The Handbook of Contemporary Semantic Theory[M]. Oxford：Blackwell，1997：117.
② Lappin S. The Handbook of Contemporary Semantic Theory[M]. Oxford：Blackwell，1997：135.

性。在这里，语形、语义和语用在重建中的结构上的一致性是语境同一性的表现形态。总之，语句的重建规则如何被系统化，它们如何与规范陈述的语义计算（semantic computation）相互作用，包括演算本身可能对一致性概念的任何影响，都构成了自然语言语义学必须解答的核心内容。

当我们谈到语义学的历史发展时，我们不得不提到从 19 世纪末到 20 世纪 80 年代，在逻辑语义学中流行的"意义等价于真值条件"的静态语义观。这种语义观将语言表征与世界之间关联的意义看作是静态的关系，这种意义可能会随着时间的流逝而变化，但它自身却不会导致变化或引发变化。尽管这种观点持续了近一个世纪，但逻辑语义学的开创者们，如弗雷格和维特根斯坦等却都以开放的视界来对待他们没有抓住的东西。尽管逻辑的途径奠定在经典数理逻辑和集合论之上，但它们对意义的诸多分析并非像传统口号那样适当。它的真正变化必须有其他概念的出现，即计算机科学和人工智能等认知科学的发展及其影响。这就是对传统逻辑语义学的挑战等了近一个世纪的原因。但在逻辑语义学中，对静态语义观的真正挑战，产生于逻辑语义学中对"顽抗难题"（recalcitrant problem）的解决，因为对这一难题的解决要求超越静态的意义观。真正的突破产生于 80 年代初由坎普（Hans Kamp）和海姆（Irene Heim）发展了的"叙述表征理论"（discourse representation theory）。由此，动态语义学有了自身发展的广阔空间。

在这种动态语义学方法论的历史建构中，它形成了动态的解释思想形式化的特定方式。因为在动态的解释过程中，对表征结构做了本质的应用，它将解释的动态性确定在了解释过程的真正核心之中，即意义的核心概念。之所以如此，就在于它与表征形式的变化是相关的。在这个意义上，"意义就是潜在的信息变化"成了动态语义观的核心，而静态语义观则在于"意义就是真值条件的内容"。可见，静态语义学的基本概念就是"信息的内容"，而动态语义学的基本概念就是"信息的变化"。总之，在动态语义学中，一个句子的意义就是与它潜在地改变信息状态相关的。

必须强调指出的是，当回顾或反思语义学的演变和发展时，我们看到了太多的语义学的表现形态。这些表现形态均试图从不同的立场、视角、层面和方式上求解语义学及其哲学解释的难题。但是无论哪一种语义学倾向，从心理意向的要求上来分析，它们都必须从方法论上回答这样几个最基本的问题：第一，什么是意义与指称或真理之间的联系？第二，什么是一个表征的意义与认识或掌握其意义之间的关系？第三，什么使有意义的表征成了有意义的？第四，什么是意义与心理之间的联系？第五，什么是自主的意义与继承的意义之间的联系？第六，为什么意义与表征系统是相关的？正是对所有这些问题的不同回答，可将它们区分为还原论的和非还原论的两种回答类型。然而，无论是哪一种类型，都不能回避由语境到指称和真值的确定这一根本问题。因为在确定的语境基底上把意义与指称和真值的关联阐释清楚，是所有语义学研究趋向的基本问题。对这一基本问题的回答，推动了整个语义学的发展和进步，同时也构成了不同趋向之间的相互论争、相互渗透和相互借鉴的丰富多彩的历史局面，从而使语义学的方法论功能显得更加精彩和动人。同时，对这个基本问题的回答，也构成了人们评价一个语义学方法论体系的衡量尺度或标准，否则，我们将无法廓清语义学发展的历史走向及其方法论研究的根本任务的重大意义。

三、语义结构的语境化

任何一个科学理论都是逻辑和语义相关联的语义结构系统。但是，逻辑和语义之间有本质的不同：第一，逻辑的等价性并不意味着意义的一致性，逻辑的概念只涉及描述意义（descriptive meaning）。因此，逻辑的等价性对把握同一意义而言并非其充分标准或条件。第二，真值条件和指谓（denotation）并不能穷尽对意义的理解，因此对逻辑的运用和遵从并不必然意味着一个表征的意义会必然包含在另一个表征的意义之中。①这样看来，逻辑的特性关联并不直接涉及意义。更确切地讲，逻辑所涉及的指谓和真值条件反而是由意义或者更精确地讲是由描述意义所决定的。所以，探索意义的逻辑途径具有不可避免的局限性：①逻辑并不能把握意义的所有方面，也无助于对真理和指称的决定。因为具有同一描述意义但具有不同表达意义的表征，不能由逻辑方法加以区别。②逻辑并不能把握描述意义本身，而只是它的某种效应。③逻辑并不能把握具有相同真值条件或指谓的表征的描述意义之间的区别。特别是对于"非偶然语句"（non-contingent sentences）的意义，它不具有任何洞察力。②可见，在对科学理论的解释中，逻辑分析是非常重要的语义分析工具，但语义分析又必须超越逻辑演算的形式约束，去整体性地把握表征的意义。换言之，从逻辑和语义关联的整体性上语境化地把

① Lobner S. Understanding Semantics[M]. New York：Oxford University Press，2002：80-81.
② Lobner S. Understanding Semantics[M]. New York：Oxford University Press，2002：82.

握理论表征的语义结构，是进行实在论的理论解释和说明的基底与前提。

尽管理论的形式表征与其意义之间不存在纯逻辑的关联，但是语义实体（如意义）和语义关联属性（如指称）与语义表征之间的关联，却构成了某种特定的语义结构，并在相关的语境中发挥着它的功能和作用，从而使理论具有了它特殊的对象实在性和意义解释。正因为如此，抽象而复杂的量子力学体系才能被人们所理解，并阐释它优美的物理意义。这正像在数学中，人们将模型论看作是为算符提供了语义学的说明一样。①另外，基于奎因的传统，人们习惯于将语义学分为指称理论和意义理论两大部分。其中，指称理论涉及模型、真理、可满足性、可能世界、表达和指称等概念。意义理论则试图说明内涵语境、意向表征、分析性、同义性、含义、不规则性、语义重复、一词多义、同音词及意义包含等。事实上，所有这些由指称理论和意义理论所涉及的语义现象，都必须在一个统一的语义结构或语义模型中语境化地进行整体分析，否则，各种语义现象就会是割裂的、不完整的和意义缺失的。所以，语境化的语义结构是审视所有科学理论解释的基础。

再者，从语义学的视角看，任何一种理论都必然预设了自己所伴随的语义图景。而且这种语义图景与特定语境中的语形结构相关，语义分析为其提供了特定的语义价值。内在论和外在论的语义理论，都赞同这种语义学的特征。它们的区别仅仅在于，内在论强调语义值是心理实体，它是内在于某种语法的；外在论则认为某些语词术语的语义值是实体，这些实体是外在于相关语法的。它们有一个共同点，就是语境给出了某种结构性的规则，这些规则确定了语词术语的语义值，或整个语句的语义趋向。对特定表征句子中的语词术语来说，一旦语义值被确定，语义分析就可能提供掌握这些语义值的规则，以及产生相关语义值的句子结构。总之，特定的语境参量（contextual parameters）对给出相关的语义值起到了结构性的约束作用。另外，语境参量通过语境信息的表达，使特定的语用过程得以实现。这里语用的推理证据、推理过程、最终的推理结果，都在特定的语境证据和背景假设中获得了现实的运用。同时，语境的功能使语用推理的相应原则得以实现，这个原则就是一方面将理论解释的效果最大化，另一方面使推理的复杂性最小化，从而达到最佳的语用效果。②这样一来，语义分析就与语形和语用分析统一在了一个确定的语境结构之中，构成了一个完整的理论解释系统。

① Davis S，Gillon B S. Semantics[M]. Oxford：Oxford University Press，2004：22.
② Davis S，Gillon B S. Semantics[M]. Oxford：Oxford University Press，2004：101-104.

特别需要强调的是，任何语义结构的解释框架，都必然要为语形范畴提供相关的"语义值域"。同时，对所有语言符号来说，在给定值域的基础上，为确定所有复杂表征的语义值提供必要的语义分析程序。在这个框架下，语用语境是作为表征的属性可被构建的，它涉及了相关的可能世界及时间和空间的关联。这使得命题态度语义学的分析和解释成为可能。所以，可能世界语义学分析的关键假设，就在于表明一个句子的意义只有在可能世界的集合中，它才是真的。而这就关联到把对真理的定义与对语义表征的系统说明统一起来，从而使意义理论更加完备的问题，即要把语境化了的语义结构模型化，这类似于模型论的语义学。事实上，量子逻辑的语义分析就是语义结构高度模型化的表现。总之，语义结构分析的模型化，能使真理的表征与实在世界的说明内在地联系起来，从而架起实在论的真理性说明与对象世界分析之间的方法论桥梁。在这里，有三点非常重要：第一，要给出语形描述的生成句法原则；第二，给出句法分析的相关规则的集合，即从一个句子的语形分析中可导出可能世界表征的某种有限集合的规则；第三，给出表征图景的合理说明，即在语义模型中表征的普遍性将使相关真理的定义或说明更恰当地具体化。

然而，无论语义表征和语义分析的结构如何去建构，语义结构以及对它的解释必须是有思想的。这是因为纯形式的演算永远是不完备的，事实上，早在 20 世纪 60 年代科学实在论者邦格就指出过。在邦格看来，科学是具有语言的，但它本身并不是语言，而是由语言所表征的整体思想和过程。同时，对科学的哲学解释离不开对理论表征的语言分析，但又不能局限于语言分析。所以，科学的语义分析是形式与非形式、语言与非语言的统一。[①]并且这种统一的获得是在语境中完成的。总之，在特定的语境下，一个符号的意义由它的内涵与它所指谓的概念指称共同决定。对一个给定概念来说，一个符号所表达的意义就是相关概念的"内涵-指称"对（pair）：意义$(C) = \langle I(C)，R(C) \rangle$。在邦格看来，科学解释中，人们经常把握的是一个概念的核心内涵 $I_c(C)$，这是由它的标记所决定的，而这个核心指称的亚集，余项 R_c 则留待以后研究。这样一来，核心意义的概念便作为"亚概念"被引入了：

如果 S' 指谓了 C，那么核心意义$(S) = \langle I_c(C)，R_c(C) \rangle$

---

① Bunge M. Philosophy of Science[M]. New Brunswick: Transaction Publishers, 1998: 53.

这两个对子是一致的，当且仅当对应的要素是一致的，即两个符号 S 和 S' 是一致的，因而就会具有同一的意义。所以，它们是同义的，当且仅当它们指谓了同一的内涵和外延：

$$S \text{ 指谓了 } C \text{ 并且 } S \text{ 指谓了 } C' \longrightarrow \{S \text{ 与 } S' \text{ 同义} = \mathrm{d}f[I(C)=I(C') \text{ 并且 } R(C)=R(C')]\}$$

在这里，倘若两个术语指谓了同一指称，但是内涵不同，或者相反，它们就会具有不同的意义。邦格强调：①在逻辑上等价的命题在语义上不一定等价，否则语义分析就会成为多余的，并且也失去了与思想的关联；②内涵论与外延论是一个问题的两个方面，都与指称不可分割，语义分析恰恰是要建立它们之间的统一性和一致性，以保证科学理论解释对意义的本质揭示；③理论表征的意义是语境化的，在一个语境中不表达思想的术语或符号是无意义的。①当然，一个术语或符号所表达的思想既可以是数学的或逻辑的思想，也可以是描述的或经验的思想。正是这些语境化了的语义结构分析原则的存在，产生了至少以下四种科学理论的假设：①"经验-指称"假设；②"经验与事实-指称"假设；③"事实-指称"假设；④"模型-指称"假设。②总之，无论人们对邦格的思想如何评价，他所给出的科学实在论的语义分析趋向及其对语境化的语义结构的认识，都值得我们认真对待。

四、语义规范的计算化

语义学的规范性是与语义学形式体系的逻辑性密切相关的。历史地讲，塔斯基关于真理和逻辑问题的富有生命力的研究，或许是对现代语义学最重要的贡献之一。关于真理的递归定义、逻辑语形学的语义、语义模型的概念、逻辑真理和逻辑结论的意义等，都是当代语义学的核心。模型理论语义学（抽象逻辑）、可能世界语义学、戴维森（Donald Davidson）及其他学者的意义理论、蒙塔古的语义学，甚至逻辑形式作为生成语形学的一个分支，都与塔斯基的原则有着关联。但无论如何，塔斯基的理论是一种逻辑语义学，在他那里，逻辑的和超逻辑的术语有着本质的区别。所以，在塔斯基的语义学中，逻辑术语的规则、范围和本质以及逻辑和非逻辑语义学之间的关

---

① Bunge M. Philosophy of Science[M]. New Brunswick：Transaction Publishers，1998：78，157.

② Bunge M. Philosophy of Science[M]. New Brunswick：Transaction Publishers，1998：275.

联并未适当地被澄清。但是，现代语义学的许多分支及其发展，在某种程度上虽然都植根于语言与世界之间关联的逻辑理论，但都超越了塔斯基语义学的范围。只不过规范语义学到底在多大程度上能超越逻辑的基础，仍然是一个值得探讨的问题。这就是说，规范语义学既不能与逻辑理论无关，但又必然要超越逻辑理论的形式约束，这二者之间的合理张力才是当代语义学发展的基础和趋向的可能性条件。

事实上，这涉及的是在当代语义学的研究中，如何处理语义和语形之间的关系问题。而恰恰是在范畴语法中来讨论语义和语形之间的关系，是很有意义的。在这里，有两种观点值得我们注意。

第一，任一语言学表征都被直接地指派了一种模型理论的解释，以作为其部分意义的显现。因而语形系统可以被看作是特定语言学表征构造完备的、可再现的描述，并且是一个以小的低层面的表征构建了大的高层面表征的体系，因此语义学对任一表征都会指派一个模型理论的解释。在这一点上，所有语义学理论都采用了某种关于语义学的构成论的观点，但问题的关键在于这种构成论的语义学解释了表征的哪一个层面的问题。众多的观点认为，表层结构都不是被直接解释的，相反它是被导出的或被描述的，而且其意义也是被指派给了相关的层面。范畴语法研究的有意义的假设就在于，认为一旦语形直接建构了表层的表征，建构语义学为任一表征指派了相关的理论模型解释之后，就不需要中间的任一层面了。

第二，从任何意义上讲，语义学所使用的特定建构论是语形学建构的镜子，因而给定了语形的建构就可以"读出"（read off）相关的语义学。但颠倒过来就不行，因为语形系统在某种程度上比语义系统更丰富。比如语序在语形中具有重要的作用，但并不存在语义的关联物。

在规范地解决语义和语形的关系问题上，当代计算语义学的出现和发展为这一问题的探索提供了更为广阔的应用空间。从语言学的角度讲，计算语言学假定了一种语法特征，即意义和形式之间的关联，以便使问题集中在"处理"（processing）上，比如需要计算给定形式意义的算法等。在这里，计算者很自然地会把语法当成关于"意义-形式"关联的约束的集合，从而将约束决定当作是某种处理战略。正因为如此，怎样从语义学的角度阐释这种约束，并且进行语义的处理及澄清语义理论所隐含的意义，就成为当代计算语义学（computing semantics）的重要内容。而要厘清这些内容，计算语义学必须解决这样几个问题：①解释这种假设的背景，特别是关于语言学与计算语言学之间的功能区分，以及基于约束的语言学理论；②阐释基于约束的理论如何重解"语形-语义"的相互作用；③说明"约束决定"（constraint resolution）如何为计算处理提供了处理的自主性；④需要提出相关计算语义学的模型理论。事实上，这一工作与人工智能研究有着极重要的联系。但在语义学研究的层面上，它更注重于语形和语义的相互作用和对语义信息的处理。

可以这么说，语言学和计算语言学之间的理论区别是自然的，语言学负责对语言的描述，而计算语言学则负责算法和被计算对象的建构。所以，计算语言学是在语言学的基础上对计算关联赋予特征的，它们都有经验和理论的层面。因而它们之间的区别是正交的。计算语义学则不同，它既要描述算法和构造，也要进行理论的分析。计算语义学是要从本质上表明，特定的算法结构为什么能被用于阐释语义学的问题，以及说明在给定的语形和语义相互作用的形式体系中，是可结构性地计算的。以这种方案来确定语义学，表明了在特定的语用语境中，语形和语义是不可能被绝对地区分开来的。"而且在特定的形式体系中，在语形和语义值中共享的结构建构了相关语形学和语义学的相互作用。"①这种把语义处理看作是特定计算操作的优势，就在于它不仅包含了语义模糊的特征化，而且反过来提供了一种框架，在这种框架中来形式地描述语义的清晰性；同时，它也提供了阐释意义的机会。在这种意义上可以说，计算语义学是某种模态语义学的特定表征。换句话说，在一种有意义的表征语言中，语形与语义的相互作用表现为特定语形结构和相关形式公式之间的一种关联，并且被等价地计算化了。尽管这种方式并不能唯一地决定一种语义学，但它却使一种语义学在相关的计算模型中被具体化了，从而为探索特定的对象意义和它的值域提供了有效的现实途径。

从计算语义学的角度去解决语义和语形关联的规范性问题，就必然要涉及计算语境与模拟表征的关系问题。因为没有计算语境就没有模拟表征赖以存在的环境，而没有模拟表征就没有计算语境意义得以显现的途径。在这个问题上，弗雷格早就说过，"只有在一个语境中，一个词才具有它的意义"。维特根斯坦也进一步讲道，"理解一个句子就是理解一种语境"。其核心思想就在于，正是这种相互关联的方式，决定了在一种语言中特定的表征意味着什么。②这是基于语境基础上的语义整体论的观点，并且这种整体性是可分析的，这种经典的思想在当代语义学中被重新放大性地具体化了，尤其是体

① Lappin S. The Handbook of Contemporary Semantic Theory[M]. Oxford：Blackwell，1997：446.
② Stephen P. S，Ted A W. Mental Representation[M]. Oxford：Blackwell，1994：144.

现在认知计算理论中对表征的说明。由于这种说明与意向表征论的关联，同时也为了给予它们以特点的区别，"模拟表征"（simulation-based representation）的概念被引入到语义解释中。"模拟表征"是人工表征的一种结果，由于它与数学建模语境的相似性，所以在这种计算语境下给出若干"模拟表征"的特征就非常有意义了。这些特征就在于：

第一，当我们处理一个特定现象的数学模型时，适当表征的标准恰恰是适当建模的标准。典型地讲，适当表征的标准是使用了一组统计方法以决定一个数学模型是如何很好地模拟了作为资料被观察到的和被记录的自然法则。资料和模型不一致，则表明了该模型不能适当地模拟表征相关的对象世界或者相关的特性等。

第二，在这个计算语境中，人们试图表征的东西与成功表征了的东西之间有着明确的区别。没有人会认为，一个线性方程表征了自由落体中时间与距离的关系，仅仅是因为存在着人的意向的缘故。

第三，"模拟表征"所体现的也是一种鲜明的特定程度，其实质就在于一个模型所表征的适当性如何，以及它是否比竞争模型更好。

第四，"模拟表征"对于特定的目标来说是相对的，即一个特定的线性模型在系统 S 中可能比在系统 S' 中是一个更好的模型。但是，如果要问该模型到底表征的是哪一个系统则是不恰当的，这是一种不适当的理解。

第五，"模拟表征"的失败常常并非是可定域的（localizable）。当一个模型表征不适当时，可能会把责任归咎为对于一个参量来说是错误的经验值。但是，正像众所周知的那样，对某种可责备性（culpability）的更清晰或更全面的判断也往往是不可能的。

第六，在这种计算语境中，表征系统也经常存在某种实用化的因素。比如，一个复杂社会系统的线性模型对某些目标来说可能是一个适当的表征，但对非线性的模型来说可能更可取，因为这在数学上可能更易于处理。

总之，在一个计算语境中，以上这些"模拟特征"均被应用于具体的表征之中。这生动地说明，在语义的计算化处理过程中，语义的生成、建构、说明和解释是一个相当复杂的系统。而且这个系统既是整体的，又是可分的。这种整体性和可分性相一致的一个重要前提，就是"模拟特征"与相关计算语境所接受的信息状态是一致的。在这里，信息态的性质在某种程度上决定了"模拟特征"的特性。从本质上讲，信息态的一般概念就是可能性的集合概念，这个集合是由各种开放的可选择性所构成的。而构成信息态的各种可能性依赖于信息对象的特性。一般地讲，计算语境可获得的信息包括两类：其一是事实信息（factual information）。它是作为可能世界的集合而表征的信息，在模拟表征上这些世界与一阶模型是一致的。而这些模型由对象集合、叙述域以及解释函项组成。其二是叙述信息（discourse information）。它间接地提供了关于世界的信息，保持了被处理对象的联结途径。在模拟表征的逻辑语言中，它是对引入新的处理对象、新主题的存在量词的使用。在这里，扩张叙述信息就是增加变元和主题，并调整它们之间的关联。这两类信息通过从叙述域到主题对象的可能陈述获得关联，或者间接地通过与主题相一致的变元来获得。所以，它们统一于对可能世界信息的模拟表征之中。

从计算语义学的角度去解决语义和语形关联的规范性问题，对科学哲学尤其是物理学哲学中语义分析方法的应用具有非常重要的启迪作用。因为从科学语言的角度来讲，"一个理论的语形和语义特征之间的相互关联所产生的意义，是任何哲学的优越性的主张所必需的"①。这些相互关联所指称的恰恰是由普遍的完备论证所描述的对象。换句话说，正是在语形和语义的相互关联中，展示了物理描述的本质及其论证的合理性。这也从另一个侧面表明，哲学的分析若不与语形和语义的分析结合起来，在对科学理论的说明上就是乏力的。这种结合就在于，它要通过认同一方面逻辑上鲜明的值域特征，另一方面特定的物理状态，或者说在某种意义上可测量物理量值的特征，来从语义上给出适当的分析，从而确定相关的物理意义。所以，一个完备的语形与语义结构的关联存在，是揭示物理意义存在的前提。这也就是范·弗拉森自己明确地指出，他受到了贝斯（Evert Willem Beth）对语义分析方法研究的影响，并认为贝斯"对量子逻辑的分析提供了对物理学理论进行语义分析的范式"的根本原因之一。

五、语义分析的新进展

语义分析作为方法论研究的进展，起始于对语义学研究的某种战略性的转向，其核心内容之一，就是对"二维语义学"（two-dimensional semantics）的探索性研究。近年来，二维语义分析方法论的研究，作为一种特定的学术

---

① Sklar L. The Nature of Scientific Theory[M]. New York：Garland Publishers，2000：120.

潮流，为当代科学实在论的理论解释和说明提供了有力的方法论手段。

二维语义学可以说是可能世界语义学与内涵语义学的一种结合。按照可能世界语义学，阐明意义问题不可能离开模态概念（如可能性与必然性），表达式的外延（对于个体词而言即指称，对于命题而言即真值）是相对于可能世界而言的，因此，对表达式的评价和赋值必须考虑可能世界。在传统的内涵语义学中，一个句子只被指派一个内涵，而内涵所负载的认知意义被认为是意义的一个重要方面。二维语义学的独特之处就在于，它不是在单个可能世界而是在成对的可能世界（可能世界对）中为表达式指派外延或真值。由于"内涵"一般定义为从世界到外延的函项，这样的话一个表达式就有了两个内涵，分别构成了意义的两个维度。

这两个维度实际上反映了表达式的意义对世界状态的双重依赖关系，一些二维主义者将这种依赖关系普遍化，使之适用于所有表达式。这种普遍化基于如下假定：名称与表征或描述的方式有关，它确定或表征了内容，但它本身并不是内容的一个部分。于是包含名称的表达式可能表达不同的内容，这取决于在这样的世界里是什么满足了相关描述。当说话者无法知道现实世界中的什么东西满足了相关描述，并且在此意义上无法知道哪个世界是现实的时，那么，他们也因此而无法知道他们的表达实际上表达了什么内容或命题。

在这两个维度中，第二个维度是我们对表达式或命题进行评价或赋值的"环境"或语境，一般认为是形而上学可能的世界状态，或者说反事实的世界状态。至于第一个维度，可以粗略地理解成被视为现实的世界状态。第二个维度的内涵，可以定义为从可能世界到外延的函项，称为第二内涵[①]；第一个维度的内涵，可以定义为现实世界（亦即被视为现实的可能世界）到外延的函项，称为第一内涵[②]。一般二维语义学试图将所有表达式的评价和赋值都放在可能世界对中进行。

以"水"为例，按照克里普克的理论，"水"是固定指示词，在所有可能世界指示同一对象，即分子式为 H_2O 的那种物质。因此，"水是 H_2O"

[①] 第二内涵在不同二维解释中有不同的名称，比如表达的命题（斯道纳克）、内容（卡普兰）、第二内涵或虚拟内涵（查尔默斯）、C-内涵（杰克逊）、H-内涵（戴维斯），由于在二维矩阵中是在水平线出现的，因而有时被斯道纳克称作水平命题。

[②] 第一内涵在不同的二维架构中也有不同的名称，比如对角线命题（斯道纳克）、特性（卡普兰）、固定现实的命题（戴维斯和亨伯斯通）、第一内涵或认知内涵（查尔默斯）、A-内涵（杰克逊）。

表达的命题在所有可能世界都是真的,在此意义上是必然的。然而,"水是 H_2O"这一事实本身却是偶然的,也就是说,"水是 H_2O"所表达的命题的真值还依赖于现实世界以何种方式呈现出来——如果其他世界(如普特南的孪生地球)成为现实的,则"水"指示的可能是不同的物质而不是 H_2O。

这一分析思路在二维矩阵中可以很直观地展现出来。假定我们所处的世界为 W_1,W_2 为孪生地球(透明可饮用的水状液体是 XYZ),可能世界 W_3 中透明可饮用的水状液体由 H_2O 和 XYZ 混合而成(但由于比例上的优势仍称水为 H_2O)。如果以每一横行表示现实世界的呈现方式,每一纵列表示反事实的可能世界,那么我们就可以用如下二维矩阵来表示"水"的外延对世界的依赖关系(图 1.2)。

第二维:反事实世界——➡

水	W_1	W_2	W_3
@W_1	H_2O	H_2O	H_2O
@W_2	XYZ	XYZ	XYZ
@W_3	H_2O	H_2O	H_2O

(第一维:现实世界↓)

图 1.2 专名"水"的语义二维矩阵

这里 @ 表示"现实的"或者"被视为现实的",这样从 @W_1 到 @W_3 构成了这个矩阵的第一个维度。矩阵的每一横行表示,当该行的世界成为现实的或者被视为现实的时候,"水"在不同的可能世界(W_1 到 W_3)的内涵,称为第二内涵,它是从可能世界到外延的函项,可以表示为 $F(W{\rightarrow}E)$。

第一内涵是从视为现实的可能世界到外延的函项,可以表示为 $F(@W{\rightarrow}E)$,这样当 W_1 或 W_3 成为现实的,"水"的第一内涵给出 H_2O;当 W_2 成为现实的,"水"的第一内涵给出 XYZ。这就是说,无论现实世界以何种方式呈现出来,"水"的第一内涵都只给出任何具有水这种物质的所有属性的物质。在此意义上,第一内涵有时被认为与先天性有关,相反,第二内涵并不是先天决定的,因为它本身取决于现实世界的具体特征。

这整个二维结构直观地表示了一种二维内涵,即世界的有序偶对($W \times W$,W 表示可能世界)到外延的函项,可以表示为 $F(@W{\rightarrow}(W{\rightarrow}E))$。因此,命题"水是 H_2O"的真值在二维矩阵中就如图 1.3 所示。

水是H₂O	W_1	W_2	W_3
W_1^*	T	T	T
W_2^*	F	F	F
W_3^*	T	T	T

图 1.3 句子"水是 H_2O"的语义二维矩阵

整个二维矩阵直观地体现了双重索引的二维内涵,即可能世界的有序偶对到外延的函项。这样,"水是 H_2O"的后天必然性就可以解释为命题的第二内涵在所有可能世界中是真的,而第一内涵在某(些)被视为现实的可能世界中是假的,也就是说该命题的第二内涵是必然的,而第一内涵是偶然的。类似地,先天偶然性可以解释为命题的第一内涵在所有视为现实的可能世界中是真的,而第二内涵在反事实的可能世界中是假的。因此,先天性和后天性、可能性和必然性都可以被定义为两种内涵在可能世界中的评价。

二维语义学的本质在于,它通过处理可能世界与真值条件之间的语义关联,为理论解释提供语义逻辑的方法论基础。它的重要性在于涉及了科学解释和说明中最重要的三个哲学概念:意义、理由(reason)和模态(modality)。历史地讲,首先,康德通过提出什么是必然性及其可先验地被认识的途径,建立了理由和模态之间的关联。其次,弗雷格通过假定意义(意思)在构成上与认识论的意义紧密联结,建立了理由与意义之间的关联。最后,卡尔纳普通过预设意义(内涵)在构成上与可能性和必然性的紧密联结,建立了意义和模态之间的关联。这样,给定了理由与模态的康德联结,然后伴随着具有弗雷格意思特性的内涵;卡尔纳普对意义和模态的联结,因与康德对模态和理由的联结而结合在一起,就可以被看作是弗雷格对意义和理由的联结。从而逻辑地导致了一个在意义、理由和模态之间结构性地关联在一起的"金三角"。这对于人类理解、认识和说明理论与理论、理论与世界、必然性与偶然性、先验性与后验性之间的一切逻辑的与认识论的关系,都具有极为根本性的意义。但不幸的是,后来,克里普克割断了康德关于先验性和必然性之间的关联,从而割裂了理由和模态之间的关联。卡尔纳普对意义和模态的关联则原封不动地搁在那里,但却不再建立于弗雷格关于意义和理由的关联之上。从而这个"金三角"被打碎了,意义和模态与理由之间的关系被割裂开来。尽管克里普克区分了指称表征与描述表征之间的不同,批判了本质主义,改变了当时的哲学图景,促进了科学实在论的语义分析，但他对理由的抛弃与割裂，却造成了科学认识与理论解释上的严重误区。因此，再塑理由，重建"金三角"的语义结构关联，是语义分析理论重建的要求，也是科学理论解释的方法论重建的必然。换言之，在一个新的"金三角"结构平台上，重新强化语义分析的方法论意义，是一个重大的方法论重建的任务。无论如何，这都必然会导致语言哲学和科学哲学研究中重大的战略性转向。

二维语义学的目标就是重塑这个"金三角"，试图以不同的方式关注可能性空间，重新掌握在语义构成上与理由紧密相关的意义的整体性。具体而言，抛弃只关注意义与模态之间的关联而否认它们与理由之间的关联，重新引入理由的语义逻辑地位，在新的语义结构上矫正对理由的纯理性的排斥，就是二维语义分析在战略转向上的本质特征。

从某种意义上讲，二维语义分析是新弗雷格主义解释的一种样板。在弗雷格看来，一个词的外延就是它的指称，一个句子的外延就是它的真值。因此，弗雷格的命题是：两个表征 A 和 B 具有相同的意思，当且仅当 A 等价于 B 在认识论上有意义。卡尔纳普的命题是：A 和 B 具有相同的内涵，当且仅当 A 等价于 B 是必然的。康德的命题是：一个句子 S 是必然的，当且仅当 S 是先验的。新弗雷格主义的命题是：两个命题 A 和 B 具有相同的内涵，当且仅当 A 等价于 B 是先验的。从这个比较中，我们可以清晰地看出二维语义分析的可能走向。此外，二维语义分析强调，一个表征的外延依赖相关世界的可能状态存在着两种方式：其一，一个表征的实际外延依赖于实际世界的特征，在这个世界中该表征是被言说的。其二，一个表征的反实际外延（counter factual extension）依赖于反世界的特征，在这个世界中该表征是被评价的（evaluated）。与这两种依赖相应，表征也相应地具有两种内涵，从而把可能世界的状态与外延用不同的方式结合起来。根据这两种维度的框架，这两种内涵可以被看作是把握了意义的两个维度。[①]这种看法，为理解和把握形式体系的表征及其相关的可能世界之间的实在性的语义关联，提供了语义分析的方法论基础，也为"金三角"重构提供了可能。总之，把体系化的形式理性与抽象的概念理性统一起来，把逻辑的语义分析与认识论的有理性分析统一起来，把语境依赖与语境理解同认识论的依赖与认识论的理解结合起来，这就是二维语义分析方法论的具体路径。

---

① Chalmers D. The foundations of two-dimensional semantics[M]//Garcia-Carpintero M，Macia J. Two-Dimensional Semantics. New York：Oxford University Press，2006：59.

根据二维语义学的认识论理解，在第一个维度中所包含的可能性可被理解为认识论的可能性，这个维度中所包含的内涵，表现出对对象世界状态表征的外延的认识论的依赖性。这是因为：其一，这样的语义分析具有充分的认识论的理解空间，它与认识论研究的可能空间是一致的。其二，存在着特定的可理解性（scrutability）。因此，一个表征可以与由认识论的可能性到外延（认识论的内涵）的函项相关联，即一个表征通过语义语境的分析可以与它的认识论的意义相关联。这样，意义、理由和模态就可以内在地联结起来，从而建立新的"金三角"。这告诉我们，对二维语义分析方法论的理解是奠基在深层认识论的可能性或必然性之上的。在某种程度上，这是把认识论的可能性视为可能世界的某种必然图景。①

二维语义分析方法论所代表的学术潮流，逐渐被人们视为哲学方法论的一种研究趋势，并被称为"雄心勃勃的二维论"。从语境分析的角度看，存在许多研究视角。例如：①缀字法的语境内涵分析；②语言学的语境内涵分析；③语义学的语境内涵分析；④混合语境内涵分析；⑤反身符号语境内涵分析；⑥外延语境内涵分析；⑦认识论的语境内涵分析等。②它们都从不同的侧面，努力重建"金三角"。另外，历史地看，在二维语义分析方法论的探索中，斯道纳克（Robert Stalnaker）的对角线命题、卡普兰（David Kaplan）的特性概念、埃文斯（Gareth Evans）的深层必然性、戴维斯（Davies）和亨伯斯通（Humberstone）的实际确定概念、查尔默斯的基本内涵分析、杰克逊（Frank Jackson）的"A-内涵"分析说明、克里普克的认识论双重性解释以及其他许多人的研究，都有积极的、重要的推动作用。总之，重建"金三角"有一个最基本的原则，即认识论的特性是建立在语义特性基础之上的，所以，得益于认识论内容的思想才具有了与认识论的关联；另外，语义特性又同时建立在认识论特性的基础之上，这样，得益于认识论作用的思想才具有了语义学的内容。正是这种内在的相互依存性和联结，才使得二维语义分析方法有助于我们把握意义、理由和模态之间复杂的"金三角"关联。同时，把对自然语言分析和解释的形式化与对形式化规范语言分析和解释的自然化，看作是统一的人类认识过程

① Chalmers D. The foundations of two-dimensional semantics[M]//Garcia-Carpintero M，Macia J. Two-Dimensional Semantics. New York：Oxford University Press，2006：75.

② Chalmers D. The foundations of two-dimensional semantics[M]//Garcia-Carpintero M，Macia J. Two-Dimensional Semantics. New York：Oxford University Press，2006：66-75.

中有机联结的两个方面，并且不断地走向相互借鉴与融合，以实现语义分析方法论研究的战略转向。从而真正地为当代科学实在论的理论解释和说明提供语义分析方法的坚实的方法论基础，推动科学实在论走向新的进步。

第三节 科学解释与意义建构

科学研究建构出意义世界，科学哲学对该意义世界的生成与建构进行再反思。科学哲学研究的本质功能之一，就是在科学解释或说明的过程中实现对科学理论意义的建构。①失去了这一点，科学哲学就丧失了它存在的合理性。然而，如何实现科学理论意义建构的途径或方式，并且探讨科学研究中意义建构的过程及其内在结构，则恰恰是当代科学哲学研究所面对的重要难题。在这一点上，我们认为立足于语境基底上的意义建构思想，将是比较有前途的科学哲学研究的方法论之一。

一、科学解释中的意义与指称

"意义决定指称"是当代科学实在论的一个基本信条，其目的在于避免

---

① 从广义上讲，科学理论的解释与说明在本质上一致，都是对科学理论的某种阐释，如果没有特别说明，这里使用的"科学解释或说明"主要就是在这种较宽泛的意义上使用，仅仅在强调形式的逻辑意义或研究对象的本质意义时，才会区别对待。但必须指出的是，这两个概念从狭义角度看的确存在一些重要区别。"解释"侧重原理或规律，是对研究对象本质意义进行分析，在解释学意义上也作"阐释"、"诠释"或"释义"，与"翻译"和"理解"等概念密切相关，其基本含义与主要任务体现为一种语言转换，即从陌生的不可理解与表达的语言世界转换到我们自己可理解的语言世界（参见加达默尔：《真理与方法》下卷，洪汉鼎译，上海：上海译文出版社，1999年，第708、714页）。"说明"侧重原因或根据，主要是对科学体系的形式进行逻辑学意义上的阐释，就特定的科学说明而言，"说明"常用来指科学理论研究中的一个基本内容，科学关注的问题不仅存在于那些将要发生的领域，而且需要追问那些已发生事件的原因和理由。例如，科学的理论性定律就旨在说明经验现象如何发生及其发生的条件。常见的科学说明有：有关自然定律的说明、因果性说明、心理学说明、精神分析说明和功能说明等。另外，科学说明与科学推理密切相关，因此科学说明的特征也直接影响着科学推理，进而影响着以此为基础的科学知识主张的力度。尽管通常看来科学说明存在着一定的"主观"或"客观"倾向，但为了避免以这种特征描述影响到对科学推理等方面的类似评价，伯德（A. Bird）提出，较之主观性与客观性来说，科学说明的特征最好称为"认知的"与"非认知的（或形而上学部分）"，前者强调所获得相关信息的种类导致了说明的差异，而后者强调关于自然定律的说明、因果性说明（甚至心理学说明）中存在的一些定律（参见 Bird A. Philosophy of Science[M]. London：Routledge，1998：41-44）。

传统对应论的"指称决定意义"的局限性。正是在这个意义上，有人认为"谓词对于指称来说是必要的"[①]。在这个问题上，有两个方面是非常重要的：第一，指称的意义与指称的对象是根本不同的，这就确定了传统的机械实在论向当代科学实在论的转向。第二，指称在特定的语境中是有意向性的，这种心理意向性决定了特定指称在相关可能世界中使用的特殊意义。这使得传统机械实在论在向当代科学实在论的转向中具有内在化的倾向。

具体地说，传统外延论的指称论聚焦在实际世界和集合的对象性上，而内涵论的指称论则考虑的是其他可能世界或普遍的特性和关联。但事实上，语言的指称特性并不是意义本身，而是意义的效果。这并不是要否认指称，也不是要弱化指称的重要性，而是要强调必须根据对思想的表征来确定语词指称，因为对所表达的思想和对相关世界的事物的确定，才决定了语词所指称的对象。这就像关于物质的原子论把一个分子的化合价看作是它所包含的特定量的电子和质子的结果，但并不因此而降低化合价在化学中的作用一样。

另外，在自然语言中，语词指称不同于语词意义主要有以下四个原因：第一，只有表达了思想的语词才有指称。比如"哎哟"这个词是有意义的，但并不指称任何对象。第二，"指称什么"必须在语法上跟随着对象名词。这意味着只有根据对象名词表达了思想的术语才具有指称。句子和共范畴的（syncategorematic）术语并不指称任何对象。第三，指称只适用于言语表征。第四，语词指称是明显的和完全具有关联性的，它服从于在特定的语境下一致的可替换性和确定的存在性。用符号可表示为：e 指称了 φ，当且仅当①φ 是存在的，并且②对于某些 φ' 来说，等价于 φ，因而在语词上 e 表达了 φ' 的思想。这样一来，我们看到了如图 1.4 所示的一个意义三角形。[②]

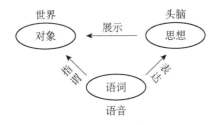

图 1.4　意义三角形

① Davis W A. Nondescriptive Meaning and Reference[M]. Oxford：Clarendon Press，2005：162.
② Davis W A. Nondescriptive Meaning and Reference[M]. Oxford：Clarendon Press，2005：208.

　　这表明，在特定的语境中表达了思想的语词才具有指称。有意义和有思想是完全不同的两个层面的问题。有意义是指有关联，但有关联不等于有思想。另外，在纯形式体系的表征中，当不在具体的语境中使用这些形式系统时，这个形式系统及其形式符号是有意义的，但不存在具体的指称。只有在具体使用的语用结构中，当它表征了特定的相关对象并且表达了使用者的思想时，它才具有指称。因此，在这个意义上，指称是具体的、有思想的和语境化的，而不是抽象的、只有关联的和非语境化的。

　　这样就既可以避免罗素式的指称论难题，即"有意义的语词可以不具有指称"，又可以避免弗雷格式的指称论难题，即"具有同一指称的语词可以具有不同的意义"。事实上，解决这两个难题的关键在于，意义和指称之间的关系不能被看作是一一对应的关系。因为语词指称是真正的语词和世界对象之间的关联，但意义则不是简单的语词与世界对象之间的关联，它还包含着相关的意向趋势及其关联。意义具有其广度和深度远远大于指称的语义结构。这就是有人讲，人们总是试图通过指称理论来告诉我们什么是意义，"但事实上，我们在确定相关术语的指称之前，恰恰需要的是一个无指称的意义理论"的根本缘由。①

　　历史地讲，"意义决定指称"的思想最初起始于弗雷格对指称依赖意义的敏锐观察。此后，法因关于一个术语的指称依赖其意义的思想从两个方面推动了对这一问题的研究。其一，指称"依赖"意义是与给定的指称理论不可比较的，因为"依赖"是不对称的关联，而一致性的关联则是对称的。其二，一个语词的意义不能由它所具有的指称来确证，因为它的指称依赖于它所具有的意义。当代许多科学实在论者们的表征理论的核心在于，坚持一个语词的意义是由它表征了某种思想的特性或趋向性而确定的。语词只有在使用中才会生成思想。所以，在提供一个完备的意义理论的同时，必须伴随有一个指称理论的使用理论。因此，在当代哲学中，"最赞同使用理论的恰恰是表征理论"②。当然，理想的意义理论不必否认语言表征的指称特性，或者排除对它们的研究。因为理想的意义理论就是要在语言的表征意义上和它们所表征的思想的指称特性上，把语言的指称特性看作是被导出的。关于指称理论的研究，即使在形式化的模态语义学中也是一致的，因为在最本质的意义上，符号化的指称特性与自然语言的指称特性具有特定的同晶性。而且

---

① Davis W A. Nondescriptive Meaning and Reference [M]. Oxford：Clarendon Press，2005：212.

② Davis W A. Nondescriptive Meaning and Reference [M]. Oxford：Clarendon Press，2005：214.

这种同晶性的优美，我们可以通过用符号去表达自然语言的表征所表达的思想去证明。正是在这个意义上，那种把指称特性看作是唯一的语义特性的僵化的信念，已被许多逻辑学家和刘易斯（David Lewis）等规范语义学家们抛弃了。①不难看出，在处理意义理论和指称理论的问题上，从表征的理由性到思想性，从思想性到具体语境的语用性，再从语用重新回归到表征的规范的形式化体系，这一过程及其转变恰恰是语义实在论所具有的后现代性的集中体现。把握这一点，对于我们理解当代科学实在论的语义分析方法论的走向极为重要。

不言而喻，确定和表达指称的难题离不开指称和专名（proper names）的语义分析问题。这包括：①如何解释在特定条件下专名指谓了给定对象的问题；②如何在语义和语用上清晰地说明不能指谓专名的问题；③在规范理论中专名的逻辑作用问题。上述问题的求解对科学实在论的语义分析具有重要作用。在求解上述问题时，形式语言依赖于语境参量是必然的，而自然语言同样展示出两种语境依赖性：其一，依赖语境决定反身标记（token-reflexive）结构的意向指称；其二，依赖语境决定模糊语词和语法结构的意向解读。尤其是在特定语境下，语言使用主体可以通过不可言喻的语义直觉，进行他所特有的语义（指称和专名）的意向选择，从而实现语境结构给定的语义价值趋向的要求。这对于科学理论创造的直觉性是极好的证明。当然，在这个问题上还存在着名称与描述之间的语义关联问题。因为名称的意义就在于，一个对象被确定为一个名称的指称，当且仅当它满足了特定的描述。无论表征名称和指称对象之间是什么样的关联，都使下列原则为真：

如果 $R(t_1 \cdots t_n)$ 是原子的，并且 $t_1 \cdots t_n$ 是指称表征，那么 $R(t_1 \cdots t_n)$ 是真的，当且仅当 $\langle t_1$ 的指称 $\cdots\cdots t_n$ 的指称 $\rangle$ 满足了 R

在这里，不需要任何表征和对象之间的因果关联，就可以建立起指称的观念。不过，尽管指称是一种关联，但是一个指称表征的作用，并不需要通过断言在表征和特定对象之间获得了指称关联来予以确定。同时，也不需要一个指称表征总是包含着一个独立对象的思想。事实上，这种认识既坚持了指称意义的关联性，同时又规避了传统因果指称论的局限性。关键在于，要坚持确定的描述可以由描述名称与专名的证明共同作为指称表征归类，从而避免建立"满足关系"而不是"指称关系"的任意性，以保证指称与世界的

---

① Davis W A. Nondescriptive Meaning and Reference[M]. Oxford：Clarendon Press，2005：226.

确定关联。这是既避免相对主义又避免机械对应论的一种努力趋向。当然，我们绝不能排除规范语义学的方法论作用。因为在规范的形式化的表征系统中，名称的意义不需要靠指称来确定。一个表征 e 在解释 i 中是真的，当且仅当 i 是真的。表征 e 在解释中指示了对象 x，当且仅当 x 是 i 的外延。对一种语言来说，这种形式化的规范语义学方法论可以提供对思想的结构性描述；可以把指称赋予相关的思想；可以将思想与指称的关联及指称的表征规范化；可以在构成思想的指称的基础上，使对相关思想的真值指派规则化；最重要的是，可以在构成其思想的真值基础上，将对复杂思想赋予真值条件规范化。所以，一个完备的具有方法论功能的语义学理论，必须具有将思想结构指派给表征它们的语形结构的形式化系统和形式化规则。这将使指称的确定和表达及其意义的展示，更为充分和完善。[①]也就是说，表征模型不仅仅是表征的方式，更是表达思想或心理状态的方式；一种表征模型在本质上依赖于是否直接或间接地表达了相关的思想或心理状态。也正因为如此，一种表征模型才能够作为一种语义学的方法论手段而存在。

另外，确定和表达指称的难题同样离不开可能世界语义学方法论的探究。这种探究就是要通过对标准名称赋予内涵和特性来表达它们的意思。在这里，一个简单的内涵是可能世界与外延相关联的函项；一个特性是由相关语境到内涵的函项；一个标准名称的内涵是在相关世界中将可能世界与个体相关联的函项；一个标准名称的特性将是一个常项。因此，标准名称的指称在其意义一旦被确定之后，并不随着语境的变化而变化。而且一个函项就是"有序对"（ordered pairs）的集合，它满足这样一个限制，即在任何时候第一个元素或中项（argument）是相同的，第二个元素（或值）是相同的。只有当这些元素存在时，这个"有序对"才存在。因而，任何函项的中项和值都必须存在，即

$$如果 f(a)=b，那么 \exists x \left[f(x)=b \right] 并且 \exists y \left[f(a)=y \right]$$

在传统实在论的解释中，一个函项的值必须存在，这一要求对于表达"空名"（vacuous names）的标准模态存在困难。但是，在进行理论解释时，把"实在性"看得更宽泛一些，把实际世界扩展到更广阔的对象领域时，这个难题就不存在了。因为只要表达了思想的、有意义的指称都是可能世界的实际对象时，理论解释的"理由"的实现就很合理了。特别是在形式化的规

---

① Davis W A. Nondescriptive Meaning and Reference[M]. Oxford: Clarendon Press, 2005: 350.

范语义学框架内，在对可能世界的数学化的、逻辑化的符号的操作或演算中，传统实在论的简单"直指"性难题已被消除了。可能世界语义学的方法论，可以使我们真正地理解一个内涵函项的值是意义被表征了的相关指称。而且形式化模型的要素必须表达术语的意义和指称，而不必是意义和指称本身。这一点使当代科学实在论的语义分析方法获益匪浅。①

二、意义分析的内在结构

不言而喻，科学理论意义的可建构性建立在它的可分析的内在结构基础之上。从这个角度讲，语境的结构有两种类型：一种是被自然地建构的，如一个给定的交流场景；一种是被逻辑地建构的，如一个完备的逻辑表征形式体系。相应地，语义分析也分为两种：一种是定性的自然语言的意义分析，一种是定量的形式语言的意义分析。当然，这两种语境和意义分析并非截然分开，而是相互渗透、相互交融地存在于一个统一的内在结构之中。

从科学理论的一般概念上讲，意义分析必须把握语义学所要求的三个最基本的结构特征：第一，存在于语句中的概念关联可以在事实的基础上进行说明，而这些事实被断定构成了相关语句的意义。第二，对给定语句的意义进行解释，可以在理论上已被赋予相关特征的各个部分的意义上，以及这些部分是如何被关联在一起的逻辑基础上，去予以展开。第三，给定语句赋有确定意义的事实，可由某种真值理论的规则予以确证。比如相关语句或者特有的真值，或者给定的真值条件，甚或二者在特定可能世界中的真的一致性。由此可见，这些结构特征就是要求给出如下的具体设定：①设定语句的结构；②给出语句中合成语词的意义联结，即意义的构成；③确立详细说明意义的规则。一句话，意义分析必须理性地给出意义建构的结构性要素或条件。

从对科学理论的理解过程来讲，意义分析总是存在着一个"形式伴随功能"的原则。也正是在这点上，意义分析成了一种对表征对象进行概念化设计的方法论系统。因为通过这种系统功能的展开，人们对科学理论的意义赋予了更本质的理解。换句话说，使科学理论获得更充分的理解恰是意义分析或意义建构的功能。②这样我们便可赋予"意义"如下几个新的特征：①意

---

① Davis W A. Nondescriptive Meaning and Reference[M]. Oxford：Clarendon Press，2005：354，392.
② Knippendorff K. The Semantic Turn：A New Foundation for Design[M]. Boca Raton：Taylor & Francis Group，2006：i.

义是一种理论结构化的空间，一种可选择主体价值取向的网络，或者说一种把握对象实在给定发展取向的集合。②意义是嵌入科学解释或科学说明过程中的理性建构，或者说是科学交流中的思想建构。③意义是在科学语言使用中生成的，是在人的头脑与对象实体相互作用的创造性的语境中存在的。④意义不是一成不变的，它是由概念的开放性而赋予确定性的，是在语境的更迭中不断演化的。⑤意义是通过科学认识过程而实现的，所以它蕴涵着不可避免的主体认识结构系统所给定的意向性。

从科学理论的层次构成来讲，意义分析必然是理论表征的形式化建构、理论价值的取向性建构以及理论使用的合理性建构的统一，也即是语形分析、语义分析和语用分析三个层次的意义建构。当然，与此相适应，它们分别依赖于形式语境、语义语境以及语用语境的基底，并在此基底上展现它们层次构成的丰富性。

第一，意义建构的形式规范性。在意义建构的层次结构中，形式规范是意义建构的规范性的前提。离开了形式规范性，意义的建构是无从谈起的。尽管表征意义的语法形式是描述的，但产生意义的科学行为本身是规范的。也就是说，语词的形式意谓是在相关语境下被规定了的。所以，在语法形式的表征上，"意义语法是规范的"①。这就从形式规范的要求上，为我们提出了当代科学哲学研究中意义建构理论不可回避的"引导性难题"：①必须回应意义的消除论；②意义与形而上学的关系；③意义与可分析性的关系；④意义与怀疑论的界限；⑤意义与逻辑的内在统一性；⑥意义、真理与指称的一致性；⑦意义、认知科学与语言学的整体关联性。②对这些"引导性难题"回答的根本目的，是要走向意义建构的语义分析方法本身的规范性，而这种规范性的本质恰是不断完备的形式化系统的结构性重建。

第二，意义建构的语义特性。在意义建构的层次结构中，形式表征的语义特性是意义建构的本质。当我们对意义建构进行哲学追问时，必然会看到对逻辑语言的内在分析是一个充分必要的条件。因为逻辑语言由语形学和语义学的术语所确定，并且逻辑语言的语义本质确定了相关陈述为真的语形学规则。所以，在意义建构的过程中，对赋予语义特性的探究与对

---

① Lance M N，Hawthorne J. The Grammar of Meaning：Normativity and Semantic Discourse[M]. Cambridge：Cambridge University Press，2008：2.

② Lance M N，Hawthorne J. The Grammar of Meaning：Normativity and Semantic Discourse[M]. Cambridge：Cambridge University Press，2008：4-7.

逻辑语言的把握是统一的和必然的要求。在这里，我们至少也要回答如下几个"引导性难题"：①是否存在关于意义的证据？②是否存在与意义相关的那些实体？③如果存在，那么是哪些种类的实体？④如果存在，那么是些什么样的证据？这些证据能否被检验？⑤关于意义的主张如何被分析？⑥语词和句子根据什么而具有它们所被赋予的意义？而且如何确定语义证据和非语义证据之间的关联？①对这些问题的回答，都必须通过对语义特性的把握才能得到。所以，对所有形式表征的语义特性的把握就是意义建构的本质。

第三，意义建构的语用实现。在意义建构的层次结构中，语用分析方法的具体展开是意义建构的实现。事实上，维特根斯坦很早就在语用分析功能的基础上，提出了"意义就是使用"的论断。这一论断不仅仅体现了语义分析的语用延伸，而且表明了语义分析和语用分析在意义建构的内在结构中的关联性。因为在语用分析中或语用行为中，体现了语义分析的可选择性、结构性及其必然性，使得语词使用展现了意义、揭示了意义，从而使意义获得了更本质的内在实现。进一步讲，"意义就是使用"隐含着"使用就是分析"的基本观念，使得意义建构由语义分析走向语用分析，由形式分析层面走向更具体的行为分析层面，最终实现"意义"建构的意义。同时，它也构成了又一个我们需要求解的意义建构的"引导性难题"。

从对科学理论本质的揭示来讲，意义建构强化了语义分析的内在结构与科学解释之间的统一性。在给定理论系统的情况下，由相关形式体系所表达的对象（如个体、集合及关系等）之间的任何关联，对于所描述的世界图景来说都是确定的，因为这些对象本身及其关联的确定性是逻辑地可证明的。由此，它构成了科学解释的内在合理性和可接受性。

此外，当下流行的二维语义分析实际上就是特定语境下意义建构的一种形式。因为二维语义学要解决的难题就是在科学解释中给定语境下可能世界与真值条件之间的关联。在这个意义上，"语境集合"就是"世界集合"。从表征语言变换的视角看，这个"世界集合"是与一系列相关语境中表征主体所假定或预设的对象描述相一致的。由于在科学的论争和进步中，科学理论的解释语境总是处于不断"再语境化"的过程之中，所以，任一科学论断的

---

① Lance M N, Hawthorne J. The Grammar of Meaning: Normativity and Semantic Discourse[M]. Cambridge: Cambridge University Press, 2008: 241-242.

意义都奠基于与给定"语境集合"相关的"可能世界的集合"。①二维语义分析恰恰是在方法论的结构性上保证了科学解释与意义建构的统一性和有效性。

从科学理论的语义分析与解释模型的关系来讲,意义建构的关键在于语义内容的构成与语境条件的逻辑匹配。通过不同的形式系统或叙述域来说明科学解释语境的变化,需要相关解释模型和资料收集程序的"集存库"(arsenal),实际上就是相关语境集合的"背景知识库"。因为语境虽然是不同的,但解释它们的背景知识却是同一的或可通约的,否则就易于导致知识背景的断裂及理论解释的相对主义。

因而,语义内容的构成与语境条件之间的逻辑关联就显得极其重要。我们必须注意的是:第一,语义内容是构成性地被决定的,同时相关语句语义值中的每一个要素也必然在语形上被关联;在相关语句的语形中,各种要素确立了它们之间的结构性关联。这实际上是关于语义内容的一个逻辑定义。第二,在语句的表面句法形式中,相关语形要素是否都能被清晰地表达,并且这个定义保持了它的中立性。第三,关于语义内容是否是相关命题给出的,并且这个命题仍然保持它的中立性。它们可能是"亚命题的对象"(sub-propositional objects)。第四,意义建构的语义分析方法与科学解释之间的关系,就在于解释模型的不同是相关语境不同的结果。因为语境的价值取向不同,解释模型就不同,也就是说它们的语义值不同。所以,科学哲学家们所概括的各种科学解释的语义模型和语用模型,都是各种不同的语境分析或语境解释的模板。②要真正把握科学理论解释的本质意义,就必须在意义建构的过程中,逻辑地将结构性的难题进行结构性的分析和结构性的理解。

进一步讲,从科学理论解释的语形分析、语义分析及语用分析的一致性上看,意义建构就是在特定语用中给定命题表征与语义转移的结构性统一过程。不言而喻,一个理论求解难题的表征命题的丰富性是展现其理论意义的重要方面,但这种丰富性是在特定语境中,由表征概念的"语义转移"或整个表征语句的"语义转移"所形成的。当然,这种转移是潜在的,它只能在

---

① Garcia-Carpintero M,Macia J. Introduction[M]//Garcia-Carpintero M,Macia J. Two-Dimensional Semantics. New York:Oxford University Press,2006:16.

② Cappelen H. Semantics and pragmatics:some central issues[M]//Preyer G,Peter G. Context-Sensitivity and Semantic Minimalism:New Essays on Semantics and Pragmatics. New York:Oxford University Press,2007:7.

具体的语用过程中才能得以实现。同时，这种"语义转移"也是特定语境整体价值取向和整体功能结构性变化的一种表现形式。因而命题的丰富性不是一成不变的，而是动态的。由此可以看出，整体的意义建构依赖于相关理论表征命题的语境意义及其相互之间构成的方式，并由此构成了特定语用过程中整体语境的价值取向。这就是意义建构的内在结构的动态展现，也是某种被称为科学理论解释的"温和的语境论"的核心。①

三、意义建构的语境化和可计算化

不言而喻，探索科学理论解释的意义建构问题，不能离开语境意义及其结构性的变化而谈。科学解释的意义建构过程，就是其自身语境化的过程，这是一个问题不可分割的两方面。那么，究竟意义建构的语境化特征如何产生并展示其内在功能呢？对此，我们必须给予更清晰的回答；否则，"意义"建构的意义就是不完备的。

第一，意义建构的语境化趋向受到当代解释学发展的重要影响。

解释学从另一个视角给出了把握理论意义的途径。首先，解释学的释义方法在现实世界和可能世界之间构建了一座理解和说明的桥梁；通过这座桥梁，我们可以把握所要解释的可能世界的意义以及确定有前途的价值选择。其次，这座桥梁本质上是一个重建的语境分析平台，在这个平台上，语形、语义和语用分析的方法才能得以展开和实现。最后，在语境平台的重建中不断地再现理论对象的意义，从而也使得解释学能够作为一个普遍的方法论基础而存在。在此意义上，对影响科学解释的意义建构来说，解释学的传统与分析哲学的传统异曲同工。

在基于语境的意义建构中，分析的本质就是解释，而解释的手段就是分析，二者在语境的重建中获得了意义建构的统一。甚至在伽达默尔自己看来，语义分析与释义理解的一致性就在于：①形式化的语言表征形式是它们的共同起点；②不同的语言域是它们研究的共同对象；③探索普遍的方法论前景是它们的共同目标。而两者之间的区别，仅仅在于前者主要是从外在的意义上，后者主要是从内在的意义上，去求解语言符号的意义或者语言符号

---

① Pagin P，Pelletier F J. Content，context，and composition[M]//Preyer G，Peter G. Context-Sensitivity and Semantic Minimalism：New Essays on Semantics and Pragmatics. New York：Oxford University Press，2007：57.

与相关世界之间的关联。他之所以欣赏语义分析方法，是因为在他看来语义分析有如下几个优点：①对语词符号的意义分析更为精确；②更鲜明地体现了逻辑形式体系潜在价值取向的可选择性；③更注重意义的整体性的价值。①可见，探索一个语义分析与释义理解能共同展示其方法论价值的语境平台，是有远见卓识的。

传统的科学主义虽然并不等于分析哲学，但却更多地渗透了分析哲学的方法，而人文主义则更多地借鉴了解释学的方法。然而，在同一个意义建构的语境平台上，大陆哲学与英美哲学能够相互渗透，科学主义与人文主义可以彼此对话与交融，这已成为当代哲学研究的一个显著特征。比如，让·格朗丹（Jean Grondin）曾注意到，尼采的视角主义和泛解释学主义对现代解释学和整个人文主义哲学产生了重要影响，而且预示了当代解释学与实用主义的结合。②哈贝马斯、阿佩尔和罗蒂的解释学思想正是这一结合的体现，由此构成了当代大陆哲学与英美哲学对话的一个重要平台。在这一相互结合的过程中，一方面，分析哲学借鉴了解释学方法定性的本质分析；另一方面，解释学借鉴了分析哲学定量的分析方法。无疑，在科学哲学的解释中，这种在给定语境下的相互借鉴与融合非常必要。

需指出的是，这里在借鉴解释学的理论方法来研究科学理论解释的意义建构问题时，有可能避免解释学常受到的"相对主义"倾向的质疑。因为意义建构的过程基于特定的语境，对于解释学方法的借鉴与运用也受到给定语境集合中各种要素和条件的约束，而相对主义本身并不能满足给定语境下的约束性条件，因此在科学解释的意义建构及其自身的语境化过程中，它会由于其局限性而被排除。另外，尽管解释学理论常常受到有关"相对主义"的质疑，但我们应避免仅仅从相对性和多样性的视角来解读这种解释学方法，而要将它置于自身理论传统和演变过程中来整体把握其特征，并将其与意义建构的语境化趋向相关联。由此可知，相对主义立场不能满足语境的特定要求。具体来讲，这一非相对主义特征主要体现在以下两方面。

其一，作为借鉴对象的当代哲学解释学的理论本身就具有非相对主义的性质。尽管与传统的规范解释学相比，哲学解释学认可单一文本可以获得不同意义的多元论观点，解释学也由对一种意义开放而转变为对多元意义开

---

① Gadamer H G. Philosophical Hermeneutics[M]. Linge D E（trans. and ed.）. Berkeley：University of California Press，1977：82-83.
② 让·格朗丹. 哲学解释学导论[M]. 何卫平译. 北京：商务印书馆，2009：26-29.

放，但并不意味着这种多元论就会导致相对主义。伽达默尔曾针对这类质疑而为其观点做出辩护。在他看来，事实上并不存在绝对的相对主义，因为我们不可能坚持某一主题的所有意见都同样好，总会存在使我们坚持或放弃某一观点的理由。而且这种相对主义质疑中也包含着对解释学观点的误解，伽达默尔等力图澄清的是，相对主义问题之所以有意义，是因为它以一种预定的绝对主义观点为前提。也就是说，相对主义问题如若成立，则其中已经内在地蕴涵了一种绝对主义标准或绝对真理的尺度。然而按照解释学的观点，这种绝对主义标准首先就是要摈弃的。结合科学理论解释的意义建构来看，科学理论的意义标准必定是语境化的，它的求解需借助语境化的整体论思想，因此绝对主义的意义标准已经失去了其存在的根基，更不论以这种绝对主义标准为前提的相对主义了。

其二，哲学解释学与科学理论解释的意义建构过程都基于一种有限性的探讨和研究。首先，一般来讲，哲学解释学主张一种后形而上学的哲学，因为形而上学体现的是否定有限性的存在并走向超越时间的领域，这实质上也是对绝对主义的一种追寻。因此，当解释学将有限性看作其讨论的基础时，也就相当于拒斥了绝对主义，从而也不会面临相对主义的困境。正如伯恩斯坦（Richard J. Bernstein）所指出的，一旦我们揭露出这种主客二分思维模式的弊端，"我们也就对相对主义的可理解性产生疑问了"[①]。其次，在科学解释的意义建构中，这种基于有限性的探讨突出地体现为划分语境的边界并确立其意义的过程，对于特定的科学解释语境而言，这主要包括语形边界、语义边界和语用边界的确定。需要强调的是，意义建构对于语境的依赖性以及语境的边界问题确实在某种程度上体现了一种相对性，但它并不等于相对主义，因为前者是对于有限性的肯定，而后者更多地体现了无边界性。当我们基于某一科学解释语境进行问题求解时，研究的方法和过程只有在有限的边界内才能保证其有效性与可靠性，而不会被无限地或无边界性地扩张。

解释学的释义理解对意义建构的语境化影响，投射到对科学解释的语义建构与语境建构的统一之中。特别是伴随着后现代科学哲学的演进，无论是实在论者还是反实在论者都自觉或不自觉地将科学理论的意义标准看作是语境化的，并探索用语境化的整体论的方法论去求解理论难题。总体上讲，有三大类关于"非充分决定论"的主要分析。

---

① Bernstein R J. Beyond Objectivism and Relativism: Science, Hermeneutics, and Praxis[M]. Philadelphia: University of Pennsylvania Press, 1983: 166-167.

　　第一类是从经验证实或证据证实的角度去理解，认为在观察的意义上，之所以给定测量对象会表现出不同理论陈述之间的相互冲突，其根源就在于有缺陷的方法论的建构说明。因为从本质上讲，在经验上任何"非充分决定性"的冲突都以对特定证实的理论说明为条件。这也就是意义建构过程中语义确定性的语境化问题。

　　第二类是从形式表征的意义上去理解，那么语义分析就是建立在这样一种观念基础之上的，即基于背景理论的相关测量观察的"非充分决定性"的根源，完全依赖于我们对事实的概念表征。换句话说，对事实的概念表征，就是我们将事实语境化的过程，而且这种语境化的必然性，正是我们表征世界的特定方式。正因为如此，那些相互冲突的理论术语和形式表征才具有了强烈的"非充分决定性"。这也就是意义建构过程中语形确定性的语境化问题。

　　第三类是从整体化的分析方面去理解，主要强调了科学理论的整体性的价值取向。一方面，它从科学理论价值的心理趋向出发，去说明经验的"非充分决定性"；另一方面，从科学理论对对象世界的整体系统分析中，或者从科学理论对对象世界解释的权威性中，去发现"非充分决定性"对意义建构的影响。这也就是意义建构过程中语用确定性的语境化问题。①

　　从意义建构的语境化趋向看，如果以传统经验分析的纯粹证据性去理解科学理论，那么"非充分决定性"观念的出现是必然的。因为：①任何理论都不存在唯一绝对性的意义标准；②任何单纯的经验标准都是狭隘的；③任何一种意义标准都需要具有普遍可接受的理论竞争力的有效解释。所以，由传统经验分析所导致的理解矛盾，必须由科学理论解释的语境化的整体论方法来予以解决。也就是说，意义的标准是语境化的，需要语境化的整体论方法来进行求解。事实上，以上三大类关于"非充分决定性"的分析均有其合理的因素，将其放在语境化的整体理解框架中或者语境平台上，是可交流、可相容及可互补的，是在一个确定的整体语境边界内存在一致性的。能否做到这种统一，就是一种有边界的语境化的理论解释与无边界的经验性的理论说明之间的本质区别，就是语境化意义建构的整体性理解与经验性意义表征的形式化分析之间的根本不同。

　　第二，意义建构的语境化趋向具有鲜明的意向规定性。

　　在科学理论的进步过程中，任何一种现象都允许多理论的解释。而且很

---

　　① Bonk T. Underdetermination: An Essay on Evidence and the Limits of Natural Knowledge[M]. Dordrecht: Springer, 2008: 38-44.

多情况下，对特定现象的测量、检验与解释，都存在着可观察意义上等价的竞争理论。然而，最终何种理论是学术共同体普遍地可接受的，则取决于给定语境系统的价值取向。更本质地讲，对科学理论的语境化的选择就是对相关语境的价值取向的选择，而对价值取向的选择则是相关语境所具有的意向规定性的集中体现。

意义建构语境的意向规定性并不是空洞的，它是语形、语义及语用分析在特定语境理解中有机统一的功能表现；从更高的层次上讲，它又是逻辑的理性规则与认识论的价值取向在给定语境中的统一。一般而言，科学理论的意义建构包含了对现实世界和可能世界的认识以及二者之间逻辑的函项关系，即现实性与可能性之间的关系。逻辑的可能性指向了可能世界，而经验的可能性指向了现实世界。所以，可能性既包含了"经验的层次"（经验指称），也包含了"逻辑层次"（逻辑指称）。当然，我们只有在给定的语境中来看待可能世界的集合，这两方面的统一才是有意义的。一句话，理论意义的建构是嵌入语境的。由此可以看出，在特定的语境空间中，给定理论的"意义"及其存在的"理由"之间的关系，绝不是纯逻辑的，它包含着认识论的价值取向在内。逻辑的理性分析与认识论的价值判断是互补的；它们在方法论上，既具有相互独立性，又具有相互融合性；而且，它们的统一构成了科学理论理解的一种特有的"认识模态"，并由此确立了相关语境的意向规定性。这种语境的意向规定性体现了科学解释的逻辑性与认识论的统一性，展示了科学理论解释在不同语境下进行理论选择的可能空间。①

毋庸置疑，意义建构语境的意向规定性不会是单调的，它有着内在的结构复杂性和自身演化的历史性。与给定语境相关的任何理论解释要素的特性，都是相关语境赋予的特性，离开了相关语境特性的意向规定性，理论解释的价值取向就发生相应的变化。所以，任何理论解释要素的特性，都是相关语境结构性地给定的。在这里，"语境"是指具有意向规定性的一个存在对象；"语境性"是指这个存在对象的结构整体性；"语境特性"是指这个结构整体性给定的价值取向，它决定了各个理论解释要素之间的内在关联。因而，语境的变换或不断地"再语境化"的过程，不是不可通约的"格式塔变换"，而是以各种语境要素的变化为前提的、有着强烈"背景关联"的结构性变换。可见，任何语境都是特定背景下的语境，是"背景关联"趋向的集

---

① Chalmers D The foundations of two-dimensional semantics[M]//Garcia-Carpintero M, Macia J. Two-Dimensional Semantics. New York：Oxford University Press，2006：138.

中体现，并且语境建构的价值取向以既定的"背景关联"为基础。

任何科学解释的意义建构都不只是概念、形式、结构或模态的集合，而首先必须是具有特定意向规定性的语境建构。无论是当代计算主义对意义的形式体系的建构，还是自然主义对意义的理解模型的建构，都首先是不同表达结构的语境建构。所以，在意义建构的语境性上，语境的定义对任何人来讲都是逻辑上等价的。但这种语境定义的逻辑等价性，恰恰由语境特性的意向规定性的各异性予以补充，并由此显示了科学理论解释的复杂性和丰富性。从科学实在论的视角看，意义建构首先是对理论对象及其相互关联的"实在特性"的语境建构，否则，理论系统与实在对象之间的关联就不存在了。这也正是当代科学实在论在构建科学解释的语境性时，赋予相关语境特性必有的意向规定性的前提。

科学理论解释的各个要素及其与给定语境意向规定性之间的一致性，具有不可忽视的历史的"背景关联"。从某种角度上讲，历史的"背景关联"是语境关联的基础；语境的结构整体性及其意向规定性的存在，恰是以历史的"背景关联"为前提的；特定语境的建构正是为了求解历史的"背景关联"所引出的理论难题而生成的，是"背景关联"某种趋向性要求的展现形态。因而在一定条件下，它的趋向性的要求转化成了相关语境意向规定性的内在要素。当然，任何语境的历史的"背景关联"并非都是线性的和确定的，而是非模式化的、多元的，甚或是非理性的，因此，它们的作用就必然要在一个历史地重建的语境中，被给定语境的意向规定性予以约束并确立其理性功能得以实现的边界。所以，科学理论解释的语境建构过程，是偶然性与必然性、自然性与逻辑性、历史性与现实性、理性与非理性高度统一的历史演化过程。由此，我们也会更加明确地理解意义建构的"语境化"和"再语境化"的本质。

第三，意义建构的语境化趋向是一个内在的语义生成过程。

意义建构语境的确立，是要使该语境中所有用于形式表征的符号、术语或概念获得一致性，是一种语义重建，从而使得相关理论的整体意义能够得以实现。所以，语义的生成过程也就是语义的重建过程，而这个过程能够得以展开的重要原因之一，就是在给定了意向规定性的语境结构中，存在着逻辑的可能世界。也正是可能世界范畴的存在，决定了语义生成空间范畴的存在。之所以如此，是因为可能世界范畴具有如下几个重要特征：①可能世界是为进行特定理论语言的逻辑语义研究而引入的概念范畴，具有给定语境的规定性。②可能世界同时又具有鲜明的直观背景，是现实世界的历史过程、可能状态或非真实状态的一种逻辑抽象，因而现实世界是实现了的可能世界。③可能世界的范畴是开放的，在特定的语境或"再语境化"的过程中，它可以被相应地予以拓展，从而有着更为广阔的语义空间。总之，可能世界是语义生成的逻辑演化空间，而语义生成则是可能世界的逻辑演化结果，二者在意义建构的语境化过程中获得了有机的统一。

　　但是，在这个过程中，我们必须注意如下两个问题：其一，一个理论语句的断言可以还原到相关的语境集合，以消除这个断言所依赖的语义世界。①换句话说，任何一个可能世界的存在都是以相关的语境集合为基础的，它直接确定了给定世界的语义空间及其表征意义。从理论上讲，在给定的语境集合中，相关的可能世界是多样的、具体的和可表征的；但真正有意义的世界仅是二者之间广阔语义空间中具有逻辑关联的必然性和可接受性的世界。这是一个非常重要的思想，我们将其称为"语境还原"思想。其二，理论语词指称的给定特性总是与表征形式体系所存在的语境世界及其不断的"再语境化"相关的。这表明，理论语词是通过在语境变换中"语义上升"或"语义下降"的语义空间变化，来逻辑地实现其指称意义的。所以，在语词表征的形式特征与指称对象的空间特征之间存在着必然的逻辑关联。在这种逻辑关联中，生成了最抽象的形式符号与最具体的指称对象之间的语义相关性。

　　在这种逻辑空间中来把握意义建构的语义生成过程，我们还必须重视对隐喻问题的探讨。因为隐喻是为了更精确、更富有创造性地表达对对象实在的表征和理解，所以它成了语义生成最重要的一种方式；而恰恰又是可能世界的语义生成空间的存在，使隐喻的语义生成方式能够得以实现。隐喻的语义生成方式之所以是一个过程，原因就在于：①隐喻在两个逻辑地相互独立的对象域之间是相交的。其中一个是作为我们的背景经验或背景知识域而存在的"资源域"，另一个是作为我们理解和重构的对象域而存在的"目标域"。它们之间的相互关联和映射，使隐喻成为可能。②隐喻的有效使用预设了这两个域之间具有某种结构性的相似性，因为它们共享了不同对象实体的存在及其之间的相互作用和交流。③隐喻传导了相关语境要求的给定语义，这构成了某种特定的理解模型或解释模型，成为意义建构中不可或缺的

①　Breheny R. Pragmatic analyses of anaphoric pronouns：do things look better in 2-D［M］//Garcia-Carpintero M，Macia J. Two-Dimensional Semantics. New York：Oxford University Press，2006：33.

认识方式。④隐喻以一种创造性的模式、一种超越简单逻辑程序的途径，重建了使用者的知识和认识结构，重组了使用者的经验和理性思维的方式，使理论对象的意义得到升华和提高。⑤隐喻在不断的重复使用中会自动地消失，但它所导致的语义认同却会作为特定理论实体或关联的规范性范畴得以存在。因为隐喻作为一个过程虽然完结了，但隐喻语词的意义却被重建的认识过程自然化了，并获得了新的理论解释或说明。①总之，从隐喻的展开到它完结的整个过程，充分体现了意义建构中语义生成的生动魅力，展示了意义建构的创造性功能。

第四，意义建构的语境化趋向，具体地要求了语形语境、语义语境和语用语境的统一性原则。

从意义建构的语境性上来讲，这三者之间的一致性不言而喻，但这种一致性的存在分别以语形语境、语义语境和语用语境各自内在的统一性原则为基础。首先，语形语境要求了形式表征系统中部分与整体的统一性原则。在一个形式表征系统中，单一表征的"语境值"是一个由下而上的语义上升过程，从而生成了更高层次的语境意义，所以，单一表征的语境意义的集合构成了复杂的整体语境意义。当然，这个过程不是一个简单的集合，而是通过形式表征系统中部分与整体的不可分割的统一性的实现所达到的意义本质的飞跃与升华。

其次，语义语境要求了理论语词的指称对象与表征形式之间经验与理性的统一性原则。从本体论的意义上讲，只有在相应的语境中，理论语词的"所予"才能和对它的表征及理解结合起来。也就是说，在语境化的视域中，解决意义建构本体性的实在论取向，就是把对指称对象的经验建构与对表征形式的理性建构之间的统一性关联规范化，从而使经验的建构不能脱离理性建构的约束，而理性建构无法失去经验建构的基础。这一点恰是后现代科学实在论的本质特征之一。

最后，语用语境要求了在科学理论解释中"证实的语境"与"发现的语境"的统一性原则。从科学解释的语境性上来看，"证实的语境"与"发现的语境"有着各自不同的特性。所以，在狭义语境的边界内，二者的区分是鲜明的，倘若没有这种区分，它们各自的语境特性也就不存在了；但是在广

---

① Knippendorff K. The Semantic Turn: A New Foundation for Design[M]. Boca Raton: Taylor & Francis Group, 2006: 166-168.

义语境的边界内，它们又是统一的，因为没有这种语境性的整体统一，它们就不可能建构相关的语境意义。它们各自"特性"的显现是狭义语境的价值取向，而它们共有"意义"的整合则是广义语境的意向规定，前者是后者的"彰显"，后者是前者的"基础"，从而满足了语用语境的统一性，同时又自然地展现了语用语境的魅力。①

第五，意义建构的语境化趋向，更有效地促进了语境功能的实现。

意义建构的语境性问题，归根到底就是提升语境功能实现的问题，而这一问题的解决不可避免地又集中到了表征语境与解释语境之间动态的对应关联。正是在这一对应关联中，语义语境和语用语境得以具体化，从而决定了语境功能的实现。这也是为什么"二维语境论"的核心，就是强调语境的概念包括了表征语境与解释语境两个方面以及二者之间内在关联的本质。②

从本质上讲，表征语境是静态的，一旦形成就在形式上脱离了主体的意向性约束；而解释语境是动态的，它始终渗透着主体的意向性及其背景因素的制约。没有表征语境，就没有解释语境，而解释语境使表征语境获得了它在给定时空条件下的特殊意义。所以，相对于不同的解释语境来说，一个形式语句可以表征不同的内容，显示其不同的意义；但一个解释语境则是它整个相关语境集合中的一个要素，只有在这个语境集合中才能展示其与其他要素之间的相互关联及其动态的演化过程，从而获得它自身进步的意义。换句话说，对任何一个表征语境来讲，都有一个由相关解释语境所建构的意义的"分布域"。而由各种背景要素所决定的主体意向性或价值取向，则确定了解释语境相关"分布域"的域宽或域面。这就是解释语境具有可选择性的理由，以及会在语形、语义及语用相统一的基础上建构理论意义的根据。可见，探讨从表征语境到解释语境的对应性，阐释从解释语境到表征语境所展现的意义，就是把握语境功能实现的过程。

我们必须强调的是，在语境功能实现的过程中，语境意义有着两个重要的建构性作用：其一，在任何一个语境中，语境意义总是起着一种趋向性的协调与整合的作用。它协调并整合着关于特定研究对象的主体的意向和行为，同时也规范着它们之间知性与理性的关联和取向。这种语境意义的协调

---

① Norris C. Philosophy of Language and the Challenge to Scientific Realism[M]. London：Routledge，2004：3.

② Cappelen H. The creative interpreter：content relativism and assertion[J]. Philosophical Perspectives，2008，22：33.

和整合作用的发挥过程，恰是所有的结构要素都在语境意义的协调和整合下构成一个相关系统整体的过程，是语境系统的系统价值及其系统目标功能性地实现的过程。这一点，是语境功能之所以能够存在和得以实现的建构性前提。

其二，在任何一个语境中，语境意义既与特定指称相关联，又超越于指称之上，形成了"意义大于指称"的作用。我们在考察了摹状词指称论、因果指称论和意向指称论之后就会发现，只有将语境作为一个理论视域去进行意义建构，才能避免各种单纯指称论的局限性。因为语境不仅全面地包容了语形、语义和语用的结构形态，包容了话语主体对象所有行为的有序与无序、必然与偶然的各种可能因素，更重要的是语境"将外在的指称关联与内在的意向关联统一了起来"①。因此，它的优越性不仅克服了传统指称"直指论"的僵化性，同时也超越了指称"语义相对论"的局限性，从而把指称论与意义整体论统一了起来，实现了"意义大于指称"的语境功能。这一点，是语境功能之所以能够存在和得以实现的建构性方式。

第六，语境的模型化、形式化与计算化奠定了科学理论解释的意义建构在某种程度上走向计算化趋势的基础。

在科学理论解释的意义建构过程中，我们可以看到在给定语境下，用对可能世界的描述方式将现实世界的表征模型化，因而这些表征方式的形式化命题的真值，便可由二者之间的统一来决定。在这样一种矩阵关系中，从可能世界到命题的函项，或者反过来说从可能世界到真值的函项，是等价的。由此，我们可以得出三个结论：第一，一个语境是包含多重世界的。也就是说，现实世界以及对它的表征和可能世界以及对它的描述是统一的。第二，语境可以是一个语境集合。在这个集合中，静态的特定语境可以转化成连续动态的系统语境。第三，语境的模型化可以是一个语境集合的模型化，从而使对单个模型的演算转化成对一个语境集合的逻辑演算。总之，语境的意义不是静态地存在的，而是一个生成、变化和发展的逻辑演算过程。在这个逻辑演算的过程中，语境意义的丰富性、多样性及连续性获得了统一。

不言而喻，语境的模型化是有条件的。其中，语义预设是与语境模型化相关的必要条件。在这一点上，存在着两种不同流派：其一，将语境预设看作是一种关于语境更迭或信息态的预设条件；其二，将语境预设看作是一种

---

① 郭贵春. 科学实在论的方法论辩护[M]. 北京：科学出版社，2004：66.

命题，它由语形决定并依赖于语用要素的变化。但无论如何，语义预设都存在于特定的语义语境之中，在与它相关的语境集合中，所给定的"语义值"与可能的"语境决定域"逻辑地联系在一起。前者的要求是语句的预设必须符合语境的价值取向，而后者要求的是主体的表征必须是无矛盾的和一致的。当这二者在一个给定的语境中获得统一时，"语境集合"与"世界集合"的一致性预设才是可接受的，并保持"语义值"的一致性延续。正是这种一致性，决定了对语境模型进行逻辑演算的可能性和必要性。也就是说，理论意义建构的过程就是对相关模型进行逻辑演算的过程。因而有学者将这种探究称为"语境动力学"的研究。①

从某种意义上讲，语境的模型化与语境模型的逻辑演算促进了语境的计算化发展，预示了科学理论解释的意义建构将走向可计算化。虽然这条道路任重道远，但是当前计算机技术的快速发展以及"大数据""云计算"为该研究方法提供了坚实的理论基础，并且这种技术的支撑会促进科学理论解释的形式化进程。也就是说，当前的理论基础与技术支撑将标志着科学理论解释走向"语境的计算化"范式。

小　结

总的来看，尽管科学哲学在过去数十年的发展中，各门具体科学哲学得到了长足的发展，但并没有削弱一般科学哲学研究的意义和重要性，不论是一般科学哲学还是具体科学哲学，其根本意义都在于揭示出科学解释与科学理论的意义建构对于科学哲学研究的基础性作用，在这一过程中，科学概念的语义分析无疑发挥着基础性作用。科学哲学的进步首先在于它的研究方法的进步，语义分析方法作为一种横断的研究方法，渗透在哲学以及科学理论的建构、阐述和解释之中，因此语义分析方法的普遍使用有其内在必然性，它的演进伴随着科学哲学的进步。但目前科学哲学的研究陷入停滞的困境，各种解释理论各有优势，但都存在不同程度的问题，加上后现代主义思潮的冲击，使得科学哲学的研究整体上呈现出支离破碎的纷乱局面。这就迫切需要建立一种新的研究范式，这是科学哲学现代性的必然要求，科学哲学的现

① von F K. What is presupposition accommodation，again？[J]. Philosophical Perspectives，2008，22：143.

代性进程实质上就是以科学解释为核心的不断发展和进步，而科学解释就是一个不断语境化的进程，传统的语义分析方法必须通过语境化加以拓展，通过模型化、形式化和可计算化，实现历史方法和形式方法的联姻，在此基础上，科学哲学规范性的重建和科学理性的回归才得以可能。

第二章 科学解释与科学修辞学的语境化

科学解释是科学哲学的核心，科学哲学研究最本质的功能之一就是在科学解释或说明的过程中实现对科学理论的建构。随着当今科学的不断进步，科学思维方式也发生了重大变革。修辞学作为一种具有元分析特征的方法论，逐渐渗透于科学发明和科学论述的策略研究中，给出了一种区别于传统论证形式的方法，为科学哲学的后现代发展过程牵引出一条"修辞学转向"（rhetorical turn）道路。科学修辞学及其在诠释学传统路径基础上延伸的科学修辞解释成为后现代科学哲学中有重要前途的理论方向。但是相较于理性思维方式，以修辞解释为代表的或然性论证方法仍面临着诸多困难。因此如何回答科学修辞学面临的当代诘难，并基于科学进步构建一种科学修辞解释模式，就成为十分有意义的研究趋向。而越发深入的研究表明，在语境论基础上形成的修辞解释，为科学解释提供了一种融合性研究平台，为科学主义和人文主义、理性主义和非理性主义的对立重新找回了可沟通、可交流的基点，并在修辞语境基础上促成了科学话语中语形、语义和语用分析方法的结合。

第一节 科学修辞学的理论渊源与当代进展

科学修辞学是当今新修辞学理论的新进展和趋势，它既有新修辞学的特征又有哲学的思辨，是将科学哲学、新修辞学方法用于研究科学活动和科学理论而产生的。狭义的科学修辞学是指研究自然科学活动中的修辞现象，而广义的科学修辞学还包括社会科学领域的修辞研究。总之，科学修辞学是将科学哲学、新修辞学方法运用于自然科学和社会科学活动的方法论学科。它传承了传统修辞学精神，植根于近代新修辞学思潮，并通过哲学运动逐渐产生。然而其发展模式逐渐受困于传统语言学层面，进而寻求一种融合研究模式，并在发展过程中探求修辞的本质和融合研究的平台。

一、科学修辞学的理论溯源

科学修辞学真正萌芽于近代自然科学的产生以及哲学的"三大转向"运动之后。近代科学的不断发展，将原本排除在科学研究之外的修辞学思维解禁，为了应对科学带来的社会性问题促进科学的进步和传播，修辞学在科学理论研究领域大展拳脚的时代来临了。科学修辞学是将修辞学的工具性、方法策略等带入科学理论研究视域中形成的一种交叉研究，体现了当代新修辞学研究与科学哲学研究的汇流。作为这样一种交叉型研究学科，科学修辞学有着广泛的理论来源，总体来说包括修辞学的和哲学的。其中，修辞学的来源是最基本的，哲学的来源是影响最深的。

（一）传统修辞学与修辞批评

实际上，科学修辞学的理论基础和核心思想早在古希腊时期就已经存在。科学修辞学受到传统修辞学根深蒂固的影响，它汲取了传统修辞学的研究思路、分析方法等特征。

西方修辞学通用的"rhetoric"一词源自希腊语中的"rhetorike"，该词源最早出现于柏拉图的《高尔吉亚篇》中，原意是指公共演说家或政客所使用的话语技艺。[①]柏拉图承认修辞在言语过程中发挥着重要作用，但是对于修辞学研究持敬而远之的态度，他认为辞藻的滥用能够短时间内提升话语的说服力，但是同时也存在误导他人的问题。于是在技艺区分上，修辞学应当属于那种"坏的"类型了。这种观点一定程度上左右了修辞学的命运，使得修辞学长期处于不利的发展地位。其后亚里士多德将修辞学与辩证法并列，将修辞推理与理性推理归属为一类：两者可能存在推理方式、逻辑规则、使用效果等的区分，但并不是在类的本质上的区别。这使得修辞学与哲学的对立得到缓解，但没有从根本上否定柏拉图的观点并消除这种影响，这也决定了修辞学在产生初期主要适用于辩论、诉讼等狭窄的领域。总的来说，亚里士多德把修辞活动看成劝说与诱导的技艺，用于劝服他人以使其思想与行为服从于修辞者的意愿。

---

① 温科学. 20 世纪西方修辞学理论研究[M]. 北京：中国社会科学出版社，2006：55.

　　传统修辞学经过古罗马时期的鼎盛后逐渐坠入低谷，尤其是在文艺复兴和启蒙运动时期，修辞学的缓慢发展与哲学思维的兴盛产生了鲜明对比。16世纪以拉米斯（P. Ramus）和笛卡儿等为代表的理性主义对修辞学进行了猛烈抨击，拉米斯所谓的"修辞学革命"并没有复兴修辞学，反而"革了修辞学的命"，肢解了亚里士多德以来的论辩研究，只保留了文体和演说技巧作为修辞研究。经过文艺复兴的洗礼，17世纪的修辞学转而与文学批评联姻，这使得修辞的学科地位并没有任何改变，却无形中扩大了修辞学的研究领域，并且文学批评模式的出现为后来新修辞学的复兴留下活路。到19世纪乃至20世纪初期，人们对修辞研究的兴趣降至有史以来的最低点。[①]惠特利（R. Whately）的《修辞学原理》（*Elements of Rhetoric*）分析了修辞学没落的原因，指出修辞学作为一门古老的技艺，它从注重修辞过程转向侧重修辞效果的应用，从以劝说和论辩形式为主体转向以理论构建为主要形式，从而使其从一门古典艺术沦为话语行为的艺术。[②]在低潮时仍有坎贝尔（G. Campbell）这种大师的出现，他的《修辞哲学》（*Philosophy of Rhetoric*）被认为是现代修辞学的开山之作，是自古希腊经典修辞技艺之后的再次崛起。[③]坎贝尔区分了说服（persuasion）与信服（conviction），弱化了古典修辞的劝说，将启发理解的"信服"作为修辞的目的。从此开始，修辞的目的性不断弱化，使得修辞学能在各个学科中站得住脚，肯尼斯·伯克后来提出的"同一"理论实质上是对此的发展。尼采（F. W. Nietzsche）提出了语言的不确定性后进而指出科学和哲学的修辞性。这个观点已经为当代的修辞学家所接受，它将传统修辞学空间从人文领域扩展到社会科学领域，并渗透到自然科学领域，进而产生了科学修辞、医学修辞等修辞学新的研究范围，可以说是尼采大大地扩展了修辞学的范围。[④]

　　19世纪中期开始的修辞学变化为20世纪新修辞的蓬勃发展奠定了基调。美国文学运动的兴起使得修辞学发生转变，它关注的对象由古典的演说修辞转为作文，这是新修辞学的开端。但这种转变将修辞引向歧路——过多关注文本的修辞技巧而偏离了哲学和修辞的本质。抛开这一点来讲，修辞的范围扩大了，人们逐渐认识到修辞不仅仅适用于古典演说，除此之外的各种

---

① 温科学. 20世纪西方修辞学理论研究[M]. 北京：中国社会科学出版社，2006：120.

② 姚喜明，等. 西方修辞学简史[M]. 上海：上海大学出版社，2009：164.

③ Bizzell P，Herzberg B. The Rhetorical Tradition[M]. Boston：St. Martin's Press，1990：749.

④ 姚喜明，等. 西方修辞学简史[M]. 上海：上海大学出版社，2009：216.

语言形式都存在着修辞的作用。因此，表面看来衰落的 19 世纪修辞学实际上为后来的爆发埋下了种子。

（二）新修辞学的滥觞

经过一段时间的沉寂，修辞学在近代科学发展的大流中重生。现代主义高举"理性与科学"旗帜追求对真理的解释，逻辑实证主义的盛行更使得人们普遍认为一切有意义的问题都可以通过科学手段检验，试图在非确定状态下将对事物进行推理的和讨论的修辞学打入冷宫。然而随着时间的推移，人们对科学思维方式能否应用与解决人类社会和道德问题产生疑问。人类作为需要与社会时刻进行互动的群体，不得不重新思考社会成员和集团之间的相互影响如何实现，以及做出选择的社会动机、价值观、权力因素是如何作用和转变的等类似这些问题，科学思维方法都无法给出合理的答案。①相反，之前并不被重视的修辞学却能做出一定的解释，这些解释被证明是具有人文关怀并且对于社会的进步有很大帮助作用。正因如此，修辞学才再次站到了学术舞台的中心。战后的反思、科学进步与社会发展的不协调等因素促使更多学者关注修辞学并从中汲取养分与当今思潮结合，催生出新修辞学。新修辞学是传统修辞学涅槃的产物，新的修辞观念取代传统修辞思想，更加适应社会需求，逐渐发挥出巨大的影响力和创造力。新修辞学运动的蓬勃发展使得修辞方法广泛应用到其他学科中，不但扩大了修辞范围，更重要的是转变了人们对修辞的看法，使我们认识到"人类是修辞的动物"这样一个基本命题，重新为修辞学正名。

第一，新修辞学极大地扩展了传统修辞学范围。新修辞学认为修辞现象无处不在，它隐藏在人类一切活动中，修辞的作用就是改变自身或他人的态度和行为，帮助组织和规范人类思想和行为，同时它是增进理解、消除误会的重要手段。新修辞学的论著恢复并扩大了修辞学的范围：对论辩理论的重新研究，对"同一"理论的提倡，对修辞社会性的强调，对修辞目的、语境的依赖等都纳入新修辞学研究的范畴。②修辞学不但关注社会问题，就连原本与其格格不入的科学问题，修辞学都能一展拳脚，科学修辞学正是在这样的背景中应运而生的。同时新修辞学渗入具体自然科学和社会科学研究中，将心理学、医学、社会学、政治学、文学等理论引入修辞学中，又将新修辞

---

① 刘亚猛. 西方修辞学史[M]. 北京：外语教学与研究出版社，2008：283-284.
② 徐鲁亚. 西方修辞学导论[M]. 北京：中央民族大学出版社，2010：26-41.

理论应用于这些领域，形成了修辞学元理论基础上的案例分析（case study）。

修辞学范围的拓展带来了对修辞性质等问题的重新认识。传统修辞学研究个人如何取得成功，是单向度的，而新修辞学将研究重点放在修辞双方沟通过程中的互动作用上，在此基础上寻求一种协调社会相关问题的处理方法。这种双向思维特别适用于科学理论研究的实际情况，对于科学修辞学的分析模式产生了重要影响。

第二，新修辞学形成了有较大影响力的修辞批评模式。新修辞学催生了众多修辞批评体系，新亚里士多德修辞批评、经验主义修辞批评、戏剧主义修辞批评和后现代修辞批评是当代西方修辞批评体系中应用最多的，此外，由此扩展而来的社会修辞批评模式另辟蹊径，也起到了很好的解释作用。① 其中，影响最深远的理论毫无疑问是伯克的"认同"和"同一性"理论。伯克讲到同一性在三个方面发挥作用：作为实现目的的手段，如立场相同而同一；对立关系中创造同一，即因为共同的敌人而立场一致；无意识下的劝说，这是最强力的一种作用。②伯克的戏剧主义批评及其五要素理论在其他修辞学研究领域有一定的通性。例如在科学修辞学中，戏剧主义的行为、人物、手段、场景和目的可以表示为行为、修辞参与者、修辞策略、语境和目的。

第三，新修辞学强调论辩的作用，重新建立了修辞与哲学的桥梁。佩雷尔曼（C. Perelman）、图尔明（S. Toulmin）和哈贝马斯等的思想对当代论辩研究产生了重要作用，他们将论辩模式重新引入修辞学，在一定程度上修补了哲学与修辞学的关系，促成了当代修辞学与哲学的再次联姻。历史上修辞与哲学分道扬镳的根本原因在于，传统修辞过度关注风格、技巧、策略，忽视了修辞本质与理性的关系。论辩的加入使得修辞被赋予了创造知识和揭示真理的功能，修辞学因此改变了哲学的面貌，哲学不再是寻求虚幻的普世原则，而是追求构建普遍接受的共同价值立场，特别是对语言哲学的考察，深化了人对自身问题的理解，许多社会问题也迎刃而解。③

（三）修辞与哲学关系的发展与科学修辞学的产生

修辞学与各相关学科关系中最为纠缠不清的当属其与哲学的关系。哲学

---

① 温科学. 二十世纪美国修辞批评体系[J]. 修辞学习，1999，（5）：47-49.

② Burke K. A Rhetoric of Motives[M]. New York：Prentice-Hall，1950：20.

③ 姚喜明，等. 西方修辞学简史[M]. 上海：上海大学出版社，2009：229.

产生之初，包含了理性思维模式和修辞思维模式，而后哲学家、古典修辞学家试图将修辞学与辩证法区别开来，却又同时强调修辞论辩的说服性（persuasiveness）和雄辩性（eloquence），这使得修辞学不得不包含部分哲学和逻辑的功能。古希腊和古罗马时期的哲学与修辞学，作为古典政治体系下社会民主的需求得到了有利的发展空间。这时的修辞学与哲学密不可分，往往哲学造诣深的学者也兼是修辞学家，修辞作为一种热门技艺，与哲学的发展相得益彰。中世纪后的哲学与修辞学发展就脱节了，此时的哲学遭受极大限制，而神学修辞却得到提倡。到启蒙运动、科学主义兴起时，哲学思想的火花不断迸发，而修辞学却被打入冷宫。近现代哲学式微，新修辞学、语言哲学的发展成为哲学与修辞学再度融合的契机。

20 世纪西方修辞学复兴正是从语言哲学和修辞哲学开始的。近代哲学家试图将辩证法作为探求真理的唯一手段，将修辞学禁锢于文体或修饰语的技巧研究层面。理查兹（I. A. Richards）的"意义理论"研究与巴赫金（M. Bakhtin）的"对话理论"研究如出一辙，从语言哲学及其对修辞哲学的贡献上开启了新修辞学运动之门，这是当代修辞学理论的出发点，也是修辞学与哲学新的联结点。他们认识到词语研究的局限，认为语言的意义问题应当从语境出发来讨论，对话和交流才是语言的基本单位，才是语言和言语行为的意义所在。20 世纪的西方修辞学一直在试图修复它与哲学的关系，恢复其在古典时期那样的显赫地位，这股思潮在学术界产生了深远影响。韦弗（R. M. Weaver）深刻阐释了修辞学与辩证法之间密不可分的关系，并断定修辞学是辩证法的一个分支，他将理解与行为结合，肯定了辩证法与修辞学之间的联系。[①]理查兹、巴赫金、韦弗、伯克、佩雷尔曼、图尔明、格拉斯（E. Grassi）、福柯（M. Foucault）和哈贝马斯等直接或间接地发展了修辞学理论，他们间或是哲学家、语言学家、科学家，对于修辞学特别是言语交际层面的发展做出了突出贡献。[②]

他们所做的研究直接导致了两种"修辞学转向"："文学批评的'修辞学转向'"和"哲学的'修辞学转向'"。哲学家将修辞看作一种途径，在解决社会问题时加强相互理解，促进社会和谐，取得了意想不到的成果。因此，当今我们在进行科学问题的哲学研究时，引入修辞学视角是必要的和有效的。

---

① 温科学. 20 世纪西方修辞学理论研究[M]. 北京：中国社会科学出版社，2006：231-236.
② Foss S K. Contemporary Perspectives on Rhetoric[M]. Long Grove：Waveland Press，1991：21.

当代修辞学的迅猛发展归功于其交叉性。近十几年来，修辞学研究领域不断扩张，学科主题分布范围多元化（表 2.1）。

表 2.1　基于 SSCI（2004～2013 年）的西方修辞学研究领域的学科主题分布①

序号	学科	发文量/频次	占文献总数百分比/%
1	传播学	315	5.81
2	语言学	274	5.03
3	社会科学	249	4.56
4	传播学——言语交际领域	242	4.45
5	心理学	201	3.67
6	社会科学——其他相关研究	171	3.10
7	教育学和教育研究	166	3.05
8	社会学	163	2.99
9	政治科学——政府管理和法律领域	140	2.57
10	政府管理和法律	138	2.54
11	商学	117	2.15
12	管理学和经济学	100	1.84
13	哲学	99	1.82
14	哲学——交流领域	84	1.54
15	环境科学研究	79	1.45

通过近十余年的数据分析，从哲学活动中萌生的"修辞学转向"迅速侵染了整个理论研究界，修辞作为一种人本主义的思维方式蔓延在社会科学研究范围中，甚至开始触及自然科学研究领域，这股力量融合了原本被分割的学科视域，使得科学修辞学这样一种跨学科综合性多元化话语研究逐步形成。

科学修辞学的产生得益于三方面因素。第一，新修辞学的直接影响。新修辞学将修辞的作用渗入各个学科研究领域，当其他学科发展遇到瓶颈时，借助修辞学名义进行的研究往往可以另辟蹊径，这也是科学修辞学产生的必要条件。科学活动也不例外地引入修辞学，科学修辞学的发展使得科学、哲学、修辞学等学科互相渗透、互相促进，吸收了彼此的新思想、新成果，突破原有的知识结构，扩展研究视野，构建新的学科体系。随着科学哲学"修辞学转向"运动和修辞思维的扩展，"科学修辞"概念认识得到了深化：科学思想和知识不再被看作是恒定的，而是被认为是科学共同体内部交流和论

---

① 李红满，王哲. 近十年西方修辞学研究领域的新发展[J]. 当代修辞学，2014，（6）：33.

辩的结果。科学话语也是充满辩论性的、策略性的和修辞性的，修辞分析不仅被运用于科学知识的表述和论辩中，同时也深入科学研究的认识论研究中，参与到科学知识的建构过程中，本质地存在于科学语言里。①

第二，哲学思辨和理性主义的局限。自新修辞学以来，修辞本质就是哲学论辩，这与传统修辞学的演说辩论相区别，同时修辞学是归纳方式的思维，而不是传统演绎式的。这使得原本高举纯理性的科学活动被证实是离不开非理性因素的。

研究表明，作为理性主义标杆的逻辑思维，在处理有人参与的活动时并不能尽善尽美，相对而言的或然性因素反而会成为决定性因素或者对整个过程产生重大影响。逻辑学这种人工语言分离于语境、社会、文化、历史、时间，其符号和符号所指、运算规则都是人为规定的，其正确性也是一种逻辑规定。但是现实要考虑的远比逻辑考量的多。将人工语言与自然事物对应，利用创造的规则去运算，得出的结果再次与客观世界对应，我们不能保证这种对应法则的自然原初性，无法保证中间过程中数据的完整性。能够胜任交流解释的模式，必然是修辞式的，即在语境的前提下充分考虑交流双方各种因素和互动而产生的。②修辞批评被赋予了在社会生活中甄别事物、揭示真理和创造知识的能力。因此在科学研究问题中，逻辑与修辞的关系可以理解为装满一个容器，光有大块的石头是不行的，还需要细小的沙子。

第三，20世纪哲学"三大转向"运动的影响。正是在"语言学转向"（linguistics turn）、"解释学转向"（interpretive turn）及"修辞学转向"的不断运动过程中，修辞学作为一种具有重要意义的方法论，在一定程度上再次明晰了自身学科意义和功能。"语言学转向"时的科学修辞学存在广义与狭义的理解。在第一个层次上，修辞作为一种非经典逻辑，可以将研究内容涵盖于整体的修辞学视野之中；第二个层次，仍将修辞学作为一种话语实践和分析工具，从而将其限定于特定的语境之中。而第一个层次的理解削弱了修辞的特殊价值，第二个层次却将理性等概念与修辞产生了一定程度的决裂。③"解释学转向"中，修辞学逐渐发展为一种元理论层面的修辞诠释学，通过对科学文本的特定分析来协调理性的"理由"（reason）和修辞学的

① 参见刘亚猛. 西方修辞学史[M]. 北京：外语教学与研究出版社，2008；鞠玉梅. 解析亚里士多德的"修辞术是辩证法的对应物"[J]. 当代修辞学，2014，（1）：21-25.
② 刘亚猛. 西方修辞学史[M]. 北京：外语教学与研究出版社，2008：325.
③ 郭贵春. 科学修辞学的本质特征[J]. 哲学研究，2000，（7）：19.

"有理由"（reasonable）。而带有明显后现代特征的"修辞学转向"使得科学理论研究中的修辞策略成为研究热点。

至此，科学修辞学才真正产生。

二、科学修辞学的当代进展

随着 20 世纪语言哲学、新修辞学的滥觞，修辞作为一种方法论工具扩展到其他研究领域。尤其是在科学理论研究中，修辞策略分析的影响名价日重。维切恩斯（H. A. Wichelns）关于修辞批评中语境模式的研究，在早期科学修辞学研究中占据重要地位。基于对其观点理解的分野，科学修辞学在当代发展过程中产生了不同的研究趋向。

（一）修辞辩证法的语境模式

在"语言学转向"和"解释学转向"中，修辞被重新采纳为科学理论研究的工具，逐渐形成了关于科学思想的修辞分析，这正是科学修辞学最早的研究模式，同时也是科学解释范围内科学修辞解释产生的萌芽。

而从工具论的角度讲，修辞不具备高于其他解释工具的地位，所以早期修辞分析总是伴随着文学的、统计的、历史的、社会的等其他解释工具出现，作为一种辅助性质的方法工具参与到科学研究和论争过程中，而使用修辞工具就需要对"受众"（audience）和"场合"（occasion）等做出严格限定。由于没有形成将这些因素统一于整体语境层面的认识，这导致了修辞学的早期研究模式更倾向于一种文学修辞批评的继承。

维切恩斯在研究修辞辩证法（rhetorical dialectic）时，提出了文本内部语境（internal context）研究模式，这给早期科学修辞学研究很大启发。在维切恩斯语境模式中需要注意两点。首先，他区分了修辞批评与传统论辩修辞，并对传统修辞要素进行扩展，极大地增强了修辞与语境的关联性。其次，维切恩斯强调修辞批评中文本和语境的关系问题。他认为，其他因素实际上是作为一种内化的语境因素存在于主体和客体之间的，而正是这种内化体现了修辞研究的特点。[①]

维切恩斯的工作促使修辞批评更加关注修辞对象的相关语境分析，使得

---

① Wichelns H A. The literary criticism of oratory[M]//Drummond A M. Studies in Rhetoric and Public Speaking in Honor of James Alert Winans. New York：Russell and Russell，1925：181-216.

语境问题成为修辞研究的基本问题。之后，在修辞的"场合"要素中，语境由一种实体概念扩展为包含精神或意识的[1]，而且修辞批评开始关注研究对象的经济、政治、文学、宗教、伦理等社会背景的重构过程。[2]

对维切恩斯思想的不同解读，延伸出两种相对的观点。一方面，像新历史主义那样，时态的编织情节（temporal emplotment）以及比喻意象（figurative imagery）可以产生一种关于语境的有限的、截短的观念理解（narrow and truncated sense）。观点的提倡者和文本被象征性地束缚在语境中，而语境又内化于受众、场合、时间等修辞要素中，在需要时被限定、部分地提取出来。这过度强调了研究对象、语境的修辞性和特殊性，在一定程度上偏离了科学修辞学的科学性本质，进而滑向了修辞目的论和特殊论。另一方面，这种时态的编织情节和比喻意象又从另一个角度构建关于语境的广阔的、有机的观念理解（broader and organic sense）。这种理解弱化了修辞的地位，将修辞这一概念语境化地内含于修辞过程的诸要素中，以作为科学研究的根隐喻和基本属性，从而使其走向一种修辞功能论。正是在这种功能论的基础上，逐渐突显出语境的重要作用，并开启了科学修辞学的语境论转向并最终促成了科学修辞解释的产生。

（二）修辞目的论和特殊论

以维特根斯坦后期思想为代表的语言哲学，将世界、对象理解为一种语言分析和构造，行为表述和理论传播无法脱离语言。在科学研究中，这表现为对科学理论、科学语言的重视。加之前述的对维切恩斯语境模式的第一方面理解，导致了一种带有明显片面性的研究趋向：科学是以修辞为主要方式和目的的构建过程。

可以说，修辞目的论和特殊论导致了传统科学修辞学概念的部分瓦解，这促使科学修辞学概念困于语言学研究中无法自拔，并且在一段时期内终结了正统的科学修辞学研究（图 2.1）。不过这也为科学修辞学后来的进一步发展提供了契机。

---

[1] Nichols M H. The criticism of rhetoric[M]//Hochmuth M. A History and Criticism of American Public Address. Vol. 3. New York：Longmans，1955：11.

[2] Baird A C，Thonssen L. Methodology in the criticism of public address[J]. Quarterly Journal of Speech，1947，33：137.

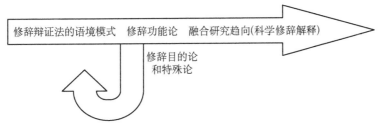

图 2.1　科学修辞学研究进路

伴随着对修辞目的论的认识，修辞学家习惯将语境理解为修辞要素的特殊表现，进而发展为一种语境模式的特殊论（particularism in mode of contextualization）。例如布莱克（E. Black）认为，修辞和语境分析都是有针对性的，即使后续分析能够给出与作者一致的解释，也会受到包括特殊场合、受众等语境条件的制约，即这种高度制约的语境可以理解为修辞解释针对特殊场合和受众而有意设计的一种反馈。[①]布莱克试图在这种特殊论立场上侧重对语境模式的研究，也就是对文本语境（text context）或者后来卢卡斯（S. E. Lucas）思想中语言语境（linguistic context）的关注："每一个修辞文本都处于特殊的语言语境中，具有它独特的词汇、规定、习语、方言等。尚未理解语言在特定时间和社会中的作用时，我们不可能探求文本的意义或描述其内在张力。"[②]文本并不是简单地束缚于语境之中，语境也不是仅仅包裹并限制文本的，经过精细化、特殊化处理的语境状态渗透进文本之中，它们是同质一体的（consubstantial），或者说一种互文隐喻（intertextual metaphor）和密不可分的交织（inextricably interwoven）状态。

修辞目的论和特殊论在一定程度上推动了对科学理论研究中修辞地位、价值的认识，尤其是使得语境作用逐渐显现出来[③]，但是，这种思路在逻辑和现实表现上都存在弊端。第一，在科学理论研究中，预想结果应当是双向或多向的，而不是前定的，其证明或反驳预设的概率不一定严格对半，但至少都是存在的。我们可以预设基本语境参量（contextual parameters），但并不能由参量间关系而推知并预设作者目的，否则就打破了科学理论研究结果趋向的平衡性。第二，不能因为语言和修辞的重要性而否认逻辑基础，即科

①　Black E. Rhetorical Criticism[M]. Madison：University of Wisconsin Press，1965：39-41.

②　Lucas S E. The Renaissance of American public address：text and context in rhetorical criticism[J]. Quarterly Journal of Speech，1988，74：248.

③　Campbell J A. Scientific revolution and the grammar of culture：the case of Darwin's origin[J]. Quarterly Journal of Speech，1986，72：351-376.

学理论研究所依赖的理性和必然性。修辞可以加速科学解释过程，引导其社会价值和意义影响，但不能在本质上改变科学的逻辑真值。第三，对修辞目的性的过度关注导致了修辞解释行为的偏离。正如冈卡（D. P. Gaonkar）所言，修辞目的论将维切恩斯发掘的文本和语境辩证法，潜移默化地预设在解释者的意愿和设计中[1]，这就是说，只有通过修辞目的的调节，语境才能在解释过程中显现并产生作用。结果导致，一旦确定了修辞目的，目的就会引导修辞过程，而语境因素和语境模式却隐藏于背景当中[2]，这使得我们不能清晰地分辨语境中解释行为的客观性和解释者目的的主观性。总之，修辞目的论和特殊论过度关注修辞策略、修辞解释者的设计和目的性，曲解了文本与语境的关系，导致了对修辞地位的过度推崇，反而削弱了修辞解释效力。

（三）修辞功能论

经过近一个世纪的发展，修辞学的学术价值得到承认，但是仍旧面临着许多困难：首先，修辞学无法完全挣脱非体系化、偶然性和或然性等标签的束缚，不能独立为一种超越传统分析方式的工具。尤其是在科学实在论和反实在论的论争中，过分强调修辞等或然性工具因素的作用使得研究视角过于狭隘，这使得科学修辞学并不能完全展现出优于社会分析、逻辑分析、语义语用等分析方式的特征。并且这种趋势不仅使得修辞学对自身学科定位模糊，而且对于解决科学哲学层面的元理论问题并没有提供有效帮助。其次，科学修辞学仍在苦苦寻求一种系统纲领。它在模糊了科学主义与人文主义界限之后，对于如何构建一种自身特色的完整系统，依然步履维艰。[3]

修辞学家逐渐意识到，修辞目的论要么将科学修辞学限制于狭窄的研究域面，要么将其放任于零散研究之中。这使得科学修辞学在理论综合上难以统一，长此以往的态势招致了学界对科学修辞学自身学科性的质疑，并引发了关于科学修辞学发展方向与前景、学科性质与定位等的一系列争论。[4]这次争论达成了一定共识，使得修辞学转向一种温和、理性的修辞功能论，即

---

① Gaonkar D P. The oratorical text: the enigma of arrival[M]//Leff M C, Kauffeld F J. Texts in Context: Critical Dialogues on Significant Episodes in American Political Rhetoric. Davis: Hermagoras, 1989: 49.

② Jasinski J. Instrumentalism, contextualism, and interpretation in rhetorical criticism[M]//Gross A G, Keith W M. Rhetorical Hermeneutics. Albany: State University of New York Press, 1997: 206.

③ 甘莅毫. 科学修辞学的发生、发展与前景[J]. 当代修辞学, 2014, （6）: 69-76.

④ Gaonkar D P. The idea of rhetoric in the rhetoric of science[M]//Gross A G, Keith W M. Rhetorical Hermeneutics. Albany: State University of New York Press, 1997: 25-85.

将修辞内化为科学的基本属性和功能，将科学修辞学的研究对象从科学活动中的修辞现象转变为带有修辞色彩的科学对象。在此基础上，探讨科学修辞学与语境论的结合研究成为可能。

在 20 世纪末关于科学修辞学的争论中，格罗斯、冈卡、莱夫（M. C. Leff）、富勒（S. Fuller）等修辞学家开始寻求元理论角度的科学修辞学研究，基本达成几点共识：①当今科学修辞学面临的问题，在微观上表现为过于宽泛的修辞应用而产生的、在具体研究中难以协调的独立性和零散性，在宏观上表现为缺乏统一的研究纲领，没有形成具有自身特色的研究体系。②需要重新挖掘修辞批评的价值，逐步提高修辞学在科学理论研究及科学解释中的作用。③修辞是科学研究的内在属性，它通过人类参与的科学理论构建和发明、科学争论和交流等形式表现出来，具有解释科学的功能。[①]

修辞功能论之前，科学修辞学的研究模式可以概括为，通过具有修辞性质的分析方式，研究科学对象表现出的修辞特征，从而证明对象本身具备的修辞性。这些工作最终指向了一点：科学的构建、传播、解释、影响等，都不是单纯逻辑化和公式化的，它们都在一定程度上与修辞相关。[②]修辞功能论认为，修辞性是科学活动必备的属性，由此，截断了看似成果丰硕但实际上对修辞学学科建设并没有实质意义的部分研究模式，为新研究模式的确立和发展扫清了障碍。

在此基础上，科学修辞学研究要么是对科学研究的元理论修辞分析，逐渐演变为修辞诠释学；要么是在具体对象中，探讨如何使用修辞策略的案例分析。然而，由于修辞已经内化为科学的基本属性和功能，这就在一定程度上消解了修辞与科学间原本的关联，使得修辞学要么是模糊的，要么是零散的。也就是说，修辞功能论将科学修辞学拉回理性层面，却从目的论极端走向一种模糊性和复杂性。

20 世纪的最后十年，是科学修辞学发展最蓬勃，也是最迷茫的时期。对传统修辞批评中修辞尊崇地位的推翻，带来的是修辞情景性的缺失，而不是重拾维切恩斯修辞辩证法的语境模式。[③]文本分析（text analysis）和案例

---

① Gross A G，Keith W M. Introduction[M]//Gross A G，Keith W M. Rhetorical Hermeneutics. Albany：State University of New York Press，1997：1-22.
② Herrick J A. The History and Theory of Rhetoric[M]. Boston：Allyn and Bacon，1997：195-196.
③ Leff M C，Sachs A. Words the most like things：iconicity and the rhetorical text[J]. Western Journal of Speech Communication，1990，54：252-273.

研究的兴盛，使得科学修辞学内部的抽象化概念争论向具体案例转移。同时，形式和内容、内在和外在、文本和语境等关系，继续在元修辞学层面讨论，却仍包含特殊论的影响。①修辞功能论为科学修辞学的繁荣做出了巨大贡献，而面对新问题，我们需要重新并且慎重地思考语境和文本之间的关系，从而加深对修辞学的理解。科学修辞学亟须一种纲领性研究思路，来构建一种基底和平台，协调元理论角度的科学修辞学，并统领其零散于具体案例分析中的修辞性，形成一种新视野下的研究进路。科学修辞学的这种内在需求，最终在与语境论思想结合研究的过程中实现。

（四）科学修辞学研究走向的特征

科学修辞学在 20 世纪末取得了长足进展，它更新了我们对科学理论的构建、科学发明的创造等方面的认识，同时，其自身发展经历了一些变化。这些变化一方面受益于科学修辞学研究的逐步繁荣，另一方面又预示着新的问题不断涌现。

其一，当今科学修辞学研究地位不同以往。近代科学以逻辑演绎和自然事实为依据，以真理性、准确性和客观性为标杆，难以接纳带有或然性的修辞分析方式。然而，两次世界大战的硝烟使人们注意到，科学主义并没有为社会问题提供行之有效的解决办法，单纯追求客观性而忽视社会性的思想存在很大弊端。随着科学传播工作的进展、科学哲学对科学的社会属性的发掘，修辞分析方式逐渐进入了科学理论研究的视野。在这种情景下，科学修辞学逐渐成为科学理论研究领域、科学哲学研究领域的热点。

其二，科学修辞学研究主体的构成更加复杂。科学修辞学最初作为科学文本的文学批评形式，其早期研究者以新修辞学家居多。随着科学哲学的"解释学转向"和"修辞学转向"，科学哲学家开始使用修辞视角研究科学哲学问题。当今越来越多的社会科学与自然科学学者认识到，学术研究的方法、程序和语言，在本质上都是修辞的。在科学活动中自觉使用修辞的自然科学家，与注重科学文本批评的新修辞学家、对科学问题比较敏感的科学哲学家等，组成了当今科学修辞学研究的主体。

其三，科学修辞学的研究风格和模式受到了语言学和新修辞学、哲学和社会学、文学批评和传播等学科的交叉影响，多元的研究者将风格迥异的研

---

① Warnick B. Leff in context: what is the critic's role[J]. Quarterly Journal of Speech，1992，78：232-237.

究模式模糊地囊括其中，使科学修辞学研究形成多样化、复杂化的发展趋势。首先，通过文本分析和案例研究两种主要研究方式，不同修辞学家形成了有代表性的科学修辞观点。其次，从研究思路上来讲，当今科学修辞学存在三种基本研究路径：一是在理论推演的基础上对观测、争论等做出评述；二是 IMRaD 式研究（introduction，methods，results and discussion），常见于自然科学的实践分析，特别是在生物学、物理学等领域；三是问题解决式研究，即提出问题的背景和目的，研究问题的可能解决方式并进行相关修辞评估。[①]

就目前的研究形势和状况而言，寻求一种融合式研究纲领和研究路径，以适应科学对象的新进展、协调当前修辞研究出现的问题并统领未来发展，是科学修辞学所必须做出的抉择。学界关于科学修辞学自身的学科基础、核心的研究方法和策略、研究的意义和有效性等问题，一直没有形成统一、独立的研究范式。这是因为，不论是简单划分为科学文本分析与案例研究，还是按照研究思路划分为上述三种研究模式，都在一定程度上限制了科学修辞学的发展。文本分析和案例研究只是在侧重上有所区别，在实际研究中并不是截然对立的。科学文本是各项研究的主要载体，科学争论是推动科学进步的主要交流模式，科学实验是判定科学理论和模型的重要标准，它们并不是各自完全独立的研究和解释方式，而是在一定语境下融合的。并且那三种研究思路的划分，第一种侧重于文本分析，带有明显的修辞性；第二种由涉足科学修辞学的科学家引入，沿袭了自然科学研究方式，带有强烈的逻辑性；第三种是哲学研究方式，强调思辨性。然而我们并不能简单地将这三种层次区分开来、划定先后顺序和等级，因为在科学修辞学研究中，它们往往是并存的、同时出现和相互影响的。此外，考虑到科学修辞学研究的交叉性，以及其研究域面的扩展、研究队伍的壮大、研究水平的深化，我们不能再用传统的分类方式对其进行严格的划分。

语境论思想的发展和应用使得科学解释有了更加广阔的支持和新的理论增长点，走向语境融合研究的科学修辞学是最有前途的趋势之一。首先，语境论解释超越了传统的修辞解释和科学评价，具有无可比拟的优越性。其次，在事实上，科学修辞学与语境论思想的结合并不是件难以操作的事。最后，我们研究发现，当今科学修辞解释面临的主要问题，如修辞

① Pérez-Liantada C. Scientific Discourse and the Rhetoric of Globalization：The Impact of Culture and Language[M]. London：Continuum，2012：55.

分析的静态性与科学研究动态需求的矛盾、案例研究零散性现状与理论综合的困难、修辞解释的滞后性与预见性问题等，均能够在语境论视野下得到解决。

第二节 科学修辞学的语境化趋向
与科学修辞学解释

近代以来诸多研究流派追求一种"回归潮流"，比如马克思主义哲学中的"回归马克思"等经典论述，这并不是为了再次回到原点，而是寻求在学科发展过程中可能遗失、遗漏的关键问题。修辞学近三十年的发展中，出现了一种"回归语言学"的研究趋势，这种趋势被认为是一种对现实问题的回避，但实际上这种趋势在部分程度上抛弃科学话语中理性部分的同时，通过另外一种方式重构了科学理性。这也就是我们所说的，通过重新思考科学活动所牵涉的语境因素来剖析科学对象的新的修辞研究方式。这种研究进路实质上就是一种修辞学研究范围内的语境论转向。科学修辞学在经历了文本批评、目的论和特殊论、功能论等研究模式后，结合语境论转向，逐渐在科学解释范畴内构建一种科学修辞解释，逐步形成了有影响力和特色的研究模式。它是对传统修辞批评模式的继承，也是对科学对象、修辞策略和语境三者关系的重新梳理，并为科学主义和人文主义、理性主义和非理性主义的对立提供了一种融合的研究平台。在修辞语境基础上统一的语形、语义和语用分析法，也促成了这种科学修辞学走向一种语境论转向。

一、科学修辞学的语境化趋向

科学修辞学的融合性趋向已经受到当代科学哲学家和修辞学家的关注，并且有部分学者明确指出了语境作为一种融合性研究的可能，与修辞解释能够产生碰撞火花从而趋向一种科学修辞学与语境论的融合性研究。例如，亚辛斯基（J. Jasinski）通过分析在修辞批评中的语境作用，从而认为工具论到语境论的研究思路在科学修辞学研究中有重要前景；雷吉（W. Rehg）通过分析哈贝马斯的社会交往理论，从而深化了修辞论辩模式，最终提出一种科

学研究中修辞劝服的语境化研究模式。①然而这些尝试对于语境论转向并未
展开细致和系统的分析，但在这一摸索的过程中，我们始终发现，科学修辞
学的语境论转向是必然的、可行的，而且这种转向能够为科学解释和修辞研
究带来巨大的变化和意义。

实际上，修辞解释已经表现出明显的语境特征。在本质上，语形、语义
和语用相统一的语境基底，预设了关系的存在，它演变成多重认知背景间的
黏合剂。研究者只有将研究对象置于这种多重语境因素交织的立体网络中，
才能全面而系统地揭示其内在本质和意义。科学修辞学的语境特征正是表现
在修辞解释的语形基础、语义规范以及与语用学关联上的。

（一）修辞解释的语形基础

亨普尔（C. G. Hempel）和奥本海姆（P. Oppenheim）提出的演绎-律则
（deductive-nomological，DN）模型，从标准一阶逻辑出发，对科学解释语言
进行了语形规定，使得在数学、物理学等公式化程度较高的学科中，其解释
语境的语形边界就越清晰。然而，由于人类日常语言系统及解释表述系统的
复杂性与模糊性，试图将日常语言转换为逻辑语言，从而在单纯逻辑基础上
解决人类思想和其他语言问题的思路是困难的。这在科学解释中主要表现
为，相同表述在不同语境和修辞条件下的差异性。正如图尔明所言，文体与
内容的科学知识是紧密相连的，正如没有任何一种交流实践可以独立于其表
征模式，也不存在一种语言使其在逻辑上是清晰的而同时在修辞上是无涉
的。因此，修辞解释行为需要在逻辑基础和修辞策略前提下，注重解释语境
对语形表述的指称及其对应关系和意义的限定。

比如，符号表征的语境限定。在弗雷格、皮尔斯（C. S. Peirce）等的思
想中，语词、符号需要在特定语境中才具备意义。同样，科学修辞学对具体
公式、模型思想等展开分析时，首先要阐明符号表征及其指称意义的语境限
定。其中，符号牵涉两个层次的意义，一方面是其最初使用时所指称的对
象，其映射模式为"一对一"；另一方面是其在解释活动中，根据语境条件
的不同限定而表现出的特殊意义，其映射模式为"一对多"。并且科学修辞
学中的公式化表达，单个符号所映射的对象以及符号间关系，并不是单纯的
逻辑作用。同样的符号，在经典物理学和量子力学中所指代的量就有所差

---

① Rehg W. Cogent Science in Context[M]. Cambridge：MIT Press，2009.

别，在其不同的语境限定下表现出各自的作用和意义。例如，在标准图灵计算模式和量子计算模式中，基于语形表征背后原理的不同，即使我们给出相同的二进制逻辑运算的语形符号，其意义仍有很大区别。也就是说，由于量子力学的态叠加原理，量子位可以处于 0 或者 1 的状态，还可以处于两种状态的叠加态。

所以说，对于科学对象的修辞研究，超越了静态的科学逻辑范畴，其语形表述总是受到语境条件的限定。这种语境限定性，实际上是在语形表征的基础上，对其构建、转换、运作的规定，同时这也是保证语形表述符合科学和理性范围内可交流、可表达的基础。

（二）修辞解释的语义规范

任何科学理论及其解释，都是逻辑和语义关联的结构系统。科学修辞学的符号语形是修辞解释的载体，还需要语义学层面的进一步表达和规范，在统一的语义模型中语境化地完成分析。在科学哲学史上，逻辑实证主义用精确的概念代替模糊概念，使得解释和待解释物之间确立明晰的关联，从而认识科学的本质并推动哲学进步。这种将哲学任务归结为对科学语言的逻辑分析、用科学的逻辑代替哲学的方法，带有极大的片面性。卡尔纳普、亨普尔等后来走向逻辑经验主义的修正，就是因为他们认识到，逻辑表述与指称意义之间、现实表象与本质内涵之间存在差异性和不对称性，需要在科学理论及其解释中强化语义分析方法，使得归纳逻辑和演绎逻辑在语义分析中走向历史的、必然的统一。

在科学修辞学中，解释行为需要解释者和被解释者的能动性参与。这要求，解释者对研究对象有符合逻辑规范、合理的理解，同时这种理解对于被解释者具有一定的说服效力。这两种行为都是在语义学范围内展开的。

首先，修辞解释者对研究对象的语义分析受到语境条件的限制。解释者在构建最初理论的过程中，要对测量和观测对象、使用工具和方法、现象描述等给出一个系统的、结构的说明，这涉及科学研究中对象指称与意义的关联、现象与理论的关联、可观测与可表达的关联、可重复性与或然性的关联。解释者需要在逻辑形式及其推演规则的基础上，把握整体语境上研究对象的值域和语义范围，并在给定语境条件下指出其可理解的意义、解释功能以及与现象的关联。

其次，修辞解释的效力很大程度上取决于解释者给出的解释对被解释者的劝服，即二者之间语义的转换和传递性。从整体上讲，对于科学理论和研究对象的解释，除了公理化形式体系的内在特性之外，同时也存在确定这些理论模型中意向性的外在特性。这种内在与外在特性的一致，才能使得理论的意义得到完整说明，从而将理论的创造和建构过程与理论的解释过程统一起来。①在具体操作上，实际就是使解释者和被解释者在给定语境条件下，其意向性特征达到某种程度的一致。这一劝服目标正是通过修辞策略的作用以及语义学角度的"语义上升"和"语义下降"来实现的。

语义规范使得语形表征的语词和命题与指称对象之间产生必要的联系，赋予修辞解释以语义学意义。同时，语义规范与语形基础共同对修辞解释的形式化模式做出了普遍的、可复原的陈述，使得科学修辞学能在共同体内部被验证，并且对于解决零散案例研究的统一进程做出贡献。

（三）修辞解释的语用关联

传统科学解释理论致力于通过语形、语义分析构建一种体系化模型，忽略了语用分析维度。这使得解释本身成为科学对象、理论知识的某种形式的重述，难以完整和全面地呈现科学解释的结构和本质。例如，前面提到的演绎-律则模型将关于事实的描述还原为逻辑推理关系，从而能够通过检验逻辑真值来确定科学解释的正确性。后续对此模型的不断修正和补充，在语形和语义的基础上，为科学解释的检验提供了一种系统、统一和模型化的方法。然而，对客观世界中普遍性的逻辑转化，限制了语义分析的表达方式和效果，不能完整映射预测与事实之间关系的语用多样性。并且，语义分析法的还原论倾向，试图将科学概念和理论转换为感官经验层面的命题并依赖经验确证。而这种判定却不能仅限于经验的表现形式，还应重视其逻辑真值、语言表述和经验现象构成的整体语境。例如，"三角形内角和大于180°"这样的命题，需要给出黎曼几何的限定语境，才能使得其语形和语义得到完整表达。

科学哲学从"语用学转向"到"修辞学转向"，语用分析的优势逐渐显现出来，而科学修辞学真正将语用维度运用到极致。首先，限定语境下的语用关联，是给出科学解释确定意义的前提。在一个完整的修辞解释中，符号运算、模型运作机制等，都需要在限定的语境范围内执行和理解。例如，在

---

① 郭贵春. 语义分析方法与科学实在论的进步[J]. 中国社会科学，2008，（5）：56.

缺乏语境限定的条件下，我们就无法确定量子空间维度的实际模型应当是 3 维还是 3N 维。①其次，语用效果是修辞解释效力的主要衡量因素。科学解释往往使用理论的正确性来评判解释效力，即通过逻辑正确性来检验事实。这预设了解释对实在具有全面符合或者正确表达的可能性，预设了语言和命题表述与现实表象、实在本质之间的同构性。然而，单纯逻辑形式和语义规范并不是充分的，这种思路忽略了解释行为、解释者和被解释者之间的能动关系。科学修辞学超越了传统意义上的理论建构过程，打破了单纯的主客体模式，强调了参与者在语境的符合逻辑、语言等规则条件下的共性特征和对话交流，在科学解释的逻辑价值判断基础上渗透人的价值取向和主体意向性。

从另一个角度讲，语用特征在科学修辞学中表现为一定的零散性问题。由于方法论和研究视角的差异性，科学解释逐渐走向多元化，在整体上呈现出一种多解释并存的局面。在科学修辞学中这种微观的差异性导致了零散性问题，使得在具体案例中构建的修辞解释与现象的关联替代了理论和事实之间的语境性和动态性，仅仅是存在于特殊案例中理论和事实之间的单一联系，不具备普遍性。这一方面促进了科学修辞学范围内修辞解释策略的多样性和复杂性，另一方面也在一定程度上使得科学修辞学表现出语用性的同时，缺失了统一特质和普遍方法。

在科学修辞学的认识论重建过程中，语用学发挥了重要作用。认识论重建是修辞学与语用学结合研究的突破点，这一过程需要涉及逻辑（logos）、信誉（ethos）、情感（pathos）等修辞要素的统一。此外，修辞形态（rhetorical style）涉及语形学、语义学等层面，既包括了修辞论证推理，也包括了修辞的系统性和修辞设计的整体性、语形模式和转义、语义转换等修辞学方法论的重建。②而这些都需要语用学发展的支持，并通过语用分析的扩张使得修辞学理论不断完备，从而最终推动科学修辞学的进步。

笔者认为，能够在多样化语用维度的基础上，构建统一的修辞解释研究基底和研究纲领。语境是解释的出发点，并对解释过程产生持续的影响力，进行科学修辞解释的标准是：①解释自身和解释要素之间，具备逻辑上为真的可能性（逻辑和语形标准）；②解释要素与给定语境有某种可确定的指向性和关联性（意义和语义标准）；③解释要素所构建的理论，要比其他要素以及另外的表达方式更具有说服力（修辞和语用标准）。这种更广阔范围的

---

① 郭贵春，刘敏. 量子空间的维度[J]. 哲学动态，2015，(6)：83-90.
② 郭贵春. 科学修辞学的本质特征[J]. 哲学研究，2000，(7)：26.

语境限定，使得修辞解释在表现出语用特征的同时，体现出科学修辞解释所依赖的语境性特质。

语境分析法作为一种横断研究的方法论，逐渐渗透和扩张于自然科学和社会科学研究领域中，科学修辞学的语境论转向是这种背景下本能的、必然的过程。语形、语义和语用分析方法在语境基底上的统一，使得本体论与认识论、现实世界与可能世界、直观经验与模型重建、指称概念与实在意义，在语言分析的过程中内在地联成一体，形成把握科学世界观和方法论的新视角。①科学修辞学研究中的科学表征、科学评价、科学发明等问题，总是伴随着形式语境、社会语境和修辞语境的参与。语形基础、语义规范和语用关联等语境特征，正是科学修辞学与语境论结合研究的表现。虽然尚未彻底解决零散性等具体问题，但是不可否认，当今科学修辞学、修辞分析法与语境论、语境分析法的结合，将是一种必然趋势。

二、科学修辞解释过程和逻辑基础

科学修辞解释绝非对逻辑的排斥，相反是其在具体语境中的逻辑扩张和延伸，而正是在逻辑形式所不能达到的语境空间中，修辞分析起到了创造性作用并获得了其存在意义。②因此，我们有必要在这里指出科学修辞解释的过程性特征，并在整体角度给出一个科学修辞解释的逻辑基础。

（一）科学修辞解释过程

与以往的修辞学研究过程不同，科学修辞解释是一种开放交流的过程，它像流程图那样往复，但又不是简单的重复。这种往复运动是交流的结果，每一次新的修辞阶段开始都是建立在之前的修辞交流成果之上的。科学修辞解释的方法策略具有修辞学的通用特点，也有其自身的特征，这些特征是在与科学理论研究客体交互的过程中体现的，语境的灵活性、科学解释性和劝说性等是其代表。这些修辞方法策略的应用，在科学理论研究过程中发挥着重要作用，它们对于科学思想的传播交流起到畅通和阻碍的双重作用。

传统修辞是一种封闭式的过程，按照固定的修辞思路，运用适当的修辞方法策略，最终达到或基本达到修辞目的。科学修辞解释要求根据修辞效果

---

① 殷杰. 论"语用学转向"及其意义[J]. 中国社会科学，2003，（3）：64.
② 郭贵春."科学修辞学转向"及其意义[J]. 自然辩证法研究，1994，（12）：13-19.

决定修辞过程的进度，整个修辞过程会根据修辞参与者的要求进行变化，因此是一种开放式的系统。

修辞学研究范围内的解释模式不同于传统科学解释，科学修辞解释过程更加复杂，并且伴随着动态和多向的认知过程。科学修辞解释并没有止步于解释理论的产出环节。科学研究通过科学观测、符号表征、逻辑构建、演绎归纳等方法，对实体、概念、符号、关系等科学对象进行分析，从而形成一定的科学理论，如研究对象内在的逻辑结构、运算规则、定理公式等。在此基础上，我们可以通过一些独特的解释分析方法（如词源分析法、诠释学分析法、科学话语分析法、量化统计分析法等），得出具有差异化的科学解释。在这个层面上，与上述其他解释分析方法类似，科学修辞解释也有修辞发明、语境分析、语言表述、表达交流等内在的研究方法。但是区别在于，通过修辞学研究形成一定的解释之后，科学修辞解释过程还存在一个解释的评价与反馈环节（图2.2）。这并不是说，科学修辞解释仅仅依赖于现有的解释理论成果，从而通过修辞策略形成具有修辞表述功能的解释理论，而是意味着，科学修辞解释除了在"科学理论—修辞解释"之间以及理论转化为修辞表述的过程中进行解释，还存在一种解释后解释（explanation-after-explanation）的反复修正。

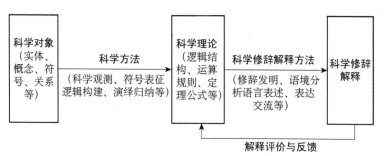

图2.2　科学修辞解释过程

科学修辞解释过程的动态性和多向度性，在本质上根源于语境的动态特性。语境因素的动态性体现于整个解释过程，尤其是在修辞学研究范围内，语境的作用愈发重要。对于科学修辞解释来说，从我们挑选科学主题对象开始，已经受到了语境因素的影响。例如，"密立根油滴实验"（Millikan's oil-drop experiment）记录了175个油滴，而实验者仅从中选取了58个"较优秀的"油滴数据作为参照写入论文中，其他样本数据则以合乎科学实验原则的理由被舍弃，如油滴形状、重量、电荷数等。而从其他研究者角度分析，恰恰在被舍弃的部分数据中可能存在符合其他标准的好的"测试信号"。[1]除此之外，在整个解释过程中，语境因素在研究对象特征的表述、修辞策略的选择、解释行为的意向性、解释评价的导向等方面都扮演着重要角色。语境动态性以及它对于科学修辞解释的这种全局作用，决定了科学修辞解释过程的动态性。显而易见，科学修辞解释过程是一种微循环系统、一种多向度的变化过程，这有助于产出臻于完善的解释理论。从本质上讲，这是在修辞作用下的一种解释理论的再语境化。

（二）科学修辞解释的逻辑基础

科学修辞解释在科学话语分析中继承了语言学层面的模糊性原则，并且在其展开的前置条件里使得语境性发挥了至关重要的作用。在模糊性和语境性基础上形成的要素域面的表征逻辑和整体角度的判定逻辑，设定了语境条件下解释要素的择取标准，并构建了有修辞学特点的科学解释模式。这体现了科学修辞学对语言学和新修辞学的传承及其与语境论思想的融合研究。

科学解释的逻辑是保证解释理论和过程的效用性，也是论证解释作用机制和认识论价值意义的关键。科学修辞解释脱胎于语言学和新修辞学研究，其在语义表达层面和语用效果层面上带有明显的模糊性和语境性特点，从而形成了科学修辞解释的逻辑基础。

模糊逻辑本质上是在数学理论的多值逻辑（many-valued logic）基础上，应用模糊集合和模糊规则推理，研究以语言规律为代表的模糊思维中所展现逻辑的研究方式。这是对传统经典二值逻辑的超越。经典逻辑语境下的命题判断，只有为真或假的二值选择。然而随着自然科学的进步，二值逻辑并不能满足实际现象描述和运算操作过程。例如，量子力学中存在本征态之间的"叠加态"，并且在更为复杂的量子测量语境中，存在不确定性原理（uncertainty principle），这些都不能单纯依赖经典二值逻辑进行解释。

1965 年，数学家扎德（L. Zadeh）首先提出了模糊集合概念，作为对模糊对象进行精确描述和信息处理的途径。一般而言，经典二值逻辑可以概括为：当 A 表示为一般意义上的集合时，则可以使用 $fA(x)$ 来表征某一元素 x 是否属于集合内，此时这种元素资格函数就只存在两个可能值，即 0 和 1；当元素 x 属于 A 时，$fA(x)=1$，当 x 不属于 A 时，$fA(x)=0$。模糊逻辑将普

---

① 甘莅豪. 科学修辞学的发生、发展与前景[J]. 当代修辞学，2014，（6）：73.

通集合概念推广到［0，1］范围区间内的模糊集合概念，并使用"隶属度函数"（degree of membership function）概念来描述要素与模糊集合之间的关系：设 X 是由点或对象构成的一个空间，则可以对模糊集合 A 使用函数 $fA(x)$ 进行资格性特征描述并判断 x 是否属于集合 A。由于 x 的对应区间中存在无数个点，所以函数 $fA(x)$ 产出值必定与 X 中的某一实数有对应联系。因此，模糊逻辑肯定了中间值存在的可能及意义。以此为基础，当存在临界点 α、β 并满足 $0<\beta<\alpha<1$ 时，我们就可以构建一种三值逻辑：如果 $fA(x)\geqslant\alpha$，那么，x 属于 A 或者被 A 所包含，其判断结果为真；如果 $fA(x)\leqslant\beta$，那么，x 不属于 A 或者不被 A 所包含，其判断结果为假；如果 $fA(x)$ 所表示的值介于 β 和 α 之间，即 $\beta<fA(x)<\alpha$，其判断结果为中间状态。①在扎德理论的基础上，还可以通过在 α、β 之间继续添加临界点的方式，推导出四值逻辑等其他更高级别的多值逻辑。

模糊逻辑更新了科学方法论，在与以量子力学为代表的自然科学的结合研究过程中不断完善，它能够更准确和接近现实地表征认知主体的实际推理过程和方式。这使得从精确性到模糊性、从确定性到非确定性的研究成为可能，使得解释语言学层面的复杂性和模糊问题成为可能，而科学修辞解释继承了这种语言学意义上的模糊逻辑。虽然模糊逻辑给出了真值的可能集合及其多元化的对应关系，然而对于如何筛选数据要素、如何判断对应关系的应用效果等问题，还需要语境因素的参与。基于修辞学的实践特点，语境性发挥着不容小觑的作用。为此我们需要给出一个语境条件对解释要素和整个解释过程进行限定。

科学修辞解释的实践性要求解释要素首先是给定语境范围内择取的结果。也就是说，参与修辞解释过程的要素不但要基于模糊逻辑的推理标准，而且首先要受到限定语境条件的制约。这种语境的限定性实际是在语形表征的基础上，对其构建、转换、运作的规定，同时这也是保证语形表述符合科学和理性范围内可交流、可表达的基础。科学修辞解释对具体公式、模型思想等展开分析时，首先要阐明语形表征及其指称意义的语境限定。例如，同样的符号，在经典物理学和量子力学中所指代的量就有所差别，在其不同的语境限定下表现出各自的作用和意义。这正是因为采用了二值逻辑、多值逻辑乃至模糊逻辑的不同标准而产生的。

---

① 安军，郭贵春. 隐喻的逻辑特征［J］. 哲学研究，2007，（2）：103.

　　而且，解释过程除了要遵循一定的逻辑规则之外，还应注意解释语境的构建和选择等问题。首先，任何解释都是在给定语境下完成的，科学解释中的命题、内容等会对其相关的认识问题产生传递，将面临类似问题的解释者（explainer）和被解释者（explainee）带入相似的语境中，使得相关的解释效力再次生效。其次，如果超越了解释语境，则不会产生有效的解释。但这种解释超越了我们所依赖的解释语境、范畴主题和确信范围，我们不能证明其可信度和相关性。

　　模糊逻辑和语境论思想的发展，为科学修辞解释奠定了逻辑基础。科学修辞解释继承了修辞的劝服逻辑和语用逻辑，以及科学解释的最佳说明逻辑等。同时，不同于传统修辞学研究和传统科学哲学的解释思想，其在要素域面上的表征逻辑，以及在整体角度而言的判定逻辑上，都表现出一定的独特性。

三、科学修辞解释的语境特征

　　在科学修辞解释的研究对象中，以科学争论为代表的案例研究最为激烈、最为典型，往往争论催生了新的科学理论或加速了陈旧学说的灭亡、新旧范式的转换，也正因如此，科学修辞解释的研究特征最能突出体现于科学争论这一类的修辞研究中。与科学争论的传统解释方法不同，科学修辞解释革新了修辞分析方法，为修辞学注入了新活力，在对科学争论问题的认识上展现出新面貌，在研究问题的内容和形式上体现出复杂性与多样性，在分析过程中表现出语境依赖性与修辞基质性，同时还在整体上具有过程动态性与科学公开性等认识论特征。

（一）修辞语境的相通性

　　修辞语境相通性是科学修辞解释中最基本的语境特征，它在科学修辞解释中发挥着重要作用，也是语境交流平台的基础，并在一定程度上改变了科学争论的判别标准。

　　在科学争论中，修辞语境相通性主要有两方面的作用。首先，它是科学争论进行的基本条件，是科学解释产生的基础。修辞语境相通性是语境中语形、语义和语用要求的结合，它包括相同或类似的逻辑结构，相通的概念与指称、符号系统，相近的语法和语义表达机制。科学争论的发端和开展、知识的产生和传播都需要相通的语境。其次，修辞语境相通性是不同争论进行交流的必要条件，也是区分科学共同体的标志。科学修辞解释不单是要研究科学争论的内部过程，还要求对争论外部和不同争论之间进行研究。在广阔的语境系统中，相通性是维系不同争论同步研究的基石。对于科学共同体而言，相通的内部语境是科学争论中区别异己的标准，同时争论结束后这种相通性程度的变化体现了共同体的分化和整合。

相通的语境是构建语境交流平台的前提，需要注意逻辑性、有效性和主动性三点要求。逻辑性要求科学争论所处的语境要符合科学本性、逻辑性和语义语法规则；有效性要求能够为争论参与者提供有效交流观点、交换意见、解决问题的论述途径；而主动性则是要求参与者和整个争论过程都具有自由的驱动力。修辞语境相通性的形成是一种自觉的语境构建过程，学科大背景下问题的讨论是在相通语境中完成的，同时争论的结果也处在语境之中，不可能产出超越语境的结果。科学争论参与者的科学素养、理论和知识背景以及其他社会因素都是修辞语境相通性的组成部分，同时，修辞语境相通性为科学争论中的各要素提供了一个可交流的基础，最终促使形成一种互反馈关系。

修辞语境相通性超越了传统逻辑限制，改变了科学争论的判别标准，体现出科学语境与社会语境的适应。科学哲学在不同角度的研究表明，科学争论是一种依赖"有理由"大于"合理性"的分析活动，正如佩拉所指出的，争论中理论的选择在于论据背后的劝说强度而不是理论的逻辑强度。所以，依靠逻辑判决科学争论的传统方式已经不适用于科学和社会的发展。例如，神创论基本符合当时历史的逻辑标准和哲学需求，同时它对生物演变的解释并没有完全败于进化论，但这种观点已经不能与社会语境产生更好的交互作用，而进化论的观点明显更能顺应资本主义社会的发展态势和精神面貌，所以神创论不可能阻止和扼杀进化论的发展。也就是说，当逻辑不能判别时，"有理由"才是争论解决的有力条件。科学争论研究中的修辞语境否认了不可交流性、范式的不可通约性，主张在相通的语境角度对问题提供一种协调解决方式。

（二）修辞语境的转换性

修辞语境的转换性表现为平行转换、层次转换和上升转换，是科学修辞解释中最突出的语境特征。

　　修辞语境的转换性体现在四个方面：科学争论过程中不同层次语境的转换、参与者所处具体语境的转换、语境和各要素之间的转换、争论开始和结束时语境的重建型转换即再语境化。在科学争论的修辞语境中，要素之间和语境之间的转换会有平行的和层次的区别，而再语境化则是一种上升转换。修辞语境分析过程在实质上就是语境不停转换的过程，科学争论的开启和发展以及结果都受到语境转换的影响，同时，语境转换也是判定和评价科学争论的重要标准。

　　语境转换贯穿整个科学争论过程，起到多方面的作用。第一，语境转换标志着科学争论的开启。一种理论或观点能否达到引发科学争论的程度取决于其是否引起足够程度的语境转换，当科学共同体认为一种学说具有争议性和争论意义时，更多的科学工作者参与到讨论中，此时的讨论语境才上升到争论的层面。第二，在争论过程中，双方进行的交互作用也是一种语境转换。语境转换能够发现新的理论增长点并生成新的解释域面。第三，争论结果带来的新语境较之引发争论时的语境不同，语境产生的变化在动摇旧理论的同时又会对参与者产生影响，这种语境转换标志着科学争论的完成。第四，语境转换也体现在科学发展和成果应用中。在不同的语境中，同一概念符号所表达的意义和用法会有差异。所以语境的边界是可变化的，这既适用于宏观语境，也适用于具体的、微观的语境，语境转换的方法在整个科学争论过程之中产生作用，体现在修辞语境相通性的构建中、参与双方对问题的交流讨论中、争论结果与其他理论的相互反馈中，可以说，修辞语境的转换性是科学争论活动进行的推动力。第五，语境转换是判定和评价科学争论的重要标准。争论结束时语境的变化标志着新科学认识的诞生，科学争论的成功不仅仅取决于相关理论逻辑的完备，而更取决于相关语境的整体价值取向及其选择。

　　科学进步是对旧理论的扬弃和新理论的创造过程，科学修辞解释认为这种过程是在科学争论中通过再语境化实现的。再语境化过程类似拉卡托斯所言的科学研究纲领方法论，但区别在于，拉卡托斯指的是一种理论修正，而再语境化是一种理论重建，它能给特定的科学表征增加新的内容，使原有的解释语境在运动的过程中得到不断重构。

（三）修辞语境的整体性

　　修辞语境的整体性是科学修辞解释中最主要的语境特征，深刻体现于语境结构的整体性和语境交流平台的整合性。

语境是多层级、多元素、立体的结构，语境论强调解释的整体性。语境是有层级化区别的，相同级别的语境会有细微变化，不同级别的语境也有差别，在当前语境下进行的解释在更高级的语境中不一定成立，反之亦然。语境由多元素构成，这些元素不但是最初争论语境所必备的条件，还是争论进行的推动力之一。语境是立体的结构，错综复杂的语境是一种发散而有序的立体型组织，整体性是语境本能的生动体现。同时，语境整体性是构建语境交流平台的基本要求，而在语境交流平台中做出的修辞分析也遵循这种整体性，科学修辞解释能够在科学争论中形成整体、全面的分析也都得益于此。

平台的整合性遵循了语境整体性的要求，体现在语境的纳入、排斥和借鉴作用中。高级或广阔的语境会将那些完全符合自身的语境、要素等纳入自身范围内，从而形成更广泛有效的解释；或者，它通过排斥异己从而划定自身的界限，曲线达到整合的目的；再者，语境会吸收和扬弃一定的成分，从而改进自身的理论解释及工具方法。在语境交流平台之中，科学争论能够较好地将内部矛盾和外在问题相渗透，使具体的案例研究统一于一种认识论和方法论要求中，并对形成统一的解释理论做出指导。同时，语境交流平台能够整合科学的逻辑性、修辞性与社会性，促进科学争论的内部问题与外在问题的融合，有利于在统一的平台中形成一致认识。

（四）形态多样性与内容复杂性

科学修辞解释对科学争论研究认识路径的转变以及在研究问题的内容和形式上体现了多样性与复杂性特征。

首先，科学修辞解释将科学争论研究的认识路径由"案例引出问题"的研究模式转变为"问题联结案例"的研究模式。传统科学解释倾向于从现实表象中探讨背后的问题，而科学修辞解释扩展了这种认识路径，提倡一种由问题主导的研究方式，走向从问题出发的多案例联结研究。语境论思想注重动态活动中真实发生的事件和过程，参与者处在事件和语境的构造过程中，语境反过来也影响参与者的行为，语境论将实体、事件、现象等具有实在特性的存在视为在相互关联中表述的，是一种相互促动、关联的实在图景。[①]一方面，这种认识路径的转变彻底改变了探求科学争论问题解决的研究方

---

① 殷杰. 语境主义世界观的特征[J]. 哲学研究，2006，（5）：94.

式，由问题出发而联结案例的研究模式能将类似的科学案例进行并向分析，从而有利于发现多案例的共同性质，有助于归纳修辞策略从而最终产生统一的理论解释，在很大程度上解决了科学修辞解释中各种案例研究之间、具体案例研究和理论综合研究之间的不协调问题。另一方面，科学修辞解释的认识路径使整个争论过程的主导权走向客观性。传统的研究模式针对单个案例引发不同问题的思考，在客观性上备受争议，这种认识路径要么是比较单一的要么是具有主观倾向的，而科学修辞解释从争论的问题入手，以多样的案例作为例证，将"一个案例多个问题"的对比关系颠覆成"一个问题多个案例"，更具有全面性和客观性，同时更具说服力。

其次，科学修辞解释在科学争论问题的研究内容和形式上表现出多样性与复杂性。科学争论的根本问题是内部问题和外在问题的结合，也就是"科学在争论中如何可能"的问题。具体说来，包括共同体内部关于科学的概念和指称、理论和认识、结构和推导、工具和方法等分歧；科学发现与理论发明之间的语义建构；科学传播中的社会环境、心理与认知因素；科学发展与社会建制的同步性问题等方面。科学争论研究多种形态，既包含科学认识论层面的争论，也包含科学方法论层面的争论，以及由科学引导的外部争论。具体比如科学的革命性争论，如大陆漂移说的提出引发了地学革命；社会性科学争论，如克隆技术应用对社会影响的争论；科学解释性争论，如对科学思想的不同认识或由科学争论所引发的理解性争论；科学本体论争论，如科学实在论之争；科学优先权争论；等等。总之，对于科学修辞解释来说，其研究对象包含了自然科学内部关乎科学规律的争论，同时涉及科学与社会问题的争论，其问题复杂和多样程度集所有科学难题于一身。

（五）修辞基质性与语境依赖性

在要素和过程分析中体现出科学修辞解释的修辞基质性与语境依赖性。首先，科学争论的修辞语境将参与者纳入语境结构中，作为一种语境要素进行分析处理，杜绝了以参与者为主导的研究模式。传统的科学争论局限于简单的交互（图2.3），是对传统修辞学理论的应用，即从参与者出发的修辞策略研究，这种模式会导致一定的主观性和相对性。由于科学不是个人或某些组织的独立活动，因此从语境论角度讲，科学争论只关心争论的结果是否对科学有益，而不关心结果由谁主导，因为即使一方的思想对结论产生了较高程度的影响也不能判定另一方的观点是完全错误的，我们认识到的只是当前语境下的某种更加合理的科学解释。此外，科学观念不会突兀地被提出或孤立地存在，一定是限定于时间、场合、方式等条件下，包括科学家自身在内的多因素构成的复杂语境系统中的。争论过程中产生的变化受到语境的影响，同时争论的结果又会使得参与者所处的语境发生转变，争论中的个体或组织在辩护时会参照对方所处语境对自己的理解做出不同程度的修正，新的解释在双方共有语境的参与下才能完成。

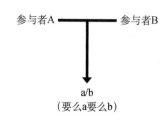

图 2.3 传统的科学争论研究模式

其次，修辞性特征体现在整个争论过程中，而不仅仅是科学知识社会学（SSK）理解的参与者与理论构建层面。科学争论是恰当的逻辑描述和有理由的修辞建构过程，科学修辞解释认为科学争论的实质是不同语义系统的修正和扬弃，争论双方要具备相通的语义结构以便在争论中理解对方并做出回应，若非如此，争论将演变为一种"公说公有理，婆说婆有理"的语言层面的不可通约状态。在争论过程中，相同的科学素养和相通的语义体系都始终存在于语境系统之中，这些必要的语境因素也是参与者必须具备的修辞要求。因此可以说，科学修辞解释规定了科学争论从一开始就是在限定的修辞语境条件下展开的，整个争论和解释过程体现了修辞基质性。

（六）动态过程性与科学公开性

科学争论过程呈现出动态性与科学公开性。首先，科学修辞解释使科学争论成为高度自觉的互动模式。如果将传统的科学争论模式比作一场你死我活的战争，那么语境论视野下的科学争论更像是当今国际协议的交流过程，参与者 A 和 B 在交流基础上努力争取或者做出让步从而形成一致性，这种一致性不是"要么 a 要么 b"性质的论辩式结论，而是一种交互状态下问题解决机制的协调（图 2.4）：互动模式下的结果包含了原先参与双方的思想成分，因此它既是 a 又是 b，同时它们又不同于原来的理论，所以它既非 a 也非 b。此外，由于理论自身一定是负载着参与者的价值取向，这种价值负载能够将争论活动置于一种动态的完善过程。无处不在的语境转换反映了整个科学争论过程的动态性，也是科学修辞解释区别于传统修辞学解释的重要标志。

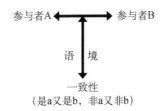

图2.4　语境论视野下的科学争论研究模式

其次，科学争论与科学理论和活动直接相关，具有高度的科学公开性。私密的学术沙龙远远不足以形成规模化的科学争论，只有公开性的讨论才有可能上升到科学争论的层面，争论的双方以公开的形式为支持的理论进行解释和辩护，共同寻求一种问题的解决途径。科学争论可能由某些与科学不相关的人或事件引起，这些不具备科学性和公开性的一般讨论只能作为科学争论的前奏。例如，"两小儿辩日"并不足以引起日心说与地心说的争论，但是当人们对这种太阳距地远近问题的争执程度上升到由科学家参与并主导的过程时，一场科学争论也就正式拉开了帷幕。科学公开性要求参与者具备专业学术领域的规范要求，以便有针对地对观点进行辩护和反驳。

（七）表征语境的逻辑特征

科学修辞解释的表征逻辑特征体现在解释要素的滤补和选取、理论的构建和表述过程中，具体取决于要素的真值负载性、主题相关性和语用效果性。

第一，真值负载性。科学修辞解释以事实为起点，而事实作为现象的描述语言，以逻辑真值为基础。这就需要在当前给定的语境条件下，解释要素具有真值负载性，即能够判断其是否描述了正确或真实的信息。

在科学修辞解释的研究范围内，解释要素的真值负载性应当遵循语言学的模糊逻辑规则。除此之外，为了保证科学修辞解释能够产生实际的劝说效果，也就是解释的可接受性和效力，我们还需要确保这种真值负载对于解释过程而言的有效性。这种真值的理解可以用于解释复杂的、反常规的科学现象。在理论不断更新的科学史上，旧的理论或范式仍被当作是符合当时语境的、具备一定合理性和价值意义的解释。例如，亚里士多德对于弓箭机械运动的描述，是一种理想状态下忽略空气阻力与加速度等因素的解释，这种不完善的信息却是有一定解释价值的。再者，科学社会学中的马太效应（matthew effect）表明，即使在以严谨著称的科学研究活动中，人们也比较容易接受那些有影响力和独特气质的研究者给出的解释。例如，普朗克和爱因斯坦提出了相对论的热力学关系公式，由于他们的名望，在很长时间这一公式都没有遭受质疑。直到半个世纪后，奥特（H. Ott）以及后来阿雷利（H. Arzelies）的研究，人们才认识到原公式的不完善。

第二，主题相关性。任何对于科学问题的回答，必须与解释主题关联才会产生意义。也就是说，解释要素需要指向可能或已成的事实，并且这种指向需要与被解释对象之间存在明确的相关性。通常来讲，衡量解释要素主题相关性的主要有三点：被解释者的认识背景；被解释对象以及产生被解释对象的事实状态；解释者对前两者的认识。相关性实际上就是要求判断，解释要素或回答以及整个解释过程是否与上述三点相关。首先，被解释者的认识背景应当包含其文化因素、经验知识、实践技能、社会训练、形而上学信仰、对认识论和方法论价值的看法等。其次，解释要素必然与被解释对象相关，或者指向某些能够与被解释对象相关的事实。最后，解释者对前两者的认识，决定了科学解释的走向。例如，爱因斯坦相信世界是决定论的，但玻尔却没有这种偏好，所以两人在量子力学领域解释光的运动等现象时存在分歧。

科学解释的基础工作就是增加相关信息、过滤无关信息、补全遗失信息，这也是相关性要求的意义所在。科学哲学家往往关注科学的公共部分（public part of science），也就是科学家在公知范围内表现出的科学态度、方法和结论等，却轻视了科学的私人部分（private part of science），即科学家在提出和发表公共科学研究前所受到的社会、文化、私人喜好和信仰等方面的影响。而当科学由私人转向公共部分时，这部分特征就会被隐藏甚至消失。[①]因此，科学修辞解释可以理解为，被解释者的认识背景与被解释对象之间丢失了明显的联系，需要通过修辞解释过程，将两者联结起来从而使被解释者产生新的理解。

---

① Holton G. Victory and Vexation in Science: Einstein, Bohr, Heisenberg and Others[M]. Cambridge: Harvard University Press, 2005: 140.

第三，语用效果性。科学修辞解释中的语用效果性，表现为解释要素和被解释对象之间的语境性。从微观上讲，科学解释内部构成了一个复杂的语境系统。这表现在解释中的回答、被解释对象、解释要素等的语境依赖性，以及解释者、被解释者和他们的认识背景、个人信仰、社会境遇、实践经验等因素在解释过程中的语境性。还有在科学解释过程中，科学家对科学理论与科学概念的语形、语义和语用的理解和使用，也依赖于语境。这使得在一个语境下对现象做出了恰当解释，并不意味着它能同样适用于另外语境下的相同现象。

与修辞学类似，科学解释活动实际上也是觅材、组织、表述等的一系列过程，这取决于其内部的问题语境、认识语境和解释语境。在我们进行科学解释之前，已经预设了一种包含问题自身、描述的现象以及各种资料、探求问题的进展和方式等的问题语境。由此出发，将被解释者相关因素包括进来，就是解释者需要面对的认识语境。而在整体上的解释语境，又包含了解释者的自身因素，以及解释所使用的条件方法和策略等限制。

因此，科学修辞解释要素的语用性需要在语境基底上实现，并依靠语境功能来完成。科学解释是附着在特定语境基底上的产物，不同语境条件的限定会形成不同的科学解释。例如，物理学家在使用量子力学时，针对不同语境条件做出的解释，衍生出了核物理学、粒子物理学、原子物理学等分支学科。科学解释作为一种交流和修辞行为，其语言形式和概念符号需要通过语境与特定的意义联系起来，从而对理论产生解释能力。这就需要对解释中使用的修辞方法进行语形规定，并且在解释语境中赋予其语义的阐释意义，同时通过语用的预设帮助，被解释者在不同语境下获得准确而恰当的认识和理解。由此我们可以得出在语境条件下对解释要素的选择规则，即科学修辞解释的表征逻辑可以概括为：

在给定语境条件下，t 是科学修辞解释中符合逻辑规范的解释要素，当且仅当：

"t 在此范围内有为真的可能性"；

∧ "t 与研究主题相关"；

∧ "t 有可能比其他 t_1、t_2……t_n 相当或更好的使用效力"。

四、科学修辞解释的核心问题与论域

统一性和有效性问题作为科学修辞解释的根本问题，实际上反映了科学主义对于或然性思维方式和方法论工具的抵触，同时也是解决当今科学解释整体角度向着完整性和包容性发展问题的关键。两者在本质上也是继承了修辞学和语言学的修辞解释如何回答自身科学性的问题。而由此展开，在科学修辞学研究的具体域面上，又可以分为科学文本的静态分析与动态需求的冲突，案例研究与理论综合的不平衡，科学的科学性、修辞性与社会性问题，修辞分析的解释性与预见性等具体问题域。

（一）科学修辞解释的核心问题

科学修辞解释为科学哲学和科学解释增添多元化解释路径的同时，自身也面临着诸多问题。这也致使修辞解释思维至今没有在科学理论研究域面内形成一种普遍公认而又有效和统一的解释进路。当今科学修辞学研究花团锦簇，但现实表象下隐藏的这些问题在很大程度上限制了其理论的进一步深化，并极有可能成为其前进道路上的绊脚石。为此，对科学修辞解释的主要问题成因、解决方式等进行解析，是迫在眉睫的任务。而在这些研究的展开过程中，语境的作用逐渐突显出来。

1. 统一性问题：不可通约性与相对主义诘难

当代科学修辞学的产生根源于科学范式和共同体之间的沟通不畅。这种不可通约性使得学科之间不存在共同的语言，各自的规范性只能适用于相互排斥的科学团体内部，这对于科学知识的产生起到了阻碍作用。[1]而修辞学对于消解学科范式之间的分歧具有一定的作用。例如富勒指出，"只有科学修辞学，才能帮助不同学科的科学共同体克服语言分歧、实现相互理解"[2]。

也就是说，修辞学应用于科学理论研究范围内就是为了解决科学学科范式之间的统一性问题，但是实际上科学修辞学本身一直都没有形成一种统一性解释模式。这首先导致了对于其自身学科研究方向而言的质疑。科学修辞解释之所以能够成为解决范式不可通约性问题的方法，在于其对不同语言之间交流桥梁的作用。但是实际上随着科学社会学的发展，我们不得不承认，

---

[1] 欧阳康，史蒂夫·富勒. 关于社会认识论的对话（上）[J]. 哲学动态，1992，（4）：7-10.
[2] 葛岩，吴永忠. 富勒科学哲学思想演化探析[J]. 长沙理工大学学报（社会科学版），2014，（3）：30.

在科学理性之外，语言并不是简单跟随在统一的理性行为之后的，而是分别属于特定的语言使用者或者科学共同体，如科学术语的使用。而且语言所受到的社会语境影响，使得在科学研究中，也会出现类似地区方言的差异化，从而在一定程度上阻碍了科学范式之间有效沟通的可能。

修辞解释在促进科学解释多元化的同时，也从整体视角对科学知识造成了相对主义结果。这种相对主义，一方面是相对于社会学解释等其他解释而言的，实际上也是根源于范式之间研究规范、术语、逻辑等的差异性；而另一方面，在修辞学内部，由于修辞分析方式的不同，也造成了学科内部的相对主义问题。对于后者而言，正是由于科学修辞学的学科交叉特性，带来了多角度研究视野的同时也产生了必定弊端，最突出的就是其难以构建一种明晰的研究模式。因此"关于这个学科的基础理论、关联学科、核心的研究方法、结论是否成立、研究的意义等问题，则没有统一的认识"[1]。同时，相对薄弱的修辞分析理论加剧了这种相对主义问题。科学修辞学在 20 世纪末取得了非凡的成就，尤其是在科学文本和话语的修辞分析上。但是随着修辞学研究领域的扩展，如果将科学理论等也作为修辞对象分析，那么意味着几乎所有的可言说对象都能作为修辞扩展的领域。这也就对修辞的本质和意义产生了怀疑：如果一切都是修辞的，那么要么修辞将作为一种统领一切的思想，要么修辞将毫无意义。例如，坎贝尔对达尔文进化论思想的修辞分析，并不能证明与此结论相悖的其他观点的错误性，甚至不能证明其优越性。这也就将修辞分析推向了一种可能性、倾向性结论，甚至可以说是为了博得受众兴趣而进行的修辞发明。

对于这种问题，科学修辞解释采取了一种回归科学的态度。也就是不吹捧修辞学的地位，也不再强调将科学对象纳入修辞视野，而是反其道而行之，将修辞借助心理学等具备"科学标准"的学科，优化自身结构，从而能够科学地描绘受众心理状态，从而作为一种修辞工具应用于研究对象所处的学科领域。

虽然从表面上看，科学修辞解释淡化了对于规范性的追求，但是实际上从学科发展角度而言，科学修辞解释仍旧需要一种学科研究纲领和基质。当我们将科学重新还原为一种制造知识的实践活动时，语境的作用就会突显出来。因为在产生知识的过程中，科学家会使用到非逻辑和非体系工具，这些

---

① 谭笑. 科学修辞学方法的反思与边界——从一场争论谈起[J]. 科学与社会，2012，(2)：75.

受制于社会语境等的因素使得整个科学过程为修辞分析提供了内在空间，并且通过语境的作用串联起来。这使得我们寄希望于语境，试图通过修辞与语境的结合产生一种能够统领科学修辞学的研究趋向，并最终在修辞解释内部形成一种统一性认识。

2. 有效性问题：科学的修辞理性与逻辑标准

统一性问题引出了另一个更为致命的问题，即修辞解释的有效性问题。实际上也就是要回答，科学修辞解释作为科学解释的一种趋向，它对于科学知识的构建和发展而言，是否增添了新的东西、是否比其他解释更有说服力？[①]

这涉及两个方面的深层问题。第一，就是对于此问题的直接解读，也就是科学修辞解释的优势。同时，这一问题也就使我们重新回到了对于修辞学本质的思考，也就是有效性存在的基础性问题。第二，就是重新审视科学修辞解释的理性基础或者逻辑标准，并且通过对它们的分析，得出不同于其他解释的基础和标准，从而证明修辞解释的特征和优越性。

从历史角度而言，修辞等学科一度被贴上了"非理性"的标签。这里所说的非理性是针对强科学概念的理性而言的，但并不意味着修辞等方法论工具不具备论证价值和意义。恰恰相反，以修辞学为代表的学科进一步扩展了理性思维认识，从非体系化方面对逻辑思维方式进行了拓展，并引发了哲学家对模糊逻辑、语境逻辑等问题的研究。然而不得不说，早期那种非理性标签确实使得在科学理论研究范围内，它们并不能作为一种具有完整有价值的参照工具，也因此使得其有效性问题被尘封。而随着修辞等或然性因素在科学理论研究中作用的发掘，以及科学修辞学研究的崛起，修辞的有效性问题重新被重视起来。这对于修辞学而言是一个正名的机会，对于科学理论研究而言，也是重新接纳或然性因素在参与研究过程和结果趋向中受到影响成分研究的新认识。

实际上对于第一方面的问题，现在仍旧没有一种完全肯定的回答。纵使修辞学家自认为其研究方式可以说是解决科学范式通约等问题的最有可能的救命稻草，但是对于追求确证的科学研究而言，并不能如此肯定修辞分析的这种优势是否明显存在或者说能够维持多久。这导致了科学修辞学自身发展的不稳定性，同时也使得科学范围内的修辞解释研究尚未形成一种强力的研

---

① Fuller S. Rhetoric of science: double the trouble[M]//Gross A G, Keith W M. Rhetoric Hermeneutics. New York: State University of New York Press, 1997: 279-298.

究视角和肯定的研究意义。

　　而对于第二方面的研究则取得了一定成效，特别是体现在直觉和逻辑研究方面上。修辞学的直觉与科学直觉在本质上是类似的，甚至可以说从某种意义上讲，科学的理论化就在于其本质上是一种修辞发明，并且这种理论化过程通过修辞直觉被理解。因此它可通过修辞学的直觉被理解。也就是说，科学的理论化是通过修辞发明和修辞直觉来实现的。①同时我们还应认识到，科学的研究过程需要建立在一定的修辞语境基底上。修辞直觉与科学直觉的共性就交织于此，并借助修辞语境使得修辞直觉的产生和作用都与科学产生一定联系。遗憾的是，目前国内外修辞学研究还停留于对修辞直觉的意义探讨上，而对上述问题的具体化展开未做出实质性突破。主要困难在于，这一问题的精细化研究需要立足于真正的自然科学研究视角而不是一种修辞学或科学哲学视角，也就是，从修辞直觉到科学直觉的转化过程需要自然科学家的现身说法才具备说服力。这实际上反过来也一定程度上削弱了对修辞直觉意义的说明，因为可以预想到未来修辞学研究必定会注重此问题的继续深化。

　　修辞学家试图通过修辞解释的逻辑基础和逻辑特征来证明修辞解释的有效性。科学修辞解释的逻辑基础根源于语言学层面，所以表现为一种模糊性。这种模糊性通过对数学上二值逻辑的扩展，在多值逻辑的基础上建立起来。这不光对于修辞学，对于其他或然性思维研究都大有裨益。而科学修辞解释相对于其他科学解释来说，在表征逻辑和判定逻辑上表现出明显的修辞特征。

（二）科学修辞解释的具体论域

　　当我们从宏观角度把握科学修辞解释的根本问题时，并不等于完全认同其解释的合理性和科学解释范围内的合法性。这是因为，修辞学的研究视角在具体问题的分析中仍旧存在一些自身难以克服的困难。这也正是我们所认为的科学修辞解释需要进一步深化的研究方向。

1. 科学文本的静态分析与动态需求的冲突

　　科学文本分析始终是修辞学渗入科学的主要研究方式，然而其存在着修辞分析的静态性与科学研究动态需求的矛盾。科学文本分析是指，以科学发

① 郭贵春. 科学修辞学的本质特征[J]. 哲学研究，2000，（7）：19-26.

展历程中有重要意义的科学话语及其载体为研究对象，分析其中的建构思路、语词使用技巧、修辞效果等问题的修辞性研究方式。修辞解释的研究对象不仅限于静态的文字载体，还需要将科学活动作为一种动态过程整体纳入其中。然而传统的修辞研究不能很好地应用于动态的科学对象上，单纯的修辞分析难以形成动态性研究模式。因此，修辞分析的静态性与科学研究动态需求的矛盾，也就是传统修辞学的分析方法能否适应日新月异的科学发展，如何使其趋向更加合理的动态性解释的问题。

使用修辞策略和方法对科学文本、研究报告等静态对象进行解析时，确能发挥显著优势，但当面对动态性过程、用于解释一段时期的科学活动和现象时，修辞分析就存在一定障碍。首先，对于处在科学活动不同阶段的研究对象所采用的修辞手段不尽相同，尤其是对于科学争论这种需要双向或多向修辞分析的对象，必须灵活调整修辞分析模式。而且针对相同研究对象产生的差异化修辞解释，在当前的修辞学研究域面内是松散的、不可联结的。其次，科学活动和科学解释不能脱离于科学参与者和语境而独立存在，经过修辞描述的动态对象，势必转为静态模式，并伴随一定程度的偶然性、主观性和不可控性。

面对修辞分析模式的静态问题，修辞学家和科学哲学家曾经给出了两种可能的解决方式。其一是将科学文本放入广阔的科学语境和社会语境中，其二是将与科学文本相关的语境因素等纳入研究视野，作为整体进行解读。然而这两种方式并没有从根本上解决问题。第一种方式走向了一种科学的社会化极端，将科学问题消解于社会性建构过程中，从而走向了社会学视野中自然科学的意义问题，在本质上偏离了科学解释的科学性要求。第二种方式将动态的研究对象转换为静态的，在此基础上做出的解释难以印证于其原本的动态过程中，会得到类似"飞矢不动"的证明效果，难以信服。SSK等思想流派曾尝试将此两种解决方式结合，将研究对象置于社会语境中，然而，从科学活动过程中剥离出来的文本，其范围和语境再怎么扩展，它也终究是静态对象，这种状态下的解释并不能对原本动态的科学过程产生足够的解释效力。

事实上，传统科学修辞学研究忽略了修辞学的本质，修辞分析偏离了修辞学研究最初依赖的语境性。修辞是动态的过程，它指的是行为而非状态，它的作用是促使某一状态产生和发明，而不仅仅是发现或检验这种状态。①

---

① Ethninger D. Contemporary Rhetoric[M]. Illinois: Scott, Foresman& Company, 1982: 25.

也就是说，修辞分析本就不是静态的分析方式，而源于传统文学批评模式和新修辞学研究模式的传统科学修辞学继承了它们的静态的文本修辞分析模式，并没有根据自身的特殊情况进行调整。所以，问题关键就在于如何改进现有的研究方法，突破传统的修辞策略和分析方式，找回修辞分析的语境性，将科学修辞解释发展为适用于动态研究对象的解释。

我们认为，问题的解决思路不应该是改变研究对象的性质，而应当是改进研究方式和方法，即通过引入语境分析法，与修辞分析结合，达到动态式的分析效果。科学文本的构建过程从来不是静止和单一的，科学文本的修辞分析应当是动态的、语境的。科学家可以在不需要过多的外部条件下完成一定的科学实验、数据采集等基础工作，但是要构成体系化的科学理论并完成科学活动的过程，就还需要其他因素的参与。其中，修辞是十分重要的一环。科学理论的进步总是脱离不开哥白尼革命的模式，新的科学在旧科学体系的基础上完善或衍生出新的研究，而这种在纵向上不断革新的发展过程，并没有影响对特定语境下科学价值和意义的理解。例如，拉马克（Jean-Baptiste Lamarck）认为后天属性可以被继承，这种"用进废退说"（use and disuse theory）在后来被证明有明显局限性，然而这并不影响其作为一种有解释价值的理论，使其在适当的语境下发挥积极的解释作用。

科学文本分析需要基于修辞和语用的角度被理解，而不仅限于其内容和逻辑结构。科学文本分析是建立在语形和语义基础上进行的，但是其核心是语用维度的修辞分析。科学文本的语言形式和概念符号需要通过语境与特定的意义联系起来，从而对理论产生解释的能力。这就需要对解释中使用的修辞方法进行语形规定，并且在解释语境中赋予其语义的阐释意义，同时通过语用的预设帮助被解释者在不同语境下获得准确的认识和理解。此外，语境的制约、转化、生成等功能以及由此构建的语境分析法，能够在科学文本分析中发挥重要作用。在科学修辞解释中进行修辞分析时，要构建以研究对象为中心的整体语境，联结案例和其他文本进行研究。篇际语境分析在科学文本研究中有着独特的优势，语境化的科学文本解读更容易让我们接近文本的内在思想。

总之，科学修辞解释的文本分析方式，既不能局限于教条的规范研究而故步自封，也不能放任那种无纲领状态而毫无章法。语境性是进行科学文本分析时不可忽视的特征，将语境分析与修辞分析结合，构建动态性的分析模式，有助于解决修辞分析的静态性与科学研究动态需求的矛盾。

2. 案例研究与理论综合的不均衡

科学修辞解释就是研究科学家在关于自然的问题上如何相互劝服和博弈的，也就是他们在构建理论时是如何论辩的[1]，它更加突出地表现为案例研究。案例研究不拘泥于单纯的文字载体，它涉及文本产生前后、科学话语之外的活动过程及社会影响因素等，往往是以科学家和科学组织、科学事件和行为为研究对象的修辞分析。近年来，案例研究逐渐成为科学修辞学研究的热点方式，但其面临着案例研究零散性现状与理论综合的困难。这一困难实际上就是，修辞学发展至今是否存在统一解释的可能性，或者其研究方式是否具有统一学科基础，修辞解释能不能在一定的基础上得到统一并形成理论综合的问题。

当前科学修辞解释的案例研究存在着多方面的问题。第一，案例研究可以视作文本分析方式的扩展，但是这种扩展较为有限且存在一定弊端。首先，将研究对象从文字载体扩展到社会层面的研究思路是可取的，但只是将与文本相关的因素和文本自身视为一种更宽泛的对象进行修辞解读是保守的。其次，对如何协调科学话语和社会语境的关系问题存在一定分歧，这也导致了相当一部分学者转向了对科学案例的纯社会化解读。最后，具体案例研究对外部因素不同程度的涉及，加剧了研究的复杂性。

第二，科学修辞解释的发展情况十分复杂，理论综合的缺失是由具体案例研究的零散性造成的，而这种缺失又进一步加剧了案例研究的零散状态和非体系化。科学修辞学的学科性质交叉、研究群体多元、研究内容和方式多样，自产生以来，一直依靠模糊的修辞性维系，没有尽快形成统一的限定和边界。当今科学修辞解释只是划定了大体的研究域面与研究方式，并证明了其对于科学发展的意义问题，然而仍没有统一的研究基石。

第三，在具体案例研究中能否形成具有统一研究模式的、作为独立研究方向的修辞解释，学界对此存在一定疑虑。在修辞学名义下进行的研究方式难以在整体上进行协调，过于宽泛的研究标准的界定会导致修辞学本源的迷失，影响其作为统一研究方向和方法的凝聚力。[2]

案例研究与理论综合的问题反映了当前科学修辞学的融合式发展需求，

---

① Harris R A. Landmark Essays on Rhetoric of Science[M]. Mahwah：Lawrence Erlbaum Associates，1997：xii.

② Gaonkar D P. The idea of rhetoric in the rhetoric of science[M]//Gross A G，Keith W M. Rhetorical Hermeneutics. Albany：State University of New York Press，1997：25-85.

修辞学家在分析了工具主义、机械主义等思想后，最终在语境论思想的相关研究中取得了值得认可的成果。我们认为，语境论思想能为修辞解释研究提供相通的语境基底，使修辞解释在保留修辞性的同时，解决具体案例研究的零散性问题，使其在语境的基础上实现统一。

那么，具体如何操作才能将零散性消解于语境论视野中，形成统一的科学修辞解释？仍旧以科学争论为切入点，在科学争论相关问题的研究中，首先我们要有广阔的视域，将需要研究的问题、对象及其尽可能多的相关信息汇集起来，增加相关信息、过滤无关信息、补全遗失信息。其次，要梳理出能够统领这些信息的线索，并根据这些线索，将我们手中的信息串联起来，形成解释的逻辑思路和语境基础。最后，使用修辞发明，将它们改造为具备可接受性的理论。这是针对具体的研究而言的，而在宏观上，针对多个具体案例研究的零散性问题，就需要将它们放于具有相通语境基础的理论上进行理解。

所以可以说，由于案例研究的特殊性和复杂性，科学修辞解释的案例研究不可避免地会是零散的、独立的，但是我们在对其进行整体理解和修辞解释时，是可以借助语境的作用，实现在语境基底上的融合式研究的。

3. 科学的科学性、修辞性与社会性问题

科学理论研究最根本的特征是其科学理性和逻辑性，但是随着对科学认识的不断深入，科学哲学家承认科学本质的探讨并不能仅依赖于纯逻辑地演绎和归纳，也就是说，对于科学的理解还需要修辞性、社会性等因素的参与。

社会性问题最早源起于近代自然科学研究团体的社会化，而真正兴起于科学社会学研究的展开。近代自然科学的体系化使得以科学家为单元的科学共同体成为一种带有明显标志性符号的科学研究主体。不同于过往个体科学家研究，科学共同体的组织结构和内部运作机制就类比于复杂的社会关系，是后者的一种专业化趋向的凝缩现象。为此在科学理论研究中就渗入了社会层面的影响。而后科学社会性研究的进步更使得这种社会性问题逐渐放大，成为科学理论研究中不可忽视的问题。

科学修辞性问题随着科学修辞学的产生而被发掘。可以说，科学修辞性问题本质上是在使用修辞学视角和工具研究科学活动的过程中所涉及修辞的具体问题。首先是在修辞参与科学研究之前的可行性论证，其次是修辞学解释过程中修辞工具性论证，最后是科学修辞解释效力的有效性论证，也就是

修辞学过程之外对其本身解释效力的优越性的思考。

以修辞性和社会性为主的科学相关问题，代表了科学内核之外的因素及其对科学活动的参与和影响。一方面，这反映了当代科学理论研究领域的扩展和对非传统研究工具的接纳，另一方面，这也体现了自逻辑实证主义之后，当今科学哲学研究域面和研究内容的扩展，尤其是"解释学转向"和"修辞学转向"对科学哲学研究的深远影响。

科学社会性和修辞性问题暴露了科学理论研究和科学哲学研究对于与科学相关语境问题关注的缺失。科学社会学一部分学者受制于相对主义，使得在科学社会性问题展开时，在研究底层域面脱离了科学本质，走向一种科学知识的社会建构论。这种认识在社会学研究范围内可算作是一种突破，但是对于科学哲学研究来说是与其研究理念相悖的。从科学哲学角度来讲，不应当将科学问题游离于科学范围之外，也不应将科学内容脱离于科学研究的本质和基底。所以科学的社会性相关问题，应当是对科学相关的社会因素的考量，也就是科学的社会语境问题。与此类似，科学修辞性问题实质上就是科学的修辞语境问题。

所以从科学哲学研究范围内来说，对于科学社会性问题和修辞性问题的研究，困难就在于：①研究需要基于科学理性和科学逻辑基础，并严格遵循科学范围标准的划定；②研究需要突显社会性和修辞性问题的特殊性，但又不能将其作为超越认识论的研究向度而背离科学内核；③研究最根本的是要将科学语境、社会语境和修辞语境统一于一种可表达和可交流的基底上，从而通过一种多视野的融合研究完成对科学主题的完整解读。

4. 修辞分析的解释性与预见性

近代以来，哲学理论对科学及社会活动的引导性和预见性作用逐渐弱化。科学修辞解释作为对科学的哲学诠释和修辞性解读，深化了我们对科学的认识，但是同其他科学解释类似，解释的滞后性与预见性问题始终困扰着诸多学者。

一方面，修辞解释的滞后性在一定程度上归咎于修辞解释中给定语境（given context）的固定化。首先，我们做出的解释要在给定语境中生效，就不能超越这一范围，而这在很大程度上束缚了我们对研究对象进行超越的可能。其次，在给定语境的范围内，我们进行解释的逻辑顺序应当是"确定研究对象—给定相关语境—分析问题并做出解释"。而这种解释模式必然会滞后于研究对象的发展。

另一方面，当前的科学修辞解释并没有很好地发挥其建构功能和发明功能，缺乏产生预见性和理论引导的条件。此外，在传统意义上的解释，其解释效用的判定依赖解释对事实问题的恰当描述和正确回答，修辞解释也受到这种模式的影响。这在根本上限定了事实和待解释对象的优先级别，限制了修辞的建构和发明功能。

借助语境论思想，有可能解决修辞解释的滞后性与预见性问题。这是因为，在语境论视野下，修辞解释效力是可以传递的。解释的命题、内容等会对其相关的认识问题产生传递，将面临类似问题的解释者和被解释者带入相似的语境中，使得相关的解释效力再次生效。这就使得修辞的建构和发明功能得到很好的利用，即语境的传递，使得解释者与被解释者在进行修辞解释前，获得可能相关的解释思想和解释效力，从而对解释行为和过程产生一定的引导和预见作用。

具体说来，首先，修辞解释效力需要在语境基底上实现，并依靠语境功能来完成。即使主题千差万别，任何的解释行为在本质上都是一种语言交流，脱离不开符号语形、概念指称、修辞和语用的基本规则。从一般的意义来讲，科学解释是附着在特定语境基底上的产物，不同语境条件的限定会形成不同的科学解释。其次，借助于语境论思想，可以构建一种虚拟化语境，即预设语境，来协调解释的滞后性和预见性问题。预设语境是一种较为灵活的可调整语境，它会随着解释的不同而改变，同时又能反过来作为一种模拟情景，对解释对象的发展进行一定的预见。在当今的科学研究中就存在使用预设语境的案例，例如，计算机模拟全球疫情的传播、数据化模拟核爆的影响评估等。预设语境的方式能够在保证修辞学解释性的同时，发挥修辞的建构功能和发明功能，对研究对象以及其后续研究提供一定的预见和引导作用。

除此之外，科学修辞解释研究需要一种可沟通交流的语境平台的支持。例如，上述的科学文本分析和科学案例研究的问题，一定程度上是修辞学内部缺乏交流机制的体现。这就要求通过修辞性和语境性，搭建各类科学修辞解释理论和具体科学修辞研究成果的交流平台。这一平台的搭建不仅对于科学修辞解释研究来说具有重要意义，其对于修辞解释与其他科学解释理论的沟通也有重要意义。科学修辞解释是追求实践效果的科学解释理论，就是要将修辞的建构和发明功能充分发挥出来，将解释的预见性和引导性体现于科学实践活动中。

在语境论视野下，科学修辞解释作为一种科学解释理论，其思想能够在统一的语境平台中完成，通过语境中解释效力的传递作用，可以为即将展开的修辞解释行为提供一定的参照，并且我们能够通过预设语境、构建语境平台等具体的方式来解决修辞解释的滞后性和预见性问题。

21世纪初的一场争论，充分暴露了科学修辞解释研究面临的主要问题。冈卡在《科学修辞学中的修辞理念》一文中指出，当前修辞学不具备独立的修辞性特质，缺乏凝聚力和导向性，难以达成其设定的研究目标。这启发了更多学者在此基础上对修辞学进路提出质疑，形成了自科学修辞学发展以来最大的一场讨论。①当今科学修辞解释研究面临的主要问题即有效性与统一性问题。有效性和统一性问题具体说来，也就是上述提到的修辞分析的静态性与科学研究动态需求的矛盾、案例研究零散性现状与理论综合的困难、科学本性与修辞性和社会性等问题，以及修辞解释的滞后性和预见性问题。而实际上，这些问题根源于哲学基本矛盾，并在科学哲学元理论基础上衍生而来（表2.2）。

表 2.2 哲学矛盾在科学哲学中的衍生

哲学基本矛盾	科学哲学元理论层面的表现	科学修辞解释问题
静与动矛盾	横断研究与历史主义	修辞分析的静态性与科学研究动态需求矛盾
多与一矛盾	表征、科学解释的多样性与真理、实在的唯一性	案例研究零散性现状与理论综合困难
表里矛盾	内在与外在矛盾	科学本性与修辞性和社会性等问题
现实与未来矛盾	哲学理论对科学研究的解释性与导向性	修辞解释的滞后性和预见性问题

科学修辞解释的过程实际上就是一种语境演化过程，修辞分析将受众引入一个可接受特定叙述的修辞语境中，使得逻辑的、修辞的、社会的、科学的背景在此融合。而且修辞学本身就是一种依赖语境性的研究方式，科学修辞解释更加依赖科学语境、社会语境和修辞语境的构建与再语境化。可以尝试引入语境分析以深化修辞分析，在共通的语境基底上构建一个科学交流的语境对话平台，最终在语境论视野下形成统一的科学修辞解释。

总的来说，语境论视野下的科学修辞解释研究其实就是在语境基底上对修辞学的语境化发展。语境论思想能够很好地适应修辞学融合式研究的需求，并且语境分析能够与修辞分析结合，产生更好的解释效力。语境融合视野下的科学修辞解释超越了传统的研究思路，以问题为导向、以整体语境为

---

① 谭笑. 科学修辞学方法的反思与边界——从一场争论谈起[J]. 科学与社会, 2012, （2）: 74-88.

视野、以修辞和评价效果为基准,很好地解决了当今修辞学研究面临的主要问题,能够在推动修辞解释进一步完善的同时保证科学修辞学独立学科方向的统一性质。

第三节 科学修辞解释的语境分析

在我们尝试解决科学修辞解释的主要问题时,需要用到修辞分析方法。然而,传统的修辞分析并不能完整解决科学理论研究中的修辞问题,这正是因为在使用修辞分析的过程中存在明显的语用约束。科学修辞解释对于语境性的依赖也证明了语境分析在其研究中的重要作用,为此在修辞分析基础上与语境分析方法的融合就成为一种必然趋势。作为传统修辞学研究最主要和最突出的研究方面,文本分析和案例研究中所体现的这种融合趋势显得更为重要,这也彰显了语境的这种融合作用,并且反映也包含了主要问题的诸多域面。以此构建的修辞语境及其特征便清晰地展现在科学修辞解释过程中。

一、科学修辞解释的方法论

科学修辞解释对修辞性和语境性的持续关注,使其与传统科学解释产生了一些区别。作为独立的研究方法,语境分析法能够弥补修辞分析法的主观性和随意性,将问题的解答过程置于一种可交流和可表达的语境基底上,并最终通过修辞分析法与语境分析法结合的方法论结构,给出一种有理性、有理由、有效用的科学修辞解释。这些研究表明,语境在修辞学范围内有着巨大潜力,同时体现了科学修辞学与语境论结合研究的趋向。

在科学文本中所运用的修辞很大程度上借鉴了文学修辞批评的经验成果。中世纪之后对文学作品的分析批评逐渐成为一种文学潮流,到近代,这种文学批评方式已经成熟并逐渐发展为主要的修辞批评。由于针对固定的文本,因此这种批评模式集中研究文本作者和文本所表达的思想、情感,分析其中所运用的修辞手段。在科学文本中,这些修辞手段的应用成为科学研究者为了在共同体内部或者针对普通民众的科普需求而做出的修辞使用。所以说科学文本往往分为两类,一类是专业性的,另一类是科普性的。在专业性文本中,科学研究者交流的主要群体是共同体内部人员,因此所用的修辞手段较直接，如公式化和模型化。而科普性质的文本，为了满足大部分人对科学的热情，其文本编写者在起草和修改过程中会使用一些通俗的方式，如比喻或者简单的模型。

当前案例研究集中于科学争论和科学实验领域。第一，科学争论中的修辞研究有辩论术的影子。不同于辩论，科学活动中的修辞参与者并不是为了驳倒对方的观点，而是试图通过科学修辞过程以完善各自理论或者产出统一的思想，这些都是需要相互合作完成的。第二，科学实验中的修辞是一种综合的应用，既是科学共同体使用的又要利于科学成果对普通民众的传播。科学实验是专业化的，但是它的操作过程、记录和描述都离不开修辞。科学史上不乏错误地利用修辞以达到非法科学目的的例子，从长远角度来说，为了一己私利而擅自更改数据、夸大实验效果等行为不能阻碍科学的发展，终将是徒劳无功的。科学实验的修辞分析，一方面帮助我们辨别实验本身和修辞包装，另一方面有助于科学成果的传播。若要使全人类共享科学学术成果，必须将烦琐苦涩的科学语言通过修辞解释转化为通俗易懂的知识。科学修辞解释不能增加科学研究的真理程度，但是能增加其论证的有效性，有助于科学共同体内部的交流和科普的传播，利于激发科学潜能，通过科学修辞过程不断创新产生科学成果，同时也是增加对科学认识以及影响科学哲学发展的重要途径。

受到修辞学与语境论融合研究趋势的影响，科学修辞解释将修辞分析法与语境分析法结合，逐步形成了有自身特点的方法论结构。这包括以科学隐喻分析、科学类比分析、科学模型分析、科学对比分析、科学话语分析、科学引证分析为主的修辞分析法，以及以语形分析、语义分析、语用分析和再语境化（recontextualization）、自语境化（self-contextualization）为主的语境分析法。两者所构建的科学修辞解释方法论，为科学修辞学的进一步完善和体系化做出了贡献。

（一）修辞分析法

20世纪中后期，随着新修辞学进展及其在科学理论研究域面的渗入，科学工作者和科学哲学家们逐渐认识到，修辞可以融合科学主义与人文主义之间非此即彼的思维方式，从而在其基础上构建一种兼顾科学精神和人文气质的修辞学研究方向。从科学哲学角度来看，在经历了"语言学转向""解释学转向"后，对事实与实在关系、理论和实践先后次序问题、科学理论可错性、科学历史主义、相对主义与科学知识的社会建构论等方面的研究，为修辞学方法进入科学哲学领域打开了空间。①新修辞学以及修辞学家们开始尝试在科学文本、科学案例、科学争论、科学实验、科学工具与方法、科学家与共同体等方面进行修辞分析和批判，使学术界对科学真理与现实表征、实在论与反实在论、科学研究主客体关系等方面获得了全新的认识。

在这一过程中，科学修辞解释方法主要受到了科学研究、修辞研究和语境研究的影响。首先，科学修辞解释是修辞视角对科学主题对象的切入，存在着对科学理论研究方式的修辞解析过程。其中代表性地包括，对科学符号及其表征意义的修辞化解读；科学理论构建过程中所使用的修辞策略；科学实验室因素对实验过程和理论构建的干涉。其次，科学理论研究表现出明显的修辞特征，科学中的修辞研究主要继承了传统修辞分析的策略方法，并在与科学对象的互动过程中不断改进，从而形成了科学隐喻、科学类比等方面的研究进展。最后，随着语境论思想的发展，科学哲学家开始尝试在具体自然科学哲学问题中应用语境分析，并取得了较多成果。在这一系列研究中，语形分析、语义分析、语用分析等的语境分析方式，已经在科学逻辑、科学结构、科学话语等方面形成了具有一定影响力的方法论体系。

修辞分析法是科学修辞解释最具代表性的方法论。科学修辞学受到新修辞学和语言学的极大影响。例如，在欧美高等教育中，科学修辞学专业课程也往往开设英语语言系或文学修辞系。科学理论研究中修辞分析的参与，弥补了科学方法的缺陷和局限性。"当今越来越多的社会科学与自然科学学者认识到，学术研究的方法、程序和语言，在本质上都是修辞的。尤其是科学家的辩护要符合修辞方法，他们对研究项目的选择、研究方法和路线的决定、基本原理的陈述等都带有明显的修辞特征。"②研究观点的转变，意味着科学解释范围和规则的扩展，这深刻体现于修辞分析法在科学理论研究中发挥的重要作用。具体而言，科学修辞解释中的修辞分析法，包括而不限于科学隐喻分析、科学类比分析、科学模型分析、科学对比分析、科学话语分析、科学引证分析等方式。

科学隐喻分析是科学和修辞学交叉研究中最为重要的分析视角和研究方式。自新修辞学开始，学术界便将隐喻从传统窠臼中解放出来，打破了文学和修辞格的限制，赋予其普遍性意义。由于其简约性、形象性、启迪性和创

---

① 甘莅豪. 科学修辞学的发生、发展与前景[J]. 当代修辞学，2014，（6）：70.

② 温科学. 20 世纪西方修辞学理论研究[M]. 北京：中国社会科学出版社，2006：100.

造性，科学隐喻成为科学研究中科学事实和概念前瞻性发现的不可或缺的研究方法。甚至说，科学的概念化就取决于隐喻概念。[①]类比是隐喻在更宽泛条件下的使用，具有联想启发、模拟假设、构建联系等重要作用。它使得类似的特征或规律之间，形成认识思维的"上升"、"下降"和"跃迁"，从而得出由此达彼的效果。在被研究对象无法直接观察时，科学类比就为解决这一困难提供了行之有效的方案：将研究对象的未知问题与已知对象的确定规律联系起来。并将这种相似性通过类比的形式将两者的理论内容明晰生动地联系起来。例如，将原子核外电子运动轨迹类比为太阳系行星运动轨迹等。模型理论一直是科学研究中认知表征和理论陈述的重要工具。不同于纯粹的逻辑证明模式，模型化是一种具有启发性特征的工具。从某种意义上讲，科学模型分析是科学隐喻分析和科学类比分析的综合应用和深化，它们均采用了类似的映射模式和修辞发明逻辑。对比是通过研究两种或多种对象，从而得出它们之间的区别，或者突出其中某一方面特征的分析方式。科学对比分析将最终版本的科学文本与早期的笔记、草稿等进行比较，从而推断科学家的意图及理论构建、演变过程。科学对比分析还常见于科学争论研究中，对争论双方所采用修辞策略进行分析，从而研究某一方取得争论胜利的过程和原因。科学话语分析本身就是一种语言学研究方式的传承。比如在语形上分析文本或符号的多次出现、重点突出或特殊符号形式与字体等的变化，来解析这种应用效果产生的在科学交流活动中的作用。科学引证分析就是对科学活动中的"正名"过程进行修辞解释。科学引证的使用，将萌芽状态的新科学理论与权威理论连接成保护网络，从而构建了未知和已知之间信任的桥梁，最终达到劝服和认同的修辞功能。

然而，单纯依靠修辞分析法并不能充分解决科学修辞解释问题。首先，每一种具体的修辞分析法都在不同程度上存在解释的盲点和困难：科学隐喻的使用存在一定模糊性和主观性，而且隐喻最终并不能提供完整确切的认识，甚至反而会产生一定的误解；由于对象性质的多样，我们借助类比分析或模型化来说明某一特指的性质联系时，可能存在错误的认识传递性；科学对比分析在一定程度上掩盖了研究内容的语境性缺失，在文本对象选择的主观性和历史性问题上受到指责；科学话语分析过于保守，囿于语言学和修辞学层面而没有很好地表现出科学修辞解释方法的独特性；科学知识社会学中

---

① Kertész A. Metascience and the metaphorical structure of scientific discourse[M]//Kertész A. Approaches to the Pragmatics of Scientific Discourse. Frankfurt: Peter Lang, 2001: 152.

对"马太效应"的批判也一定程度动摇了科学引证分析的基础。其次，从修辞分析整体来说，由修辞分析方法多样性导致的解释零散性问题，已经成为当今科学修辞解释研究的主要困难之一。这种在修辞解释范围内的零散性，与库恩所指科学层面的不可通约性有着本质上的相似性。为此，修辞分析法需要与语境分析法结合，将具体案例与理论研究综合，将科学的逻辑性、社会性和修辞性统一于语境交流平台中。

（二）语境分析法

在当代学科融合、渗透的背景下，逻辑分析、日常语言分析都无法脱离语境分析法，这已经是一种历史的必然趋势。[①]在科学哲学中，语境论思想在分析具体自然科学哲学问题时发挥了不可替代的作用，通过语境分析法的应用以及语境平台的构建等方式，缝合了多种科学解释之间的鸿沟。

科学修辞解释主要是关注作为整体的语境分析法。语形分析、语义分析和语用分析各自在科学哲学的不同发展时期和不同研究领域发挥了重要作用。比如，逻辑实证主义对科学符号及其语形问题的关注，分析哲学与诠释学对语义、指称、意义等方面的解析，后现代科学哲学如历史主义和科学知识社会学对语用层面的研究，等等。而这种发展线索使得新兴的研究方向逐渐脱离了原本科学哲学追求的科学理性和逻辑基础，也就是，过于关注语用的特殊性而走向某种程度的相对主义。科学修辞学发展初期同样面临这种问题，于是在后续理论修正中形成的科学修辞解释更加主张重视将语形分析、语义分析和语用分析结合为整体的语境分析法，从而在关注科学的语用性和修辞性的同时，不会削弱其理性思维和逻辑特征。

科学修辞解释方法论中的语境分析法，是科学修辞学与语境论思想结合研究的产物。语境的制约、转化、生成等功能，能够在修辞解释中发挥重要作用。语境分析法是语形分析法、语义分析法和语用分析法在语境研究平台上的整合，它是语境论思想中最重要的组成部分。此外，语境分析法还包含从整体角度而言的再语境化和自语境化。

再语境化根源于语境的动态性。哲学家罗蒂指出，不论是基于整体意义还是局部要素层面，语境的作用和转换过程实质就是一种再语境化过程：在

---

① Fodor J，Lepore E. Out of context[J]. Proceedings and Addresses of American Philosophical Association，2004，78（2）：77-94.

语境结构的演变中，新旧语境因素的变换推动了语境整体的内在张力，从而在这种动态过程中创造了语境的平衡性。①再语境化将语境中各因素解构为相互的关系存在，并使这些关系的联结依赖于特定语境结构系统的目的性。语境作为解释和理解行为必需的联结点，使得认识信息可以交流、转换和重构。②在语境论视角下，解释被当作语境的构建过程。知识的生成和解释的构建，实际是在语境场中，完成解释要素的重新组合。基于此，再语境方法从另一种角度对语境中的关系进行解读和重构，从而获得关于问题的"创造性"回答。而科学修辞解释实际上也是通过修辞评价机制不断反馈和完善科学解释理论的过程。因此从这个意义上讲，它也是一种再语境化过程。

而相对于我们在一般意义上说的显性科学知识，还有一部分知识称为默会知识（tacit knowledge）或隐性知识。科学修辞解释理论认为，对于这部分知识而言，其认识方式主要是一种自语境化结构。所谓自语境化，是指在认识过程中认识主体对于解释要素的自适应过程。自语境化强调人类认识的能动性，而不仅限于在要素内部的自组织过程。它具有自主性、目的性、渐突性、实践性等特征，并且体现了认知中主体因素与客体因素、认识过程与意义表征、理性与非理性、事实陈述与价值判断的统一。③

总的来说，修辞学关注在科学研究基础上表现出的修辞性与语境性，并由此在科学修辞解释范围内形成了独特的修辞分析法和语境分析法。两种分析法各居所长，共同构成了科学修辞解释的方法论结构（图2.5）。

科学修辞解释与语境解释的结合研究有着不可限量的研究意义和学术价值。语境作为脱胎于语言学的基本概念，在科学修辞学研究范围内有着不容小觑的潜力。特别是，修辞解释根源于修辞和语言，其语境性特征是一种本质的、必然的体现。

科学修辞解释与传统科学解释的本质区别就在于对语境问题的重视程度。语境的特性决定了科学修辞解释的动态性、多向性和复杂性，并在主体性认识等科学修辞解释元问题上提供了借鉴和帮助。在此认识基础上，语境分析法作为修辞分析法的补充，完善了科学修辞解释的方法论结构。所以说，在科学修辞学研究域面内，修辞分析与语境分析、科学修辞解释与语境

① Rorty R. Objectivity，Relativism and Truth[M]. Cambridge University Press，1991：94.

② 郭贵春. 论语境[J]. 哲学研究，1997，(4)：52.

③ 魏屹东，杨小爱. 自语境化：一种科学认知新进路[J]. 理论探索，2013，(3)：11.

解释的结合研究，是一种必然的选择和有意义的前进方向。

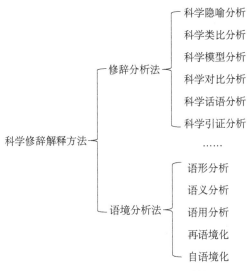

图 2.5 科学修辞解释方法论结构

二、科学文本分析

从本质上讲，根源于文学修辞分析根深蒂固的影响，无论是新修辞学批评还是科学修辞解释，它们的主要展开方式仍旧是以文本分析开始。然而区别在于，它们在文本分析过程中逐渐发掘一种广阔域面和视野内的整合研究。这从外部来讲就是 20 世纪兴起的社会学、社会行为等层面的研究。而从内部来讲，就是对文本语境的研究，但是这种内部语境又表现在两个方面。首先是单文本内部的上下文语境，即我们常说的"语境"一词的基本意义，其次是文本与文本之间的篇际语境（intertextual context）。

文本间关系的篇际语境能够串联文本与其他文本之间的关系，并将其他文本作为参照以加深、拓宽对待分析文本的研究。注重修辞性解读的篇际语境分析是科学修辞解释研究的重要方法。

篇际语境分析（analysis of intertextual context）是修辞学方法论在科学文本研究中的具体应用。篇际语境分析是当代修辞潮流的一种内在表现，修辞学发展历程上从没有像今天这样关注并推崇修辞，修辞研究在语言学、文学、哲学和科学中都有立足之地，科学修辞学研究成果如雨后春笋般涌现。由于科学文本的特殊性，篇际语境分析在科学文本研究中显得格外重要。科学文本以其严密性、客观性著称，对科学文本的分析大多采用文本或数据的提取和分类对比等方式进行，这些分析的客观性不容置疑但欠缺全面性和解释性，不能很好地反映科学文本写作的目的、过程、影响及其变化，不能真正满足科学文本研究的需求。篇际语境分析能够在科学文本分析过程中激活受分析文本与其他文本之间的关联，挖掘文本中容易忽略的隐藏信息，催化和凸显文本的核心内容，最终帮助分析者做出较为成熟、全面、合理和科学的文本解释。科学文本研究中频繁应用篇际语境分析，却始终没有对其进行系统的梳理和框架研究，因此对科学文本研究中篇际语境分析的本质和特征的研究是必要的。

（一）篇际语境分析的本质

科学文本研究中的篇际语境有广义与狭义之分。广义的篇际语境是指科学文本所处的语境关系总和，它包含所有与受分析文本相关的社会、政治、经济、文化、物质资料等因素以及它们之间的关系。狭义的篇际语境又称文本间语境，是指受分析的科学文本与其他文本之间的关系总和。科学修辞解释中广义的篇际语境是以科学文本为出发点而形成的与文本相关的整个修辞语境，狭义的篇际语境是我们进行科学文本研究时所使用的文本间修辞语境。

文本分析作为最主要的修辞研究方式，在科学修辞解释中得以继承和发扬，科学文本研究是重要的文本研究方式，同时也是最主要的科学修辞学研究内容。科学修辞解释中的科学文本研究是指通过运用一定的修辞研究方法，分析与科学相关的论文、著作、公开言说等文献资料，描述文本中所包含的信息，阐述其科学思想，解析其运用的修辞方法及效用，并对问题做出相应的修辞性解释。功能论的和工具论的文本研究模式各有所长，长期被应用于科学文本研究中，但是随着"解释学转向"和"修辞学转向"带来的哲学新变化以及科学修辞学的蓬勃发展，功能论和工具论的文本研究模式已经不能满足日益丰富的科学文本的解释需求，语境论的融合研究模式逐渐成为科学文本研究中的主流方式。

篇际语境分析是借助篇际语境实现的一种分析方法，指在进行科学文本研究的修辞分析时，要结合前后文本、作者其他文本或私人文本以及其他相关文本的关联解读，这是一种基于狭义篇际语境而完成的研究方法，是语境精神在科学文本研究中的体现，是科学修辞学研究范围内一种突出的语境分析法应用。语境在文本写作之初就决定了文本目的并引导文本批评的前进方向，依据确定的目的开始组织整个文本建构，而语境和语境研究模型则作为一种背景因素隐藏起来。①在科学文本研究中解读文本就是要找出隐藏在科学文本中的语境因素，重新构建初始语境，找出文本与语境各要素之间的关系以求更加完整地理解原文本。进行科学文本解读时要尽可能地重建语境以帮助我们理解，但是完全达到受分析文本产生之初的语境是不可能的。篇际语境分析就是在多个文本间跳跃，试图勾勒出最适当的分析语境并在其中做出解释。科学文本研究中篇际语境分析的出发点一定是与科学相关的文本，其他所使用到的文本可以是非科学性质的甚至是私人书信，落脚点是通过语境分析对科学文本做出趋于合理的解释。

篇际语境分析有一定的范围和界限，它只适用于科学文本与其他文本之间的语境分析，仅仅是一种针对文本之间的语境分析，一旦超越文本或者涉及其他的非文本语境因素，就不是单单依靠篇际语境分析能够解决问题的了（表 2.3）。除此之外，篇际语境分析在科学文本研究领域是通用的，任何的科学文本研究都需要借助篇际语境分析，没有应用篇际语境分析的科学文本解释必定是孤立的、不完全的，也不会有太高的科学价值和参考价值。

表 2.3 篇际语境的适用范围与适用方法

篇际语境	适用范围	适用方法
狭义篇际语境	科学文本研究	篇际语境分析
广义篇际语境	科学文本研究、科学论战研究、科学实验研究等	包括篇际语境分析在内的语境修辞研究模型方法

篇际语境分析是在传统科学文本研究方法基础上形成、具有鲜明特征的研究方式，它在坚持传统科学文本研究方式的同时注重篇际语境的运用，由此完成对科学文本的语境解读。篇际语境分析并不是一种颠覆的分析研究方式，而是一种思维方式的转变和演进。例如传统的文本对比分析是一种没有主次之分的平等比较，而篇际语境分析是有固定出发点的——科学文本，它是微观具体的，其他的文本是用来分析它们与科学文本之间的语境关系以辅佐我们进行解读的，这些庞杂的相关文本是宏观的；文本对比分析得出的结论往往是它们的差异性，而篇际语境分析追求的是如何利用篇际语境更好地解读原科学文本。

---

① Jasinski J. Instrumentalism，contextualism，and interpretation in rhetorical criticism[M]//Gross A G，Keith W M. Rhetorical Hermeneutics. Albany：State University of New York Press，1997：206.

综上所述，篇际语境分析本质上是建立在狭义篇际语境理论基础上的语境分析方法，它主张通过分析科学文本与其他文本之间的关系来对科学文本进行语境性和修辞性解读，是修辞分析法与语境分析法在科学文本研究中的具体应用。相对于传统科学文本分析法，具有无比优越性的篇际语境分析能够在科学文本研究中展现出特有的功用。

（二）篇际语境分析的主要特征

篇际语境分析是语境论和科学修辞学碰撞的产物，其方法特征不可避免地刻有语境化和修辞性的烙印，同时由于适用于科学文本研究，其也具有很强的文本性特征。文本性、语境化和修辞性是篇际语境分析的最主要特征。

1. 文本性特征

第一，文本自由性与多样性。篇际语境分析的起点是单一的科学文本，但是在分析过程中所采用的文本却是自由和多样的，凡是与被分析文本相关且有分析价值的就可以被拿来做协助研究。例如，我们发现文本中某一词汇出现频繁，这很可能是作者有意设计，如果在与这篇文本相关的作者其他著作中也出现此类情况或者其他相关文本对此高频词汇进行了解读，那么这两种语境很可能是一致的，以此展开的文本关联分析则更容易把握作者意图。以此类推，如果文本中反复提到某人的著作或思想，我们就需要按图索骥去找到作者想要汲取的那份思想来源。坎贝尔在对达尔文的进化论进行研究时取得了很大的成功，这很大程度上源于他后期对篇际分析法的着重使用，特别是着手对达尔文的书信、笔记等进行大量分析，这些关联解读暴露了达尔文学说的大量矛盾。他谈道："作者用一组词语频率将会有益于他认识的开始，它的重复性证明了作者潜在目的的一些迹象。"[①]此外，篇际语境分析所涉及的文本也可以是非正式的和私人的。我们分析科学文本时也需注重作者在研究期间相关的书信往来、私人访谈之类的非正式文本，有助于我们理解原文本内容提出与变更的原因。

第二，文本的关联解读。篇际语境分析要求多文本的关联解读，这一过程的优越性是无可比拟的。我们可以考察受分析的科学文本与另外一个文本或多个文本之间的关系，篇际语境分析的过程必然是多样的而不会局限于单文本研究。达尔文常在与他人的通信中将自己表现为一个坚定的归纳主义

---

① Campbell J A. Scientific revolution and the grammar of culture: the case of Darwin's origin[J]. Quarterly Journal of Speech, 1986, 72（4）: 361.

者。例如，达尔文曾在与菲斯克的信中强调说："我对归纳方法是如此坚定……我的工作必须开始于一些现实材料的积累而不是从原理中直接得来。"①但是在 1861 年写给同事福西特的信里，达尔文甚至用这样的话尖锐地批判归纳主义者："大概三十年前，有很多言论说地质学家需要的仅仅是观察而不是理论。我还能记起来有些人说在这个领域最好的做法是走进碎石堆中，数数卵石的数量并描绘它们的颜色。这是多么愚笨的，居然没有人明白所有的观察都是为了支持或者反对一些理论观点。"②显然达尔文的观点有一定的局限性和片面性，他在公众面前表现出的归纳主义者姿态，一方面是考虑了十九世纪培根归纳法在英国科学界的盛行，另一方面也是为了让自己的理论更具可接受性和实证性。通过篇际语境分析我们可以认识到达尔文的科学理论并不是单纯地经过实践和资料的搜集之后得出的，而是建立在特定的预设原则和理论基础上的，在寻找资料证据的过程中对理论不断修改的，这使得我们对达尔文的进化论有了更加全面的认识。

2. 语境化特征

篇际语境分析是一个不断摸索、语境重建（contextual restruction）的过程。我们在进行文本研究时可能知道文本初始语境的一些但不可能是全部的因素，那么解读时产生的语境往往不完全等同于初始语境，在这种情况下对语境的建构实质是一种语境重建，它是针对不同语境而言的。如果重建语境与初始语境的契合度高，那么就能做出较为成功的解释，反之则容易产生曲解。语境重建不同于再语境化和语境还原（contextual restoration）。篇际语境分析注重修辞性解释，而再语境化追求文本的创新性解读，两者是内在统一但又有区别的。语境还原是指当明确知道原文本的最初语境因素时，对文本的解释就要参照那些初始语境因素的影响，或者是还原初始语境来分析文本的相关内容并在此语境下做出解释。虽然这一个过程很难完全还原初始语境，语境还原得到的新语境总是与初始语境存在一定的差别，但这种理论下预设的初始语境不会发生改变。

篇际语境分析是最适用的科学文本研究方式，因为语境重建更加符合实际情况，语境还原是一种理想情况下的解读模式，语境重建虽然很大程度上存在错误和偏差，但确实是实际中最好用、最值得尝试的文本解读方式。科学就是对自然规律认识的研究过程，在这一进程中，如果我们遵循合理的建

---

① Darwin F. Life and Letters of Charles Darwin. Vol. 2[M]. New York：D. Appleton，1896：371.
② Darwin F. More Letters of Charles Darwin. Vol. 1[M]. New York：D. Appleton，1903：173.

构就会寻得更多的科学宝藏。

得益于语境重建的无限可能性，篇际语境分析才会有各样的解读思路，演化出各样的修辞解释。坎贝尔是当代卓越的科学修辞批评家，他对达尔文思想的研究颇有建树。篇际语境分析是他始终贯彻的修辞分析方法，类似坎贝尔那样对于达尔文及其进化论的文本研究成果不计其数，但我们看到的共同点是这些文本研究都注重篇际语境的关联解读，任何只分析《物种起源》的研究都不能称得上是好的学术研究，这些众多成果离不开多样的语境化解释。

3. 修辞性特征

第一，修辞性剔除。篇际语境分析实际上是在语境重建过程中对科学文本的修辞性表征进行修正，这一过程不断剔除和代入新的修辞，使文本增加说服力或对文本做出更有说服力的修辞解释。而如何在经过修辞的科学文本中挖掘修辞就成为科学文本研究领域的重要内容。哲学上有著名的奥卡姆剃刀，科学修辞解释同样需要类似的修辞性剔除，但修辞性剔除并不是单纯的简单有效原理，而是要求通过篇际语境分析找出科学文本中使用过修辞的部分与这部分所使用的修辞手段，并通过修辞性分析来剔除那些无关紧要的修辞或对这些修辞做进一步的分析，从而筛选出科学文本中核心、未加修饰的部分。

第二，修辞的效用分析。与修辞的剔除相对应的是修辞的效用分析。修辞的剔除并不是为了真的剔除科学文本的修辞性，而是为了找到文本的核心实质。同时我们对发现的修辞部分进行分析，能够通过研究其修辞手段与方法、产生的修辞效用与影响来帮助我们理解和分析科学文本的意义与合理性。修辞的效用分析对于科学共同体是十分重要的，优秀的科学家尤其是科学事业刚刚起步的年轻科学家会关注成功科学文本所使用的修辞以及这些修辞的效用，从而将有益的经验应用到今后自身的科学研究中，而对于失败案例的修辞分析也能避免在科学研究的道路上重蹈覆辙。《物种起源》的出版引起了轰动并很快被包括科学家在内的大部分人接受。这本书的成功很大程度上归功于修辞的巧妙使用。修辞性并不能增加科学文本的科学性，但是修辞效用对于科学文本的可接受性、传播与交流等方面有重要的推动作用。

第三，修辞术语的转换和隐喻的选择。科学文本中所使用的术语必须是一致的，这些术语极有可能是经过一定转换或改进的，篇际语境分析能够通过分析科学文本前后的变化得出术语的使用和转换并且分析这些变化的利弊，同时找出在文本中为了便于传播和交流而选择和反复调整的隐喻并分析这些隐喻的修辞效果。对《物种起源》文本的篇际语境分析不难发现"自然选择"（natural selection）、"生存竞争"（the struggle for existence）等耳熟能详的术语和隐喻都是经过深思熟虑的。达尔文使用"自然选择"来替代当时流行的"造物法则"（the laws of creation），这种转换将人们所不知的自然力量影响进化的方式转换为人们熟知的人为方式，去除了神性和奇迹性，更容易被接受和理解。作为另一个重要的术语，"生存竞争"最早被达尔文称作"自然战争"（war of nature），达尔文经过反复思考最终放弃了它，他也没有接受同事莱伊尔的"物种数量的平衡"（equilibrium in the number of species），因为他认为"生存竞争"在"战争"和"平衡"之间的语义空间是最令人满意的。[①]

4. 其他特征

篇际语境分析是一种起始于科学文本并回归科学文本的解释方法，相对于数据对比分析和单纯的文本分析，它是一种由外及内的研究过程，篇际语境的采用和文本间关系的分析，都是为了服务于受分析科学文本的研究的。篇际语境分析要求具有一致性的文本才能作为研究的对象，否则即使具有相关的思想仍不能作为参照，因为有可能它们讲得风马牛不相及，我们称这种要求为篇际一致性（intertextual coherence）原则。篇际一致性原则规定了篇际语境分析对文本的选取不是杂乱无章的，这对于高效利用文本间关系和语境分析起到很大作用。

总之，篇际语境分析的特征远不止这些，但语境化、修辞性和文本性是其最主要的特征。首先作为语境分析法在科学文本研究中的具体应用，篇际语境分析具有语境分析法的一般特点，同时有独特的语境重建特征。其次，作为一种科学修辞学研究方法，篇际语境分析具备修辞性剔除特征，而且对于修辞的效用分析、修辞术语转换以及隐喻的使用都有很好的分析效果。再次，科学文本研究中篇际语境分析的许多特征都是文本互涉的，文本选取的自由性与多样性，文本解读的关联性是文本性特征的集中体现。最后，篇际语境分析是一种由外及内的分析过程，遵循一定的篇际一致性原则。

篇际语境分析在科学文本研究中的广泛应用说明了其相对于传统科学文本研究方式的优越性，在它的影响下，文本间关系的探求已经潜移默化地成为科学文本研究中的必修课，任何试图全面剖析科学文本的工作都要首先对

① Campbell J A. Charles Darwin：rhetorician of science[M]//Harris R A. Landmark Essays on Rhetoric of Science. Mahwah：Lawrence Erlbaum Associates，1997：13.

科学文本自身及其相关的篇际语境进行探讨。篇际语境分析能更加灵活地应对科学文本研究工作中的各种问题，能够在科学文本分析过程中对文本的修辞性进行语境化解读，从文本之间关系角度加深对科学文本的理解，较为全面地把握科学文本所处的篇际语境以及系统地分析其修辞的使用，有助于研究者形成一种关于科学文本的系统的、全面的认识，对于科学文本研究方法的革新有重要推动作用。

篇际语境分析进一步补充和丰富了科学修辞解释。通过篇际语境分析的不断使用，科学修辞解释对语境的理解不断深入，文本研究过程中的语境绝不是简单的文本叠加，也不仅仅是围绕文本展开的因素集合，而是渗透到文本之中，参与到文本发展之中，并对之后的分析研究起到决定作用。篇际语境分析是语境分析法在科学文本研究的具体应用，它丰富了语境分析法的内涵，对于理解语境分析法在科学修辞解释领域的作用大有裨益。

科学哲学从不缺乏创新精神，整个科学哲学研究历程都是在披荆斩棘中前进的，篇际语境分析的应用对于科学哲学的"修辞学转向"是很好的回应，对于服务科学的哲学思想有更多的启发价值。同时篇际语境分析作为深入人心的科学文本研究方法，逐渐催生出更多的研究成果，对于丰富科学修辞解释理论和应用有着重要意义。总之，篇际语境分析在科学文本研究中有着独特的优势，语境化的科学文本解读更容易让我们接近文本所表达的思想，在科学文本研究中不可能离开篇际语境分析，只有在这种方法的指引下，对科学文本的解读才会更清晰、更有意义。

三、科学案例分析

不断进步的科学和逐渐完善的相关社会建制，以及渐趋成熟的新修辞学理论，都为科学争论研究带来了转变。修辞学的认识功能从最初的修辞劝服扩展到修辞论辩，使得修辞淡化了传统劝服的强力主体性，以致争论双方能够达成更加理性的科学共识。[①]然而，对于在争论中如何正确理解科学的社会性等问题，科学哲学尚没有形成一种普遍公认的有效进路。将语境论思想

---

① 参见谭笑. 修辞的认识论功能——从科学修辞学角度看[J]. 现代哲学，2011，（2）：85-90；谭笑，刘兵. 科学修辞学对于理解主客问题的意义[J]. 哲学研究，2008，（4）：80-85；刘崇俊. 科学论争场中修辞资源调度的实践逻辑——基于"中医还能信任吗"争论的个案研究[J]. 自然辩证法通讯，2013，（5）：71-76.

与科学修辞学结合，在语境交流平台中重新整合科学争论的具体案例研究，从而形成统一的科学认识，是解决科学争论问题的可行性研究思路。

科学争论伴随着科学的产生和革新，是科学发展历程中最具创造力和创新性的历史实在。科学争论分为内部和外在两个层面：内部争论主要考察科学的逻辑性，即科学理论是否符合客观规律、能否正确反映自然现象和实验结果；外在争论主要涉及科学的修辞性和社会性问题。然而，面对摆在新舞台上的旧问题，修辞学主要依靠修辞性策略与方法来完成对具体问题的分析，在科学争论的案例研究方面做出了突出贡献，但它在理论综合上至今无法形成认识论层面的统一，因此招致了学界对修辞学自身学科性的质疑。因此，如何修正修辞学并构建一种渐趋完善的修辞解释，是迫在眉睫的任务。在语境论视野下，借助语境分析法与修辞策略分析法衍生出的科学修辞解释方法论，构建语境交流平台，将科学争论的整体过程和具体案例统一于一系列的语境交流及转换过程中，为我们重新提供了解决科学争论问题的途径。

（一）科学争论研究的进路

科学争论自 20 世纪中叶以来，从某种意义上讲，存在着两个不可忽视的发展趋势。首先，科学争论研究的问题由内部层面主导走向外在层面主导。科学争论隐含着科学论证思想，科学论证可以视作科学争论在传统意义语境下的特殊表现形式，这种预设了证明性过程并带有强力意旨性的研究视角逐渐局限于自然科学内部问题的研究范畴，与适应科学和社会高度结合的发展需求相脱节。与此对应的，科学争论所关注的主要问题也转向了外在争论层面。其次，科学争论的修辞解释方法正在走向一种语境论的融合。科学争论的修辞解释在体现科学的修辞性和社会性的同时不会削弱科学的实在性和逻辑性，随着自然科学的进步和与科学相关的哲学思想、社会建制的不断完善，科学争论走向了一种在语境交流平台中寻求协调一致的修辞解释过程。

1. 科学争论研究的主要问题

现阶段科学争论研究的主要问题集中于外在层面，即科学的修辞性和社会性问题。从整体角度讲，就是如何证明理论的逻辑有效性，如何说明科学使人信服的过程，如何理解科学活动的修辞性以及与科学相关的组织结构的社会性，从而最终回答科学如何可能的问题。

科学争论问题的两个层面既不能混为一谈，也不能完全对立，内部问题和外在问题是在研究平台基底上的统一，逻辑性、修辞性和社会性是在科学整体语境中的一致。在内部争论问题的研究上，科学哲学家给出了有区别却各自有意义的解释，如逻辑经验主义的证实观点和历史主义的证伪理论，它们分别从不同角度对科学如何成立的问题进行了回答。而外在争论问题的研究起步较晚，直到库恩在《科学革命的结构》中提出一系列诘难后，科学的修辞性和社会性问题才得到了科学家和哲学家们前所未有的重视。这些问题是近代以来科学发展所必须面临的，实质是高速发展的科学与其他学科的交流障碍和理解困难。库恩的工作改变了之前科学争论按部就班式的研究状态，他的研究揭开了"科学逻辑和社会制度之间的裂隙，修辞学正试图缝合这一缺口"①，这就像是打开了潘多拉魔盒，将一些本来不在考虑范围内的问题摆到了我们面前——如何重新认识和理解科学，如何回答科学、知识和社会之间的一系列问题，成为科学哲学的主流研究脉络。

这些问题的出现使我们醒悟到，科学自身不能完整地回答科学的问题，但是内部解决的不完备也并不意味着外部手段的有效。佩拉等修辞学家对库恩的诘难做出了回应并努力在修辞学体系中构建解释方法，同时，哈贝马斯以及科学知识社会学等相关研究工作，从另一种视角对科学争论研究做出了一定启发。但是，目前为止，尚没有一种理论能对科学争论问题进行全面和完整的解决。

2. 修辞学的回应

修辞学和修辞分析被看作是最有可能解决科学争论问题的方式之一，多方面因素促成了它在科学争论研究中的地位。首先，"科学修辞进路是以案例分析为背景，以突出当代科学研究的综合性特征为宗旨，立足于科学争论，来考察科学家在确立理论与实验实施过程中的实际行为"②。鉴于修辞学在具体案例分析中发挥的高效作用和取得的卓越成绩，它已经成为解释科学的最主要方法之一。其次，科学的争论过程即交流的过程，而修辞在准备阶段和结果阶段仍然起到至关重要的作用。最后，随着新修辞学理论的兴起和科学哲学的"修辞学转向"，越来越多的学者尝试用修辞方法解决科学研究领域出现的问题。

修辞学家将哲学思想与新修辞学理论结合，针对具体争论问题相关的科学案例进行修辞性分析并取得了较为丰硕的成果，但这些理论都有各自的侧

---

① Rehg W. Cogent Science in Context[M]. Cambridge：MIT Press，2009：33.
② 李洪强，成素梅. 论科学修辞语境中的辩证理性[J]. 科学技术与辩证法，2006，23（4）：41-44.

重点，自圆其说的同时又带来了新的困扰，难以在总体上形成统一的解释路径。佩拉在尝试解决库恩所揭示的科学与社会间的问题时，是以一种逻辑思辨为主的研究方式进行的，他同意库恩对修辞的理解，认为科学解释不能仅限于演绎和归纳等推理论证手段，有时也应采用修辞的劝服方式。[①]佩拉的分析指出，科学争论中的理论选择或抛弃不取决于双方论据合理性程度的大小，而更倾向取决于这些论据背后理论劝服力的强弱。他采取了一种实用主义解决姿态，将科学的确信问题化解为科学组织对科学的采纳程度。普莱利通过分析社会因素和性质以扩展科学争论的认识维度，他的研究比佩拉更具修辞代表性。佩拉与普莱利的修辞解释理论从逻辑思辨角度和社会心理角度来讨论和理解科学劝服过程，在他们的理论中，科学的社会性仍然仅限于科学的公共文化层面，这些修辞研究在社会制度和社会语境角度未能深入建制层面，不能很好地适应当代科学争论的需要。拉图尔将科学放入广阔的社会语境中进行研究，他的修辞观点涉及科学的相关制度、组织和科学家等社会建制方面，但问题在于，拉图尔的分析与其修辞方法并不契合，而且他的策略方法缺乏规范性和一致有效性。[②]

　　以上的修辞学家对库恩问题的解决尝试都不够完整，同时每一种方案又为后来的研究带来了不同程度的困扰，传统修辞解释的研究思路要么解决问题的尝试局限于传统哲学的逻辑层面，要么过于强调修辞性而将这些解释尝试沦为对科学问题的纯粹修辞性解读。总之，这些修辞解释理论在回答科学争论问题上遇到的困难是由其对科学的修辞性和社会性认识的不彻底造成的。

3. 哈贝马斯和 SSK 研究的启发

　　哈贝马斯对争论的研究立足于社会性探讨，这种思路应用到科学争论中能够产生不同于修辞学解释的功效，同时，他的研究还首次体现了语境在争论中的作用。

　　在争论问题上，哈贝马斯交往行为理论中的修辞解释方法与传统策略性修辞解释方法有很大区别。首先，策略性修辞解释方法认为，争论是"一方"采用修辞策略试图影响"另一方"思想或行为的过程，这一过程会向着作为争论出发点的一方前进；而在交往行为理论中，哈贝马斯认为双方是为达成一致而进行交流的，这种状态下的"另一方"更加自由。其次，交往行

---

① Pera M，Shea W R. Persuading Science[M]. Canton：Science History Publications，1991：35.

② Rehg W. Cogent Science in Context[M]. Cambridge：MIT Press，2009：130.

为理论体现出新修辞学的特点，弱化了参与者在争论中的地位，更加适合科学争论的逻辑和实践经验。最后，哈贝马斯主要从逻辑、思辨和修辞三个层面展开争论研究并将它们放到社会语境中考察，他强调在理论符合逻辑规范的同时也应当注重修辞以及与此相关的社会建制①，但哈贝马斯所谓的修辞层面缺乏实质的修辞性，由此产生了类似佩拉的问题，即缺乏修辞性的研究最终囿于传统哲学的逻辑层面。不过哈贝马斯认识到，当科学争论在两种具有竞争性的理论之间进行选择时，修辞的有效性要高于理性，或者要利用修辞策略在理性的基础上进行超越以保证我们进行选择或者干涉他人做出选择。这是因为，鉴于科学争论中思想交锋的策略性意涵，争论双方作为参照的是一种实践主义的成功逻辑，而并不是绝对的真理逻辑，这种行为也为修辞在科学争论域面内打开了方便之门。②

哈贝马斯发现了语境在争论中的作用，但没有将语境完全纳入他的研究模式中。他在交流模式的研究中要求参与者具备高度的自觉性，强调一种"有效要求"（validity claim），其实质就是争论中的语境相通性。科学争论要取得建设性的对话并达成共识就必须调度修辞资源以借助修辞学的论辩功能，从而通过修辞的一系列作用实现哈贝马斯的这种"有效要求"。③高度自觉本身并不是问题，但在哈贝马斯的交流模式中匮乏一种动力机制，这一块导致其理论动态性和完整性缺失的拼图恰恰就是语境。哈贝马斯发掘出语境的价值却将其阻拦于外部，视其为遴选交流参与者的条件和保证讨论有效开展的前提，仅仅将其作为一种评价基础在理论的开始及结束时采用。④

另外，SSK 在科学、技术与社会的关系认识上存在一定偏差，这导致了他们将科学的社会性无限放大，从而把科学理解为由社会性主导的建构过程。技术是科学与社会之间的跳板，科学思想转化为技术支持才能作用于社会生产中，从而产生实际效益，纯理论的科学并不能对社会产生如此巨大和直接的影响。而 SSK 切断了科学与社会的联系，剥离于"科学-技术-社会"影响模式的行为，混淆了科学争论内部问题和外在问题，走向一种社会性认识的极端。同哈贝马斯一样，SSK 也认为科学应当放入社会语境中进行

---

① Rehg W. Cogent Science in Context[M]. Cambridge：MIT Press，2009：104.
② 刘崇俊. 科学论争场中修辞资源调度的实践逻辑——基于"中医还能信任吗"争论的个案研究[J]. 自然辩证法通讯，2013，（5）：71.
③ 刘崇俊. 科学论争场中修辞资源调度的实践逻辑——基于"中医还能信任吗"争论的个案研究[J]. 自然辩证法通讯，2013，（5）：75-76.
④ Habermas J. Truth and Justification[M]. Cambridge：MIT Press，2003：106-107.

考察，但他们将科学视作由社会主导的思路势必导致一种科学的相对性、主观性走向，逐渐将科学推向一种混乱的、无标准的状态。

总之，在争论的相关研究中，哈贝马斯打开了语境论解释的大门，却没有坚持这一道路；SSK 正确地认识到科学社会性的重要却将其过分夸大了。哈贝马斯的研究没能将语境应用于争论的整体研究中，忽略了语境对全局尤其是争论进程中的动态影响，他将动态的争论理解为逻辑、思辨和修辞的静态层面分析，不符合科学发展的趋势，但哈贝马斯对修辞结果的评价机制研究有助于我们理解语境和修辞在科学争论中所发挥的作用。①SSK 与哈贝马斯有类似的出发点却走向偏激，将科学放入社会语境中进行研究并不意味着科学需要完全社会化，这种通过外部认识来粉碎内部矛盾的方式实质是对科学的消解，彻底社会化的科学等于没有科学，SSK 的这种理解并不能从根本上解决科学争论问题。

（二）科学争论研究中的语境解释

科学哲学的历史主义、科学修辞学以及社会学的相关研究，从不同视角对科学争论问题进行了回答，但这些解决尝试都存在一定的不足，问题的根源就在于它们在解释时缺少统一和有效的融合型研究纲领和研究平台。所以即使取得了较多的研究成果，我们仍不能确定修辞学对于理解科学的社会性是否具有真实的推动作用。我们认为，单纯的内部或外在的说明不能反映和满足科学争论的整体面貌和需求，内部和外在层面的问题可以在一定语境下结合，科学争论需要符合修辞学解释规范的新认识论纲领，应当追求一种平台整合下的统一解释。

将语境论思想引入科学修辞学之后，在语境融合视野下构建交流的平台，形成科学争论的语境解释，是一种可行的研究思路。摆在我们面前的任务就是如何构建语境交流平台并在此基础上做出科学争论的语境解释，如何发展科学修辞学才能规避对科学的社会性的拆分，或者在拆分之后能否借助一定研究方式完整地映射出统一的科学的社会性。事实证明，语境融合走向符合科学争论研究的前进方向，同时这也是科学修辞解释所必须做出的选择。科学争论的语境解释改变了以往的修辞学观点，它将语境分析法与策略修辞分析法结合产生科学修辞解释分析方法论，将具体案例与理论研究综

---

① Rehg W. Cogent Science in Context[M]. Cambridge：MIT Press，2009：138-139.

合，将科学的逻辑性、修辞性和社会性统一于语境论视野下和语境交流平台中，从而加深了我们对科学争论的理解并切实推动了科学进步。科学争论的语境解释的可行性和优越性表现在以下三个方面。

其一，顺应了科学争论研究的发展趋势。首先，语境思想所关注的是有一致结果产生的过程，在这种研究模式下的科学争论是不断推动科学进步的，而其他的一些论证性过程在一定语境下隐含于争论过程中，受外力主导的争论也由于过度涉及主观性而被排除于科学争论的解释范围。语境融合视野下的科学争论不同于传统修辞学意义上的科学争论，它认为单纯论证性争论结局的劝服力是有限的，这种结局实质上是一种科学创造性活动的过程，属于科学争论过程的一部分或争论的事件发端；同时，它认为因外力中断的争论应当属于社会学的研究范畴，因为外部主导的因素过多包含了主观性和不可控性，在科学争论的模式中不能完全适用。其次，语境既涉及科学认识和科学活动层面的内容，也涉及有关科学社会性层面的内容，这些内容继承并拓展了科学争论研究的域面，同时也极大地丰富了科学争论研究的内涵。

其二，解释效用要显著优于传统修辞学解释。传统的修辞学解释在分析科学争论问题时，关注到争论双方的独立性而忽略了争论主体之间的联系性，因此解释的落脚点往往是关乎某一方及其进行的自身超越，是一种"锦上添花型"修辞策略。而科学争论的语境解释认为，争论双方在寻求一致性的过程中，通过语境交流平台的互补融合，最终形成一种共同接受的新理论，这样的过程能够保护新理论的成长，又保证争论力量的培育。同时，它还认为解释的最终立场应该是争论双方关系的语境分析，即使是以某一方为主要修辞对象的，也应当是由该对象出发的，针对另一方而产生的两者关系的超越或为了后续发展而刻意地收敛，是一种"韬光养晦型"修辞策略，这通过修辞对象之间关系的分析而将争论双方统一于修辞过程中。举例来说明这两种解释的区别，达尔文深知他所宣扬的理论会受到来自科学内部和社会各方的阻力，所以从《物种起源》的第一版开始，他就在一些显要位置援引了当时被普遍认可的神学自然观和古典自然观名言，这种做法在传统的修辞学解释中被认为是通过增加权威的引用来增强自身观点的合理性和逻辑性，是"锦上添花型"修辞策略；而语境解释认为这种做法是为了减小新理论被反驳的概率而采取一定的修辞手段以缓和与旧势力的矛盾，最终为科学争论的展开和新理论的成长留足余地，是"韬光养晦型"修辞策略。显而易见，科学争论的语境解释要比传统修辞学更深刻、更全面。

其三，有效地解决科学修辞解释面临的问题，具体表现在如下两方面。首先，科学修辞解释的问题在语境论认识中能够得到很好的解释。从较高的层面讲，科学修辞解释面临的案例分析零散性与整体解释的缺失问题类似于真理认识的多面性与真理的唯一性之间的矛盾。在不同的语境下，科学真理的表象不同，产生的解释也不可能相同，无限接近真理的是在不同语境下所有合理解释的集合，这是语境、修辞在科学认识上体现出的独特魅力。这些解释都只是我们对科学真理的一种认识而不是真理本身，它们必然受到语境的制约。我们不否认科学真理的实在性和唯一性，但是我们必须首先认识到对科学真理多面理解的语境性。语境解释不是真理的相对主义解释，科学就像在不同场合下的缪斯女神，她每次的衣着和言谈举止皆不同，我们不能直接认识到她却能通过不同的景象拼凑出对她的完整印象。"讨论哪个是'真实'毫无意义。我们唯一能说的，是在某种观察方式确定的前提下，它呈现出什么样子来。"①语境论观点认为，相比较于抽象的科学概念，我们更应当关心在某种特定语境下体现出的具体科学的表现形式。其次，科学争论的解释困难能在语境中得到解决。语境论作为一种广泛应用的研究思路，在科学哲学领域特别是在具体科学问题的哲学研究中发挥了独特的作用。语境的边界是相对的、有条件的，但并不是相对主义的②，因为语境强调的是每个语境下独立的意义，而不是强调每个意义的差异性。科学修辞解释缺失一种有别于修辞策略零散性的认识论纲领，致使在具体科学争论研究中形成的成果不能转化为理论层面的统一认识，而语境解释可以直接回答为何案例研究如此不同却每一种解释都有意义，进而有助于将具体研究统一于整体的语境论视野中，在科学争论的范围内形成对科学的统一修辞认识。

总之，科学争论的语境解释本质上是具有修辞解释性的，它顺应了科学修辞学和科学争论相关研究的发展趋势，同时超越了传统修辞学方法的局限性，而且它与科学修辞解释的具体案例研究不矛盾，增加了我们对科学的社会性的统一认识，具有解决科学修辞学研究和科学争论研究相关问题的潜质，是一种可行的、有效的、优越的解释方向。

（三）科学争论的语境解释意义

语境解释从新的视角重塑了科学争论的科学性和逻辑性，同时又体现出

---

① 曹天元. 上帝掷骰子吗：量子物理史话[M]. 沈阳：辽宁教育出版社，2008：173.

② 郭贵春. 语境论的魅力及其历史意义[J]. 科学技术哲学研究，2011，(1)：1-4.

修辞和语境的特质。它丰富了科学争论问题的解释方法，更新了对科学活动的认识；既保全了语境下新思想的产生和发展，又加速了新旧理论的碰撞，催生出更具开创性的实验方法和测量工具；强化和规范了科学共同体的组织结构，对社会政策产生积极而有效的影响，推动了与科学相关的社会建制和整体社会环境的不断调整和完善。具体表现在以下三个方面。

其一，拓新科学争论的考察视角。语境论为科学修辞学和科学认识提供了重新审视自身发展的基础，语境解释是科学争论研究经过科学哲学的历史主义和修辞学的解释路径后所面临的最佳选择，它将社会语境和修辞语境融合于语境交流平台中，能够较好地对科学活动进行评价和解释。社会语境的目的要通过修辞语境的具体化来完成和展开，修辞语境在很大程度上是语用分析的情景化、具体化和现实化，它是以特定语形语境和社会语境的背景为基础的，所以，没有社会语境就没有科学的评价，而没有修辞语境就没有科学的发明。①同时，科学争论的语境解释对参与者、争论运行机制、结果评价等方面的研究都提供了不同以往的认识。

其二，科学争论是科学理性迸发的现实表现，语境解释为理性的进步铺平道路。科学理性的进步总是伴随科学的发展和知识的不断增长，新学说更容易在科学争论的土壤中滋生，同时科学争论能激化新旧理论体系的矛盾，推动不同科学方法的产生和对抗。在不断追求科学真理性的道路上，语境解释筛选出更适合科学发展的争论研究方式，最能检验理论和方法的有效性，有助于科学实验理论及测量工具的革新。科学争论的高级形态是激烈的科学论战，而科学论战又是更高级语境下科学革命的导火索，科学争论或更新了人们对旧理论的认识，或引起科学革命从而开辟科学研究的新领域，使争论后的科学语境焕然一新。此外，语境解释强化了科学民主观，科学真理的判别标准逐渐挣脱权威的束缚，对科学价值的认同趋向于对科学争论结果的信服，相互批评的自觉性和争论的常态化促进了科学民主化进程。

其三，科学争论的语境解释增进了科学与社会的关系，促进社会整体环境和科学的社会建制的不断调整和完善。随着近代自然科学的蓬勃发展，科学作为一种独立的社会建制逐渐得到确立，这既是科学进步的体现，又是社会语境的需求。科学争论的语境解释有助于社会的发展，社会的进步又为争

---

① 郭贵春. 科学修辞学的本质特征[J]. 哲学研究，2000，(7)：24.

论的解释夯实基础，语境解释方法及评判标准深刻影响到社会决策的制定，并对现实生活中的科学理解产生决定性影响。科学技术的发展及工业化带来的各种社会问题所引发的科学争论是科学内部对发展中遇到问题的审视，这种争论深刻影响到当今社会中环境保护思想、可持续发展理念的产生和推广，以及全球语境下相关决策的制定。[①]

　　总之，科学争论的语境解释是在新平台、新高度上对科学争论问题的整合，是科学修辞学和语境论思想的进一步完善和具体应用。语境解释从"修辞学转向"中厚积薄发，在汲取了新修辞学研究成果的同时避免了修辞学解释带来的零散性混乱，重新把握修辞学的发展方向。语境解释符合科学修辞学的客观要求，又能很好地协调科学争论中具体案例研究，从而为理论层面的统一做努力。在语境论中展开的科学争论注重科学的社会语境，它对范式之间的争论以及科学革命的过程有独特的见解，化解了激烈科学革命所带来的认识论难题，内含着科学理性的语境论思想能够避开 SSK 和范式不可通约性的歧路，能够加速科学争论整体研究模式的形成，从而更好地认识科学理性和进步。在科学领域对相关语境的研究已经常态化，现实社会和历史的研究已经证明了语境对重大科学发现的相关贡献和作用[②]，总而言之，我们可以肯定，走向语境解释是解决科学争论问题的最有前途的研究进路，这种融合研究也表明了科学修辞解释的完善和进步。

四、科学修辞解释的语境结构

　　科学修辞解释更加强调和依赖语境性。在修辞学之前，科学理论研究中的语境因素并没有被彻底地进行语言学概念和科学方法论之外的完整和单独提炼研究。一方面，语境作为一种潜在的研究背景，其在科学研究和修辞研究中的地位可类比于"Being""Sein"概念在西方哲学传统中的地位。然而区别在于，语境的这种重要地位缺乏功能性的显性表达。语境作为一种研究基底，就类似于它为科学解释提供了一张白纸，而当在纸上书写理论时，我们关注于理论而忽视了其背景因素。另一方面，科学理论研究对于语境论、相对主义之间存在误解和混淆。事实上，语境论和相对主义有着本质区别：

① Myanna L. Technocracy, democracy, and U. S. climate politics: the need for demarcations[J]. Science, Technology, and Human Values, 2005, 30: 137-169.

② Rehg W. Cogent Science in Context[M]. Cambridge: MIT Press, 2009: 149.

简单说来，语境论强调的是，在每一种情况下的特殊表现，可以在语境基底和平台中达成相互协调的解释；而相对主义强调的却是，这些不同的表现之间不存在统一的可能。这使得科学修辞解释既有科学的客观性又会同时具备社会主观性。特别是对于后现代趋向的科学哲学而言，这种多元语境的涉及是一种必然的结果。

从古典修辞雄辩术到中世纪的传教布告，乃至近代的文学批评和新修辞学运动，在进行修辞活动之前都要做好充足的准备工作。在进行修辞活动之前，我们要弄清修辞活动的情景、所要面对的客体、最终要取得的修辞成果等，这些都对修辞前期的准备工作有所侧重。虽然科学修辞解释的研究客体已经不同于传统修辞，但是其修辞的实质并没有改变，它的修辞精神仍是与传统修辞学一脉相承的，因此作为大前提的准备阶段仍是修辞过程开始前十分必要的阶段。而在其中又需要重点关注科学修辞语境背景、修辞主题、修辞参与者等要素。

修辞语境或称修辞情景，是开展修辞活动的背景要求，也是伴随修辞活动始终的要素。而在修辞过程中创造出的概念、知识等作为其副产品，随后被固定下来，常常同样伴随着社会性和情境性。由于古典修辞学和传统修辞学背景因素中的变项较少，因此可以事先进行一定的规划，所以在某种意义上说这是一种静态的情景。随着修辞学研究的不断深入，修辞语境逐渐由一种静态的背景因素发展为现今的动态系统。近现代新修辞学的发展逐渐在修辞批评中加入了许多变数，从多方面多角度对修辞对象进行研究，修辞语境也进行了较大调整，逐步向一种动态体系化语境发展。科学修辞解释更进一步要求抛弃传统的背景因素的堆叠式语境观，代之一种伴随修辞活动始终并不断发展完善的动态语境系统。所以说，科学修辞解释更加关注修辞全过程，并将语境作为一种伴随交流而不断创造、发展、完善的变化动态系统。

具体说来，新修辞学强调修辞双方的合作，将修辞发展为一种依赖动态语境的活动，科学修辞解释更强调在这种合作基础上的交流，语境不能是像传统修辞学那样可以事先设定的各项因素的简单组合，它不能是静态的、固定的修辞语境，而应该是以此为基础的、修辞参与者主动参与的、不断变化发展的、制造创新的动态系统。古典修辞学理论关注的多是演讲者使用的方法和话语组织，而不集中在使这些方法和话语产生作用的语境。传统修辞学对于文本分析、文学批评有很大进步，但是它在考虑修辞产生的情景和社会背景时，往往是一种旁观者的角度，这种方式很容易招致"子非鱼"式的批判。近代修辞学发展逐渐摆脱这种束缚。例如结构主义者认为即使是作者本身，对于原文本的解读也会受到各种干扰，与初衷存在较大的差异。比彻尔在《修辞情境》中指出修辞情境成功与否，关键在于受众是否具有参与意识。这使得修辞语境逐渐成为一种具有广泛影响力的因素，在传统单独考察主体因素的同时，语境因素正在发挥不容忽视的作用。伯克对比彻尔的理论进行了回应，并将修辞语境扩展为一种普遍的研究领域。他之后提出的"同一论"，强调弱化修辞，主张修辞是双方进行促进沟通合作的手段。在科学修辞解释中，我们认为修辞语境的成功与否在于修辞双方是否愿意摒弃矛盾，共同构建统一的、利于交流的最佳修辞语境。在这种模式下，修辞双方主动参与到修辞过程中，它们不存在主客体之分，或者说存在的是一种修辞者与受众之间角色不断互换的过程。

修辞解释语境的研究要落脚于修辞活动的最佳表达效果上，既要使修辞双方认同，更要使科学修辞成果得以很好地被理解，以便将修辞效果最大化。修辞现象只有发生在特定的语言环境中才能富有生命，修辞解释语境的研究和使用，能更好地指导交流双方建构、适用和控制语境以及选择适用的修辞策略方法，为修辞活动做好铺垫，并保障修辞活动的顺利进行。

科学修辞解释包含了科学客观性和社会主观性，以及解释过程的修辞性，需要形式语境、社会语境和修辞语境的整体参与（图2.6）。纵观科学哲学发展史，"逻辑实证主义注重符号化系统的形式语境，历史主义强调了整体解释的社会语境，而后现代化的新历史主义则侧重修辞语境"。从本质上讲，为了避免形式概念及其语境的空洞与盲目，语形与语义的关联过程会涉及复杂的社会语境。修辞语境就是在这种社会语境条件下语用分析过程的情景化、具体化和现实化，它以特定的语形语境和社会语境背景为基础。因此，没有形式语境就没有科学表征，没有社会语境就没有科学评价，没有修辞语境就没有科学发明。[①]所以说，对于科学修辞解释而言，必然是形式语境、社会语境和修辞语境的有机结合。这使得科学修辞解释避免了纯科学角度的教条和社会学角度对科学概念的消解，完整地呈现和还原出解释过程的构建、组织、适用和评价机制。

① 郭贵春. 科学修辞学的本质特征[J]. 哲学研究，2000，（7）：24.

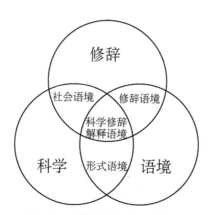

图 2.6　科学修辞解释语境构成

（一）科学语境

数学多值逻辑与量子力学的发展进一步摧毁了传统真理符合论的科学观，而这之后对科学的认识更加倾向于非实在论或反实在论。但是从科学外部来评判科学的做法终究不能威胁到科学的实在性地位。这使得对科学语境的关注成为必然，因为其从科学本体出发又回归于科学解释，在它的域面内为科学研究者、哲学家、语言学家、社会学家等群体提供了一种对话的平台，并且使得科学问题在本源上回归哲学层面理论与实在的对应关系。

从广义上说，科学语境是完成科学解释所依赖的语境基底，而从狭义上说，科学语境也就是我们所说的科学形式语境，它主要关注的是科学研究范围内逻辑、理性等相关的语境性。为此我们需要考虑两方面问题：第一，语境论思想和分析方法是如何促成科学解释的；第二，科学语境对于科学理论形成的意义。

科学修辞解释中所指的语境一定是有两个层次的。首先是指科学文本中上下文所使用的语言环境，其次是指话语反映的外部特征、关系境遇等有条件的政治、经济、社会、历史、文化等要素作用。如果将上述两个层次分别称为显在和潜在语境，那么通常认为，"显在语境主要指由特定科学理论中的基本公设、定理、推论、数学程式和符号间的关系等因素所构成的语言空间和逻辑空间；潜在语境主要指由主观语境因素和客观语境因素构成的心理空间与背景空间"，主观语境因素主要是指研究者的目的、兴趣、先存观念与方法、学识、研究方式及技能、直觉与灵感等；客观语境因素可分为实验语境和社会语境，实验语境主要由实验设计、研究对象、测量过程等因素组成，社会语境主要由特定的历史、经济、文化、科技及其间关系构成。①任何一种科学解释都不能脱离这两种语境的作用，使用不同的语境将会产生差异化的解释。从宏观上讲，科学语境与科学解释对象之间存在一种双向互动关系。一方面，"潜在语境通过显在语境的表征，将社会语境、实验语境和主观语境的影响内化到被解释对象的意义之中；另一方面，被解释对象通过特定的语形、语用和语义的确定，将显在语境的内在规定性传递到潜在语境的整体设置当中，从而使解释语境具有了动态性和一致性"②。

在抽象的科学语言中，文本语境的语言、公式、符号等作为科学理论的桥梁，指称了认知心理、科学交流与传播的现实对象，并构成了解读科学文本的概念化体系；而同时在科学活动中，宏观的社会建制等层面的语境因素也发挥着重要的功能。特别是近代以来，科学活动都必然与社会资源的分配、政府决策导向等因素密切相关。③

更为重要的是，语境不仅限于为科学活动提供条件支持，也具备对科学活动进行解释的功能。语境从整体上将科学研究中内含的形式化符号与具体意义联结起来，从而构建符号、理论与实在之间的解释效力。

（二）修辞语境

在科学哲学范围内，自逻辑经验主义之后形成的反传统观点冲击了理性主义，科学修辞学逐渐成为解决这两者之间矛盾的可行性进路。特别是20世纪以来不断爆发的科学革命使得我们在加深对物理现象认识的同时，打破了原有的严格科学逻辑，转而走向对科学假说、科学灵感、科学创造等问题的关注。科学修辞学在处理这类"模糊性"问题时发挥了重要作用，它的成功得益于修辞语境中的辩证理性。这起始于科学文本中话语的内在逻辑结构，并由修辞行为出发形成了科学解释的修辞语境。

修辞策略通常被认为是一种非理性工具，但是科学理论研究中的修辞行为、解释和论证过程却是集"有理性"、"有理由"与"有效力"于一身的。这是因为，它们并不是"毫无理性的诡辩过程"，而是"受到某些特定的限制或规则的制约，这些限制物或规则负责控制整个论辩过程，用于确定应该

---

① 成素梅，郭贵春. 论科学解释语境与语境分析法[J]. 自然辩证法通讯，2002，(2)：25.

② 成素梅，郭贵春. 论科学解释语境与语境分析法[J]. 自然辩证法通讯，2002，(2)：25.

③ Stokes D E. Pasteur's Quadrant: Basic Science and Technological Innovation[M]. Washington, D. C.: Brookings Institution Press，1997.

禁止哪些步骤，应该允许哪些步骤"①。这种限制和规则就是我们所指的修辞语境。

从科学实在论角度出发，我们认为修辞语境中的要素也是实体性的。因为首先科学研究要基于科学事实、证据、数据等，修辞解释行为也必须基于此展开。而由这些因素所构建的科学理论，以及形成科学理论前的预设、过程中的推理、过程后的价值趋向等，都可以当作一种修辞语境中的实体性要素。②它们的实在性体现于修辞语境中关系的存在，实际上是一种语境系统中的关系实在。当我们以语境视角来审视科学时，理论对实在的描述就成为一种整体性的模型化描述，这种可能世界与实在世界具有一致性时，我们就可以将其中的内容与实在世界对应起来，从而使得科学对象在特定语境下获得实在性。借助于此，科学修辞解释将传统意义上确定的联系、绝对理性替换为一组联系网，在继承规范理性的同时又保留了非理性概念因素。

（三）社会语境

从更广阔的视野上讲，我们常说的科学理论研究所注重的语境，其外部表现为社会语境。社会语境与科学的社会建制息息相关，并通过社会活动、社会参与等多方面因素参与到科学研究中。这种理解实际上将科学从根本上解释为一种社会行为，由此决定了其社会性的特殊价值。

社会语境由多种因素构成，这些因素在特定历史时期或条件中对科学理论研究起到不同的作用。科学外部力量的干涉，例如政治与宗教、文化生活、经济层面等，在不同的社会语境条件下发挥着不同作用。实际上这些因素往往是科学外部的研究设备、科研规范、思维方式和价值观等方面的影响，真正的科学内核并不会因为社会语境的限定而产生颠覆。处在社会语境关联中的科学研究能够统领与此相关的因素从而形成一种整体、系统的科学观并对科学的产生和发展图景进行全面解释，这在一定程度上克服了部分研究的缺陷。

我们可以说社会语境构建了科学理论研究的基底，在一定程度上推动了科学进步，同时它又成为评价和解释科学的必要条件。社会语境涵盖了科学产生和发展所需要的因素，并形成了对科学的外在推动。而这些因素的制约作用使得科学的价值、趋向、理性等判断条件依赖于社会语境的整体作用，

---

① 李洪强，成素梅. 论科学修辞语境中的辩证理性[J]. 科学技术与辩证法，2006，（4）：42.
② Pera M. The Discourses of Science[M]. Chicago：University of Chicago Press，1994：98.

这就意味着，社会语境成为解释科学的外在基底。这说明"科学是相对独立性和社会制约性的统一"①。

总的来说，在科学修辞解释中解释语境由三部分组成，科学语境是内语境，社会语境是外语境，修辞语境起到了一种串联的效果，使得三者在一种语境的基底上构建统一的解释。

小　结

综上所述，语境融合已经成为当今科学修辞学研究的必然选择，科学修辞解释在这种融合视野下焕发了不同以往的生机。在其影响下，科学修辞学找到了一种既可以为自身研究"正名"又可以继续深入探索最前沿科学解释问题的路径。可以说，语境作为一种黏合剂，将修辞功能导向了特定的连续性，从而保证了科学修辞解释的逻辑性与完整性。②科学修辞学并不是无源之水，它继承了丰厚的修辞学研究遗产，并在当代科学研究中汲取养分。新修辞学所反映的平等观念延伸为一种科学民主化思想，而将修辞学上升为一种修辞哲学的过程为科学修辞解释的正式入场提供了模板。科学修辞解释对解释主体性问题的清算重塑了一种泛化的主体性，即解释过程的主体性，这使得我们在应用修辞解释的过程中更容易对视角自由切换和方法的自主选择。正因如此，科学修辞解释才能更大范围地应用于科学哲学问题研究中，推动科学哲学的现代性发展。

---

① 魏屹东，郭贵春. 科学社会语境的系统结构[J]. 系统辩证学学报，2002，（3）：61.
② 郭贵春. 科学修辞学的本质特征[J]. 哲学研究，2000，（7）：19-21.

第三章　科学解释的隐喻建模

　　科学解释必然发生在特定的语境视域中，而隐喻建模作为一种特殊的科学解释方法，基于隐喻思维的推理机制也具有一定的语境关联性。鉴于语境本身具有灵活性和多变性，隐喻建模过程体现了科学解释模型的层级性与动态性。实际上，将科学模型看作是一种扩展的隐喻，在应用于科学表征的实践中具有明显的认知优势，以科学隐喻为基础建构的科学模型能够更好地表征物质世界的结构。本质上，隐喻建模是基于隐喻推理而进行的科学建模的表征实践，这些表征实践具有一些语境相关特征：语境关联性、动态层级性和理论建构性。同时，理想化是隐喻建模这种特殊的科学解释方法中的重要因素，基于理想化假设的隐喻建模在广义的方法论意义和逻辑学意义上体现了科学合理性。因此，由于语境具有本体论意义上的实在性，基于语境实在而对隐喻建模的科学表征过程进行分析，有利于科学哲学家更好地理解和把握隐喻建模这种特殊的科学解释方法，从而以更灵活开放的方式推动科学哲学的发展。

第一节　科学解释的模型化及其方法论特征

　　模型在科学解释中发挥着核心作用，实际上，随着模型研究的一种重要方法在 20 世纪 60 年代兴盛起来，模型完全被放置在科学哲学的语境下来考察且被赋予重要的地位（甚至比理论更重要）。于是，科学解释方法渐渐超越了逻辑经验主义的形式主义传统中的隐喻方法，它将来自数学中关于模型与理论的方法应用于处理哲学中的模型问题①，基于隐喻思维建构科学模型

---

① 以 Patrick Suppes 于 20 世纪 60 年代的著作为开端，它随后发展为所谓的理论的"语义学观点"。另外，20 世纪 50 年代末至 60 年代，罗姆·哈瑞（Rom Harré）、玛丽·海西（Mary Hesse）和欧内斯特·内格尔（Ernest Nagel）等科学哲学家对模型的探讨也具有代表性。

也逐渐成为一种特殊的科学解释方法，体现了层级性、虚构性和理想化等特征。

一、基于隐喻思维的科学解释模型

本质上，科学模型是促进理解现象的一种解释性描述，而隐喻通常是科学建模过程中的一个重要元素，不仅具有大量启发式的优势，而且还有助于我们克服单纯从狭义的角度将模型看作是机械性的模型的局限，从而将我们对于模型问题的理解提升到一个更抽象的层次上。例如，波动方程式就是对光或波的波动属性的一种"再表征"，而且比最初关于光波动和声波动的描述更抽象。

模型在科学表征中具有非常重要的意义，它是我们思考科学问题的一个媒介。模型通过简化事物而对事物的本质进行把握，与此同时，它们也忽略了关于被建模的自然现象的非本质的细节，模型具有有限的有效性，这意味着不同的模型能够实现不同的功能。模型不仅应该与可获得的经验数据相匹配，而且还应该产生相应的预测结果，而这种预测结果是可检验的。

赫尔曼·迈耶（Herman Meyer）将模型等同于"思维图片"（mental pictures），并将这些思维图片看作是将数学表达式与观察联系起来的一种途径，他写道："许多人寻求能使那些公式的意义变得'直观上清晰的'事物：他们需要'思维图片'，以便在非常抽象且常常很难懂的数学公式与通常发生在实验室或自然界中的直接观察之间重建联系。"[①]他认为，模型使得理论中所体现的观点变得直观上清晰，于是，我们可以通过模型获得比观察到的数学描述更多的知识，换言之，从现象描述到"科学知识"的过程，本质上是科学模型的建构过程。卡尔·多伊奇持有同样的观点："人们根据模型进行思考。他们的感觉器官将他们所接触到的事件进行抽象化；他们的记忆将这些事件的痕迹储存为代码符号；并且他们可能会根据他们早期掌握的模式来回忆这些事件或将它们重组为新的模式。"[②]

实际上，为了促进科学进步，对事物的思考有时候需要从一种思维方式过渡到另一种思维方式，有时两种思维方式通过两种不同的模型来例证，如

---

① Meyer H. On the heuristic value of scientific models[J]. Philosophy of Science，1951，18：112.

② Deutsch K W. Mechanism，organism，and society：some models in natural and social science[J]. Philosophy of Science，1951，18：230.

太阳系的托勒密模型与哥白尼模型。这种转换被库恩在其 1962 年出版的书籍《科学革命的结构》的第五节中称为"范式转换"。于是，考察隐喻就是一种考察科学发现过程与概念转换的方式。

（一）作为隐喻的科学模型

将科学模型看作是隐喻的观点蕴涵着一个假定，即隐喻预示着类比。模型与隐喻之间的关系究竟是什么呢？隐喻往往包含着两个不同现象域的现象之间的一种类比，科学模型的发展也依赖于类比。类比发展于模型中并被隐喻所突出，与不同域中相似的属性、关系或程序相关。

第一，模型和隐喻通常根据其他易于理解和更为熟悉的事物来理解某物。熟悉并不等同于被理解，但相似性可能是促进理解的一个重要因素，这也并不意味着理解能够被还原为对类比的使用。但是，在一个探索域（源域）中组织信息可能有助于与另一个域（目标域）创造联系并实现相似性，这样做的目的在于将与源域相同的模式应用于目标域中，在源域与目标域中具有相同的结构关系假定。例如，根据双星中的能量生成来考察类星体中的能量生成过程，正是通过研究双星系统，作为能量源的质量吸积的重要性首次被人们认识。而且将引力能转为系统的"内部的"能量或许是对大量必然出现在类星体中的能量的唯一解释方式，反过来，关于引力能的转化过程的提议是受到行星或恒星形成过程中的磁盘所启发的。将这些基于类比的观点拼凑为已被细致分析的经验现象，为吸积盘模型的形成奠定了基础，其中，这个吸积盘模型在解释类星体与射电星系中的能量中具有本构性。

第二，模型与隐喻可能是假设性的和探究性的。除了一个已经引起模型或隐喻的生成的正类比以外，还有一些负类比或中性类比有待考察。正如互动观所提出的一样，这些类比促进了创造性观点的产生，因为负类比与中性类比有时会提出一系列关于目标域的可被测试的观点。不过，隐喻模型不得不面对经验实在的问题，正如海西所言，"比诗性隐喻更为清晰的真理标准"和"寻求一个'完美隐喻'的（或许不可实现的）目标"——寻求一个完美描述，它能够为现象提供一个经验上充分的描述。[①]例如，将人工神经网络应用于模式识别的计算中，因为尽管数字电脑是串行处理机且擅长诸如计数或添加之类的串行任务，但它们不擅长需要处理大量不同信息项目的任

---

① Hesse M. Models and Analogies in Science[M]. Notre Dame: University of Notre Dame Press, 1966: 170.

务，诸如视觉识别（大量的颜色和形状等）或者语音辨识（大量的声音），而这些正是人类的大脑占优势的方面。人脑可以通过许多简单的处理元素的协同工作和"共享工作"来处理任务，这就使得系统容许出现错误。在这种并行分布的处理系统中，一个出故障的单个神经元没什么大的影响。因此，关于人工神经网络的观点就是要传达关于计算机并行处理的观点，以便利用假定的人脑处理特性。而且假设当突触连接上的一个单元与另一个单元之间通过修正达到有效耦合时，学习就在人脑中发生了，其中，这个假定是通过链接的正强化或负强化而在人工系统中得以模拟的。即使在人工神经网络与人脑之间存在着大量的负类比，人工神经网络对模式识别仍然产生了深刻的影响。不仅链接的数量大大不同于人脑中的链接数量，而且人工神经网络中的节点对比于人脑中的节点被大大简化了。因此，解释神经网络的隐喻就要涉及对隐喻的恰当应用及其局限性具有一定的认识。

第三，隐喻，被认为与类比相关，通常会涉及负类比的陈述。然而，这些并未阻碍隐喻的使用，相反，科学模型需要关注所谓的负类比。即使模型被认为仅仅是部分上的描述，为了有效地使用它们，它们的使用者需要认识到那些并不适用的描述。负类比体现了现象的这些方面：现象既不能被模型所描述，也不能在现象与其经验数据不一致的意义上被正确描述。了解一个模型对哪些现象并未阐明也是该模型的一部分。正如以上所体现的，人工神经网络并未在各个方面都模仿人脑的结构，但是我们需要了解是哪些方面没有模仿人脑。讲清楚模型中的非类比可能会产生不利影响。某些隐喻，尤其是当正类比甚至都可能问题重重时，可能会受到正面的误导。例如，对熵的共同解释是将其作为对无序的测量。我们以一个分隔的盒子为例，其中的一半放有气体，而另一半是空的。当分隔被去除，气体就会蔓延至盒子的两个部分，这就构成了熵的增加，因为所有气体分子不可能同时自发地占据一半的盒子。不确定的是，为什么第二种情境应该被看作是比第一种情境"更高的无序状态"。为熵建模的一个更有效的方式是探讨每个宏观态中的有效微观态的数量。

第四，关于隐喻模型的类型。如前所述，我们对隐喻或隐喻思维进入科学建模中的不同方式进行了区分，关于隐喻性的模型或产生隐喻术语的模型的不同组合，这两者似乎都是可能的。当从一个模型到另一个模型的转换已经发生，在此意义上，某些模型被认为是隐喻的。在其他情况下，两个域之间的结构关系被假定，其中，这两个域确保了引起目标域中相似结构的模型形成的结构转换。另外，这种转换引起了伴随着模型应用而产生的隐喻语言的使用。例如，模拟退火中的"温度"或观测天文学中的"噪音"。

于是，存在一些模型，在这些模型中，被采用的描述性术语是隐喻的，但是，这个隐喻术语中所涉及的两个域与结构并不相关，如引力透镜。所有的引力透镜与光学透镜具有共同之处，即它们能使光线弯曲。由于引力而发生的光线弯曲，并不像光学透镜中的情况一样是根据光的折射现象来解释的，因此，隐喻与引力透镜和光学透镜之间更深的结构类比并不相关。

（二）科学隐喻与科学模型的关系

科学隐喻作为科学表征的一种范式，"在建立科学语言与世界的联系中发挥着基础性的作用"[①]。基于隐喻建构的科学模型，能够对特定表征语境中现有理论体系的概念要素进行重新整合。当然，在这个过程中伴随着语境的转换，因为科学隐喻是语境相关的，语境使得这种隐喻建模成为可能。正是语境间的不断互动转换促进了科学模型的不断重构，从而推动了科学理论的发展。因此，对科学表征中的隐喻和模型的特征及其之间的相互关系进行考察就是非常必要的。

一方面，科学隐喻与科学模型基于一种发现的语境，因而内在地具有发散性和创造性，所以，"理解一个隐喻就像创造一个隐喻一样需要大量创造性的努力"[②]。因此，科学隐喻与科学模型具有理论创新功能。尤其是在探索未知世界的过程中，"隐喻对于理论尚未给定完备的解释和证实的对象，具有强烈的引导性；而对给定解释和证实的对象，则具有明确的可借鉴性；并在具体的说明中产生有效的说服力"[③]。换言之，基于科学隐喻建构的模型对科学表征具有启发性，在特定语境中对表征对象进行隐喻建模。当原有语境的规则束缚了科学表征时，科学隐喻的任务就是突破现有理论的束缚，从而创造性地建构新的科学模型。例如，普朗克为了解释"黑体辐射"的现象，提出了量子论。再如，原子结构模型的发展历程即道尔顿模型—汤姆孙的葡萄干布丁模型—卢瑟福的行星模型—玻尔模型—现代模型（薛定谔的电子云模型），就体现了科学隐喻和科学模型在突破现有理论模型的基础上的

---

① Kuhn T S. Metaphor in science[M]//Ortony A. Metaphor and Thought. Cambridge：Cambridge University Press，1993：53.

② Stem J. Metaphor in Context[M]. Cambridge：MIT Press，2000：10.

③ 郭贵春. 科学隐喻的方法论意义[J]. 中国社会科学，2004，（2）：98.

创造性发展。道尔顿认为原子是一个坚硬的实心小球，是不可分的；汤姆孙发现原子内部充满均匀分布的带正电的流体，电子就像葡萄干分布在布丁上一样分布在原子的流体中，这个模型首次提出了原子可分的概念；卢瑟福发现原子内部的电子并非均匀分布，正电荷全部集中于原子的核心，带负电的电子就像行星绕太阳系一样绕原子核运动；玻尔在卢瑟福模型的基础上，提出了电子在核外的量子化轨道，从而解决了原子结构的稳定性问题。

另一方面，科学隐喻和科学模型基于一种证明的语境，因而具有解释性和辩护性，因此，"在一定意义上讲，隐喻是'前科学'的直觉与科学经验的概念化之间、科学的'前理论'与'替代理论'之间由此及彼的桥梁"[①]。这体现了科学隐喻表征的两个维度：本体论维度和空间维度。前者意味着我们可以通过隐喻指称某种特定的表征对象，从而扩展我们关于目标对象的经验认识，并以此构成构建科学表征模型的基础，例如夸克、黑洞等隐喻，甚至包括以太等已被证明并不存在的隐喻，我们都得以借助于这种本体论的隐喻建构其模型。后者则使我们预设了符合于特定对象某些内在特征的相关理论，以通过科学隐喻及其建模来表征认知对象的自然特性和运动状态。例如，"薛定谔猫"是为了探讨 EPR 悖论（Einstein-Podolsky-Rosen paradox）所体现的量子纠缠的怪异性质而提出的，它通过假设实验说明了宏观世界并不遵从适用于微观世界的量子叠加原理（不过，最近奥地利物理学家利用量子效应而未通过光子成像拍照，用一个镂空的猫图案进行实验，虽然不是一张"既死又活"的猫的照片，却是粒子能同时处于两种状态的证明，相关论文发表在 2014 年 8 月 28 日的《自然》期刊上）。可见，科学隐喻不仅可以通过理论建构的模型来构建表征对象及其相关假设，同时还可以根据现有理论成果和理论预设对表征对象的某些特征进行验证，从而在证实与否证、真理与悖论的结果演绎中促成科学理论的发展及其解释方向。尽管科学隐喻和科学模型所表征的内容并不一定与现实世界中的对象及其特性存在一一对应关系，但它们却为科学表征提供了一种"可能的趋向性"，"无论这种趋向性是被逻辑地证明，还是被测量地证实，均是隐喻的这种表征功能所引导的结果"[②]。

另外，我们在考察有关科学隐喻与科学模型之间的关系时，有时会涉及介于二者之间的科学类比，因为科学类比本质上是一种典型的隐喻思维。自

---

① 郭贵春. 科学隐喻的方法论意义[J]. 中国社会科学，2004，（2）：98-99.

② 郭贵春. 科学隐喻的方法论意义[J]. 中国社会科学，2004，（2）：99.

然科学的发展史表明，科学类比是科学理论建构过程中最富有活力的一种方法，科学家常常通过对两个不同语境中的对象、现象、事件或目标系统进行类比，建立基于相似性基础的理论表征系统。例如，卢瑟福将原子绕核运动类比为行星绕太阳系运行。尽管科学类比与科学隐喻的表征效能有所不同，但科学类比通常表现为一种隐喻映射关系，而"科学隐喻被认为是引发类比或建构相似性的媒介"①。事实上，科学类比与科学模型都蕴涵着一种隐喻思维，因为隐喻映射是在两种被表征的情形之间建立一种结构排列同轴性并且以此投射推理的过程。换言之，科学隐喻和类比与科学模型之间具有通约性，科学隐喻的直觉性为科学类比的逻辑性和科学模型的整体系统性预设了表征语境，科学模型正是根据基于隐喻语境所建立的具有意向性和逻辑性的科学类比而建构起来的，我们可以称这种表征为"隐喻建模"。例如，著名的"黑箱理论"把人的大脑类比为一个不透明的"黑箱"，我们既不能打开又不能直接从外部观察其内部系统，而只能通过大脑信息的输入输出来分析其内部结构，由此，某些科学家试图"根据对精神的常识性了解和某些一般性概念建立模型。该模型使用工程和计算术语表达精神"②。此外，基因的分子基础及其复制过程，蛋白质的结构及其合成机制等，都发挥了隐喻建模作为科学表征的重要手段的作用，为我们描绘了一幅关于我们生存世界的生动图景。

二、模型表征的层级性

20 世纪 60 年代，科学家对科学发现与科学变革的关注逐渐增加，他们从数学的"模型-理论"中获得了灵感③，模型逐渐变成了描述世界的更为核心的工具。科学模型表征了经验现象，它们为我们提供了关于世界中所产生的现象的知识。那么，模型对现象进行表征的条件是什么呢？实际上，模型与有关现象的可获得的经验信息的某部分之间具有一致性关系。

---

① Daniela M. Bailer-jones. models，metaphors and analogies[M]//Machamer P，Silberstein M. The Blackwell Guide to the Philosophy of Science. Oxford：Blackwell，2002：114.

② 弗兰西斯·克里克. 惊人的假说——灵魂的科学探索[M]. 汪云九，齐翔林，吴新年，等译. 长沙：湖南科学技术出版社，2000：17.

③ 根据玛格利特·莫里森的主张，科学模型是理论与世界之间的介质，并且它们也是自主性的主体；同时，Nancy Cartwright 关于模型的观点主张对模型和理论进行区分，最终结论是：理论是抽象的且只有通过模型才可被应用于现象中。

（一）现象、理论与模型表征

现象就是自然中所发生的事实或事件，如蜜蜂飞舞、雨水降落、星星发光。科学问题的产生最初来源于对现象的观察，正如哈金所言，"现象在科学家的著作中有一个完全确定的意义。现象是显著的，现象是可辨识的，现象是经常发生于确定的环境下的某种类型的事件或过程"[①]。于是，玛格利特·莫里森（Margaret Morrison）曾指出，模型能够在理论与世界之间进行协调（即模型是理论与世界之间的中介）并对这两个域进行干预。因此，模型与现象是紧密联系在一起的，现象集中于自然中所发现的内容，模型则集中于这些发现是如何借助于公认的理论而被把握和描述的。此外，模型可能会引发进一步考察现象的实验。为了把握现象，我们对现象进行了建模，同时，现象被建模的方式将会影响我们对现象进行解释的方式，在此过程中，理论为模型发展提供了背景知识。

因此，模型可被看作是对现象的一种解释性描述。模型是现象的模型，而理论则是通过模型来表征经验现象的。模型与来源于现象的有效经验数据相匹配，然而，数据与现象之间的关系并不总是直接的，换言之，处理数据并使得数据适合于理论结果之间的对比，还需要许多步骤。或许存在一个关于模型的整体层级，科学模型需要在整个科学程序和科学方法论中被置换。作为结果的"完整"图像重述了从现象到现象数据的联系、从数据到现象的科学模型的联系、从科学模型到现象的联系。

既然模型是理论与世界之间的媒介，那么模型、理论与世界之间何以彼此相关呢？玛丽·摩根（Mary Morgan）和玛格利特·莫里森主张模型并不来源于理论，相反，模型是自主性的主体，仅仅在部分上依赖于理论和数据，模型建构中还涉及其他元素，钟摆的例子说明模型并不完全来源于它们的建构理论："理论并不能为我们提供模型得以被建构且建模决策得以被确定的算法规则。"[②]然而，关于模型自主性的观点实际上具有误导性。尽管模型存在部分上的独立性，模型与理论和世界仍然会存在着一定的相关性，模型是从这些理论中得出的，同时，模型是现象的模型。卡特赖特关于模型的观点，为我们描述模型与理论之间的关系奠定了基础。

第一，作为虚构的模型。卡特赖特关于科学模型的观点最初体现在她的

---

① Hacking I. Representing and Intervening[M]. Cambridge：Cambridge University Press，1983：221.

② Morgan M，Morrison M. Models as Mediators[M]. Cambridge：Cambridge University Press，1999：11.

"拟像解释理论"（simulacrum account of explanation）中，按照这个解释，解释力并不能算作是对理论或模型的事实真相的辩护。模型可能会对现象进行解释，但却不会因此而对真值做出任何判断。相反，"解释现象就是要寻求一个适合于基本的理论框架的模型，同时，这个模型允许我们为混乱而复杂的现象法则而派生出类似物，其中的这些法则都是真实的"①。不过，卡特赖特认为，自然法则可能会说谎，因此，模型以其为基础而建立的理论框架并不能保证模型为真。模型的出现是为了自然法则能在其中起作用，"那种先前被归入基础法则之下的情境，通常是为了理论的需要而假设的（虚构的）模型情境，而不是杂乱的现实情境"②。因此，这些法则并不能直接地应用于现实情境。只有现象的自然法则能够符合于现象本身，而现象法则实际上并未被整合进一个理论背景中，那么，基于某种理论法则的模型只是杂乱的现象法则的一个类似物，而且不同的模型具有不同的目的，因为模型根据它们自身的目的具有不同的侧重点。这就更进一步为模型的实在性蒙上了怀疑论的色彩，模型可能符合于某个特定的目的，而不必是实在的。

遵循着模型的这种反实在论倾向，卡特赖特提出了"拟像解释理论"，她依照《牛津英语词典》将"拟像"定义为"只有某个特定事物的表面形式，而不具有其本质或恰当属性"③。事物"并非在字面上"是它们的模型所表述的内容，因此，卡特赖特继续提出"模型就是一种虚构作品，属于模型中的对象的某些属性将是被建模对象的真实属性，但其他属性仅仅是方便的属性（properties of convenience）"④。模型的这种"方便的属性"的目标在于使数学理论适用于被建模对象。模型提出理论，此处被认为具有数学特征，尽管模型处于虚构地位，但它可适用于现象。我们可以假定这种虚构地位与理论的限制性有关："无论数学理论何时被应用于现实，一个专门提出的模型——通常是对所研究系统的虚构描述——都可以被采用；同时，我特意使用'模型'这个词语来表示'完全一致（完全对应）'的失败。"⑤

因此，模型一方面不能与它们所表征的现象"完全对应"，另一方面，理论需要用模型来建构其与现实的某种关系。于是，"根据拟像解释，模型

---

① Cartwright N. How the Laws of Physics Lie[M]. Oxford：Oxford University Press，1983：152.
② Cartwright N. How the Laws of Physics Lie[M]. Oxford：Oxford University Press，1983：160.
③ Cartwright N. How the Laws of Physics Lie[M]. Oxford：Oxford University Press，1983：152-153.
④ Cartwright N. How the Laws of Physics Lie[M]. Oxford：Oxford University Press，1983：153.
⑤ Cartwright N. How the Laws of Physics Lie[M]. Oxford：Oxford University Press，1983：158-159.

对理论而言是必不可少的。如果没有模型，我们就只有抽象的数学结构和充满漏洞的公式，与现实毫无关系"[1]。卡特赖特认为理论理解的核心特征包括抽象的数学结构、充满漏洞的公式、与现实毫无关系，这为我们关于理论的特性描述提供了框架。

第二，作为寓言的模型。卡特赖特还曾经将科学模型与寓言进行了对比，这并不是关于虚构的模型的，而是关于抽象与具体之间的对比。寓言具有抽象的寓意且会通过讲述一个具体故事来说明这种抽象的寓意。例如，通过"貂吃掉山鸡""狐狸杀死貂"等具体例证来说明"弱肉强食"的寓意。同样地，一个抽象的物理法则，例如，牛顿的力学定律 $F=ma$，可以通过各种不同的具体情境来说明：一个空心块由通过平面的一根绳子牵引着、弹簧从平衡位置进行位移、两个物质质量之间的引力吸引。因此，从模型与寓言之间的类比来看，模型是关于具体事实的；寓言是关于具体经验现象的。

模型与理论之间的对比并不在于理论是抽象的而模型是具体的。例如，"力"是一个抽象概念，并未在具体的经验情境之外说明它自身；力是经验现象中的一个元素并促成了经验现象的发生。卡特赖特认为，"力"这个抽象的物理学术语，说它是抽象的是指它总是负载着更具体的描述，这些更具体的描述使用了传统的力学概念，诸如方位、延伸、移动和质量，因此，"力"这个抽象概念只有在具体的机械模型中才有所体现。于是，卡特赖特指出，律则在模型中是真实的，正如模型在寓言中是真实的一样。然而，这并不意味着模型是关于世界的真实描述，正如寓言可能并非关于世界的真实描述一样。一个抽象概念可以被应用于模型中的具体情境，换言之，理论是抽象的，同时，模型是经验世界中具体现象的模型。

第三，科学的工具箱。卡特赖特批判了科学的"理论主导"观，她指出，正是模型，而非理论，表征了物理世界的现象[2]。相反，理论只是模型建构中的一种工具，还有其他的建构工具，如科学仪器或数学方法。卡特赖特对早期观点进行了修正，甚至认为，理论不再通过模型来表征世界："基础理论并不表征任何东西，且也没有什么可被它表征的。只有真实的事物即它们所表现的真实方式。并且这些是通过模型来表征的，而模型是在我们所

① Cartwright N. How the Laws of Physics Lie[M]. Oxford：Oxford University Press，1983：159.

② Cartwright N，Shomar T，Suárez M. The tool box of science：tools for the building of models with a superconductivity example[M]//Herfel W E，Krajewski K，Niinilvoto I，et al. Theories and Models in Scientific Processes. Amsterdam：Rodopi，1995：138-139.

具有的所有知识、技术、技巧与工具的协助下而被建构的。理论在此处仅仅起着很小的重要作用，但是，它像任何其他工具一样，你不可能只用一个锤子就建造起一座房子。"①

　　理论导向的建模的经典例子通过增加正确术语来逐渐调整一个方程式使其更加现实逼真。例如，当我们将机械摩擦的线性项添加到简谐振子的方程上时，就会得出一个线性阻尼振子的方程。例如，超导电性的模型并非通过理论导向的近似法和理想化发展而来，并非所有的科学建模都是一个去理想化的过程。总之，现象模型确实存在于科学建构中，同时，按照其方法和目标，它是完全有效的但又是独立于理论的。实际上，关于理论与模型之间关系的论述实际上是一种贬低理论的偏激观点：理论并不表征任何事物，它仅仅是模型建构中的一个工具。

　　第四，斑斓世界中的模型。根据卡特赖特早期关于"物理学定律说谎"的观点，并非发生在经验世界中的一切事物都可以用物理学定律来解释，只有那些具有与它们相匹配的模型的事物才可用物理学定律来解释。卡特赖特用"在圣·史蒂芬广场上抛撒的一千美元钞票"的例子生动地说明了这个观点②，经典力学的模型并不能够描述这个复杂的物理情境。根据卡特赖特的观点，这个意味着经典物理学原则上并非普遍适用的，相反，有必要转换到物理学的另一个领域中来描述（如流体动力学），于是，可能有一个基于流体动力学的模型来近乎完全地把握了这个一千美元钞票的情境。关键在于，任何理论只能通过其模型而被应用于世界。"流体动力学可能本质上既不同于牛顿力学，而且也不可还原为牛顿力学。不过，这两种情况可能曾经都是真实的，因为——粗略来讲——这两种情况都只有在与它们的模型充分相似的系统中才是真实的，同时，它们的模型也是非常不同的。"③

　　同样地，量子力学并不能取代经典力学，这两个理论在某个真实世界情境中都能做出很好的预测，且常常被一起应用。根据卡特赖特的解释，世界是斑斓的，这就是说，经典力学解释和量子力学解释可以同时起作用。模型

---

① Cartwright N, Shomar T, Suárez M. The tool box of science: tools for the building of models with a superconductivity example[M]//Herfel W E, Krajewski K, Niiniluoto I, et al. Theories and Models in Scientific Processes. Amsterdam: Rodopi, 1995: 140.

② Cartwright N. How theories relate: takeovers or partnerships? [J]. Philosophia Naturalis, 1998, 35: 28.

③ Cartwright N. How theories relate: takeovers or partnerships? [J]. Philosophia Naturalis, 1998, 35: 29.

告诉我们科学定律是在何种情况下产生的，那么什么是"律则机器"呢？卡特赖特说道："它是一个固定的（充足的）组件排列或要素编排，具有稳定（充足）的能力，在稳定（充足）的那类环境中，将会通过反复的操作产生我们在科学律则中所表征的那种常规行为。"①定律在由律则机器所创造的特殊条件下被阐述，这些条件主要是通过"屏蔽"或控制对机器的输入来实现的，这样的话，就可以阻止某些事物的操作会干涉预定的机器运作。结果是产生特殊情境下其他条件不变的法则，甚至概率法则也可以通过律则机器来发展，简言之，律则机器提供了有序合法的结果。

（二）模型的层级

数据与现象本身之间具有一定的距离或鸿沟，这是因为单靠数据本身并不能构成现象。数据的统计学分析最初促使帕特里克·苏佩斯（Patrick Suppes）引入了"数据模型"的概念并假设了模型的整体层级。他指出："对经验主义理论与相关数据之间的关系进行精确的分析，需要我们对具有不同的逻辑类型的模型提供一个层级。"②于是，苏佩斯提出关于模型层级的观点，通过一个理论模型所表达的科学假设来使不同的分析步骤变得清晰，而这些分析步骤是为了将这些由实验的原始数据联系起来，粗略来讲，模型的层级是由数据模型、实验的模型和理论模型构成的。

一个实验模型形成了数据模型与理论模型之间的联系，这个模型牵涉到，如何在实验上对一个理论模型中所阐明的假设进行检验？在这个意义上，实验的模型就忽略了实验中可能产生的许多实际问题，例如，模型可能会利用理想化，诸如无摩擦力的飞机等。模型是关于实验的概念的，而并不牵涉到实验可能产生的现实的经验主义结果。数据模型的任务是将原始数据变成一个标准的形式，这就使得它能够对实验中所产生的数据与理论模型的预测之间进行对比，不过，数据只能在我们应用了一个数据分析方法之后才能使用。数据模型仍然与建模现象过程中所牵涉的理论假设之间没有任何关系。例如，在使用一个射电望远镜观察某个天体的过程中，为了获得较高的分辨率，我们需要使用大直径的望远镜。然而，望远镜的碟面大小有着现实

① Cartwright N. The Dappled World: A Study of the Boundaries of Science[M]. Cambridge: Cambridge University Press, 1999: 50.
② Suppes P. Models of data[M]//Nagel E, Suppes P, Tarski A. Logic, Methodology, and Philosophy of Science. Stanford: Stanford University Press, 1962: 253.

的限制，于是，我们并没有使用一个较大的望远镜碟面，相反，我们通过对无线电波的密度以及无线电波之间的相位差异进行测量，其中的无线电波是由一些具有较小碟面的望远镜（彼此之间具有一定的距离）所接收到的。通过使用干涉测量法，这个相位信息促使我们对具有较大直径的单个望远镜所接收到的图像进行重构。数据分析意味着，在这种情况下，从不同望远镜中所获得的相关数据必须被合成——综合起来、纠正测量误差并解释，它们等同于仅仅用一个具有超级大的碟面的望远镜所获得的观察结果。如何处理来自不同望远镜的数据呢？这个问题将会在数据模型中被把握。这些数据分析的结果通常是以一个无线电等值线图的形式来呈现的，其中的等值线将具有相同辐射密度的区域联结起来，并且紧密相连的等值线表明了辐射密度在快速变化中。于是，这些展示了一个对象的密度分布的地图就会被用来对现象的一个理论模型中所表征的关于该现象的假设进行检验。例如，射电双源（双重电波源头）究竟是有一个喷射还是两个喷射，或者，一个无线电源的波瓣是否包含着比无线热点更古老的等离子体等。

那么，数据、现象和理论是如何通过各种类型的模型而联系起来的呢？数据来源于对经验研究的现象和对象的考察，考察现象就意味着观察现象或对它进行实验（由此所产生的实验结果也得以某种方式被观察）。数据分析的结果就是一个数据模型。只有当原始数据被"转换"为一个数据模型时，我们才有可能对现象的理论假设进行检验，而其中关于现象的理论假设为数据收集提供了出发点。

于是，一个现象是通过实验或者观察来检验的。如何把握这个现象也逐渐依赖于有关现象的一个或更多的现存的理论模型。理论模型是我们通过提供尽可能完整的描述来把握现象的一种尝试，这就强调了构成现象的相关因素。原始数据不可能确定一个现象的理论模型，但是必须经历数据分析的过程，且被纳入数据模型的形式中以便于进行实证检验。于是，实证确证发生在数据模型与理论模型之间，而不是发生在数据与现象之间，也不是发生在数据与理论模型之间。

数据与理论之间还存在着一些步骤。理论模型在我们将理论应用于现象的过程中发挥着重要作用，因为它提供了理论与现象的数据模型之间的联系。理论恰恰是通过理论模型而被应用于现象中的，同时，理论仅仅是通过理论模型（将其与数据模型联系起来）而被确证的。因此，理论与经验发现之间间接地联系起来：主要是通过理论模型与通过数据模型。最后，对现象进行描述的方式与现象的理论模型之间具有密切相关性，而理论模型反过来是由理论假设所形成的。

总之，现象与理论模型之间具有密切相关性，但是，对一个现象的模型的检验需要经由数据生成和数据建模而实现。当我们通过实验或者观察来对现象进行检验时，关于现象的数据就生成了。为了对比数据和理论模型，我们需要把握数据模型。为了从现象中提取数据，我们需要在数据与现象之间插入关于实验的模型或者关于观察仪器的模型。模型的目的是表征现象，而所谓"现象"通常会在模型建构的过程中被重构。被建模的现象可能会在某种程度上偏离现实情况，正是对现象的研究才产生了关于现象的数据，而这些数据后来也成了对模型的一种限制条件，模型与经验证据之间的联系必然是强大的。

三、模型表征中的虚构方法

科学表征中所使用的很多模型是抽象的数学模型。例如，洛特卡-沃尔泰拉模型，并不像沃特森和克里克的 DNA 模型一样是具体的物理模型。然而，一个数学模型究竟具有什么样的特征呢？[①]语义学观点要求模型具有经验上的适当性（empirically adequate）。换言之，模型与真实世界系统在经验上的子结构的数学表征必定是同构的。许多科学家是实在论者，他们要求，可观察的状态变量和因果结构必须由它们的模型所精确表征，这样一个模型将会表征目标现象的真实因果结构。然而，纯粹的数学对象并不能满足这个条件。数学对象可能具有结构属性和关系属性，但并不具有因果依赖性。因此，如果模型是数学对象，它们将会难以表征因果结构，相反，建模者是通过对系统进行设想而实现对世界的理解的。正如约翰·梅纳德·史密斯（John Maynard Smith）在描述一个关于 RNA 复制的精确性的模型过程中的论述："假设有一个复制了 RNA 分子的种群，存在某个单一序列 S，它以速度 R 产生复制品，所有其他序列以一个较低的速率 r 产生复制品。"[②]

---

① 一些哲学家（如 Roman Prigg、Peter Godfrey-Smith、Arnon Levy 等）提出，理解数学模型的最好方法就是虚构（as-if），而基于虚构基础所建立的模型是理想化的。

② Smith J M. Evolutionary Genetics[M]. Oxford：Oxford University Press，1989：22.

（一）一个简单的虚构解释

最直接的虚构解释认为，数学模型都是虚构系统，如果这些虚构系统是真实的，那么它们也是具体的。根据这个观点，尽管一个种群动态的生物学模型是通过使用数学运算而被描述的，但它事实上是一个虚构的生物体种群，与真实世界中的种群具有相似性。洛特卡-沃尔泰拉模型包含了一个关于捕食动物和被捕食动物的虚构种群。这些虚构的种群所具有的属性在建模的过程中表现为生长率和死亡率、数值反应和功能反应等，其他属性或者是从已设定的条件中推断出来的，或者是从理论学家们的想象中建构起来的。

这种方式类似于我们在文学小说中建构虚拟世界的方式，文本仅仅包含了一部分细节，而剩余部分由我们来填充，从而形成一个连贯的故事。为了从模型中得出推论，理论学家在心理上另外添加了其他属性。戈弗雷-史密斯指出，我们应该从科学家的表面价值实践中得出一个推论，这个观点就是，数学模型是虚构的系统。

尽管这些虚构的实体是令人困惑的，但是，笔者认为至少在大部分时候，它们与我们熟悉的事物之间都具有相似性，如文学小说中的虚构对象。简单虚构解释有几个优势。第一，它可能解决了困扰数学解释的问题之一：模型是很容易被个性化的。每个虚构系统都是一个模型，同时，这样的系统可以通过不同的方式用语词、方程式、图片或图表来表征。模型描述总是不足以说明通过这种方式所设想的模型。但是，这并不构成问题，反而可能是一个优势，因为不精确的模型描述可被用来产生具有更高级的普遍性的模型家族。第二，模型与世界之间的相似性关系是直观的（直觉的），一个模型与世界上的一个目标现象相类似，只有在它相似于那个目标的情况下。根据这个观点，尽管数学模型是虚构的，但它们也是与真实世界目标之间具有结构相似关系和行为相似关系的物理系统。第三，理论学家们在他们所具有的关于模型系统的记忆图像的基础上，对模型描述进行了精炼化。这些理论学家将自己描述为首次思考模型的人，就好像他们具有某种关于模型的心理图像一样，然后根据他们的记忆图片继续写下他们的模型描述（方程），这是关于虚构解释的最重要的观点之一。

因此，科学模型的简单虚构解释具有重要意义，它为我们分析模型与世界之间的关系提供了一个新的思路，而这种分析主要是通过与物理的具体模型相类比而进行的。实际上，我们可以将模型的简单虚构解释看作是对科学实践的一种"认识论的"解释。这些解释是一种科学活动的重构，其中，这种科学活动试图保持忠实于实践，但却致力于解释为什么实践是成功的。

然而，这种简单的虚构解释并没有为我们提供一种关于模型的形而上学解释。戈弗雷-史密斯认为，这应该成为一个开放的问题。然而，模型的虚构情境相比于普通小说中的虚构对象具有同样的困扰，我们至少应该对模型提供一种形而上学的清晰说明，以便能够解释模型何以与真实世界中的目标相比，以及我们如何从这些模型中得出推论，这就需要我们对模型的简单虚构解释进行发展。

（二）对虚构解释的发展

发展虚构解释的形而上学和认识论主要有两个方向：虚构作为形而上学的可能性或虚构作为科学想象的产物。[①]一方面，根据刘易斯的"模型作为可能性"的形而上学观点，模型是具体的、非真实的可能性，一个数学模型就是一个可能世界或一个可能世界的部分。实际上，这是对戈弗雷-史密斯简单虚构观点的一个非常自然的解释。另一方面，理论学家将虚构作为科学想象的产物，同时并未在心智状态的存在之外做出任何形而上学的承诺，而这些承诺的内容是虚构的。这个观点弱化了模型作为虚构的本体论承诺，其建模分析仅仅依赖于理论学家的想象力。这种方式下的建模几乎不相信可能性，更类似于讲故事和假扮游戏，因此，这些情节被理解为心智状态，而不是具体事物。

实际上，对于上述的两个方向，大部分学者更倾向于将虚构作为科学家想象力的产物[②]，接下来，我们来考察两个代表观点，以便于更深刻地理解模型的想象力观点。

其一，沃尔顿的虚构主义。根据肯德尔·沃尔顿（Kendall Walton）关于"虚构是一种假扮游戏"的理论，科学模型应该与科学家的想象力密切相关，这有助于我们理解作为虚构的模型以及模型与世界之间的关系。罗

---

① 实际上，还有一种方案是将"虚构"看作推理规则，不过，他们的主要目的是为"理想化"寻求一种与实在论相容的解释，因此，本节暂且不会探讨这个问题。

② 关于这点，比较有影响力的学者包括罗曼·弗丽嘉（Roman Frigg）、阿尔农·利维（Arnon Levy）和亚当·图德（Adam Toon），其中，图恩区分了两种情境：科学家为真实系统建模的情境与科学家为非真实系统建模的情境。当科学家为真实系统建模时，他要求我们对这些系统进行想象，而不是描述；但是，当他们为非真实的系统进行建模时，比如永恒运动或三性生物，模型描述就像是关于虚构对象的短文，而模型就是他所谓的"模型世界"。

曼·弗丽嘉（Roman Frigg）指出，科学家谈论模型时往往是将模型看作是一种物理事物来看待，而物理理论具有一种"物理特性"，这意味着物理理论不可能在不理解其物理实例的情况下被理解。这种物理特性并未被数学所完全把握，因此，他认为模型应该是一种"想象的物理系统，即被看作假设的实体，事实上在时空中并不存在，而只不过是不纯粹的数学对象或结构对象，因为如果它们是真实的，那么它们就是物理的事物"①。这实际上类似于应用可能性的形而上学所发展来的简单虚构观。但是，弗丽嘉认为，这个观点的形而上学承诺是太过于实体化的，因此，他试图寻求一种替代方案，于是，他在关于艺术哲学的当代作品中发现了这种替代选择，尤其是沃尔顿的"假扮理论"（pretense theory）。沃尔顿提出，我们可以将虚构理解为类似于一种假扮游戏，这有助于我们对棘手的形而上学的、认识的和语言的问题进行处理。因此，当我们想要对"Mordor 是在 Gondor 以东吗？"这个问题进行评价时，我们实际上是处于一个假扮的情境中的，在这个情境中，中土世界是一个具有空间关系和地理位置的地方。我们使用《指环王》系列电影和相关书籍作为道具，它们使得我们在这些假扮对象之中进行"转换"，一些普遍性原则允许我们对这些地理学陈述的真理性进行评价。于是，"Mordor 是在 Gondor 以东吗？"这个问题意味着，"在中土世界这个假扮游戏中，Mordor 是在 Gondor 以东吗？"

如果我们根据这个理论来理解科学模型，模型描述就作为相关的假扮游戏的道具，除了由模型描述所提出的规则之外，背景理论和数学公式也提供了进一步的规则。于是，一个模型描述（如行星模型是球形的等）包含了模型的主要真理，通过律则或普遍规则而从这些主要真理中得出的内容是有限真理，直接产生的规则是语言学上的约定，同时，直接得出的规则被用于从主要真理中进一步得出相关结论。②

弗丽嘉的观点相对于简单虚构解释所体现的优势在于，它有助于我们对有关虚构的形而上学承诺的问题进行处理，它几乎完全省略掉了这些承诺。因为假扮游戏是属于心理学的，因此，并不存在超越人类认知系统和他们使用数学的能力的额外假设。具体而言，如果科学模型是假扮游戏，它们并不与物理世界中的任何事物相关，因为它们只是科学家的心理状态。然而，我们何以从假扮游戏中了解真实目标呢？将真实目标与虚构系统进行对比就意

---

① Frigg R. Models and fiction[J]. Synthese, 2010, 172（2）: 253.
② Frigg R. Models and fiction[J]. Synthese, 2010, 172（2）: 260-261.

味着，将虚构系统的属性与真实世界对象的属性相对比。弗丽嘉提出了所谓的"反式虚构的命题"（transfictional propositions）问题。对于这个问题，我们只需要"将模型系统的特性与目标系统的特性相对比"①，而非对象之间的比较。换言之，我们可以形成关于模型属性和目标属性的抽象表征，然后再对这些属性进行对比，而不是仅仅将模型直接比作目标本身。②因此，弗丽嘉的简单虚构解释避免了超越于心理学之上的形而上学承诺，但是，这个解释并没有真正地消除关于模型与世界之间对比的困扰，同时，它还存在一个关于理论学家之间想象力的变化的问题。

其二，没有模型的虚构。阿尔农·利维（Arnon Levy）提出了一个关于建模的更为激进的沃尔顿式解释，他认为，我们可以将建模看作是一种虚构活动，但是，这个虚构活动并不真正要求引入一个被称为模型的事物。相反，我们可以将建模看作是一种典型的理想化。例如，对于"被称为隐窝的宏蜂窝结构的架构是否会影响癌症的概率"这个问题，"一个简单的方法：以一个线性排列来考察 N cells，每次都随机抽取一个细胞，但这个细胞每次都具有适当性。这个细胞是由两个子细胞所代替的，同时，其右边的所有细胞都是由某个位置转换到其右边的；最右边的细胞'死亡'，而最左边的细胞起着干细胞的作用"③。戈弗雷-史密斯和弗丽嘉可能会把这段论述理解为对一个虚构的数组中的细胞种群的介绍，但是，利维认为还有另一种解读，即我们想象真实的细胞并以一种特殊的方式来理解它。"Nowak 是要他的读者们设想有一个真实世界的隐窝，它是一个具有特定属性的线性排列（一维数组），我们可以将它称为模型描述的'从物模态的'（de re）解读。这个从物模态解读并非是根据'具体说明和对比'这两步来思考的，而是将模型描述看作与其经验目标直接相关。这就好像是，想象某人自己是更漂亮的，或者是一个世界级的运动员。"④于是，按照这种解释，事实上根本不存在模型。建模实践仅仅是以一种简单的、无法验证的方式来思考目标系统的实

① Frigg R. Models and fiction[J]. Synthese，2010，172（2）：263.
② 正如 Godfrey-Smith 指出的，这个方法实际上付出了很大的代价，因为这些属性实际上是关于虚构场景的属性，它们本身就是未实例化的，而未实例化的属性并不一定会比未实例化的对象和系统具有更强的形而上学基础。
③ Nowak M A. Evolutionary Dynamics：Exploring the Equations of Life[M]. Cambridge：Harvard University Press，2006：222.
④ Levy A. Fictional models de novo and de re[DB/OL]. http://philsci-archive.pitt.edu/id/eprint/9075/[2016-10-17].

践。我们不需要假想对虚构的目标系统进行建构，甚至也不需要假想对数学结构进行建构。

实际上，利维提出这个观点的原因在于，他认为，简单虚构观点和沃尔顿的观点并不具有对"模型何以被用来解释其目标"这个问题进行解释的条件。例如，弗丽嘉的解释要求诉诸虚构和目标之间共有的属性，然而，虚构根本不具有属性，于是，弗丽嘉必须诉诸未实例化的属性，但是，这反而再次引入了形而上学的问题。因此，本质上，弗丽嘉的观点与刘易斯的"模型作为可能性"的观点面临着相同的困境，因为它们二者都需要诉诸超越于理论学家想象力之上的形而上学属性。相比之下，利维的观点并不具有膨胀的形而上学基础，同时有助于解释"建模何以为我们提供关于它们的目标的知识"这个问题。理论表征和目标之间并不存在中间步骤，因为理论陈述总是直接相关于它们的目标。

（三）虚构主义的困境

科学模型的虚构解释有一定的启发意义。根据简单虚构观点，我们就可以提出一个关于模型与世界之间关系的解释，而这个解释非常类似于我们关于具体模型的解释：模型直接相似于它们的目标，因此，我们关于模型的知识就可以直接与目标相比。通过对简单虚构解释的扩展，在被建构的（戈弗雷-史密斯）或被想象的（弗丽嘉）模型中有一个"中途停留"（stopover），因此，虚构解释意味着，建模是一个间接表征和分析的过程。不过，利维并不主张这种间接表征，相反，他主张我们像系统具有某些属性一样对它进行直接思考，同时也主张科学推理的许多不同模式。例如，我们可以将模型看作是以隐喻的方式来运行的，而这个观点在过去的许多年中已经吸引了许多哲学家的关注。不过，虚构观点仍然面临着某些重要问题，主要包括：科学家内部的差异性（多样性）、虚构的有限表征能力、利维观点对解释建模实践的无能为力、表面价值实践的多样性。

第一，科学家表征的差异性。就"模型是虚构"而言，不同科学家在这个问题的思考方式上就存在许多差异性。根据刘易斯形而上学的简单虚构观点，这个命题意味着，一个模型描述将必须指出可能世界的一个类别，同时，理论学家的想象力将会定位于一个具体世界或一个小的具体世界集合上；对于弗丽嘉而言，理论学家之间的多样性将会产生一系列不同的假扮游戏；对于利维而言，在重新设想一个目标的方式上必然会存在差异性。①然而，这种差异性问题是否会影响科学推理的一致性，关键取决于科学家之间在模型的关键属性上是否一致，如果科学家之间就一个模型的关键属性达成一致，那么，这些模型就是等价的。

第二，不同模型的表征力。虚构解释的另一个问题来自不同模型的表征能力的差异性上，模型可能是离散的或概率性的，集合性的或个体性的，空间上清晰的或不清晰的，等等。如果模型是数学对象，这些差异性就很容易被理解，因为不同的模型使用不同的数学公式，同时也解释了它们在表征能力上的差异性。然而，虚构解释并不能做出这些区分。例如，虚构主义者将洛特卡-沃尔泰拉模型看作是由一个捕食者种群和一个被捕食者种群所构成的虚构系统，其中并未表征独立的生物体，而是表征了生物体的种群。这个模型预测了捕食者种群和被捕食者种群不确定地且不协调地（无限期地且异相地）振动，振动是中性稳定的，这种平衡是不稳定的。例如，一般的抗微生物剂增加了被捕食者种群的相对丰度。

第三，理解建模实践。利维对数学模型的从物模态解释也面临着一些问题。他不仅就模型本质提供了一种详尽的解释，而且也对建模实践进行了具体的说明。利维认为，科学建模意味着，对待模型就好像它具有实际上并不具有的属性一样，而不是将数学建模假定为对虚构世界、心理学状态或数学对象的重构。尽管这个观点简化了关于"模型和世界之间的关系"的解释，但它同时也削弱了将建模实践作为一种独特的理论活动的解释。于是，建模实践与抽象的直接表征实践之间并不存在任何差别，利维甚至认为，理想化（idealization）和近似法（approximation）都是真实的事物，根本就不存在建模，最终也就不存在任何模型。

第四，表面价值实践的多样性。表面价值实践的普遍性和重要性被过分夸大了。在表面价值实践中，科学家依赖于想象虚构情境以便引入并思考他们的模型，这是某种科学实践的一部分。例如，卡林（Karlin）和费尔德曼（Feldman）在对种群生物学中关于松散的连锁结构的不均衡案例中的非对称均衡进行研究时就引入了模型，但他们并没有诉诸任何特定的具体种群。相反，整个数学论证是根据无限种群的一般的属性来进行的，这些属性可能是

---

① 这类似于文学虚构中的差异性。例如，有人认为奥克斯（Orcs，半兽人）的脚类似于人类的脚，而其他人则认为像熊掌，但这并不会成为一个问题，因为它们并非《指环王》故事中的重要部分，如果这个问题确实构成了故事的关键部分，托尔金必定会为我们提供必要的细节来说明故事是如何展开的。换言之，我们需要对故事的关键属性和非关键属性进行区分。

对所有真实的和想象的种群进行的抽象，但整个论证并未提及这些种群。除了科学家在想象的认知能力上的多样性之外，模型系统有时候是非常抽象的，因而也是很难应用想象的。

综上，笔者列举了四个论证来反对虚构主义。本质上，我们所追求的是对科学家的认知实践的重构，因此，严格来讲，这种认知活动并不牵涉终极本体论的问题。但是，在对虚构解释的合理性进行批判性考察的过程中，至少会考虑到某些本体论问题。例如，科学家之间的多样化问题或多或少与形而上学问题有关。根据沃尔顿的解释，虚构依赖于想象力，那么，科学家之间关于关键的模型属性上的矛盾就是一个主要问题，这是因为沃尔顿的解释将模型与虚构本身等同起来。相反，刘易斯的形而上学可以解决这个问题，因为这个解释不需要特定科学家的想象力来将模型个体化。然而，他们何以对科学家已经创造但并不能想象的可能世界进行解释呢？实际上，基于可能世界的形而上学解释，在解释科学家对他们的模型的认知方式上，步履维艰。因此，至少某些形而上学问题不可能从关于模型和建模的解释中被分隔开来。总之，运用虚构方法并非有效解决建模实践中的困境的简单方式，换言之，"科学建模需要虚构"是不合理的观点，因为有些模型并不可能转换为虚构情境。然而，这并不意味着虚构在科学中不具有认知角色，相反，虚构可以通过其他表征方法促进建模实践，这就牵涉到一种建模实践的稳健性分析。

四、理想化与模型表征的稳健性

（一）理论的理想化

在对模型与理论之间的关系进行描述的过程中，不可忽略的一个重要因素是：理论被应用于模型中时的理想化。理想化是建模的一部分，毋庸置疑，如果理想化已经发生，那么，理想化的对象或现象仍然将具有与真实现象相一致的重要解释，或者说，被理想化的模型仍然将为我们提供关于现象的重要信息。

理想化是这样的一个过程：为使得建模变得更容易些而故意地改变现象的现有属性的过程。例如，关于孟德尔定律的实验，我们可能需要确定一袋豌豆有多少是褶皱的，同时有多少是光滑的。为了建模的目的，一颗半褶皱的豌豆就可能将其属性"改变"为算是一颗褶皱的豌豆，从而被归类于预定的类别中，这是一个理想化的实例。同样地，为理想钟摆建模，我们需要建立与牛顿力学定律应用相一致的情境。我们假定，钟摆的绳没有质量，于是，为了建模的目的，真实的有质量的绳就被理想化为一根没有质量的绳子。所有的理想化都是实例，被建模现象的属性因而被改变。实际上，钟摆绳是有质量的、能伸展的，且摆锤的质量并非固定于一点。

因此，所有这些都是为了"建构"一个理想钟摆的理想化。毫无疑问，这种理想钟摆不同于真实钟摆，因此，理想钟摆的模型不可能是对真实钟摆的某些方面的非常现实的表征。根据安让·查克拉瓦蒂（Anjan Chakravartty）的观点，"理想化……不可能被实在论的分析如此直截了当地采用。此处的模型假设否定了我们认为符合于实在的东西，这个语境下的实在论将会在最大程度上被仔细验证"[①]。于是，有些哲学家会将理想钟摆描述为一种虚构，同时，运动定律将变得更为复杂，以便提供一个"关于甚至最简单的物理现象的精确描述"。

接下来，我们就以钟摆的例子来研究理论在模型中的应用。一个理想钟摆包含着某一质量的质点，m（"质点"）附属于一个无质量的、不能扩展的绳长 l 的一端。于是，我们的任务就是要确定摆锤被拉向其平衡位置的力——在理想化的环境下，力就是一种以抽象理论的形式（即牛顿第二定律 $F=ma$）处理钟摆的方法。考察这种特定情况中的力，必然要考虑到这个系统的几何学，涉及位移角、绳子的长度和地球的引力。于是，处理理想钟摆的方法通常就是：假设钟摆的位移角比较小，因为这将允许我们用那个角度本身来置换角度的正弦（当然，这个变化是现象的数学描述的变化，而不是现象本身属性的变化）。

很明显，建构模型的物理学家们清楚地意识到了他们在模型中引入的理想化。于是，当他们指出这个特殊的模型包含着具体的理想化时，他们主要是指"理想的"或"数学的"钟摆。理想化对于应用牛顿力学定律是必然的，那么，其他理论和考量为使得钟摆成为一个更为真实的钟摆，必然要对与通过理想化引入的实在的偏差进行修正。因此，物理学家考察了物理钟摆，这应该是一个更接近于某些真实钟摆的模型，这种钟摆被认为是一种具

① Chakravartty A. The semantic or model-theoretic view of theories and scientific realism[J]. Synthese, 2001，127：329.

有任意形状的刚性体，围绕着一个固定的水平轴进行旋转。在这种情况下，质量的中心被看作是摆锤，而旋转轴的惯性矩在计算回复力时起着重要作用。于是，很可能产生这样一个方程，它表明了，哪一种物理钟摆与一个具有不同长度的理想钟摆相对应，即理想钟摆的"等效长度"（equivalent length），这个钟摆也可能以其他方式变得"更真实"。例如，我们可以对空气阻力的摩擦力、摆锤的浮力（事实是摆锤的视重量被位移的空气的重量减少）、并不均衡的地球引力场等做出校正。因此，"我们了解模型偏离真实钟摆的方式，因此，我们也了解模型需要被修正的方式，但是，做出这些修正的能力来源于背景理论结构的丰富性"[①]。这个例子很好地说明了确定和引入被建模现象的具体细节，这就需要通过模型将理论应用于现象，在此过程中牵涉到理论的理想化方法。

（二）模型表征的稳健性

实际上，当科学家面对高度理想化的现象模型时，他们需要一种方法来确定：哪些模型或者模型的哪些方面能够做出关于目标的稳定预测或稳定解释？例如，在某些情况下，当我们为物理系统建模时，基础理论能够引导科学家对各种理想化的影响进行评价，然而，在对复杂系统进行研究时，这些基础理论是不可用的，在这种情况下，"稳健性（robustness）分析"[②]就提供了一种可替代的方法。

理查德·莱文斯（Richard Levins）指出，建模的必要条件，即普遍性、实在性与精确性之间存在一种三向均衡，这种均衡避免了理论家为复杂现象发展简单模型，因为一个模型不可能同时具有最大化的普遍性、实在性与精确性。稳健性分析能够表明，一个结果究竟是取决于模型的必要条件还是取决于简化假设的细节。通过稳健性分析，我们可以了解，一个模型的结果是否仅仅是一种理想化的产物，或者这个模型结果是否与模型的一个核心特征相关。我们可以通过对相同现象的许多相似但不同的模型进行研究来理解。可以说，"稳健性分析的所有变式和用法都具有一个共同的主题，主要体现

---

① Morrison M C. Morgan and Morrison，Models as Mediators[M]. Cambridge：Cambridge University Press，1999：51.

② 科学表征中的稳健性意味着表征结构的稳定性和表征内容的连续性。关于"稳健性分析"的观点，请参阅 Levins R. The strategy of model building in population biology[M]//Sober E. Conceptual Issues in Evolutionary Biology. Cambridge：MIT Press，1966：20.

在区分真实与虚假、可靠与不可靠、客观与主观等，总之，就是将那些被认为在本体论上和认识论上是稳定的和有价值的部分与那些不稳定的、不可概括化的、无价值的和短暂的部分相区分"①。换言之，稳健性分析的目的是，将模型在科学上重要的部分和预测与作为我们表征的意外结果的虚假部分和预测进行区分，这些稳定的部分就是莱文斯所谓的"稳定定律"。莱文斯通过一个例子说明了稳健性分析的过程："在一个不确定的环境中，物种将会进化发展出广泛的生态位，并倾向于多态性。"②

　　根据莱文斯的观点，稳健性分析的关键在于寻求稳健的定理，其具体过程是：首先，为一个目标现象确定一系列模型，并对这个模型组进行考察，以便确定它们是否都预测了一个共同的结果，即稳健的属性；其次，对模型进行分析，以获得一个生成稳健属性的普遍结构。以上两个步骤所得出的结果综合起来就形成了稳健定理本身，即一个将普遍结构与稳健属性联系起来的条件陈述，其前提条件是一个其他条件不变的从句。具体而言，在第一步中，科学家收集了一个多样化的模型集，通过对模型集中相似但又不同的模型进行考察，从而确定：一个稳健属性并不取决于我们所分析的模型集的形式。例如，按照谢林的隔离模型，我们建构了许多相关模型，其中，我们可能会改变网格的规律性、近邻的定义、主体所关心的属性数量、效用函数的异质性、效用函数的形式、决策过程的复杂性等。这将会生成许多相似但又不同的模型，同时，我们将考察这些模型，以确定它们是否也展示了谢林隔离的特征模式。

　　实际上，这两个步骤涉及寻求产生了稳健属性的核心结构。在简单的情况下，普遍结构直接就是每个模型中的相同物理结构、数学结构或计算结构，在这种情况下，我们可能会隔离普遍结构，同时，普遍结构产生了稳健属性。然而，这个过程并不总是有效的，因为模型可能会在不同的计算框架中或数学框架中发展，或者模型也可能以不同的方式或在不同的抽象度上来表征一个相似的因果结构，因为它们依赖于理论家对相关的相似结构进行判断的能力。严格来讲，普遍结构的每个表征都会产生稳健行为，同时，普遍结构的所有表征都包含了重要的数学相似点，而不仅仅包含直觉的定性相似

① Wimsatt W C. Robustness, reliability, and overdetermination[M]//Brewer M, Collins B. Scientific Inquiry and the Social Sciences. San Francisco: Jossey-Bass, 1981: 128.
② Levins R. The strategy of model building in population biology[M]//Sober E. Conceptual Issues in Evolutionary Biology. Cambridge: MIT Press, 1966: 20.

点。然而，有些情况下，科学家是根据判断和经验来做出这些判定的，而不是根据数学或模拟。

于是，我们可以将稳健定理的普遍形式描述为："如果其他条件不变，如果我们获得了［普遍的因果结构］，那么，我们也将会获得［稳健属性］。"例如，沃尔泰拉发现，一般杀菌剂增加了猎物的相对比例，这个发现可以被阐述为：如果其他条件不变，如果某个具有两个物种的捕食者-猎物的系统在消极的意义上耦合，那么，一个普遍的杀菌剂就将会增加捕食者的丰富性而减少猎物的丰富性。此外，一旦理论家明确阐述了一个稳健定理，稳健性分析的最后一部分就是，试图确定该定理的稳健性程度。

普遍来说，通过在定理的开始附加上条件不变的从句，就有可能获得稳健性定理。当我们建立一个模型时，它相对于其目标具有较高的逼真度。当模型表现出许多理想化时，我们一般就应用稳健性分析。稳健性分析通过某种形式产生了一个稳健定理：在其他条件不变的情况下，如果主体关于在哪生存的决定是由谢林的效用函数与移动规则所引导的，那么，隔离就是不可避免的。这个定理并不会对稳健属性在真实世界目标中得以借其实现的频率做出任何论断；相反，它对"当谢林的统一函数与移动规则在一个目标中被实例化时将发生什么情况"做出了一个条件性的论断。

为了确定这个条件句的真值，我们需要表明，关于模型的这个逻辑结论映射在世界中的一个因果结构中。同时，确证这个推论所需的数据并不表明，模型与其目标是相似的，相反，这些数据是关于框架的表征能力的非常普遍的事实，其中，模型被嵌入这个框架中。特别是，科学家必须用这些数据来说明，潜在的建模框架足以表征模型的因果影响。这种对表征能力的说明属于一种"低级确证"，科学家必须在每个科学域中建立低级确证，从而说明，他们的模型与理论得以形成的这个框架能够充分表征他们所感兴趣的现象。例如，人口增长的模型。

因此，稳健性分析并非一种非经验的确证形式，相反，它确定了这样的假设——其确证来源于对它们所嵌入其中的数学框架的低级确证。换言之，我们可以使用模型做出预测并生成解释要求，其中的相关模型结构能够表征关于世界的经验事实。

第二节　隐喻建模的语境分析

隐喻建模是将普遍存在于自然科学中的隐喻方法与模型方法相结合的一种表征形式，其本质上是基于隐喻推理进行科学建模的表征实践。将隐喻建模置于科学表征的语境框架中来考察其相关特征，即语境关联性、动态层级性和理论建构性，从而奠定了隐喻建模的语境论基础。语境具有本体论意义上的实在性，而科学表征所内含的三个基本问题在隐喻建模的语境论视域下，就具体体现为：建模主体的意向性问题、隐喻模型与目标对象之间的表征关系问题、建模对象的实在性问题。因此，基于语境实在论的立场来考察隐喻建模的这三个问题，有利于科学哲学家更好地理解和把握隐喻建模这种特殊的科学表征方式，从而以更灵活开放的方式推动科学哲学的发展。

一、隐喻建模的表征机制

科学建模是一种特殊的科学表征形式，而基于隐喻的科学建模则代表了当代科学哲学研究的一种新范式，是科学表征的内在要求。因此，关于隐喻建模，我们可以在科学实践中找到很多这样的实例。例如，"自我复制的RNA 分子"，"BP 神经网络"，或者更为典型的"理想气体模型"和"无摩擦力的飞机"。事实上，这些模型的最初描述是基于科学家的想象力，借助于隐喻手段来表达的。尽管它们不一定是真实存在的具体物理事物，但是，我们却可以通过对这些隐喻建模机制的考察，说明它们存在于时空中的因果关系，从而不仅可以了解关于世界的可观察结构，更可以对不可观察的世界进行间接把握。

首先，对隐喻建模的哲学分析可以参照罗纳德·吉尔（Ronald Giere）对科学的分析，其主要观点可以通过图 3.1 来说明[①]。吉尔将这种分析归纳为是对所有理论科学的分析，即科学家应用语句、数学或其他表征手段来说明一个模型系统，然后对模型系统进行分析、描述和论证。同时，一旦我们

---

① Giere R. Explaining Science：A Cognitive Approach［M］. Chicago：Chicago University Press，1988：83.

理解了模型系统，我们也就可以将它比作真实世界的目标系统。本质上，这种对比是建立在两者的相似性关系基础上的，尽管这种诉诸相似性的表征手段颇受争议，但这幅图却为我们提供了关于理论科学的基本描述，它是一种以自然事件的间接表征为特征的表征形式。

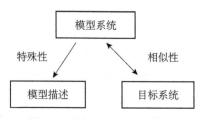

图 3.1 吉尔的科学分析模型

其次，基于隐喻的科学建模本质上是对模型与目标对象之间的相似性类比，从这点来看，科学的隐喻建模大致体现在以下三方面：①两个物理系统之间的类比。通过寻求它们自身物理属性之间的共通性，我们可以应用一种真实的物理模型来理解另外一个真实系统。例如，流体动力学中的"风洞实验"就是根据运动的相对性原理，将模型放置在风洞中，通过研究模型与空气运动之间的相互作用，从而获得模型所模拟的实体的空气动力学特征。②理论系统与物理系统的类比。典型的方式是通过"思想实验"的逻辑推理和数学演算过程，对现实中无法直接把握的物理现象进行理论化表征。例如，近些年有科学家根据弦理论提出了循环宇宙模型①，弦理论的基础是"波动模型"，科学家正是在此理论基础上进行一系列的逻辑推演和系统类比，从而建立了循环宇宙模型的。③两个理论系统之间的类比。隐喻建模所表征的对象有时可能仅仅是一种理论实体，它是一种建立在合理想象和推理基础上的理想化模型。例如，电学谐振子模型与力学中谐振子的简谐运动模型这两个理想化模型的相似性基础是：假设振动物体是体积为零的微粒（质点或点电荷）。另外，电磁学和流体力学这两个理论模型，都是从其隐喻语境"场"的视角来描述其内在规律的，二者在物理描述和数学表达上具有高度的形式统一性，这表明两个理论模型所表征的现象具有内在相关性。

① 弦理论的基本对象不是基本粒子，而是一维的弦，它支持一定的振荡模式，或者共振频率，从而可以避开"粒子模型"所遇到的一些问题。而循环宇宙模型认为，"宇宙将永远不会结束，而是处于从生长到消亡的循环过程中。大爆炸既不是宇宙的起点也不是终点，而只是宇宙不同阶段的'过渡'"。参见新华社. 大爆炸只是过渡？科学家提出"循环宇宙"模型. http://www.china.com.cn/chinese/TEC-9135978.htm[2002-4-21].

　　最后，既然隐喻建模是由目标对象所展现的属性之间的相互映射所引导的，多数情况下，我们可以经由抽象和同构将抽象程序映射到数学程序中，这就涉及数学描述的理想化表征问题。科学家通过建构理想模型对目标现象进行准确描述，科林·克莱因（Colin Klein）称为"准理想化"（quasi-idealizations）。实际上，理想化在隐喻建模中的作用可以用一种"轴辐射"（hub-and-spoke）类比来说明：隐喻建模的表征对象作为一个"中心"（hub），其外围辐射了真实世界的所有实例。例如，在物理学中的费米气体是一个量子统计力学中的理想模型，它忽略了粒子之间的相互作用，致力于研究独立的费米子的物理行为，从而有助于对牵涉到粒子间相互作用的问题进行研究。再如，量子力学的微扰理论，在这个理想模型中，经由对作为"中心"的费米气体模型的准确知识，加上一系列更为经验化的概念和方法，我们可以实现对现实中复杂系统的近似化表征。当知识高度发展以后，这种理论组织中的理想化模型并不会消逝，它们作为普遍化的一种结果保留着一种解释性作用。①

　　总之，基于隐喻的模型系统与其目标对象之间存在着类比关系，如果隐喻模型所表征的理论实体是真实的，那么模型本身也是对具体的物理实在的配位，具有内在的因果关系。同时，对这种因果关系的描述是建立在对现象的理想化表征基础上的。因此，将模型系统作为理论建构的具体实在，是基于隐喻的科学建模的一个显著特征。

二、隐喻建模的语境相关特征

　　本质上，科学哲学的目标就是要表征关于世界的整体图景，广义而言，这个图景其实包含两部分，一部分是对科学家的科学实践的解释，包括科学家如何发展思想，应用了何种表征工具以及如何确证某种观点；另一部分则是对这些实践活动所获得的内容的表征，包括这些内容如何与世界联系起来以及它何以使知识成为可能。其中第二部分就涉及本体论和认识论上对科学表征的考察，而隐喻建模作为科学表征的一种重要方式，必然绕不开第一部分的语境基础，因为隐喻建模是关联语境的。

---

① 参考 Weisberg M. Qualitative theory and chemical explanation[J]. Philosophy of Science，2004，71（5）：1071-1081.

（一）隐喻建模的语境关联性

隐喻建模的表征过程基本上可以归结为：对现象提出科学假设，并进一步通过科学建模来提出相关解释，从而实现对更为复杂的真实世界系统的表征。换言之，在提出这些理论化假设时，我们都预设了其表征语境——物理学、神经网络、生态学等。例如，风洞实验的表征语境是流体动力学系统，是指在风洞中安置飞行器或其他物体模型，研究气体流动及其与模型的相互作用，以了解实际飞行器或其他物体的空气动力学特性的一种空气动力实验方法。而风洞实验在昆虫化学生态学的语境下时，则体现为在一个有流通空气的矩形空间中，观察活体虫子对气味物质的行为反应的实验。

我们知道，科学家的任务除了理解经验世界外，还包括考察我们的经验世界所不能把握的事物，如理想气体模型、黑体辐射等。当然，这些假说最初作为想象力的产物，并不一定真实存在。而且科学假说作为一种科学隐喻，其命题语言并不是纯数学的，可以还原和化简，并且提出某种预言。但是，基于科学假说的隐喻建模却需要依赖于逻辑语言和语境。例如"麦克斯韦妖"这个隐喻所表征的是违反热力学第二定律的可能性，其语境基础是：气体分子的运动，温度高的分子比温度低的分子运动速度更快。麦克斯韦在此语境中意识到，自然界中存在着与熵增加相拮抗的能量控制机制。尽管这个"麦克斯韦妖"最后被证明是不存在的，但它却是耗散结构的雏形。

科学模型受隐喻所牵涉的各要素之间的语境互动的影响，语境的涉入意味着对科学表征的目标对象进行隐喻重描或隐喻预设，因此，隐喻建模在科学表征中的功能可以归结为启发性功能和解释性功能。可以说，隐喻建模的解释性功能对科学表征的意义在于：通过隐喻把科学理论建构为具有经验应用的抽象模型，从而实现对现实世界的表征。同时，在此过程中的隐喻建模依赖于先前建立的关于某个现象的系统阐述。例如，薛定谔通过对光学和力学之间的类比探索，提出波动力学说。他认为，"把普通力学引向波动力学的一步是一种类似于惠更斯的波动光学取代牛顿理论的进展。我们可以形成这样的形式对比，即普通力学：波动力学＝几何光学：波动光学。典型的量子现象类似于衍射与干涉这样典型的波动现象"[①]。此外，还有一种建模并不依赖于先前理论的语境，而是直接从经验领域所获得的隐喻构建科学理

---

① Schrödinger E. Collected Papers on Wave Mechanics [M]. New York: Chelsea Publishing Company, 1982: 162.

论。例如，洛伦兹以"蝴蝶效应"来说明，初始条件的微小变化都可能导致气象预报结果的巨大差别。

事实上，在现实的科学表征中，通过隐喻建模进行推理的科学家总会在对该科学问题进行正式分析之前，甚至在对该目标进行清晰定义或详细说明之前，就对语境元素之间的关联关系（associative relevance）产生某种直觉（尽管并不总是精确的）。同时，这种直觉作为表征元素与整个语境之间的关联性的初步估计，促进了隐喻建模的表征过程。而且元素之间的关联度越高，这种关联关系对表征过程的影响程度就越深。另外，由于所有语境元素都在某种程度上彼此相关，只不过关联度不相同而已，因此，关联关系是分等级的。

可见，隐喻建模通过语境的涉入来改变主题的原始"字面"意义从而影响科学表征，使得新的理论概念逐渐调整了现有理论（科学描述和科学解释）中观察术语的意义网。如果我们将语境看作是一个域，或者借用人工智能中"盒子隐喻"（box metaphor）的观点，"每个盒子都具有其自身的规则，并且在'内部域'与'外部域'之间具有一定的界限"①。于是，隐喻建模过程中的推理过程就表现为这些语境盒之间和语境盒内部的互动作用，当然，这种互动作用需要遵循一定的规则，从而使得隐喻建模从一个语境盒转换到另一个语境盒成为可能。

（二）隐喻建模的动态层级性

隐喻性根本上是由语境所决定的，而语境也是连续的且不断变化的，同时，隐喻理解的语境由于关联度的不同呈现出一定的层级性。因此，隐喻建模的表征过程也具有相应的动态层级性。鉴于此，我们接下来探讨这种动态层级性在隐喻建模机制中的具体体现。

隐喻建模是在隐喻理解的基础上通过建模的方法来实现科学表征的活动，而隐喻理解过程涉及发现共性与映射推理两个过程。因此，隐喻建模过程就可以表述为：通过"扫描"相关语境中的元素来寻求基底和目标之间的共性，然后将这些共性定向映射到目标对象之上，并进一步基于这种相似性建立模型表征。事实上，这是一种将"结构映射机制"②应用于隐喻理解的

---

① Giunchiglia F, Bouquet P. Introduction to contextual reasoning[M]//Kokinov B. Perspectives on Cognitive Science. Vol. 3. Sofia: NBU Press, 1997.

② Forbus K, Gentner D, Law K. MAC/FAC: a model of similarity-based retrieval[J]. Cognitive Science, 1995, 19: 141-205.

方法。它采用了一个三阶的"局部到整体"的层叠性推理过程：第一个阶段是一个平行的局部匹配阶段，所有相同的谓词及其对应参数的对组都被放置在其相应位置上；第二个阶段是一个结构一致性的探索阶段，局部的匹配被合并为小的、结构上一致的映射群集（所谓的"核心程序"）；在第三个阶段中，核心程序被合并为大的整体解释，这个合并过程所使用的演算法则以极大核开始，添加了在结构上与第一个极大核相一致的第二大核，并继续进行演算，直到在不影响结构一致性的前提下，没有更多的内核可以添加。可见，这个过程体现了隐喻理解的层级性，基于这种理解过程建立的表征模型也应该体现这种层级性。例如，"木星大红斑是一个巨大的气旋"，因此，科学家在肥皂泡上复制了这种现象。初始的对称校准过程产生了"动力学对流模式"这个共同系统。于是，定向性推理过程就进一步将关于基础概念"肥皂泡气旋"的知识映射到目标概念"木星大红斑"之上，从而得出观点："木星大红斑也是一个肥皂泡气旋。"这意味着，我们或许可以通过研究肥皂泡表面的旋涡来预测木星上气旋生成的规律。

实际上，隐喻建模的结构映射过程中所体现的动态性，主要是由语境要素的互动作用形成的。我们可以将这些相关联的语境要素分为：来源于推理机制本身（例如，目标、子目标和由推理机制所建立的事实）的"推理语境"、来源于对环境的直觉感知的"感知语境"以及来源于旧的表征的"记忆语境"。隐喻建模的结构映射过程正是受到这些语境要素的互动影响才体现为一定的动态性的。

第一，记忆过程不断地根据联结论的机制来改变语境，记忆语境的动态性体现在：从先前语境中所获得的元素对当前语境中的认知系统的行为的影响随着时间的推移而逐渐减少，换言之，记忆语境对隐喻建模的影响有一个逐渐"衰退"的过程。同时，记忆语境中的变化并非推理过程的结果。实际上，记忆语境反而会通过对已有推论的优先选择而影响推理过程。

第二，感知语境会随着环境的改变而变化，如新对象的出现、现存对象改变了自身属性、对象之间的关系随之改变、认知系统的行为改变着环境等。同时，活跃的感知会涉及在此过程中所发现的新元素，被感知的语境也因此不断变化。于是，感知语境的建模过程是：感知过程产生了与环境元素相一致的经验直觉，并将它们与目标主体联系起来，其目的是从一个情境图像来建构起关于问题的直觉表征。当主体感知到表征对象的环境变化时，这种情境图像就会随之做出调整，从而适应于感知环境的动态变化。

第三，当推理机制改变时，语境也就随之改变。例如，当推理机制改变了目标或产生一个子目标，推理语境本身也随之被改变或扩展。推理语境的变化会产生新的目标主体，并将它们与初始的目标主体联系起来，从而影响隐喻的映射推理过程，同时，由此形成的推理结论在进一步的推理过程和建模过程中起着关键作用。因此，语境推理机制的变化将新的实体纳入了考察的范围，减少或增加了各种语境元素的影响。另外，不仅语境关联度的计算能在某种方向上引导隐喻建模的推理程序，事实上，推理过程也会影响语境关联关系的计算，从而影响隐喻建模过程。例如，当一个新目标形成时，相关性就会自动改变，而隐喻表征也会将其纳入其建模过程中。

总之，语境是动态的且不断进化的，基于隐喻建模的科学表征过程是通过以上三个语境过程的互动而实现的，同时，正是这些语境因素的变化导致了隐喻建模的动态性。

另外，语境的应用使得隐喻建模机制同时具有灵活性和有效性，而这两个特征在传统上是对立的。灵活性意味着隐喻建模具有以多种方式来解决各种科学表征问题的能力，同时还可以预见新的可能情境；有效性则意味着隐喻建模机制被预先限制于特定领域中的具体启发式和图式中。为此，要想解决这个问题，在特定语境中进行的隐喻建模必须受到当前语境的严格限制。换言之，隐喻建模的语境具有其自身的边界，我们必须在建模机制所牵涉的语境边界内对目标系统进行动态的推理预测。

（三）隐喻建模的理论建构性

科学家们必然时常超越现存理论的范围来建立模型系统，以便对目标系统进行理想化表征或探索性表征。事实上，由此产生的许多模型是不精确或不现实的，而是对目标的理想化建模。例如，我们通过天文模型来表征太阳系；某些模型甚至并不表征现实对象，而是起着预测的作用，如黑洞模型。尽管如此，我们仍然认为这两种"不精确或不现实的"模型具有重要的表征意义，因为"我们并不要求一个表征理论能够指出或解释精确表征与非精确表征之间或可靠表征与不可靠表征之间的差异性，而只要求指出或解释表征与非表征之间的差异性"①。

首先，隐喻建模是一种理想化过程。科学中常常存在一些复杂而难以在

---

① Suárez M. Scientific representation: against similarity and isomorphism[J]. International Studies in the Philosophy of Science, 2003, 17 (3): 226.

实践中解决的问题：必需的方程要么是太过于复杂，以至于难以用现有的分析工具和数值工具来解决，要么根本不能形成这些方程。例如，由于许多粒子之间具有复杂的相互关系，物理学家们就必须引入简化的假设"模型"。这类模型的优势在于，它们至少在原则上是容易解决的。例如，我们可以应用胡克定律来说明弹簧振子的运动方程，其中，弹簧振子被建模为一个简谐振子。当然，这个方程并非是对弹簧运动的直接描述，我们只是在直观上将它表征为一个简谐振子，但我们在建模的过程中确实表征了它。按照罗纳德·吉尔的观点，一个理论模型，如我们的弹簧模型，并非我们所写下的预设描述和运动方程，而是由它们所确定的抽象实体的某种形式。总之，基于隐喻的理想化建模能为科学表征提供更多的知识，这正是基本理论难以解决的。

其次，隐喻建模的目标可能并不实际存在。事实上，科学中许多模型并不表征具体的实际对象或事件。例如，电影《星际穿越》在物理学家基普·索恩的指导下模拟了黑洞模型，探讨被物理学家称为"宇宙的翘曲一侧"的问题，如弯曲的时空、现实世界的缺口、引力如何弯曲光线等。但是，我们所面对的问题是：已知并不存在它所表征的实际对象，这个模型在何种意义上是表征的呢？例如，19世纪物理学家建构了以太的机械模型。由于以太并不存在，我们并不能架构起模型与以太的相似性，从而也就不能建立模型与以太之间的基于相似性的表征关系。鉴于此，或许我们可以参考毛利西奥·苏亚雷斯（Mauricio Suárez）的"推理概念"（inferential conception）来解决隐喻建模中无实际对象的科学表征问题，根据这个观点，一个表征源A表征某个对象B，"当且仅当①A具有指向B的表征力且②A允许有能力的主体得出关于B的具体推理"[1]，"在理论建构的对象表征与真实的对象表征之间并不存在不同之处，除了目标的存在或其他方面"[2]。

最后，隐喻建模是一个动态发展过程。模型常常被用在发展一个"基本"理论的过程中，即所谓的"发展模型"[3]，这意味着迈向一个"就绪

[1] Suárez M. An inferential conception of scientific representation[J]. Philosophy of Science, 2004, 71 (5): 773.

[2] Suárez M. An inferential conception of scientific representation[J]. Philosophy of Science, 2004, 71 (5): 770.

[3] Leplin J. The role of models in theory construction[M]//Nickles T. Scientific Discovery, Logic, and Rationality. Dordrecht: D. Reidel Publishing Company, 1980: 267-283.

的"理论的发展过程。例如，高能物理学中量子色动力学的模型发展。物理学家是通过从强子园（hadron zoo）连续的发展模型层级来重构量子色动力学（QCD）理论的。事实上，在强相互作用的物理学的初始阶段，实验物理学家们收集了大量从低能核反应中产生的"基本粒子"。在随后研究衰退粒子的过程中，引入新的内在概念，即自旋、同位旋和奇异性，并且应用了量子场理论，它提供了一个普遍的形式体系。本质上，量子场理论类似于拉卡托斯所谓科学研究纲领的"硬核"，自 20 世纪 50 年代早期以来，量子电动力学就是量子场理论的范式。在建立了量子电动力学之后，物理学家们立即扩展了这种形式体系并开始将其他场域量子化。在这些理论的指导下，首先发展了电弱相互作用的理论，很多年后又发展了量子色动力学理论。可以说，这是迄今为止强相互作用的物理学发展的一个终点，各种正在进展中的研究都将量子色动力学包含在了一个更为综合的理论框架中。可见，隐喻建模的主要优势在于：它是动态发展的，同时，它预先提供了某种可能的物理机制，而这个物理机制后来被证明是有效的。

总之，基于隐喻的建模是科学理论建构的一个重要方面，它常常被用于结构化数据、应用理论或建构新理论的过程中，从而有助于促进科学研究从已知领域向尚未可知的领域不断发展。这也体现了，科学表征是一个动态过程，而其动态性就体现在不断的理论建构中。

三、基于语境实在的隐喻建模

一般而言，科学表征至少牵涉三个方面：表征主体、被表征的目标对象以及表征结构与被表征对象之间的关系。而在基于隐喻的建模语境中，科学表征的过程就是要揭示隐喻解释的语境自身内在的以及不同语境之间的关联关系。因此，基于隐喻建模的科学表征所内含的问题就包括：①建模主体的认知问题；②模型与目标系统之间的表征关系；③建模对象的实在性问题。于是，这三个问题具体到隐喻建模的语境相关特征上就表现为意向性、精确性和实在性三个方面。

（一）隐喻建模主体的意向性

在通过对科学数据的"隐喻重描"这种互动的理论模型而实现科学表征目标的过程中，对同一科学问题的不同隐喻视角可能生成不同的模型，这种差异根源于建模主体的意向性的不同，本质上体现了主体对同一对象的多维度的语境关照。因此，隐喻建模的科学表征首先是在基于主体意向性的心理语境中进行的一种认知表征过程，然后在此基础上实现对目标对象进行模型建构。实际上，影响隐喻建模的语境效应是由语境依赖和语境敏感两个关键因素构成的，它们通过主体的意向性来影响隐喻建模的认知过程。

一方面，科学表征是问题导向的，基于隐喻建模的科学表征必定依赖于具体的问题语境，而这种语境依赖性就体现在隐喻理解和建模结构的关联关系中。同时，这种关联关系是动态的，其动态性恰恰体现在主体基于隐喻理解进行模型建构的语境中。这就意味着主体的意向性是在特定的语境边界内体现的，因为基于隐喻建模的科学表征实践不可能超越其特定语境的边界来进行。特别是随着现代计算机科学的发展，基于隐喻理解的建模模拟，特别鲜明地体现了隐喻理解与模型建构的表征过程在特定的语境边界上的有机统一。

本质上，语境是某个具体情境下影响人类（或系统的）行为的所有实体，即产生语境效应的所有元素的集合。隐喻建模的语境意义就体现在主体在隐喻理解的推理机制和模型建构的实践表征中，因为主体建模首先是一个意向性的过程，这种意向性意味着一个不断进化发展的认知系统状态，这意味着隐喻建模语境的自主性和动态性。同时，隐喻理解的结构映射与模型建构的表征过程是统一的，而其统一的基础恰恰是依赖于语境的，而语境是有边界的，"一个表征的语言学结构的表达，就是把语形与它的语词的初始意义的语义解释结合起来并且具体化"[①]。例如，宇宙暴涨模型的理论预设是引力波的存在，其语境边界就限定在天体物理学之中。正是在这个特定的语境边界条件下，爱因斯坦的广义相对论预言了这种以光速传播的时空"涟漪"，而美国科学家于2014年3月18日宣布探测到了原初引力波，这个发现就为宇宙暴涨理论的建模语境提供了有力的证据，从而为科学家在该语境边界内建构关于"平行宇宙"的理论模型提供了可能。

另一方面，建模语境必定涉及主体关于建模对象所形成的背景知识和理论预设，也包括科学共同体的信念倾向。实际上，对同一对象的不同隐喻建模的表征形式上的差异性，本质上是表征主体所具有的知识背景、理论体系和信念倾向上的不同层次的体现。因为建模主体的意向性内在地包含着其所

---

① Fodor J，Leporc E. Out of context[J]. Proceedings and Addresses of American Philosophical Association，2004，78（2）：90.

具有的价值趋向，科学家作为隐喻建模的主体，由于受到其自身认知过程中所形成的不同记忆语境、感知语境和推理语境的影响，他们对同一个目标对象就可能形成不同的理论预设和意向选择，由此也就形成了不同的语境建模系统。

事实上，科学共同体是依据相关语境要素的语境敏感性程度来确定因果要素或推理要素的表征力的，也就是说，因果要素或推理要素的重要性依赖于语境中的主体意向性选择。换言之，隐喻建模的推理结构不仅受到已有的实验数据和公理系统的影响，而且还受到科学共同体的经验知识和信念倾向的影响。同时，由于科学共同体在进行科学表征的过程中，不断扩展了原初问题语境的范围，并将不断扩展的问题语境融合在自身的意向性建模结构中，因此，隐喻建模的各个步骤都是随着语境的不断扩展和整合而获得持续更新的，这也意味着一个动态发展的认知过程。

总之，特定的科学表征语境下的隐喻建模，本质上是一个具有自主性的语境实现过程，它具有很强的语境依赖性和语境敏感性，不仅体现了建模主体的价值趋向，又体现了建模语境的边界范围。同时，隐喻建模中的隐喻理解和建模过程统一于该语境的目标系统中，在一定意义上体现了建模语境的内在一致性，也体现了"科学语境的相对确定性与普遍连续性的统一"①。

（二）隐喻建模表征的精确性

传统科学哲学关于科学表征的核心观点是，科学表征与其目标对象之间存在着一种必然联系，同时，知识表征必须建立在"符合现实"的基础上，以确保所表征内容的客观性和真实性。然而，随着科学技术的发展，尤其是科学家在进行科学探索和科学建模过程中，往往会通过计算机模拟的方法来对难以直接把握的领域或未知世界中的目标对象进行建模分析。那么，这就使得"模型与目标对象之间的表征关系问题"成为现代科学表征语境下隐喻建模所必须面对和解决的一个突出问题。

首先，传统的隐喻建模是一种基于相似关系的结构映射的认知过程。事实上，大部分关于科学建模的观点都认同的是，精确性是根据模型与世界之间的某种相似性而判定的。同时，在对世界的表征中，人类是以自动或无意识的方式实现对目标对象的直接感知的，而模型的"主观性和客观性均为基

---

① 郭贵春. 语境的边界及其意义[J]. 哲学研究，2009，（2）：98.

于感知图式的隐喻"①。因此，通过隐喻建模方法来进行的科学表征，其目的也在于揭示真理。隐喻模型与其对象之间的表征精确性依赖于二者之间的相似关系，从而通过这种相似关系为目标对象提供一个最佳解释，这体现了基于隐喻建模的科学表征的基本要旨。

其次，隐喻建模的表征实践所涉及的关系上的精确性是相对的、有条件的。隐喻模型与其目标对象之间的精确表征并不完整对应，隐喻模型仅仅是在某些方面最大化地相似于表征对象的某个方面。例如，如果弹簧模型使我们设想振子随着时间段（$T = 2\pi\sqrt{m/k}$）而振动，当且仅当振子实际上确实随着时间段（$T = 2\pi\sqrt{m/k}$）而振动时，这个模型在其预设下就是精确的。因此，模型的精确性取决于我们所设想的关于其表征系统的命题的真值（或近似真值），这个观点既适用于物理模型，也适用于理论模型。

最后，隐喻建模是一种理想化的表征关系，隐喻模型与系统之间并不存在严格的演绎关系，而是一种近似符合的关系。尤其是对于没有实际对象的隐喻建模而言，模型与目标系统之间的理想化表征关系就更为显著。尽管这种表征关系不具有对称性，但二者由于具有共同的语境基础，因此，理想化的隐喻建模能够通过这种间接表征关系而使我们获得关于目标系统的相关知识。换言之，理想化建模意味着一种理论预测。例如，吉尔将理论模型看作是一种抽象对象（或理论实体），它们是由科学家们在为系统建模时写下的预设描述和运动方程所确定的。于是，理论模型的精确性就与这个抽象对象和系统之间的相似性相关，预设描述和运动方程通过规定关于系统的设想来直接表征系统。这个解释为我们提供了一个理解理论模型的精确性的简单方式：简言之，当且仅当模型所提供的某方面的设想符合于其所表征的对象的真实情况，这个模型在这方面就是精确的。

总之，隐喻模型与其目标对象之间的表征精确性主要取决于语境的相似关系，但是，这种依赖于语境关联的精确性表征关系是相对的、局部的，因为隐喻建模不可能完整地表征目标对象的所有方面。实际上，这在一定程度上体现了科学建模所共有的不完备性特征，既是由于目标系统本身的复杂性，又是由于目标对象与语境互动的动态性，所以，隐喻建模实际上是一种理想化的表征形式。

---

① Mulaik S A. The metaphoric origins of objectivity, subjectivity, and consciousnesses in the direct perception of reality[J]. Philosophy of Science, 1995, 62（2）: 283.

（三）隐喻建模对象的实在性

隐喻意义是由语境决定的，且语义变化通过语境互动而发生，而作为不可还原的关系的"相似性或差异性"及其语境条件都是结构性的实在，它们都近似于假设性结构的解释，在逼近这些实体结构的解释过程中，隐喻建模起了一个关键作用。然而，如果仅仅将隐喻建模固定于不断流变的语义网中，我们并不能为这些结构性实在提供一个本体论的框架，因此，科学表征的隐喻建模最终还得诉诸语境实在论的理论方法。

首先，迄今为止的科学实践已向我们证明，基于隐喻建构的科学模型与我们的现实世界具有共同的因果结构，即科学模型与目标世界之间总是在某些相关方面和某些相关程度上具有相似性。实际上，有些科学哲学家已经就此做出相关论述，认为隐喻建模与其所表征对象之间具有同构关系[1]或相似关系[2]，至少部分上是同构的[3]。例如，宇宙模型立足于对宇宙的时空结构、运动状态和物质演化的物理分析，力图从宏观物质结构和微观粒子运动上把握宇宙的整体模型。牛顿最早在经典力学的基础上利用欧几里得几何学建立了经典宇宙模型，这是对宇宙的宏观把握，确立了宇宙时空的无限性；20世纪初，爱因斯坦在广义相对论的语境基础上建构起有限无界的四维时空模型，指出时间和空间并不能脱离物质而单独存在，宇宙是有限无界的四维模型，这个静态的宇宙模型克服了牛顿经典宇宙模型的矛盾，是第一个自洽统一的宇宙动力学模型。

其次，尽管对同一对象的科学表征可能形成不同的隐喻模型，但却不影响两个不同表征模型指向同一客观实在，只不过两个模型对同一实在对象的考察视角有所不同。确切而言，两个不同的语境决定了同一实在对象具有不同的表征模型。最典型的例证就是量子物理学中的波粒二象性，最初的发生语境是：爱因斯坦基于牛顿关于光的粒子理论和麦克斯韦关于光的波动说提出了光电效应的光量子解释。由于实验测定的方法不同，光的运动在不同的测量语境下既表现出粒子性，又表现出波动性。尽管"对于人类而言，微观

① Suppes P. Representation and Invariance of Scientific Structures[M]. Stanford：CSLI Publications，2002：51-95.
② Giere R. How models are used to represent reality[J]. Philosophy of Science，2004，71（5）：742-752.
③ da Costa N，French S. Science and Partial Truth：A Unitary Approach to Models and Scientific Reasoning[M]. Oxford：Oxford University Press，2003：21-60.

粒子只是一种'抽象'实在"①，但这并不意味着否定其本体性，只是因为人类在现有条件下无法直接观察这种实在性，而只能在数学方法和物理理论的语境下对微观世界的实在进行间接把握。这体现了微观世界中"三个不同层次的实在的统一，即自在实在、对象性实在和理论实在的统一，也体现了微观粒子的实体—关系—属性的统一"②。

再次，相同的模型基础在不同表征语境应用中具有完全不同的表征内容。例如，在弹簧的阻尼振动模型和电路的电磁振荡模型建构中，二阶常微分方程因表征语境不同而表现出完全不同的内容：前者表征的是弹簧振子在阻尼力的作用下作伸长与压缩的往复机械运动，其表征的语境基础是经典机械力学；后者表征的则是一个电路中的电场和磁场在电阻妨碍下的周期性变化，其表征的语境基础是电磁学。可见，一个完整的科学表征模型应该是牵涉语境的，在不同语境中基于不同物理机制的隐喻建模所表征的对象或过程具有的实在性并不互相排斥。

最后，尽管科学表征实践中还有许多模型未必与现实对象同构或相似，甚至有些科学模型在现实世界中并不存在其对应物，而只是科学家在心灵中建构出来的产物，但是，这些模型由于具有各种应用上的优势而表现出一定的科学性和实在性，物理学哲学家毛里西奥·苏亚雷斯就认为科学模型所描述的状况大多都与现实世界中的情形不符③，但它们能够为某些现象提供定性的解释、对目标现象的某些方面提出较为准确的预测、使用过程中便于计算等。一方面，有些科学模型的建构是在忽略了某些复杂的现实语境条件而在某个理想化的前提下建构起来的，由于其直观性和易把握性而被认可和应用。例如，量子物理学中的"口袋模型"，由于在量子色动力学语境下的推导计算太复杂，物理学家才建构起一个易于理解强子"夸克禁闭"特点的简单模型。另外，当代的天体物理学中的恒星结构模型的四个预设条件是不符合现实条件的，但它科学地表征了恒星内部的运作机制。另一方面，有些模型则直接引入了在现实世界中并不存在的实体。例如，纳米力学中的硅断裂模型④，建模者引入了"硅氢"（silogen）原子，将量子力学、经典的分子动

---

① 成素梅. 如何理解微观粒子的实在性问题：访斯坦福大学赵午教授[J]. 哲学动态，2009，（2）：84.

② 成素梅. 量子力学的哲学基础[J]. 学习与探索，2010，（6）：1-6.

③ Suárez M. Scientific fictions as rules of inference[M]//Suárez M. Fictions in Science：Philosophical Essays on Modeling and Idealization. London：Routledge，2009：158-178.

④ Winsberg Eric. A function for fictions：expanding the scope of science[M]//Suárez M. Fictions in Science：Philosophical Essays on Modeling and Idealization. London：Routledge，2009：179-189.

力学和连续介质力学这三个不兼容的理论糅合在同一语境中，以便精确描述断裂带在固态硅中的传播扩散过程。尽管现实中并不存在"硅氢子"，但其模型所表征的过程却具有实在性。

总之，隐喻建模是科学家表征现实世界的一种重要方法，这个方法主要依赖于模型与目标世界之间的某种相似关系。尽管同一目标对象在不同语境下可能具有不同的隐喻模型结构，但这仅仅意味着从不同视角考察同一实在（物理实在或理论实在）与不同模型之间的相似关系。同时，甚至相同的隐喻模型可被用于表征不同语境中的不同目标对象，这反映了不同语境中的不同实在的某方面特征上的相似性，体现了物质世界的统一性。另外，由于现实世界的复杂性，科学探究常常不得不借助于假想的隐喻而对世界进行理论建构，而这个理论模型所对应的实在是一种理论实体，它们由于表征或应用上的优势而体现出实在性。

隐喻建模在科学表征中占据重要作用，从科学隐喻的推理描述到科学模型的系统建构，都体现着科学表征在科学实践发展中的解释和创新功能。有些哲学家认为，隐喻建模的本质在于：它是调和人类认知能力的有限性和自然世界系统的无限性之间的矛盾的一种权宜之计。实际上，有史以来的大部分科学表征本质上都借助了隐喻建模这种独特的表征方式，基于隐喻推理而建构的科学模型在科学家理解和解释世界结构的实践中具有无可替代的显著优势。同时，科学表征的语境相关特征在隐喻建模这种特殊的表征方式中也表现出独特性，即在各种语境要素互动作用和语境效应的影响下，隐喻建模呈现出语境关联性、动态层级性和理论建构性，而这些特征内在地统一于整个隐喻建模的表征语境框架之内。更重要的是，这种内在统一性奠定了隐喻建模的语境实在论基础。于是，通过语境实在的立场对隐喻建模的主体意向性、表征关系的精确性和建模对象的实在性问题进行考察，我们可以确立基于语境实在论的隐喻建模的理论框架，即隐喻建模首先是主体的一种意向性的认知活动，科学家可以通过特定语境中的隐喻建模来实现对客观世界的近似化或理想化表征，同时，隐喻建模的对象是具有实在性的物理实体或理论实体。

实际上，一旦我们承认隐喻假设在建模实践的科学表征活动中所发挥的作用，那么科学的认识论所进行的争论就不可避免，而隐喻建模实际上促进了实在论与反实在论之争呈现出一种新的生命。因此，基于语境实在的理论基底建构隐喻模型，实质上是对有些哲学家关于隐喻建模是"一种先于本体论的实践"①的观点的有力回击，推动了科学实在论事业的发展。其一，隐喻建模充分地体现了人类思维的发散性和创造力，是对传统科学表征方式的丰富与完善。同时，将隐喻推理和模型建构这两种表征方式有机结合起来，统一于语境实在论的理论框架中进行考察，具有重要的方法论意义。其二，科学表征应该消解传统实在论中基本概念的静态指称，而致力于一种动态的整体性形式。基于语境实在的隐喻建模为科学表征的动态模式提供了可能性，它将整个世界视作一个流动的连续统，其表征模式由于语境的灵活性而呈现动态性和开放性。其三，隐喻建模这种科学表征方法在自然科学研究中具有多种形式，从而为我们提供了一种多种方式相竞争的表征图景，有助于实现科学客观性的目标，并真正地促进了科学知识的增长。例如，由于生物系统的复杂性，生物学中应用了不同类型的生物模型来表征理论实体的各部分特征。特别是，新的综合生物展示了一种特别显著的隐喻建模形式，即通过人为建构和创造某些对象来模拟真实生物的某些突出方面。可以说，隐喻建模在科学表征中发挥着核心功能，科学家的想象力、博弈游戏和概念创造性正是通过隐喻建模这种表征方式而更加生动立体地表现出来。

另外，隐喻建模过程中不可忽略的一个重要因素是理想化，实际上，理想化普遍存在于科学解释和科学表征的建模实践过程中，对其方法论特征和逻辑特征的深入考察，有助于我们更深入地理解隐喻建模在科学解释中的特殊作用。

第三节　隐喻建模的理想化表征及其逻辑特征

理想化的假设普遍存在于科学表征中，在科学理论的发展过程中具有基

① 反实在论者倾向于将隐喻建模看作是一种基于虚构主义（fictionalism）立场的科学表征活动，为了避免对隐喻模型的形而上学追问所面临的困境，他们更重视研究隐喻在建模实践中所发挥的认知功能，实际上是将隐喻模型的本质建立在其表征有效性的研究之上，甚至更激进的主张是忽略对隐喻模型及其表征对象的本质进行研究。例如，他们主张隐喻建模的关键在于，引入可替代的假设概念而得出推理的或预测的结论，从而为科学信仰的辩护开辟一个新的推理空间。参考 Mauricio Suárez. Fictions in scientific practice[M]//Mauricio Suárez. Fictions in Science：Philosophical Essays on Modeling and Idealization. New York：Routledge，2009：11.

础性地位，然而，传统观点认为理想化假设实际上偏离了科学合理性的理想①，在探讨科学合理性的过程中往往忽略了理想化假设在科学表征中所发挥的关键作用，同时也将其排除在科学方法论的范畴之外。实际上，科学实践中并不能完全消除理想化，科学推理的过程也离不开基于理想化假设的隐喻表征，理想化恰恰是科学合理性的关键因素。一方面，理想化是科学实践的特征，科学的逻辑本质上包含着理想化的逻辑；另一方面，理想化的逻辑既适用于理论的理想化语境中的隐喻表征，也适用于非理论的理想化语境中的隐喻表征。

　　既然科学表征常常取决于理想化的假设，那么基于理想化的隐喻则是一种特殊的表征手段，同时，鉴于理想化的表征本质上就包含着已知为假的假设，这就必然会对科学实在论者造成困惑。为了解决这个困惑，我们首先要对科学实践中的理想化概念及其本质特征进行充分考察。具体而言，科学的目的就是理解世界并发现支配着世界（或实在）的基本原则，从而对世界（或实在）进行全面而精确的表征。然而，由于人类认知能力的有限性与物质世界的无限性和复杂性之间的矛盾，我们对世界的表征实际上是有限的和不完整的。即使我们不断地运用各种逻辑方法、数学技巧和物质工具来丰富我们的认知能力，支配着实在的完整、精确和真实的原则对于我们而言都是非常复杂而难以理解和应用的。例如，我国于 2015 年所发射的暗物质粒子探测卫星"悟空"，实际上是通过引力所产生的效应来对暗物质进行探测的，这是因为暗物质不发射任何光及电磁辐射，现有技术并不能对暗物质进行直接探测。事实上，物理科学的实践过程表明，大部分的理论陈述只有在高度理想化的模型中才具有真理性②，而科学隐喻表征的过程中也常常借助于理想化的方法，正是通过理想化的隐喻假设建构起有限的模型系统，才最终实现了对自然科学中的事物或现象的部分表征。可以说，理想化弥合了我们的认知局限性与现实世界的复杂性之间的鸿沟，而基于理想化的隐喻推理作为一种特殊的表征手段，在科学建模的方法论实践中体现了科学理论所具有的统一的逻辑特征。

---

① 这里的"科学合理性"是建立在广义的逻辑学意义和方法论意义上的，它意味着理性实践遵循了逻辑学条件和认识论条件，从而产生了合理的信念。

② 对于那些在完整世界中具有完全真理性的理论陈述，我们可以将其看作是以一个关于理想化假设的空集合为条件的理论陈述。

一、科学隐喻中的理想化

世界是由各种不同的具体情境构成的，而其中的具体情境通常又以非常复杂的方式进行互动，并且很快就能超出我们的认知能力。因此，正是我们的认知资源的局限性和认知环境的复杂性，才导致了基于理想化的科学表征。同时，科学隐喻作为一种特殊的科学表征实践，其中就常常应用到理想化的表征方法。实际上，迄今为止我们对现实世界中的具体情境、它们的动态性以及与其他实体的关系所进行的完美表征，都不是在日常的物理语境条件下进行的，而是在理想化的科学语境中进行的。

（一）理想化的表征理想

科学的表征理想牵涉到理论模型的建构、分析和评价的目标，它们规定了模型建构过程中所应该包含的因素，确立了理论学家用以评价的模型标准，同时引导理论探究的方向。表征理想包含着两个法则，即包含规则和逼真度法则，它们强调了对科学家表征的目标范围和逼真度的约束，其中，包含规则说明了模型中将会表征的目标系统的具体属性范围；而逼真度法则涉及对模型的精密度和准确度进行判断。

其一，完备性。完备性是最重要的一种表征理想，根据完备性准则，对一个现象的最佳理论描述就是提供一个完整的表征。按照表征理想的包含规则，完备性意味着目标现象的每个属性必须包含在模型中，同时，目标现象内部的结构关系和因果关系也必须反映在模型的结构中；完备性的逼真度法则意味着，最佳模型必定会以某种较高的精密度和准确度对目标系统的所有结构关系和因果关系进行表征。然而，现实的科学实践中，完备性理想几乎是一个不可能实现的目标，尽管如此，完备性却可以在科学表征中发挥某种指导性的作用。实际上，完备性主要是通过两种方式来指导科学探究的。一方面，完备性体现了表征理想的评价功能。完备性确定了一个衡量标准，我们可以用这个标准来评估所有表征，包括次优表征。由于不同的科学家对相同的目标现象会形成几种不同的表征，而他们可能具有不同的表征力和完备性等级。一个表征越接近完备性，它所获得的评级越高。另一方面，完备性具有调节功能。调节功能类似于康德所谓的"调节的理想"（regulative ideals）①，它描述了一个目标，为科学探究提供了理论指导，指引着科学进步的正确方向。遵循完备性准则的科学家力图为模型增加更多的细节、更多的复杂性和更大的精密性，从而使科学模型的表征更加接近于完备性理想，尽管大多数情况下，这个完备性理想可能永远不会实现。例如，在确定重力加速度的实验中，伽利略预设了存在一个零阻力的介质，从而使得重力加速度的计算相对简单化，因此，这种理想化是实用主义的。实际上，在理解了系统之后，"我们可以通过消除简化的假设以及'去理想化'而使模型变得更加具体"②。因此，伽利略理想化的表征理想是完备性，力图在不断地去理想化的过程中追求更精密、更正确且更完整的表征，这也恰恰说明了模型表征的动态性特征。

另外，遵循着"完备性"的表征理想，理论学家致力于对模型进行高精确度的表征，如上所述，同一个现象可能有许多不同的表征模型，其表征精确度自然也不同，于是，理论学家就会通过对模型输出的精密度和准确度取最大值而从中筛选出最佳模型。在此过程中可能会涉及使用统计学方法，以一个函数形式、参数集，以及与一个大的数据集相符合的参数值来进行模型选择，于是，通过这些方法所选择的模型就会随着越来越多的数据出现而不断被最优化。

因此，完备性是一种独特的表征理想，它指导理论学家将一切事物都包含在他们的表征中，其他表征理想将会在某些方面类似的情况下被建立起来。实际上，不同类型的理想化将与不同的表征理想相关联，我们可以在不同类型的理想化所构成的大框架中对另外的几种表征理想进行考察。

其二，简单性。简单性是最直接的表征理想，它要求模型中包含尽可能少的内容，同时要求目标系统的行为与模型的属性和动态性之间具有定性匹配。本质上，理想化是为了计算上的简易性而进行的模型简化过程，因为真实的物理系统通常都是非常复杂的，以至于我们难以直接对其进行把握，因此，对这些物理世界或其子系统采用简单化的表征，将有助于我们解决科学家表征过程中所面临的那些计算上的困境。

简单性常常被用于两个科学语境中。第一个科学语境是启示性的，其目的是便于理解。例如，吉尔伯特·路易斯（G. N. Lewis）的化学键结的电子

① Kant I. Critique of Pure Reason[M]. Guyer P, Wood A W（ed.）. Cambridge: Cambridge University Press, 1998: 642.
② McMullin E. Galilean idealization[J]. Studies in History and Philosophy of Science, 1985, 16（3）: 261.

对模型中，化学键被看作是两个原子所共有的电子对。尽管 Lewis 模型的发展先于量子力学模型，但它使得我们更好地理解了化学键，并为预测许多分子的结构，尤其是小分子的结构，提供了一种启示。因此，这个模型就是一种建构关于化学结构和化学反应的直觉的方式。第二个科学语境是当科学家建构模型以便检验普遍观点时。"一个观点的极小模型试图说明一个假设……其目的并不是要在字面上被检验，任何多于一个的模型将会检验，一个无摩擦力的滑轮模型或一个倾向于无摩擦力的飞机是否是错误的。"①简单性是阐述和分析更复杂模型的起点，一旦简单模型中的动态性被理解，理论学家就会考察更复杂的模型和经验数据。

可见，"简单性"这个表征理想意味着将目标现象的核心因果要素包含在模型中，极简主义理想化所建构和分析的模型恰恰体现了这种表征理想的实现，因为极简主义理想化中仅仅包含了某个现象的关键因果因素，因而被称为现象的极小模型（minimal models）。例如，物理科学中的一维伊辛模型。最初的时候，Ernst Ising 发展这个模型是为了研究金属的铁磁属性，对它的进一步发展是为了研究包含了相变和临界现象的其他物理现象。另外，科学建模的过程中，为了规范解释而引入简单化的表征理想。例如，在解释波义耳定律的过程中，理论学家提出假设：气体分子彼此互不发生碰撞。实际上，低压气体中的分子是会发生碰撞的，但由于碰撞对现象并不会产生影响，因此也就不会包含在规范解释中。例如，科学家用一个简谐振子模型来表征一个共价键的振动属性，这个模型将共价键看作像弹簧一样，由于回复力而具有一个自然的振动频率。这个简单表征被普遍应用于光谱学中，从而避免了对整个分子的多维势能面进行计算。

其三，普遍性。普遍性是科学表征和科学建模的必要条件，这个必要条件实际上包括两个不同的部分：它不仅包括一个特定模型根据科学家的逼真度准则所牵涉的实际目标的数量，还包括一个特定模型所把握的可能目标（不一定是真实的目标）的数量②。一方面，对普遍性的考察能促进理论模型的建构和评价，普遍性的模型可能属于最广泛适用的理论框架，允许真实的目标系统和非真实的目标系统的对比，正如 Arthur Eddington 所言："我们几乎不需要补充说明，对于一个比实际域更广泛的自然科学域进行反思，会促

---

① Roughgarden J. Primer of Ecological Theory[M]. Upper Saddle River：Prentice Hall，1997：x.

② Matthewson J，Weisberg M. The structure of tradeoffs in model building[J]. Synthese，2009，170（1）：169-190.

进我们更好地理解现实。"①另一方面，普遍性也可以起到微妙的调节作用。普遍性与解释力密切相关，它意味着科学表征所针对的并非具体目标，而是针对从实际系统中抽象出来的基本关系或相互作用进行建模，这个模型适用于更多的真实目标和可能目标。例如，生态学家研究捕食或竞争就忽略了特定物种之间的相互作用。因此，普遍性引导着理论家发展可被应用于许多真实目标和可能目标中的模型，可以说，普遍性在过于简单化的模型与追求完备性的模型之间实现了一种微妙的平衡，这种解释性活动是现代理论实践的一个非常重要的部分。

事实上，科学家有不同的表征目标，诸如准确性、精密性、普遍性和简单性，然而，由于我们的认知局限性、世界的复杂性以及逻辑条件、数学条件和表征条件上的限制，我们大多数情况下很难同时实现这些表征目标，因此，科学共同体常常需要在这些表征目标之间进行权衡，建构起多重模型。实际上，在对同一科学现象进行考察的过程中，由于观察视角不同，表征语境也就不同，因而其中的每个模型都对产生现象的本质和因果结构做出截然不同的论断。鉴于理想化的表征理想——完备性、简单性和普遍性，我们并不可能建立一个包含了一类现象的所有核心因果要素的简单极小模型，但建立一个小的模型集是可能的，其中的每个模型强调不同的因果要素，而它们的集合则解释了所有关键的因果要素，这个过程就是所谓的"多重模型表征的理想化"（简称为 MMI）。MMI 常常被应用于对复杂的科学现象的表征中。例如，生态学家对诸如捕食者这类现象建构多样化的模型，其中每个模型都包含了不同的理想化假设。一个整合起来的高度理想化的模型集有助于我们发展更真实的理论，而且简单模型的集群增加了一个理论框架的普遍性②。

总之，表征理想作为引导理论探究的目标，是理想化实践的核心，对它们的系统化解释最终能让我们对理想化形成一种更统一的理解。在理解了理想化的表征理想之后，我们可以对靶向建模语境中的理想化与无特定目标的建模语境中的理想化分别进行考察，以便对基于隐喻思维的科学建模过程中的表征理想进行深刻理解和把握。

① Eddington A S. The Nature of the Physical World[M]. Cambridge：Cambridge University Press，1927.
② 请参阅 May R. Stability and Complexity in Model Ecosystems[M]. Princeton：Princeton University Press，2001.

（二）靶向建模语境中的理想化

基于隐喻推理进行的理论建模是一种特殊的科学表征形式，这种表征实践具有一定的灵活性，因为它可被用于表征一个简单目标、一组目标、一个普遍化的抽象目标甚至是已知的并不存在的目标对象。"……在理想化中，我们以一个具体对象开始，并在心理上对其中一些不易获得的特征进行重新排列……但是，我们实际上并不能消除这些因素。相反，我们会用其他更易于把握或更易于计算的因素来代替它们。"①

基于某个简单的特定目标进行的科学建模，我们称为"靶向建模"或者"目标导向的建模"（target-directed modeling），它是针对一个具体的目标系统，并生成关于这个具体目标在其特定语境中的预测和解释。"靶向建模"是最简单的建模类型，为我们进一步探讨更复杂的建模类型奠定了基础。靶向建模有三个方面，即发展模型、分析模型、使模型符合目标，这三个方面在概念上是完全不同的，但它们在实践中是同时发生的，甚至是重复发生的。隐喻建模的靶向建模的过程分为两个阶段：第一个阶段建构或借鉴隐喻模型；第二个阶段对模型进行解释说明，这个解释可能会随着时间而改变，或者会随着其应用语境的不同而发生改变。例如，沃尔泰拉的"掠食者-猎物"模型②，这是一种典型的种群动态模型。

基于隐喻推理进行的靶向建模的基本过程是：科学家对所研究的目标系统的因果结构提出假设，然后"应用微积分"写下模型描述，最后，将模型与我们的真实世界目标进行对比。值得注意的是，科学家在借鉴或建构隐喻模型的过程中，致力于选择对他们的目标具有充分表征力的结构，而隐喻模型的表征力是确证模型预测适当性的一个必要条件。

数学建模中的结构确定是通过写下方程式或图表的形式来实现的；计算建模中的一个程序的确定是通过使用自然语言、离散数学、虚拟程序代码或编程语言来实现的。实际上，相同的结构可能会由于其应用语境的不同而变成一个具有不同解释说明的不同模型。例如，物理模型从生态学中借鉴结构，化学模型从物理学中借鉴结构。沃尔泰拉将数学结构应用于生物学中，

---

① Cartwright N. Nature's Capacities and Their Measurement[M]. Oxford: Oxford University Press，1989：187.
② 洛特卡-沃尔泰拉方程（Lotka-Volterra equations）又称"掠食者-猎物方程"，是一个重要的生态学理论。它由两条一阶非线性微分方程组成，经常用来描述生物系统中掠食者与猎物进行互动时的动态模型，也就是两者族群规模的消长。

而 Goodwin 又将沃尔泰拉模型应用于经济学语境中，用以描述经济增长与收入分配之间的关系。尽管这两个模型具有相同的数学结构，但二者由于表征语境的不同而被表征为不同的隐喻模型。

实际上，科学家通常会将基于隐喻推理建构的模型作为目标系统的替代来分析，并在这种分析过程中对隐喻模型与真实世界的现象进行协调，而这种协调是建立在模型与世界之间的相似性关系基础上的。例如，以直线方式来表征实际上并非直线型的程序。不过，模型并不能直接与真实现象相对比，但是可以与目标系统相对比，其中，这个目标系统是对这些现象的抽象①。换言之，当科学家选定一个范围时，他们关注于某个属性集合，并对其他属性进行抽象，这就产生了一个目标系统，即系统的总体状态的一个子集。例如，当一个生物学家想要研究袋獾的剩余种群时，袋獾仍然生存于其中的塔斯马尼亚岛的整体状态就构成了现象部分，然后，他对研究范围进行限制并将它们抽象化为一些不同的系统。例如，目标系统可能是袋獾种群的动态性，也可能是入侵物种。可见，从一个简单现象中就可以形成许多可能的目标系统，因此，现象与目标系统之间的关系就是一对多的关系。再如，生态学建模通常就分为不同的理论阵营。种群生态学研究种群规模的动态性，主要集中于诸如竞争、捕食、生长和共生等这样的现象；群落生态学则关注于种群与它们对环境中的生物资源和非生物资源的利用方式之间的互动，甚至当他们研究相同的现象时，他们会对各自所感兴趣的不同子域进行抽象化，从而形成具有不同属性的目标系统。例如，在对地球围绕太阳运动的现象进行研究的过程中，科学家所形成的目标系统可能仅仅包括太阳和地球，也有可能加上月亮和其他附近的星体。于是，当科学家把握了一个目标系统，他就可以建立模型与目标之间的适当性，即首先对现象进行抽象化表征并确定其所研究的目标范围，然后将一个校准的或未校准的模型应用于该目标系统中。我们可以将模型与世界之间的关系简单理解为关于模型与目标系统之间的适当性问题。

另外，科学家有时候需要对现象进行完整表征，这意味着隐喻建模的过程中要充分体现模型的静态属性和动态属性、模型的容许状态、模型所允许的状态之间的转换、状态之间的依赖性和转换。例如，在洛特卡-沃尔泰拉

---

① 现象具有无数的属性，既有静态的，也有动态的，这些属性的整个集合即现象的总体状态。在现实实践中，建模者对研究现象的总体状态并不感兴趣，但却对某些由具有科学意义的属性构成的子集感兴趣，这些有限的子集就是目标系统。

模型这个动态模型中，一个完整的模型分析将包括两个种群的所有可能共存的种群丰度、这些状态之间的转换、稳定的和不稳定的平衡、中性稳定的振幅幅度等。

随着模型变得越来越复杂，甚至对一个简单的初始条件集进行直接计算都是不可能的。例如，我们可以得出关于天气变化的物理过程的非常精确的模型，然而，当我们将这些过程综合起来并应用于地球大气这个巨大的系统时，模型表征就变得比较复杂，而我们并不能通过直接计算来进行模型分析。这就需要应用多重模型的理想化表征。

（三）无特定目标的隐喻建模

靶向建模是为了研究一个具体目标而建构一个简单模型的实践，它并不表征整个建模实践。事实上，科学表征不仅仅涉及对个体现象的研究，而且还涉及对现象类别的模型进行探究，即没有特定目标的建模。为了研究普遍现象而建构模型的"普遍化的建模"；为了研究不存在的现象而建构模型的"假设性的建模"；对根本不存在目标的模型进行研究的"无目标的建模"。

第一，普遍化的建模。普遍化的建模常常应用于复杂现象的科学研究中。本质上，普遍化模型是对各种具体目标进行抽象化表征的一种结果，换言之，普遍化模型的目标是通过为每个具体目标寻求总体状态的交集所生成的。例如，关于普遍的进化特性，生物学家假设了生存在相同环境下的一个有性种群和一个无性种群之间存在着竞争，同时为这两个种群提供一个初始的基因型分布，在此基础上对普遍的进化特性进行探究，由于激烈的选择竞争减弱了无性繁殖种群中基因型的差异变化，因此，有性繁殖优于无性繁殖。

模型与目标之间的相关性取决于模型的抽象化程度。当模型与其目标具有相同的抽象化程度时，模型所描述的动态性就可被直接比作这个目标系统整体的动态性。例如，在建构种群基因模型的过程中，通过对具体生物体的生命周期、空间分布、交配互作等的认识来对具体基因型做出预测分析，从而表征一个种群中的基因适当性的分布。当模型比它们的目标具有较低的抽象度时，理论家必须通过使用"说明设定"来对他的模型说明加上具体的限制条件，尤其是对模型的任务和预定范围，从而更抽象地解释它们的模型结构。

实际上，普遍化建模以一种类似于靶向建模的方式来表征其目标，二者之间的主要差异在于对目标的抽象度上，而非模型与目标的关系本身上。普遍化建模的意义在于：它说明了建模何以能从世界的具体现象中被解耦，从而变成科学家所谓"纯粹理论"的一部分，同时被用作目标的极小模型。一方面，概化模型可被用来回答何以可能的问题。例如，离散的等位基因何以产生了类似连续变异的现象呢？一个分子的其中一边上的羧基基团的电子属性何以影响另一边上的氢原子的电子环境呢？另一方面，我们可以通过极小模型将许多因果要素综合起来，建构起一个把握现象发生的核心因果机制的模型。例如，类鸟群模型表征了真正对鸟类的集群行为产生影响的所有核心因果要素，这个模型最初的发展动机是计算机动画师为制作更多现实的鸟类种群而建构的，它可被用于计算机动画制作中，以模拟各种类型的协调运动，如鱼的运动、企鹅的运动和蝙蝠的运动。另外，这个模型为研究一般的涌现现象提供了启示，即一些简单规则可以产生一个复杂适应系统[①]。

第二，假设性的建模。为非存在的目标进行建模的实践称为假设性的建模。事实上，科学表征力图将可能性的域与不可能性的域区分开来，而不可能的目标的模型在科学解释中发挥着重要作用，因此，我们研究不可能的目标的模型并不仅仅是为了研究不可能的目标本身，而是为了理解和解释现实目标或现实系统。

实际上，我们常常采用反设事实的方法为不可能的目标进行建模，从不可能的系统模型中，我们可以了解到，为什么我们的世界不可能具有这个模型系统，以及我们需要改变哪些自然法则以便使其具有可能性，因此，假设性的建模暗示着一种可能性。例如，xDNA 是一种分子扩大了的 DNA，它类似于 DNA 模型的右旋的双螺旋结构，"相对于自然发生的 DNA 螺旋结构而言，这种扩展的基因系统的一个重要意义在于，它增加了我们信息编码的可能性。我们通过对四个碱基进行组合配对，对所有这些组合进行扩展就可能产生八个具有编码信息的碱基对"[②]。然而，自然界中可能并不存在 xDNA，但我们可以在 xDNA 的基础上建构一个完善的基因系统，这种假设模型能够为非存在的系统提供高保真度的模型表征。xDNA 是热力学稳定的，同时，它还会在黑暗中发出荧光。因此，我们可以根据其荧光性来探测自然发生的 DNA，它能为我们探测地球上或是其他星球上的生命形态提供

① Miller J H，Page S E. Complex Adaptive Systems：An Introduction to Computational Models of Social Life [M]．Princeton：Princeton University Press，2007.

② Liu H，Gao J，Lynch S，et al. A four-base paired genetic helix with expanded size[J]．Science，2003，302 （5646）：868-871.

可能性。不过，假设性的建模并非对真实世界目标的一个模拟或者近似表征，因为这些模型很可能都违反了自然法则，如永动机违反了热力学第二定律，然而，我们可以建构一个永动机的模型来理解它违反了哪些自然法则，如麦克斯韦妖和费曼棘轮。

第三，无目标的建模。无目标的建模所研究的唯一对象是模型本身，而不涉及模型为我们提供的任何真实世界系统的内容，这种建模类型与纯粹的数学分析是最相似的。例如"细胞自动机"（cellular automata）为模拟包括自组织结构在内的复杂现象提供了一个强有力的方法，其基本思想是：自然界里许多复杂结构和过程，归根到底只是由大量基本组成单元的简单相互作用所引起的。因此，利用各种细胞自动机有可能模拟任何复杂事物的演化过程。

关于细胞自动机的一个简单说法是"生命游戏"，这个游戏包含一个无限的二维细胞组，这个数组可能处于两种状态之一：活着（1）或死亡（0）。近邻是通过使用摩尔（Moore）的近邻定义来确定的，即相邻中心的 8 个细胞。游戏的每个时间步都涉及，根据以下规则对每个细胞的转换状态进行评估：

（1）如果一个活细胞具有少于两个活细胞的近邻，它就会死亡；

（2）如果一个活细胞具有两个或三个活细胞近邻，它就不会改变状态；

（3）如果一个活细胞具有多于三个的近邻，它就会死亡；

（4）如果一个死细胞正好有三个近邻，它会从死亡状态转换为活着的状态。

在对活细胞和死细胞的初始分布进行详细说明之后，计算机评估了每个时间步的规则，更新了细胞，并对更新的细胞再次进行评估。这个游戏是在一个无限的数组上进行的，而我们需要对这个游戏进行有限的计算模拟。首先，这个游戏通过一个无限的网格是图灵完备的（turing complete），它可被用于计算任意可计算的函数。那么，如何可能在游戏内真正创造一个图灵机？Rendell 在其游戏中实现了一个有限的图灵机[①]，这个机器已经被用于执行重要的计算。

"生命游戏"与相关的细胞自动机可能为我们提供的关于生物学、物理学以及其他科学的知识，部分上是通过促进提高我们的想象力而实现的。可

---

① Rendell P. Turing universality of the game of life[M]//Adamatzky A. Collision-based Computing. London：Springer，2002：513-539.

见，无目标的隐喻建模意味着一种抽象的直接表征，其研究对象是有关经验现象的一个已建构的模型，如晶体生长、进化发展，隐喻表征能使得细胞自动机与真实世界的现象相关联。

那么，生命世界中存在真实的运动吗？或者仅仅存在表观运动（apparent motion）？例如，心理学家就将计算机屏幕上闪烁的像素看作视运动。究竟是真的存在运动的网格，还是仅仅存在运动的细胞状态呢？如果仅仅存在运动的细胞状态，那么，我们是否至少能说，这些运动模式是真实的？[①]

另外，对无目标的模型进行隐喻表征可能会激发一个更普遍的建模框架，而这个建模框架可被用于靶向建模。例如，有科学家曾经用类似于生命游戏的细胞自动机来研究政治动荡局面。[②]再如，三性生物是一个不存在的系统，那么，为它进行建模仅仅出于理论需要，而非出于实践的需要。

综上所述，理论科学远远不只是要为表征一个简单目标而建构一个简单模型。这个高度多样化的实践可能具有许多结果——从建构关于一个简单目标的理解、关于一个目标集合的理解、关于一个普遍现象的理解，甚至到关于一个不可能的系统的理解。

二、理想化的方法论特征

经验事实表明，由于现实世界的复杂性与我们认知能力和计算资源的有限性之间的矛盾，即使是对最简单的系统进行完整的解释也是不现实的，因此，我们常常需要在科学表征的过程中将理想化的简化假设附加于我们对世界的描述上，而我们在科学表征实践中并不能完全消除这些简化假设。可以说，每个科学理论都至少整合了一个理想化的假设，而这些理想化的假设原则上是不可消除的。实际上，即使基于理想化的隐喻描述具有一定的精确性，但它们至少在某些情况下对于我们把握或者理解特定的认知资源而言都是太过于复杂的，其解释具有部分性，于是，所有理想化的隐喻模型都不可能是对现象的一种完美表征，而完美表征包括一个系统的所有相关的因果特征、结构特征和动态特征。

---

① Dennett D C. Real patterns[J]. The Journal of Philosophy，1991，88（1）：39.

② Lustick I. Secession of the center: a virtual probe of the prospects for Punjabi secessionism in Pakistan and the secession of Punjabistan[J]. Journal of Artificial Societies and Social Simulation，2011，14（1）：7.

（一）简单化与近似真理

理想化是对系统的一种意向性的简化表征，正如 McMullin 所言，"我将用它来指对某些复杂事物的一种有意的简化，以期至少实现对这个事物的部分上的理解。它可能会改变事物的原初状态，或者说它可能意味着将一个复杂系统中的某些部分进行搁置，从而更好地关注于其余部分"[①]。我们可以将其语义学形式表述为：一个模型 M' 是对一个基础模型 M 的一种理想化表征，当且仅当 M' 是 M 的一种简化的替代形式，同时，M' 会根据 M 的某些特征 $\{F_1, F_2, \cdots, F_n\}$ 来表征 M，而这个 M 在某个语境 C 中必定具有科学意义。

实际上，理想化表征对模型的简化过程分为两种情况：模型收缩和模型置换。一方面，当科学模型是通过去除某些属性而实现其简化过程时，这种理想化就是非建构性的。实际上，在物理科学的表征语境中，科学家常常应用理想化有意识地将目标系统中的某些物理参数忽略，从而极大地降低模型表征的复杂性。例如，为了确定某种不导电的物质的介质常数 k，在对平行板电容器之间的电容量进行测量的过程中就忽略了"杂散电容"的影响。另一方面，当科学模型是通过用其他更简单的属性（结构）来代替目标模型的某些复杂属性（结构）而实现其简化过程时，这种理想化就是建构性的，这种理想化结构本质上与其所表征的系统之间具有异质性。例如，质点常常被用作是对星体或粒子的理想化。即使质点并不具有星体结构或粒子结构的某些属性特征，但是，它在某种重要的意义上与星体结构或者粒子结构具有经验上的相似性。又如，波义耳-查理的气体定律，即 $PV=nRT$，它忽略了气体分子的自身体积及分子之间的相互作用力，将分子看成是质点，因此，该定律所表征的是一种基于理想化模型的理想气体。正是由于一般气体在压强不太大且温度不太低的条件下其性质非常接近于理想气体，所以科学家常常会用理想气体模型来研究实际气体。

本质上，科学隐喻的理想化建模是一种建构性的理想化。科学隐喻的理想化模型是在两个实体或世界之间建立某种相似性关系的前提下，对现实世界的状态及其动态演化过程进行简化表征的，理想化世界与真实世界之间的关系是一种具有部分等值性的表征关系，因此，隐喻建模语境中的理想化所产生的模型是对目标系统的近似表征，理想化的世界与其所表征的现实世界

---

① McMullin E. Galilean idealization [J]. Studies in the History and Philosophy of Science, 1985, 16: 248.

（系统）之间在结构特征、因果特征和动态特征等方面具有相似性。例如，计算化学家通过对分子的近似波函数进行计算来预测分子属性，尽管随着21世纪电子计算机的发展，我们可以精确地计算出中型分子的波函数，但这个数值仍然是近似值。

目标对象的结构属性总是独特而复杂的，科学隐喻并不能精确地表征它们的意向域中的每一个元素的状态和动态性，因而也不能实现对目标系统的完美模拟。在此意义上，科学隐喻本质上都是建立在理想化基础上的科学表征。在科学隐喻的理想化的表征语境中，消除了各种特殊的干扰和复杂的互动，甚至是现象类别中的个体要素的特性，借助于隐喻描述而对实体的状态和动态性进行科学建模，从而实现计算上的简易性。另外，这里的"简单化"至少是一个语境问题，同时，它作为一种实践性的规范，可以作为一种认知上的、数学上的和技术上的限制条件。

（二）意向性的关系系统

本质上，理想化首先是一种二元关系，即 Rxy，其中的 x 和 y 涵盖了精确的集合论意义上的结构或模型，既然可能世界在哲学上类似于模型，那么，x 和 y 就涵盖了由可能世界所组成的集合 U。在理想化的关系系统中，构成前者的类型和关系所组成的集合是构成后者的类型和关系所组成的集合中的一个子集。然而，理想化的关系系统中还应该包含着以反设事实的方式改变的各种关系和属性所组成的集合，因此，我们可以用一个三元关系来描述理想化，即 $Rxyz$。其中，第一元关系是根据第三位中的各种属性和关系对第二元关系的一种简化。那么，当且仅当每个理论陈述只有在至少有一个不可被消除的理想化的理论假设的条件下，才具有真理性。

根据意向性的关系系统，理想化的世界是一个有序的四元集合：$W_i = <V_i, {}_iX_1, {}_iX_2, [\ ]_i>$。这里的 V_i 是世界 i 中的元素所组成的个体集合，${}_iX_1$ 是世界 i 中的元素的 n 位一阶关系所组成的集合，${}_iX_2$ 是世界 i 中的元素的 n 位二阶关系所组成的集合，$[\ ]_i$ 是扩展到世界 i 中的每个关系上的一个函数。

理想化关系中，模型是可被描述为意向性的关系结构的部分世界，同时，作为一种简化表征，理想化的模型与真实世界之间的等值关系仅仅是部分上的等值关系。于是，我们可以根据以上限制性条件将理想化关系定义为：（定义 2）一种意向性的关系结构 W_i 是另一种意向性的关系结构 W_j 的一种理想化，当且仅当 W_i 是对于 W_j 的一种极小的部分的科学表征（当且仅当

存在着某个结构 e_i，它是 E_i 的一个元素，同时，e_i 在语境 C 中与 e_j 之间具有 δ 程度上的、经验上的近似等值关系），同时，W_j 是在语境 C 中对 W_i 的一种简化。

可见，一个完整的表征说明了它所表征的事物或现象的每一个结构属性，但这并不意味着，每个子结构都与其所表征的相应的子结构之间具有同构性。如果理想化的反设事实所涉及的模型具有经验上的近似真值，其论证结论就被判定为是正确的。于是，质点模型的经验结果与行星系统的相关经验结果之间具有经验上的近似等值关系。例如，行星的轨道与质点的轨道之间具有相似性，我们就可以通过有关质点和重力的推理而将其结果应用于行星的研究中。

然而，部分上的同构性并不是科学表征的必要条件，基于理想化假设的隐喻所建构的模型与其所表征的现实对象或系统之间不一定具有部分上的同构性。例如，伽利略关于自由落体运动的方程式所建构的模型与实际对象的运动结构之间具有经验上的近似等值关系，这是一种不太彻底的理想化，因为其中仅仅省略了这些运动中的摩擦力，这种模型与它们所表征的对象或现象都具有经验上的相似性，同时也比这些对象或现象更简单。因此，当一个模型具有近似地符合于我们在真实世界中所观察到的某些系统的经验结论时，这个模型就具有表征意义，同时，如果一个模型比它所表征的系统更简单，那么它就是一种理想化。因此，从经验科学的视角来看，理想化的表征模型可被用作被表征结构（即它在经验上模拟了被表征的结构）的一种经验替代。例如，伊辛模型的结构（即具有最近邻交换的晶格结构）是对复杂的真实世界的固体结构的一种彻底的理想化。

（三）理想化的普遍性与不可消除性

理想化表征所建构的系统模型通过简化过程使得目标系统具有计算上的简易性。例如，描述了流体力学的欧拉方程和描述了自由落体运动的伽利略方程就是两个典型的例子。

我们来考察一下流体力学的欧拉方程式：（T_1）$\rho du/dt = -\nabla p$。这里的 ρ 是流体的质量密度，du/dt 是流速的水动力导数，即 $du/dt = du/dt + u \cdot \nabla u$，同时，$\nabla p$ 是压力梯度。在应用欧拉方程式的语境中，我们提出了一个理想化的假设，即并不存在沿着流体运动的方向而反作用于流体运动的黏性力。这个方程式常常被应用于真实系统中，但它实际上只有在完美的非黏性流体中才为真。

如果我们将黏性力纳入对流体运动的考察中，我们就必须应用纳维-斯托克斯方程式：（T_2）$du/dt+u \cdot \nabla u=-1/\rho\nabla p+v\nabla^2 u$。其中，$du/dt+u \cdot \nabla u$ 是流速的水动力导数，v 是运动黏度，$\nabla^2 u$ 是流速的拉普拉斯算子，其他符号的指称与 T_1 中的相同。从理论上讲，根据纳维-斯托克斯方程，再加上一定的初始条件和边界条件，我们就可以确定黏性流体的流动。然而，由于纳维-斯托克斯方程式是一个二阶方程，而欧拉方程式是一个一阶方程，欧拉方程式在某种意义上比纳维-斯托克斯具有计算上的简易性。因此，欧拉方程式作为一种易于计算的理论，常常被应用于许多真实情境中，同时，欧拉方程式是对纳维-斯托克斯方程式所表征的模型的一种意向性的简化。

同样地，现实系统都会受到摩擦力的影响，然而，为了计算上的简易性，伽利略在考察自由落体的运动时将摩擦力省略掉，其动力学方程式为（T_3）$d^2y/dt^2=-g$（其中的 y 是自由落体下落的垂直距离，g 是每个单位质量所具有的重力，v 是速度，且 t 是时间）。如果将摩擦力纳入考察范围，自由落体的动力学方程式就变成了（T_4）$d^2y/dt^2=-g-\beta/(dy/dt)$，或者（$T_5$）$d^2y/dt^2=-g-\delta/m(dy/dt)^2$。这里的 β 和 δ 是阻力常数，T_4 和 T_5 中最右边的表达式都是摩擦力的表达式。

实质上，我们可能会在对一个物理系统进行模型建构的语境中忽略某个因果要素。例如，在原子的氢原子模型中忽略了摩擦力。玻尔的半经典模型可以表述为：（T_6）$m_e v^2/r=Gm_e m_p/r^2+ke^2/r^2$。其中的 m_e 是电子的质量，e 是电荷量，v 是速度，G 是重力常数，m_p 是质子的质量，r 是半径，同时，k 是真空中的库仑常数。但是，氢原子中的重力与电磁力之间的比率为：$Gm_e m_p/ke^2\approx5\times10^{-40}$。因此，即使重力会影响到这种氢原子的物理结构，但是，在对该氢原子的物理结构进行模型建构的过程中却将重力忽略，因为这些重力非常微小，以至于它们在实践上并不具有计算的相关性，而其中的计算正是以这个氢原子结构的理想化模型中的理论陈述为基础的。

例如，铁磁性的伊辛模型。在固态物理学中，所有真实的固体都是不完美的，并且是由大量相互作用的粒子构成的。因此，在研究铁磁属性的过程中，为了便于计算，我们可以假定，"我们所研究的固体是一个自旋为+1 或-1 的完美的粒子晶格"，这个假设其实是一种建构性的理想化假设。我们还可以假定，"只存在着最邻近的粒子互动或最邻近的粒子交换，并且自旋的方向是顺着磁场的方向"，这种假设则是非建构性的理想化假设。伊辛模型在一维和二维中（即对于链条和平面晶格而言）比较容易计算，而三维中的伊辛模型并不存在确切的解决方案。可见，根据伊辛模型来研究铁磁是建立在某些彻底的理想化假设基础之上的。然而，这些理想化的假设既包含着非建构性的理想化，又包含着建构性的理想化。

例如，在固体的量子理论中，为了计算晶体的电子光谱和晶格振动光谱，我们常常假设水晶是一个理想的晶格。此外，晶体的电子光谱和晶格振动光谱在现实中常常发生着因果互动，但我们并不能同时对二者进行考察，因此，当我们考察晶体的电子光谱时，我们通常会将其与晶体振动光谱相分离，将振动运动设定为0，这样，我们就可以对固定在完美晶格上的离子场中的电子状态进行计算了。然后，通过对每个电子在其他电子的平均场中的运动进行研究，复杂的电子问题就会被还原为一个电子的问题。然而，由于所有真实固体的形状都是无限大的，而晶格会在晶体的表面终止，我们可以假定波函数消失在边界上，但是，因为驻波的产生，波函数会反射在表面上，这并不容易计算。因此，我们可以引入以下这个边界条件的理想化假设：晶体可以在空间中进行周期性的扩展。如果晶体的一个维度是 l，那么，我们就可以假设 $\Psi(x) = \Psi(x+l)$，其中的 $\Psi(x)$ 是波函数，$\Psi(x)$ 就被认为是周期性的，此时，真实的晶体很显然都不是无限大或无限小的，因此实际上也就不可能在整个空间中都是周期性的。

科学表征过程离不开理想化假设，换言之，科学理论只有在某种理想化模型中才具有真理性。Ronald Laymon 认为"实际的推导总是需要使用理想化和近似法"[①]，但是，包含着理想化条件的推导都是不牢靠的，正如卡特赖特所述："物理学定律总是具有临时性，因为它们所涉及的符号都太过于简单，以至于它们并不能完整地表征实在。"[②]因此，要使基本的解释性陈述更适用于真实情境就必须消除各种理想化假设。

然而，消除理想化假设就意味着加入现实条件或用更现实的条件来代替它们，这必然会削弱科学理论的解释性。事实上，卡特赖特曾在探讨理想化的假设和模型在量子力学语境中的作用时指出："对待一个真实情境的基本策略就是将这些特定的部分综合成一个模型，因此，我们就从各种汉密尔顿算符确定了某个汉密尔顿系统。当模型被比作它所表征的情境时，实在论的问题就产生了。《物理定律是如何撒谎的》这本书认为，即使在最佳情境

---

① Laymon R. Cartwright and the lying laws of physics[J]. Journal of Philosophy, 1989, 86（7）：357.

② Duhem P. The Aim and Structure of Physical Theory[M]. Princeton：Princeton University Press，1954：176.

中，这两者之间也并不具有非常良好的符合性。"①那么，现代理论的成功解释能为其真理性进行辩护吗？卡特赖特认为，"如果没有理想化，我们既不可能对理论陈述进行确证，也不可能对现象学陈述或者更低层级的理论陈述进行解释"②。那么，所有理论都是不可确证的或者不可解释的吗？我们需要对科学中的理想化条件的模态地位进行考察。

事实上，大部分的预测性推导或解释性推导在经验事实上都需要使用理想化假设。卡特赖特认为，我们充其量只能在原则上消除理想化的假设。③Laymon 认为，理论陈述中的理想化假设原则上是可消除的，其普遍性论题其实是一种弱的普遍性，简言之，"对于大部分的理论陈述 T 而言，T 只有在某些理想化假设的条件下才具有真理性，$i_n \in I$，其中，$n \leq 1$ 并且 I 是所有与 T 相关的理想化假设的集合"。相比而言，卡特赖特的普遍性论题是一种较强的普遍性问题，他所主张的观点是："对于任意的理论陈述 T 而言，T 只有在至少存在一个与 T 相关的理想化假设 i（其中，$i \in I$）的情况下才具有真理性。"换言之，所有的理论陈述都至少取决于一个理想化假设，而这个理想化假设甚至在原则上都不可能从那些理论中被完全消除。

卡特赖特曾在探讨迪昂关于物理科学中的理论陈述的抽象本质与理想化本质时指出："物理学旨在表征的简单性，但是，自然实际上却是错综复杂的。因此，在抽象的理论表征与所表征的具体情境之间就不可避免地产生了一种不协调的现象。其结果是，抽象的阐述并不能描述实在，但却能描述虚构的建构。"④

尽管理想化的具体方法和表征特征不尽相同，但我们可以发展一个统一的框架来理解一般的理想化实践，即理想化表征的逻辑特征。

三、理想化的逻辑特征：反设事实条件句

尽管理想化的假设具有各种不同的形式，但它们却有着共同的逻辑特征。理想化的隐喻建模的逻辑特征在于：基于理想化的隐喻陈述具有一种特

① Cartwright N. Fundamentalism vs. the patchwork of laws[J]. Proceedings of the Aristotelian Society, 1994, 94: 317.
② 我们将这个观点称作"卡特赖特的格言"（Cartwright's Dictum, CD）。
③ 请参阅 Cartwright N. How the Laws of Physics Lie[M]. Oxford: Oxford University Press, 1983: 109.
④ Cartwright N. Nature's Capacities and Their Measurement[M]. Oxford: Oxford University Press, 1989: 193-194.

殊的反设事实条件句的逻辑形式。可以说，一个科学隐喻就是一种理想化的反设事实条件句。然而，正如 Adams 所指出的，这些反设事实条件句并不同于标准的反设事实条件句，因为它们在推理中所发挥的作用与标准的反设事实条件句所发挥的作用是不同的。

（一）理想化与反设事实

现象具有其本质特征，科学研究的过程中要力图确定现象的非本质特征，并在形成定律性陈述的过程中将其忽略。换言之，科学的目标就在于揭示现象的本质结构，发现消除了非本质的内容的理想化定律。正如 Poznan 学派（以 Leszek Nowak 为代表）所论述的，"一个科学定律，作为对事实的一种漫画化描述而不是对事实的普遍化描述，从根本上来讲就是对现象的一种变形。然而，对事实的变形是故意计划的，实际上是要消除其中不必要的部分"[1]。按照 Nowak 的方法，理想化的陈述仅仅是在前因变量中具有理想化条件的条件句，不过，Nowak 认为理想化的理论应该被看作是实质性的条件句，而不是反设事实条件句。例如，我们假定一个特定现象 F 的结构是一个关于理想化陈述的序列。它们具有 T 这样的形式：T^k，T^{k-1}，…，T^1，T^0。集合 T 中的每个元素都是以下这种形式的一种理想化定律：

T^k：如果（$G(x)$ & $p_1(x)=0$ & $p_2(x)=0$ & … & $p_{k-1}(x)=0$），那么 $F(x)=f_k(H_1(x)，…，H_n(x))$。

于是，T^{k-1}，…，T^1，T^0 就都是类似这样的具体化：

T^{k-1}：如果（$G(x)$ & $p_1(x)=0$ & $p_2(x)=0$ & … & $p_{k-1}(x)=0$ & $p_k(x)\neq0$），那么，$F(x)=f_{k-1}(H_1(x)，…，H_n(x)，p_k(x))$，

……

T^i：如果（$G(x)$ & $p_1(x)=0$ & $p_i(x)=0$ & … & $p_{i+1}(x)\neq0$ & $p_{k-1}(x)\neq0$ & $p_k(x)\neq0$），那么，$F(x)=f_i(H_1(x)，…，H_n(x)，p_k(x)，…，p_{i+1}(x))$，

……

T^1：如果（$G(x)$ & $p_1(x)=0$ & $p_2(x)\neq0$ & … & $p_{k-1}(x)\neq0$ & $p_k(x)\neq0$），那么，$F(x)=f_1(H_1(x)，…，H_n(x)，p_k(x)，…，p_2(x))$，

T^0：如果（$G(x)$ & $p_1(x)\neq0$ & $p_2(x)\neq0$ & … & $p_{k-1}(x)\neq0$ & $p_k(x)\neq0$），那么，$F(x)=f_0(H_1(x)，…，H_n(x)，p_k(x)，…，p_2(x)，p_1(x))$.

---

① Nowak L, Nowakowa I. Idealization X: The Richness of Idealization[M]. Amsterdam: Rodopi, 2000: 110.

$G(x)$ 应该是某个现实的假设，$p_i(x)$ 是理想化的假设，并且，先行条件 $F(x) = f_0 (H_1(x)，\cdots，H_n(x)，p_k(x)，\cdots，p_2(x)，p_1(x))$ 说明了现象 $F(x)$ 的关键特征。

于是，T 就是在对应原则的基础上从 T^0 中得出的一个子理论。这个对应原则的形式为：（CP）$[T^{k+1} \& p_i(x)=0] \rightarrow T^k$。这种普遍的概括性原则在两个理论 T^{k+1} 与 T^k 之间建立了一种渐进的关联关系，其基础假设是 T^{k+1} 这个集合逐渐趋近于 0 的过程中的某个相关因素，在此基础上我们就能得出 T^k。实际上，通过重复应用 CP 这个原则，我们就可以通过将更多这样的因素设定为 0 而得出 T 中的每个元素。[①]于是，T^0 就是一个事实的陈述（factual statement），因为所有互相干扰的偶然因素已经被添加回去，而 T 则是一个复杂的陈述（complex statement），它包含了这个事实的陈述，以及一系列通过将 CP 应用于 T^0 而产生的非事实的陈述。严格来讲，$F(x)$ 的一个理想化的定律 T^* 在于，当一个陈述中的所有非本质的因素被忽略时，这个陈述就具有最大的理想化。于是，至少有一个关于 T^* 的具体化在经验上是可检验的。通常来讲，这至少对于 T^0 或者接近于 T^0 的其中一个理论陈述而言是真实的。那么，根据 CP 原则，T 中的其他理论的确证地位就应该在逻辑上寄生于那个可检验的 T^* 的具体化中，因此，T 中的其他理论的确证地位就是一种形式化关系的问题，即 T 中的不可检验的元素与 T 中的可检验的具体化（具象）之间的形式化关系。

本质上，波兹南方法论中存在着一些严重的方法论问题。T 中元素的表达式（$T^*，T^{k-1}，\cdots，T^1，T^0$）实际上应该被解释为反设事实的条件句，它们的形式是"如果果真如此……，那么实际情况将会是……"。于是，理想化的隐喻表征的逻辑形式应该是

N^*：$(G(x) \& p_1(x)=0 \& p_2(x)=0 \& \cdots \& p_{k-1}(x)=0 \& p_k(x)=0) > F(x) = f_k(H(x))$，

N^{k-1}：$(G(x) \& p_1(x)=0 \& p_2(x)=0 \& \cdots \& p_{k-1}(x)=0) > F(x) = f_{k-1}(H(x)，p_k(x))$，

……

N^1：$(G(x) \& p_1(x)=0) > F(x) = f_1(H(x)，p_k(x)，\cdots，p_2(x))$，

N^0：$G(x) > F(x) = f_0(H(x)，p_k(x)，\cdots，p_2(x)，p_1(x))$.

---

① 这个原则在玻尔哲学和庞加莱哲学中都发挥着至关重要的作用。

这里的">"标志着与真实条件句相反的反设事实条件句。因为理想化的条件是假设性的假定，而结论性的陈述在这种假定条件下具有真理性。因此，T 中的条件句应该被解释为反设事实条件句，这将会有利于我们以更现实的观点来理解科学表征的过程，这同时也需要我们考察反设事实中所涉及的逻辑问题。

另外，一个科学隐喻就是一种理想化的反设事实条件句。所有的理想化的理论对于完全现实和实际的世界而言都是真实的，但这并不意味着"理想化的条件句都是实质性的条件句"。Nowak 将 T 中的条件句解释为实质性的条件句，那么，它就必须同时遵循换质位法则和先行条件的强化原则。一方面，我们来考察一下换质位法则，(I_1) 如果 x 是一个滚动的小圆球，将它投射到一个非常光滑的球形平面上，并且使外界环境施加在 x 上的阻力为 0，那么，x 就会沿着这个平面做均匀的永恒运动。其逆否命题如下：(I_2) 如果 x 并不会沿着光滑的平面做均匀的永恒运动，那么，将 x 投射到一个非常光滑的球形表面上，并且使外界环境施加在 x 上的阻力为 0，此时，x 实际上并不是一个完全正圆的、滚动的小球。虽然初始的命题陈述是真实的，但是，逆否命题陈述并不一定真实有效。因为"x 可能并不会沿着光滑的平面做均匀的永恒运动"的原因，还有可能是因为 x 是一个中空的球体，其中充满了液体，由此也就会产生一种内在的摩擦力，这种摩擦力会使 x 做不均匀的运动。

另一方面，我们再来考察一下 T 中的元素与先行条件的强化原则之间的关系。很显然，如果 T^i 是一个综合了实质性条件句的陈述，那么，随后为了生成 T^{i+1} 而在 T^i 的先行条件中引入任意新的理想化条件或者任意其他新的信息，都应该对导出 T^i 的结论部分没有影响。这种条件句是单调的，并且遵循先行条件的强化原则。然而，即使是在 Nowak 对于理想化和具体化的方法提出的正式表述中，这也是不真实的，因为某个理想化陈述 T^i 的结论是不可以从 T^{i+1} 的先行条件中推导出来的，而 T^{i+1} 是以另外一个理想化假设的形式引入了信息。

在此基础上，Nowak 指出，对于解释、预测和表征经验世界，我们所需要做的全部工作就是 T^0，所谓的一个事实陈述。实际上，科学表征中所应用的理想化方法实际上是一种简单化过程，其目的是为了获得计算上的简易性。例如，我们再来考察流体力学的欧拉方程：(T_1)$\rho du/dt = -\nabla p$。这个方程式仅仅对于理想流体具有真实性，同时，在应用欧拉方程式的语境中，实际上是提出了一个错误假设，即并不存在与流体的剩余部分相接触的、平行于表面的任何力。因此，T_1 实际上可被表征为：（$Cf T_1$）如果 x 是一个流体，并且不存在与其剩余部分相接触的、平行于表面的任何力，那么，x' 的行为就符合于 $\rho du/dt=-\nabla p$。

另外，为了将已经被理想化的各种不同类型的力整合进对流体运动的描述中，我们必须应用纳维－斯托克斯方程式：（T_2）$du/dt+u\cdot\nabla u=-1/\rho\nabla p+v\nabla^2 u$。如前所述，$T_2$ 是非常难以解决的，同时，欧拉方程式比纳维-斯托克斯方程式具有计算上的简易性。T_1 只有在对 T_2 中所描述的模型进行一种意向性的简化时才具有真理性，但是，T_1 为我们提供的结果常常是可接受的，同时，T_1 必须常常应用这些理论，因为我们根本不可能使用更加现实的理论。不过，T_1 与 T_2 之间具有非常密切的关联性，因为它们所描述的模型具有非常重要的相似性。理想化和具体化都是科学实践中不可缺少的重要部分，同时，由于实践条件的限制，我们常常需要对发生在其他可能世界中的现象进行考察，即使也会存在着完全消除了理想化条件的理论。

关于理想化所牵涉的认识论上的问题，似乎源于将对应原则看作是一种"发现"的逻辑方法。从历史事实来看，科学家往往首先形成简化的理论，然后再消除理想化的条件以便于更接近于真实情况。"发现的逻辑"本身就存在很多争议，而 CP 这个原则是一个非常陈旧的原则，其理论基础在于：科学进步的过程中伴随着一系列更加复杂而现实的理论，这些理论通过将这些不太精确的先导理论看作是较新的理论的具体实例而对它们进行把握。这就促使我们在科学表征的理论实践过程中保留其确证的实例并引导随后的科学进步，于是，新的理论就意味着对消除了某些非现实的（即理想化的）假设的先导理论进行了最保守的逻辑扩展。当然，我们并不能因此而否定 CP 原则的方法论作用，即一个先验地被证明的规范性原则。然而，CP 原则依赖于一个关于方法论保守主义的更基本的假设，但这个假设实际上是完全没有根据的。

Nowak 主张，将 T 中的条件句看作是实质性的条件句，会使得具体化这个过程具有连贯性且能够把握科学的普遍实践。然而，科学史表明，科学的发展是由一系列理论构成的，理论更迭的过程中，先导理论总是被证明是不太真实的，而被后继理论所取代。这也就意味着，每个序列 T 中的非 T^0 类型的先行条件都是错误的。因此，CP 原则就意味着，科学进步仅仅是逻辑演绎中的一个实践，而这是违反直觉的。

如果先行理论最终都被证明是错误的，那么，伽利略和牛顿所提出的力学理论就是不真实的吗？我们来考察一下 T^k 这个一般陈述：如果（$G(x)$ & $p_1(x)=0$ & $p_2(x)=0$ & $\cdots$ & $p_{k-1}(x)=0$)，那么 $F(x)=f_k(H_1(x)，\cdots，H_n(x))$。在这个理论陈述中，基本要素 $G(x)$ 和 $F(x)$，以及权变因素 p_i 已经被确定且被纳入了考察范围。然而，现实实践中，科学家们常常并不清楚哪些权变因素在一个特定情境中发挥着作用，如伽利略的力学理论。即使伽利略并未意识到他忽略了某些因素和理论本身的逻辑形式，但他能够意识到影响其力学研究的某些干扰力，于是，伽利略的力学理论是错误的且是后继理论的一个特殊案例。

实际上，科学家在进行科学表征的过程中能够清楚地意识到理想化的因素，而科学进步正是通过具体化的过程将这些因素重新添加进去而实现的，然而，这将会使得不断的理论建构活动成为琐碎而单调的逻辑发展实践。因此，Nowak 的方法论并不合理。例如，牛顿力学并不是对其先驱者的理论的一种纯粹机械的和演绎的发展，同时，爱因斯坦的力学理论也并非是对经典力学的一种纯粹机械的和演绎的发展。这些先导理论与后继理论之间是相互关联的，而它们之间的语义学则是不同的，正如 CP 原则所表明的，即使先导理论与后继理论之间具有形式上的相似性，但是，这些理论在意义上却存在着差异性。科学理论不仅仅是形式系统，其发展还需要形式的语法操作过程，否则，科学发展就仅仅是演绎解释中的一个不重要的实践。因此，理想化的理论应该被看作是反设事实条件句，而非真实性的条件句。

（二）反设事实条件句的确证

理想化在科学表征中的应用是无处不在的，理想化的表征方式既能够提供关于世界的信息，也具有计算上的简易性，然而，这两个必要条件常常是矛盾的。简言之，物理系统的表征通过理想化而变得更加简单化，但与此同时却会降低这些表征信息（解释的和预测的）的内容的丰富性。鉴于此，我们就需要对科学推理的语境中所谓的"可容许的理想化假设"进行考察。

在对有关各种复杂现象的本质特征的假设进行确证的过程中，由于其中的复杂现象中充满了互相干扰的偶然因素，我们需要将这些偶然因素添加到对定律性陈述进行的更具体的说明中，从而使本质主义者的高度理想化的假设与现象的现实复杂性之间达成大体一致。当我们在具体假设与现象之间实现完全的一致时，我们就能够在经验上直接地检验具体的假设，并间接地检验理想化的假设。①

事实上，理想化的反设事实类似于 Ernest Adams 所谓的"仿佛"式的反设事实（as-if counterfactuals）。②Adams 解释道："行星轨道的计算常常是建立在这样的反设事实假设基础之上的，即这些星体都是质点，而重力在这些质点之间发挥着作用。可见，这个推理过程中内含着反设事实条件句，因为它被解释为行星轨道类似于这些质点的轨道，同时，'如果它们都是质点的话，那么，它们的轨道也都是类似的'，因此，它们的轨道都是类似的。"③因此，基于理想化假设的科学隐喻都应该被看作是反设事实条件句，它们都类似于这类"好像"式的反设事实条件句。例如，如果丘比特是一个质点，那么，它将具有类似这样的一个轨道。其中，"类似的"（such-and-such）后件通常是由恰当的理论陈述构成的，而这些理论陈述则是建立在对这些条件句的前因变量中所指定的假设进行简化的基础之上的。因此，这些理论也都类似于反设事实条件句，至少在完善的理论域中，这些陈述的逻辑后项（后件）将表现为微分方程式的体系。

Adams 所谓的"正确的反设事实"，在"好像"式的论证语境中能获得正确的结果。但是，我们将如何确定，其中的哪些反设事实能够获得正确的结果呢？Adams 通过对"否定后件式"的论证进行考察，开始探讨反设事实的正确性。他认为，理想化的表征语境中的反设事实的正确性原则为："（PCR）否定后件式的论证中的反设事实，如果它们会产生关于它们所要检验的推测的正确结论，那么，它们就被认为是正确的。"④

很显然，这种否定后件式的论证中的反设事实的正确性，与我们所研究的条件句的真理性之间并没有关系，这是因为条件句并不具有真值条件，但是，其中的条件句具有关于世界的部分信息。这种否定后件式的论证包含着一种标准的反设事实前提。例如，以下这个论证就是一种基于理想化的反设

---

① Nowak 指出，这种方法论最终根源于柏拉图，然后将黑格尔观点与波普尔观点相综合而实现了其发展。请参阅 Nowak L，Nowakowa I. Idealization X：The Richness of Idealization[M]. Amsterdam：Rodopi，2000：110.

② 关于"'好像'式推理的科学用法"这个问题的探讨，最早可以追溯到费英格于 1911 年对"好像"这个概念的逻辑问题的初步论述。请参阅 Fine A. Fictionalism[M]//French P，Uehling T，Wettstein H. Midwest Studies in Philosophy. Vol. XVIII. Notre Dame：University of Notre Dame Press，1993：1-18.

③ Adams E W. On the rightness of certain counterfactuals[J]. Pacific Philosophical Quarterly，1993，74：5.

④ Adams E W. On the rightness of certain counterfactuals[J]. Pacific Philosophical Quarterly，1993，74：4.

事实的论证形式：

行星轨道类似于质点的轨道。

如果行星是质点，那么，它们的轨道就是相似的。

因此，行星的轨道就类似于质点的轨道。

这个论证中的前提是基于反设事实的前提，而我们实际上也接受了这个前提，即承认了这个条件句的真值条件。[①]在这个例子中，反设事实的前提似乎就是正确的，因为基于反设事实所得出的事实的结论是正确的，即使并不存在关于那个前提的事实的内容。但是，正如 Adams 所指出的，科学中基于理想化的反设事实的论证，并不具有以上我们所考察的"否定后件式"的论证形式。

这种论证形式表明，根据行星与质点之间的结构相似性关系，质点的轨道属性可被合理地归因于行星。因此，前因变量（先行条件）中的理想化条件所描述的世界与我们所研究的现实世界系统之间具有充分的相似性，在某些条件下，会使得我们将反设事实的结论中所涉及的现象特征归属于真实系统。因为前因变量中的理想化的假设包含着关于真实世界系统的信息。因此，Adams 指出，"有些事实是关于反设事实所对应的点粒子的运动的，同时，它是否符合于这些事实将决定了从中所得出的结论是否正确。于是，反设事实除了在'否定后件式'的推理中所发挥的作用外，至少还存在一种事实的（实际的）用法，而且，它还传达了它们在这个语境中的一种正确性"[②]。于是，我们应该在某种条件下认可反设事实的正确性，从而也可以接受从基于理想化的反设事实的论证中所得出的结论。

实际上，这些推理在逻辑上是完全合理的。在科学表征的模型中，理想化的反设事实既具有真值条件，也包含着关于完整世界的部分信息（更重要的是关于现实世界的信息）。科学家将会依据复杂度不同的可能世界之间的相似性序列来解释理想化反设事实的信息性特征。

另外，通常来讲，对于基于理想化假设的物理科学中的理论陈述而言，基底世界就是现实世界。如果特定的理想化条件是真实的，那么，基底世界将会是什么样的呢？它们将会在哪些方面发生变化呢？某个具体世界（或其中的子集）在这些反设事实的前因变量中，通过将世界以反设事实的方式进行简化，从而实现理想化表征。于是，从这个条件句和关于现实陈述的某个

---

① 论证的前提条件必须是具有真值条件的句子，同时，反设事实条件句是具有真值条件的。

② Adams E W. On the rightness of certain counterfactuals[J]. Pacific Philosophical Quarterly, 1993, 74: 5.

集合中，我们就可以得出关于真实世界的表象的某些结论，其中所涉及的实体符合于在条件句中的结论性的理论陈述。这是因为，理想化的世界或模型（理论陈述在其中具有严格的真理性）与现实的世界或模型（理论陈述在其中是虚假的）之间具有一定的相似性。最重要的是，这种相似性促进了 Swoyer 所谓的"替代性推理"（surrogative reasoning）。正如 Swoyer 所阐述的："被表征的现象的构成部分之间所具有的那种关系模式是通过表征本身的构成部分之间的关系模式所映射出来的。同时，因为表征中对事物的组织就像是由它们所描述的事物所投射出来的影子，我们可以将关于初始情境的信息编码为关于表征的信息。大部分这类信息都被保存在关于表征的构成部分的推理中，因此，它就可以被还原为关于初始情境的信息。同时，这就证明了替代性推理，因为如果我们以关于表征的对象的真实前提来开始，那么，我们经过表征本身的绕道最终将会返回到关于初始对象的一个真实的结论上。"①广义上来讲，Swoyer 关于替代推理的观点符合于我们所考察的理想化的推理形式。这种推理其实弱化了表征的精确性，因为它们都牵涉到简单化。但是，我们可以在简化的基础之上进行推理，并通过某种方式将这些结果应用到更复杂的案例情境中。因此，基于理想化的理论陈述的逻辑形式实际上是一种特殊的反设事实。我们既需要考察理想化的反设事实的逻辑属性，也需要考察"这些反设事实何以在物理科学中的典型推理模式中发挥作用"这个问题。

（三）理想化的逻辑

在一个普遍语言 L 中，理想化的逻辑包含了一套标准的命题逻辑公理化系统，包括⊥（虚假）、−（真实），以及一系列标准的真值函数连接词¬、∧、∨、→和↔等，以及一个反设事实的条件运算符">"（正如在表达式"$\varphi>\psi$"中一样，它意味着"ψ 在反设事实的简化假设 φ 的条件下为真"），其语义学遵循一种分类选择函数，于是，理想化的反设事实的模型就是一种三元组模型$<W, f, \{ \} >$，其中的 W 是所有可能世界的集合——既包括完整世界，也包括部分世界，f 是一个函数，它将 W 中的子集赋予了 W 中的每个 φ 和每个 w。这种类选择函数挑选出了与 w 之间具有充分相似性的世界所组成的集合，而不是挑选出与 w 之间最具有相似性的世界所组成的集合。因此，

①　Swoyer C. Structural representation and surrogative reasoning[J]. Synthese，1991，87：452.

理想化的模型把握了简化而相似的世界，它们表现如下：

（LS1）如果 $w_j \in f(\varphi, w_i)$，那么，$w_j \in \{\varphi\}$；

（LS2）如果 $w_i \in \{\varphi\}$，那么，$w_i \in f(\varphi, w_i)$；

（LS3）如果 $f(\varphi, w_i)$ 是空的，那么，$f(\psi, w_i) \cap \{\varphi\}$ 也是空的；

（LS4）如果 $f(\varphi, w_i) \subseteq \{\psi\}$ 且 $f(\psi, w_i) \subseteq \{\varphi\}$，那么，$f(\varphi, w_i) = f(\psi, w_i)$；

（LS5）如果 $f(\varphi \wedge \psi, w_i) \subseteq f(\varphi, w_i) \cup f(\psi, w_i)$；

（LS6）$w_i \in \{\varphi > \psi\}$，当且仅当 $f(\varphi, w_i) \subseteq \{\psi\}$。

L 在否定后件式的条件下是封闭的，同时，它也包括以下这些规则：

（ID）$\varphi > \varphi$；

（MP）$(\varphi > \psi) \rightarrow (\varphi \rightarrow \psi)$；

（MOD）$(\neg \varphi > \varphi) \rightarrow (\psi > \varphi)$；

（CC）$[(\varphi > \psi) \wedge (\varphi > x)] \rightarrow [\varphi > (\psi \wedge x)]$；

（CA）$[(\varphi > \psi) \wedge (x > \psi)] \rightarrow [(\varphi \vee x) > \psi]$；

（CSO）$[(\varphi > \psi) \wedge (x > \varphi)] \rightarrow [(\varphi > x) \leftrightarrow (\psi > x)]$.

因此，在理想化的逻辑中，条件句具有以下的真值条件：$\varphi > \psi$ 在模型 M 中的 w_i 条件下是真实的，当且仅当 ψ 在充分类似于 w_i 的所有 φ 简化的世界中都是真实的。

理想化的逻辑推理是可靠的和完整的，那么，如何将这个普遍的条件逻辑应用于理想化的反设事实的具体情境中呢？在此过程中，理想化的反设事实的真值条件就可以被理解为如下这种形式。根据理想化的逻辑规则，其中的 I 是一个理想化的条件（或者理想化条件所组成的集合），同时，T 是一个理论陈述，$I > T$ 在模型 M 中的 w_i 条件下是真实的，当且仅当 T 在充分类似于 w_i 的所有 I 简化的世界中是真实的。

值得强调的是，理想化的逻辑包括以下两个矛盾的原则，而这些原则都描述了某些条件性的逻辑：

（CV）$[(\phi > \psi) \wedge \neg (\phi > \neg x)] \rightarrow [(\phi \wedge x) > \psi]$；

（CS）$(\phi \wedge \psi) \rightarrow (\phi > \psi)$。

实际上，这两个原则都存在着很明显的反例。实际上，CV 对于简化的反设事实而言并不具有真理性。例如，真实的情况是：如果 x 是一种流体，并且在其流动的方向上并不存在着对抗流体运动的黏性力，于是，x' 的行为就遵循了欧拉方程。同时，虚假的情况是：如果 x 是一种流体，并且在其流动的方向上并不存在着对抗流体运动的黏性力，而且 x′ 的行为遵循了纳维-斯托克斯方程式，那么，欧拉方程式将是真实的。于是，CV 对于理想化的反设事实而言就是无效的。另外，CS 对于一个简化条件与一个给定的陈述之间的结合而言，也并不具有真理性。其根本原因在于二者之间并没有相关性。例如，假设有五个基础的力与某个世界相关，而这个世界比我们的世界更复杂，同时，我们的宇宙正随着时间的推移而以非均匀的速率在扩张（膨胀）。尽管这两个陈述相结合对于现实世界而言是真实的，但我们并不会由此得出：如果有五个基础的力，那么，我们的宇宙就会随着时间的推移而以非均匀的速率不断扩张（膨胀）。于是，CS 对于某些简化的反设事实而言，也是失效的。

根本而言，反设事实的条件句是非单调的、非传递性的，同时也不具有对位性。这就意味着，这些条件句并不遵循以下的条件：

（可传递性）$[(\phi > \psi) \wedge (\phi > x)] \to (x > \psi)$；

（换质位性/对位性）$(\phi > \neg \psi) \to (\psi > \neg \phi)$；

（前因变量的强化）$(\phi > \psi) \to [(\phi \wedge x) > \psi]$。

非单调性与前因变量的强化有关。例如，纳维-斯托克斯方程在条件上依赖于一系列理想化的假设。但是，当这些假设与"所有的流体都是非黏性的"这个假设相结合时，它们就不再支持纳维-斯托克斯方程了，而是支持欧拉方程式，但是，主要观点仍然合理有效。引入其他的理想化假设可能会破坏初始的条件依赖性。[①]这些类型的条件句在理想化的逻辑中是真实的，因为在前因变量为真的所有可能世界中，其结果也是真实的。因此，理想化的逻辑就是非经典的，因为它包含着一个非单调的反设事实的运算符。当选择函数被应用于理想化逻辑的模型中时，它就具有非常重要的意义。正如理想化的逻辑中所定义的，它挑选出或选择那些最类似于我们所研究的那个基底世界的简化世界所构成的集合，于是，这就产生了关于简化的世界的本质的问题。

---

① 当然，在条件相符的情况中进行的因果推理与牵涉到理想化假设的推理在某些方面具有非常大的差异。前一种因果推理牵涉到非单调性，因为尽管逻辑后件中所指的事件要求逻辑前件中的事件的发生，但是，一个或者更多的因素可能会干扰这个事件的发生过程。逻辑后件中的事件被认为是在常规条件下发生的，即在没有干扰条件的情况下发生的。在理想化假设中所进行的推理中，我们也会面临单调性的问题，因为理想化假设可以通过一种类似于因果要素相结合的方式结合起来。但是，取决于理想化假设的理论陈述根本就不是关于常规条件的，或者更确切而言，它们是关于我们的世界中从未实现的条件的。

（四）理想化逻辑的非经典性

基于理想化假设的隐喻表征实际上是关于简单的抽象定律与一个复杂世界之间的表征关系的。本质上，理想化是科学方法实践过程中的一个重要组成部分，关于科学合理性的辩护过程中必定包含着理想化。[①]理想化包含了非经典逻辑的元素，非经典性是理想化的内在逻辑。从方法论的视角来看，理想化作为一种特殊的科学方法论，它在原则上并不可能被完全消除，同时，从经验主义的视角来看，理想化至少反映了现实的科学实践，而理想化的逻辑（至少部分地）体现了科学活动的逻辑。因此，理想化的逻辑是科学的典型特征，我们应该在非经典性的基础上将科学的逻辑包含在对科学方法论的解释中。

理想化表征是对真实而完整的世界进行简化所得出的模型或世界，因此，理想化的世界就等同于不完整的世界或部分的世界。否定完整世界的假设意味着我们要采用一个具有真值鸿沟的非经典逻辑，换言之，科学表征的理想化逻辑是非经典性的。

第一，理想化的逻辑违反了"排中律"。因此，理想化的理论陈述所建构的模型就忽略了一个或更多的属性或关系，而这些属性或关系是公认的现实世界中的元素（或者是其他完整的可能世界中的元素）。完整世界可被表述如下（其中的 U 是所有可能世界的集合）：对于一个特定语言 L 及世界 W 的所有相关命题 φ 而言，$W \in U$，$W \vdash \varphi$ 或 $W \vdash \neg \varphi$。显然，一个完整的世界确定了一个特定的语言中的每个命题的真值，而不论我们所面对的是什么关系或属性。与完整的可能世界假设相反，我们可以将"部分世界的假设"表述为：对于某个特定的世界 W，其中 $W \in U$（其中的 U 是所有可能世界的集合），以及某个特定语言 L 的所有命题 φ 而言，$W \vdash \varphi$ 或 $W \vdash \neg \varphi$，当且仅当 φ 中所提及的属性和关系都指称了世界 W 中的元素。

显然，在部分世界中，只有关于某个特定语言的那些命题才具有真值，而其中的特定语言指的是那个世界的域中的所有元素。根据 Swoyer 的观点，我们可以将每个世界看作是一个意向性的关系系统（IRS）来理解，特别是，这种关系系统是一种有序的四元关系：$W_i = <V_i, {}_iX_1, {}_iX_2, [\ ]_i>$。这里

---

① 关于理想化与建模在物理学中的作用的观点，请参阅 Fine A. Fictionalism[M]//French P, Uehling T, Wettstein H. Midwest Studies in Philosophy. Vol. XVIII. Notre Dame: University of Notre Dame Press, 1993: 16.

的 V_i 是世界 i 中的所有个体元素所组成的集合，$_iX_1$ 是世界 i 中的元素的 n 位一阶关系所组成的集合，$_iX_2$ 是世界 i 中的元素的 n 位二阶关系所组成的集合，[ ]$_i$ 是对世界 i 中的每个元素进行扩展分配的一种函数。至于一阶属性和关系，部分世界假设所表达的内容是，当一个句子指称一阶属性或关系，而这个属性或关系并非 $_iX_1$ 这个集合中的元素时，这个句子就部分地确定了那个 W_i，φ 要么为真要么为假。

部分世界的假设反映了哲学家的直觉，他们认为，如果某个 φ 中所提到的属性或关系并不指称某个特定世界 W_i 的域中的元素所构成的关系集合，那么，φ 在 W_i 中就既不为真也不为假。如果这种直觉是正确的，那么，理想化的逻辑可能是一个具有真值鸿沟的逻辑。例如，相对于没有摩擦力的世界而言，在某个特定的语言中，关于摩擦的理论陈述就既不为真也不为假。

第二，理想化的逻辑是一种部分的逻辑，它包含了一种非经典的条件运算符，而这种运算符类似于一种特殊的反事实运算符。正如罗素所言，我们应该始终偏爱逻辑建构，而非推论的实体。于是，我们的主要目标就是要为理想化提供解释，而在此过程中并不需要引入理想化的对象本身。这种观点将有助于我们为关于简化的世界的反事实条件句提供一种语法学解释，同时也为与部分的可能世界相关的理论陈述的真值条件提供一种语义学解释。①

实际上，应用了理想化假设的推理本身就是合理的科学实践的一部分，如果我们想要对科学合理性形成一种全面的理解，我们就要利用理想化的假设在科学语境中所发挥的作用来理解关于简化的系统的推理何以能够被应用于真实世界，从而进一步理解理想化的表征何以能够形成关于真实世界的经验结果并对我们产生实践意义呢？

第三，关于理想化的逻辑的条件句是非单调的。在诸如一阶逻辑这样的单调逻辑中，强化前提是成立的，因而，将前提添加到一个有效的论证上也并不会影响这些推论的有效性。如果 x 能够从前提集合 $\{\varphi_n\}$ 中得以证明，那么，x 就可以从（$\{\varphi_n\}$ & Ψ）中得以证明，而不论 Ψ 是什么。更正式来讲，这个原则可以理解为以下这种单调性的形式，即

$$\frac{\{\varphi_n\} \vdash \chi}{(\{\varphi_n\} \& \psi) \vdash \chi}$$

---

① 这就类似于 Lewis 所阐明的那种日常的反设事实条件句的形式化语法学和语义学，请参阅 David L. Counterfactuals[M]. Cambridge: Harvard University Press，1973. 同时，这里所发展的逻辑可被看作是对整合了模型的部分性的逻辑的一种扩展。

这里的$\{\varphi_n\}$是一个句子集合，而 x 和 Ψ 都是句子（或者句子集合）。一种单调性的形式也适用于条件句的情境。物理科学中的理论陈述的情境很显然违反了单调性。在对有关某种实体的现象进行表征的过程中，我们常常以某个理想化的条件句作为其前提假设，形式上则表现为一种微分方程式。但是，通过添加新的前提条件来增加更多的信息就可能会破坏这样的条件依赖。因此，在这个意义上，理想化的逻辑也将被看作是非经典性的，而这种非经典性将会体现在具有理想化逻辑的条件句的非单调性中。

小　　结

模型致力于目标的建构，为了把握这些目标，理论家可以间接地通过分析模型来分析目标。这种分析具有许多不同的形式，这取决于模型的类型、科学家的兴趣以及实践因素，包括时间、可实现的计算力等。我们有时候需要对模型进行完整分析，在此过程中，我们将会了解模型的所有静态属性和动态属性、许可的状态、状态之间的转换、产生状态之间转换的因素、状态和转换对彼此之间的依赖性。在其他情况中，具体目标将会指定研究模型的某个特征子集，并不存在分析模型的完全普遍的方法，除非在最简单的情况中。关于建模分析，我们需要注意的有两点：建模实践有助于我们了解关于模型本质及模型与世界之间的关系；同时，存在广泛的建模实践，包括建构关于一个简单目标的一个简单的高度精确的表征，以及对不存在的对象进行建模。在此过程中，通过对具体的、数学的和计算的建模中所具有的相似性与差异性进行考察，我们更深刻地理解和把握隐喻建模的理论实践。实际上，隐喻建模过程中不可忽略的一个重要因素是理想化，理想化的深入考察，便于更深入地理解隐喻建模在科学解释中的特殊作用。

基于理想化假设的隐喻表征实际上是关于简单的抽象定律与一个复杂世界之间的表征关系。本质上，理想化是科学方法实践过程中的一个重要组成部分，关于科学合理性的辩护过程中必定包含着理想化。因此，理解理想化的假设在科学语境中所发挥的作用，有助于我们对科学合理性形成一种全面的理解。理想化的表征能够形成关于真实世界的经验结果并对我们具有实践意义。从方法论的视角来看，理想化作为一种特殊的科学方法论，它在原则上并不可能被完全消除；同时，从经验主义的视角来看，理想化至少反映了现实的科学实践，而理想化的逻辑（至少部分地）体现了科学活动的逻辑。实际上，物理学中的不同子领域中的大量例证表明，理想化的理论陈述只有在对完美世界的简化世界中才是真实的。于是，如果我们将基本粒子看作是质点，那么，基于这个假设基础而做出的理论陈述只有在简化（省略）某些属性或者关系的模型中才具有严格的真理性，同时，当我们想要为理想化语境中的理论陈述提供逻辑上的说明时，部分的世界就提供了一个合理的语义学基础。那么，关于部分世界的理论是如何根据它们的经验意义来表征真实世界的现象的呢？本质上，理想化的理论应该被整合为一种特殊的反设事实条件句。理解反设事实条件句的逻辑特征，将有助于我们对理想化的本质特征及其在科学中所发挥的方法论作用形成一种更为完整的理解，从而进一步把握理想化的隐喻建模的逻辑框架。

第四章　科学解释的数学分析

　　科学解释是科学哲学研究的重要组成部分，是对科学理论的阐述及说明。数学理论的科学解释与说明有助于我们理解数学理论的本质，探索数学理论的应用，进而推动数学理论的发展。而对科学解释而言，语境分析方法无疑是一种上佳选择，在科学解释的数学分析中引入语境分析方法，有助于我们了解数学的本质特征以及数学基础，而以数学分析中的范畴论为例，基于语境的分析方法可以诠释范畴论的数学基础进路，并为范畴论数学基础进行辩护，在此基础上，我们认为语境框架是对范畴论数学基础进行科学解释的重要支撑。就范畴论而言，其对数学结构的阐述以全新的解释模式对数学实践进行了重解，同时消解了集合论悖论引发的数学基础危机，为数学基础研究提供了一种可能的崭新解释。基于语境基底解释范畴论的数学基础模型，就是对具体的范畴论公理系统展开语义说明，解读其被提议为数学基础的动因。此外，在语境平台上解释范畴论数学基础模型，便于把握范畴论数学基础的内在蕴涵，探索语境分析方法在数学基础研究中的实质功能，更重要的是，确证范畴论在数学中的基础地位。

第一节　重建范畴结构主义的意义

　　数学基础争论贯穿整个数学哲学的发展历程，早在毕达哥拉斯学派时期，有关数学基础的探讨就初见端倪。19世纪，数学在深度和广度上都呈现出高速发展的态势，纷繁复杂的数学分支极大地推进了哲学家找寻数学基础的步伐。结构主义作为当前数学哲学的主要研究趋势，推动着数学基础研究更加深入和多元地发展。范畴论与数学结构主义的结合产生了范畴结构主义的研究方向，为数学构建了一种新的解释路径，使数学基础不再局限于集合论的研究模式，为解决数学基础争论提供了新的可能。

一、范畴结构主义的提出

20 世纪初，结构主义的发展经人文社会科学逐步推广到自然科学，并悄然登上数学哲学的研究舞台。布尔巴基学派（Bourbaki School）作为研究数学结构的先导，最先使用集合论的语言刻画数学结构。随着数学学科的不断发展，范畴论开始在数学实践中崭露头角，并先后应用于拓扑学、同调代数、代数几何等数学分支。至 60 年代，拉夫尔（F. William Lawvere）提议范畴论作为数学基础，认为范畴论为数学结构提供了新的阐释方式。在此之前，数学结构主义与范畴论各自均已历经数十年的发展，重建范畴结构主义意在解决始终围绕在数学哲学中的基础争论，为数学基础提供一种新的解释路径。

结构主义是一种整体性的思维方式，这种思维方式的出现是对当时主要研究的"原子论"方法的一种回应，在此之前，科学研究的方式都是独立进行的，不兼顾整体，整体性研究思路正是在这种科学背景下应运而生的。结构主义思想最早出现在法国，主要涉及人文社会方面，索绪尔将结构主义思想运用在语言上。可以说，结构主义不是一个流派，而是一种方法论，并且这种方法可以应用到很多方面，20 世纪 30 年代左右，结构主义开始在多个学科中出现，比如说人文学科中的语言学、心理学等学科，自然学科中的数学、物理学等学科，这充分表明了结构主义思想在众多学科中的应用性，有力地论证了结构主义的高度有效性。结构主义强调的是整体思想，在这一思想出现之前，数学发展史都是以分支学科作为研究路线，但是这种传统的研究思路忽略了整体本身作为一个对象的研究价值，带有片面性，结构主义的整体研究模式很好地弥补了这一缺陷。

在数学这门学科的不断发展过程中，兴起了一种新的数学哲学即数学结构主义。这使得数学哲学的发展趋势发生了很大的转变，具体就是从数学对象转向这些对象之间的关系和结构，由此得出，数学哲学关注的重点不是对象本身的性质而是这些对象之间的关系。19 世纪前期，数学还是以具体的模块分类作为研究方式，随着研究内容的不断深入，数学分支间的界限越来越模糊，联系也越发频繁，分类研究方式已不能满足数学的发展需求，数学研究需要一种整体的研究思路，而结构主义的研究方式正好与之相契合。至20 世纪，结构主义的研究模式已悄然登上数学哲学研究的舞台，这种数学思考方式终得以崭露头角。数学研究需要一个统一的框架，在这个框架内所有的概念、公理、证明等都采用同一个标准来阐述，结构主义在这个意义上满足这一需求。结构主义的主要观点就是：数学是有关结构的科学。数学结构主义的兴起与发展离不开布尔巴基学派的努力，20世纪30年代中期，布尔巴基学派横空出世，当时法国的数学期刊上刊载了不少该学派的学术论文，这些论文因内容翔实、见解深刻，引起了数学界的高度关注。布尔巴基学派的主要贡献在于他们对数学结构主义思想的引进，认为数学可以统一于结构。一般认为，布尔巴基学派开了数学结构主义的先河，它的成员主要是一群年轻的法国数学家，这似乎与古希腊时期的毕达哥拉斯学派有些相似，都是由数学家们组成的学术团体。在第一次世界大战中法国损失了众多的科学人才，直接导致的后果就是科学领域的研究迅速陷入低迷期，并且与世界先进的学术研究水平存在很大的差距；数学的发展也毫不例外，意识到这一问题的严峻性后，法国数学界一批先进的学术分子开始了对数学的全面考察，他们研究所有数学领域上的先进思想。为了系统地整理这些先进思想，这批年轻的学术分子计划从头开始，对数学领域涉及的所有内容进行梳理，将它们整齐划一地罗列出来。但是这个想法的实现对资历尚浅的数学家来说无疑是困难重重的，想要全面认识数学科学，准确把握数学各分支间的内在联系，就必须找到一个统一的原则。在这个方面，布尔巴基学派显然受到了希尔伯特（David Hilbert）思想的影响。希尔伯特在其著作《几何基础》（*Grundlagen der Geometrie*）中表述了几何中的证明依靠的不是空间直观或一些预先内容，而是利用公理和逻辑推导。受希尔伯特这种数学思想的熏陶，布尔巴基学派在致力于统一发展数学的这一问题上最终决定采用数学结构来刻画数学各分支间的联系，以便对数学做出统一的解释。这一浩大的数学工程循序渐进地进行着，布尔巴基学派在1939年开始推出"数学原理"系列丛书，该系列丛书在现代数学的发展史上发挥了至关重要的作用，设立了20世纪的数学标准。基于数学结构的思想方法，布尔巴基学派抛弃了先前的数学经典划分，将数学划分为三大类结构，认为整个数学都可以建立于其上，这三种结构被称为母结构，它们分别是：代数结构、序结构以及拓扑结构。代数结构主要包含群、环、域、格等；序结构主要探讨的是偏序、全序等；拓扑结构涉及收敛、连通、连续等。这些结构关注的是元素间的关系，因此数学的不同分支所包含和涉及的结构也不尽相同，一些可能只包含某一种单一的结构，一些可能涉及一种以上的结构，以及这些结构之间的组合。以实数为例，其中的加减乘除运算满足域公理，就是代数结构的应用；实数可以比较大小，比如 2<3，这样涉及的是序结构；实数中能够引出极限、连续这些数学概念，用到的是拓扑结构。这种利用结构来划分的数学思想彻底推翻了先前的数学经典划分，站在了一个全新的角度上来统摄整个数学。

当前数学哲学的主要研究趋势是结构主义，数学结构主义的主旨是：数学的研究对象是结构，任何数学分支都可以依据结构进行表述。结构主义至少在两个方面与当前的数学实践是一致的：①对象是由同构决定的；②数学对象的一些特征，关于数学对象的一些事实，仅仅依赖于它们的结构。①根据结构及结构存在性的定义方式，哲学家区分了不同的数学结构主义，这里主要讨论集合结构主义和范畴结构主义。集合结构主义源于布尔巴基学派，该学派将结构看作是对象的域，并在这个域上定义了关系和函数。集合结构主义者认为集合是构建数学分支所需结构的基础，结构上的概念和运算可以被还原为更基本的概念，如集合和从属关系。显然，集合、函数和关系都是集合论中的术语，因此，集合结构主义的基础进路最终还是将数学还原到了集合论之上。20 世纪 30 年代，抽象代数的兴起使数学家意识到数学结构的特性和定律具有普遍性和必然性，更重要的是，这些性质明显不同于集合论的起源。20 世纪 40 年代，艾伦伯格（Samuel Eilenberg）和麦克莱恩（Saunders MacLane）明确引入了范畴的概念，当时范畴仅是作为描述函子的辅助工具，还未显示出其广阔的应用前景。麦克莱恩和艾伦伯格将函子看作是集合论上的函数，因此需要设定函子的定义域及值域，而集合论中的定义域和值域都是集合，他们很快意识到，根据集合论的思想，所有群的范畴、所有拓扑空间的范畴等都将是不合理的构造，因而将解决这一问题的思路开始转向范畴论。数学结构主义者表示，数学考察由同构决定的对象，以及具有相同结构和不同结构之间的对象关系，而阐述不同结构之间的对象关系必然需要一种语言和方法，范畴论恰好可以满足这一要求。可以说，范畴论阐明了如何理解给定结构的共同特性以及不同类结构之间的相互联系。到了 50 年代末，格罗腾迪克（Alexander Grothendieck）及其学派开始在代数几何学中实质性地使用范畴论，明确定义了阿贝尔范畴（Abelian category），将范畴论真正地推向了数学基础领域。麦克拉蒂（Colin McLarty）指出，"从概念上

---

① Bondecka-Krzykowska I, Murawski R. Structuralism and category theory in the contemporary philosophy of mathematics[J]. Logique & Analyse, 2008, 51（204）：365.

讲,阿贝尔范畴的公理化不像阿贝尔群公理。它是所有阿贝尔群和其他相似范畴的公理化描述。我们不关注对象和箭头是什么,只关注对象间箭头的存在形式"①。由此可见,范畴结构主义的核心思想是依据存在于对象间的函子刻画结构,但不关心这些对象是什么或由什么组成,也就是说,范畴结构主义只关注结构以及结构之间的关系,不关注结构的构成。范畴的对象不需要像集合那样包含元素,态射也不需要是函数。相对于集合结构主义,范畴结构主义的优势还体现在:首先,同构概念保证了范畴的结构概念在句法上是恒定的;其次,范畴论对结构的描述范围更广,范畴结构主义所描述的一些结构在集合结构主义中并不能算作结构;最后,范畴论为结构提供了统一概念,能够刻画不同数学分支的共同结构特性。

探讨范畴论是否或在什么意义上可以作为数学基础,要求我们首先明确"基础"的蕴涵。在数学哲学家看来,基础是具有初始对象、关系的理论,并且该理论提供了定义和证明的准则,使其他所有数学理论都能够在这些原始术语中得到阐释;另外,基础必须提供标准,使数学家可以根据该标准获得公理化方法的实质。②根据结构主义的主旨——数学的研究对象是结构,数学哲学家一致认为基础必须体现数学结构主义的本质。值得注意的是,虽然数学哲学家对"基础"的蕴涵没有争议,但他们表达"基础"的方式却不尽相同,并由此形成了不同的数学基础主张,而这些不同的主张在各自的发展过程中彼此借鉴,又相互影响。范畴论的基础研究始于拉夫尔,他认为范畴论可以清晰地表达数学结构主义的研究进路,并且这个进路可以拓展和应用于逻辑及数学基础。1964 年,拉夫尔发表了《集合范畴的基本理论》(*An Elementary Theory of the Category of Sets*),一般简称为 ETCS,将范畴论正式地引进数学基础的争论中。1966 年,拉夫尔提出了另一种基于范畴论的结构主义基础进路——范畴的范畴作为基础(Category of Categories as a Foundation),记为 CCAF。在拉夫尔之后,范畴结构主义的基础研究进路得到了一些数学哲学家的大力支持,同时他们主张范畴论的数学基础相对于传统的集合论基础是自主的。当然,基于范畴论的基础研究进路并非一帆风顺,需要我们进一步具体阐述。

---

① McLarty C. The uses and abuses of the history of topos theory[J]. British Journal for the Philosophy of Science,1990,41(3):356.

② Landry E. Category theory: the language of mathematics[J]. Philosophy of Science,1999,66(3):15.

二、范畴结构主义的研究进路

当前的数学哲学研究领域中，越来越多的学者开始聚焦范畴结构主义的研究进路。拉夫尔、麦克拉蒂等坚持范畴论可以替代集合论作为数学基础，并认为范畴结构主义的研究进路满足了现代数学的许多应用目的，使得范畴论在数学基础争论中日益显著。针对范畴论的数学基础，一些数学哲学家持质疑甚或反对的态度，对此我们将具体考察这些否定意见并进行合理的辩驳，力求阐明范畴结构主义的研究进路。

第一，梅伯里（John Mayberry）的基础思想有重要的意义，他主张只有集合论可以作为数学基础，拒斥范畴论等一阶理论作为数学基础的可能性。当前数学哲学家普遍接受结构主义的研究思想，认为结构主义为数学提供了最好的解释。在此基础上，梅伯里表示结构是由集合构成的，阐释数学结构只能采取集合论的进路，这一观点很容易遭受驳斥，因为范畴论完全可以依据其"箭头"①理论阐述数学结构，体现数学结构主义的主旨，表明数学概念和理论仅仅是数学"结构中的位置"，无须涉及任何集合的概念。进一步，梅伯里指出"实现基础作用的任何一阶理论都是不连贯的。事实上，没有公理化的理论能够在数学中逻辑地起到基础的作用，无论是形式的或非形式的，一阶的或高阶的。这里我所指的公理化是在传统的、现代的意义上，在这个意义上群论、范畴论、拓扑斯（Topos）理论都是公理化理论。很显然，不能用公理化的理论解释什么是公理化的方法"②。梅伯里的质疑可以理解为：①范畴论和范畴的范畴理论都是一阶的，而结构概念只能通过二阶的范畴性概念获得，因此范畴论不能充分表述数学所需的结构概念；②不能使用公理化的理论解释公理化的方法，因而只有朴素直观的集合论可以提供数学基础，以此为其主张的集合论数学基础做辩护。关于这两点质疑，我们认为：①范畴性是结构的外在概念，数学所需的结构概念不需要借助范畴性来获得。在范畴论的定义中，对象是由同构决定的，可以通过"箭头"的方式得到阐述，而"由同构决定"是结构的内在性质，因此数学中的结构概念可以通过范畴论的内在性质获得。②通过对比范畴论与集合论来回应有关公理化的质疑。梅伯里坚持集合论的数学基础源于其自身的直观性，因集合被

---

① "箭头"就是对象间的态射。

② Landry E. Category theory: the language of mathematics [J]. Philosophy of Science, 1999, 66（3）: 19.

直观地定义为"有确定大小的，并包含确切的、在性质上可区分的对象"，如果我们将范畴直观地定义为"在大小上不确定，包含确切的、根据函子可区分的对象"①，那么，根据梅伯里的观点，范畴论也是直观地可以作为数学基础。此外，如果我们用"集合"替换"范畴"，用"集合的全域"替换"范畴的范畴"，那么集合论将被看作是公理化的理论，而集合的全称就是数学结构。显然，直观性并不是集合论的特权，公理化也不是范畴论独有的，梅伯里用集合论的直观性质疑范畴论的公理化，进而拒斥范畴论数学基础的观点并不成立。在我们看来，基础理论必须是公理化的，因其能够保证理论的一致性、独立性和完备性，最大程度上保有真，可以说，公理化是现代数学不可或缺的一种方法论。因此，梅伯里的质疑不会挫败范畴论的基础进路。

第二，麦克莱恩基于数学的多变性，声明数学不需要基础。他在数论、算术、分析等数学分支中揭示了数学的多变性：以自然数的解释为例，自然数可以是基数，表示几件事情、几个东西等；也可以是序数，表示第几名、第几行等。据此，麦克莱恩认为自然数既不是基数也不是序数，它是形式，可以根据实践需要给予不同的解释。再考虑算术中的二元运算，向量空间中的张量积、集合中的笛卡儿积、拓扑空间的乘积等，这些运算具有相同的形式，统一可以称作外积，应用于不同的数学分支中；在微分学中，y'可以用dy/dx表示，如果y是距离，x是时间，那么y'代表速度；如果y是速度，x是时间，那么y'代表加速度；如果y是x的一次方程，那么y'表示该方程所代表的直线的斜率。可见，同一形式既可以根据不同的实践需要提供不同的解释，又能够应用于不同的学科领域。对此，麦克莱恩指出"数学在本质上是形式的，这源于其多变性的特征"②。考虑数学的研究对象与基础之间的关联，他进一步强调"数学不需要基础，任何提议的基础都是想要表明数学是关于这个或那个基础事情的，但是数学不是关于事情而是关于形式的"③。麦克莱恩的基础思想可以理解为：数学的多变性表明数学是关于形式的，因而数学不需要基础。此外，他根据形式赋予了范畴论组织者的角

① Landry E. Category theory: the language of mathematics [J]. Philosophy of Science, 1999, 66 (3): 20-21.

② MacLane S. The protean character of mathematics [M]//Echeverria J, Ibarra A, Mormann T. The Space of Mathematics. Berlin: de Gruyter, 1992: 8.

③ MacLane S. The protean character of mathematics [M]//Echeverria J, Ibarra A, Mormann T. The Space of Mathematics. Berlin: de Gruyter, 1992: 9.

色，认为范畴论能够确定所有数学分支的共同结构要素，使数学内容系统化和统一化。既然要根据形式对数学进行系统化，那么就需要明确指明什么是相同的形式，比如，2 和 1+1、5−3、2/1、$\sqrt{2} \times \sqrt{2}$、4/2、$6(a+b)/3(a+b)$ 是否具有相同的形式？不可否认它们表示同一个自然数，但是就形式而言，它们并不相同。显然，通过"形式"表述数学并不可行，依据"形式"对数学内容进行体系化和统一化也不能实现，因此我们认为"数学是关于形式的"这种理解方式并不合理。再考虑数学结构主义的主旨——数学的研究对象是结构，数学哲学家坚持结构主义是数学最好的解释方式。麦克莱恩论证自然数是形式，而在现代数学中我们可以使用公理化的方法表明自然数是由同构决定的数学结构。同构是范畴论的核心概念，在范畴结构主义中应用非常普遍，有明确的定义，相对于"形式"能够更加具体、灵活地刻画数学，充分描述不同数学分支中的共同结构。对于同构的结构，范畴论还能够提供不同的解释以满足不同的公理化需求。此外，范畴论还可以表述不同结构之间的对象关系，使数学对象根据结构互相联系，充分地体现"数学的研究主旨是结构"的声明。因此我们根据结构，而不是"形式"统一数学的研究内容。所以，麦克莱恩提出的"数学是关于形式的"观点并不成立，而其"数学不需要基础"的立场自然也没有根据。

第三，兰德里（Elaine Landry）拒绝拉夫尔的范畴论数学基础，认为数学的内容或结构不能还原为集合的全称或范畴的范畴。受麦克莱恩与梅伯里的影响，兰德里认为范畴论是数学语言，但不支持其作为数学基础的主张。沿用梅伯里对分类理论和消除理论的认识，兰德里认为区分这两个理论对于理解当前的基础争论至关重要。根据梅伯里的观点，分类公理是现代数学的核心，为数学提供了研究主旨，它通过固定某些形态学的特性选取一些不同种类的结构，再从这些不同的结构之间找寻共同特性。数学家利用分类理论定义了群、环、范畴、拓扑等不同的结构，将整个数学划为一张结构的网，既可以分类不同的结构，又可以显示结构之间的关联。消除理论能够消除构成数学主旨的那些理想或抽象的对象，为数学对象所涉及的传统问题提供满意的解决方案。① 消除理论消除了结构系统中那些非结构的特性，使数学中只有结构，数学对象只是"结构中的位置"。分类理论和消除理论共同作用，使数学只涉及结构，完全凸显了"数学的研究对象是结构"的主旨。在

① Mayberry J. What is required of a foundation for mathematics？[J]. Philosophia Mathematica，1994，2（1）：20-23.

兰德里看来，分类理论和消除理论能够提供谈论数学主旨的方式，因此，基础应该充分体现理论的分类和消除作用。不同于梅伯里对范畴论数学基础的质疑，兰德里指出"谈论范畴的结构需要一些范畴自身不能提供的结构概念。因此，尽管范畴的范畴可以分类我们谈论的作为对象的范畴，但不能通过对所有这些对象的结构进行公理化定义来消除作为对象的范畴"①。兰德里的质疑可以理解为两点：第一，范畴阐述的结构概念不能谈论范畴的范畴；第二，范畴的范畴没有使用消除理论，这与其主张的"基础应该充分体现理论的分类和消除作用"不一致。基于此，兰德里拒绝了范畴论的基础进路。在数学中，范畴论中的"对象"及对象间的"态射"可以描述一般概念和理论的结构。就范畴的范畴而言，"态射"似乎并不能充分解释其对象间的关系，进一步地，范畴论者使用"函子"阐释作为对象的范畴之间的关系。因此，范畴的范畴可以通过"范畴"以及范畴间的"函子"得到表述。事实上，兰德里曾指出"我们也可以借助格罗滕迪克全称（Grothendieck Universes）解释所有的范畴"②。综上，无论根据其前后矛盾的声明，还是借助范畴论本身的概念解释，我们都能断定兰德里的第一点质疑根本站不住脚。消除理论的目的是消除结构中的非结构特征，就一般的范畴而言，公理化的定义保证了其结构中只包含"对象"和"箭头"，并且范畴的对象不涉及该结构之外的特性，也就是说，一般的范畴使用了消除理论，使范畴结构中没有非结构的特性。例如，通过对完全有序域公理化的定义可以得到自然数的结构，该结构不涉及任何自然数自身的特性，只与自然数所"占据的位置"有关，完全诠释了"数是结构中的位置"的观点。考虑范畴的范畴，其包含作为对象的"范畴"和表述范畴结构间关系的"函子"，也就是说，范畴的范畴相较于一般的范畴而言在于，其"对象"是范畴，"箭头"是范畴间的函子，其中作为对象的范畴就是一般的范畴，根据前面的论述，一般的范畴必然使用了消除理论，使其没有非结构的特性，而函子只与结构之间的关系有关，不涉及任何结构之外的特性。由此，范畴的范畴也使用了消除理论，并且不包含任何非结构的特性。因而，我们完全有理由认为兰德里的第二点质疑也是失败的。根据以上论述，兰德里对范畴论数学基础进路的质疑并不成立。兰德里认为范畴论的组织者角色使其能够将我们谈及的数学概念和理论的结构体系化，并在这个意义上声明"范畴论是数学语言"。兰德里

---

① Landry E. Category theory: the language of mathematics[J]. Philosophy of Science, 1999, 66 (3): 21.

② Landry E. Category theory: the language of mathematics[J]. Philosophy of Science, 1999, 66 (3): 20.

的观点可以总结为：范畴论是数学语言，具有基础的意义，但不能作为数学基础。一方面，我们指出了兰德里对范畴论数学基础质疑中的不足，认为范畴论可以提供数学基础；另一方面，我们认为兰德里"范畴论是数学语言"的声明是合理的。麦克莱恩根据"数学是关于形式的"赋予了范畴论组织者的角色，承接这一思想，兰德里认为范畴论可以依据这一角色谈论数学结构。必须指明的是，我们找出了麦克莱恩和兰德里论述过程中的弱点：数学不是关于形式的，数学是关于结构的，范畴论的"箭头"和"同构"等概念可以处理数学结构，换言之，范畴论能够依据自身概念充分地阐释数学结构，不需要借助"形式"甚至组织者等范畴论之外的概念。由此可见，范畴论可以描述数学的主旨——结构，因而可以被看作是数学语言。综上，范畴论是数学语言与范畴论的数学基础进路并无任何矛盾。相反，范畴论作为一种语言，为阐释数学结构主义提供了更方便、有效的工具，更好地支持了范畴论的数学基础主张。

　　第四，赫尔曼（Geoffrey Hellman）指出范畴论依赖集合论的函数概念意在表明范畴论依赖集合论，这样就间接地表述了他的观点"范畴论不能作为数学基础"。他明确声明，"函数的概念是假定的，至少非形式地，在公理化范畴论的时候"[1]。首先，我们来关注其中"至少是非正式地"这个表述，该表述意味着公理化范畴的时候没有正式的假定函数的概念，因为如果公理已经正式假定，那么一些数学哲学家比如说赫尔曼肯定会明确地指出来。这个事实说明公理并没有假定任何事情，它只是受到了某个非正式的函数思想的启发，也可以解释为是函数的概念激发了范畴的箭头概念。麦克拉蒂对此质疑做出了回应，即"一个最一般的函数概念，早于集合论出现，必然激发了范畴论。但是激发不是假定"[2]。例如，一阶逻辑的句法发展是由其所需的语义学激发的，但我们并不能仅依据历史的事实就推知一阶逻辑的句法假定了语义学概念。集合范畴的基本理论受集合和函数的一个非正式的思想所激发，甚至一般的范畴公理在二十年前受到了某一个非正式函数的思想激发。其次，假如我们将赫尔曼的声明理解为"在公理化范畴的时候，函数的概念是假定的"，也就是说我们将"非正式地假定"理解为是"正式地假定"，这种理解表明范畴论必须求助于公理化集合论才可以定义函数，对

① Hellman G. Does category theory provide a framework for mathematical structuralism？[J]．Philosophia Mathematica，2003，11（2）：133.
② McLarty C. Exploring categorical structuralism[J]．Philosophia Mathematica，2004，12（1）：50.

此我们通过将一个范畴中的函数概念看作是另一个范畴中的箭头来拒斥这一理解。例如，麦克莱恩把范畴"集合"C中的所有小集合当作自己的对象，这些集合间的所有函数看作是箭头，接下来在范畴C中定义一个内在范畴C_1，那么范畴C_1中的函数概念就可以看作是大范畴C中的箭头。这个例子表明范畴论可以自主地提供函数的说明，无须借助策梅洛-弗兰克尔（ZF）公理系统。综上所述，无论是"正式地假定"，还是只是"非正式地假定"，赫尔曼的反对意见都不能成立。

第五，费弗曼（Solomon Feferman）表示结构主义的数学基础必须说明"集"（collection）和"运算"（operation）的概念，然而范畴论并不满足这一要求。公理化集合论提供了这两个概念的解释，因此范畴论要为数学提供基础必定离不开公理化集合论中的集合运算的概念。很明显，费弗曼所指的"集"与赫尔曼所指的"集合"不同，事实上，费弗曼认为集的概念比集合的概念更加一般。他明确声明"问题在于当解释结构或者特殊结构比如群、环、范畴等的一般概念时，已经含蓄地假定了我们熟悉的集合运算的概念"①。麦克拉蒂对此做出了回应，"显然我同意费弗曼的声明，数学基础应该建立在运算和集的一般理论上，我认为当前最好的一般理论只是箭头和对象。它就是范畴论"。同时，麦克拉蒂认为范畴论包含运算和集。美国哲学家塞思（Gerhard Osius）提出了一种特殊类型的范畴，公理化集合的初等拓扑斯，一般记作 ETS（ZF），并证明它在逻辑上等同于公理化集合论，这个证明结果很好地说明了 ETS（ZF）也可以提供运算和集的概念解释，那么费弗曼所认为的"范畴论不能说明运算和集的概念"就是站不住脚的。

第六，夏皮罗（Stewart Shapiro）区分了弗雷格和希尔伯特关于公理的观点，他认为弗雷格的数学理论是断言的，希尔伯特的数学理论是代数的，夏皮罗的观点是无论元理论是什么，它都必须是断言的。数学不能被代数式地表达，因为数学中的元定理不能被代数式地理解。范畴论是讲述结构的，它是代数的，所以范畴论不能作为数学的元理论。而公理化集合论是断言的，因此范畴论是基于公理化集合论的。夏皮罗认为断言的公理都有固定的域，公理化集合论是断言的，所以公理化集合论也有相应固定的域。哥德尔第二不完备性定理表明在集合论公理中不能证明集合论模型的存在，比如说累积分层。但是公理化集合论是断言的，所以集合论能够保证累积分层的存

---

① Feferman S. Categorical foundations and foundations of category theory[M]//Butts R，Hintikka J. Foundations of Mathematics and Computability Theory. Dordrecht：Reidel，1977：150.

在。上一段中提到的公理化集合论的初等拓扑斯，可以证明累积分层也是这个理论的模型，因此，公理化集合论以及公理化集合论的初等拓扑斯理论都能描述相同的域，那么这是否表示这种特殊的范畴也是断言的，如果真是这样，范畴论肯定是不依赖集合论的。所以，我们有理由认为夏皮罗的这种区分并不能表明范畴论是基于集合论的。

通过以上论述，我们对范畴论数学基础所面临的质疑给出了恰当的回应，同时阐明了范畴结构主义的研究进路，也更加坚信范畴结构主义是数学哲学中最具前途的基础研究方向。

三、范畴结构主义的自主性

近年来，范畴结构主义在数学哲学领域备受关注，其作为一种新的基础研究进路呈现出良好的发展趋势，为越来越多的数学哲学家所认知和接受。但是，一些数学哲学家开始对范畴论的自主性提出了质疑，认为范畴论的数学基础依赖集合论的背景概念，对此我们将专门探究范畴结构主义的自主性，以论证范畴论数学基础进路的可行性。

（一）逻辑的自主性

假设理论 T 是数学基础，那么数学理论 T_1、T_2……都可以基于 T 而得到阐释；反之，如果存在一个理论 T_0，使得 T、T_1、T_2……中的概念和逻辑推理等都可以还原到 T_0 的概念上，也就是说，理论 T、T_1、T_2……可以在 T_0 中得到阐释，那么我们称 T_0 为数学基础。显然，数学基础理论不能进一步还原于其他理论，即作为基础的数学理论必须是自主的，并且该理论在本体论、认识论和方法论上均不涉及自身未能提供的概念和理论前提。林内博（Øystein Linnebo）和佩蒂格鲁（Richard Pettigrew）指出，一个假定的数学基础如果想要真正的自主不仅在逻辑上要求是自主的，在理解和辩护上它也不能借助其他任何理论前提。[①]据此，我们将以 ETCS 为例探讨范畴结构主义在逻辑、概念以及辩护上的自主性。

---

① Linnebo Øystein，Pettigrew R. Category theory as an autonomous foundation[J]. Philosophia Mathematica，2011，19（3）：228.

（二）概念的自主性

对范畴论逻辑自主性的质疑主要来自费弗曼和赫尔曼，他们认为范畴论的数学基础存在着"不协调"（mismatch）和"逻辑依赖"（logical dependence）。赫尔曼表示，数学基础必须断言数学对象理论的存在性，没有存在性断言的理论不能作为数学基础。范畴论和拓扑斯公理给出了范畴、拓扑、群等数学结构的定义，但定义不是断言，定义使对象具有基础的意义，但不能提供基础。因而在他们看来，范畴论的基础进路与数学哲学家所要求的基础之间出现了"不协调"。"逻辑依赖"指的是范畴论的数学基础依赖集合论的概念前提。费弗曼指出，为解决数学理论的存在性难题，范畴论提供了数学结构的定义，但是这些定义包含类（class）和函数的概念。他认为，类和函数是集合论的概念，因此，范畴论在逻辑上依赖于集合论的概念。麦克拉蒂针对"不协调"的质疑回应道：一般的范畴和拓扑斯是不能作为基础的，所以没人提议它们作为数学基础。[1]范畴论者提议的基础理论是特殊的范畴理论，比如说 ETCS 和 CCAF。值得一提的是，尽管赫尔曼认为范畴论的数学基础存在不足，但就 ETCS 和 CCAF 而言，他表示 CCAF 的基础理论相对较好一些。为避免出现更多的争论，这里我们选用 ETCS 来论证范畴结构主义的自主性。考虑 ETCS 的逻辑自主性：首先，ETCS 断言了空集、单元素集、无限集等的存在，避免了因存在性断言导致的基础"不协调"；其次，ETCS 是集合的范畴，需要集合和映射的概念，但必须明确的是，ETCS 自身就是集合和函数的理论。很明显，集合和映射的概念不只属于集合论，它们同样属于 ETCS，所以 ETCS 与集合论之间不存在"逻辑依赖"。由此，ETCS 避开了关于逻辑自主性的质疑。

（三）辩护的自主性

转向 ETCS 概念的自主性，其主要面临两点质疑：第一，虽然 ETCS 在逻辑上具有自主性，但是在解释 ETCS 的公理时，不可避免地要利用集合论的从属关系等。也就是说，真正开始解释 ETCS 时，数学哲学家不会使用范畴论映射式的描述而是会依然选择集合论的描述方式[2]，因此，ETCS 在概

---

① McLarty C. Exploring categorical structuralism[J]. Philosophia Mathematica, 2004, 12 (1): 45.

② Øystein L, Pettigrew R. Category theory as an autonomous foundation[J]. Philosophia Mathematica, 2011, 19 (3): 242.

念上是不自主的。针对这一质疑我们提供两种反驳意见，一种观点认为根本不需要概念上的自主，因为它太主观。不同教育背景的学者，对概念自主性的要求、理解不同，使这一要求本身就遭受了严重质疑，因而被直接抛弃。另一种观点接受概念自主性，并且主张 ETCS 满足概念上的自主性。虽然借助集合论阐述 ETCS 公理似乎更加容易，但这不是必需的。ETCS 的解释使用集合论的描述，是因为它先出现，更容易为人们所接受。ETCS 和集合论对集合和映射有着同样的声明，范畴映射理论的描述在逻辑上完全可行，因此不是必须要使用集合论的描述，如果学校教师教授学生的时候，一开始就使用范畴的描述方式，根本不会存在这种质疑。第二，对 ETCS 中映射概念的质疑。集合和映射是 ETCS 的基本概念，在梅伯里看来，映射概念只能通过将其还原到有序对集合的方式来理解，而这种理解方式属于集合论。集合论和范畴论者都同意映射概念先于集合论对映射的还原性理解，分歧在于集合论者坚持只有这种还原性理解才能充分精确地阐释映射概念，范畴论者则并不认同。对一个概念而言，至少应该有两种类型的解释：显式的和隐式的。显式的解释是利用一些更加明确、清晰无误的概念解释那些不容易表达的概念，通过这种还原性的解释方式，概念得到越来越精确的表达，集合论者采取的正是这一解释方式；隐式的解释采取公理化的解释方式，是范畴论者的解释进路。通常来讲，还原性的解释更早、更容易被接受，但没有理由表示公理化的解释在概念上必然依赖还原性的解释，因此，这个质疑也不成立。

　　ETCS 包含范畴的和假设的存在性断言，在逻辑和概念上享有自主性，要论证 ETCS 是自主的数学基础，必须为这些断言进行辩护，辩护其不需要诉诸集合论。集合论的辩护性基于迭代概念，根据迭代概念，集合的全称可分为良序层级。只有当集合的所有元素已经呈现在低层级时，集合才能确定并且一定会确定层级，而且这个层级只能是该集合可以获得的最低层级，不能递归到高层级。我们以集合的幂集公理为例来阐明集合论的辩护性，假设集合 S 的层级为 h，那么 S 子集的层级都小于等于 h，所有这些子集又可以组成一个层级是 $h+1$ 的集合，也就是集合的幂集，如此便完成了对集合幂集的辩护。同样的方式，空集、对偶集、并集等也可以得到辩护。迭代概念依据从属关系描述结构化的层级，从属关系属于集合论，因此迭代概念所提供的辩护性属于集合论。ETCS 对从属关系是不可知的，它依据函数来描述集合，鉴于此，ETCS 需要对存在性声明提供类似于迭代概念的辩护。根据存在性声明的不同解释方式,辩护性分为两类:①ETCS 的每个存在性断言都是断言一个特殊对象的存在;②ETCS 是一般性的存在断言。第一类辩护性是断言特殊对象的存在,ETCS 要保持自身的自主性,这些特殊对象必定不同于集合迭代概念描述的对象。拉夫尔将 ETCS 描述为抽象的集合以及集合间任意映射的理论,抽象集合不同于迭代概念描述的集合,没有内在结构,其中的元素除了支持 ETCS 所需的映射外没有其他属性。范畴论者对 ETCS 采取自然主义的辩护方式,符合当前应用科学家的观点。当前科学家所认可的最好的物理理论蕴涵了笛卡儿积、幂集、无限集等的存在,应用数学家的断言也同样蕴涵了幂集、无限集等数学对象的存在。因此,根据自然主义,我们有理由相信这些理论,也必然相信这些数学对象的存在。①虽然数学家断言了幂集等特殊对象的存在,但无法确定这种存在断言是集合迭代概念上的断言还是拉夫尔抽象集合概念上的断言,所以第一类辩护即 ETCS 对特殊对象的自然主义辩护是没有前途的。第二类辩护是将 ETCS 的存在性声明解释为一般的存在性声明。自然主义的一般存在性辩护与其对特殊对象的存在性辩护完全不同。幂集公理没有断言在幂集中起函数作用的每个抽象集合的存在性,它只是断言了其中一些对象的存在,对 ETCS 涉及的集合本质并不可知。如果数学家对他们所研究对象的内部构成保持不可知,那么自然主义最多可以证明这个理论是不可知的,也就是说,如果应用数学家没有描述数学对象的内部构成,那么自然主义将会给出一个基础理论,该理论中的对象仅仅是由同构决定的,ETCS 恰好就是这样的理论。温和的自然主义者认为应用科学家能够辩护一些在本学科上有意义的哲学声明,但是该学科中的辩护需要进一步确定和阐述,也许需要求助于从事专项研究的科学家。激进的自然主义者表示应用科学家自身就能够提供存在性声明的辩护,不需要对学科本身进行进一步探究,显然,自然主义的辩护需要依据应用数学家的观点,更确切来讲是应用数学家的极端自然主义进路完成了对 ETCS 的有效辩护。

综合上述分析,我们论证了 ETCS 在逻辑的、概念的以及辩护上的自主性,确信 ETCS 是具有自主性的数学基础理论,不需要借助集合论的任何概念和理论。由此表明,范畴结构主义的基础进路是自主的。

---

① Linnebo Øystein, Pettigrew R. Category theory as an autonomous foundation[J]. Philosophia Mathematica, 2011, 19 (3): 248.

四、范畴结构主义的研究意义

纵观数学哲学的发展历程，数学基础研究历经了从集合论、三大主义到结构主义的演变，这些研究进路不断碰撞、相互质疑，使得数学基础争论经久不衰，在很大程度上促进了数学哲学不断向前发展。探究数学基础争论中的范畴结构主义对当前的数学研究而言不仅是实践的需要，也具有重大的理论价值。

首先，范畴论突出了结构主义在当前数学实践中的重要性。数学基础研究是数学哲学长久以来的核心议题，随着结构主义的兴起、发展和广泛应用，数学结构主义逐渐成为引导数学哲学研究的重要方法论。拉夫尔表示"基础出自实践，也将会随着实践的发展而改变，所以，数学的纯理论基础都不是数学的基础"①。我们认为，数学基础理论必须与当前的数学实践相结合，脱离了实践的数学基础不能指导数学的发展。范畴论在数学实践中使用"对象"和"箭头"的描述方式，将数学划分为相同或不同的结构，并依据范畴间的函子刻画结构，使所有的数学分支通过结构统一起来，阐明了数学的研究对象是结构。通过考察数学结构主义的研究思路，我们认识到结构对数学的研究至关重要，而范畴论对结构的描述不仅充分阐释了数学结构主义的主旨，又反映了自身具有的基础作用。因此，范畴论的基础进路凸显了结构主义在当前数学实践中的重要性。

其次，范畴论的结构主义进路作为一种新思路、新方法，为数学基础研究提供了新的可能。集合论的数学基础更早为数学家普遍接受，范畴论思想的引入，为数学基础拓展了新的研究方向，使数学基础挣脱了以集合论为核心的基础研究框架，开始转向范畴结构主义的研究思想。数学基础研究思路的丰富和多元化促使数学哲学家开始思考"范畴论是否可以替代集合论作为新的数学基础"，范畴论者的答案显然是肯定的，由此引发了数学哲学家对数学基础恒定性的探究。阿沃第（Steve Awodey）表示，"没有永久性的数学对象全称，也没有永久性的数学推断系统"②。在阿沃第看来，数学关于对

---

① McLarty C. The uses and abuses of the history of topos theory[J]. British Journal for the Philosophy of Science，1990，41（3）：370.

② Awodey S. An answer to Hellman's question: "Does category theory provide a framework for mathematical structuralism?"[J]. Philosophia Mathematica，2004，12（1）：58.

象的断言和推断都是暂时的，因而数学基础不是恒定的。数学基础与数学实践不可分离，因而数学基础不会恒定不变，必然会随着数学的发展而改变。但可以确定的是，就目前而言，范畴结构主义的基础研究路径已极大地改变了哲学家对集合论数学基础的传统理解，为解决数学基础争论开辟了一条新的道路。

最后，对争论的分析和辩驳为范畴结构主义的基础进路提供了有力的辩护。"范畴论作为数学基础"的主张面临一定的挑战和质疑，由此引发了数学哲学家对基础更为广泛的争论：梅伯里坚持集合论的数学基础，片面地认为只有集合论可以阐释数学结构，完全忽视了范畴论中的"箭头"是描述数学结构的恰当语言；麦克莱恩认为数学是关于形式的，因而数学不需要基础。我们利用自然数的表述反驳麦克莱恩的声明，指出数学的研究对象是结构，范畴论可以阐释数学结构；兰德里断言范畴论是数学语言，有基础意义，但不能作为数学基础。我们认同范畴论是数学语言的观点，并使用范畴的范畴理论反驳了兰德里对于范畴论不能作为数学基础的质疑，以阐明范畴论不仅是数学语言，而且可以提供数学基础。除了对范畴论的数学基础提出质疑，一些数学哲学家还对范畴论的自主性发表了不同的看法，为此我们论证了范畴结构主义在逻辑、概念及辩护上的自主性，表明范畴论的基础进路无须依赖自身之外的任何概念及理论。由此，上述质疑均不会撼动范畴论的基础地位，相反，对争论的剖析贯彻了我们对范畴结构主义研究进路的阐释。

随着数学理论和实践的不断向前发展，对"数学基础"探索的需要也变得愈发迫切。数学家和哲学家渴望并追崇于找寻一个坚固的"数学基础"。范畴论的数学基础，一个重要的特征就是利用结构将数学内容统一起来，完美展现了数学结构主义的方法论，并且这一基础思路的提出从本质上改变了集合论数学基础的传统理解，以全新的语言对数学实践进行重解，不仅消解了集合论数学基础所引发的悖论，更为"数学基础"问题的研究提供了新的视角与解答。这使得范畴论的数学基础越来越受到数学家和哲学家的关注，成为数学哲学的重要研究课题。范畴论数学基础的研究思路打开了学界对数学重新认识的序幕，在拓扑、同调代数、代数几何、微分方程、群等数学分支中有着长足的发展，也有益于数学教育教学事业的向前推进，对数学学科的发展有极大的促进作用。因此说，范畴论的数学基础对反思自然科学的前沿发展、为理解数学在自然科学中的应用提供了有益启示。事实上，基于范畴论的结构主义进路作为当前数学结构主义的重要研究方向，已经内在扩张并融入数学各大分支以及物理、计算机科学、生物学、认知和神经科学、哲学等学科的发展中，逐步成为一种具有广泛应用性的数学理论。

第二节　范畴论数学基础探析

数学基础研究的目的之一，就是为数学大厦铺造一方坚固的基石。数学基础，就是数学学科的基础，是数学学科坚实的理论基石。所谓"数学基础"问题就是要回答什么是数学基础。20 世纪初，以集合论为数学基础的思想已深入数学哲学家的应用研究中。与之相比，以范畴论为数学基础的思想起步较晚。直到 60 年代，以范畴论为数学基础的研究思路才初露锋芒，数学哲学家随之对这一理论的关注与日俱增，但尚未就范畴论能否被看作数学基础这一议题达成某种共识，仍需进一步探索。数学哲学探讨的是与数学学科相关的哲学问题，数学基础作为数学学科的根基，一直以来都是数学哲学研究的重要课题。当前关于数学基础的研究主要围绕范畴论和公理化集合论（ZFC）之间的争论展开，范畴论能否被称作数学基础，是数学哲学家想要论证的重要难题。鉴于此，考察范畴论在什么意义上可以作为数学基础十分必要，不仅能为数学基础研究提供新视角，而且对数学学科的发展也有一定的启示作用。数学家使用函子与同构的概念刻画数学结构，哲学家在本体论、认识论及方法论的角度上辨析数学基础，将数学理论与哲学思辨相结合，有助于最终探析范畴论的数学基础进路。

一、数学结构的存在

在结构主义的思想引入之前，数学的研究对象多是个体，如数、几何图形、集合等具体的对象。至 20 世纪，数学结构主义思想的应用，使数学的研究对象由个体转向了结构。数学结构主义的研究对象是结构，结构主义者主张数学是关于结构的学科，结构的阐述方式可以解释数学分支及其内容。因而如何表达数学结构则成为数学哲学领域关注的焦点，范畴论正是基于对数学结构的阐释被提议为数学基础的。

根据布尔巴基学派，数学结构通常意味着一个对象的域，在这个域中存在着某些函数或关系，并且这些函数和关系满足一定的条件。①显而易见，数学中常见的群、环、场都属于数学结构的范畴。事实上，"范畴"这个术语可以追溯至亚里士多德、康德等，但艾伦伯格和麦克莱恩对其重新做了数学上的定义，这个完全抽象的定义被称作艾伦伯格-麦克莱恩定义：范畴 C 包含抽象元素的聚集（aggregate）②，这些抽象元素称为 C 的对象，以及抽象元素的映射，称作范畴的映射，并且映射满足以下五个公理。

$C1$：给定三个映射 f、g、h，当且仅当定义了 $(fg)h$ 时，三重积 $f(gh)$ 也得到了定义。只要其中一个被定义，就有结合律 $f(gh)=(fg)h$。

$C2$：当 fg 和 gh 都被定义时，三重积 fgh 也就被定义了。

$C3$：对任何一个映射 f，至少存在一个恒等式 e_1 使得 fe_1 被定义，并且至少存在一个 e_2 使得 e_2f 被定义。

$C4$：每个对象 X 对应的映射 e_X 都是一个恒等式。

$C5$：对每个恒等式 e，在范畴 C 中存在一个唯一的对象 X 使得 $e_X=e$。

其中所涉及的映射概念定义为：映射 e 称作一个恒等式当且仅当存在任何积 $e\alpha$ 或者 βe 蕴涵 $e\alpha=\alpha$，$\beta e=\beta$。

艾伦伯格-麦克莱恩定义是数学中对范畴最早的定义，其中涉及的只有对象和映射，不存在预设和引用其他在先的概念。在范畴论日益发展的过程中，范畴在数学中的定义更显精炼。现代介绍范畴论的专业教科书中，范畴是由对象和态射构成的，且态射同时满足复合运算律、结合律以及单位态射的运算关系。所以，尽管定义范畴的术语可能发生了变化，但范畴表达的内容不变。结合布尔巴基学派对数学结构的定义可知，范畴表述的正是数学结构。换言之，只要满足了范畴的定义，必定表述了某种数学结构。此外，范畴通过对象和态射的语言对结构作了统一的阐释。例如，向量空间及空间之间的线性映射是一个范畴；微分流形与光滑映射构成了一个范畴；将前序看作对象，单调函数看作态射形成的也是范畴。

数学家将范畴论看作是一种方便、有效的数学语言，并最先将其使用在代数拓扑、同调代数的研究中，甚至在范畴论中还采取了图表的方法，更清晰地展示了对象及结构间的关系。随着数学家的不断推进，范畴论经历了一

---

① Bondecka-Krzykowska I，Murawski R. Structuralism and category theory in the contemporary philosophy of mathematics[J]. Logique & Analyse，2008，51（204）：366.

② 不同于一些现代数学的定义方式，麦克莱恩在定义中使用了"aggregate"而不是"set"，避开了范畴论在本体论上的一些争论。

些重要的发展，对结构的阐释更加丰富：一是公理化，范畴的公理化使数学家可以在范畴上完成多种构造，并证明一些相关的结论。譬如，在某些结构上成立的结论在另一些结构上也成立；适用于某些结构的方法对另一些结构也同样适用。公理化方法揭示了同构的系统就它们的性质而言是相同的。首先，结构的性质就是该结构存在的依据。以自然数结构为例，满足初始对象、后继关系以及归纳法则的系统，就可以称作自然数，这些特征就是自然数结构的性质。其次，同构体现了结构的本质，在同构概念下结构中保持恒定不变的性质就是结构的本质特性。二是伴随函子在范畴论中的应用。使用伴随函子的概念数学家可以定义一些抽象的范畴，而且一些数学分支中的定理和理论可以被看作是某些特定范畴之间的函子。范畴论是一般的数学结构理论，范畴论的语言和方法用以确定结构的概念，态射描述结构中对象之间的关系，同构表述等价关系的结构，函子解释不同结构之间的关系。范畴论的这些概念使其可以系统地刻画、阐释同构的结构或不同结构之间的关系，为数学建构了一个整体的结构框架，有助于范畴论以结构的方式组织[①]和统一数学。设 C 和 D 是两个范畴，一个函子 $F: C \to D$ 由两个态射组成，即 $\mathrm{ob}C \to \mathrm{ob}D: A \to F(A)$；$\mathrm{Mor}C \to \mathrm{Mor}D: f \to F(f)$。满足 $\mathrm{dom}(F(f)) = F(\mathrm{dom}(f))$，$\mathrm{cod}(F(f)) = F(\mathrm{cod}(f))$，$F(1_A)=1_{F(A)}$，并且如果 $\mathrm{dom}(g)=\mathrm{cod}(f)$，那么 $F(gf)=F(g)F(f)$。显然，函子是范畴之间保存结构的映射，简单来讲，函子就是范畴之间的映射。函子既包含对象的映射，也包含态射的映射。在数学中，许多不同的结构之间存在关联，这些不同结构之间的关系可以用不同的函子表示。例如，群与群之间的函子一般称为群同态；群、环、模与拓扑空间之间的函子一般称作同调；两个拓扑空间范畴之间的函子一般称为同伦。更具体一些，前序范畴 PrO 和群范畴 $Grph$ 之间的函子记为 $U: PrO \to Grph$，它表示对任何前序 $X=(X, \leqslant)$，群 $U(X)$ 都有最大值。设 A，B 是范畴 C 中的两个对象，有态射 $f: A \to B$，如果存在态射 $g: B \to A$ 使得 $gf=1_A$，$fg=1_B$，则称态射 f 是一个同构。如果一个同构 $f: A \to B$ 存在，那么 A 与 B 就称为同构的对象。[②]设 $F: C \to D$ 是一个函子。如果存在另外的函子 $G: D \to C$ 使得 $GF=1_C$，$FG=1_D$，则称 F 是范畴 C 到范畴 D 的一个同构。如果范畴 C 到 D 的同构 $F: C \to D$ 存在，那么就称范畴 C 与 D 是同构的，并

① Lawvere 的 *Category Theory: The Language of Mathematics* 及 McLarty 的 *Foundations as Truths which Organize Mathematics* 一文都使用了"组织"这种表述方式。
② 贺伟. 范畴论[M]. 北京：科学出版社，2006：3.

且同构的范畴具有相同的结构。①根据以上性质，数学家可以更高效地处理一些结构中的结论。经典数学中范畴 C 与范畴 D 很可能分属于不同的数学分支，在同构的概念下，如果数学家在范畴 C 中论证了某一性质 φ，那么与范畴 C 同构的范畴 D 必然也存在这一性质 φ，如此使用范畴可以将不同的数学分支联系在一起，这便是同构概念的应用。此外，同构表明结构中对象本身的内在性质是可以忽略的，数学家研究的是对象与该结构中其他对象之间的关系即态射，应该说是态射决定了结构的不同。以集合论中的笛卡儿积、群的直积、拓扑空间的积为例，实际上，前述谈及的积均可用范畴论中积的形式统一表示，当然这并不是因为集合、群、拓扑空间都可表示为范畴，而是这些对象之间的态射所决定的，是对象间的态射表明了它们是同构的结构。

范畴论与数学结构主义的结合产生了范畴结构主义的研究进路，其与传统的数学研究方法截然不同，是探索数学基础研究的新方向。范畴论是对象和态射的语言，范畴是由态射决定的，本质上来讲，范畴处理的都是关系，无论是结构中对象的关系，还是同构的结构及不同结构之间的关系。范畴论的主要概念态射、同构、函子及自然变换等体现了范畴论对数学结构阐释的充分性。因此，在当前数学结构主义趋势的带动下，沿着范畴—结构—数学的思路，范畴论在数学基础的研究舞台上占据了一席之地。

二、范畴论数学基础的基本蕴涵

数学结构主义研究的核心就是结构，范畴论是诠释结构的一种语言，所以说数学的本质是结构，而结构的本质就是范畴。用范畴论来阐明结构主义是完全可行的，范畴论是具有实践性的，数学的一个分支泛函分析使用的正是范畴论。范畴论公理可以断定基本的数学对象，还可以为数学概念提供多样化的解释。范畴论能够组织数学概念和理论的结构，在这个意义上范畴论被认为是数学语言，进一步，可以说范畴论为数学结构主义提供了框架。

（一）数学的本质是结构

在当前的数学研究领域中，越来越多的哲学家开始聚焦数学结构主义的

---

① 贺伟. 范畴论[M]. 北京：科学出版社，2006：6.

进路，考虑到数学结构以及结构的同一性在各个数学分支中的频繁出现，我们不难理解，数学的结构主义思想在当今数学实践中的广泛适用性。数学结构主义者普遍认为数学对象是依附于结构的，不是孤立地给出的。保罗·贝纳塞拉夫（Paul Benacerraf）表示结构的元素除了与同一个结构中其他元素之间的关系外不具有其他的性质。因此，结构是由构成它的元素之间的关系定义的，不依赖元素本身。贝纳塞拉夫在《数不能为何物》一文中论证说"数不是集合，进一步来讲，数也不是对象"[①]，这个结论依据两个原因：首先，集合定义数有不同的方式，例如，数字 2 可以定义为集合{ø, {ø}}，也可以定义为集合{{ø}}；其次，没有什么原则能够决定哪一个集合正确并且也不能确定表示数字 2 时这些集合是否等同。因此数不是集合。进一步而言，基于同样的原因，数也不是对象。结构主义者都同意贝纳塞拉夫的观点，认为"数的性质表征一个'抽象结构'"[②]。结构的定义是建立在系统之上的，夏皮罗对结构的表述是，"我把一个系统定义为对象的一个集并且这些对象之间具有某些关系……结构是一个系统的抽象形式，突出这些对象间的相互关系，并且忽略掉那些不影响它们与该系统中其他对象相关联的任何特征"[③]。例如，一个公司中的工作人员（包括老板和员工）以及这些工作人员之间的相互关系构成一个系统，就这个系统的结构而言，我们关注的是工作人员之间的相互关系，并不考虑工作人员的身高、体重、婚姻状况等因素。

在数学结构主义的发展史上，戴德金可以说得上是鼻祖，他被认为是数学领域研究中的第一个结构主义者，所依据的正是戴德金对正整数的看法，他把正整数看作是简单无穷系统中的位置。就自然数而言，戴德金认为自然数的性质只涉及它们之间的相互联系。结构主义对此所持的态度是，每一个自然数都不独立于其他自然数存在，自然数的本质就在于它与其他自然数之间的关系。有人会反驳说，初学数学时我们只知道数 1，并不会一开始就认识到数 10 000，但是这并没有影响初学者对数 1 的认识和应用，由此看来数 1 和数 10 000 并没有什么联系。这种看法表示的是一种认识论上的独立性，不表示自然数在本质上是否有联系，故没有涉及数的本体论上的独立性。对

① Benacerraf P. What numbers could not be[J]. Philosophical Review, 1965, 74 (1): 69.

② Benacerraf P. What numbers could not be[J]. Philosophical Review, 1965, 74 (1): 70.

③ Shapiro S. Philosophy of Mathematics: Structure and Ontology[M]. Oxford: Oxford University Press, 1997: 73-74.

于自然数，无论任何形式上的本体论独立性，结构主义都是持坚决的反对态度。考察自然数的结构，在我们接受的数学教育中，自然数系统表述为 0，1，2，3，…，如果采用策梅洛式的表述，自然数系统表示为 ø，{ ø }，{{ ø }}，{{{ ø }}}，…，这两种系统表面上看起来是不同的，但是仔细研究它们就会发现，这两种表述有一些共同特点：它们都有一个可辨别的初始元素；除最初元素外的每一个元素都是其他元素的后继数；元素与它们的后继数都满足归纳原理。这三个共同的特征就是这些系统的抽象结构性质，而满足这些结构特征的系统就是自然数系统。数学的本质是结构，上述自然数系统对此做了深刻表述，除此之外该观点还体现在数学的其他分支中：拓扑学起源于著名的哥尼斯堡七孔桥问题，对该问题的研究表明每一个拓扑空间都有自己的结构；多项式、线性代数中的矩阵等都也具有不同的结构；群论研究的对象是一类结构；欧氏几何研究的是欧氏空间结构。

结构主义者构造结构的方式包括两种：一种是基于抽象代数的，也称作是自上而下的；另一种是基于 ZF 的公理系统，称作是自下而上的。自成一体的结构主义采用的正是自下而上的结构概念和结构属性，而范畴论采用的是自上而下的结构概念。关于这两种结构概念的适用性，考察整个数学领域的研究就会发现，自上而下的结构概念在数学中占据了主导地位，数学哲学家对此的解释是：自上而下的结构概念比自下而上的结构概念更灵活，并且能够有效地处理数学定理等的证明。①

综上所述，数学研究的不是对象的内在本质，而是这些对象之间的关系。在多种数学分支、数学理论中，很可能初看起来完全不同的数学内容具有相同的数学结构，那么这两个原本不同的数学理论就共享同一个结构，利用结构来研究数学的这种方式表明了数学在本质上的统一性。

（二）结构的本质是范畴

数学结构主义可以由范畴论的语言来解释，范畴论通过对象和箭头的方式来阐明所有数学概念和理论的结构。范畴的基本概念可以表述如下：范畴是由对象和态射组成的，态射就是对象之间的关系，同时态射满足复合运算律和结合律。举例来讲，在群范畴中，群是对象，态射是群同态。拓扑空间范畴中的对象是拓扑空间，连续映射是态射。一个范畴包括对象和箭头，箭

---

① Cole J. Mathematical structuralism today[J]. Philosophy Compass，2010，5（8）：694.

头就是对象间的态射，这些态射可以自由组合并满足某些特定的运算。例如，集合的范畴，集合被看作是这个范畴的对象，函数就是箭头，其中的函数可以自由组合并满足乘法、逆等运算。阿沃第指出，"范畴提供了一种表征和描述一个给定种类的数学结构的方式，即就已知结构的数学对象间的保存映射而言。范畴可以被看作是包含具有某种结构的对象以及保有结构的这些对象间的映射。例如，拓扑空间与拓扑空间之间的连续映射形成一个范畴"①。

结构主义者认为数学谈论的是结构以及它们的形态学。麦克莱恩给范畴论赋予了一个组织者的角色，因为范畴论能够揭示出所有数学分支共同的结构原理，因而能够将数学体系化和统一化。兰德里支持麦克莱恩的这一提议，认为范畴论能够组织数学家们论及的数学概念以及理论的结构。范畴论提供了组织和分类多种数学模型中不同数学概念之间关系的方式。我们可以将数学的概念和关系表示成某一特殊范畴中的对象和箭头。我们说范畴论是数学概念和关系的语言，因为范畴论可以在不同解释中谈论它们的特殊结构，不同的数学理论之间的关系可以由一般范畴来表示。我们说范畴论是数学理论和理论关系的语言，因为我们可以用对象和函子的术语谈论一般结构。②在这个意义上，兰德里认为范畴论是数学语言，并且范畴论为数学结构主义提供了框架。

数学和逻辑关系的争论主要在弗雷格和乔治·布尔（George Boole）之间，弗雷格是逻辑主义的先驱，他认为，数学是逻辑的分支；布尔则秉持相反的观点，认为逻辑是数学的分支。在弗雷格的体系下，哲学家不会获得多样解释的概念，这些解释表明对象是结构中的位置。在布尔的思想体系中，数学逻辑处理的是形式语言的总体，每一种语言都对应着不同的解释。语言是句法组合，这样的句法组合都会有一个合适的结构来给予它公式的含义。就涉及的语义学而言，约阿希姆·兰贝克（Joachim Lambek）和菲利普·斯科特（Philip Scott）论证了范畴论可以提供其中所需的语义学解释来刻画逻辑有效性和逻辑结论的核心概念。利用模型论表示数学概念的内容，可以理解数学对象是结构中的位置，以及用范畴论可以表示概念和理论的结构，也就是对象和箭头的方法可以表示。如此，在布尔和弗雷格的体系下，范畴论

① Awodey S. Structuralism in mathematics and logic: a categorical perspective[J]. Philosophia Mathematica, 1996, 4（3）: 212.
② Landry E. Category theory: the language of mathematics[J]. Philosophy of Science, 1999, 66（3）: 14-27.

都可以表示数学语言。

阿沃第指出，没有任何数学哲学家争论说范畴论是阐述数学概念的唯一方式，但是范畴论的研究途径无疑是一个非常好的方式①，因为范畴中对象和箭头的应用能够将数学中的概念、关系、模型等统一化。所以说即使数学结构主义框架最终最恰当的理论可能不是范畴论，但就目前而言范畴论仍是我们最好的选择。范畴论能够阐述数学结构中的概念内容及理论，能够将这些变化中的结构统一起来，并且可以根据需要提供多样的解释，所以说范畴论是表达数学结构主义的语言，能够为数学结构主义提供框架，正是在这个意义上我们说范畴论为数学提供了基础。

三、数学基础辨析

范畴论在代数、拓扑、代数几何等众多数学分支中有很强的实用性，数学家在应用的同时仍积极探索范畴论的未来前景，哲学家则是对范畴论的数学基础身份更感兴趣，从哲学的视角出发探究数学基础必不可少。

范畴论数学基础的提出直接面临着与传统集合论数学基础的角逐，将数学基础争论推向了新的历史高潮。公理化集合论在当前的数学基础研究中具有相当重要的影响力，范畴论的数学基础作为后起之秀，秉承了数学结构主义的研究宗旨，为探究数学基础开启了新的思路。如此，一个理论能否作为以及为什么可以作为数学基础，要根据基础是什么，或者基础要阐明什么，从根本上讲是要依据数学是关于什么的。为了明晰范畴论的数学基础身份，我们将从哲学的视角上探究数学基础，从本体论、认识论和方法论的角度出发，对数学基础进行分类研究，探讨数学的本体论基础、认识论基础、方法论基础。不同类型的基础之间存在相互联系，那么究竟如何区分这些基础类型呢？最直接、简单的方式就是检验它们想要实现的目的。利用目的区分不同类型的基础，不仅可以明确某一类型基础的立场，而且可以从它们实现目的的过程中进一步判断该基础。分类原因具体可总结为：①基础的分类方式表明某理论（集合论或范畴论）是从什么角度上被看作是数学基础，也就是为什么提议它们作为基础，以及它们在什么意义上可以作为基础。②这种区分方式能够更加精确、具体地剖析某理论作为基础的可行性。在某一理论为

---

① Awodey S. An answer to Hellman's question: "Does category theory provide a framework for mathematical structuralism?"[J]. Philosophia Mathematica, 2004, 12 (1): 60.

什么能够作为基础的回答中,我们可以考察、论证该理论在数学和哲学意义
上作为基础的合理性。③这样的区分具有针对性,反映了数学基础可能具有
的特性。在探究分类基础的过程中,首先辨析被提议的数学基础在什么意义
上可行,还是在几种意义上都是可行的,进而分析数学理论作为基础应该具
备的条件。根据以上分析思路,我们将基于本体论、认识论和方法论的角度
逐一探究数学基础。

(一)本体论的数学基础探究

谈及数学基础,最重要的莫过于它为数学提供本体论的解释。数学基础
理论的本体论就是要描述数学的研究主旨,回答数学是关于什么的。从本体
论的角度探究数学基础着重关注的是数学的研究对象:数学对象是否存在,
如果存在,数学对象是什么,或者说基础理论如何界定数学对象。本体论具
有排外性,即如果某一理论是数学基础,那么该理论的外延或者变化,都不
能称为数学基础。以 ZFC 的数学基础为例,在数学哲学家看来,ZF①或者朴
素的集合论都不是数学基础。集合论的基础主义者认为,数学的研究对象是
集合,集合论为数学提供了所有可研究的对象;数学结构主义者坚持数学的
研究对象是结构;范畴论的基础主义者秉承数学结构主义的研究宗旨,认为
数学的本质是结构,而结构的本质是范畴。数学的本体论有形而上学和数学
两个层面的解释。形而上学的本体论者认为存在一个单一的数学全域。首
先,这种存在会面临数学应用上的挑战;其次,在数学家熟悉的集合论全域
中,连续统假设无法证实也无法证伪。因此,一些数学哲学家对数学全域的
单一性提出了质疑,认为数学全域是多元的。在数学结构主义者的认识中,
探讨数学的本体论就是要解释结构的存在。结构主义者对存在的理解有两
种:一种是结构中对象或关系的存在;另一种是数学结构自身的存在。事实
上,结构与结构中的对象是不分先后的,结构是对象的关系,而对象是依据
结构存在的,它们是互相依存的,因此这种区分是没有意义的。数学家确信
一些数学结构的存在。例如,通过数学证明的方式论证数学结构的存在,或
者通过长期的数学应用,在应用的基础上探讨数学结构,最终数学家借用这
些已知的结构去论证其他所需的结构。

---

① ZF 相较于 ZFC,缺少选择公理(AC)。

（二）认识论的数学基础探究

认识论的数学基础与基础理论的认识论性质相关联，这些性质包含必然性、分析性、自明性、客观性等。根据前述性质获得数学知识，并且揭示如何获得这些知识，也就是说，认识论的数学基础意在阐明数学是如何可知的。探究认识论的数学基础要分别在强和弱的意义上分析，较强意义上的认识论可表示为：如果不先了解基础理论，就不可能了解到任何数学命题。然而，在"数学基础"被作为一个专门的研究主题出现之前，数学家已经掌握了相当多的数学知识，并将其熟练地应用于日常工作。因此，在较强的意义上探究数学的认识论基础是没有价值的。相对而言，在较弱的意义上探究数学的认识论基础可能是更加明智的。令 F 表示数学基础，T 表示一般的数学理论，那么如何将 F 的认识论性质中所包含的知识传递到 T 中呢？或者说，如何论证 T 具有性质 φ。数学家对此采取的方式并不单一：一种是通过解释的方式，使用数学家认可的 F 解释相对复杂、不直观的 T，比如说利用欧几里得几何来解释非欧几何中的一些概念、性质；希尔伯特在其证明论纲领中使用有限去解释某些无限的事物。另一种常见的方式就是还原，比如将 T 从逻辑上还原至 F，夏皮罗表示"阐释一个更加合理的，认识论意义上的基础未必是简单的。这个观点在弗雷格的逻辑主义中是自然的展现，因为它在很大程度上是一个认识论的计划"[①]。显然，弗雷格的逻辑主义正是在认识论的意义上试图为数学提供一个合理的基础。"弗雷格希望识别出算术知识的哲学定位。例如，确定算术是分析的或者综合的，先验的还是后天的。他想要创建逻辑主义，因为他认为对确定算术知识的认识论根源来讲，证明算术命题是必要的。"[②]弗雷格工作的开端是将算术还原为逻辑，表明算术是分析的，从而在认识论的意义上为数学构建一个逻辑基础。简言之，认识论的数学基础必须诠释为什么数学具有某个性质，然后将基础理论中的认识论性质推广到其他的数学分支，乃至整个数学中，同时在推广的过程中还要表明，根据这些性质数学知识是容易理解的，可以获取的。

① Shapiro S. Foundations: structures, sets, and categories[M]//Sommaruga G. Foundational Theories of Classical and Constructive Mathematics. Dordrecht: Springer, 2011: 101.
② Shapiro S. Foundations: structures, sets, and categories[M]//Sommaruga G. Foundational Theories of Classical and Constructive Mathematics. Dordrecht: Springer, 2011: 101.

（三）方法论的数学基础探究

本体论的数学基础关注数学的研究对象；认识论的数学基础聚焦于数学知识的获得；方法论的数学基础试图回答：是什么样的原则或方法确保了具有确定性质的数学对象是合法的，使其可能或者就是与同类型的其他对象有所差异？如此基础理论的概念被当作是工具用来创建、分类或者证明一些关于数学对象的事实。[①]简单地讲，本体论和认识论的数学基础更侧重于哲学方面的思考，方法论的数学基础则侧重于数学应用。考虑到数学应用，数学哲学家似乎更钟情于在方法论的角度上探究数学基础。以常见的数学分支为例，交换环理论被看作是代数几何的研究基础，群论则被看作是拓扑学的基础，显然，这些都是方法论的数学基础。但是方法论的数学基础存在另一种可能就是，在某一数学分支中起重要作用的方法论在另一数学分支中可能会面临质疑。那么，数学是否需要一个同一的方法论基础，是否存在这样一个合理的方法论基础。在数学中，不是每一个数学理论都有唯一的方法可以证明自身的定理，一些数学理论的证实必然需要借助某些已知的数学理论，因此，数学的方法论基础是不可或缺的，数学需要方法论的基础去发展那些不熟悉以及不直观的理论，并且方法论的基础还能为数学证明提供技术上的支撑。另外，一个理论作为数学的方法论基础，那么它在本体论上必须是可信的；如果作为方法论基础的数学理论所产生的对象在本体论上不可靠，那么此方法论必然是不合理的。方法论的数学基础与数学应用密切相关，也被称为实用主义的基础。公理化集合论的数学基础利用集合的方法发展整个数学，范畴论数学基础采取的是范畴的框架组织数学整体。我们认为，范畴论这种"组织的"特征也阐明了数学是实用主义的基础。数学哲学家将范畴论看作是数学的框架，在这种框架下，不同数学分支、不同数学领域的关系可以统一起来，使数学分支免于片段化的独立发展，同时也更容易凸显数学理论的某些不合理之处。然而，对数学框架的理解也存在一些分歧，阿沃第认为范畴论是数学的框架，可以组织数学的内容，却坚持数学框架不等同于数学基础，而且范畴论并不是数学基础。首先明确一点，数学框架确实不是数学基础；其次，无论数学框架是否是数学基础，都不表明它们之间是相互对立的关系。在我们看来，范畴论是数学框架同时也是数学基础，并且范畴论

---

① Marquis J P. Category theory and the foundations of mathematics: philosophical excavations[J]. Synthese, 1995, 103（3）: 430.

是数学框架也能够为范畴论作为数学基础提供一定的支撑。

我们基于本体论、认识论和方法论的视角探究了数学基础。那么，范畴论在什么意义上被提议为数学基础，又在什么意义上可能遭受质疑，这些恰好是我们进一步考察范畴论数学基础的用意所在。

四、范畴论数学基础的可能性

公理化集合论在数学基础的研究中举足轻重，当前的数学应用中，数学哲学家广泛地接受公理化集合论的数学基础，但这并不意味着公理化集合论作为数学基础是完全没有问题的，更不表示范畴论的数学基础提议没有意义。在范畴论的不断发展中，一些数学哲学家逐渐意识到范畴论作为数学基础的可能性，为了更好地表述这种可能性，我们将借助范畴论与公理化集合论在某些方面的对比，来论证范畴论数学基础是否可行、是否在基础争论中具有竞争力。具体来讲，对范畴论数学基础的考察动因可归结为两点：一是考察范畴论在什么意义上可以作为数学基础；二是理清范畴论数学基础在什么意义上面临争议，在分析这些质疑的同时对其给出一定的回应。范畴论作为数学基础的提议源于其对数学结构的阐释，对范畴论的阐述和对数学基础的探究为考察范畴论的数学基础进路提供了理论支柱，再通过对比公理化集合论的数学基础，对范畴论数学基础进行考察势在必行。

（一）范畴论作为数学的本体论基础

对任何提议的数学基础而言，最先考虑的必然是本体论的解释。公理化集合论是策梅洛-弗兰克尔公理系统再加上选择公理，作为接受范围较为广泛的数学基础，其在本体论的基础意义上主要表现为：首先，集合论的公理化系统几乎完全确定了集合的存在性，明晰了对象及关系的本体论问题，即数学对象都可以表示为集合；其次，公理化集合论能解释大部分数学内容。集合论有作为本体论背景的集合全域，即累积分层。乍看一下，范畴论似乎不具有这样的本体论背景，这也正是一些数学哲学家对范畴论数学基础的质疑之处。为了详细地解析这种本体论意义上的质疑，我们引用了希尔伯特和弗雷格对数学公理的代数和断言之分。代数式的公理陈述源自希尔伯特，在几何学得到空前发展的 19 世纪，希尔伯特在著作《几何基础》中对欧式几何进行了深刻的抽象，将几何学的应用与纯粹的几何学发展分离开来。希尔伯特的几何学公理系统不是要获取经验世界中如空间这样的实体概念，而是采用公理系统的形式描绘几何学的模式。以范畴为例，只要满足艾伦伯格-麦克莱恩定义中对象及其运算关系的条件就能构成某一范畴，其中的对象具有任意性，没有固定的域。这种公理系统不定义原始术语，只要满足该公理系统，原始术语可以是任意可能的指代对象，它强调的是对象及其之间的关系。弗雷格不赞同这种代数的公理陈述，他认为，公理中的术语应该有明确的意义，以此保证公理是真的。赫尔曼更是指出，代数的公理不能作为数学基础，基础理论的公理系统必须是断言的。显然这一质疑是对范畴论作为数学本体论基础的挑战。范畴论者对此回应，ETCS 具有本体论上的断言。ETCS 的公理系统在范畴的基础公理外，还包含另外一组公理。公理 1：所有有穷的根存在。明确来讲，在这个意义上假设保证了下面的解释，存在一个终对象 1 和初始对象 0，那么，任何一组对象 A 和 B 的乘积 $A×B$ 以及上积 $A+B$ 都存在。公理 2：任何一组对象 A 和 B 的指数函数 B^A 存在。公理 3：存在一个戴德金-皮尔斯（Dedekind-Pierce）对象 N，该表述在公理系统中起到了无穷公理的作用，自然数的定义性质也被看作是存在，并且自然数序列的唯一性可以通过一类简单的递归得到定义。[1]显然，ETCS 是断言的公理，并且 ETCS 与 ZFC 具有同样的公理化陈述。综上，范畴论能够提供本体论意义上的数学基础。

（二）范畴论不能作为数学的认识论基础

拉夫尔在 20 世纪 60 年代提议集合范畴的初等理论和范畴的范畴理论可被视作数学基础，并在当时对基础作了初次明确的阐释，"对于基础，我们意指一个单一的一阶公理系统，在其中所有通常的数学对象可以被定义，并且这些对象的性质可以得到证明"[2]。可知，拉夫尔使用一阶语言对集合范畴和范畴的范畴都进行了公理化，使得范畴论借助概念的方式统一数学，这种统一是一种本体论上的还原，而还原的实现要通过借助传统的逻辑基础，如果可以顺利地进行还原，如同弗雷格的逻辑主义，范畴论似乎也可以被看作是认识论意义上的数学基础。遗憾的是，数学哲学家并没有继续这一思

① Lawvere F W. An elementary theory of the category of sets（long version）with commentary[J]. Reprints in Theory and Applications of Categories，2005，11：8.

② Lawvere F W. The category of categories as a foundation for mathematics[M]//Eilenberg S，Harrison D，Röhrl H，et al. Proceedings of the Conference on Categorical Algebra. Berlin：Springer，1966：1.

路。马奎斯（Jean Pierre Marquis）对此表示，"到目前为止（近 20 世纪末期），没有这样的声明，因为范畴论反映了基本的认知能力，所以应该是数学的逻辑基础。换言之，认知和逻辑之间的联系在范畴的进路中是不考虑的。范畴论数学基础的声明或者是本体论意义上的或者是方法论意义上的，从不是认知或认识论意义上的"[1]。20 世纪 60 年代末，拉夫尔对基础的阐释有了一个较大的转变，"基础意指对数学全域的探究。因此在这个意义上，基础不等同于数学的任何起点或者数学辩护，尽管这个方向上取得的一些结论确实是数学成果"[2]。拉夫尔两种基础阐释的不同之处在于，后者不涉及逻辑关系的辩护，不存在认识论意义上的基础探讨。拉夫尔对基础阐释的转向，揭示了范畴论只有在特定意义上才能被认定为数学基础，显然，认识论的意义并不包含在内。结合马奎斯的观点，我们认为从认识论的意义上考虑范畴论作为数学基础是不可能实现的。方法论的数学基础与数学应用紧密相连，就目前而言，数学哲学家更倾向于在方法论的角度上探究数学基础。

（三）范畴论作为数学的方法论基础

范畴论语言的强大表述力，在于范畴方法的高效适用性，更重要的是，范畴的构成简单、[3]自然，易于理解。在语言陈述之外，范畴论还可使用图表的方式对数学进行解释、推理。对任意的范畴 A，函子 $R: A \rightarrow C$ 及 $T: A \rightarrow D$，存在唯一的函子 $F: A \rightarrow C \times D$ 使得 $P_C F = R$，$P_D F = T$[4]，这种映射函子的性质可用图表交换的形式表示为图 4.1。

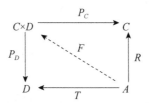

图 4.1　映射函子的性质

在范畴论的阐述过程中，图表的形式使得态射、函子、同构、自然变换

① Marquis J P. Category theory and the foundations of mathematics: philosophical excavations[J]. Synthese, 1995, 103（3）：436.

② Lawvere F W. Adjointness in foundations[J]. Dialectica, 1969, 23（3-4）：281.

③ 范畴只由对象和态射构成。

④ 贺伟. 范畴论[M]. 北京：科学出版社，2006：7.

等概念为数学中的结构建构了一个看得见的框架，在其中，对象与对象、对象与结构、结构与结构之间的关系都是一目了然的。范畴论凭借自身对结构的充分阐释，有力地支持了数学结构主义的研究进路，同时掀开了数学基础研究的新篇章。对数学哲学家而言，范畴论作为方法论基础最好的体现就是范畴在代数分支中的应用。实事求是地讲，群论在几何学和拓扑的发展中发挥了至关重要的作用，而代数拓扑就是在研究拓扑空间和群之间的关系，但是数学家研究代数拓扑中的关系时并不牵涉拓扑空间的概念，也不涉及拓扑空间中的理论。群和拓扑空间并不存在本体论或是认识论上的依赖，两者的共同之处是，在范畴论的语言描述中，它们都是数学结构，但是指代不同的范畴。范畴是由对象和对象之间的关系构成的，而其中的对象也可以是范畴，比如拓扑空间和群，基于这样的条件，数学家可以将代数拓扑定义为一个新的范畴。由此，范畴论的方法论被应用到了代数拓扑中。同理，范畴论能够以同样的方式应用到更多的数学研究中，克勒默（Ralf Krömer）在《工具与对象》[①]一书中详细分析了范畴论在代数拓扑、同调代数、代数几何中的应用。此外，数学家对范畴论在线性逻辑[②]、模态逻辑[③]、模糊集[④]、高阶型论[⑤]等相关数学应用中也展开了一定的研究，而这些应用的有效性正是范畴论被视为数学方法论基础的重要原因。范畴论作为方法论的数学基础，还能为数学构造更多新的对象，也就是数学结构。需要明确的是，如果范畴 C 的所有对象可以用一个集合表示，那么 C 就是一个小范畴（small category），反之，如果范畴 C 的全体对象不能构成集合，那么就称其为大范畴。根据罗素悖论，所有集合的范畴就是一个大范畴。类似地，阿贝尔群范畴、拓扑空间同伦范畴都是大范畴。可见，不是所有的范畴都可以用集合表示，这也反映了范畴论数学基础相比集合论数学基础的一大优势。

　　综上所述，结合范畴论的基本概念以及对数学基础的探究，我们从本体

① Krömer R. Tool and Object：A History and Philosophy of Category Theory [M]. Berlin：Birkhäuser，2007.

② Blute R，Philip S. Category theory for linear logicians [M]//Ehrhard T，Ruet P，Girard J Y，et al. Linear Logic in Computer Science. Cambridge：Cambridge University Press，2004：1-52.

③ Makkai M，Reyes G E. Completeness results for intuitionistic and modal logic in a categorical setting [J]. Annals of Pure and Applied Logic，1995，72（1）：25-101.

④ Rodabaugh S E，Klement E P. Topological and Algebraic Structures in Fuzzy Sets [M]. Dordrecht：Kluwer，2003.

⑤ Jacobs B. Categorical Logic and Type Theory [M]. Amsterdam：Elsevier，1999.

论、认识论和方法论的角度分别考察了范畴论的数学基础，为范畴论的数学基础提供了多维度的思考。对范畴论数学基础的研究任重道远，数学哲学家对数学基础的解读还涉及多方面的意义，比如逻辑的、认知的、语义的等，但这并不表明数学基础就相当于这些认识的综合，因为数学哲学家对数学基础的认识并不是静态不变的。数学哲学家对数学基础见仁见智，这些不同的认识涉及不同的基础意义。数学处在不断的发展推进中，这使数学基础的解释始终保持动态发展。因而，我们不能混淆不同意义上数学哲学家对范畴论数学基础的看法，要理清数学哲学家对范畴论数学基础支持与质疑的缘由。毋庸置疑，数学基础有不同意义上的解释，无论是支持还是质疑范畴论数学基础，都是数学哲学家在某种或者某几种意义上的声明，不同意义上探究数学基础实际上分析不同的二元关系。我们在三种不同意义上考察了范畴论的数学基础，表明了范畴论数学基础在某些特定的意义上是可行的，如本体论、方法论，但不是每一种意义上范畴论作为数学基础都是可行的，如认识论。总之，考察范畴论数学基础的意义在于既肯定了拉夫尔提议"范畴论作为数学基础"的主张，又表明该主张必须限制在特定的意义研究中。对范畴论数学基础的研究不会也不能就此停止，除了在数学学科继续深入研究外，还要在物理、计算机等更多学科中探索范畴论数学基础的应用，考察范畴论在更广泛意义上作为数学基础的可能性。

第三节　范畴论对集合论的超越

数学哲学的研究离不开数学学科的繁荣发展，数学基础又为数学学科的发展提供了坚固保障。集合论对数学概念的统一解释奠定了其在数学基础研究中的核心地位，范畴论对数学结构的阐释启发了新的基础研究思路，撼动了 ZFC[①]长期以来的基础定位，使数学基础研究焕发了新的生机。基于范畴论数学基础的研究起点、研究特点及研究性质，考察这两种基础进路之间相互阐释的充分性，有助于比较分析范畴论数学基础相对于集合论数学基础的研究优势，从而进一步论证在特定意义上范畴论对集合论的超越，并解读范畴论数学基础在当前数学哲学中的研究意义。那么范畴论数学基础的研究起

---

① 策梅洛-弗兰克尔的公理化集合论（Zermelo-Fraenkel Set Theory），包含选择公理（AC）时记为 ZFC。

点是什么，范畴论数学基础具有怎样的研究特点，根据研究性质，范畴论数学基础能否充分地阐释集合论？以这些问题为契机，我们可以分析范畴论数学基础相对于集合论数学基础具有的研究优势，并论证范畴论在数学基础研究中超越集合论的可能性。

一、范畴论数学基础的研究起点

集合论对无穷的全新解读在数学史上具有里程碑式的意义，对数学对象的解释又促使其在数学基础研究中率先占据了核心地位。范畴论基于对数学结构的阐释跻身数学基础研究，成为集合论数学基础的有力竞争者。阐明范畴论数学基础的研究起点，为探求数学基础研究中范畴论对集合论的超越奠定基础。

（一）公理化集合论的发展困境

公理化集合论提出的最直接目的就是挽救岌岌可危的数学基础，即朴素集合论，康托尔的集合论凭借自身直觉式的建构方式被称为朴素集合论。朴素集合论的致命缺陷在已出现的悖论中展露无遗，归根到底是其概括原则的前提预设。既已找出悖论的产生根源，紧随其后的自然是寻找有效的解决路径。策梅洛（Ernst Zermelo）希望通过限制集合论条件的方法使集合论逃离悖论的侵扰，因此他于 1908 年提出了将集合论公理化的主张，很显然，公理化集合论这一目标的实现不可能是一蹴而就的，起初策梅洛的公理化集合论系统并不完善，紧接着弗兰克尔（Abraham Fraenkel）和司寇仑（Thoralf Skolem）对其做了进一步的处理，最终呈现出了广为人知的策梅洛-弗兰克尔（通常记作 ZF）公理系统。ZF 公理系统使集合论建立在一个公理化的基础上，有效地避免了先前的集合论悖论。ZF 不仅可以表达数学各个分支的定理，还为数学提供了一个统一并且严格的证明概念。因此，当时的数学家和哲学家们认为公理化了的集合论可以作为数学基础。扬尼斯·莫斯（Yiannis Moschovakis）对此声明，"公理化的集合论表明，所有的数学对象都是集合，它们的性质可以从相对更少、更简练的集合公理中得到，如此素朴的理论几乎不可能是真的，但是在标准的、当前的数学实践中公理化集合论几乎没有受到怀疑。'使得概念更精确一些'在本质上就等同于'定义在集合论中'集合论是数学的官方语言，就像数学是科学的官方语言一

样"①。在 ZF 公理系统上添加选择公理即得到数学家和哲学家们喜闻乐见的
ZFC 公理系统。事实上，在 ZFC 公理系统之外，冯·诺依曼（John von
Neumann）等还建立了冯·诺依曼-贝奈斯-哥德尔（von Neumann-Bernays-
Gödel，NBG）公理系统，研究证明这两个系统是准等价的，但令人困惑的
是，这两个公理化系统的前提是相互对立的，如此看来公理化系统的可靠性
值得商榷。希尔伯特指出公理化体系需满足无矛盾性、完备性和独立性。哥
德尔第二不完备定理证明了一个无矛盾的形式系统，如果蕴涵皮亚诺算术公
理就不可能证得其自身的无矛盾性。如此，无论是 ZFC 公理系统还是 NBG
公理系统，其一致性都得不到保证。我国学者侯振挺、王世强于 2013 年发
表了《公理集合论中的 ZFC 系统是不协调的》一文，文章利用模型论的方
法通过四个引理得出一个基本定理，即公理化系统中存有矛盾性，由此证明
了公理集合论中 ZFC 系统的不一致性。众所周知，公理化集合论的数学基
础地位在现代数学的教育、研究中仍扮演着至关重要的角色，但是必须清楚
地意识到其中存在的问题，认识到其作为数学基础不可行的原因。

（二）范畴论数学基础的兴起

19 世纪前期，数学还是以具体的模块分类方式进行研究，随着研究内
容的不断深入，数学分支间的界限越来越模糊，联系也越发频繁。分类研究
方式已不能满足数学的发展需求，数学需要一种整体的研究思路，在一个统
一的框架下使用同一的标准阐述所有的概念、定理、证明等，结构主义的研
究方式恰恰与之相契合。数学结构主义的兴起使数学哲学的发展趋势发生了
巨大的转变，从对数学对象的研究转向了对象之间关系的研究。数学对象间
的关系组成了数学结构，以结构的方式处理数学有两点益处：其一，数学结
构体现了数学内容的本质特性，将那些与结构无关的性质排除在研究范围之
外。利用结构的方式处理数学，既可以发掘数学内容的结构本质，又能有的
放矢，抓住数学的核心研究内容，忽略那些不重要的特征。其二，结构的表
述方式便于揭示不同数学概念之间的结构相似性，使不同数学分支中的概念
通过结构联系起来。范畴论的对象及箭头语言可用来表示数学中的不同结
构，并且其表述的数学内容只有结构的性质，从而可通过结构将数学知识组
织统一起来。我们将通过范畴论中群和数的定义来阐明范畴论对数学结构的

---

① Moschovakis Y. Notes on Set Theory[M]. New York：Springer，1994：vii.

解释。在满足二元笛卡儿积且断言了终对象 1 的任意范畴 C 中，群 G 可以看作是范畴 C 的对象，箭头 $1 \to G$，$G \times G \to G$，$G \to G$ 看作是该范畴的态射，并且态射满足复合运算律、结合律以及单位态射这些运算关系，也就是说，该范畴 C 中的态射所决定的对象就是群。另外，在笛卡儿闭范畴（Cartesian closed category）中，自然数可以表示为箭头 $1 \xrightarrow{a} N \xrightarrow{b} N$，且对任意的箭头 $1 \xrightarrow{c} N_1 \xrightarrow{d} N_1$，有唯一的箭头 $f: N \to N_1$ 并且 $f \times a = c$，$f \times b = d \times f$。显然，范畴论中的箭头语言可以描述自然数结构。事实上，范畴论表述的就是数学结构，并为数学提供了统一的理论框架，使数学的概念、定义、性质都可以通过结构的方式得到阐释。

阐明范畴论数学基础的研究起点，实际上是对范畴论数学基础进行理论溯源，如此，既可明晰范畴论被提议为数学基础的动因，又有利于深入分析范畴论数学基础的研究特点。

二、范畴论数学基础的研究特点

范畴论基于对数学结构的阐释，创立了一种不同于集合论的数学基础研究进路。聚焦范畴论数学基础的研究特点，比较分析范畴论与集合论在数学基础研究中存在的差异性，探究范畴论数学基础相对于集合论数学基础的研究优势。

（一）重构研究重心

范畴论与集合论最显著的区别在于集合论的研究重心是数学对象，范畴论则将研究重心转向了数学对象间的关系。研究重心的不同揭示了范畴论与集合论数学基础的本质差异，直接决定了数学对象在数学基础研究中的重要性。在集合论数学基础的研究思想中，数学的研究对象是集合，也就是说，集合可以表示所有的数学对象。那么表示不同对象的集合有什么不同，它们是由什么确定的呢？集合论者通过集合所包含的元素来确定集合，但由于表示同一个数的集合其包含的元素可能存在不同，使得集合会面临选择上的困难。以范畴论为数学基础的研究思想中，数学研究的是结构，而结构是对象之间的关系所形成的，因而范畴论研究的重心在于对象之间的关系，范畴论中的概念如态射、函子、自然转换、同构、伴随等都是对关系的表述。在范畴中，对象只需满足其中的态射关系即可。范畴论者不需要指出，也不关心对象由什么构成，并且单个对象在范畴中没有作为个体的研究意义，对象间的关系才是范畴论的研究重点。通过以上分析可知，范畴论重构了数学的研究重心。相对于集合论数学基础而言，范畴论数学基础的研究优势在于其通过结构来阐释数学，无须考虑数学对象的具体构造。

（二）重建关系表述

集合论中涉及的关系表述都是直观的，范畴论则是将包含关系的数学系统抽象为数学结构，重建理论中的关系表述。我们通过分析理论中涉及的关系来具体解释表述的不同。在集合论中，元素与集合之间的从属关系，集合与集合之间的包含关系实质上都是在确定元素是否属于某一集合，都是直观的。范畴由对象和态射组成，本质上是态射决定了对象，进而确定了范畴。范畴论中的关系都包含在结构中，对数学系统进行抽象，就能得到一个由关系组成的数学结构。在关系的表述过程中可以得出，集合论中的关系都是依附于集合的，因为只有集合确定了，才能谈及集合涉及的从属关系、包含关系；反之，范畴是依附于关系的，是关系确定了范畴。就理论中的关系而言，拉夫尔表示，"集合论基于二元的从属关系，范畴论基于三元的复合关系（如图表的交换性）。通过这种方式，范畴论专注于结构，集合论则专注于恒等式……在范畴论中对象之间的关系表示结构的形成，尤其当确定出箭头的上域时，就能明确区分包含映射与恒等映射。集合论则不能完全地区别$f: R \to R$ 与 $f: R \to N$"[①]。显然，范畴论是借由关系来理解数学，故而对关系的表述更加精细、全面。

（三）重聚理论阐述的对象域

相较于集合论，范畴论可描述的对象域更显宽广。考虑理论阐述的对象域首先要解析集合和范畴的定义。集合的元素都是具体对象，集合中的映射一般通过函数表示。由范畴的定义可知，范畴的对象不需要包含元素，态射也不必是函数。例如，一个有关形式逻辑系统的范畴，该范畴的对象是逻辑系统中的公式，态射是从前提公式到结论公式之间的推导关系。[②]可见，范畴的定义更

---

① Horowitz B. Categories within the Foundation of Mathematics[J/OL]. https://arxiv.org/abs/1312.6198v1 [2013-12-21].

② Bondecka-Krzykowska I, Murawski R. Structuralism and category theory in the contemporary philosophy of mathematics[J]. Logique & Analyse, 2008, 51 (204): 367.

一般化。麦克莱恩对集合论提出了质疑，认为集合论不能阐述两类范畴：①由于自我指涉的悖论，集合论不能阐述涉及结构全体的范畴，如所有集合的范畴、所有群的范畴、所有范畴的范畴等；②任意两个给定的范畴所形成的指数范畴 B^{A}[①]，该范畴是函子范畴，其中的态射是函子之间的自然转换。然而，我们可以通过单位态射、恒等态射等态射的使用将集合看作范畴中的对象。结合上述分析可知，集合论对数学对象域的描述并不充分，范畴论重新聚焦理论阐述的对象域，凭借定义的一般化阐述了更大范围的数学对象域。

（四）重释数学结构

与集合论对数学结构的阐释相比，范畴论的阐释方式更符合数学结构主义的研究宗旨，能够更高效地重释数学结构。数学哲学家为结构的阐释提供了多种思路。布尔巴基学派最早完成了数学结构的定义，并选用集合论的语言阐释数学结构。拉夫尔、麦克拉蒂等支持范畴论数学基础，主张使用范畴论的语言阐释数学结构。从范畴论与集合论对数学结构的阐释中对比可得出两点：①在集合论的阐释中，交换群与模表示的是同样的结构，也就是说集合论对任意给定的数学结构有多种不同的解释模式；而表示相同结构的范畴是同构的，范畴论对数学结构的阐释保持在恒定的语法中。②集合是由元素组成的，故而集合论对结构的阐释始终包含与结构无关的性质。范畴论研究的是对象间的关系，不关注对象由什么组成。在范畴论的阐释中，数学对象都处于特定的关系中，不存在与结构无关的性质。显然，范畴论对数学结构的重新阐释与结构主义的思想更加契合。阿沃第对此表示，"相比于型论以及集合论的构造，范畴论支持的结构主义进路更为坚定、强大以及恒定"[②]。应该说，范畴论更适用于数学结构主义的研究进路。

综上，范畴论数学基础具有不同于集合论数学基础的研究特点，这源于范畴论自身的构造方式。范畴的定义是建立在关系而不是数学对象之上的，如此决定了范畴论数学基础的研究重心，以及对关系的抽象表述方式，也同时决定了范畴论所描述的对象域相对于集合论而言更为宽广。结构是范畴论通往数学基础之路的重要媒介，范畴论在阐释数学结构中表现出的恒定与契

① Horowitz B. Categories within the Foundation of Mathematics[J/OL]. https://arxiv.org/abs/1312.6198v1 [2013-12-21].
② Awodey S. From sets to types，to categories，to sets[M]//Sommaruga G. Foundational Theories of Classical and Constructive Mathematics. Dordrecht：Springer，2011：124.

合突出了其相对于集合论的研究优势。

三、范畴论数学基础的研究性质

范畴论与集合论被同时提及必定源于对数学基础争论的探讨。尽管是在不同的时期被提议为数学基础，但这两种理论还是具有明显的竞争关系。究竟是集合论能够为包含范畴论在内的所有数学提供基础，还是范畴论能够阐释所有的数学结构后来者居上呢？显然，点对点的分散式研究不足以回答这一问题，需要从整体角度出发进行解答。因此，我们将从研究特点转向研究性质，并依据范畴论数学基础的研究性质，探索范畴论数学基础超越集合论数学基础的可能性。

（一）集合论数学基础对范畴论阐释的不充分性

集合论数学基础的研究思路是将所有的数学对象都表示为集合；范畴论数学基础则认为数学研究的是结构，范畴论可以阐释所有结构。使用集合论数学基础阐释范畴论就是要解释数学中的结构。贝纳塞拉夫曾指出数不是集合，结构主义者主张数与数之间的关系是满足了某些特定条件的结构，数是该结构中的某个位置。按照这样的理解，集合论必定不能解释数的结构，自然也无法诠释所有的数学结构。范畴由对象和态射构成，如果将范畴看作对象，范畴间的函子看作态射，又可以形成新的范畴。考虑到范畴的构造，格罗滕迪克对范畴进行了区分，将可以用集合表示的范畴称作小范畴。显然，范畴论中还存在一些集合论无法解释的大范畴。面对这一难题，集合论者想要通过借助一些理论为所有范畴提供集合论的阐释。一种思路是借助格罗滕迪克全域，使那些不能称作小范畴的数学结构借助不可达基数表示为累积分层（cumulative hierarchy）中更高级别的层级。但是其中借助的不可达基数，其存在超出了 ZFC 公理系统的包含范围。因此，集合论采用的这种阐释方式并不成立。另一种思路源自布拉斯（Andreas Blass），他指出不需要假定不可达基数的存在，"假定当变量遍及所有集合或遍及所有小集合时，每个一阶陈述都有同样的意义。换言之，所有小集合的全域是所有集合全域的子结构"①。这种假设想要借助反射原理（reflection principle）完成，如果

---

① Blass A. The interaction between category theory and set theory[J]. Contemporary Mathematics, 1984, 30: 8-9.

依据大范畴得到了某个结论，那么小范畴自然也有同样的结论。我们认为，利用反射原理并不能完成这样的假设。因为如果不假定不可达基数的存在，集合的语言就不能表述大范畴，范畴的全域与集合的全域没有包含关系，自然不能将集合中的结论应用于大范畴。综上，我们有理由认为集合论数学基础的研究性质并不能完全地适用于范畴论。

对于集合论数学基础能否阐释范畴论，还有一种简单的回答，即范畴论与集合论是相互独立的，范畴论不需要集合论作为数学基础。按照这样的思路，无论集合论能否充分地阐释范畴论，都是不必要的。纵观数学史的发展，集合论在范畴论出现之前已取得辉煌的成就，确实不需要依赖范畴论。此外，范畴论的出现比较滞后，但是这并不表明范畴论就必然依赖于集合论的相关概念和理论。林内博及佩蒂格鲁在《范畴论作为自主的基础》①一文中论证了范畴论在逻辑、概念上的自主性，表明了范畴论相对于集合论的独立性。由此可见，范畴论确实不需要集合论的阐释，它可以依据公理系统断言自身存在，范畴论的对象也不需要集合论的表述，因为范畴论关注的是对象之间的关系，不考虑对象的组成。因此，范畴论自身的发展不需要借助任何有关集合论的概念、性质等。

简言之，集合论数学基础的研究性质的确可以适用于部分范畴，但不适用于所有的范畴。由此可知，集合论数学基础对范畴论的阐释是不充分的。

（二）范畴论数学基础对集合论的阐释及深化

范畴论之所以被提议为数学基础，概因其对数学结构的阐释。范畴论数学基础的研究性质作用于数学结构既凸出了数学对象的结构关系，又揭示了不同数学分支中某些概念之间的结构同一性。数学对象因自身构造等原因涉及内在性质，在范畴论的语言表述中，这些与结构无关的性质不在讨论的范围内。范畴论专注于数学对象间的关系研究，有助于清晰、高效地解释数学结构。譬如自由群、泛包络代数、斯通-切赫紧化（Stone-Čech compactification）这些看似不同的数学理论实际上都是相同的构造，根据范畴论数学基础的研究性质，它们都是同构的。使用范畴论的语言阐释集合论，实际上就是以结构的方式对集合论进行重新解读。首先，集合可以直接表述为范畴。将集合看作是范畴的对象，集合中的关系看作态射，就得到了

① Linnebo Øystein, Pettigrew R. Category theory as an autonomous foundation[J]. Philosophia Mathematica, 2011, 19（3）: 227-254.

范畴。其次，范畴论还可以表述集合论中的概念、性质等。例如，集合中的函数关系可表示为范畴中的态射；集合论中的双射可对应理解为范畴论中的同构；满射对应范畴论中的满态；等等。阿沃第在对集合论、型论以及范畴论的比较中曾指出，"在拓扑斯理论的阐释中，集合论具有的性质是，它的集合和函数本质上就是拓扑斯中的对象和箭头，并且集合论的定理在拓扑斯中都成立"①。就范畴论数学基础的研究性质而言，通过笛卡儿闭范畴及真值对象能够阐释公理化的集合论，在其中任何可能的集合论公理都可以被含蓄地构造出来，集合论中的基本定理如塔斯基的不可定义定理（Tarski's undefinability theorem）、哥德尔的不完备性定理都能够表述在范畴论的框架中。②根据上述分析，范畴论数学基础的研究性质适用于集合论是完全可行的。

更重要的是，范畴论不仅可以阐释集合论，而且能以范畴的方式处理集合，对集合论进行进一步深化。以集合范畴为例，将所有的集合看作对象，集合间的函数关系作为态射，就形成了集合范畴。值得注意的是，范畴与集合的深入联系不仅仅局限于集合范畴，而是朝向更一般化的拓扑斯。应该说，范畴论与集合论在拓扑斯公理系统中的联系最为紧密。拓扑斯的出现归功于格罗滕迪克，他认为空间属于范畴，而一般的拓扑空间可以表示为拓扑斯。当然，拓扑斯的涵盖范围远不止如此。20 世纪 70 年代，拉夫尔与蒂尔尼（Myles Tierney）对拓扑斯进行了一阶公理化，丰富了拓扑斯公理系统。拓扑斯公理是在一般的范畴公理上添加两个涉及终对象和幂集的公理。显而易见，所有的拓扑斯都是范畴，确切地说，拓扑斯是特殊的范畴。在拓扑斯公理系统中，经典数学的概念、性质、证明等依然存在及成立，只是不同于原先的构造方式。集合范畴作为最一般的拓扑斯，其对集合的处理方式与公理化集合论中的处理方式必然不同。但是，公理化集合论中的定义和证明在拓扑斯中都是适用的，并且使用拓扑斯公理中的幂集、子集等概念可以替代集合论中的力迫法、对称子模型等；另外，拓扑斯还能作用于集合论中一些结论的证明，如科恩（Paul Cohen）的独立性证明、选择公理的独立性证明。简言之，范畴论不仅能够阐释集合论中的概念、性质、定理等，而且能

---

① Awodey S. From sets to types, to categories, to sets [M] // Sommaruga G. Foundational Theories of Classical and Constructive Mathematics. Dordrecht: Springer, 2011: 119.

② Horowitz B. Categories within the Foundation of Mathematics [J/OL]. https://arxiv.org/abs/1312.6198v1 [2013-12-21].

够通过结构的方式对集合论进一步深化，使其不同于公理化集合论的构造，从而更加方便、有效地证明数学理论。

总之，集合论数学基础在阐释范畴的过程中表现出了不充分性，无法阐释全体数学。与之相比，范畴论表现出了一定的竞争优势，不仅范畴论数学基础的研究性质可作用于集合论，而且范畴论还能以结构的方式处理集合论的相关内容。由此，我们认为相较于集合论的数学基础，范畴论数学基础在描述数学的过程中具有一定的优势，值得数学哲学家继续深入研究。

四、范畴论数学基础的研究意义

范畴论数学基础的发展深刻地冲击了集合论长期以来的数学基础地位，凭借对数学结构的阐释，范畴论在数学基础研究中脱颖而出，以结构的方式更加清晰地建构数学。剖析范畴论数学基础的研究特点及研究性质，有助于阐明范畴论不同于集合论的基础研究进路。通过具体的分析比较，范畴论数学基础展现出了一定的研究优势。为此，我们将探求范畴论数学基础的研究意义，彰显其深远的研究价值。

第一，研究内容上，范畴论的基础进路扭转了传统基础研究对数学对象的单一关注，使数学转向了对关系的研究。从对象到对象之间的关系，这种转向一方面揭示了范畴论被提议为数学基础的动因，另一方面表明了范畴论是不同于集合论的数学基础思路。在结构主义思潮的推动下，数学结构主义在数学哲学中应运而生。结构主义者摒除了以集合论为数学基础的研究思想，尝试以结构的方式建构数学，将数学看作是由结构构成的学科。范畴论的研究重心是对象之间的关系，对数学系统中的关系进行抽象就得到了数学结构，这些数学结构共同作用形成了数学整体，由此产生了从数学到结构再到范畴的基础研究思路，范畴论也因此成为数学基础的有力竞争者，使数学基础研究迈上了新的征程，打破了长期以来以集合论为主的基础研究状态。

第二，研究方法上，范畴论转向了以方法论为主的基础研究思路，超越了集合论以本体论为主的基础研究思路。集合论最显著的基础特征是对数学对象的阐述，主要在本体论的意义上探讨数学基础。范畴论关注对象间的关系，由关系决定该结构中的对象，范畴论确实有本体论上的断言，但是与数学结构相比，数学中的对象显然不是结构主义的研究重心。范畴论的基础特征源自对数学结构的阐释，体现了数学结构主义的研究方法。"我们现在想要确定一种特定的结构主义方法，这种方法是许多当代数学家所共用的。它涉及数学家所做的工作，我们将其称作结构主义的方法论。"①考虑到结构主义方法论在数学中的应用以及范畴论与结构的阐述关系，数学哲学家更多的是在方法论这一意义上阐明范畴论的数学基础，为范畴论的数学基础研究提供方法论意义上的论证。

第三，研究思路上，范畴论数学基础遵循着从数学到结构再到范畴的研究思路，这一思路既呈现了范畴论数学基础的理论渊源，也表明了范畴论数学基础不是数学哲学家的任意选择，而是基于数学结构主义思想的合理优选。在数学结构主义的发展过程中，不只有范畴论的结构主义进路，还主要包括先物结构主义及模态结构主义的进路。遗憾的是，先物结构主义无法逃脱认识论的劫难②，模态结构主义对结构的模态中立主义态度使其难以表明数学的可应用性，也难以规避语义学难题。③布尔巴基作为数学结构主义的奠基者，试图通过集合论阐释数学结构，但是这一进路并没有行进太远就夭折了。范畴论依据自身的态射、函子及同构等一些概念充分合理地阐释了数学结构，催生了范畴结构主义的研究进路，也由此带动了范畴论数学基础的研究。

第四，研究目的上，随着数学在理论及应用中的不断进步，数学学科日益精进，但始终无法绕开"数学基础"这一研究主题，范畴论数学基础的兴起是解决数学基础争论的一大重要尝试。范畴结构主义进路极大地推动了数学基础的研究，尤其在对数学学科的解读、对数学结构的组织统一等方面。相较于集合论数学基础，范畴论数学基础在研究特点和研究性质上都展现出了一定的优势和研究价值。另外，尽管 ZFC 面临着选择公理的一致性难题，但在数学基础的研究中似乎仍具有不可取代的地位，一个重要的原因就是，数学尚缺乏一个全新的理论来替代传统的集合论数学基础研究模式。范畴论为数学基础研究提供了这样的可能，它以结构主义方法论为切入点，依据自身语言阐释数学结构，构建了数学基础研究的新模式，使数学基础迈进了一个新的研究阶段。

综上，结合范畴论数学基础的研究起点、研究特点及研究性质可知，范

---

① Reck E H, Price M P. Structures and structuralism in contemporary philosophy of mathematics[J]. Synthese, 2000, 125 (3): 345.
② 康仕慧, 张汉静. 数学本质的先物结构主义解释及困境[J]. 科学技术哲学研究, 2013, 30 (5): 17.
③ 刘杰, 孙墨莉. 赫尔曼的模态结构主义[J]. 科学技术哲学研究, 2015, 32 (5): 25.

畴论因自身的研究特性、关系表述及对结构的诠释显示了其替代集合论数学基础的可能性，在与集合论的相互阐释中表现出了相对的充分性。基于此，我们认为范畴论数学基础在特定方面超越了集合论的数学基础，是最具发展前景的数学基础进路之一。尽管数学哲学家对范畴论能否替代集合论作为数学基础始终保持相对谨慎的态度，但这种结构主义的进路革新了数学哲学家对数学基础的传统研究模式，使其具有深刻的研究意义。

第四节　范畴论数学基础的语境分析意义

范畴是研究特定类数学对象的语境[①]，ETCS[②]凭借公理化系统构建出范畴语境。语境分析方法的本质就是将分析的对象置于其所在的语境中加以理解和说明。[③]离开语境支撑，数学对象就失去了解释意义。如何在 ETCS 形成的范畴语境中诠释数学概念的产生、数学公式的推导及数学命题的证明，这恰恰是 ETCS 数学基础必须回答的问题。基于范畴论表述特征及发展模式的语境基底，我们将使用语境分析方法解读 ETCS 公理系统，探索语境分析方法在数学基础研究中的实质功能，把握 ETCS 公理系统的内在蕴涵，理解 ETCS 在当前数学哲学中的基础定位，并揭示 ETCS 数学基础的语境分析意义。

一、范畴论的语境基底

不言而喻，在范畴论数学基础研究中运用语境分析方法是基于范畴论的语境基底。概括来讲，范畴论的语境基底涉及两个方面：一是范畴论的表述特征，即范畴论与语境都具有整体性与动态性特征；二是范畴论的发展模式，其发展的内在起因与外在动因可对应于语境中的语言因素与非语言因素。显然，范畴论的语境基底融合了范畴与语境的共通性。

---

① Riehl E. Category Theory in Context[M]. Mineola：Dover Publications，2016：xi.
② ETCS 是集合范畴的基本理论的简写。确切地讲，ETCS 是一种范畴，其对象是集合，态射是集合间的映射关系。
③ 康仕慧，吕立超. 当代数学哲学的语境走向[J]. 科学技术哲学研究，2016，33（6）：20.

（一）范畴论的表述特征：整体性与动态性

范畴论是一种数学语言，在描述数学的过程中具有整体性特征。范畴由对象及态射构成，甚至范畴中的对象也是态射。以态射 f：$A \rightarrow B$ 为例，其中 A 和 B 代表范畴中的对象，同时 A、B 具有自身单位态射，1_A：$A \rightarrow A$，1_B：$B \rightarrow B$。明显地，对象 A、B 也是态射。本质上讲，范畴是由态射所决定的。从语形上看，态射由 "$\rightarrow$" 表征，故范畴论也被称为 "箭头" 语言。根据范畴语言的阐述，数学对象除了与同结构中的其他数学对象存在相互关联外，不具备任何其他性质，探讨单一的数学对象没有任何意义，必须在确定范畴的结构整体出发探讨数学对象。这点很容易理解，因为范畴对象都是由态射决定的，态射阐述的是对象之间的关系，因而谈及某一对象必然涉及范畴中的其他对象。可见，范畴论在对数学的描述过程中展现了其整体性特征。以自然数结构 <N，0，s> 为例，数字 1、2、3……表示该范畴中的不同位置，我们不能单独地理解数字 n，只能在自然数的整体结构中理解数字 n，将数字 n 表示为数字 $n-1$ 的后一个位置，数字 $n+1$ 的前一个位置。在语境论者看来，语境的本质就是一种 "关系"，也就是说在语境的意义上，任何东西都可解构为一种关系，并从这种关系去看待它的本质。[①] 必须明确的是，语境中的 "关系" 不等同于范畴论中那些使用 "箭头" 表示的关系，它是指语境中各因素之间的关系。语境涉及多方面因素，如历史的、社会的、心理的等非语言因素以及语形、语义、语用这些语言因素，它们之间协同作用形成了语境，舍弃其中任何一个因素都不能构成当下的语境。语境是由所有这些因素组合而成的，因此我们必须依据整体性特征探求语境可能发挥的作用。

范畴与语境都具有动态性，范畴取决于其中的态射，当态射关系增多、减少或发生其他改变时，范畴必然产生动态变化，形成新的范畴。语境涉及的因素众多，这些因素之间共同作用构成了语境本身，当其中某一因素发生变化时，语境也随之产生变化，这是再语境化的过程。如在拓扑斯公理系统中再添加 2 个特定公理便可构成 ETCS 公理系统，公理的添加使得其形成的语境发生变化。拓扑斯与 ETCS 都是范畴，可见范畴改变，语境随之改变。必须注意的是，态射关系的可能变动使得我们在剖析范畴论时会面临解释上的间断，而语境的动态性特征可以对范畴形成连续性解释，同时语境的动态性使其兼具灵活性，这种灵活性应用于范畴论，能够更详尽且全面地刻画范

---

① 郭贵春. 论语境[J]. 哲学研究, 1997, (4): 51.

畴可能的动态性变化。

（二）范畴论的发展模式：内在起因及外在动因

追溯范畴论的发展进程，可从内在起因及外在动因两方面着手，而语境中的语言因素与非语言因素恰好与之切合。语言因素包含语形、语义与语用，这三者有机结合可从整体上探究范畴论自身的构建方式，视为范畴论产生的内在起因；非语言因素主要包含社会的、历史的、心理的等方面，视为范畴论发展的外在动因。毫无疑问，语境中的语言因素与非语言因素可以对范畴论的发展模式提供有效见解。对范畴论进行非语言层面的语境分析，有助于明晰范畴论的显现背景——从历史的视角出发解析范畴论的生成渊源；从社会的视角出发揭示范畴论趋向数学基础研究的时代背景；从心理的视角出发展示范畴论在数学基础研究中的现实价值。综上，非语言层面的语境分析主要是基于整体视角考虑范畴论的发展历程，为范畴论谱写了一个全面且连贯的理论背景。语言层面的语境分析包含语形、语义与语用上的分析。基于范畴论的数学基础进路主要是指拉夫尔提议的两种特殊范畴论即 ETCS、CCAF，我们更加倾向于将上述理论的公理系统看作是两种范畴论数学基础模型，这里我们只探讨语言分析在 ETCS 数学基础模型中的应用。首先，数学公理系统充溢着各类数学符号及公式，这些符号以及公式之间的逻辑推导形式正是语形分析的重点；其次，符号有什么内涵、指称怎样的数学内容则是语义分析的实质，重要的是这些数学符号及公式经语义说明便有了解释意义；最后，每条公理所要发挥的作用、创建整个公理系统的目的，则是语用分析的核心。有了语用的指引，语形表征与语义说明便有了明确的指向性。显而易见，语言层面的语境分析有助于理清 ETCS 公理系统的内涵。总的来讲，对范畴论进行语言层面及非语言层面的语境分析，有利于我们系统化、条理化地探究范畴论的发展模式。

里尔（Emily Riehl）在《语境中的范畴论》[①]一书中指出范畴是一种语境，在此基础上，我们将通过图 4.2 直观地展示范畴与语境的共通性，表明范畴论的语境基底正是源于其整体性与动态性的表述特征以及自身发展模式，而且语境分析方法在范畴论中的运用具有高度适用性，因而对 ETCS 公理系统进行语境分析十分可行且至关重要。

[①]　Riehl E. Category Theory in Context[M]. Mineola：Dover Publications，2016：xi.

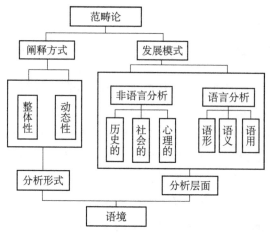

图 4.2　范畴论的语境基底

二、ETCS 公理系统的语境分析

语境分析为我们论证 ETCS 数学基础提供了一种新的理解方式，在数学哲学中具有方法论上的重要意义。ETCS 公理系统的语境分析可具体从两方面展开，一方面是对 ETCS 公理系统进行非语言分析，从历史的、社会的、心理的角度给予 ETCS 深度且周密的解读；另一方面是对 ETCS 公理系统进行语言分析，借助语形、语义与语用的结合，厘清 ETCS 公理系统的结构脉络，阐明其内在蕴涵及构建用意，并最终落脚于 ETCS 的数学基础定位。

（一）ETCS 公理系统的非语言分析

非语言分析也称作广义的语境分析，ETCS 公理系统的广义语境分析主要基于历史的、社会的和心理的分析视角。从历史的分析中追溯 ETCS 的发端起始，从社会的分析中领会数学需要一个稳固基础的迫切性，从心理的分析中认识 ETCS 作为数学基础的实践应用成效。

1. 历史的分析

从康德开始，经由边沁、弗雷格、维特根斯坦到奎因和戴维森，语境论越来越明晰地表明，任何一个语境要素的独立存在都是无意义的，任何要素都只有在与其他要素关联存在的具体的或历史的语境中，才是富有生命力的。[①]由此可见，历史的语境分析在我们解读 ETCS 公理系统的过程中不可

---

① 郭贵春. 语境分析的方法论意义[J]. 山西大学学报（哲学社会科学版），2000，23（3）：1.

或缺。范畴概念的诞生归功于麦克莱恩与艾伦伯格，他们使用范畴表示函子的两个域，以使在公理化框架下定义自然转换及函子。随后，麦克莱恩表明范畴论是一种可以阐释数学的方便语言，但是没有进一步对范畴论深入研究。20 世纪 50 年代末，格罗滕迪克力证范畴论不仅仅是一种数学语言，而且是一个独立自主的数学研究领域，自此范畴论被看作一种自主的数学理论，数学家随之对其展开独立研究。至 60 年代，拉夫尔公理化了集合范畴理论，指出集合范畴是一个抽象的范畴，并且该理论为数学提供了一个完全不同于集合论的基础。①简言之，范畴论从诞生到推进至 ETCS 数学基础主要经历了以下发展阶段：范畴论的出现→范畴论是一种数学语言→范畴论是自主的数学理论→ETCS 被提议为数学基础。可知，对 ETCS 公理系统进行历史的语境分析，实际上是重新审视范畴论在数学哲学中的发展经历。

2. 社会的分析

基于社会的视角分析 ETCS 公理系统是从宏观上把控 ETCS 出现的时代背景与社会发展需要。ETCS 被提议为数学基础，主要是基于范畴论的自身发展。更重要的是，就当时社会背景而言，数学迫切需要一个稳固的基础。集合论悖论的出现使得数学家们一直视为基础的集合论瞬时陷入困境，数学大厦危如累卵，数学哲学家们致力于为数学寻找新的坚固基础，其中最著名的解决进路有逻辑主义、直觉主义及形式主义，遗憾的是，这三大数学流派最终均无功而返。其后，数学结构主义的研究思路开始进入数学哲学家的视野，根据范畴论对数学结构的阐释，数学哲学中逐渐形成了从数学指向结构，再从结构指向范畴，最后着眼于 ETCS 的基础研究进路。

3. 心理的分析

心理是对客观事物的主观反映，拉夫尔提议 ETCS 作为数学基础，直接原因是鉴于当时数学高等教育的客观实践需要。在拉夫尔看来，从集合论出发为学生们讲授数学知识，一个学年的时间段并不充足。为了使学生们尽快在有限的时间段内构造一个数学知识体系，对数学知识有一个整体的把握，拉夫尔决定从范畴论出发，创建一个包含数学概念及运算的公理化理论。在这样的心理意向下，拉夫尔引入了范畴公理，尝试在公理化的范畴论中处理集合论，从而最终形成了 ETCS 公理体系。

ETCS 公理系统的非语言分析必然还涉及更多方面，这里我们主要从历

---

① Lawvere F W. An elementary theory of the category of sets（long version）with commentary[J]. Reprints in Theory and Applications of Categories，2005，11：7.

史的、社会的、心理的角度出发阐扬对 ETCS 的解读，以此表明 ETCS 数学基础的产生与发展既是时代需要又是实践需求。

（二）ETCS 公理系统的语言分析

语言分析亦称作狭义的语境分析，ETCS 公理系统的语言分析立足于语形、语义及语用的角度。在 ETCS 公理系统中，定义、概念中涉及的符号、公式及公式之间的逻辑推导形式都是语形分析的要点；符号的指称、公式表征的含义、公理阐述的意义是语义分析的重心；语用分析是指公理系统的建构目的，是对语义说明的深层次补充。必须指出的是，语形、语义与语用三者有机统一，构成了整体的语言分析。对 ETCS 公理系统而言，语境分析始于语用目的，数学哲学家首先有了对数学基础的客观需要，然后开始建构这样一个公理系统，在构造的过程中通过直观的语形表示及相应的语义解释表达公理系统的意义，最终完成建构该公理系统的语用目的，具体可以表示为：语用（预设）→语形+语义→语用（实际）。其中语形表示可能会面对多元的语义解释，但有了语用的约束，语义解释就有了具体的指向，有了最优解。ETCS 公理系统为数学构建了一个范畴语境，在其中数学推演对语境的依赖就体现在公理的语境依赖性上。例如算子 Φ，公理 $\Phi(ax+by)=\Phi(ax)+\Phi(by)$ 在线性算子代数中成立，而在非线性数学中不成立。不同的数学语境规定着不同的公理，以公理作为前提的整个数学证明都在语境之中。[①] 在 ETCS 公理系统形成的范畴语境中，我们将阐明数学概念、定义、命题、证明以及包括集合论在内的所有数学理论，在这个意义上，我们称 ETCS 为数学基础。为此，我们将对 ETCS 公理系统展开语言分析，梳理 ETCS 语境所依据的公理系统，并阐明该公理系统如何诠释数学整体。总体上，ETCS 公理系统包含 4 组公理。

（1）第一组公理旨在明确抽象范畴的定义。拉夫尔坚持的范畴定义是艾伦伯格与麦克莱恩在 1945 年最早提出范畴概念时的定义：范畴 $C=\{A, \alpha\}$ 是抽象元素 A（如群）及抽象元素 α（如同态）的聚集，其中 A 被称为范畴的对象，α 被称作范畴的映射。任意一对映射 $f, g \in C$ 决定了唯一的积映射 $fg \in C$，对范畴中的任意对象 $A \in C$，存在一个唯一的映射，记为 e_A，并且映射关系满足 5 个公理。[②]

---

① 郭贵春，康仕慧. 当代数学哲学的语境选择及其意义[J]. 哲学研究，2006，（3）：77.
② 笔者在"范畴论数学基础探析"一节对该公理已做阐述，这里不再赘述。

首先，从整体上讲，该组公理中的字母符号 C、A、f、g、h、e 及运算关系符号 $\in$，公式 $f(gh)=(fg)h$，$ex=e$ 都属于语形表征。从语义上看，C 指称范畴；f、g、h 指代映射；e 表示恒等映射；fg 是映射的积，表示复合映射；$f(gh)=(fg)h$ 表明映射满足数学结合律。从语用上看，该组公理是对范畴的界定，通过语形表征与语义说明阐明范畴的本质。现代数学使用态射[①]表示范畴对象之间的关系，扩大了映射能够表示的关系范围，而范畴并不需要洞穿其中的对象和态射，确切地讲，只要满足了上述公理关系，就可称作范畴。

其次，以具体的同构概念为例。同构概念与范畴定义在语形表征上是一脉相承的，对范畴 C 中的任意态射 f：$E \rightarrow F$，如果在该范畴中存在态射 g：$F \rightarrow E$，使得 $gf=1_E$，且 $fg=1_F$，满足以上关系的态射 f 就是一个同构。基于语义视角分析，同构 f 呈现了数学对象 E、F 之间的等价关系。对函子范畴而言，若态射 f 是一个函子，其中的对象 E、F 是范畴，同构表明范畴 E、F 具有相同的结构。从语用视角上分析，范畴语境中的同构概念体现了数学对象的等同关系，并且不涉及对象的具体构造。在数学结构主义思想的引领下，数学主旨都镶嵌于结构之中，同构概念的直接应用目的就是使数学不同分支、领域中的理论相互关联，共同发展。同构的范畴具有相同的结构属性，故在某一范畴中成立的命题在另一同构范畴中也同样成立。如果数学家在某一数学分支涉及的结构中已证明一些命题、定理，那么对于同一数学分支或是不同数学领域中的同构结构而言，这些命题、定理同样成立。因而同构概念为不同数学分支、领域之间的数学理论架设了桥梁，使数学家能够更便捷、高效地探究数学。

（2）第二组公理可称作"存在"公理，意在通过 ETCS 中的"全域映射"解释数学对象的存在问题。

公理 2-1：所有的有限根均存在；

公理 2-2：任何一对对象的指数 B^A 都存在；

公理 2-3：存在戴德金-皮尔斯对象 N。[②]

对公理 2-1 进行语义解释要最先假定一些特定对象存在，再通过这些特

---

① 在范畴论中，态射通常被视为两个对象之间的箭头。不同于映射是一个集合的元素到另外一个集合，态射只是表示两个域之间的某种关系。但可以确定的是，映射都是态射。

② 文中第二、三、四组公理均采用拉夫尔在 2005 年改进版本中的表述。

定对象推导一般对象的存在。首先，假定终对象与初始对象存在。令 0 指代初始对象，对任意的对象 A 都存在唯一映射 $0 \to A$；令 1 指代终对象，使得任意的对象 B 都存在唯一映射 $B \to 1$。显然，初始对象与终对象并不唯一，但所有初始对象或终对象都是同构的。同构表述的是范畴定义当中态射之间的等价关系，而且对象也可以表示为恒等态射。事实上，对象的存在唯一地取决于同构，而且全域映射中的所有结构都可以与其同构的结构映射相交换。①因此，同构决定了所有初始对象与终对象都存在，这里分别使用 0 与 1 统一指称所有的初始对象与终对象。其次，假定每对对象的积 $A \times B$ 与余积 $A+B$ 都存在，积与余积运算得到的对象是存在的，保证了映射在积与余积运算下的完备。最后，假定任意一对平行映射的等化子 $k: E \to A$ 及余等化子 $q: B \to E^*$ 存在，由此包含平行映射的范畴是有限范畴。简言之，在全域映射性质的刻画下，初始对象与终对象在积与余积的运算下，扩展了范畴的对象域，再通过等化子与余等化子的映射性质确保范畴对象是有限的，由此完成所有有限根的构造。

公理 2-2 是取幂公理，其中涉及的幂运算与公理 2-1 中积、余积的运算构成了范畴的三种基本运算。结合图 4.3 中的语形，我们对公理进行语义说明，对任何一对对象 A、B，存在对象 B^A 以及映射 $e: A \times B^A \to B$，并且映射 e 具有的性质是，对任意对象 X 及映射 $f: A \times X \to B$，总会存在一个唯一的映射 $h: X \to B^A$ 使得 $(A \times h) e = f$。从语用上讲，该公理中的全域映射性质断言了幂运算对象 B^A 及映射 $e: A \times B^A \to B$ 的存在；而且对象 B^A 与映射 e、f、h 之间的映射关系是判定任意范畴是否为笛卡儿闭范畴的关键；再者，对存在积与余积的任意范畴而言，取幂公理的应用可推导出分配律。

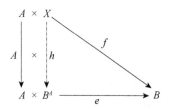

图 4.3　幂对象及其映射关系

公理 2-3 断言了对象 N 的存在，根据全域映射性质，在归纳原则及递归

---

① Lawvere F W. An elementary theory of the category of sets（long version）with commentary[J]. Reprints in Theory and Applications of Categories，2005，11：8.

原理的推导中可得到自然数结构，因所有自然数结构都是同构的，我们将其记为<N，0，s>。图4.4从语形上展示了对象与映射之间的关系图表，其语义解释为：对象 N 的结构映射为 0：1→N 及 s：N→N，对任意给定的对象 X，及任意 $x_0 \in X$，t：X→X，存在唯一的 x：$N \to X$。可见，初始值 x_0 在转换规则 t 的作用下通过递归得到了自然数结构<N，0，s>。需要指出的是，该图表展示了自然数结构的构造过程，在语用上起到了无穷公理的作用。

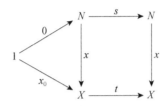

图 4.4　自然数及其映射关系

（3）第三组公理描述了某些特定映射，用于论证特定映射在数学命题证明中的实用性。

公理 3-1：1是生成元。对任意一对映射 f，g：$A \to B$，$f \neq g \Rightarrow \exists a$［$a \in A$ & $af \neq ag$］。

公理 3-2：如果映射 f 的定义域有元素，那么存在映射 g 使得 $fgf=f$。

对公理 3-1 进行语义解读：对象 A 与 B 之间可能存在多个映射，如果两个映射 f、g 是完全等同的，就要求这两个映射有相同的定义域和值域，并且对定义域中的每个元素 a_i，都有 a_if 等值于 a_ig。如果 f 不等同于 g，那么对象 A 中至少存在一个元素 a_j 使得 a_j 与 f 的复合映射 a_jf 不等同于 a_j 与 g 的复合映射 a_jg。由元素的定义可知，如果 x 是对象 A 的元素，那么在语形上可表示为 x：1→A。如果对象 A 只有一个元素 a，即 a：1→A，那么对任意一对映射 f，g：$A \to B$，若 $af \neq ag$ 则 $f \neq g$，$af=ag$，则 $f=g$。可知 af 与 ag 的关系不取决于 a，因此只有 $a=1_A$，即 $A=1$ 时，上述条件成立。从语用上看，生成元 1 及映射等同关系的确定，可促使数学家得出某些所需的映射关系。

为阐明公理 3-2 的语用目的，我们将采用定量研究方法，通过操控自变量即公理 3-2 进行对比。首先构建一个范畴公理系统 C_0，使该公理系统与 ETCS 公理系统相比唯独缺少公理 3-2，再比较 C_0 与 ETCS 公理系统对数学命题的论证。如已知态射 f：$A \to B$，f 既是单态射又是满态射，证明 f 是同构的态射。已知 f 是满态射，那么对任意的 $y \in B$，存在 $x \in A$ 且 $xf=y$。既 $\exists x \in A$，$f: A \to B$，根据公理 3-2，可得 $\exists g$，且 $fgf=f$。令 $g: B \to A$，又 f 是单态射，则 $fg=1_B$；f 是满态射，则 $gf=1_A$。因此，存在态射 g，使得 f 与 g 同构，由此我们利用公理 3-2 完成了同构的证明。实际上，公理 3-2 可应用于大部分数学命题的证明，相当于范畴论中的选择公理，这正是 ETCS 公理系统引进公理 3-2 的根本目的。

（4）第四组公理确定了对象及其元素之间的关系，为数学定理的证明补充了基本条件。

> 公理 4-1：除了 0（即初始对象）之外的每个对象都有元素。
> 公理 4-2：余积的每个元素都是其中某个单射的元。
> 公理 4-3：存在多于一个元素的对象。

在 ETCS 公理系统中，对象 A 与其元素 x 之间不再是从属关系，而是一种映射关系 $x: 1 \to A$。公理 4-1 表明初始对象 0 没有元素，我们假设初始对象 0 有元素，根据元素定义，存在 $1 \to 0$，0 是初始对象，存在唯一的映射 $0 \to 1$，由此得出 0 与 1 同构，矛盾。显见，公理 4-1 为所有对象确定了其与元素之间的关系。

公理 4-2 表述了余积元素的确定依据。已知对象 2 存在两个平行单射 b_1、$b_2: 1 \to 2$，根据余积的刻画，令 $2=1+1$，可推出 $b_1 \neq b_2$。再根据公理 4-2，可知 b_1 与 b_2 是对象 2 的元素。由此，公理 4-2 可用于证实某些对象的映射关系。

公理 4-3 可应用于皮亚诺假设，以此证明皮亚诺假设在 ETCS 中成立。我们使用反证法假设自然数 0 是一个后继数，即存在 $ns=0$，根据原始递归定理最终得出 $n=0$，但如果 0 的后继数仍是 0，那么每个对象有且仅有一个恒等自同态。而公理 4-3 蕴涵某些自然数对象具有非恒等态射，因此，0 不是任何自然数的后继数。实际上，该组公理所表明的对象与元素关系，可用于证明如塔斯基不动点定理、佐恩引理等常见的一系列数学定理，因此，这组公理提供了数学定理推导的必要条件。

语境取决于公理系统的组成，因此语境不会一成不变。如果 ETCS 公理系统中的四组公理发生变化，其形成的语境自然随之改变。不同语境对数学概念的解读必然不尽相同，当我们在不同的范畴语境中研究群，如在微分流形中，其内在的群是李群（Lie Group）；在群范畴中，其内在群是阿贝尔群。①而且不同的语境，会形成不同的本体论立场，从而语词及其所指的对象就会有不同的意义。②因此必须在一个确定的语境中谈及数学知识，使其具有研究意义。毫无疑问，ETCS 公理系统提供了这样的语境，而我们可以依据该语境定义数学概念、推导数学理论、判断数学命题。更重要的是，可凭借 ETCS 公理及推导出的一系列定理实现对数学知识的概括，发展数学整体，以此论述 ETCS 的数学基础定位。

三、ETCS 数学基础的语境分析意义

将语境分析方法融入数学基础研究，冲破了原本的数学基础研究纲领，开启了数学哲学论证的语境思路，展现了语境分析方法在科学哲学中的广泛应用性。基于此，我们将具体剖析 ETCS 数学基础的语境分析意义。

其一，阐明了 ETCS 数学基础的哲学意蕴。范畴公理揭示了范畴对象在本体论上的存在，并表明范畴对象的存在不是如柏拉图主义式的先天存在，也不是主观的个人经验存在，它是一种实用主义的存在，存在于范畴公理的约定中。而对 ETCS 公理系统产生的定义、概念、命题、定理等的语义解读有助于我们从本质上认识、理解 ETCS 数学基础。ETCS 公理系统构建了范畴语境，使数学概念有了本体论上的承诺，并通过该语境实现了对自身的认识。应该说，ETCS 公理系统从本体论及认识论上奠定了 ETCS 作为数学基础的可行性，揭示了 ETCS 数学基础的哲学意蕴。最重要的是，我们能够在ETCS 公理系统形成的范畴语境中不断地探索数学理论，论证数学主旨。从这个意义上，我们认为语境分析方法发挥了方法论的作用。

其二，构建了理解范畴论的新方式。范畴论的发展必然涉及数学知识的增长，新的数学知识能否与旧的理论系统相兼容，是范畴论以及其他数学理论或数学分支能否持续进步的关键。在数学学科之外，范畴论在计算机科学、数学物理等学科、领域同样发挥着重要作用。因而，范畴论的发展不仅对数学学科至关重要，对自然学科亦有深远影响。将具体的范畴看作语境，如阿贝尔范畴形成的语境、群范畴形成的语境，是数学哲学家认识、理解范畴论的新方式。范畴语境具有动态性特征，使我们可以对层出不穷的数学知

---

① Landry E, Marquis J-P. Categories in context: historical, foundational, and philosophical[J]. Philosophia Mathematica, 2005, 13 (1): 32.

② 殷杰. 语境主义世界观的特征[J]. 哲学研究, 2006, (5): 94.

识实现再语境化，从而始终在范畴语境中探究数学理论。可以说，范畴论的语境理解方式，是我们剖析 ETCS 数学基础模型的本原，是数学哲学家领会 ETCS 数学基础的重要路径。

其三，拓宽了数学基础研究的视野。语境分析方法在 ETCS 公理系统中的应用概因范畴论具有语境特性，在语境的视域下对 ETCS 公理系统进行语言分析与非语言分析，以此阐明 ETCS 被提议为数学基础的缘由。不容置疑的是，数学基础不能被单纯看作是数学的起点，它必须蕴涵数学发展的方式，才能构建数学整体。ETCS 公理系统形成了范畴语境，在此语境中可推导一系列数学定理、证明一般的数学理论，从而发展出整个知识体系。在这个意义上，我们认为将语境分析方法融入数学基础研究是论证 ETCS 数学基础的关键。而且这一运用，展现了数学基础研究的新视角，拓宽了数学基础研究的视野。值得强调的是，ETCS 经由语境分析论证了自身作为数学基础的可行性，是我们在当代探寻数学基础出路的最佳选择之一。

其四，体现了语境分析方法的实践应用价值。语境分析方法在数学基础研究进路中的具体运用，有力诠释了语境分析方法在数学哲学中的实用性。在 ETCS 公理系统的语境分析当中，其历史的、社会的与心理的非语言分析揭示了数学基础研究逐步指向范畴论的趋势，表明了 ETCS 数学基础模型不单单是数学公理系统的构造，而是多因素共同作用下的成果，是对基于范畴论的数学基础进路更为本质、全面的分析。当前，国内学者已经对物理学哲学中的量子测量、量子引力时空论题进行了具体的语境分析，有关数学哲学论题的语境分析尚停留在一个宏观的层面，因此，对 ETCS 公理系统进行语境分析具有重要的理论价值，不仅佐证了语境分析方法在自然科学领域中的具体应用，而且从现实出发证实了语境分析方法的实践性。

ETCS 数学基础的确立、发展都与语境息息相关。将语境分析方法应用于 ETCS 公理系统，事实上是借助语境分析方法理解 ETCS 数学基础的合法性。ETCS 公理系统形成了一个范畴语境，该语境确保了数学定义、数学推导及数学证明的合理性，实现了数学理论如数论、分析、代数等的发展，并最终能够在该语境中构造数学大厦。在这个意义上，我们认为 ETCS 足以胜任数学基础。语境分析方法与数学基础研究进路的融合为解决数学基础争论、推动数学哲学向前发展打开了新局面。毋庸置疑，语境分析方法在 ETCS 数学基础研究中的应用属于一种双赢，既体现了语境分析方法在数学哲学中的直接、具体运用，也为数学哲学家开辟了一条探究数学基础研究的有效途径。ETCS数学基础在语境平台上得到了诠释，不难想象，语境分析方法可应用于更多数学哲学问题的研究，为数学哲学论题寻求更好的解释。

小　结

"数学基础"是数学学科的大本大宗，一切数学内容都建立在数学基础之上，这使得"数学基础"的研究至关重要。集合论悖论的出现，爆发了数学基础危机，使得"数学基础"由此陷入了无限的争论当中。尽管数学实践处于不断发展的过程中，数学学科也日益精进，但始终无法回避"数学基础"这一根本主题。因此，如何解决数学基础危机，找寻一个合适的"数学基础"就成为数学哲学家迫切需要解决的问题。而结构主义作为数学哲学的重要方法论，为这一传统问题研究开启了新的思路，拉夫尔基于数学实践提议了范畴论的结构主义进路，推动了"数学基础"研究继续深入发展。可以说，范畴论的结构主义研究路径，使"数学基础"的研究焕发出了新的活力，尤其是在数学主旨的阐释、数学结构的统一等方面，范畴论越来越凸显出一定的研究优势与研究价值。另外，公理化集合论虽存在一定难题，但在当代数学哲学的研究中似乎仍具有不可取代的地位，一个重要的原因就是，数学界缺乏一个全新的理论来替代集合论的数学基础。在这个意义上，对基于范畴论的数学基础思想进行研究就显得十分重要。本章立足于数学哲学研究最前沿的学术动态，以结构主义为方法论切入点，剖析范畴论与数学结构主义、数学基础间的内在关联。由"数学基础"研究的困境出发，将范畴论与数学结构主义结合，构建基于范畴论的结构主义进路，衍生出范畴结构主义的研究方向。应该说，范畴论的引入为数学基础的研究提供了新的思路，是当代数学哲学的最新研究进展。具体来讲，首先，范畴论是"数学基础"在理论层面上的重要尝试与创新，为传统的"数学基础"问题研究注入了活力，丰富了数学哲学的理论内容，是解决"数学基础"问题的新可能。范畴论作为一种完全不同于集合论的基础进路，挣脱了19世纪以来集合论的数学基础研究模式，是"数学基础"研究上的重大革新和突破。其次，数学哲学的结构主义研究趋势使得范畴论在数学基础研究中表现出特有的理论价值。数学结构主义的核心在于结构，范畴论使用"对象"和"箭头"的描述方式刻画结构，将数学划分为相同或不同的结构，使数学内容通过结构统一起来。范畴论对数学结构的解释方式规避了先前几种数学结构主义的难题，推动了数学结构主义的进一步发展。再次，作为一种可能解决"数学基础"问题的理论，范畴论在拓扑、同调代数、代数几何等数学分支中的适用性为范畴论作为数学基础提供了有力的支持。最后，范畴论在计算机科学、物理、生物等学科中的应用表明，范畴论的数学基础不仅推动了数学自身的发展，还促进了自然科学的不断前进。由此表明，范畴论的数学基础不仅能够推动数学自身的发展，对自然科学的进步也有一定的辅助作用。简言之，数学基础是数学哲学深入探究的课题之一，也是数学哲学领域一直以来的研究难题。解决数学基础争论，寻求恰当的基础解释路径，正是范畴论数学基础的研究意义所在。基于范畴论的数学基础研究，便于我们以独特的视角看待数学的发展，更加清晰地理解数学哲学的研究主旨，实现基础与当前数学实践的紧密结合，具有广泛的应用前景。

第五章　科学解释的物理学分析

　　科学哲学研究最本质的功能之一就是在科学解释或说明的过程中实现对科学理论意义的建构，而概念的语义分析方法则是实现这种意义建构的关键，并且通过概念分析可以揭示出科学进步对哲学创新的影响。量子力学作为物理学中具有权威性的科学语言，在对其中的概念进行解释时，需要保证表达的精确性以及对象的相对独立性，所以我们利用了语义、语境和隐喻分析方法来对波函数和量子空间等量子语言进行认知、理解和描述。对波函数及其密切相关的量子空间进行语义分析就是将符号或陈述背后的含义进行揭示，研究它们的哲学意义能为我们提供更合理、更易于让人接受的量子力学解释。研究波函数的语义解释的变化过程还原了量子力学解释的发展史，波函数语义解读实在性的演变还体现了科学技术的进步。对量子空间进行指称理论语义分析有助于我们说明量子空间的基本实体和其指称的内在关联，还可以发现量子空间基本实体所具有的意向性特征。在此基础上，语义分析方法作为切入点很好地融合了科学与人文的走向，也是科学发展的必然需求。

第一节　波函数实在论与反实在论

　　波函数作为微观的理论实体，不论是在量子力学、量子场论，还是在量子引力理论中宏观意义上都不能直接进行观察。波函数这种不可观察性，加之我们认识经验的有限性，造成了在量子理论中波函数语义解读的多样性。具体来说，对于波函数所存在于 $3N$ 维空间的维数有两种不同的认识：一种是 N 粒子系统存在于 3 维日常空间；另一种是单个世界粒子（world particle）存在于 $3N$ 维量子空间。[①]对空间维数认知的不一致性，使波函数的

---

① 郭贵春，刘敏. 量子空间的维度[J]. 哲学动态，2015，(6)：86.

语义解读变得多种多样，其中就有以下几种解读：①作为场集合的波函数。波函数存在于日常空间与经典电磁场同构中，是普通场的集合。②作为法则的波函数。[1]在阿伯特（Albert）修正后的玻姆理论中，世界粒子与波函数均存在于 $3N$ 维空间，波函数作为法则规范着存在于 $3N$ 维空间中的世界粒子的运动。③作为数学工具的波函。蒙顿（Monton）在他的"双空间理论"中解释：粒子存在于 3 维空间，波函数存在于截然不同的 $3N$ 维空间，作为抽象的数学工具整体性地描述了 N 粒子系统的倾向性特性。④作为势的波函数。在海森伯看来，"把概率波看作一种新的物理实在，它与一种可能性或潜在相联系，是实在的某种中间层次，位于物质的整体实在与观念的智力实在之间的中间状态"[2]。⑤作为单个 $3N$ 维波场的波函数，这是波函数实在论（wave function realism）者们普遍坚持的观点。

从上述的语义解读中可以看出，波函数既可以被解读为实在的，又可以被解读为非实在的。其原因在于，作为语义学分析的一类不可或缺的方法论，在量子力学哲学探究时语义分析方法的运用始终是中性的，该方法并不会偏向于实在论与反实在论中的任何一方，但是会伴随着实在论和反实在论的论战发展过程，在适当的时机，为某种合理的量子力学哲学立场提供着切实有效的方法论论证。

一、波函数实在论

波函数实在论是量子力学语境下对波函数的一种解读方式，是从数学上所表征的一个具有实在性、由物质客体组成的物理复值场。该场作为独立实体存在于极高维的位形空间[3]，它不受其中物质分布影响并具有自己的特性。位形空间中的每一个点均表征系统在某一时刻的瞬时位形。根据贝尔（Bell）的观点，"没有人能理解玻姆理论，直到他愿意把波函数看成一个真实客观的场，尽管这个场并非在 3 维空间而是在 $3N$ 维空间扩散，N 是存在于宇宙空间中的粒子数"；"自发坍缩理论中只有波函数，但该波函数整体性

---

① 郭贵春，刘敏. 玻姆语境下作为法则的波函数[J]. 科学技术哲学研究，2014，(6)：4-6.

② 曹天予. 20 世纪场论的概念发展[M]. 上海：上海世纪出版集团，2008：196.

③ "位形空间"这一术语最初源于经典力学，在经典物理学中，N 粒子系统的位形空间并不完全是物理空间，而是一个可能的经典态空间，空间中每点均表明 3 维空间 N 粒子系统的瞬时位形，维度很高且各向异性。这里是指波函数存在的高维空间，空间的每个点均代表一种空间结构。公式"位形空间的维度＝N 粒子数的 3 倍"只是具有启发性，实际维度不一定与粒子数相关。

地存在于一个更高维的空间，该空间的维度是 $3N$ 维"①。在 1996 年，阿伯特提出，"波函数这一客体是平面场，人们对它的描述是通过对其存在空间——位形空间中的每个点的数的集合进行阐述的。该数集由两部分组成，一个数指称振幅，另一个数指称相位"②。在 2013 年，奈伊（Ney）也提出，"波函数是一个基本客体，并且是存在于位形空间上的一个真实的物理场，这个观点如今被称为'波函数实在论'"③。这个名称虽然有误导性，但正是它把波函数解读为高维波场的。

在贝尔看来，位形空间内的高维波场是基本实体，而非三维日常空间内的粒子。基本实体即分割到无法再分的实体。波函数实在论者认为，量子力学从本体论以及认识论方面为波函数的理论实体提供了陈述，我们有理由承认波函数作为高维波场的本体性，进而可以将高维波场理解为，对独立存在的客观外在世界提供了真实性描述。从波函数实在论所构建的本体论图景中，有两个显而易见的对象——波函数本身以及其"存在"的高维空间。作为不可观测的量子空间，高维空间使科学哲学家们就日常世界的表象为约定论者提供了一个坚实的基础。

但波函数反实在论者也由此提出相应的反驳观点：波函数能否被解释为高维波场，如果能，它又是怎样被解释的。因为高维波场的不可观察性，又如何保证这个解释是真的呢？因此，波函数实在论这一解释面临着两大难题：一是宏观客体难题，即日常经验到的东西是否客观存在，是真实的还是虚幻的；二是经验上的不相关性威胁，经验上的相关性要求，"为确保全部观察语句为真，理论需提供一种恰当的说明。这便隐含着需在观察论述与理论论述间进行某一明显且强烈的区分预设"④。在不受实验检验的基础上，我们如何去保证高维波场的真实性问题，即高维波场的实现途径。下面将分别对两大难题进行回答。

① Bell J. Speakable and Unspeakable in Quantum Mechanics[M]. Cambridge：Cambridge University Press，1987：128，204.
② Albert D Z. Elementary quantum metaphysics[M]//Cushing J，Fine A，Goldstein S. Bohmian Mechanics and Quantum Theory：An Appraisal（132）. Berlin：Springer，1996：277-248.
③ Ney A，Albert D Z. The Wave Function：Essays on the Metaphysics of Quantum Mechanics[M]. Oxford：Oxford University Press，2013：37.
④ 孙林叶，成素梅. 范·弗拉森的科学说明观[J]. 科学技术与辩证法，2009，26（3）：37.

二、宏观客体难题

高维空间的波函数能否解释日常空间中宏观客体问题，诸如桌子、椅子及人类等，该问题的实质是困扰人类已久的日常空间与高维空间如何关联的认识论问题。在假设波函数实在论正确的前提下，波函数实在论及其支持者通常通过突变解释、功能解释、突现解释和构成解释来解决宏观客体难题。

（1）突变解释。阿伯特在早期坚持巴门尼德和柏拉图的理论，认为日常具体事物的世界是虚幻世界，在这个世界中所呈现的事物是"幻象"，不具有真实性。这种幻象性是因为缺乏附加的内在结构而产生的，即哈密顿量形式使日常空间结构成为幻象。物理学家为讨论相互作用而引入相互作用图景，即薛定谔图景以及海森伯图景。二者能够凭借某一幺正变换相互关联。从相互作用图景的角度来说，物理学家将哈密顿量划分成两大部分，前一部分表现自由系统，该系统内没有相互作用；后一部分表现哈密顿量的相互作用，可以简称为"相互作用哈密顿量"。"位形空间中某个函数——'相互作用距离'的哈密顿量中，势能项间的相互作用描绘了一个与日常世界相类似的世界。"①因此，量子哈密顿量使量子世界对其居民而言似乎是三维的，尽管这种现象是幻象。举例来说，"桌子存在"是真的，并非是因为"桌子存在"这一事实，而是由于事件很简单地被设置为桌子。在这个语境下，我们可能因此承认"存在桌子"是真，是因为波函数能在一个合适的条件下呈现出桌子的样式。

（2）功能解释。2013 年，阿伯特放弃了其于 20 世纪末提出的突变解释观点，转而呼吁功能主义者论证，通过给波函数附加某些东西使其具有宏观客体的功能。波函数实在论者为解决新的挑战，即如何解释从高维位形空间中突现出来的经典世界，他们假定波函数存在某种演化方式，在充满三维粒子的宇宙中起了一个功能性的作用。具体而言，让高维空间与日常空间进行数学形式上的类比，形成同构对应关系，从而具有了相同的动力学关系和因果关系。通过这种方式，高维空间也具有日常空间事物的功能，人类等感官生物也同样有了存在于日常空间的体验。例如，桌子的硬度属性，就可以

---

① Albert D Z. Elementary quantum metaphysics[M]//Cushing J，Fine A，Goldstein S. Bohmian Mechanics and Quantum Theory：An Appraisal（132）. Berlin：Springer，1996：277.

"建立在"波函数的对称性上。需要注意的是，因为波函数随时间演化的动力学行为所起的因果作用，形成了具有推论性但真实存在于日常空间的粒子。虽然该粒子是理论实体，但具有真实性，可通过人的观察被认知到，不过对理论实体的每一次观察都不可能发现其全部面貌，它只能在相应条件下呈现某一层面、某一视角的状态。我们可以在历史的认知洪流中不断逼近对理论实体的把握。综上，阿伯特改变了其早期关于日常空间是虚幻空间的观点，转而承认日常空间是真实空间，国内吴国林教授与王凯宁学者等持有类似的观点，多世界解释群的共同哲学基础是，它们均在一定程度上认可"微观世界"的态叠加现象在"宏观世界"内也是真实存在的，传统看法下的量子与经典之间的界限并不存在。[①]若按照这种观点进行类比，在多世界解释语境下，三维空间和高维空间在本质上是一致的，三维世界不过是特殊条件下的高维世界的一个子类。

（3）突现解释。突现是高层次的事物在整体上来看存在，但其组成成分不存在且不能提前由此进行预测的特性。[②]用安德森的话来讲，"整体不单大于部分之和，而且迥异于部分之和"。这种解释是对复杂对象实体内的高低层次或其组分属性间的特定关系进行描述，在解释过程中会生成新质；此外，我们不能根据复杂对象实体的低层或组分的属性来预测高层或组分的属性。在"突现-世界理论"中，世界是从基本结构中生成的高阶结构。日常空间的事件或属性既不能同一于也不能还原于高维空间的事件或属性。多世界解释中的波函数实在论就是波函数一元论，当代的多世界解释者们从哲学家丹尼特那里套用"丹尼特标准"来解释日常世界。丹尼特标准是指：宏观客体是一种模式（pattern），且该类模式作为真实事物的存在性，取决于其所依赖的理论的实用性——尤其是解释力与预言的可靠性。其中，理论在本体性上承认该模式。桌子、椅子等日常客体，便为一种动力学上稳定的、特殊类型的模式。借由退相干理论所生成的分支恰是这种类型的实体，它们是高维空间内突现的稳定结构。[③]在突现解释中，日常世界的表象被解释为多样性的一种，日常空间是高维空间的模拟，是现象学意义上的幻象。

突现解释理解宏观客体难题的方式有两种：一种是认识论的突现解释，即将意识引入理论，通过求助于日常体验的观察者并假定其会意识到突现的

---

① 吴国林. 量子信息的哲学追问[J]. 哲学研究，2014，(8)：105.
② 颜泽贤. 突现问题研究的一种新进路——从动力学机制看[J]. 哲学研究，2005，(7)：101.
③ 赵丹. 关于多世界解释的几点哲学思考[J]. 南京工业大学学报（社会科学版），2015，(1)：87.

三维客体，也就是意识使波函数发生坍缩；另一种是本体论的突现解释，拒绝引入意识，坚持突现与经验毫无关系，日常客体是自发生成的。比如，马格瑙（Henry Margenau）就并不赞成作用意识使波函数发生塌缩的观点。20世纪后半叶，马格瑙提出了潜伏属性理论，把波函数看为真实的，而位置、动能和能量等可观察量则看为潜存的，这些量的值仅作为对测量的反应时方涌现出来。类似于该理论的还有海森伯主张的"势"概念，将测量当成可观测量"从可能到现实的转换"。在多世界解释中，波函数将始终按线性的、决定论性的薛定谔方程进行演化。在这里，非严格意义上的决定论是微观量子世界的固有属性。在多世界解释者们看来，突现解释将固有属性归因于系统的这一做法，消解突变论的同时还坚持了演化模式的决定论。

（4）构成解释。在科学理论的本质上，构成解释是一个由数学模型或数学结构而共同形成的集合，是世界本质在"语义"意义上进行的一种建构。许多科学哲学家会利用构成解释来理解问题。格林（Greene）借鉴弦论思想提出：假定在 $3N$ 维高维空间中的某三个维度大到日常世界居住者足以轻易地观察到，剩下的 $3N-3$ 维卷曲进入一个微小的"卡拉比-丘流形"，并且该流形因为太小而不容易被看到。在这种假定空间中，日常空间并非一种幻象，而是作为高维空间的部分构成，日常空间在其中既不独立于高维空间，也不与高维空间相重合。从这个意义上讲，日常空间对高维空间而言是"不可还原的"。正如张华夏教授所言，感觉只能与感觉到的量子世界相对应，始终有诸多未曾感觉到的量子结构的元素与关系存在，它们是'附加的结构'。因此从严格意义上来看，具体的感知结构和与之相对应的量子系统结构，日常现象与不可观察到的量子世界之间并非同构关系，而是一种嵌入关系。[①]刘易斯等也持有相似的观点：可能世界是某种独立于人类语言和思想之外的客观实在，它在本体性上和我们的日常世界存在相同的本体论地位。日常世界之所以称为日常世界，正因为它是人类自身所居住的世界。也就是说位形空间至少在某种意义上是三维的，即使它在另一个意义上是 $3N$ 维的。例如数字光处理（Digital Light Processing，DLP）理论就支持经典力学类似于宏观系统的量子理论，按规矩能用量子理论来替代。

从上述探讨的四种解释可看出，不同解释者所用的方法不尽相同：他们

---

① 张华夏. 科学实在论和结构实在论——它们的内容、意义和问题[J]. 科学技术哲学研究，2009，（6）：10.

或借助于相互作用来描述日常世界，或通过附加某种东西使日常空间和高维空间具有结构上的相似性，或把日常空间的某种属性归因于高维空间的固有属性，或把日常空间内化为高维空间结构的一部分。不同的解释方法对日常空间的认识也不同：在突变解释和突现解释中，日常空间及其中各种事物均是虚幻的；在功能解释和构成解释中，日常空间是真实空间，其中的事物虽具有推论性，但却是真实的。总之，在尝试解决宏观客体难题方面，各种解释在形式上不断向纵深拓展，在内容上不断深化。

　　虽然存在多种方式来认识量子空间和日常空间的关联，但是上述解释都有着各自的局限。突变解释不能给出任何哲学上的解释。功能解释要求波函数具有日常客体的某种功能，该功能发挥作用是以被某种机制作用为前提，即被推或被拉，但波函数作为高维波场时并未受到任何外界因素的影响，这将需要存在更深层次的内在因素起作用。突现解释过于模糊而不能清晰地阐述基本实体和目标实体间的基本关系，是什么保证了这个解释是真的呢？不可否认退相干理论是一个重要的工具，但即使借助退相干过程，也未能解释高维空间的波函数如何能在物理上构造一个与指针相类似的经典系统，况且突现一种无法解释的关联，结果只能是走向神秘主义。正如华莱士（Wallace）所说，借助突现解释能够从微观世界突现出宏观世界，但人们仍然需要解释什么样的微观本体存在其中。构成解释并不能解释日常空间和高维空间之间的联结机制。但由于涉及对日常空间真实与否的判定，因此上述解释成立的前提是：要么承认高维空间维度的不均匀性，要么将心理意向性引入解释过程。

三、经验上的不相关性威胁

　　在宏观客体难题上，我们用科学解释就高低维空间关系进行了逻辑上的解释，但是一个科学理论的正确性必须要同时与逻辑和经验事实相吻合。波函数实在论者们坚信，既然科学理论对直接可观测到的理论实体进行的刻画存在实在性，那么便无理由质疑该科学理论就高维波场这一不可直接被观测到的理论实体进行刻画的实在性。高维波场一旦接受经验的检验和证实，便会遇到"经验上的不相关性威胁"难题。详细说来，波函数实在论是在量子力学语境下进行的解读，在量子力学中，所有证明量子论正确的证据似乎都存在于局域性的事实中。所以量子论要想在经验上有相关性，必须包含局域性，然而在面对内禀属性完全相同的全同粒子这一哲学问题时便会出现问题。

经典力学的全同粒子，都可以通过先编号尔后顺着轨迹对其进行追踪，是完全能够辨别的。与经典力学不同，在量子力学理论内，根据不确定性原理，量子粒子的位置与动量彼此间存在着非确定性关系，粒子在量子空间内以概率的形式进行分布，量子轨道根本不存在；除此之外，全同粒子在量子模型内是位于相同量子态的粒子，因而通过轨道追踪该类粒子而进行辨别，是不具备现实性的。在量子力学中，玻色子通常被认为是不能进行辨别的全同粒子，理由是该种粒子在排列转换中呈现出了正对称关联。因而它们是彻底不能辨别的，亦指失去了个体性。①由于量子粒子的非个体性，在某种意义上讲，高维波场与时空无关，造成了它并不能在基本实体中包含局域性，即高维波场作为基本实体是非局域性实体。正是这种非局域性，使得"经验上的不相关性威胁"出现：①如果日常空间是一种幻象，那么我们从实验中获得证明高维波场存在的证据也是一种幻象，假证据是不能证明一个理论的正确性的；②如果日常空间是真实空间，则要求证明高维波场的证据必须具有局域性，但是这些证据是从非局域性高维波场（基本实体）中推论出的理论实体，局域性与非局域性的冲突由此产生。综上所述，波函数实在论在实验实践中，既不能被证实也不能被证伪。

从波函数实在论的两大难题的探讨中，我们能发现：①波函数实在论者试图凭借不断进步的技术，无止境地寻求理论实体的现存性，进而陷入了对高维波场解释的本体论困境；②波函数实在论者们尝试把对可观察宏观实体的实在论解释，延伸扩展到对高维波场这一不可观察的理论实体的理解之中，从而坠入了波函数实在论解释的认识论困境；③波函数实在论者们还试图剥离对高维波场这一理论实体进行刻画的理论外衣，进而倡导在实验实践进程内去探寻理论实体本体性的研究方法，然而又坠入了波函数实在论解释的方法论窘境。总而言之，量子理论本身不能孤立地成为日常现象显现的证明者，实体也不能显性地成为日常现象的证实者。

四、波函数实在论的出路

在尝试解决波函数实在论面对的两大难题时，学者们从不同的立场、视

---

① 万小龙. 全同粒子的哲学问题[J]. 哲学研究，2005，(2)：115.

角出发，提出波函数实在论可能的出路。在本节我们重点谈论以下几种观点。

（一）走向波函数反实在论

不同于波函数实在论者们所坚持的高维量子空间维度的非均匀性以及各向异性，在波函数反实在论者看来，高维量子空间内的所有维度全部是各向同性的，没有哪个空间维度在本体性上存在优先性，因此高维空间可多样实现于日常空间。

奈伊虽然在量子态实在论的问题上明确持赞同意见，但他在波函数实在论的问题上是持反对意见的。奈伊是量子态的实在论者，同时又是波函数的反实在论者。他在阿伯特突变解释的基础上附加了一个还原解释，进而考虑奥本海姆和普特南的保持性还原解释："波函数峰值围绕在位形空间的某些区域，这一连串峰值为建立日常客体做出巨大贡献，峰值大小对应于不同的经典描述。"[①]在该解释中，宏观客体被还原到波函数峰值，这种保持性还原解释并没有消除高维空间，日常空间存在但并不是基础。然而，奈伊的这种借助奥本海姆和普特南的保持性还原解释方法在度量衡学下借由框架还原而失败，我们也不期待把桌子等日常客体还原成波函数的一部分。因为没有合乎法则的关联定律，高维空间不能还原到日常空间，即使有关联定律也无法确保还原理论在概念结构或本体上的经济性。关联定律仅仅能说明日常空间与高维量子空间之间的连接方式，并不包含本体性上的含义。奈伊还原解释的失败，证明了波函数反实在论者们所倡导的不可被观察的理论实体是不存在的主张。

蒙顿基于 N 粒子系统提出"双空间理论"——粒子位于日常空间，波函数位于高维空间，但波函数及其存在的空间都只是纯粹的数学工具，用以解释 N 粒子系统的倾向性特性。在唯名论者看来，如果将波函数看作是一个抽象的实体，那么波函数不存在。根据蒙顿的观点，高维空间不可能被还原为日常空间，我们应该抛弃波函数实在论，他就阿伯特的突变解释提出反对意见：既然势能项中的相互作用能产生某种日常图景，那么不同的相互作用便会产生不同的结构图景，而不只是我们日常看到的那一种图景。相互作用这种作为无法被观测的物理图景，在理论说明进程内，与物理学家们的认识存

---

① Ney A，Albert D Z. The Wave Function：Essays on the Metaphysics of Quantum Mechanics[M]. Oxford：Oxford University Press，2013：180.

在密切的关系，物理学家们的心理意向性会影响他们的判断。也就是说，不同的认知层次产生不同的相互作用，从而对理论结构的认识随之改变，产生不同的日常图景。如果位形空间中的维度具有平权性，这便意味着其他相互作用也会导致存在于不同维的空间图景，那么便不会有优先性的维度来对应日常空间。后来，蒙顿又退一步提出，即使阿伯特成功地证明了波函数实在论能解释日常空间的现象，也并不能证明波函数实在论就是正确的。

波函数反实在论的这条出路并非一帆风顺。在蒙顿的"双空间解释"中，波函数和粒子分处于截然不同的空间，二者不存在任何因果关联，这样便存在某种物质把二者串联起来，这些空间如何关联便是一大难题。从认识论上来看，若高维现象无法还原为日常现象，则表明这两种现象间具有无法逾越的"解释鸿沟"，最终导致生成解释意义上的多元论；从本体论上来看，若高维空间不能被还原到日常空间，便具备了独立的因果性，从而导致性质二元论，进而出现高维空间与日常空间的多元决定论。也就是说，高维空间的波函数如何作用于与其在同一空间的粒子，这就需要一个内格尔的关联定律。总之，蒙顿的双空间解释会导致二元论解释或神秘目的论解释。

从波函数实在论走向反实在论的过程中，我们可以发现：①这种走向把波函数看作解决实际问题的能力，但与此同时忽视了理论为何具有该种能力的推敲；②这种走向把理论的任务理解为是对日常现象的解救，但未对日常现象与实体间关系做出合适的回答；③这种走向也充分地认可了心理意向性的存在。因为基于高维空间维度各向同性的前提预设，如果要优选其中的某些维度对应于日常客体，意识则自然而然地存在其中。

（二）走向量子态实在论

除了蒙顿和奈伊纯粹地反对波函数实在论者外，有学者站在经验适当性的角度提出走向量子态实在论的建议。他们认为：在 N 个全同粒子构成的量子系统中，初始波函数在保持振幅不变的情况下改变其相位而产生新的波函数，新波函数与初始波函数描绘的是同一个量子态。也就是说，$\psi(x)$ 和 $\psi'(x) \equiv e^{i\theta}\psi(x)$ 描述的是同一种事物，相位改变所造成的物理上的不同是不可观察的，所以量子态的数学表征的整个相位并没有物理意义。简言之，"增加"的量子态本身并不对应于物理操作，只是数学操作，波函数与量子态之间是多对一的关系。

支持量子态实在论的量子力学解释有哥本哈根解释、标准玻姆解释和自发坍缩解释等理论。量子态与可观察现象密不可分。对经验证据而言，通过数学算符与"测量"相关联，波函数被认为是与算符一起来共同导出不同测量结果所出现的概率，波函数相位的改变并不会导致这一理论的经验预测发生任何改变；此外，众多版本的多世界解释者们也都赞成量子态的实在性，在他们看来多世界解释的形而上学承诺就在于量子态的实在性。量子态被看成根本的实在客体，是一类客观的、独立于表征的实在，量子叠加态亦即为量子世界的本真形态。[①]某一客体的实质即为量子态，亦即为构成这一客体的粒子的量子态，而不是这类粒子自己。

出现波函数实在论与量子态实在论解释差别的原因之一，是解释者们在选择数学空间时存在分歧：是选择希尔伯特空间还是选择投影希尔伯特空间。希尔伯特空间是量子力学中的一个复矢量空间，该空间的矢量（波函数）能够被复数相乘和相加，得到一个截然不同的新的矢量（波函数）；投影希尔伯特空间是希尔伯特空间自身投影所形成的线集合空间，并不是一个矢量空间。投影希尔伯特空间的两个元素之和与之积不代表任何意义。具体到波函数实在论和量子态实在论这种情形：波函数实在论者选择的是在希尔伯特空间用矢量波函数对量子态进行描述，数学上不同的波函数，对应的物理意义也不同，因此不同波函数描述不同的量子态，二者之间一一映射，波函数实在论等同于量子态实在论。这种一一对应关系最早源于阿伯特的《基本量子形而上学》一文：把自由粒子看成研究对象，可观察量的建构能从哈密顿原理出发，借助正则变换的量子化而完成。详细步骤如下：将自由粒子的正则变量——位置和动量作正则变换，得到新的正则变量。[②]如果选取新的正则动量当作系统的系统能量，那么新正则坐标理应是和能量相共轭的量，被称为时态。时态与时间存在同一的量纲，然而在概念上不同于系统的时间。在量子态实在论者看来，振幅相同、相位不同的波函数只是数学上的不同，在物理意义上是相同的，描述的是同一个量子态。亦即是说，量子态对应的是希尔伯特空间的矢量，而不是希尔伯特空间的投影线。

当然，在希尔伯特空间中描述矢量波亦是有一定不足的。通过对矢量空间进行定义，每个矢量必须存在一个逆矢量从而使二者之和等于零矢量。就零矢量而言，自身是否表征任何可能的物理态，这个问题尚待进一步的研

① 赵丹. 关于多世界解释的几点哲学思考[J]. 南京工业大学学报（社会科学版），2015，(1)：87.
② 郭贵春，赵丹. 论能量-时间不确定关系的解释语境[J]. 自然辩证法通讯，2007，(2)：22.

究。以量子态实在论为基础，多世界解释者们赞成量子力学所刻画的全部为实际世界所出现的，量子力学为涉及实际世界的实在论刻画。他们不再止步于量子力学内的量子态实在论，还存在更远大的哲学意图，即以实在的量子态为基础而构建的时空态。[1]他们也不再满足于非相对论的量子力学中的量子态实在性，而有更宏伟的哲学目标，即基于实在量子态而构建的时空态。[2]时空态实在论（spacetime state realism）是把波函数所描述的量子态和相关的时空区域联系起来作为基础。该哲学目标的完成进程充满着技术性，需要利用代数论的量子场论、福克空间的量子力学表述等[3]错综复杂的数学知识和物理学知识。然而这同时也对量子力学解释向量子场论以及量子引力理论等量子时空理论的拓展开辟了路线。

（三）走向量子场论

作为狭义相对论和非相对性量子力学相结合而生成的产物，量子场论内所有特殊种类的粒子数均不是常数。这是因为每种粒子都有反粒子，粒子与其反粒子间的相互作用转换的过程反映了新粒子的产生和旧粒子的湮灭。因此，量子场论本质上是粒子数可变的多粒子体系理论。正是由于量子场论中粒子数的变化性，使得在粒子数数目固定的非相对论性量子力学语境下，波函数被语义解读为类似于经典电磁场，并非存在于日常空间而是存在于高维位形空间的波场。这种解读方式在相对论性量子场论内会出现解读失效。根源在于斯通-冯诺依曼定理在量子场论中不再有效。斯通-冯诺依曼定理证明在日常空间内粒子理论的情形下全部表象在实质上为等价的，然而该定理无法拓展到某一存在无数多个自由度的系统。[4]也就是说，因为量子场论中的粒子数是可变的，不再像非相对性量子力学一样是固定数，所以不能解释为高维波场。这正是波函数实在论走向量子场论出路的缘由之一。

在量子场论研究过程中，量子场可以展现出"粒子"特性，此时量子场内的基本实体可被看作"量子粒子"；此外量子场还可展现出"量子场"的特性，"量子粒子"此时则被看作受量子场激发而生成的场量子。不管是经

---

① Wallace D，Timpson C G. Quantum mechanics on spacetime I：spacetime state realism[J]. British Journal for the Philosophy of Science，2010，61（4）：697-727.

② Wallace D，Timpson C G. Quantum mechanics on spacetime I：spacetime state realism[J]. British Journal for the Philosophy of Science，2010，61（4）：697-727.

③ 赵丹. 关于多世界解释的几点哲学思考[J]. 南京工业大学学报（社会科学版），2015，（1）：87.

④ 李继堂，郭贵春. 规范理论解释和结构实在论[J]. 自然辩证法通讯，2013，（4）：10.

典理论还是量子理论，物体的属性区别为两种，一种为态-独立属性，即固有属性（如静质量、电荷、自旋、磁矩以及寿命等）；另一种则为态-决定属性，即外在属性（如空间、动量等）。固有属性往往是明确的，对量子系统中固有属性完全相同的任意粒子进行交换，不会更改系统的状态。而外在属性在量子理论中通常是不定的。量子粒子和量子场间的转换体现了波函数所描述的量子对象外在属性的不确定性——量子模糊性。该模糊性表明：波函数作为微观理论实体的存在形态，不再具备宏观实体形态的那种永久不变性；相反它在一定条件下能生成、湮灭以及相互转化。这体现出在微观量子世界的研究领域内，物质自身的不生不灭，并不代表物质形态的不增不减。[①]量子场存在状态的该种易变性阐明，测量仪器对自在实在的干涉在根本意义上是不可消灭的干涉。

（四）走向结构实在论

不论是从科学实在论者角度，还是反实在论者角度，结构实在论这一观点均被认为是科学实在论内最具辩护力的手段之一。根据结构实在论者们的观点，虽然实体论与关系论均为纯粹的形而上学上的意义判断，既无法被证实又无法被证伪，但二者具有相同的基础结构。正如曹天予教授所言，某一物体的整体特性甚或者本体性，主要是由整体的结构化定律来进行确定，而不能被还原为物体整体内的一部分。

根据弗仑奇（French）的观点世界上只有结构才是真实存在的，实体不过是结构关系的'联结'和'结点'，是可以还原为结构的构成要素。[②]所以"客体就是结构"，"客体必须概念化为结构"。物理实体只是作为占位符起启发性作用，允许物理学家应用数学，进而把它们上升为群论结构，一旦这得以实现，实体即可摒弃。[③]譬如说，在前述突现解释内，多世界解释者们径直就量子力学的形式体系进行了实在论意义上的解释，承认该形式结构对量子系统进行刻画的完整性以及充分性，赞同数学结构和物理结构间的高度重合，造成数学结构足以形成其自身的解释。从某种意义上讲，多世界解释中的突现解释可以用弗仑奇的"实体取消主义"来说明，即不需要实体和物

① 郭贵春，成素梅. 当代科学实在论的困境与出路[J]. 中国社会科学，2002，（2）：96.

② 张华夏. 科学实在论和结构实在论——它们的内容、意义和问题[J]. 科学技术哲学研究，2009，（6）：8.

③ 曹天予，李宏芳. 在理论科学中基本实体的结构进路[J]. 自然辩证法通讯，2015，（1）：35.

质，理论结构就是终极性的，结构即实在。结构实在论者就波函数反实在论者的观点提出另一种方案，即波函数和粒子均不存在，因为基本粒子在量子力学内并不具有明晰的个体性，因而便不可承诺哪一个粒子是关系的负载者，这样便就只有关系真实存在，粒子是一种虚幻。雷蒂蔓（Ladyman）称该观点为排除主义，即量子世界内只有结构而没有个体，与实体属性相比而言，结构间形成的关系属性更关键。量子波函数作为薛定谔方程的解，就量子世界内微观粒子的运动进行刻画。因为薛定谔方程的形式体系具有不变性，所以把波函数语义解读为结构，在某种意义上来看也是具有合理性的。

结构实在论把波函数的意义归因于结构这一走向，在一定程度上确实能解决波函数实在论的难题，突破了波函数实在论本体性和经验主义的倾向，合理地沟通了波函数实在论和反实在论两大阵营，并对波函数实在论的辩护起到促进作用。正如弗仑奇在其《波函数实在论的未来走向》一文中所言，放弃波函数实在论而支持结构实在论，这样便可以在保持一种形而上学经济性（即不必增加本体预设）的同时又避免求助于反实在论者倡导的经验相关性要求。形而上学的经济性体现在"对于广泛的形而上学'事实'，我们没有任何知识"。结构实在论的特点与不足主要表现在：对回答波函数数学表征结构的改变与波函数实质间的关联无能为力，在本体论后退的同时试图避免量子理论发展中的心理意向性，不能完全与理论发展的实际情况相吻合，从而无法在真正意义上实现"形而上学和认识论相一致"。因此结构实在论作为一个哲学论点的辩论是一个开放的话题，还存在进一步研究、讨论、澄清和批判的地方。

通过以上分析我们可看出：无论是波函数实在论者、波函数反实在论者、结构实在论者、量子态实在论者抑或者是量子场论者，他们彼此间的立场都存在差异，但均试图运用语义分析方法去揭示波函数这一物理语言的意义。波函数实在论者把波函数解读为高维波场，波函数反实在论者把波函数的意义归因于关系，量子态实在论者把波函数解读为量子态，结构实在论者把波函数解读为结构的构成要素，某些多世界解释者把波函数实在论等同于量子态实在论，还有人利用隐喻这一语义分析方法把量子场论中的波函数描述为同时具有"量子粒子"和"量子场"的集合体。就像一个硬币的两面，我们每次只能看到其中的一面。这是因为，非自由场间的相互作用使场量子变成了不确定的实体。波函数的所有这些语义特性，均从相关物理语言实体对象的不同角度、不同层级以及不同维度上给出的；但是它们均毫无分歧地统一在特定的社会、历史以及文化语境内，在整体意义上可通约，且自然而又必然地组成语义特性。所以把波函数的意义单独地归因于实体、关系还是结构都是失策的。根本原因在于，它们在波函数本体性上的立场太过执着，在认识论立场上犯了传统表征主义者们所持有的表征者与被表征者之间为一一映射透视关系的错误，即它们都表现在完全依赖于语义分析方法，造成解释不具有现实性，某种程度上具有一定的片面性和狭隘性。

总而言之，波函数实在论面临难题的本质为，存在于量子理论内的形而上学思考、经验思考以及科学理性思考三者间的关系难题。因为在物理哲学家对波函数的解读过程中，波函数的不可观察性特征造成对其语义解读的建构性成分变多，理性思考和经验思考的理解难以一致。人类在经验上以及理性上的双重边界和双重'自限'下，均无法要求在任一纯粹的确定趋势上去解决重大问题。①为求解波函数实在论的难题，走出其面临的困境，我们一边要实行有意义的整合与归纳，使不同的研究趋势方向均综合于某个彼此间可相互融合、相互参考以及相互关联的整体领域；同时还需具备某一共同的哲学基础，在该基础上各类本体论、认识论以及方法论的内容可彼此共存与互补。②

综上所述，我们应该在本体论意义上超越现实走向可能。实在论者单纯追求波函数这一理论实体的现存性的这一本体论态度，使得实在论者沿着理解宏观实体的路径来理解波函数的实在性。支持可观测实体与不可观测实体之间并不存在明晰的边界线，把"可观测性"概念看作是动态概念。这样一来，人们使用不同层次的仪器可看到同一实体在不同层次上的呈现。波函数在多世界解释内的应用就是很好的例子，王凯宁学者就波函数在量子计算的应用也持类似的态度。此外，波函数这一微观客体的存在形态具有易变性。我们只有通过对波函数的各种可能状态进行全面把握，才能合理理解波函数的本体性。在认识论意义上超越分割，走向整体。正如吴国林教授所言，即使单粒子的波函数都是实体与结构性的共存体，更不用说 N 粒子构成的整体波函数所具备的整体性与结构性了。N 粒子波函数这一理论实体具备建构性复制的特点，说明理论实体并不完全与微观客体相等同，它在关系和属性前提下的多样可能存在形态的有机整合才构成微观客体。因此，我们只能超越过去意义上简单的分割论方法，基于整体论的视角才能真正恰当地对理论实

---

① 郭贵春. 科学实在论的语境重建[J]. 自然辩证法通讯，2002，（5）：10.
② 郭贵春. 科学实在论的语境重建[J]. 自然辩证法通讯，2002，（5）：10.

体的本体性进行说明。在方法论意义上超越实体，走向语境。以整体论的方法论为基底，重申超越对理论实体现存性的简单追求，走向关系与属性的种种可能状态的认识空间，来理解理论实体本体论性问题的可能性。从前面的分析我们可以看出，追求对波函数的实在论解释，应该基于实验与理论的整体性：在理论上持续地从单一转向多元，从绝对转向相对，从对应论转向整体论；在实践上从逻辑转向社会，从概念转向叙述，从语形转向语用；在方法上从形式分析转向语义分析、修辞分析、解释分析、心理意向分析等，不一而足。①这些理论、实践以及方法的"转向"在整体性上的一致性，反映了在理论与实践之间的整体性，以及在不同研究层面上具有不同的表现形式。因此，我们只有基于整体论的立场，才能在实际的科学研究语境内，恰当地对科学理论建构性复制的真实内涵进行理解；进而在实体、关系和属性的网络中，真正领会到波函数的实在性；在语境的基底上来得到该类本体论、认识论以及方法论的统一，得到逻辑、语义以及语用分析的统一，得到经验、理性以及行为的统一。②

第二节　波函数实在论的语境化

在本节中，这个基底指的是物理学语境，以此为基底来融合波函数实在论与波函数反实在论的各种语义诠释。反对波函数在本体性上无限制地撤退或还原，相反倡导一类相对的、有限制的可还原性，从而使波函数实在论和反实在论在一定程度上明确彼此间谈话的同一基础。在经验实在、语境实在的前提条件下去进行沟通与交流，而将本体性的追寻姑且暂时进行"悬置"。所以我们提出，欲求解波函数实在论的难题，就应该走向语境论的波函数实在论。

一、以"语境"为基底进行讨论的缘由

我们之所以在"语境"的基底上进行讨论，是因为它在人类语言活动中

① 郭贵春，殷杰. 后现代主义与科学实在论[J]. 自然辩证法研究，2001，(1)：9.
② 祝青山，肖玲. 实践科学观：马克思主义研究的新视野[J]. 宁波大学学报（人文科学版），2009，(1)：84.

具有永不磨灭的本体性。亦即是说，语境能被看成一类实在，其本体性的特征有以下几种。

第一，把语境看作一种本体性上的实在，在整个语言哲学分析中"经济性"十足。"经济性"是指语境可被当作一柄"奥卡姆剃刀"，用来砍去所有多余的要素，而无须在形式上再进行任何空洞的语言哲学上的本体性撤退。从方法论意义上看，这可规避在纯粹真值考量上的局限性，此外，这一便捷性的实质为本体性上的整体性，能从丰富的语境要素及其交互联系中来领悟语句的意义。这样一来，不仅丰富了意义，还能让"意义大于指称"。从整体性上来看，语境的本体性化是"退却"也是"进步"；它减少"还原"的同时也拓展了"意域"。①

第二，从某种角度来看，对语境实行本体性化的操作就是一种对意义实行强有力的"约定"过程。该过程生成了判别意义的"最高法庭"。所有语义、句法和语用的法则只有在该"法庭"内，方是合法的、有效力的。在某一特定的语境中，研究者能借助独特的约定形式就可能意义及其分布进行不同意向的解释与重构，甚至导致不同范式的争论。然而，语境的本体性决定着其约定性，该类约定性是以本体性为基础的。语境的约定性仅仅揭露了意义的多样可能的现实性，而非其实质的存在性②。由此也可看出，语境的本体性化涉及意义的"最强约定"，关系到解释共同体间的一致性评价标准。重点是，解释共同体间信仰的差异并非等价于给定语境下的意义的差异。信仰问题为潜存的背景趋向问题，意义问题则为给定语境下种种要素间的和谐性以及无差别性问题。二者虽存在相关性，但也存在实质差异。因此，当我们看待语境的本体性的实在性和约定的相对性时，既要看到二者的统一，也要发现彼此间的冲突，也正是这类冲突促使着人类语言和哲学探索的成长和前进。

语境的本体性化即为实在性的具体化，该类过程可确保语词意义由现象转向本质、由一般转向特殊。尤其是当某个对象（波函数）在从一类时空（量子态）到另一类时空（时空态）转换时，波函数的指称以及意义的等价性或差异性均由语境的详细性来确定；反之，任一有意义的语境的形式背后，也同样潜存着无法避免的偶然性和无序性。

---

① 李海平. 语境在意义追问中的本体论性——当代语言哲学发展对意义的合理诉求[J]. 东北师大学报（哲学社会科学版），2006，（5）：25.

② 李海平. 语境在意义追问中的本体论性——当代语言哲学发展对意义的合理诉求[J]. 东北师大学报（哲学社会科学版），2006，（5）：27.

因此，语境为有序与无序、偶然与必然的联合体。即使是在以形式系统表现的科学语境中，某个语境所需求的定律也全部无法单独地确定那类抽象的实体，确定它们的也必定依赖于某一特殊的系统集合。举例说，在多世界解释中，即使量子力学的数学形式体系是其自身的解释，波函数也能被解释为高维波场、量子态、时空态与结构的构成要素等。最终，这类完备化是要建立具备明晰意义的环境，且该类环境要求可以打破人类理性的自限。因为，意义始终无法在瑕疵的形式系统内获得完美呈现。所以，意义应该也必须超然于形式而求助于特定语境的系统性，然而语境对特定命题含义的规定性仅仅在于其潜存的结构系统性。

总之，以语境为基底来探讨波函数的语义研究，是对先前存在的多样化的二元对立和多元孤立的对立面的整合，这要求既注重逻辑研究，又超然于逻辑演算的形式约束，在语言、语言解释者与解释对象三者构成的整体意义上把握表征的意义。语境基础上的语义分析，能够通过语境把各种不同的语义分析进行统一，展现出语义分析的动态性、规范性以及结构性，进而增强波函数实在论的理论解释与说明。

二、语境论解释的优势

语境论在科学实践中吸取了语形研究、语义研究以及语用研究的各自优势，参考了解释学和修辞学的方法论特性。[①]语境论解释只是在重建实在的基础上对语义解释进行修改，提供某种联系量子理论与实验实践的新规则。语境论解释把语境看作客体呈现的平台，并不否定独立于主体的客体的存在性，强调的是在语境中客体特性表象的相对性，通过语境变换来揭示表象下的实在，同时也不会走向相对主义；同时，该解释承认在客体经验显现中的主体所起到的作用，但也并不会走向主观主义。也就是说，在语境中理解波函数，能超越直接可观察性证据的局限性，进而利用语义分析方法，经由逻辑语义分析的途径达到对高维波场这一不可观察客体的科学认识和真理，从而解决高维波场面临的解释难题。与此同时，对波函数进行语义解读内含了特定主体的价值趋向性和选择性，波函数极可能被持有不同理论预设、意向趋向的物理哲学家纳入不同的理论体系框架内加以考察，此时被解释项实际

---

① 郭贵春，贺天平. 测量的语境分析及其意义[J]. 自然辩证法研究，2001，(5)：10.

上被置于不同的背景语境中，造成对被解释项语义解读的多样性。①

　　具体来说，语境论为探索波函数哲学解释提供了某种可能。语境论在本体论上是实在的、在认识论上是包容的、在方法论上是横断的。在语境论的视角下探讨波函数，可以更透彻地了解量子力学理论解释对象范围的广泛性，以及呈现形式的多样性。研究的固有属性不只局限在直观的物理客体内，还体现在抽象的形式化系统以及远离经验的微观世界内。研究方法是一个集各种科学方法、立体化的网状理论为一体的系统。因此，在语境论基础上解决波函数实在论难题将是一条极有希望的出路。

三、走向语境论的波函数实在论

　　对波函数意义的解读取决于解释语境，并随着语境发展的变化而变化。意义在不同层次的语境内存在差别，意义在不同领域的语境内也是可变的。因为解释语境间彼此存在不同，不同解释主体间的提问方式存在差异，因而形成了特定的回答方式与解释形式。②因此，在波函数意义的研究中，重申"语用性"所体现出的是一种与认识主体的物理哲学家们的背景信念、价值取向等相关的交流认识论。③这种以语用性为主导的波函数在不同解释语境中，从波函数实在论、量子态实在论与时空态实在论的发展过程中，显示出非常重要的作用。因此，对波函数的解释，应当伴随量子理论的发展与变化过程而进行解释。在该强调心理意向性的整体作用语境中，对量子理论形式体系进行的语义分析才可能是有意义的。将语境论解释运用于波函数有以下几点优势。

　　其一，承认波函数被语义解释为具体的实体和结构构成要素的有效性及合理性，并试图寻找多种语义分析结果间的共同基础——波函数的数学结构，从而显示出融合的倾向。从方法论视角来看，语境论的波函数实在论并未否定波函数实在论与结构实在论对波函数进行语义研究的框架，它依旧承认对波函数进行各种语义解读存在的合理性。不同之处在于语境论的波函数实在论以语境为基底，为人类提供了一个掌握实在世界的可能性。

① 郭贵春，安军. 科学解释的语境论基础[J]. 科学技术哲学研究，2013，（1）：3.
② 闫坤如，桂起权. 科学解释的语境相关重建[J]. 科学技术哲学研究，2009，（2）：32.
③ 殷杰，郭贵春. 从语义学到语用学的转变——论后分析哲学视野中的"语用学转向"[J]. 哲学研究，2002，（7）：58.

其二，意识到语义分析方法内隐藏的心理意向性因素，并试图寻找合适的方法来处理这种因素。语境论的波函数实在论自提出之初就清楚地看到，实体论和关系论间的不可调和的困难来自"解释"。从直接的目的来说，语境论的波函数实在论是为寻找一种比波函数实在论和反实在论更加优越的方式来"避免波函数实在论的困境"。波函数实在论的困境并非来源于量子力学本身，而是来源于对量子力学的形而上学解释，因此我们需要改变的只是"解释"。同一个形式体系能够生成不同的解释，主要原因之一为解释中存在的心理意向性因素。所以，语境论的波函数实在论者的主要工作之一，就是要合理解决这种心理意向性因素，明确地把数学结构的实在性作为合理理解时空实在的平台。

其三，在整体论的基础上采用本体论后退策略。整体论在这里指结构实在论把数学结构看作一个大的、整体的"形而上学包裹"来包容实体论与关系论的分歧，把由于语义分析而导致的对立却无法证实的结果进行"打包"，从而只关注本体论承诺的平台，消解对立。因此，为克服方法论层面的不足，我们需站在整体与历史的视角，对量子理论的发展进行语境分析，从中发现量子力学数学形式体系的选取、理论解释以及理论选取中存在的语形、语义和语用间的交织关系，从中领悟对波函数实在进行理解的合理条件和必要基础。

综上所述，语境论的波函数实在论提出只有对波函数发展史中的语形、语义和语用因素进行全面把握，才可能对波函数实在性进行一个全方位的合理说明。在对特定量子力学语境中波函数实在性的存在确立后，波函数便成为根据其形而上学预设引导的量子力学语境内的某一语境因素，包容于量子力学解释语境版图内，并在其中实现它所揭示出的具体含义。一旦波函数成为语境化的目标，那么波函数在量子力学内的数学表征形式结构、形而上学诠释以及物理哲学家们对结构和解释的选取等，均成为由波函数形而上学预设所指引的、量子力学语境内的构成要素。这些要素在量子力学理论的动态发展过程中进行再语境化，从而具备了持续性与通达的包容性。我们强调波函数数学表征的连续性，同时也强调波函数解释心理意向性的现实存在及寓意。

走向语境论的波函数实在论，除能具备语境实在论更广泛的解释力外，并极可能将多样化的解读方式有机地进行统一，从而在本体论、认识论以及方法论意义上均达到一个新的高度。

　　首先，本体论意义上的超越。在语境论的波函数实在论内，对语境化波函数对象实在性的合理理解取代了对波函数本体性的判断。例如，对波函数的理解不再局限于证明其是否实在，而是在不同语境中对其进行的语义解读——高维波场、结构、量子态、时空态、量子场和量子粒子，它们分别是在量子力学、结构实在论、量子态实在论和时空态实在论以及量子场论语境下进行的解读，选择哪种解读方式则取决于采纳哪种理论背景以及物理哲学家们对该背景下命题的心理意向性。这是因为不同的理论背景具有不同的本体性预设，且预设的选取在物理学语境明确之初便凸显了解释主体在理论认识过程中的参与者和建构者的身份。本体性上的超越还体现于在语境连续性下探讨波函数意义的进步性：波函数实在论是在高维空间下进行的讨论，量子场论则是在四维时空下进行的讨论。纵然量子力学和量子场论讨论的时空基础上存在差别，但它们在数学上的语形表征存在交集，这便体现出语境的连续性。尽管量子场论并非一个成熟理论，但始终代表了量子理论的进步，且在某种意义上是波函数的另一种理解。通过把波函数实在语境性理解的相对性，与量子力学语境联系的持续进步性相连接，充分解释了波函数实在理解的进步性，进而使波函数从本体性的绝对抽象思辨走向本体性多样结构的具体阐释，充分地证明了"存在即合理"这句谚语的正确性。

　　其次，认识论意义上的转变。语境论的波函数实在论，能帮助波函数提供一种更全面的认识论解释。在量子理论的选择逾越本体性之后，在认识论意义上信仰理论实体，抑或是在语用意义上承认存在着具备经验恰当性的理论实体，便取决于物理哲学家们的选择而非科学自身的确证问题了。具体来说，我们是站在经验的基础上赞同波函数与经典场相类似，还是站在弱实在论的视角赞成波函数的法则性地位，抑或站在工具主义的立场上单纯地把波函数理解为描述粒子系统的数学工具等，这分别是在经典力学、修正的玻姆解释与蒙顿的"双空间理论"语境下对波函数的认识。此外，在特定的理论语境中，命题态度选择的趋向性构成了指称意义的可选择性，也就是固定指称中意义的可变性问题。比如，量子场论中的波函数既可以被选择解释为"量子粒子"，也可以被选择解释为"量子场"。实际上，这两种图像均仅仅是隐喻意义上的图景，并非代表着微观量子世界的真实图景。正如奎因所言，我们所关注的与实际上存在什么东西并无关联，而与我们认为什么东西存在相关联，这便充分体现出解释主体的意向性特性。解释主体的意向性，以蕴涵特定概念系统的语用语境为基础，不存在唯一正确的任何解释或说明。在不同的量子理论解释语境中，不同的解释或者说明不具备绝对的同一性[①]。因此，在不同的量子理论语境内，说明的意义或语境的意义是存在不同的。因此，从某种视角来看，不存在超然于语境外、具备独立意义的正确说明。因此，波函数实在论、波函数反实在论、结构实在论与量子场论间的争论具有其存在的合理性，我们只有从语境的基底上去理解和认识，从整体的视角去把握波函数语义解读的多样性，才是目前最明智的科学态度。

最后，方法论意义的统一。语境论的波函数实在论优于结构实在论的重要原因在于，在处理心理意向性的方式上存在差异：在结构实在论走向中，单纯地把波函数归因于结构，这样便无法在波函数的数学表征结构及其本质间建立关联，使波函数的本体性在后退的同时，对量子力学理论发展进程中的语用因素进行回避。"语境"与结构实在论理论内蕴涵的"结构"进行区别，并非一个孤立的概念，而是作为语形、语义和语用共同的基底，存在着丰富内在结构性的系统整体范畴，这样便在某种程度上优于结构实在论。走向语境论的波函数实在论，能够使我们对波函数实在性的理解随着物理学语境的发展而变化，从而不断地接近波函数的本质。具体来说，量子力学理论自波粒二象性开始，历经了量子力学的哥本哈根解释、玻姆解释群、多世界解释群、相对论性量子场论，到量子引力理论为止，波函数被相应地语义解释为经典场、工具、法则、高维波场、量子态、时空态、结构、量子粒子和量子场的集合体以及引力波等。在不断尝试解释的历程中，所用的解释方法不一而足，这充分体现了波函数在特定理论语境下意义理解的相对性。然而从量子理论发展的历史进程来看，在特定历史阶段，量子理论对实在诠释的非本质性，与理论追求本质的终极目标便得到了统一。也就是说，若我们在历史语境下理解波函数，则我们对波函数实在性的追求便最终走向统一，这要归因于物理学语境的整体性与动态性。只有超越简单的分割方法论，站在整体论的视角上，方可在修正传统实在论的直指论导致的僵化性的同时，矫正由语义上的相对性而生成的绝对性，进而实现了合并因果指称论和意义整体论的目标，消除矛盾并建立联系，使波函数的语义指称难题在语境论意义上获得统一解，真正合理地理解实在与认识间的关联。所以，我们应该在语境的整体性和历史动态性中，去研究不同时代的物理哲学家们对波函数本质

① 肖显静. 科学哲学研究三大转向的内涵及意义简析——《科学实在论的方法论辩护》的启发[J]. 科学技术与辩证法, 2006，(2)：54.

的思考、量子理论的发展与量子力学形式体系的深化、表征符号与公式语义的转换和扩展。这样，物理哲学家们的思维，便由从绝对向相对进行转化等一连串语境因素间交互影响的研究，走向了"超越分割，走向整体"的方法论。

纵观上述两节内容，首先概述了波函数在不同解释语境下的语义认识，其中就波函数被解释为高维波场这一语义解读所面临的两大难题进行了详细讨论；之后又分析了物理哲学家们就这两个难题的走向，详细对比了各种出路的优势；最终提出走向语境论的波函数实在论的最优出路。原因是，波函数的所有这些语义特性虽然是从不同视角、不同层次以及不同维度上给出的，但是它们均一致地统一于特定的社会、历史和文化语境内，是整体地可通约的，并自然而又必然地形成语义特性。①综上所述，以语境为基础就波函数实行语义研究，可以通过语境将波函数的多样差异化的语义研究进行联合，把面向对象和面向主体的分析进行交融，提供系统领会和说明波函数的合适平台，在经验与理性的联合语境内去解决波函数的指称难题和意义难题。这样便实现了因果指称论与意义整体论的统一，矫正了传统实在论意义上的直指论而产生的僵化性，也矫正了由语义相对性而生成的绝对性。②故而，前文从整体视角分析了问题并诠释了量子语言以及波函数的意义，进而呈现出波函数语义分析的动态性、规范性以及结构性，从而增强波函数意义理解的全面性，最终为跨领域理解波函数存在的量子空间以及与波函数密切相关的量子信息与量子计算提供理论支持。

第三节　量子空间及其隐喻分析

波函数是量子力学的"硬核"，对量子空间的分析，能进一步加深其在量子力学地位的理解。量子空间研究是物理学哲学研究的重要组成成分，也构成了量子力学哲学探讨的核心组成成分。量子空间存在特殊性，除与波函数相同的不可观察性外，它还是量子力学的逻辑基础，起着决定性的重要作用。不可观察性造成了对量子空间相关问题进行哲学研究过程中观察、实验环节的缺失，即对其没有进行直接检验的可能性。逻辑基础的地位则决定了

① 郭贵春. 当代语义学的走向及其本质特征[J]. 自然辩证法通讯，2001，(6)：16.
② 金立. 指称理论的语用维度[J]. 哲学研究，2008，(1)：98.

对量子空间客体的认识主导着理论的发展方向。我们欲对量子空间的维度实行综合理解和说明就需借用语义分析方法。因为我们能够凭借这种方法，把对量子空间的实体和维度这些实在的讨论更多地转向对量子空间的理论解释与描述。这也是科学理论发展到一定程度后自然而然的选择。同时量子空间离不开隐喻分析，隐喻有助于我们分析量子力学的形式体系。隐喻在量子空间结构建构方面起到不可或缺的作用，特别是量子空间模型、科学类比及符号化表征方面，隐喻思维均体现出其重要性。

一、量子空间的基本实体及特征

同经典力学中的空间一样，在量子力学内，量子空间也只是一个"容器"。也就是说，量子空间高于并支配其中的物质。即使其中没有任何物质，量子空间也具有实在性。基于本节讨论的是量子力学语境下对量子空间的认识，因此量子空间自身并不会影响我们对量子空间内实体和维度的认识，但同时也不会更改量子空间自身也是被研究对象的命运。量子空间"最终以量子理论实体和量子世界的相关经验证据为背景"①。是哪个空间的哪些特征使得我们能够更加高效地解决某些问题或模拟特定的系统？很显然，对这个问题的回答需对量子力学有更深入的理解，即我们需要从量子力学解释视角出发对量子空间的实体和维度进行系统分析。对不同理论语境下的量子空间的实体和维度进行辨别，是研究量子空间相关哲学问题的基础。

（一）量子空间的基本实体

亚里士多德的本质和属性范畴说为当今本体论研究提供了根本框架。本质为宇宙内亘古不变的因素，其根本因素伴随时间的改变而保持不变。属性是存在于本质的特性。量子力学内很难为传统本质属性观留有一席之地。伴随量子力学内的基本实体被界定为高维波场、法则、工具、世界粒子、结构或其他，传统观点便渐渐无立锥之地。这造成在分析量子力学理论时存在诸多不同的本体论预设。在探究量子空间的本体论时，我们不仅关心量子空间内有什么，还关心在讨论其内存物时需预设什么概念。弄清量子空间内含的基础本体概念不仅有助于我们探讨量子理论形而上学问题，更重要的是能促

① 沈健，桂起权. 量子逻辑：一种全新的逻辑构造[J]. 安徽大学学报（哲学社会科学版），2011，（1）：52.

进我们更完善地理解量子空间的维度和结构。正如维特根斯坦与卡尔纳普所坚持的，所有哲学的目的均为研究语言结构以及探索科学理论的结构。将语言结构的探索看成哲学分析的核心宗旨，是以从语言的视角出发来研究本体论问题为哲学进步的必然选择。因此，我们要从语言学的角度来分析量子空间的维度和结构问题。

语义分析方法"借由对理论意义进行揭示，潜在地把量子力学理论语言的形式、内涵及其多层次的语义结构系统性地进行关联"①。在量子空间的本体论研究中，语义分析帮助我们克服了量子理论形式体系与亚原子世界形式体系本体论间的困难。"意义"是联结语言表达和与这些表达相一致的本体论的桥梁。不同的理论诠释预设了不同的本体，不同物理学家和物理哲学家对波函数是否能完备地对量子力学进行描述存在分歧。在非完备性的描述中，物理哲学家或求助于心理意向性来解释量子世界与经典世界的差异，或通过附加多个本体宇宙假设或更深层次的理论实体来解决困境。这种观点认为描绘量子世界需同时用到经典力学和量子力学，对量子世界的描绘需借助经典语言，从而认为经典物理学更为基础。受当时实验语境的制约，这种观点在一定程度上支持了哥本哈根解释。也是受当时实用主义思维的影响，人们满足于对现象的解释与描绘，舍弃了对量子力学实质的寻求。玻尔的实证主义解释认为，只有能被观察到的才存在意义，从而肯定了解释主体的重要地位，没有解释主体，就不存在对量子理论的解释，外在实在自身也将失去意义。在多世界解释群内，量子空间和日常空间的鸿沟在某种意义上被消解，确定的状态是相较于特定的主体来说的，而多心解释中则为心灵产生了分裂，更离不开主体心灵的在场。正因为存在主体，才有对量子空间基本本体的语义解读与选择出现不同，体现了语言学中的语用功能。语用学的研究对象是"对指称和解释者之间的关联的研究"②，也就是需要主体在场的解释学。有人认为玻姆解释不需主体在场，但是笔者认为与哥本哈根解释、多世界解释群相比，主体在玻姆解释群内的参与度更高，玻姆解释群理论能更全面地刻画量子空间的认识。下面笔者将以玻姆解释为例，来说明量子空间中基本实体的特征。

---

①　郭贵春. 语义分析方法的本质[J]. 科学技术与辩证法，1990，（2）：1-6.

②　Stephen C. Levinson，Pragmatics[M]. Cambridge：Cambridge University Press，1983：1.

（二）量子空间基本实体的特征——以玻姆解释群为例

正如前面所说，玻姆解释群大概分为四类：①标准玻姆解释：粒子具有实在性、存在于三维空间，波函数被解释为量子势，存在于高维位形空间。量子势并非真实的物理场，不具有实在性。标准玻姆解释中的基本实体只有三维空间的粒子，没有波函数。波函数存在的位形空间只是一个数学空间，不具备实在性。②杜尔修正的玻姆解释：粒子具有实在性、存在于日常空间，波函数被解释为法则，存在于高维位形空间，波函数具备弱实在性的地位。杜尔修正的玻姆解释中，波函数和粒子均是基本实体，只不过是分处于量子空间内的不同空间。这一观点被蒙顿称为"精致实体论"，"精致"指的是存在波函数和粒子两个实体。三维空间和位形空间之间具有一个神秘的"拉杆"，位形空间具有实在性。③阿伯特修正的玻姆解释：粒子被解释为世界粒子、具有实在性，波函数作为世界波函数被解释为高维波场，也存在于 $3N$ 维位形空间。阿伯特修正的玻姆解释中，波函数和粒子均具有实在性，且存在于同一个高维空间。④诺斯与马利恩修正的玻姆解释：粒子存在于三维空间、具有实在性，波函数存在于三维空间，被解释为类麦克斯韦场的三维波场，也具有实在性。这与阿伯特观点的差异在于，波函数和粒子均处于三维空间，而非高维位形空间。这种叙述可简化为图 5.1。

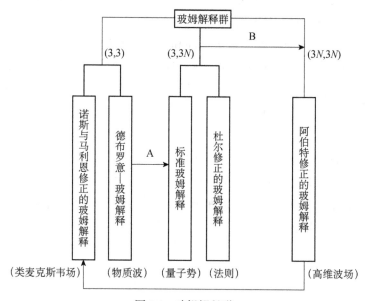

图 5.1　玻姆解释群

　　从图 5.1 我们可看出：①在玻姆解释群语境下，量子空间的结构可大体上分为两大类：一类是波函数和粒子存在于维度相同的空间，比如同处于 3 维空间（3，3）或 3N 维空间（3N，3N），另一类是存在于不同的空间（3，3N）；②波函数的语义解读的历程——物质波（概率波）、量子势、法则、高维波场、麦克斯韦场与结构等，也是量子力学的发展历程，从某种意义上也是量子力学到量子场论的过渡历程；③量子空间基本实体的语义解读，体现了物理哲学家们关注焦点重心的转移，从早期（1900~1932 年）经典、平面的、哲学的量子理论到中期（1932 年至 20 世纪 70 年代末）量子的、立体的、逻辑的量子理论到后期（20 世纪 80 年代至今）语境化的、交互式的量子理论。①

　　在量子力学早期，物理学家和物理哲学家们无论是对波函数还是粒子，均建立在经典解释的基础上。"德布罗意–玻姆"的物质波解释便是早期的解释理论，波函数和粒子在这个时期均处于日常的三维空间。早期物理学家们尚未弄明白量子力学的公理化形式体系，企图通过经典概念与经典图像对量子力学的新特征进行以旧框架容纳新内容的改造和消化。②这种解释学说并未有效考虑观测者的影响，还忽视了环境的作用，从而构成平面的理论模型，缺乏语境分析的哲学基础。若无法从更广泛的语境内进行交流，也许一直不能形成统一的认识。早期哲学家们辩论的焦点在于其持有的哲学信仰不同：玻尔始终偏爱新康德主义，爱因斯坦倾向于经验主义，海森伯则从实证主义的反形而上学角度出发否决玻尔和爱因斯坦的形而上学思考。不同的哲学信仰形成不同的判别与检验标准。

　　在量子力学中期，冯·诺依曼和玻姆（David Joseph Bohm）从新的层面给予了论述。冯·诺依曼把解释对象与解释者作为量子世界的一部分，并关注解释者的影响，认为解释结果被记载于解释者的意识内，解释者应当作为测量的元素之一；玻姆突破其早期关于隐变量解释的观点，从某种全新的立场来建构新的隐变量解释，寻求决定论性的本体论解释，通过对环境影响进行深化，进而产生三维理论模型。从某种意义上看，玻姆后期的"整体性"理念实际上是一个拥有极广范围与包罗万象的语境，隐含着全部历史的、心理的、文化的以及社会的相关因素。这一时期的量子理论是从逻辑推理上进

①　郭贵春，贺天平. 测量理论的演变及其意义[J]. 山西大学学报（哲学社会科学版），2002，（2）：10.
②　郭贵春，贺天平. 测量理论的演变及其意义[J]. 山西大学学报（哲学社会科学版），2002，（2）：13.

行严格论证，从实践事实上进行证实，反映内在的、本质的量子世界。①波函数被解释为量子势（或统计系综诠释）就是量子理论其中的一个极好的应用案例。

虽然中期理论已然表现出强烈的整体性及语境化的思想，但就决定论与非决定论、局域性与非局域性孰是孰非而言尚无定论。这便启发物理哲学家们在量子力学后期，将所有要素更完美地进行整合，相互影响，向进一步语境化的理论去探索。这种语境化、交互式的理论具有内在的合理性及特有的优越性。从杜尔修正的玻姆解释到阿伯特修正的玻姆解释过渡，在某种意义上体现了从玻姆解释到多世界解释的过渡。阿伯特是为了克服杜尔解释中存在的双空间难题，才建议把粒子也放入 $3N$ 维空间，从而把波函数解释为世界波函数，把粒子解释为世界粒子。这也是其作为多世界解释支持者在某种程度上的让步。此后，随着数学计算水平的提高，在付出一定代价的前提下，在数学上能实现用日常空间的单粒子波函数来代替高维空间 N 粒子构成的整体波函数，我们便又把波函数和粒子存在于日常空间，并把波函数解释为类麦克斯韦场。虽然，这时的波函数和粒子又回到三维空间进行问题讨论，但二者的意义与早期经典解释已截然不同。

通过上述分析，我们可以得出，量子空间的基本实体具备以下特征。

（1）基本实体的相对非确定性。该特征依赖于量子波函数的"波动"性与"粒子"性，也依赖于指称理论和预设理论自身的潜在需求。语义分析告诉我们"实在"和语言紧密关联，不同的科学理论或概念系统均具备某种实在论立场。在不同的语言框架下，"实在"的含义是不同的。这与我们所预设的概念系统和概念结构紧密相连。在哥本哈根解释下，"实在"意味着当时的可观察性，而在玻姆解释之后，我们对"实在"的认识就超越于当时实用主义思维的影响。此外，我们对量子力学理论实行语义分析的方法也并非独一无二的，这些全部造成了基本实体的相对非确定性。还有，我们假设的概念体系存在差异，获得的基本实体就存在差异。例如，在量子力学的玻姆解释中，我们会用波函数和粒子来描述量子系统，而在多世界解释中，则只用波函数来进行描述。

（2）基本实体选择的意向性特征，即语用学功能的体现。语用学预设的分析包括语言使用者的态度和知识。不同于语义预设仅仅为命题之间的关

---

① 郭贵春，贺天平. 测量理论的演变及其意义[J]. 山西大学学报（哲学社会科学版），2002，（2）：15.

联，语用预设则涉及人的影响，变成了命题和人彼此间的关联。因为语用预设注重于言说者的预设，"语用学=意义–真值条件"这一公式就指出，语用学是分析那类在语义学内所无法掌控的各类层次的意义，涉及直指、蕴涵、预设以及叙述结构等多个方面，提供了各类现象解释的集合。语用学应该与语义学相契合，将语义内容归因于意向状态、态度以及行为，即在各类语境内明确其所产生的语用意义。①语义研究使我们察觉语言对"实在"的重要性。就像奎因所言，我们所关注的与实际存在什么东西并无关联，而与我们认为什么东西存在相关联，这便充分体现出解释主体的意向性特征。我们借助于物理语言来阐明我们对量子空间的认识，在揭露量子力学形式体系时便自然会涉及物理语言的意义难题、指称难题、预设难题，也自然会关联到解释者的心理意向活动。意向性难题与物理语言以何种方式与量子世界相关联，这类意向性实际上为一种解释者的自我建构，解释者的特定意向性借由概念体系的预设进行呈现。解释者的意向性依赖于包含特定概念体系的语用语境。举例说，面对同一个量子力学形式体系，有人决定单独用波函数来对量子力学系统进行刻画，也有人决定用波函数和粒子来对量子力学系统进行描述。不同基本实体的选择呈现出了解释主体的意向性特征。

（3）基本实体指称的语境依赖性。在给定某个边界条件下，波函数位于某一特殊的量子态，也就是在每一个局域场中实现了从多种可能态中寻找符合自身的特殊态。给定的边界条件恰为限制了的给定语境，代词"它"在不同的语境下指称不同的事物。比如在希尔伯特空间中，波函数与量子态之间是一一对应关系；在投影希尔伯特空间中，波函数和量子态间的关系便成了多重对应关系。此外，在量子力学中，我们巧妙地对量子空间内的坐标系进行分类，以使日常空间和量子空间之间形成同构对应关系，进而使日常空间和高维空间具有结构上的一致性。我们可以从中看出，只有在特定语境下才能给予指称以确定性。在多世界解释中，波函数作为量子空间的唯一基本实体，把它解释为高维波场，还是解释为结构的构成要素，则取决于解释者语用的语境依赖性。比如，阿伯特就倾向于把波函数解释为高维波场，原因是，虽然他对玻姆解释理论进行了修正，但他是个彻底的多世界解释支持者；但结构实在论者则不这么认为，他们认为，波函数的不可观察性只有置于更大的结构中才能被消解。

---

① 曾文雄. 中西语言哲学"语用学转向"探索[J]. 社科纵横，2006，（4）：118.

（4）确定指称的意向性特征。卡尔纳普过去从指称论的分析角度提议，在语言分析进程中，当"指称和语言使用者"相关联时，便会生成语用学的难题。人们对指称的确定"并非一个固定的、绝对的逻辑进程，反而为一个变化的、相对的进程。因此，指称的确定与具体的使用语境不可分割"。因此，要明确语词的特定指称对象，便需在给定的语境中关注解释者对该语词的使用。解释者指称为一类极其重视解释主体意向性的指称。事实上，这种指称不仅关心解释者的因素，还关注听者的因素。就像斯道纳克的语用预设界定所描述的那样，解释者在预设进程内假定其听众和他一样赞成其所预设内容的真实性，解释者甚至能预设某一真假尚未明确化的命题。这里涉及解释者的立场、信念以及意图等。还如肯特·巴赫（Kent Bach）所赞成的，指称是什么取决于，究竟是表达决定它，还是解释者决定它。一般来说，单称词项和个体之间存在二元关系。某一特定词项指称一个事物时，关系自身则为词项与事物彼此间的关联。但是，当解释者用某一语言来指称时，则关联到一个四元关系：解释者用语言表达来对其听众指称某一对象，凸出解释者的功能。解释者选择某个单称词项是为了符合其听众的预期。举例说，在玻姆解释群中，同样是把波函数解释为工具，有人选择把它解释为纯粹抽象意义下的、不具有实在性的数学工具，也有人选择把波函数解释为弱实在性意义的法则性工具。

（三）量子力学解释语境下量子空间的结构

量子力学作为模型化、数学化以及符号化等级非常高的量子理论造成量子力学的形式语言逐渐趋于完善，特别是玻姆解释的出现，但是，仅用形式语言来说明量子力学对我们而言尚相差甚远。我们希望就量子力学的形式语言实行语言分析，以探寻形式语言和量子世界表征间的关联性，并最终凭借自然语言对其进行说明。诚然，所有量子力学理论诠释均是在给定语境基底下进行的。因此，语境分析方法则变成该理论诠释特别有效的方法论准则。语境分析方法作为"语形分析、语义分析以及语用分析方法的结合，是语境论最核心的分析方法"。那么，这种语境分析方法运用于量子力学的解释是否可行，我们需从语形、语义和语用三个视角来进行探讨。

① Stephen C. Levinson，Pragmatics[M]. Cambridge：Cambridge University Press，1983：3.
② 陈静. 语用认知视角下的指称研究[M]. 北京：中国社会科学出版社，2013：20-40.
③ 董菲菲. 化学键概念的语境解释研究[D]. 太原：山西大学硕士学位论文，2013.

第一，所有在逻辑上完备的和自治的物理学理论，均需有非常精确的数学形式系统。量子力学作为高度数学化和符号化的量子理论，在该语境空间下的表达符号和表达公式均能看成量子力学语境研究的语形基础。这些语形基础是量子世界和现实世界相互连接的桥梁，这里量子世界的量子空间是无限维度希尔伯特空间。只有确定了语形才能对语形背后的物理解释进行分析。波函数作为薛定谔方程的解，表示的是单粒子薛定谔方程作为量子力学早期的语形基础。然而，在实际世界内，自由粒子的情况极其少见，粒子与粒子之间、粒子与波函数之间、波函数与波函数之间存在多种相互作用，因此我们需要在不同理论解释语境下对其进行讨论。

第二，在量子力学中，公式表征隐藏的理论解释以及这些数学公式所蕴涵的物理含义，即为量子力学语境研究方法中的语义内涵。语义分析的标准即为量子力学解释限定了意义框架，缺乏语义分析的语境是无意义的。在量子力学内，语义解释要揭示的是表达形式的逻辑结构。具体而言，以形式演算为基底，附加以必要的自然语言说明。薛定谔方程的理论解释即为其语义内涵。不同的量子力学解释语境中，量子空间实体间的相互作用就存在差异。只有将这些描绘相互作用的数学形式予以明确，我们才能就量子空间内实体间的相互作用进行理论诠释以及更深刻的语义研究，进而得知传递相互作用的波函数和粒子是什么，以及量子力学相互作用的其他性质以及物理内涵。这样看来，就量子力学形式系统进行语义分析是极其必要的，它能帮研究者们更佳地说明量子空间内的实体及结构，语义分析能为静态的表征公式给予动态的物理内涵。

第三，研究者的研究目的及其研究信仰为量子力学形式系统的语形分析和语义分析设置了语用边界，语用边界为量子力学形式系统的科学解释限定了应用边界。在量子力学形式系统的数学形式上，或许存在着数种引进相互作用项的可能性。此时，采纳何种数学形式以表征相互作用便依赖于解释者的研究目的以及心理期望了。他们将按照先存知识以及先存信念以进行选择，其中囊括了物理上的考量以限制选择边界。除物理上的考量外，还具有数学以及方法论上的考量，间或会采纳形式上简洁且便于操纵的形式。诚然，并不具有先验理由来解释相互作用在数学形式上存在简洁性。这些均为量子力学形式系统创立者以及解释者的语用考量，包含解释者的意向性和其相关要素。

通过研究我们发现，把语境研究方法运用在量子力学形式系统的理论诠释中是切实可行的，并且想要对量子力学语境进行全面把握，一定要从语形、语义以及语用三方面系统地进行探讨。因为，语形基础给量子力学形式系统的科学诠释提供了形式化基底，语义内涵给量子力学形式系统的科学诠释限定了意义框架，语用目的给量子力学形式系统的科学诠释限定了应用范围以及评价标准。语形、语义以及语用的完美结合，全面性地构建了量子力学形式系统科学诠释的语境框架。凭借量子力学的语境分析将促进量子空间的实体和结构的厘清，同时量子空间结构的语境分析是量子力学形式系统有效研究的科学说明方法。

量子空间的结构可被当作特定对象指称集的关系域，研究者就该关系域内的基本概念实行语义分析，即针对确定指称对象进行重要的空间定位。科学理论概念相互之间所指和能指的一致性是潜在的、具体的和本质的。因此，对指称概念的意义揭示必须诉诸理性的语义分析。①

环节一是主体就理论进行数学构造的操作过程。该过程内存在三方面的问题：①量子空间及其内含的理论实体的形而上学预设，这是量子理论建立的逻辑基础，这个过程我们已经在上一小节进行了详细阐述；②量子理论表征的形式体系，它是主体对客体进行理解和解释的直接桥梁，比如，是选择在薛定谔表象还是海森伯表象中对量子理论进行表征；③选择相应的数学结构，数学方程的构造以物理学家以及物理哲学家们对量子力学和量子世界的认知为背景，不同的物理学家和物理哲学家们存在不同的理论背景，形成对世界不同的理解方式。因此，数学方程的建构过程中会出现相当多的彼此竞争的理论，这个过程也是一个语形构造和语用选择的过程。例如，量子力学正统解释和玻姆解释仅在位置测量的概率分布上存在一致性，二者间的不一致主要体现在对量子势的处理方式上。

环节二是就构造的数学方程进行各种语义解释，以赋予数学方程以物理意义。该过程是一个语义和语用选择的过程，因为语义分析方法的运用总与科学认识的主体密切相关。数学方程与语义解释的构造在理论形成过程中是同等重要的两个环节，这正说明了科学理论实际上是一个对实在进行诠释的过程，也是一个对实在进行整体性重建的过程。该重建过程是通过理论模型对实在的间接表征和解释而完成的，是依赖于语境的、包含了可错因素在内

---

① 郭贵春."意义大于指称"——论科学实在论的意义观[J]. 晋阳学刊，1994，（4）：42-49.

的动态演变过程，可形成多种理论模型并存与争论的情形。该情形只有通过理论发展和选择的历时过程才会达到科学共同体的统一认识。在多世界解释语境下，波函数是对量子力学的完备描述，薛定谔方程是唯一的动力学方程。这时，选择把波函数解释为高维波场、概率密度分布、结构还是量子态，便取决于物理哲学家们的语用选择了。其中把波函数解释为结构的构成要素，便体现了结构实在论者所承认的，量子空间数学结构代表的就是一种"关系"。这也符合语境实在论者所倡导的，超越解释理论实体的现存性的简单追求，走向把握关系和属性的理论语境的各种可能状态，来理解理论实体的本体论地位[①]。

环节三就是对量子空间结构和量子空间形而上学本质的关系进行断言，从而使"形而上学与认识论相一致"。也就是说，希望将量子空间的结构和量子空间的本质在逻辑上的相互依赖性及平等性达成超越传统实在论、实体论以及关系论，通过把量子空间的结构和量子空间的本体看作一个大的整体，从而把量子空间实在的本体论认识弱化进认识论领域，把对量子空间的认识概括为对"量子世界"时空的理解。该种做法极其需要语用因素的介入，因而也是量子空间结构语境性特征的重要表现之一。

环节四便是对量子理论的发展和选择的过程。随着理论的发展，科学共同体通过分析和争论最终要达成共识，从各种形式的理论模型中选择出一种或几种相对成功的理论模型，从而使好的结构模型在理论变革中得到保留，保证量子理论的进步性。

当然，上述四个环节并非全部同时起作用，而是具有一定的可选择性。这是由于物理哲学家们受科学哲学研究方法的影响，自发运用语境中的某一个或某几个环节而形成的。

吴国林教授曾论证，"由于波函数同时具备实体性与结构性，波函数所表现的实在就是潜在的实体结构实在"[②]。具体来说，单粒子波函数之所以具备丰富的、隐藏的结构，是因为该波函数可能展开为不同的、完备的子波函数。即单粒子波函数能够在完备的基矢上进行分解，体现其可分性。多粒子构成的波函数通过因果性的相互作用，形成了纠缠实体（量子实体）的显现，纠缠态内的各子态构成了纠缠结构。从上述论证中我们可以看出，即使是在多世界解释这一理论实体预设最少的解释语境下，量子空间的结构也具

① 成素梅，郭贵春. 语境实在论[J]. 科学技术与辩证法，2004，(3)：60-65.
② 吴国林. 量子信息的哲学追问[J]. 哲学研究，2014，(8)：99-106.

有非常丰富的复杂性，更不用说附加了粒子后的玻姆解释语境下量子空间结构认识的复杂性。在玻姆解释语境下，波函数和粒子这两类实体构成了量子世界，关系把不同物质相互联系起来，使得世界成为一个整体。当然，关系在彼时包含双层含义：一层为实体间的内在关系属性；另一层则为实体内禀属性呈现出的外在关系条件。前者具备潜存性，后者为潜存性转向现实性创建了有益条件。①波函数和粒子相比而言，谁更在本体性上存在优势，依赖于给定的实验语境以及研究视角。当其在结构内生成现象实体的因果有效力置于不同的配置中时，便会生成不同的本体论优先情形。

量子空间的结构认识是局限在量子力学解释语境中的，它的极限也正是量子系统本身复杂性的极限。研究不同的量子力学解释系统下量子空间的结构，可以丰富与评价量子空间结构的认知，因此将语境分析作为工具来探讨和把握量子空间的结构和维度既是有效的也是必要的。

量子力学是关于量子世界波函数、粒子及其相互作用的量子理论，其数学形式体系中最重要的数学表征形式就是薛定谔方程：

$$-\frac{\hbar^2}{2m}\frac{\partial^2}{\partial x^2}\psi(x,t)+V(x)\psi(x,t)=i\hbar\frac{\partial}{\partial t}\psi(x,t)$$

在这里，m 为粒子的质量，$\psi(x,t)$ 为包含时间 t、位置为 x 的波函数，$\hbar$ 为普朗克系数，该方程能被看成量子力学的语形基础。

20 世纪中叶，爱因斯坦、波多尔斯基与罗森联合发表文章《能认为量子力学对物理实在的描述是完备的吗？》，即著名的 EPR 论文。从该论文的"完备性"和"实在性"判据以及"局域性"和"有效性"暗中的假设推出：EPR 根据量子波函数通常刻画的特征提出："要么①波函数对实在量子力学的描绘是不完备的，要么②当两个物理量算符不对易时，该物理量不能同时具备实在性。"②EPR 论证选择了前者，认为量子力学对物理实在的刻画是不完备的。按照贝尔和海利的看法，关于量子力学的解释，"最主要的、影响最大的主要有哥本哈根解释、冯·诺依曼标准体系、玻姆解释群、埃弗雷特多世界解释群与统计系综解释等六种解释"③，我们将主要对前四种解释下的量子空间结构进行研究。

（1）哥本哈根解释下量子空间的结构。哥本哈根解释的核心思想源自玻

① 程守华. 量子场论的关系本体论承诺[J]. 山西煤炭管理干部学院学报, 2006, (2)：98-99.
② 李继堂. 量子力学基础的语境分析[D]. 西安：陕西师范大学硕士学位论文, 2001.
③ 贺天平. 量子力学诠释的哲学观照[J]. 学习与探索, 2010, (6)：7-12.

尔的互补性主张，即时空标志和因果需求间的互补性，量子空间与经典空间的互补性。经典概念只能描绘出物理对象的部分图景，这些图景彼此相互补充，各自刻画了对象客体的不同层面。"经典概念描绘了量子现象的非决定论这一典型特征。量子态是对由不同互补的经典图景构成的量子现象模糊表达的符号表征。"①日常空间是基础空间，日常空间内的经典性为量子力学理论内必不可少以及无法还原的因素。这便需要在量子世界与日常世界间划出一条分割——海森伯分割。从某种角度上讲，标准玻姆解释就是这种观点的一个应用。玻尔自己也不明白该分割线应划在哪里，这造成实验结果在哥本哈根解释中也变成了暗箱，这一暗箱将量子被测系统与宏观测量器械包括在内，二者共同生成实验结果。这样，从一个角度来讲，实验结果的解释需利用系统和器械的整体性；从另一个角度来讲，微观和宏观间的界限便成为哥本哈根解释在解释的整体性以及刻画的二元论间的冲突困境。

在哥本哈根解释中，利用经典概念将仪器定义为宏观。但在实际的测量中测量器械也能够是微观的，并非所有仪器均理应为宏观的。退相干理论指出，准经典特性能够借助于环境超选径直从量子基底中生成，无须预先假设经典性，甚至经典概念也来自量子力学。因此量子空间是基础空间，日常空间和量子空间的等价性在退相干理论语境下成为现实。也就是说，通过退相干这一动力学过程，建立起量子空间和日常空间在结构上的等价性。朱瑞克自认为其就退相干理论的研究在某种程度上可被看作是对哥本哈根解释的完善甚至辩护，核心思想集中体现在他提出的存在解释内。

（2）标准解释中量子空间的结构。标准解释是依据冯·诺依曼的量子力学形式系统而提出的，为研究量子力学的其余解释理论准备了载体和基础。在这种解释中，为使理论和实验结果相符，冯·诺依曼用波包塌缩假设来回答确定结果问题，即通过测量过程，让系统从数个本征态的叠加塌缩进其中某个本征态，坍缩概率依赖于初始波函数和与该结果相应的量子态重叠的概率幅的平方。这样对量子世界的形容便需两类不同的动力学演变规律：一类为薛定谔方程，另一类则为坍缩规律。动力学规律和塌缩规律是彼此矛盾的……当研究者测量时，塌缩规律对所发生的情形而言似乎是正确的，而动力学规律似乎很奇怪的是错误的，但当研究者不测量时它似乎又是正确

---

① Bacciagaluppi G. The Role of Decoherence in Quantum Theory[M/OL]//Zalta E N. The Stanford Encyclopedia of Philosophy（Fall 2008 Edition）. http://plato.stanford.edu/archives/fall2008/entries/qm-decoherence/ [2015-12-20].

的。①基于动力学规律的解释，语境可大概分为三类："第一类解释表达的为客体间的相互作用特征；第二类解释表达的为客体的存在特征；第三类解释表达的为客体的演变特征"②，它们全部为客体特征的表示。在标准解释的坍缩规律中，需在测量链条内持续地附加新的测量工具，并最终要凭借观察者的意识来完成，从而产生"身心二元论"。这样看来，要确定标准解释中量子空间的结构，也就是要确定量子空间的优先坐标基，要借助于观察者的意识选择来回答。观察者需先选取待测量，然后安排对应的仪器进行测量。因此，不管是确定结果难题抑或者是优先基难题，观察者全都起到了重要作用。他一方面要选择待测量，另一方面还要引发波包塌缩，从而最终要获得符合于实验的确定结果，甚至可决定系统所表现的特性。在标准解释中，波包塌缩发生的时间、地点与最终的实验结果间并无关系。这种主客体间冯·诺依曼划界的可移动性具有界线上的模糊性。

从上述论证中我们可以看出，量子空间的结构是由解释者来决定的。解释者确定系统存在的特性，这种观念和传统观念中的"物理系统是和解释者无关的客观存在"相矛盾，获得了许多物理学家和物理学哲学家们的指责。按照退相干理论，"解释者在实践中并不存在任意选择解释对象（优先坐标基）并对其进行测量的自由，只有与客体和仪器相互作用哈密顿量相对易的可观察量才能更好地体现测量的客观性，才能不受环境相互作用的影响"③，即量子空间内存在各种相互作用的哈密顿量，只有与日常空间相对应的那些相互作用，才能不受环境的影响。在标准解释支持者看来，日常空间体现出的结构就是量子空间结构。也就是说，对相互作用的选择在实践中是受到制约的，解释者仅存在部分可观察量集合内进行选择的权利。获得明确的实验结果集合是根据环境间的相互作用而实现的，所以也能看作是系统的特征部分地依赖于环境。

总之，标准解释下的退相干理论，将系统和仪器之外的环境吸收进相互作用的链条，支持仪器和环境间相互作用的哈密顿量采取了稳定的指针基矢，记录了系统信息，进而动态地采纳了系统的优先基矢。对确定结果难题，退相干理论借助于约化密度矩阵这种粗粒化过程，仅记录了涉及系统和仪器的信息，忽略掉环境的大部分自由度，进而获得对角化的约化密度矩

① 赵丹. 量子测量的语境论解释[D]. 太原：山西大学博士学位论文，2011.
② 郭贵春，赵丹. 论能量-时间不确定关系的解释语境[J]. 自然辩证法通讯，2007，（2）：17-24.
③ 李宏芳. 量子力学的退相干解释及哲学[J]. 自然辩证法通讯，2005，（5）：94-99.

阵。该矩阵是对量子力学体系的量子态信息的刻画，其中不存在表征不同波函数彼此间干涉效应的非对角元，因而系统显示出不同的确定态。

（3）玻姆解释下量子空间的结构。为充分理解量子空间的结构，物理学家和物理哲学家们不满足于标准解释中的坍缩假设，计划再次就量子力学形式系统进行研究，以回答消灭在量子力学预测和实际经验间存在的矛盾。20世纪中叶，玻姆基于德布罗意的导波理论，提出了玻姆解释。玻姆解释的基本思想为：波函数对量子力学的刻画并不完备，还需附加上粒子的位置作为补充以解释量子客体的某种行为，从而符合经验现象，这样便给量子空间的结构认识提供了新的视角。在玻姆解释语境下，涉及粒子和波函数在量子空间内的相互作用，这超出了我们直接观察范围的物理理论。从某种意义上讲，这种解释反映的是波函数和粒子这两种客体间相互作用的特性，并首次表明"本征值-本征态联结"并非量子力学解释的必要原则，它恢复了基础层次上的决定论，附加了量子力学在观察层级上的统计性。[①]

具体来说，玻姆把薛定谔方程 $i\hbar\dfrac{\partial \psi(q,t)}{\partial t}=-\dfrac{\hbar^2}{2m}\nabla^2\psi(q,t)+V(q)\psi(q,t)$ 的解按实部与虚部相区分，形成 $\psi(q,t)=R(q,t)e^{is(q,t)}$，这样便形成两个方程。虚部形成的方程（*）为 $\dfrac{\partial S}{\partial t}+\dfrac{(\nabla S)^2}{2m}+V-\dfrac{1}{2m}\dfrac{\nabla^2 R}{R}=0$，该方程具备经典哈密顿方程的形式，它的势由 $V-\dfrac{1}{2m}\dfrac{\nabla^2 R}{R}$ 给定，这里 $-\dfrac{1}{2m}\dfrac{\nabla^2 R}{R}$ 为量子势 Q。每次当量子势等于零时，方程（*）便成为经典的哈密顿-雅克比方程，这时如果再附加一些其他条件，波函数就被解释为法则；当量子势不为零时，粒子受到的量子势引发的额外作用力 $F(q,t)=-\nabla(V(q)+Q(q,t))$。实部形成了一个连续方程 $\dfrac{\partial p}{\partial t}+\nabla gpq=0$，该方程意味着概率守恒。这个解释中，单个粒子的运动可以看作是经典粒子的运动。

在这种解释语境下，当波函数被解释为法则时，量子空间内就包含波函数和粒子两种实体，形成精致实体论。这时粒子存在于三维空间，波函数存在于位形空间，二者具有功能上的相似性。有人认为，虽然位形空间内的维度各向同性，但终有一组坐标排列，在这个坐标系中，三维日常空间和高维空间具有相同的动力学规律和因果关系，从而实现用高维空间来解释日常空

---

① 赵丹. 退相干理论视野下的量子力学解释[J]. 科学技术哲学研究，2012，（5）：14-19.

间的目标。也就是说，通过三维空间的结构来了解量子空间的结构。需要指出的是，在精致实体论这种解释中，量子空间是由三维日常空间和位形空间构成的双空间，讨论的是粒子存在的三维空间和波函数存在的位形空间之间的结构关系，而在波函数实在论下研究的是量子空间与日常空间的结构关系。虽然日常空间也是 3 维空间，但并非指称同一个空间。

玻姆解释给予粒子以基础的本体论位置，该行为和量子场论内场的本体论位置发生矛盾。退相干理论就玻姆解释的这一困难提出了相应的解决方案：退相干描述了粒子的运动，粒子就位于根据退相干相互作用而选择的非局域性的某一元素中，进而"德布罗意-玻姆"轨迹将被纳入由退相干理论所描绘的经典层级上的活动。也就是说，"介观与宏观系统退相干后的约化密度矩阵描绘的是单个粒子的位置"，"从量子场的观测过程中能观察到粒子的全部层级，这能被理解为是涉及相关局域密度矩阵的退相干"。诚然，退相干自身并非一定可以获得玻姆的粒子概念，必须附加某些解释框架才能实现将"从退相干获取的窄波包的准系综看成是单个粒子的观察，进而说明我们为何只看到一个波包"。借助于退相干解释，粒子作为基础本体的预设则不再必要，粒子和场的本体论身份冲突便得以消除。这个过程也正是我们前面所说的玻姆解释群内从量子势、法则、高维波场，最后到麦克斯韦场的过程。

通过退相干内的交互影响选择，粒子则存在于由退相干相互作用所选择的非局域性的某一元素内，进而让"德布罗意—玻姆轨迹"参加由退相干理论所确定的经典层次上的活动。这种解释还面临的难题是，高维空间的非经典轨迹如何能说明日常经验层级准经典轨迹的存在这一难题，玻姆与海利在《不可分的宇宙》一书内主张，这是由于宏观系统对环境粒子的散射操作。这样，便在一定意义上就量子空间的结构进行了解释。此外，在把波函数解释为类麦克斯韦场方面，阿普尔（Apple）主张，只有在附加特定条件下，形成的退相干过程才可获得常识系统的、精准的类麦克斯韦场的轨迹。

（4）其他解释下量子空间的结构。除了标准解释、哥本哈根解释、玻姆解释外，还存在相对态解释、多世界解释、模态解释等量子力学解释。20世纪 50 年代后期，埃弗雷特提出了量子力学的相对态解释，该类非塌缩的解释理论试图在不附加任何预设的前提下，只用波函数就包含整个宇宙在内的量子系统进行完备描述。量子叠加态内的所有组分均真实存在，不存在波包坍缩，日常经验中获得的确定结果是相对于复合系统内部其余部分的显现

（相对态解释）。也就是说，日常空间的结构只是量子空间多种结构内的某一显现，或是存在于分裂宇宙内一个特定的分支宇宙（多世界解释），日常空间的结构只是量子空间结构的某一特定分支，或是有意识的解释者心灵集合中的特定分支心灵（多心灵解释），解释者的心理意向性选择的特定结构。20 世纪 70 年代，范·弗拉森将模态逻辑引入量子力学，主张量子力学的模态解释。下面我们将重点就相对态解释下的量子空间结构进行描述。

在相对态解释中的退相干理论中，无须先验地预设存在优先基，可以按照动力学上的稳定性标准来选取优先基。也就是说，用动力学规律的演化特性来进行保证。用环境相互作用选择出的世界分支能够保留下来并被解释者所观察。"所以，可以用来确定伴随时间演化的、动力学上稳定的埃弗雷特分支。该轨迹能和解释者稳定的记录态与环境态相联系，让系统态的相关信息可被多数解释者获得。"①忽略环境超选，施密特分解法还可用于定义优先基。也就是说，借助于施密特分析法来决定量子空间显示出哪种结构。这是因为，环境优选坐标基难题也遇到诸多质疑。因为，什么事物能看成系统、什么事物能看成环境尚未存在客观标准，若拿主观标准来确定系统与环境，则将导致环境引发的分支选取出现于主观的解释中，这样便将解释者的知觉感官纳入对解释对象的完备描绘中，而无法将外部解释者的存在看成不参加相互作用的量子力学系统。不同的解释者存在不同的意识态，意识态间退相干过程的发生阻却了不同结果记录间的干涉，形成对单个结果的感知；并且退相干理论的生成只是出于实用目的而对优先基进行了近似定义，并无精准明确的分支。②主张实用主义的学者们也认为，他们只需要退相干解释可阐明日常经验，只需理论在经验上是恰当的，并无须严格的规则。

通过上述分析可发现，退相干理论能借助量子力学的相对态诠释的分支，呈现出从解释者视角看量子空间的结构。此外，模态解释中，量子空间的结构可归结为是经验上得出的空间结构性质集合。在一定程度上，多世界解释者们普遍赞成，"微观世界"内的态叠加现象在"宏观世界"内也是真实存在的。③正如王凯宁与郭教授所赞同的，这便预示着传统观念上的经典

① Schlosshauer M. Decoherence and the Quantum to Classical Transition[M]. Berlin：Springer，2007：336.
② 李宏芳. 退相干和量子力学的诠释[J]. 河池学院学报，2009，（3）：8-13.
③ 吴国林. 量子信息的哲学追问[J]. 哲学研究，2014，（8）：99-106.

与量子彼此之间的界限并不存在。①如此一来，便打破了标准解释和哥本哈根解释之间的海森伯分割，造成量子空间结构与经典结构间的全同性，而非结构上的同构性。

除了多世界解释群下量子空间的结构认知，还有人借助于弦论的观点，提出量子空间的结构可分为日常空间和其余空间两部分，日常空间在宏观可见尺度内，其余空间太小而不被轻易看到，它们共同存在于某一类空间超曲面上。

总之，量子空间的结构与量子空间自身及其内含的预设本体间的相互作用密不可分。粒子和粒子之间、粒子和波函数之间、波函数和粒子之间，不同的相互作用生成不同的对称性，进而形成不同的量子空间结构。此外，选择哪种结构则还依靠于不同研究共同体间的心理意向性。值得一提的是，不同的量子空间结构模型仅仅是同一种物理实在的不同数学描述，因此，它们在观察上就应该是等同的②。通过对量子空间的结构分析，我们可以发现：任何一个量子空间理论模型都有着特定的"语境假设"。这种"假设的前提、结构及其目标，均是在现有背景框架下直觉地或者逻辑地被构造的，它既存在着强烈的理论背景，又蕴涵着明确的心理意向"③。科学哲学家们不同的哲学信仰、理论背景与解释、方法论以及概念框架，提出了多种多样的量子空间结构观点，生成了各具特色的量子空间认识论。

二、量子空间的维度

"在 20 世纪的科学认识系统中，量子空间维度作为量子空间的一部分，对其进行全面解读能够有助于更深刻地理解量子力学的精髓，有助于在经典力学、广义相对论和量子场论的空间之间架起一座理解与沟通的桥梁。"④这对于厘清物理哲学的发展脉络，把握主流思想的逻辑路径与探索面向未来的演变趋势，有着重要的理论价值和现实意义。1844 年，格拉斯曼（H. Grassmann）在其《广延论》书中首次建立起"多维空间观念"。在 19 世纪末，马赫也曾提出高维空间的可能性。在当时这只是物理学家冥想的产物，

---

① 王凯宁，郭贵春. 从新埃弗雷特解释到多计算解释——量子计算语境下多世界解释的演变[J]. 哲学研究，2014，（4）：83-90.
② 程瑞，郭贵春. "洞问题"与当代时空实在论[J]. 科学技术与辩证法，2009，（2）：34-38，105.
③ 郭贵春. 语境分析的方法论意义[J]. 山西大学学报（哲学社会科学版），2000，（3）：1-6.
④ 郭贵春，刘敏. 量子空间的维度[J]. 哲学动态，2015，（6）：83.

在没有先进数学支持的情况下根本无法继续前行，所以马赫很快又否定了这一想法。伴随科技的进步与实验水平的提高，现代量子理论通过借助于新技术水平和新实验结果，可以对量子空间维度进行一定的研究。本节借助于量子空间维度的语义多维性进行分析，揭露出量子空间的维度重点有 3 维、$3N$ 维和其他维情形；进而对量子空间维度的真假进行探索后发现，不同学者站在不同的语用立场上对 3 维空间和 $3N$ 维空间的真实性有如下三种看法，即 $3N$ 维空间是真实的，3 维空间是假象；3 维空间是真实的，$3N$ 维空间是假象；3 维空间和 $3N$ 维空间均是真实空间。① 在当代物理学语境的发展过程中，虽然量子空间维度认识具有明显语义上的多维性，但人们并未放弃对维度真假的探索，相反人类在探索的过程中去体会语境的边界性和动态性，对量子空间维度在给定语境下形成统一的认识，从而力求阐明不同维度语境解释下量子空间模型建构过程中所蕴涵的哲学含义。

（一）量子空间维度的语义多维性

量子空间作为量子力学的逻辑基础，对其维度进行解读是人们理解量子空间中物质构成、运动及其规律的重要前提。然而，人们对量子空间维度的解读却一直存在语义上的多维性，这是人们对量子世界的不精确认识导致的。语义多维性的表现形式主要有如下三种：量子空间的 3 维语义解读、$3N$ 维语义解读与其他维语义解读。

（1）量子空间的 3 维语义解读。我们对量子空间的 3 维语义解读源于以下几种视角的理解。

第一，源自量子力学起源分析的语义解读。在量子力学的起源中，玻尔的互补性原理是对量子模糊性的经典阐述：量子力学不能描述世界，只能描述给定的实验结果。但是当用经典方式描述给定的实验结果时，只能在 3 维空间中进行。弗兰森（Franson）与胡克（Hooker）便曾主张：有人赞成玻尔对量子理论的理解存在模糊性，原因之一就是他们只从数学方程的视角出发去作纯粹句法形式的说明，而缺乏系统的语义分析，造成无法真正领会玻尔的物理哲学主张。② 薛定谔考虑了波函数这一量子实体在 $3N$ 维空间中的演化，在他看来，"量子力学过程可以在'q 空间'③中实现"。这一陈述是在

---

① 郭贵春，刘敏. 量子空间的维度[J]. 哲学动态，2015，（6）：83.
② 郭贵春. 语义分析方法在现代物理学中的地位[J]. 山西大学学报，1989，（1）：23-29，72.
③ 薛定谔用"q 空间"指涉位形空间，在本节中，位形空间指的是 $3N$ 维空间，N 是系统中的粒子数。

单粒子系统语境下做出的，位形空间在这种语境下的维度是 3 维。对双粒子系统而言，薛定谔则认为，"无论初始条件是什么，存在于 3 维空间中的 6 个变量组成的波函数在抽象特性方面的表达有困难"。虽然薛定谔并未明确表示具体的困难内容，但他无疑更倾向于在"真实的"3 维空间中来理解波函数；物理学家洛伦茨在 1926 年写给薛定谔的信中也明确表明，当处理多粒子系统时，与矩阵力学相比，他更喜欢波动力学，因为更直观，只需要处理 x，y，z 三个坐标①。

第二，源自粒子特性分析的语义解读。对一个 N 粒子系统来说，其波函数的数学描述就是存在于 3 维空间的演化场，并且波函数是 N 粒子系统量子态的一个表征，波函数所刻画的量子态是某些可观察量的本征态，根据"本征值-本征态"映射即可解释 N 粒子系统波函数所描述的所有信息。换句话说，我们并不需要一个物理上存在于 $3N$ 维空间中演化的波场，波函数所描述的系统的全部信息均可以用物理上存在于 3 维空间的 N 粒子的系统特性来表征。②蒙顿就是这一语义解读的支持者，单独的 3 维空间就是基础空间，量子力学本质上讨论的就是该空间的粒子，波函数只是一个定义在抽象位形空间上的、描述普通粒子的量子力学特性的数学工具。

第三，源自对经验图景分析的语义解读。根据经验论者的观点，现实世界在唯象论意义上的呈现和实际世界潜在结构上存在某种层级上的一致性，也就是理论模型存在经验上的恰当性，这种性质表明量子理论所蕴涵的结构的维度就是 3 维。有些学者认为，量子空间的维度之所以是 3 维，是因为与我们日常所经验到的图景相一致，这是一种符合论的观点。这与爱因斯坦的"是理论决定我们能够观察到什么"的论述存在异曲同工之妙，理论意义的根源在于经验的实现，经验不可及的地方就不应有理论的对应，即便有相应的理论也不存在任何价值，也就是说经验的边界即为理论概念价值的边界。蒙顿就运用类比思维，认为既然生物、化学等领域的研究是在 3 维空间内进行的，那么物理学中的量子空间的维度也是 3 维，从而把生物化学的映像与物理学的映像统一起来，呈现出量子空间这一理论实体潜存的"同一性"。从该解释来看，维度这一理论术语理应与操作和观察内的经验术语相关联。这样操作和观察则组成了量子空间维度语义研究的基础。

---

① Monton B. Against 3N-dimensional space[M]//Albert D，Ney A. The Wave Function：Essays in the Metaphysics of Quantum Mechanics. Oxford：Oxford University Press，2013：154-167.

② Monton B. Quantum mechanics and 3N-dimensional space[J]. Philosophy of Science，2006，73：779.

（2）量子空间的 3N 维语义解读。针对 3 维空间支持者的观点，支持量子空间是 3N 维的物理学家和物理哲学家们以 3 维空间理论不能解释量子纠缠等实验现象为依据，相应地提出以下策略来进行解读。

第一，源自历史动态性分析的语义解读。量子力学的创立者并非是量子力学正确与否的最终仲裁者。随着量子力学理论和实验的发展，不同时期的人会对同一科学理论给出不同性质的语义描述，对量子空间维度的语义解读具有历史上的动态性。阿伯特和刘易斯等 3N 维支持者认为，薛定谔方程描述的是存在于 3N 维位形空间的波函数，而不是 N 粒子系统在 3 维空间中的特性。与经典力学内的电磁场存在相似性，波函数可以被看作是位于 3N 维位形空间中的一个波场，不同的是该波场存在于 3N 维空间，而非 3 维空间，波函数实体论者便持这种观点。波函数不仅仅只是一个数学工具，更是一个能对测量结果做出真实解释的实体。在某种意义上，玻恩（Born）作为一个波函数实体论者，提出应该把"概率波，甚至是 3N 维空间中的概率波，看作是真实的东西，而不只是作为数学计算的工具"。"如果我们凭借这个概念不能指称某种真实的、客观的事物，我们怎么能够信赖概率预测呢？"[1]从这个角度上说，玻恩也赞同量子空间的维度是 3N 维的观点。

第二，源自动力学规律分析的语义解读。因为我们并不能直接观察到实在的基本层面，"动力学规律作为世界基本特性的引路人"[2]，能够引导我们理解世界的基本特性。物理学内的动力学规律，能够确定物理世界的基础本体中所涉及的基础空间及其结构，并能概括物理客体如何运动以及与其他客体之间的相互作用。正如经典力学的动力学规律描绘了物质客体随时间的演化，量子力学中的动力学规律也描绘了波函数随时间的演化。刘易斯把这点描述为"量子波函数与经典力学中的粒子采用了相同的方式，其随时间的演化成功地解释了我们的观察结果，结论是波函数在作用上与粒子相等同"[3]。具体而言，刘易斯赞同贝尔针对玻姆理论、多世界理论与自发坍缩理论的语义解读：①"没有人能理解玻姆理论，除非他愿意把波函数看作是一个真实客观存在的场……这个场不是在 3 维空间而是在 3N 维空间拓展。"②"在多世界理论中……波函数作为一个整体存在于一个更大的空间，该空间的维度是 3N 维。"③类似的论证适用于自发坍缩理论中的非坍缩假定规

① Born M. Physics in My Generation[M]. Oxford：Pergamon Press，1956.
② North J. The "structure" of physics：a case study[J]. Journal of Philosophy，2009，106：58.
③ Lewis P. Life in configuration space[J]. British Journal for the Philosophy of Science，2004，55：714.

律，"波函数存在于高维的位形空间，而并非通常的 3 维空间"①。在这三种语义解释中涉及薛定谔运动方程和坍缩假定。如果动力学规律所需要的结构和量子世界的基本结构相吻合，通过对特定物理理论进行语义分析就能够对这些理论进行严格的逻辑空间定位，那么量子空间就是 3N 维的高维空间，所以把量子空间看作是 3N 维就能够对波函数进行一致的逻辑研究。

第三，源自最新实验结果分析的语义解读。根据量子逻辑进行科学解释，各种物理事件状态之间的逻辑关系是由理论构造和对这个理论的科学检验所决定的。在 3N 维支持者看来，"量子力学所讨论的范围是我们日常经验不到的微观领域，这使得传统哲学由于没有考虑微观量子对象而有所遗漏"②。在量子力学中，整体大于部分之和，量子纠缠就是其中一个很好的证明。从量子力学的解释上看，在 EPR 论战以及贝尔不等式的辩论中，研究者所涉及的是是否包含局域性以及非局域性难题，即一种关于量子力学语义研究与量子逻辑的说明难题，量子逻辑中的矛盾造就了语义研究上的模糊解释。20 世纪 70 年代以来，"各个国家的物理学家先后做了多项 EPR 实验来反对局域实在论，它们均揭示出：量子纠缠和非局域性均存在真实性"③。因为量子纠缠不能在 3 维空间进行描述，而只能在 3N 维空间进行描述，而量子纠缠又被证明是真实的。所以量子空间的维度是 3N 维。

（3）量子空间的其他维语义解读。以杜尔（Durr）为代表的少数人认为，量子空间是由普通的 3 维空间和高维的位形空间叠加而成，从而形成了一个 3+3N 维的高维超曲面。我们日常经验到的宏观物体存在于 3 维空间，而微观物体存在于高维的 3N 维空间。在这个高维空间中，存在某种到目前为止我们还不清楚的未知物理特性把二者联系在一起，这点有待于人们的进一步探索。

综上所述，人们对量子空间维度的解读具有以下特征：①量子空间的 3 维解读支持者大都站在历史的角度，持一种直观的、经验主义的态度；②量子空间的 3N 维解读的支持者站在工具实在性的角度，持一种逻辑理性的态度并关注最新的实验进展；③量子空间的 3+3N 维支持者则站在一种综合的角度来认识量子空间的维度。我们可以看出，语义分析条件的确定性和语义分析性质的多样性之间的矛盾，造成了量子空间维度解读的多维性。具体来

① Bell J. Speakable and Unspeakable in Quantum Mechanics [M]. Cambridge: Cambridge University Press, 1987: 128-204.
② 李德新，郭贵春. 量子对象的模糊同一性问题 [J]. 自然辩证法研究，2014，(2)：3-9.
③ 吴国林. 实体、量子纠缠与相互作用实在论 [J]. 理论月刊，2011，(3)：5-11.

说，一种维度的解读，"其自身就蕴含着一种内在的语义分析框架，这个框架构成了它尔后进行论证、解释和争辩的基础"①。但同时，语义分析也是有边界的，因为任何物理理论都有其自身内在的逻辑性和自洽性，不同的人对同一物理理论会给出不同性质的语义分析，原因为所有解释者都存在自己的哲学态度，这深刻体现出语义分析存在着强烈的哲学背景因素。最终，量子空间语义解读多维性的趋向性必须与经验的解释、实验的证实、实践的检验和哲学的考量相一致。不同的研究者从不同的理论背景来认识量子空间，这实质上反映了他们的研究目的、思维方式、理论背景和价值取向的不同。与此同时，因为解释者们的认识活动是以真实的量子空间为本体，所以他们的理解既受到量子空间自身客观信息的制约，也受到认识条件的限制，从而形成其不同的特定图像。但是这些图像永远是开放的、可修正的，这体现了在科学研究活动中，科学家理解世界的方式总是具有丰富的多样性特征。

（二）量子空间维度的真假探索

量子空间维度的解读在语义上的多维性，造成了人们对量子空间维度的不同认识。在对这些不同维度的解读过程中，人们并未放弃对维度解释孰真孰假的探索，而这一探索过程恰好反映了物理解释的本质。换句话说，要在特定的物理学语境中去揭示物理语言使用的主体、要素、目标及其结构的关联，进而必然会在这些关联中去发掘物理对象的意义、表征系统被确定的过程与其在不同认识系统中的真假说明。

量子空间不同维度的认识是量子空间在不同物理语境下表现出的不同现象。"现象"二字在语义学中暗含着其所显现的东西：第一层意义是指现象显示的是对象自身，第二层意义是指现象显示的是对象表象。②这两层意义若要在结构上进行关联就必然会包含一个生发和维持着被显现者的意向活动的机制，而正是这种心理意向性影响着人们对量子空间的维度及其空间关系的认识。在对任何一个量子空间维度真假命题的具体探索中，命题态度都必然体现了语言使用者的心理意向，这种心理意向与形式结构的演算具有同一性。对于 3 维空间和 3N 维空间，哪个是真实的空间的探讨，不同学者站在不同的语用立场上主要有以下三种分析。

分析一：3N 维空间是真实的，3 维空间是假象。阿伯特认为，我们在量

① 郭贵春，李龙. 原子的对称性语境分析及其意义[J]. 科学技术哲学研究，2012，(4)：1-7.
② 杨柳. 自在——论海德格尔的无蔽[J]. 内蒙古农业大学学报（社会科学版），2009，(2)：308.

子世界中所谈论的 3 维空间是一种假象。"量子力学的任何实在性解释，都必须把量子世界的历史看作是在 3N 维位形空间中开展，无论我们感觉自身是生活在 3 维空间还是 4 维时空，都是一种假象。"[①]多世界解释者认为，他们找到的是世界本身，而人类此前意识到的仅仅是世界的模拟，即日常世界是量子世界即本真世界的模拟，并非是真实的。日常空间所描述的确定性是人类观察者感知量子世界方式的结果：日常世界实际上并不存在，只是一个人类中心主义的理念，以描绘观测者所观察到的现象的某一概念工具。所以量子世界中的某个"计算机"给了我们 3 维世界的假象体验，我们实际上生活在 3N 维的量子世界中，3 维现象这一假象是通过描述系统演化的动力学规律而生成的。描述波函数的 3N 个参数有多种具有操作意义的分组方式，把坐标以 3 个为一组进行分类在形式上具有表达上的简单性和便捷性，这种分组方式所具有的特性并不出现在其他分组方式中。况且，把量子空间解读为 3 维空间并不能解释量子纠缠、量子计算等特性，这也从侧面论证了量子空间的维度是 3N 维。

3N 维支持者认为：如同麦克斯韦方程组作为物理规律的集合能够描述电磁场随时间的演化一般，量子世界中存在的动力学规律也能够完备地描述世界，描述波函数随时间的演化。根据他们的观点，波函数存在的位形空间中每个点均有振幅和相位，因此波函数可以看作在地位上与电磁场相等同。奈伊从动力学规律出发，阐述了不同的量子力学解释下的量子空间的维度与其相关的理论实体（表 5.1）。[②]

表 5.1　不同量子力学的解释比较

量子力学的实在性说法	GRW 自发坍缩理论	埃弗雷特量子力学（多世界理论）	玻姆理论	
动力学规律	薛定谔方程+非确定性坍缩规律	薛定谔方程	薛定谔方程+粒子方程	
直接理解	波函数	波函数	波函数+许多粒子（粒子方程的多粒子理解）	波函数+单个"世界粒子"（粒子方程的单粒子理解）
空间结构的简明理解	3N 维位形空间	3N 维位形空间	3N 维位形空间+普通 3 维空间	3N 维位形空间

---

① Albert D. Z. Elementary quantum metaphysics[M]//Cushing J，Fine A，Goldstein S. Bohmian Mechanics and Quantum Theory：An Appraisal（132）. Berlin：Springer，1996：277.

② Ney A. The status of our ordinary three dimensions in a quantum universe[J]. Wiley Periodicals，2012，46：534.

奈伊认为，在自发坍缩理论中，存在两个基本规律：存在确定性的薛定谔方程和存在非确定性的坍缩规律。多世界解释理论内只存在薛定谔方程这个唯一确定性的规律，它刻画了量子系统中的波函数随时间的演化。在前两种量子力学解释下，量子空间的维度均是 $3N$ 维。在玻姆理论中，存在两个基本规律：第一个是薛定谔方程，确定性地描述了波函数随时间的演化；第二个是"粒子方程"。人们对粒子方程所描述的对象有两种理解：第一种是粒子方程描述了一个多粒子系统随时间的演化；第二种是粒子方程仅仅描述了一个"世界粒子"随时间的演化。由于不同的量子力学解释对应于不同的量子空间维度的理解，即便是在同一个形式体系表征的玻姆理论中，也存在着相互竞争的两种量子空间维度解释。但是，只要把粒子方程所描述的对象理解为存在于 $3N$ 维位形空间中的一个世界粒子，就可以把量子空间的维度完全解释为 $3N$ 维。

分析二：3 维空间是真实的，$3N$ 维空间是假象。阿洛里（Allori）等坚持这种观点，他们并不赞同波函数在地位上与电磁场相等同，由于波函数在真正量子空间的位置上并没有振幅，所以不能把波函数看作是一个场。在经典电磁学理论中，由于电荷的位置可以描绘电磁场的散度，所以如果没有带电粒子，就不会对电磁场进行完备描绘。同样，没有振幅的波函数并不能对动力学规律进行完备描绘。退一步讲，即使量子世界中的动力学规律能够完备地解释世界，其在形式体系上的完备性与本体性上的精确性也是不一致的，也就是说存在着本体性上的非充分决定性。卡特赖特主张，"在谈到理论检验时，基本规律要比那些被期望解释的现象学规律的情形更糟糕"[1]。因为基本规律所显示的解释力并不能证明其真理性[2]，解释上的成功只是理论逼近真理的一个象征，这是证据对理论具有的非充分决定性造成的。所以根据量子纠缠也并不能得出量子空间的维度就是 $3N$ 维的结论。

赖兴巴赫（Reichenbach）从经验的角度提出，为了建立局域因果性，作为经验证据的物质，物理实体的空间必须是 3 维的。他曾谈道，"空间的三维性通常被看作是人类感官的仪器……正是三维性这一特点产生了物理实在的连续因果性定律"[3]。所以赖兴巴赫主张，除了 3 维物理空间，不可能假

① Cartwright N. How the Laws of Physics Lie[M]. Oxford：Clarendon Press，1983：3.
② 郭贵春，成素梅. 当代科学实在论的困境与出路[J]. 中国社会科学，2002，（2）：89.
③ Reichenbach H. The Philosophy of Space and Time[M]. New York：Dover Publications，1958：274.

定其他合理的物理空间理论。所以在经验主义者看来，3 维日常空间在量子力学中能准确描述量子世界的基础空间，$3N$ 维位形空间中的波函数仅仅是描述普通粒子的量子特性的一个数学工具，并不存在实在意义。

蒙顿认为，把高维空间的维度进行划分后就会发现，生成的物质波函数并不等同于位形空间的波函数。与经典粒子所具有的整体等于部分之和的特征不同，我们不能把位形空间的波函数看作仅仅是代表粒子的系综波函数。$3N$ 维位形空间内的一个点实际上并未对日常空间的客体的排列进行描述，而是对 $3N$ 个参数值的描述。但是在这个空间中并没有任何内禀属性来说明哪些参数对应于 3 维空间的哪个粒子。退一步说，即使 $3N$ 维空间能对日常空间客体的排列进行描述，它所对应的点也并非日常空间的点。因为，位形空间的所有点均代表其余位置在该处的状态体现，而不是表现该点处的局域性质。

基于以上观点，蒙顿认为，日常的 3 维空间与高维的 $3N$ 维空间之间存在"附随"（supervene）关系，它们彼此之间存在着一个"杠杆"能够把二者联系起来。粒子和波函数分别存在于 3 维空间和位形空间，动力学规律把二者联系在一起。因为量子力学本质上讨论的是 3 维空间的粒子，所以量子空间的维度是 3 维。

蒙顿的"附随说"也存在缺陷，存在比其他观点所假定的单空间理论更加复杂的量子空间结构。在他的双空间理论中，每个单空间均有其各自的结构。但为了解释高维空间的哪一部分和哪些维度分别对应于 3 维空间的哪一部分和哪些维度，就需额外附加一些结构。这样，每个结构在其自身之外还存在附加结构，深层次的结构在两个基础空间之间起着桥梁作用。通常认为位形空间内的坐标具有各向同性，所有维度的地位均相同，不存在位形空间中的某些方向维度会引起 3 维空间粒子的运动。也就是说，不存在优先维度来引起 3 维空间粒子的运动。所以附随理论除了会产生额外的结构之外，还会引起空间坐标的不均匀性责难，从而违背结构经济原理。

分析三：3 维空间和 $3N$ 维空间都是真实的。与蒙顿的空间"附随说"的结构复杂性相比，从某种意义上讲，华莱士和廷普森（Timpson）的"生成说"具有在结构上的简单性。他们认为，3 维空间与其实体是从 $3N$ 维空间与其实体中生成的。与 $3N$ 维空间的真实性类似，3 维空间也是真实的，它只是量子空间在大尺度上的一个很好的近似。现实生活中的"俄罗斯套娃"——每个套娃结构相同、大小不一、内部中空，便能在一定意义上解释这种结构。这就解释了以下事实：3 维空间内发生的任何事情都不会超出波函数存在的 $3N$ 高维位形空间的范围。因此，如何理解 3 维空间"真实但并不重要"这个话题就变得很困难。但最新观点认为，我们并不能做出"真实但并不重要"的空间就是不存在的空间这种陈述，因为不重要但并不代表不相关，3 维空间和 $3N$ 维空间彼此间存在着形式上的相关性。

至于为什么从高维空间中生成的是 3 维空间，而并非其他维度的空间呢？有以下几种解释：华莱士和廷普森认为，是退相干过程导致了我们所经验到的 3 维世界；而刘易斯则认为，$3N$ 维空间内存在某个特殊的内禀属性可以自发地把 $3N$ 个坐标以三个为一组而进行分类，因为在量子力学中，所有的动力学实体都有量子特性。

还有一些物理哲学家，比如格林等借鉴弦论的观点提出，在量子空间中共有 $3N$ 个维度，其中 3 个维度与我们的日常经验相关联，剩余的 $3N{-}3$ 维空间由于太小而被卷曲起来。我们不能根据只能看到存在于 3 维空间的粒子，就判断出其余看不到的 $3N{-}3$ 维是无意义的。因为剩余的 $3N{-}3$ 维空间全部指向不同方向，且动力学规律在这些维度下保持不变。①因为直到目前为止，弦论尚未被充分地予以证明，所以本章不做详细讨论。但是从某种意义上说，这个观点也存在着"生成说"的影子。

通过本小节对量子空间维度的真假探索，我们可以看出，任何一个命题态度都是在给定语境下的理解。不同语境下理论模型的描述可以提供对量子空间维度的不同描述与理解，语词及其所指称的对象也会因此存在着不同的意义。因为语境的本质就是一种"关系"，而关系的设定则取决于特定语境结构的系统目的性。总之，我们可以从附随关系得出 3 维空间是真实空间，$3N$ 维空间是假象的结论；而从生成关系得出 3 维空间和 $3N$ 维空间均为真实空间的结论。物理学家在不同的理论语境下选择不同的结构关系，这暗含着不同言说者存在着不同的心理意向性，进而产生了对量子空间维度真假认识的复杂多维性。

（三）量子空间维度在给定语境下的统一

不言而喻，量子空间维度语义解读的多维性与真假辨析、量子空间结构关系的多样性等种种困境，最终源于我们理解量子理论的方式。具体体现在

---

① Greene B. The Elegant Universe：Superstrings，Hidden Dimensions，and the Quest for the Ultimate Theory[M]．London：W. W. Norton & Company，1999：202.

以下几个方面。

（1）我们站在何种角度看待量子空间，是站在经验的角度还是站在理性的角度，是站在历史的角度抑或是从当前科学实验发展的角度来认识量子空间。在判断量子空间维度真实与否时人们更倾向于采用哪个标准，是简单性标准、逼真度标准抑或是结构经济性标准。比如赖兴巴赫就认为，物理学的3维几何空间能保持局域因果性，这一点在某种意义上存在合理性。但是，他的理论只符合当时的历史时期，当我们站在当前理论发展的前沿实验实践的立场上去讨论量子空间的维度时，局域因果性会破坏。

（2）我们如何看待量子空间，是把它看作一个类空超曲面形的实体，还是把它看成是作为容器的背景空间。量子空间的维度在解释上存在多维性。维度这一理论术语本身在语义学上就存在多维性，人们可以通过它来表征独立参数，进而详细说明在量子态空间中的点的演化；或者人们也可以用它来指涉独立坐标轴上的数来强加到空间坐标上。同时量子空间维度的真假辨析体现出，动力学规律的完备性是否能代表本体性上的精确性，基本规律所显示的解释力能否证明它的真理性，这些均可进行进一步的探究。总之，真理的表征不一定总从最佳模型中体现出来，所以，任何对量子空间维度的合理解释都并不能得到量子空间真理性表征的唯一标志。

（3）量子空间维度的多维性，体现出量子空间这一微观客体在作为"实体-关系-属性"三位一体的有机整体的结构，在认识论方面存在复杂性。在量子空间关系的解释中，3维空间与3N维空间彼此之间的附随关系的不足，会引起空间坐标分布的不均匀性责难；而生成关系解释虽然满足了在形式结构上的简单性要求，但在把真实与假象归因于量子空间的内禀属性等尚未证实的特性上，缺乏直接的证明力；量子空间关系共有论的缺陷，则在于它们都产生了逻辑上与直觉上的矛盾。

（4）我们如何认识量子理论中的波函数，是把它看成定义在抽象位形空间中描述N粒子系统的数学工具，还是看成一个物理场，即工具论和实体论间的辨析。把波函数看作工具还是实体取决于波函数与电磁场是否存在等价地位。有学者提出，根据概率解释，只有波函数的振幅才存在"物理内涵"，它的相位并不存在"物理内涵"，所以把波函数看作是纯粹抽象的数学工具；但在反对者看来，相位在规范变换下的行为决定着所有粒子和场间的相互作用规则，因此波函数的相位有着极其重要、不可或缺但不可直接观察的物理意义；还有人认为，真正量子空间内的位置上并没有振幅，而真正的电磁场是有振幅的，所以波函数是否与电磁场等价就成为分析量子空间维度的重要标准之一。

综上所述，这些认识过程中的选择困难体现出，量子理论解释中所面临的四个矛盾：确定性与不确定性间的矛盾，实体与工具间的矛盾，局域性与非局域性间的矛盾以及逻辑与直觉间的矛盾。

（1）确定性与不确定性间的矛盾。在自发坍缩理论中，动力学规律具有确定性，坍缩规律具有不确定性。基于量子系统的自身特性与某个时刻的坍缩概率相关，一旦坍缩发生，系统便由确定性转为不确定性，这样确定性与不确定性就先后出现在同一个理论中。在玻姆理论解释中，粒子总存在于特定的位置并且确定性地按照动力学方程进行演化。虽然这个理论中的两个规律都具有确定性，但粒子方程中的"粒子"描述的究竟是一个实体还是 N 粒子实体系综则又存在不确定性。这样，量子力学理论不同解释中的确定性与不确定性间的矛盾，就产生了量子空间维度解释的多样性。

（2）实体与工具间的矛盾。量子空间和波函数究竟是被看作实体还是工具，不仅会导致不同的量子空间维度的真假认识，而且还会建构出不同的量子空间结构关系。具体来说，当量子空间被看作一个超曲面时，其维度为 $3+3N$ 维；当被看作背景空间时，又有 $3N$ 维和 3 维两种情形。波函数被看作实体时，其存在的空间维度是 $3N$ 维；假如波函数被看作工具时，其存在的空间维度有 $3N$ 维和 $3+3N$ 维两种情形。与此同时，3 维、$3N$ 维和 $3+3N$ 维解释之间空间关系又各有差异。

（3）局域与非局域间的矛盾。事物之间的关系在现象学意义上的体现具有局域性，但经实验证明的量子纠缠却存在非局域性。在某种意义上，如果用一个波函数来描述 N 粒子系统，那么这些粒子就必定会相互纠缠在一起。这样一来，对这两个粒子此后的运动描述就一定会导致非局域性。从量子纠缠和非局域性概念都源于波函数这一特定视角出发，这两个概念在基本意义上存在一致性。

（4）逻辑与直觉间的矛盾。逻辑语言在一定程度上能确保物理洞察的精确性与可靠性，具有客观性。直觉则是不同于逻辑理性的另一类认识活动，存在主观性。直觉主义者认为，只有内心体验的直觉，才能使人洞察事物的本质。量子空间的特殊性在于其自身的不可观察性和作为物理理论逻辑基础的重要决定性。我们认识量子空间有两种途径：第一种是通过证据来证明动力学规律和量子世界结构间的吻合性，第二种是通过直觉来推断出世界的基本结构。但是，基于直觉的主观性与证据对理论的非充分决定性，这两种途径可能会得出不一致的结论。比如量子纠缠这种非直观的量子现象，虽然与我们普通人的直觉相违背但与逻辑相符合。

以上四对矛盾彼此之间在给定语境边界条件下均是可转化的。在量子空间维度的解释中，所给出的任何一种维度解释均为在特定边界前提下的理解，而且一旦预设了边界条件就是预设了进行相关解释的语境。不同的量子空间理论解释以及不同的空间结构关系，确立了不同的语形边界。特殊的科学解释语境没有希望超越特定语言的语形制约。特别是类似于数学、物理学这类形式化的研究客体，其语境必定存在着相关的逻辑语法抑或形式算法的语形边界的限制。"恰从这一视角来看，科学解释句法的领域标记出科学解释语境的语形边界。科学理论的公理化程度愈高，它的解释语境的语形界线则愈清晰。"[①]在明确了语形基础的前提条件下，科学解释的语境结构在语义学层面上需进行更深入的明确，这便为相关语境潜在的系统价值趋向限制了给定表征的语义边界。运用语义的构成性准则，研究者就特定语境下语义说明的张力界线进行划界，进而对语义解释的弹性度及其相关的语义解释的意向价值进行明确。语义规则和语形基础共同保证了科学解释的客观方面，其中语义规则是"科学解释在客观语境与主观语境交叉过程产生的前提"[②]。基于科学解释是借助特定的语言学行为而完成的，而行为的完成则体现为这一语言学行为细节的显露和实现，此时即与科学解释被提议时的意向性相关联。因为同一组陈述或许会被用在说明不同难题上，所以当研究者评价解释结果时，应该考虑解释意向、语外因素等语用语境因素的影响。解释本质上为"给定命题类型和言语行为类型的联合，说明过程亦即为语用边界的形成过程"[③]。

语用边界的确定性会对科学解释的优劣做出判断与评价，因此，语用边界领域内所存在的价值意义和价值取向也相继予以确立。所以语境的语形、语义和语用边界是相容的，"语用限定了语形以及语义的边界与价值趋向，而语形与语义则表征以及揭示了语用的价值及其明确边界的目的要求"[④]。

量子空间的不可观察性造就了量子空间维度解释的语境依赖性。不同理

① 郭贵春，安军. 科学解释的语境论基础[J]. 科学技术哲学研究，2013，(1): 1-6.
② 郭贵春，安军. 科学解释的语境论基础[J]. 科学技术哲学研究，2013，(1): 1-6.
③ 郭贵春，安军. 科学解释的语境论基础[J]. 科学技术哲学研究，2013，(1): 1-6.
④ 李欣. 科学语境论浅析[D]. 太原：山西大学硕士学位论文，2011.

论语境下的模型可对量子空间维度提供不同的理解与描述，但不同的空间关系认识之间则不存在优劣之分，都具有平等性。因此，我们应该整体地、相关地看待这种不一致性。正如诺贝尔奖得主丁肇中曾在多次演讲中提到，"物理学上的真理是随时间而改变的"。随着时间的不断变化，随着语境的不断更迭，语境与语境间的不一致性并不等于它们之间的不相关性。这样一来，科学解释的"再语境化"过程则形成了量子空间维度解释的相对明确性与整体连续性的联合。所以我们认为，在一个大统一的物理学语境平台上，确定性与不确定性、实体与工具、局域与非局域、逻辑与直觉这四对矛盾是可理解的和相容的，而这种融合会随着时间的变化而逐渐生成一致性的整体认识。

　　总之，为了在语境基底上形成对量子空间维度的意义分析，使其摆脱目前认识论上的复杂性与多维性困境，我们要"在本体论上'超越现实，走向可能'，在认识论上'超越实体，走向语境'，在方法论上'超越分割，走向整体'"①，从而在具体的语境中理解量子空间的维度及其空间关系，通过语境解释来消除量子空间维度的多维性和空间关系的复杂性，从而获得有意义的统一解。

三、量子空间内隐喻思维的应用

（一）量子空间内基础本体的隐喻介入

　　在量子力学语境下，量子空间的基础本体包含量子空间自身、波函数和粒子等，它们均为抽象度极高的事物，我们日常无法对其进行经验。这些基础本体难以进行合适的说明，通常并非因为其难以认识，而是由于物理哲学家在创设进程中使用了并不恰当的词汇。例如，"波函数实在论"这个词，本身是泛指对波函数所做的所有实在性解释，比如实体实在、工具实在等，但被约定解释为高维波场。然而，我们或因为缺乏更好的词进行描述，或该词已被捷足先登，因此，仍然用"波函数实在论"作为通名。与之类似的还有"位形空间"这个概念，本身源于经典力学，当其应用于量子空间时，便会出现不符性，无论是在结构描述还是实体解释方面。

　　隐喻"在科学的证明与辩护语境中发挥着重要的认知功能，在科学推理

① 魏屹东. 语境论与科学哲学的重建[M]. 北京：北京师范大学出版社，2012：2.

和理论性解释中也充满了隐喻"①，该方法是科学实在论走出困境的重要途径之一。在波函数被解释为高维波场这一实例中，因为其不可观察性和存在空间的高维性，除了把波函数置于更大的结构，借助于模型建构对其进行理解已无可能，但若把高维波场看作存在于高维空间的经典场，便可在一定程度上解决这一困境。此外，当物理哲学家们发现当前的语词或符号已然不能描述其思想时，研究者便会用隐喻思维来借助于其余领域的语词或符号来间接进行传递。从相似性的层面来看，"能把隐喻分为存在性隐喻以及可能性隐喻：存在性隐喻是基于相似性的隐喻，可能性隐喻可被视为创造相似性的隐喻"②。该种分类方法的意义与布莱克的三种隐喻观相类似："替代观和比较观主张，隐喻是基于发现的类比或相似性，而相互作用观坚持相互作用的隐喻'发明'或'诱发'相似性和类比。"③例如，在量子力学内，波函数的语义解读对量子力学基本实体的说明存在着举足轻重的影响。人们通常谈论的波函数意指数学上薛定谔方程的解，把波函数解释为法则就是因为其具备了法则内的指引、规范与预测功能，这里的相似性便指的是功能上的创造性的相似性；此外，"波"这一术语最初源于水面波动或麦浪的起伏形状，研究者往往凭借声音或光的干涉抑或衍射行为来对波的行为进行推断。借由类比等方法来得出波的相关属性信息，即使它不可视，我们仍称其为"波"。当然，我们也不可能一次性地获得被描述事物的全部信息。从水波、电磁波、物质波到概率波等，对波的认识在逐渐加深。当物理学进入量子领域时，我们对作为量子粒子的重要属性的"波粒二象性"的理解似乎源于"波"和"粒子"的隐喻思维的共同属性，甚至有人专门构造了"波粒子"（wavicle）这一新词，该词的构造过程也体现了隐喻思维。

物理哲学家们往往无意识地使用隐喻思维，是因为使用这种思维方式能帮助他们提出新概念或建构新理论，这恰为隐喻创新功能的体现。隐喻在科学过程的创设进程内，"可就科学概念及其范畴进行重构，这对纳入新理论术语甚至科学理论的整体建构与进步均有关键影响"④。模型与隐喻均为依照人类熟悉的抑或者相对易于理解的事物来说明研究者所面对的难题，凭借隐喻与模型以研究二者间的相似关系。模型和隐喻可能均具有假设性与研究

---

① 郭贵春，王凯宁. 量子力学中的隐喻思维[J]. 科学技术与辩证法，2008，(3)：1-6.
② 王秀国. 语文课程中隐喻教学的探索[D]. 济南：山东师范大学硕士学位论文，2009.
③ 郭贵春，王凯宁. 量子力学中的隐喻思维[J]. 科学技术与辩证法，2008，(3)：1-6.
④ 王凯宁. 隐喻与量子世界的表征[D]. 太原：山西大学硕士学位论文，2008.

性，也正是依靠这两种性质来提供创造性的洞察力。正如詹特纳所说，人们普遍赞同隐喻可引起知识改变。从广义上讲，这种改变包括对旧概念的重新表述或者概念系统的建构。比如，诺斯与马利恩也把波函数解释为场，但这种场只是与经典场类似，而并非指同一个场。为全面说明某一物理概念，研究者有时需要多个隐喻才能对其进行系统说明。例如，在波函数的语义解读中，波函数能被解释为量子势、法则、高维波场、类经典场等。从这个角度来看，隐喻实质上具有片面性，有时需求助于其他隐喻来帮助我们建构所需的概念或理论框架。

物理哲学家们往往使用类比性的隐喻思维方式以解读新理论，凭借与其他熟知理论或者知识进行类比来获得他们欲建构的理论。在理论的建构过程中，主体的主观因素起到了极为重要的作用。例如，在杜尔修正的玻姆解释中，把波函数解释为法则就用到了把量子力学的薛定谔方程与经典力学中的"哈密顿-雅克比方程"进行类比，对比的隐喻是"波函数是法则"；再例如，在标准玻姆解释中，我们把波函数解释为"量子势"时，常常创建某一势能图来生动地刻画整个物理系统，在该进程内研究者拿这个势能图与"水井"进行类比，于是便生成了势井、势阶、能级与基态等概念。

（二）量子空间模型建构过程内隐喻思维之体现

作为革命性的量子理论，量子力学已被证明具备了相对完善且复杂的数学形式系统。这种形式系统远超前于其自身的物理意义诠释，但其数学公式又必须与特定的实验测量以及操作进程相关联才能生成物理意义。亦即是"数学化的形式语言和非形式化的概念结构要求类似的物理含义，这样，隐喻思维对量子力学而言在某种意义上也因此变成一种必然选择"[①]。具体到量子空间，该微观客体存在着与日常空间明显不同的特性。因此在量子空间的模型建构过程内，隐喻也发挥着独特的意义映射作用，在日常空间和量子空间彼此间发生着"转换"与"传递"，将经典空间内的概念和结构认知借鉴到量子空间的概念及结构认知中去。此外，当物理学哲学家们发现先前的形式结构无法满足自身的意愿时，便再次凭借隐喻在初始语言中的发明或创造而生成一类新的途径来对其进行说明，进而生成新的模型认识。比如，在杜尔修正的玻姆解释中，因为波函数和粒子处于不同的空间，为了波函数起

---

① 王凯宁. 隐喻与量子世界的表征[D]. 太原：山西大学硕士学位论文，2008.

到法则性的作用，则在高维空间和日常空间二者间构设一个神秘的"杠杆"，这样"杠杆"便对量子空间的结构进行了进一步建构。因此，从某种程度上说，量子力学所刻画的量子世界结构模型图景是我们利用概念隐喻而实行的一类理性创设。这正体现了，"科学概念与范畴隐喻化的历程不光为一个契合与反映的历程，更大程度上为一个解释者积极建构的历程"①。

当科学隐喻被看成一种重要的方法论工具时，能够帮助我们更加恰当精准地理解量子空间的模型。我们主张，"在科学理论的陈述过程中，模型的使用能帮助揭露理论解释对象的性质以及结构关系，所以其为一种理解理论、识别真理的有效方式"②。在科学理论语言内，"隐喻和模型彼此间为一类根深蒂固的平行关系。种种不同类型的科学模型均被看作是其解释目标的隐喻，它们揭露了不同层级上的特征映射关系，所以在实质上均为隐喻性的"③。物理学从经典力学到量子力学的跨越，恰恰是凭借科学隐喻性思维的参与，类比于经典现象来建构量子模型，使那些远离日常经验的量子微观图像得以显现。因此，通过渗透挖掘量子力学解释语境下的隐喻思维，我们可对量子空间的模型进行逻辑上和物理上的分析。举例说，为理解量子空间与日常空间的关联问题，持多世界解释的物理哲学家借助于牛顿第三定律中的相互作用力这一隐喻，提出高维空间中哈密顿量间的相互作用生成了经验客体的现象，还有的物理哲学家借助于"俄罗斯套娃"这一隐喻来认识量子空间的结构。此外，还有人与弦论的结构思想进行类比，提出日常空间只是量子空间显现出的一小部分。因为科学家们暂时对当前问题无能为力，只能无意识地从别的领域进行相应借鉴，以吸取知识到所需领域，从而弥补相关知识的空缺，这正是科学家们有意无意地运用隐喻思维的结果。类比的来源域等价于隐喻的喻体，目标域等价于隐喻本体，类比进程则等价于隐喻映射进程。除了前述几种模型，还有人提出日常空间只是单纯地"附随"在量子空间上，把二者间的结构关系归于神秘的上帝。量子空间与日常空间的"附随"关系也体现了隐喻思维。

通过本节的分析，我们可以得出，隐喻思维在量子空间模型的建构过程

① 安军，郭贵春. 科学隐喻的本质[J]. 科学技术与辩证法，2005，(3)：42-47.
② 郭贵春，安军. 隐喻与科学理论的陈述[J]. 社会科学研究，2003，(4)：1-6.
③ 安军. 家族相似：科学类比与科学模型的隐喻思维特征[J]. 科学技术哲学研究，2009，(4)：21-25，50.

中不可或缺，原因是："第一，量子力学的形式体系作为隐喻的语形中介，揭露出隐喻思维的启发和表达功能；第二，在语义学层次上，量子力学解释内的隐喻思维又发挥着其理论的说明功能，为数学形式的量子语形供应了物理学和哲学意义上的说明；第三，在量子力学共享和沟通的语用语境中，隐喻思维也获得了广泛运用。"①从这一过程中得出，经由采用隐喻思维，并与经典现象的结构进行类比，探寻并说明量子空间模型建构过程的方法论意义，有着极其重要的科学哲学价值，体现了哲学形式与科学形式的高度融合。

小　结

综上所述，正因为量子力学这一物理科学语言具有权威性，科学表达需要精确性以及科学对象的相对独立性，所以，我们利用了语义、语境和隐喻分析方法来对波函数和量子空间等量子语言进行了认知、理解和描述。这些分析方法作为切入点很好地融合了科学与人文的走向，也是科学发展的必然需求。

对波函数及其密切相关的量子空间进行语义分析就是将符号或陈述背后的含义进行揭示，为我们提供更合理、更易于让人接受的量子力学解释。对量子力学进行语形分析，可以帮助研究者弄清全部表征符号之间的结构关联以及差异表征形式间的结构关联，使得量子力学内抽象的形式体系变得具体化、系统化和精确化。此外，科学解释无法避免地要涉及理论创建主体的主观因素，对波函数和量子空间进行语用分析，主要是揭露理论创建者的先存观念、研究目标以及物理信仰等主观因素。理论创建者的意向活动把形式语言与客观世界相连接，体现的是语用研究与语形研究的结合，如此一来，语义分析、语形分析和语用分析便在语境的基底上统一起来了。隐喻思维在波函数、量子空间的实体、结构和维度方面的理解也起着重要作用。量子力学需要解释，量子语言就越来越依赖于隐喻的思维和描述。对量子空间的实体和结构进行隐喻分析有助于我们理解量子力学的符号系统和其与其他空间结构的相似性。

---

① 王凯宁. 隐喻与量子世界的表征[D]. 太原：山西大学硕士学位论文，2008.

利用语义、语境和隐喻分析方法，能使我们从全局性的视角将客观的形式系统、主观的物理直觉与理论联系均包括在内。波函数和量子空间研究的语境分析，"揭露了数学表达、理论说明、哲学研究与实验证实的一致性"[①]，进而全面地、综合地揭露出波函数和量子空间的意义。

---

① 郭贵春，贺天平. 测量理论的演变及其意义[J]. 山西大学学报（哲学社会科学版），2002，(2)：16.

第六章　科学解释的可计算化分析

对科学理论进行科学解释或说明一直以来都是科学哲学研究的重要内容，在科学理论解释的过程中，我们可以清楚地认识到，科学理论在给定语境下具有特定的意义。鉴于此，对于科学理论解释意义的建构，我们可以在给定语境下，用描述可能世界的方式将现实世界的表征形式化与模型化。在此，单个语境或语境集合可以被转化成一个语境或语境集合的逻辑演算，这种逻辑演算、形式模拟的方法狭义上被视作可计算化。尤其是 19 世纪末 20 世纪初，伴随着数理逻辑的快速发展，科学以及科学哲学的研究发生了根本性变化，无论是研究模式、研究方法，还是论域空间、研究视野都发生了改变，科学哲学的研究已不能仅仅局限于语言学的分析，其迫切需要引入更多的形式工具，如逻辑、数学、概率论、统计学等学科，以重新阐释、表征科学的客观性、真值性和合理性，确保解释的统一性与精确性。在这里，可计算化作为一种新的科学解释方法，在科学解释寻求新的研究路径的时候被重新提出，在某种程度上为科学理论解释的意义的计算化建构确立了基础。特别是，语境的模型化与形式演算为科学理论解释提供了全新的思维方式，该方式将科学理论的信息规范化、形式化、逻辑化和系统化地整合为语境系统中重要的要素，并通过特定语境约束科学理论的具体意义。与此同时，伴随着语境意义的多样性、动态性特征，我们可以更合理地理解和把握科学理论的本质意义，理性地看待科学理论的价值理性与形式理性的统一性问题。在这里，语境可计算化作为科学解释重要的方法，其需要众多形式工具的介入，其中逻辑是语境可计算化模型建构的基础工具，特别是非经典逻辑，该类逻辑凭借语境相干性，表明语境可以作为算子被引入逻辑系统中，实现语境的模型化、形式化，充分揭示科学解释的可计算化表征和分析。

第一节　科学解释的可计算化特征

现代逻辑作为对思维过程的形式化表征，具有较强的形式表征能力，因此现代逻辑无疑成为机器智能化进程中最有效的途径。现代逻辑作为一种推理工具，"描绘了人类思维和人类表达的一些最基本形式，提供给我们有效推理的最基本工具，告诉我们什么样的陈述是许可的或不许可的"[①]。通过一个强推理能力的现代逻辑系统，我们可以获取大量有用的知识，而一个弱推理能力的逻辑系统会限制对知识的表征和推理能力。而与经典逻辑系统相比，非经典逻辑具有更强的表征与推理能力。非经典逻辑在经典逻辑基础上发展而来，而之所以非经典逻辑得以快速发展，是因为非经典逻辑依附于经典逻辑，但是又不完全被经典逻辑的推理规则所约束。

一、经典逻辑的特征

目前，非经典逻辑被广泛应用于不确定性推理研究，其目的在于通过非经典逻辑构造不同的逻辑真值与逻辑结果，以期丰富逻辑系统的表征力。但这并不表明非经典逻辑脱离于经典逻辑。事实上，非经典逻辑与经典逻辑具有密切的关系，因为非经典逻辑是在经典逻辑基础上通过扩展与修正的方式发展而来的。虽然凭借该方式构造的逻辑存在一些不同于经典逻辑的规律，然而非经典逻辑依然继承了经典逻辑的许多特征与性质。因此，经典逻辑被视为非经典逻辑的基础，并推动了该逻辑的发展。

通常情形下，经典逻辑系统指代命题逻辑和一阶谓词逻辑，该逻辑因独特的形式化特征成为逻辑学研究的主要对象。经典逻辑素来就重视形式化推理，它以人工语言为基础，利用人工符号制定了经典逻辑演绎系统的初始符号、推演规则以及定理，从而形成了一套完整的形式系统。尽管经典逻辑的形式化可能无法完全表示心理因素，但是其符号化的形式演绎系统因其严格性和精确性显示了经典逻辑系统形式化的优越性。除此之外，经典逻辑的形式化特征也深刻地影响了其他学科由语言陈述模式向数学形式化的转变。

---

① Sher G. Is logic in the mind or in the world?[J]. Synthese, 2011, 181: 354.

　　此外，经典逻辑严格地区分了逻辑系统内的对象语言和元语言。对象语言是指在逻辑系统中利用人工符号对命题真值关系的表示，而元语言是利用自然语言对人工符号表达的真值关系进行阐述，它的研究对象是对象语言。因此，对象语言与元语言是逻辑系统完全不同的两种语言，但是二者之间却密不可分。元语言的分析不仅能推理出人工符号表示的真值关系，同时我们也能对对象语言进行解释与分析，甚至可以检验对象语言的逻辑合理性。

　　通过对经典逻辑的简单介绍可知，相对于亚里士多德初期提出的逻辑，经典逻辑更注重推理的形式化，它以人工符号为基础，摒弃了日常语言的歧义性和模糊性，避免了因元语言与对象语言的混淆而引发逻辑内容的贫乏，提升了对精确问题的处理和解决能力。也因此，经典逻辑具有一些独有的特征以及该特征的不足。

　　（1）二值性。在经典逻辑中，一个具有真值的事件描述只能存在两种状态，即"真"与"假"，这标志着"经典逻辑是二值逻辑，因此一个命题或者是真或者是假，它不允许一个命题同时部分为真部分为假"①。在某种程度上，经典逻辑的二值性已经充分地表征了知识，但是由于现实世界的复杂性与多样性，"经典逻辑已经不足以获取所有人类可以做的自然推理"②，因此其在模拟人类认知与推理能力上的不适用性便凸显出来。为了能够尽可能地表征现实世界信息，经典逻辑的真值局限性的克服显得刻不容缓。

　　（2）在经典逻辑给定语境边界之后，命题真值表现出单一性。在经典逻辑系统中，如果一个命题为真（或假），那么该命题在其所处的语境边界之内真值保持不变。简单以命题 p（太阳从东边升起）为例，因为太阳每天从东边升起是现实事实，因此在现实世界之中，命题 p 的真值只能为真。现在我们以命题 q（鸟会飞）为例分析，无论我们给该命题赋予什么样的真值，我们都不能准确地刻画命题。面对命题 q 在经典逻辑系统中的矛盾，可知经典逻辑系统的真值单一性受到了挑战。而相比之下，克里普克在可能世界语义学中，提出一个命题的真假是与其所处的可能世界相关的。以前文中的命题 q 为例，如果命题 q 为真，那么至少存在一个可能世界 W_0（剔除所有不会飞的鸟）使得命题 q 为真。由此可见，可能世界语义学避免了经典逻辑中

---

① da Silva Filho J I，Lambert-Torres G，Abe J M. Uncertainty Treatment Using Paraconsistent Logic[M]. Amsterdam：IOS Press，2010：8.

② D'Avila Garcez A S，Lamb L C，Gabby D M. Neural-Symbolic Cognitive Reasoning[M]. Heidelberg：Springer，2008：18.

真值因单一性而引发的矛盾，指出了经典逻辑亟待解决的问题。

（3）经典逻辑的实质蕴涵特性。实质蕴涵最早是由斐洛（Philo）提出，他认识到条件命题 $A \rightarrow B$ 中，只有 A 真 B 假时，该命题才为假。因而他指出一个真条件命题不应该是以一个真前提开始而以一个假结论结束，那么依据斐洛的观点，他认同 $A \rightarrow (B \rightarrow A)$（真命题被任一命题所蕴涵）与 $\neg A \rightarrow (A \rightarrow B)$（假命题蕴涵任一命题）这样的定理。而许多逻辑学家却认为上述定理"不符合日常思维中的逻辑推理关系，违反人们的直觉和常识"[1]，因此把它们称为"实质蕴涵怪论"。为了解决实质蕴涵的问题，逻辑学家提出了新的蕴涵规则，最具代表性的当属刘易斯。刘易斯认为应该加强实质蕴涵的真值蕴涵条件，因此他积极致力于严格蕴涵的构造，最终构造了模态逻辑系统。严格蕴涵则要求前件真不可能蕴涵着后件假，因而严格蕴涵强化了实质蕴涵，回避了实质蕴涵怪论。

与传统逻辑相比，经典逻辑更注重逻辑的形式化表征，而其形式化的特征也为人类思维的形式化表征与模拟提供了一种研究模式。而且大量的人工智能系统都曾建立在经典逻辑之上，并通过利用该逻辑系统的形式化特征来模拟人类的认知过程、思维模式以及知识系统等，且取得了较为显著的成果。这意味着通过利用经典逻辑的特征，人类的思维模式、认知行为以及知识表征在某种程度上可以被计算机模拟。虽然经典逻辑促进了机器模拟人类智能的进程，但是经典逻辑特征的局限性也限制了人类思维与推理的形式化表征。

由以上论述可知，尽管经典逻辑的形式化与公理化方法进展迅速，并且也促进了其他学科的形式化与演绎化发展，但是通过对经典逻辑的特征分析，指出了经典逻辑的二值性、真值在语境边界确立下的单一性以及实质蕴涵的缺陷与不足，表明了经典逻辑并不能表征世界的所有状态以及人类自然推理的能力。例如，经典逻辑可以表示一个原子命题的真假，但是其并不能表示一个有 75% 概率发生的事件。因此，强而有力的人类自然推理能力以及多样的现实世界状态暗含了一个具有丰富表达力的逻辑的现实需求。所以，经典逻辑需要解决的问题主要表现在两方面：其一，经典逻辑的二值性向多值性的扩展，以期丰富逻辑的表征能力；其二，经典语义学的修正，因为经典逻辑语义学是依据现实世界而提出的，它的命题只是相对于现实世界而谈

---

① 陈波. 逻辑哲学导论[M]. 北京：中国人民大学出版社，2000：97-98.

论真假，因此经典逻辑中的命题解释相对比较单一，也容易产生矛盾，为了消除命题真值的单一性，逻辑学家需要对经典语义学进行修正与完善。而这两个问题的解决也成为非经典逻辑发展不可或缺的动力。除此之外，另一个促使非经典逻辑发展的主要原因是作为数学分支的数论、代数、拓扑学等分支学科的发展与完善。

二、非经典逻辑的特征

人工智能的目的是模拟人类的智能行为，即学习、抉择、推理等，而它的困难之处并非一些必然性的推理，更多的是不确定性推理以及人类的动态推理。而大量实验表明，人类智能分析所依赖的信息变量基本呈现出非线性、不精确性以及不一致性等特点。这些因素直接影响了非经典逻辑的产生。尽管"存在许多值得研究非经典逻辑的理由，但是最主要的原因来自一种信念：经典逻辑是错误的——经典逻辑并没有充分地提供逻辑真值与逻辑结果"①。而事实已经表明并不是所有的真实世界情形都仅仅被视为真与假两种状态，因此非经典逻辑的提出与发展势在必行。

类似于经典逻辑，非经典逻辑也秉承了经典逻辑的符号形式化特征，并依此建立严格的演绎系统，但是它的不同之处在于其更强调自然语言与非形式推理的形式研究。因此，非经典逻辑在重视事实形式化表征的同时，也不忽视命题的意义所指。这并非将非经典逻辑由经典逻辑的符号形式语言退化为自然语言，而是在新的视角上赋予该逻辑系统特殊的意义，该理念的提出标志着逻辑系统语形与语义的结合，同时也是逻辑系统语用实用性的具体体现。由于非经典逻辑独特的构建模式，因而其在逻辑真值数、逻辑真值确立过程以及逻辑系统推理过程中分别呈现出多值性、不确定性以及非单调性。通过对该逻辑系统的特征分析能够较为全面地、合理地和客观地反映该逻辑系统的表征力和推理能力，因此对非经典逻辑系统的特征分析是必不可少的。

（一）多值性

自经典逻辑系统构建之初，逻辑学家已经意识到了"非此即彼"的狭隘性，都曾尝试突破"二值"的局限性，但是都因惧怕逻辑符号系统的坍塌，

---

① Sider T. Logic for Philosophy[M]. New York: Oxford University Press, 2010: 72.

没有勇气挣脱"二值"的束缚。随着数理逻辑学家对该约束的察觉，才尝试打破常规，建立超越"0""1"解释的有限值逻辑与无限值逻辑。自此非经典逻辑如雨后春笋，纷纷开花结果。

1. 有限值逻辑

首先，我们来分析两个命题。

命题 p："这句话是假的。"首先，我们假设命题 p 为真，那么由命题 p 自身的意义可推出命题是假的，因此与假设矛盾。而假设命题 p 是假的，那么命题 p 的含义是"这句话是真的"，又与假设相矛盾。因此，无论该命题从什么角度分析，命题 p 都是既真又假。该命题就是说谎者悖论。

命题 q："拥有 5 万美元的 Mary 是富有的。"假设 Bob 有 1 万美元，那么与 Bob 相比，Mary 确实是富有的。但是当 Mary 与拥有 50 万美元的 Jack 相比，Mary 并不富有。因此，命题 q 很难被归类为真命题或者假命题。而通过对命题 q 的分析可知该命题的真值会因比较对象的差异性而引发真值多样性。

通过两个命题的分析可知，逻辑系统有必要在已有的真、假二值上添加第三个真值：#。波兰逻辑学家卢卡西维茨（Jan Łukasiewicz）意识到该问题时，便积极尝试并最终构建了三值逻辑系统，他利用第三个真值（#）表征命题既不真也不假的情形或者其他命题状态。而逻辑系统内第三值的添加，标志着逻辑系统推翻了命题真值的互斥性原则，开始接纳真值不确定的命题。此后，由于真值多样性的需求，逻辑学家们又纷纷构建了四值、五值以及 n 值逻辑系统。

2. 无限值逻辑（Infinitely-valued Logic）

多值逻辑除了有限值逻辑之外，还有一类逻辑的真值数是无穷的，模糊逻辑就是其中之一。模糊逻辑的提出是为了解决思维中的模糊性问题，其强调的是命题真值并不是绝对的真与假，而是在某种程度上接近于真值。比如，复合命题"太阳是橘黄的而又不是橘黄的"，当被形式化为 $s \wedge \neg s$，命题显然恒定为假。因为在每一种解释之下，直觉上我们都会认为命题"太阳是橘黄的"与命题"太阳不是橘黄的"应该是一对矛盾的命题。但是复合命题只是"试图传达一种信息，那就是该复合命题的真值不同于 0 与 1，而是在某种程度上为真"[①]。由此可见，模糊逻辑的真值超越了 0、1，并将 0 与

---

① Fermuller C G. Dialogue games for many-valued logics—an overview[J]. Studia Logica, 2008, 90: 51.

1 只是视为命题真值的两个极端，而命题的真值可以是［0，1］区间上无穷值中的任一真值，因此模糊逻辑蕴涵着谓词可以非绝对化应用于物体的现象描述，而是存在一个特定的程度。然而，从语义上来说，模糊逻辑真值区间［0，1］上的取值其实是对命题语义边界的划分，也是对知识的一种精确的表征和解释。

通过对有限值和无限值逻辑的简单分析，表明了非经典逻辑系统可以处理一些更切合于现实世界状态的复杂问题。而有必要指出的是非经典逻辑多值性的提出同时也引发了一系列值得思考的问题。例如，从哲学、逻辑学上如何解释各个真值的意义所指，多值逻辑系统推理过程中真值的确立以及经典逻辑中某些定律的失效等问题。但是就其应用而言，非经典逻辑的多值性为解释与表征世界状态、知识分类以及人类智能都起到了至关重要的作用。

（二）不确定性

毋庸置疑，确定性一直都是计算机形式系统的主要特点。计算机凭借经典逻辑的精确化推理来确保知识推理结果的确定性，但是由于大数据的冲击，确定性成为计算机形式发展的弊端所在，计算机数据在更多情况下呈现的是不确定性。而"不确定性不仅是一个不可避免的和普遍存在的现象，也是一个基本的科学原则"[①]。作为基本的科学原则，不确定性的重要性在逻辑学内的许多研究中都有所体现，特别是非经典逻辑的研究。与经典逻辑真值的确定性不同，非经典逻辑的真值在确立过程中是不确定的，其不确定性主要体现在命题真值对语境的依赖性，当命题处于不同的语境时，命题会呈现出不同的真值。而命题真值对语境的依赖主要表现在以下几方面。

1. 真值对可观察主题与客观内容相关性的依赖

狭义上，语境强调的是"可观察主题与客观内容的不可分离性"[②]，而当"语境被用于表征知识块时，这些知识块都基本处于动态地改进、混合和复制等状态"[③]，因此语境表明客观世界状态与所谈论的主题是相关联的。不同的语境主题限定了谈论内容的不同意义，因而当分析命题时，我们不能

---

① Mundici D. Foreword: logics of uncertainty[J]. Journal of Logic, Language and Information, 2000, 9: 1.

② Heelan P A. Complementarity, context dependence, and quantum logic[J]. Foundation of Physics, 1970, 1 (2): 109.

③ Nossum R, Serafini L. Artificial Intelligence, Automated Reasoning, and Symbolic Computation[M]. Heidelberg: Springer, 2002: 90.

脱离了命题所处的语境而单独谈论其真值性。若将命题从语境中剥离出来，把命题孤立起来作静态分析，往往会误解命题的意义。

我们以"连通器"为例来讨论命题 $a \wedge b$ 对语境的依赖性。命题 a："连通器左侧的水多于 10L"，命题 b："连通器右侧的水多于 10L。"[①] 首先，我们注入连通器 20L 水，当单独从连通器左侧抽取水时，会得到 20L 水，因此命题 a 为真；同样，我们单独从连通器右侧抽水，也会得到 20L 水，因此命题 b 也为真；所以命题 $a \wedge b$ 为真。但是当我们同时从连通器两侧抽取水时，连通器两侧分别会得到 10L 水。那么由此得到的命题 a、b 同时为假，所以 $a \wedge b$ 为假。同样的连通器与水，而命题 $a \wedge b$ 之所以得到不同的真值是由于我们混淆了命题的语境。实验所讨论的复合命题 $a \wedge b$ 的真值是指连通器两侧的水要同时多余 10L，而在第一次实验中，因为我们混淆了命题的语境而造成了命题错误的真值。

通过上述实验的分析，表明了命题的真值将不再是单一不变的。命题的真值会与其所处的语境主题形成一个不可分割的整体，相互依赖。如果忽略了语境主题谈论命题，命题将没有准确的真值，也无法精确地表达其所承载的意义。因此，语境主题赋予了命题准确的真值与特定的内容，而命题也承载了语境主题的意义。

2. 真值对情境的依赖性

弗雷格将句子的所指视为非真即假，并在《论意义和意谓》一书中指出，所有的真句子具有相同的意谓，所有的假句子也具有相同的意谓[②]。然而，自然语言中的句子并非如同弗雷格所想，一分为二地划分为真与假，它们可能会随着情境的变化而表现出不同的真值。例如，两种非常相似的蘑菇，分别长于山峰的左右两侧，左侧的蘑菇无毒，而右侧的蘑菇有毒。当我们用命题"山峰的蘑菇可食用"来描述山峰左侧的蘑菇时，命题为真；但是该命题并不适用于描述右侧的蘑菇。由此可见，情境也是命题真值所依赖的关键因素。

特别是在可能世界语义学中，一个命题的真值要依赖于其所处的可能世界。当一个命题 A 必然为真（$\Box A$）时，意味着 A 在一个可能世界（W_1）以及可及于 W_1 的所有可能世界中为真（图 6.1，其中方框内的所有黑点都为可

---

① Aets D，D'Hondt E，Gabora L. Why the disjunction in quantum logic is not classical[J]. Foundation of Physics，2000，30（9）：1478.

② 张建军. 当代逻辑哲学前沿问题研究[M]. 北京：人民出版社，2014：129.

能世界，而圆内的黑点是可及于 W_1 的可能世界）。而当我们考虑命题□A 必然为真（□□A）时，□□A 表明存在一个可能世界（W_1'）以及可及于 W_1' 的所有可能世界为真（图6.2）。但是"一个不包含内定理4（□A→□□A）的模态逻辑系统（如系统 T）将认为□A 与□□A 存在着区别"[①]，这意味着 W_1 与 W_1' 是不同的世界，W_1' 是不可及于 W_1，因此□A→□□A 并不为真。但是在定理4成立的系统（模态系统 S_5）中所有可及于 W_1' 的可能世界与所有可及于 W_1 的可能世界是可以互相可及的，因而□A 与□□A 之间是不存在区别的，因此□A→□□A 为真。由此可见，当命题处于不同特征的可能世界时，真值是不同的。也就是说，命题会因不同的情境而呈现出真值的差异。

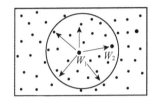
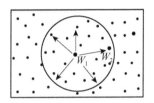

图 6.1[②] T 系统的可能世界   图 6.2 S_5 系统的可能世界

3. 真值对时间的依赖性

时间是我们感觉经验的重要组成部分，也是我们交谈中所依赖的因素。而来自日常生活的许多句子会因时间的差异而表现出不同的真值。如果我们避开时间而谈论命题的真值，那么大量命题会丧失本意。因此，非经典逻辑中的许多命题的真值需要依赖于时间而确立。比如，一辆正在加速行驶的汽车，其速度（V_t）会随时间（t）而变化。当我们谈论行驶中的某一速度（V_{ti}）时，必须考虑速度 V_{ti} 是 t_i 时刻的速度，否则速度 V_{ti} 将不具有任何意义。为了表征命题对时间的依赖性，逻辑学家们建立了时序逻辑，用于表示过去某个时刻、现在以及将来该命题的真值关系。

4. 真值对认识主体的依赖性

命题真值除了依赖上述因素外，同时也对认识主体存在依赖。一个事实的结果会因为认识主体对该事实的认识差异而产生截然不同的结果。当认识主体对该事实的背景知识了解时，该认识主体会依赖背景知识而推断事实的结果；但是一个不了解背景知识的认识主体，只能依据常识推断事实结果。例如，在投掷硬币的游戏中，存在一枚正常的硬币和一枚重心偏离的硬币

---

① Smith R S. Modal logic[J]. Artificial Intelligence Review，1991，5：8.

② Smith R S. Modal logic[J]. Artificial Intelligence Review，1991，5：8.

（正面朝上的概率为 2/3）。而在 A、B 两名游戏者中，A 知道该事实（哪枚硬币重心偏离），而 B 对该事实全然不知。在游戏中，A 会根据背景知识选取对自己有利的硬币（重心偏离的硬币），那么该硬币正面朝上的概率为 2/3；但是 B 在毫不知情的情况下，选择的硬币正面朝上的概率只有 1/2。由上述实例可见，命题的真值还会因认识主体的差异而呈现不同的真值。当不同的认识主体看待同一命题时，因其对命题的背景知识了解的差异，其得到的结论也因人而异。

5. 真值对主体心理意向性的依赖

意向性是指人的意识指向某个对象并以该对象为目标，体现的是人的心理行为与对象之间的关系。在现实世界中，许多事实结果的真值是受主体心理意向性所影响的，即使认识的对象是同一事实，不同的主体也会因主观的信念以及愿望而做出不同的抉择。比如，在观察同一事实时（事实 p："80kg 的小明是胖的"），当主体甲（体重 100kg）、乙（体重 60kg）分别以自身体重为标准而分析命题 p 时，主体甲得到的结论是假的，而主体乙得到的结论却是真的。由此可见，两个不同的主体可能会因不同的心理意向而得到不同的认识结果。因此，在命题真值确立过程中，主体心理意向性也是其不可或缺的因素。正是主体心理意向性使得命题赋予了特殊的、生动的意义，并扩展了命题的真值空间。此外，主体心理意向性在命题分析过程中显得尤其重要，因为它的能动性与驾驭性特征赋予了命题独特含义的同时，也把特定的主体心理意向性内容内化到命题的形式表达中。

基于对命题与语境不同要素之间的关系分析，我们可知非经典逻辑的命题真值选择不再是单一的，它会因不同的语境要素而呈现不同的真值结果：非经典逻辑的命题分析不只是在语形上表现出不同的真值，它在语义上也因不同的语境而赋有不同的意义与内涵。反过来说，语境不仅影响了命题的真值结果，也赋予了命题独特的意义，这表明非经典逻辑正在尝试实现命题形式与意义相结合的分析。

（三）非单调性

经典逻辑的推理是一个以一致的、不出现矛盾的系统为基础进行的推理。当有新的事实加入系统中时，得出的结论绝不会因新事实的增加而丧失，也就是当 $\Gamma \to S$，$\Gamma \cup \Delta \to S$ 也必然会成立，这被称为推理的单调性。经典逻辑系统和许多哲学逻辑都是只研究单调推理，也就意味着，这些逻辑只允许前提蕴涵着结论的推导，结论并未超出前提蕴涵的知识。但是众所周知，很多日常推理与决策并不是在完全确定的知识条件下进行的，因此其推理过程往往不具有单调性。而针对经典逻辑系统的不足，非经典逻辑目前更倾向于非单调推理。非单调推理是一种不完全知识的推理，其意味着当有新知识加入系统时，其可能推翻原来的推理结果，可表示为：$\varGamma \to S$，不必然有 $\varGamma \cup \Delta \to S$，可能会产生 $\varGamma \cup \Delta \to \neg S$。从非单调推理形式来看，其主要用于对知识表征的误差与错误进行检验和修正。当发现一个知识系统中新、旧知识之间存在误差甚至矛盾时，非单调推理会依据新知识对知识系统中的知识实施修正（添加或删除知识），实现对知识的动态研究。非经典逻辑的非单调性推理主要表现在两方面：一方面是逻辑的扩展和高阶逻辑的引入；二是通过代数、微积分、拓扑学等数学分支的引入而形成。

经典逻辑强调形式化，但就形式化本身而言，经典逻辑的形式化语言并不具有具体的含义，因为经典逻辑只是侧重于对思维进行语形表征。而非经典逻辑却不同，它不仅重视在语形上分析人类的思维方式，而且也不忽略在语义甚至语用上探究人类的逻辑思维模式。但是这并不意味着非经典逻辑退化为非形式的研究方法，而是因为非经典逻辑对命题真值的分析过程是依赖语境的，因此，每一个命题的真值都是在相应的语境下被确立的，因而命题也就赋予了该语境所特有的含义。此外，一方面，非经典逻辑通过形式化的手段与方法来分析日常思维与语言现象，使得日常思维与语言现象的描述与解释更加准确无误、清楚明晰；另一方面，在计算机处理日常思维与自然语言的丰富性与复杂性问题过程中，非经典逻辑的逻辑工具与逻辑方法的多样性也使问题的处理成为一种可能。

概而观之，逻辑凭借形式化的特征成为机器智能化的有效工具，而通过经典逻辑的特征分析可知，经典逻辑的不足与缺陷表明了经典逻辑在机器模拟人类智能过程中存在局限性。而非经典逻辑以经典逻辑为基础，通过对真值的扩展来刻画多样性的知识与事实，这表明非经典逻辑更适宜于表征复杂的现实世界以及多样的知识类型。这种适应性主要表现在两方面：其一，非经典逻辑命题的真值将依赖于其所处的语境，如情境、时间、命题所被认识的主体以及主体意向性，当命题处于不同情形之下会呈现不同的真值；其二，非经典逻辑命题的推理过程更注重非单调推理，非单调推理会依据新的知识与事实而调整或修正知识库信息。但是需要强调的是，非经典逻辑的特征是针对非经典逻辑这一整体所体现的特征，而并非是非经典逻辑中某一逻辑系统所呈现的特征。事实上，非经典逻辑在不断完善该学科的理论发展之余，也因其独特的研究意义而体现了其被研究的价值。

三、可计算化的特征

依据经典逻辑与非经典逻辑特征的分析，我们可以知道二者都保留了数理逻辑符号化和形式化特征，并据此建立严格的演绎系统。而可计算化正是以逻辑演算为基础，建立严密的形式模拟或模型表征的。那么，由经典逻辑系统与非经典逻辑系统的特征，我们引申出可计算化的一些特征。

首先，可计算化在推理结果上的高精确性。由于可计算化依然是以人工语言为基础，利用人工符号建立相应模型的初始符号、基本规则与演算定理，并形成严格的形式系统，因此，可计算化维持了逻辑系统推理的严格性与精确性特征。从这层意义上讲，可计算化处理保证了科学解释的语境与真值之间的统一性。其次，可计算化具有真值的多样性。由非经典逻辑在真值上扩张的特征，非经典逻辑已经不局限于二值，其真值与语境具有密不可分的关系。同样，可计算化建立在逻辑系统上，故而可计算化的真值也不局限于二值性。况且，随着数学中非线性方法的发展，可计算化的真值也在相应地扩展。再次，可计算化在真值判定过程中具有不确定性。我们确知，现实世界可能状态的多样性决定了命题或事实意义的多样性，同一命题或事实在不同的状态下也具有不同的真值，因而当前可计算化对命题或事实真值的判定将依赖于具体的语境，这种真值的语境依赖性暗含了可计算化真值判定的不确定性。最后，可计算化不仅要实现单调性推理，同时还要实现非单调推理。当前对经验知识以及部分科学理论的认识都是通过经验总结而来的，如果可计算化只具备单调性推理，那么我们由前提只能得到确定的结果，结果并不会超出前提蕴涵的范围，这会限制对科学知识的认识。为此，可计算化在单调性推理之外还要具备非单调性推理，保证推理结果可以超出前提蕴涵的知识，获取新知识，修正对科学知识和理论的认识和解释。

据此可知，可计算性应该是聚焦于语境模型化、形式化分析的方法，该方法不仅具备很强的形式推理能力，同时还应该如非经典逻辑一般具备多值性、不确定性以及非单调性特征，在尽可能保证推理精确性和合理性的基础上，丰富可计算化的表征模式与表征域。

第二节　情境化问题的模态表征

　　面对大数据时代带来的信息风暴变革，大量非结构化或半结构化的数据正以爆炸式速度增长，而这些数据所具有的数量庞大性、结构复杂性、类型多样性等特征为计算机的存储以及分类带来了挑战。因此，计算机急需寻找一条可以组织、分类和表征数据的方式。事实上，人类通常是利用知识的情境化表征对数据和知识进行分类，它体现为人类将认识过程与活动过程进行合理的分类，并赋予具体的意义，用于特定的目的。相比而言，计算机并不具有自主对数据和知识进行情境化分类、计算与表征的能力。为此，我们可以通过情境计算和情境表征为计算机提供一种表征数据和知识分类的模式。而情境计算与情境表征是指，对计算机获取的数据和知识，依据某些相关因素进行分类，并建立形式化模型，对已有的情境数据或知识进行推理，从而实现对多样性数据的表征与分析。如此一来，我们就可以从繁杂的数据或知识中寻找出有价值的信息。

一、情境化表征的语义学基础

　　计算机对知识的情境化表征更多地集中于形式系统的建立，对形式系统的语义学基础却重视不足。语义学作为对形式系统价值及其意义的解释，其刻画了特定理论表征的对象与世界之间的内在关联性。因而在对知识情境化表征的形式语言系统分析之前，我们首先需要对情境表征所遵循的语义学基础进行解释，并划定和规范情境表征形式系统中的符号意义。目前，用于解释情境表征的语义学主要存在两种：一是可能世界语义学，二是情境语义学。

（一）可能世界语义学

　　可能世界语义学是当今逻辑学中非常成熟且被广泛应用的一种语义学，该理论是以"可能世界的集合和其上的可及关系所构建的模型来规定模态命题真的条件，定义逻辑真（普遍有效）、逻辑衍推，证明系统的可靠性和安全性"①。该语义学相比莱布尼茨的可能世界理论带来了重大的突破：其一，命题真值的相对性。可能世界语义学中描述的命题是相对于可能世界而判定的，因此命题的真值可能会因可能世界的差异而不同。其二，必然性与可能性的相对性。可能世界语义学中命题的必然性与可能性是由可能世界集所确定的，因此命题的必然性与可能性也只是在某一或某些可能世界集下是确定的。其三，可能世界的合理选择。由于克里普克是以可及关系为基础建立的可能世界集，因而可能世界集是在特定关系约束下有目的性的合理选择。其四，命题赋予了内涵意义。确定的可能世界决定了命题在该可能世界中的真值，因而命题在确定的可能世界中的解释体现了命题与可能世界之间的内在关系。可能世界语义学的相对性思想以及可及关系下可能世界的构建，都可以视为知识或事实的一种情境构建和表征，因此可能世界语义学也被用于情境表征的语义解释。

（二）情境语义学

情境语义学作为一种与意义相关的解释自然语言现象的框架，其主张把句子的内涵意义视为在心理情境影响下句子的表达情境与句子所描述的外部情境的关系刻画。从这看出，情境是情境语义学的基本概念，那么何为情境成为情境语义学的重要问题。巴威斯曾指出，"如果我们的语义学把世界表征为许多种模型，那么场景和情境将是这些模型的局部模型"②，因此情境将作为表征现实世界的局部模型，其框架结构表示为 $S \vdash \phi$，S 为局部模型（情境）。需要说明的是，"情境（s）只表征了世界的局部信息，它并没有表述它所包含的个体和关系的所有信息"③。故而，同一个句子的情境类型的分类成为理解句子意义的关键。对于同一个句子，它包含了多种情境下的信息，如何从情境的制约关系下挑选情境信息是语义学重要的一步。通常情形下，信息内容是我们对情境进行分类的依据。佩里认为，"我们自然地产生了信息内容管理装置，同时通过利用信息内容完成分类……并且这些分类一般都是系统的且合理的"④。由此可见，情境语义学中的"'意义'就是情境

① 弓肇祥. 可能世界理论[M]. 北京：北京大学出版社，2003：78.
② Vlack F. On situation semantics for perception[J]. Synthese，1983，54：129.
③ Cooper R. Tense and discourse location in situation semantics[J]. Linguistics and Philosophy，1986，9：19.
④ O'Rourke M，Washington C. Situating Semantics: Essays on the Philosophy of John Perry[M]. Cambridge: MIT Press，2007：11.

类型之间的制约关联，制约关联又跟‘信息流’的思想分不开，是情境语义学的核心概念，所以说情境语义学是体现‘信息’精神的意义理论”①。

（三）可能世界语义学和情境语义学的关系

通过两种语义学的简单介绍可知，“可能世界语义学与情境语义学共享的一个观点是，陈述句肯定使用的理解基础是理解它们的意义。因此，这两种理论的目的都是将自明之理转变为数学上严谨、哲学上彻底和经验上充分的意义理论”②。但是，情境语义学的学者认为，在可能世界语义学中，现实世界只是可能世界集中的一个，以现实世界为基础并不适用于情境的表征与解释。然而，把现实世界视为可能世界只是可能世界语义学中较为宽泛的观点。事实上，许多逻辑学家并不认同这种观点，他们把可能世界解释为现实世界的可能状态。如周北海在《模态逻辑导论》一书中提到的，对于可能世界的理解其实存在三种观点：①真实存在说，可能世界是一种独立存在的实体；②可能状态说，可能世界是该现实世界的各种可能状态；③可能世界只是解决命题真值问题的句子集或状态描述。③从这里看出，许多逻辑学家还是倾向于将可能世界解释为现实世界的可能状态。卡尔纳普就曾认为可能世界是现实世界的可能状态集，他指出一类句子通过给出一个个体域的完整描述来表征一个可能的事务状态。而“给定的状态描述支持了该句子，就意味着该状态蕴涵了该句子；也就是说，只有状态描述是世界的实际状态描述，句子才为真”④。可见，一个命题只有在具体的现实世界的可能状态下其真值才有意义。辛提卡也认为，应用于概率计算的可能世界，其更多地被解释为经验中可供选择的情形，因而可能世界可以被看作是“更小的世界”，因此辛提卡建议将可能世界语义学中的“世界”理解为“情形”。⑤克雷斯维尔（Cresswell）同样支持将可能世界解释为比现实世界更小的世界，他认为一个可能世界也许就是现实世界的一部分，而可能世界语义学也允许问题空间随着现实世界而变化。这表明，无论是“状态”、“情形”还是“更小的世界”，它们都描述了现实世界的一部分。而巴威斯曾论述情境是受限

① 邹崇理. 逻辑、语言和信息[M]. 北京：人民出版社，2002：190.

② Barwise J. The Situation in Logic[M]. Stanford：Center for the Study of Language and information Publication，1989：79.

③ 周北海. 模态逻辑导论[M]. 北京：北京大学出版社，1997：415.

④ Copeland B J. The genesis of possible worlds semantics[J]. Journal of Philosophy Logic，2002，31：104.

⑤ Hintikka J. Situation，possible worlds，and attitudes[J]. Synthese，1983，54：153.

的实在世界，是现实世界的一部分。从这个意义上讲，"可能世界可以被看作是世界的一个可能状态的完整描述，或者是世界的相关特征的完整描述"①，并且可以用于情境的表征与解释。

尽管可能世界直观上相应于情境，但是情境语义学学者并不认同可能世界语义学可以表征情境。首先，他们认为两种语义学的基元并不相同。情境语义学的基元是独特的事项（包括普通的事情，也包括情境、事件和时空位置）、属性和关系；而可能世界语义学的基元却是独特的对象和可能世界，而其他的一切都是在此基础上的对象集合表征②。而克里普克在可能世界之间构建的可及关系客观地描述了可能世界之间的关系，同时又约束了有效的可能世界域。因此，可及关系在一定程度上扩展了可能世界的研究基元，表征了情境的关系与属性。其次，两种语义学与主体关系的差异。情境语义学强调任何情境都是主体感知的情境，具有较强的主观性；可能世界语义学却并不考虑主体意识，只是客观地描绘了现实世界的可能状态。而现实世界的许多研究对象在不同现实情境下具有的不同意义其实是主体共同约定的意义，故而有必要在不介入个别主体意识的情形下解释和表征这些对象，这有利于研究对象的客观分析与合理解释。无论是研究基元还是与主体的关系，可能世界语义学都存在独有的特征适用于情境，特别是知识或事实在情境下的客观分析中更凸显出其重要的理论价值。

二、情境化表征的形式分析

可能世界语义学已经为知识或事实情境化的客观表征提供了合理的解释，但表征的内容是由语义学解释与其符号表征决定的，因为表征的形式结构表现了表征的内容与意义，同时也是表征内容边界的表现形态。而通常情形下，情境计算被认为是知识或事实的情境化表征最合理的框架，该框架通过变数概念描述了知识或事实在不同情境下的变化，并利用可及关系与后继状态定理来刻画知识或事实在不同情境下的关系。然而，"情境计算存在的独特特征——被整合在公理系统中的一些概念，如情境与可及关系，都是只

---

① Gasquet O，Herzig A，Said B，et al. Kripke's Worlds：An Introduction to Modal Logic via Tableaux[M]. London：Springer，2014：2.

② Barwise J. The Situation in Logic[M]. Stanford：Center for the Study of Language and Information Publication，1989：80-81.

出现在模态逻辑语义学中"①。从这里看出，模态逻辑直观上值得被考虑应用于知识或事实的情境化表征。

（一）情境计算

情境计算是一种最适用于知识或事实动态变化的形式推理工具。它最早由麦卡锡（McCarthy）提出，但直到雷·赖特（Ray Reiter）构建了可及关系与后继状态定理才得以完善。雷·赖特的情境计算是多类型的二阶语言，它的基本元素是行为、情境和对象，其中行为是包含行为函数和符号的一阶术语，情境是表示有限行为序列的一阶术语，而对象表征了特殊的个体域。雷·赖特的情境计算的基本形式系统②为：

$L_{situation\ calculus}$=（$Ⅲ$，$Ⅱ$，I）。

（1）集合 I={A，S，O}分别表示行为、情境和对象集合。

（2）$Ⅱ$ 表示个体、函数、谓词的基本符号。

个体符号：

（a）行为变量：a，a_1，a_2，…，a'，a''，…；情境变量：s，s_1，s_2，…，s'，s''，…；对象符号：x，y，z，…，x_1，x_2，…。（b）常量：nil（无行为常量）；行为常量：A，A_1，A_2，…；对象常量：X，Y，Z，…，X_1，X_2，…。

函数符号：

（a）二元组 $\langle O^n, A\rangle$ 表示一系列可数的行为函数；（b）s_0 表示初始情境，do 是关于三元组 $\langle A, S, S\rangle$ 的二值函数，其表示行为后的情境结果。

谓词符号：

（a）关于表示二元组 $\langle O^n, S\rangle$ 的一系列相关变数变量 F={f_1，f_2，…}；（b）常量：$⊏$ 表示情境空间上的排序关系，$Poss$ 是关于行为在给定情境下的可能性；（c）等价：=。

（3）集合 $Ⅲ$ 表示构造完整的表达式，包括原子表达式：$α$，$β$，…；合式表达式 $α∧β$ 等。

① Demolombe R. Belief change: from situation calculus to modal logic[J]. Journal of Applied Non-Classical Logics，2003，13（3）：1.

② Kiringa I，Gobaldon A. Synthesizing advanced transaction models using the situation calculus[J]. Journal of Intelligent Information Systems，2010，35：160-161.

情境计算的公理①：

（1）初始情境定理：$Init(s) \overset{def}{=} \neg \exists a, s'.s = do(a, s')$。

（2）情境的唯一命名定理：$do(a_1, s_1) = do(a_2, s_2) \supset a_1 = a_2 \wedge s_1 = s_2$。

（3）行为前提定理：对于行为函数 $A(\vec{x})$，$Poss(A(\vec{x}); s) \equiv \prod_A (\vec{x}, s)$，$\prod_A (\vec{x}, s)$ 是并不存在谓词 $Poss$、$\sqsubset$ 的一阶表达式。

（4）可及关系：$s \sqsubset do(a, s') \equiv s \sqsubseteq s'$。

（5）后继状态定理：对于每一个变数 F，$F(\vec{x}, do(a, s)) \equiv \Phi_F(\vec{x}, a, s)$。

（6）回归定理②：$\Sigma \vDash R[\alpha]$，也即 $\Sigma \vDash [r_1][r_2]\cdots[r_k]\alpha$（$\Sigma = D_0 \bigcup D_{ap} \bigcup D_{ss}$，$D_0$ 是初始情境定理，D_{ap} 行为前提定理，D_{ss} 后继状态定理；r_i 是表征初始情境基础上的行为变化术语）。

情境计算理论中的初始情境定理表明，对于确定的知识或事实的解释，存在一个确定的基础情境，知识或事实的所有变化都是基于该情境发展而来的，因而该情境是知识或事实被理解的出发点，被称为初始情境（s_0）。初始情境的构建相当于为知识或事实的解释提供了一个标准，即在基于初始情境的所有情境中对知识的解释都脱离不了初始情境的意义影响，这就限制了知识或事实在情境变化下较大差异的变化。同时，情境的唯一命名定理表明情境是具有唯一性的，具有相同成分的情境是等价的，因而具有相同成分的情境对相同知识或事实的解释也应该是同一的。然而，引发情境变化的是基于情境的行为变化，也就是谓词 $do(a, s)$ 所表示的，它表明情境 s 基础上行为 a 的执行将产生新的情境 s'，也意味着所有的情境变化都将由初始情境衍变而来，这正与上文的初始情境定理的意义相对应。而行为引起的情境之间真值变化的谓词和函数被称为变数，"变数是情境之间变化的动态性能"③，是对情境变化的特征刻画。通常情形下，变数将情境作为最后一个变元来描述知识或事实与该情境相关的真值与意义，因而变数决定了特定情境下的知识或事实的属性。通过初始情境、行为以及变数三者的分析可知，初始情境为情境计算提供了表征基础，而行为变化与变数共同决定了情境的变化趋

① 情境计算的公理主要参考于 Kiringa I，Gobaldon A 的 Synthesizing advanced transaction models using the situation calculus 与 Lakemeyer G 的 The situation calculus：a case for modal logic，而回归定理则主要参考于 Lakemeyer G，Levesque H J 的 Situations，si！situation terms，no！

② Lakemeyer G，Levesque H J. Situations，si！situation terms，no！[EB/OL]. http://www.docin.com/ p-1583661224.htm [2016-09-18].

③ Mateus P，Pacheco A，Pinto J，et al. Probabilistic situation calculus[J]. Annals of Mathematics and Artificial Intelligence，2001，32：398.

势。需要说明的是，情境计算中的行为并不是随意的，行为前提定理表明行为必须是在当前情境下可执行的行为，该定理对行为的约束缩小了情境的变化域，提高了该算法的效率。

事实上，情境计算中最关键的两个定理是可及关系与后继状态定理。在可及关系中，如果情境 s 优先于情境 s' 下行为 a 执行后的情境，那么就表明情境 s 优先于情境 s'，也就是情境 s 相关于情境 s'，并且由情境 s 可以推导出情境 s'。可及关系的建立类似于情境 s 与 s' 之间建立了单向通道，它允许知识或事实从情境 s 向情境 s' 发展和衍化。基于此，雷·赖特提出了后继状态定理，其形式表达如（5），其中 F 表示变数，Φ_F 表示变数表达式。后继状态定理是指，对于一个变数，在当前情境 s 下执行行为 a 之后产生的新情境中，知识或事实的真值等同于变数表达式 Φ_F 在当前情境 s 下执行行为 a 之后的真值。它描述的是知识或事实基于当前情境 s 与行为 a 产生的新情境下的真值，反映了知识或事实随情境变化的变化。该定理一个最好的特性便是，无论初始情境最初有什么特性，在情境变化后都会保持原有的特性，并且在相同的初始情境下，确定的变数与行为序列将产生确定的情境变化。可及关系与后继状态定理共同将同一变数下行为序列引起的情境变化排列为一个情境有序列：$s_0 \sqsubseteq s_1 \sqsubseteq s_2 \cdots$ 该有序列是对情境连续变化的表示，排序中后序的情境可以由前序情境推导而出，该序列同时表征了知识或事实随情境的变化。但是该序列只是对知识或事实变化的一种单向表征，我们并不能由后序情境中的知识或事实的意义逆向地推导出初始情境中知识或事实的意义。为此，逻辑学家提出了回归定理。回归定理是基于初始情境定理、行为前提定理与后继状态定理构建的一条新定理，它通过后继状态定理中情境随行为变化的存储以及回归算子将 s_i 情境还原为 s_{i-1} 情境。该思想就如同用回归算子 $[r_1][r_2]\cdots[r_n]$ 取代后继状态定理中的变数，将知识或事实还原到初始状态。该定理实现了知识与事实在情境变化中逆向的还原过程。后继状态定理与回归定理共同保证了知识或事实在情境表征中推导出新意义以及还原初始意义的过程。

因此，情境计算是凭借可及关系、后继状态定理以及回归定理，将知识或事实的变化过程表征为一个情境序列，以推测和还原知识或事实的真值与意义变化。"在本质上，这些定理确保情境空间形成一个以初始情境为根的树结构，其中树的结点是情境，而树枝表示连接了情境及其后继情境的行为。"①而知识或事实的情境表征过程就是由树的根节点在特定遍历条件（由行为和变数决定）约束下的局部结点的遍历过程。

（二）模态逻辑

情境计算之所以能够广泛应用于知识或事实的情境化表征与推理，其关键在于情境计算是基于可及关系与后继状态定理建立的一种逻辑结构，其能实现对不同情境之间的关系表示。相比之下，模态逻辑也存在一种对可能世界之间关系的描述，因而逻辑学家也尝试利用模态逻辑表征情境知识，其中之一便是认知逻辑 $M = (W, \sim_i, \leqslant_i, V)$ ②，其中 $\sim_i$ 是主体目前的认知可及关系，而 $\leqslant_i$ 是可能世界之间相对可信度的排序。虽然该方法很大程度上依赖于主体思想，但是该方法却提供了一种新的逻辑表征思路。我们可以在认知逻辑的框架基础上构建一种模态逻辑 $M = (W, R, \sqsubseteq, V)$。在新的逻辑框架中，每一个基本符号的意义都与认知逻辑中的符号存在差异，特别是 $\sqsubseteq$ 并不与 $\leqslant_i$ 相同，$\sqsubseteq$ 表示可能世界之间的一种排序关系。我们将在下文分别阐释其具体含义。

首先，可能世界的构造。模态逻辑中，W 指代一个非空集合，它的元素并不必须是形而上学的可能世界，它们可以是数字、命题、语句等，因此可能世界也可以是知识或事实。我们先将知识或事实初始意义的状态定义为可能世界 W_0，然后将该知识或事实在行为序列 $\{a_1, \cdots, a_n, \cdots\}$ 和可及关系约束下产生的新状态定义为可能世界 $W_1, \cdots, W_n, \cdots$。这里的可能世界集并不都是直接基于 W_0 而构造的，其与 W_0 的关系类似于情境计算中的情境之间的变换关系，可能世界 W_n 是由 W_{n-1} 在行为 a_n 与可及关系约束下形成的。因此，可能世界集也可以形成一条可能世界序列 $W_0 \rightarrow W_1 \rightarrow \cdots \rightarrow W_n \rightarrow \cdots$（图6.3）。该序列就对应于情境计算中的情境序列 $s_0 \sqsubseteq s_1 \sqsubseteq s_2 \cdots$。在此，我们必须注意两个方面。其一，因为行为序列并不是有限的，故而以行为为基础构建的可能世界并不能一次性全部列举，我们需要不断地完善可能世界序列。同时，这里的行为是客观行为，其意味着知识或事实在该行为下形成确定的可能世界，且并不随主体变化。其二，可及关系要具有可传递性特征。可传

① Lakemeyer G. The situation calculus: a case for modal logic[J]. Journal of Logic, Language and Information, 2010, 19: 434.

② van Benthem J. Modal Logic Meets Situation Calculus[EB/OL]. http://www.illc.uva.nl/Research/Publications/Reports/PP-2007-04.text.pdf[2017-03-31].

递性是指前序元素通过中间元素相关于后序元素，是对前后元素关系的间接描述。由可能世界序列的构造过程可知，可能世界序列中初始可能世界是通过中间可能世界连接于后序可能世界的，因此可及关系需要具备可传递性。

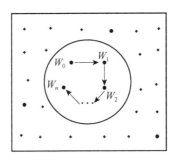

图 6.3　模态逻辑的可能世界关系图

　　其次，可及关系是对可能世界之间关系的约束。由于知识或事实在每一个可能世界中的真值与意义不同，为了明确地判断一个句子或事实的真值情形，逻辑学家在可能世界之间构建了一种可及关系。而可及关系是指"每一个模型结构在可能世界集基础上建立的一种二值关系 R，当可能世界 W、V 存在 R_{WV} 关系时，我们认为可能世界 W 可及于 V"[①]。对于可及关系的意义解读，弓肇祥在《可能世界理论》中将它理解为"世界 W_1 与世界 W_0 可能相关或关联，也可以理解为 W_0 与 W_1 之间有某些共同的或相似的条件"[②]。而菲利普·巴尔比亚尼（Philippe Balbiani）认为"可及关系是可能世界集合中子集合之间的一种等价关系映射"[③]。这表明可及关系可以看作是可能世界之间的相似关系，该关系通过某一或某些相关特征的约束，形成一个具有相似特征的可能世界集，并且知识或事实的解释与真值判定将在这些受限的可能世界中保持一致。此外，可及关系的类型也是多样的，归纳起来可以分为两类：一类是具有具体含义与形态的可及关系；另一类是通过抽象的函数关系、几何关系以及其他特殊关系刻画的可及关系。

　　模态逻辑中，可及关系是对两个可能世界 W_0 与 W_i 之间的关系刻画。从形式上看，模态逻辑中的可及关系强调的是不同可能世界分别与可能世界 W_0 的关系。这与情境计算中的后继状态定理似乎存在矛盾，然并非如此。

①　Sider T. Logic for Philosophy［M］. Oxford：Oxford University Press，2010：139.

②　弓肇祥. 可能世界理论［M］. 北京：北京大学出版社，2003：80.

③　Balbiani P. Modal logics with relative accessibility relation［M］//Gabbay D M，Ohlbach H J. Practical Reasoning. Berlin：Springer，1996：29.

在可能世界的构造中，我们就表明该模型结构下的可及关系必须具有可传递性特征，这意味着可能世界 W_0 是凭借中间可能世界可及于 W_i。这正与后继状态定理相对应，因而该模型结构下的可及关系可以表征情境计算中的状态关系。此外，具有可传递性特征的可及关系间接描述了不同可能世界与初始可能世界的关系，因而该模型结构可以凭借可及关系由可能世界 w_i 直接关联初始的可能世界。该特点也表明可及关系还可以满足新意义的预测和初始意义的还原。因此，基于可传递性特征的可及关系在一定程度上适用于情境关系的表征，可以实现知识或事实在情境变化下的真值判定与意义解释。

再次，赋值函数对真值的判定。赋值函数 V 是一个二元函数，它判定每一个表达式在可能世界集中的真值情形，当 $V_M(\phi, W_i) = 1$ 时，表明表达式 ϕ 在可能世界 W_i 中为真；而当 $V_M(\phi, W_i) = 0$ 时，表明表达式 ϕ 在可能世界 W_i 中为假。而模态逻辑中的必然算子要求表达式必须在所有可及于 W 的可能世界中为真；可能算子要求至少存在一个可能世界满足表达式即可。当赋值函数被应用于知识或事实情境化表征时，它通过对知识或事实在不同可能世界中的真值判定来描述知识或事实在不同可能世界中是否能被合理解释。在此过程中，必然算子是一种全局解释，它严格地规定了一个表达式必须在全局解释下都为真；相比之下，可能算子只是一种局部解释，它意味着知识或事实只在某一或某些可能世界中能被合理解释。

最后，$\sqsubseteq$ 对可能世界的排序。通过可能世界的构造，我们构造了关于知识或事实在不同情境下的可能世界，这些可能世界并不是全部都是合理的可能世界，而凭借赋值函数，我们可以判定知识或事实在不同可能世界中的真值情形，进而将真值为真的可能世界全部挑选出来，并在可及关系的约束下形成一条可能世界序列 $W_0' \sqsubseteq W_1' \sqsubseteq W_2' \cdots$。不同的是，这条可能世界序列是一条全部为真的可能世界，是对知识或事实必然为真的一种表征。这里需要指出的是，不同的可及关系将会形成一条不同的可能世界序列。

通过基本概念和符号的分析可知，模态逻辑基于可及关系连接了表示不同情境的可能世界，进而依据赋值函数与排序关系对同为真的可能世界进行了排序，实现了对知识或事实的情境表征。尽管模态结构与情境计算之间依然有许多不同之处需要克服，但这种相似性表明模态逻辑其实也可以用于知识或事实的情境化表征，只是表征的内容是具有同样真值与相关意义的知识与事实。

三、情境化表征的时空特征分析

虽然我们已经分析了如何表征知识或事实的情境化问题，但是知识或事实的情境化表征依然存在两个重要的特征有待于解决，其分别是知识或事实的时间特征与空间特征问题。一般而言，许多知识或事实的成立是需要特定的时间和空间作为基础的。因此，如果我们能够实现时间与空间特征的表征，那么知识或事实的情境化表征问题会进一步得到解决。为此，逻辑学家构建了特殊形式的模态逻辑——时间逻辑与空间逻辑，并且取得了突破性进展。

（一）时间特征表征

由于物体拥有的属性或临时拥有的属性随时间变化，所以有必要利用时间推理表征随时间变化的问题。基于此，普莱尔（A. Prior）设想利用一些逻辑形式语言和某种时态算子构造时态逻辑用于在时间结构上解释命题意义。经典的时态逻辑通常将时间视为一种线性结构，并用优先关系排列时间点。在此基础上，普莱尔建立了命题时态逻辑结构 $M = (T, <, V)$ [①]，该模型结构主要是通过对不同时间点下命题的真值来分析命题的。该模型结构与模态逻辑一样主要存在三个元素，只不过时态结构中的 T 表征的是时间点，而不是可能世界；而可及关系是时间点之间的一种优先关系（<）排序。赋值函数 V 将命题变元 p 映射到集合 $V(p)$，并且该集合包含变元为真的所有时间点。此外，该模型结构将模态算子□和◇替换为时态算子 G、H、F、P，其中 G 表示"从现在开始到将来都为真"，H 表示"从过去直到现在都为真"，F 表示"将来至少有一次会如此"，P 表示"过去至少有一次如此"。这里，G 和 H 是"全称"算子，而 F 和 P 是"存在"算子。从整个结构可以看出，该模型结构通过优先关系对非空集合中时间点进行排序，进而赋值函数对命题变元在不同时间点下的真值进行判定，而该真值反映了命题与具体时间点的关系，并最终凭借时序算子来描述命题随时间的真值与意义变化。

虽然以数学点为主流形象的时间一直是主要研究对象，但是仍存在把时间作为由区间为主要组成部分的研究。而之所以以区间形式研究时间，是因

[①] 约翰·范本特姆. 逻辑之门：逻辑、认识论和方法论[M]. 郭佳宏，刘奋荣，等译. 北京：科学出版社，2013：252.

为时间区间可以用来表达延长的事件，同时也为自然语言的论断提供直观的、更合理的赋值函数。而在以延长的时间为对象的区间框架中，区间之间主要有三种连接关系：完全优先、包含以及重叠。而在此基本关系上，可以引入更为复杂的区间关系。一般情形下，有限的线性区间之间存在 13 种初始关系，而这些初始关系由以下 7 种关系和他们的可逆关系形成：①Before（i_1，i_2）：i_1 的结束在 i_2 的开始之前；②Meets（i_1，i_2）：当 i_1 结束时 i_2 开始；③Overlap（i_1，i_2）：i_1 的开始先于 i_2，且 i_1 的结束先于 i_2；④Starts（i_1，i_2）：i_1 与 i_2 同时开始，但 i_1 先结束；⑤During（i_1，i_2）：i_1 比 i_2 晚开始但比 i_2 先结束；⑥Finishes（i_1，i_2）：i_1 开始晚于 i_2，但同时完成；⑦Equal（i_1，i_2）：i_1 与 i_2 是同样的区间。①此外，该逻辑在这些关系上引入以下算子创建了区间的模态计算（φ 是合式公式，N 是时间区间）：$<A>\varphi$ 理解为 after（与 Meet（N，φ）相对应）；$<B>\varphi$ 理解为 begins（与 start^{-1}（N，φ）相对应）；$<E>\varphi$ 理解为 ends（与 Finishes^{-1}（N，φ）相对应）；$<\overline{A}>$、$<\overline{B}>$、$<\overline{E}>$ 分别是 $<A>$、$<B>$、$<E>$ 的可逆算子，②并且可以通过这些算子定义上述区间的其他关系。

以时间区间为基础的模态逻辑是将命题表达式的分析放在确定的时间区间内，这种逻辑在可数线性框架上的计算力要优先于以时间点为基础的时态逻辑，但是该结构所推理的结果却是局部结果，因此缺乏完全性、整体性的分析。而相比之下，以时间点为基础的时态逻辑是在每一个时间点上对命题表达式进行考察，这被视为一种全局性的考虑。而两种不同的时间模式可以通过数学方式相互联系，时间点的累积则可以形成区间，而区间的极限则形成没有长度的时间点，这表明两种逻辑之间是一种相互补充的关系，共同实现时间问题的表征与推理。

（二）空间特征表征

用于时间相关知识表示的时间逻辑已经是一个相对完善的领域，而对于空间的研究却一直是逻辑相对边缘化的研究方向。然而，随着计算机与人工智能的需求，表示空间的逻辑结构开始成为逻辑学的重点关注对象。不过，空间逻辑对于空间的最基本的研究是空间区域内部、外部与边界之间的特性研究。在这里，拓扑学作为对空间结构在连续空间变化下性质保持不变的研

---

① Augusto J C. The logical approach to temporal reasoning[J]. Artificial Intelligence Review，2001，16：311.

② Augusto J C. The logical approach to temporal reasoning[J]. Artificial Intelligence Review，2001，16：315.

究，适用于对空间变化下性质保持不变的知识的刻画，因而拓扑学被广泛用于空间逻辑构造。拓扑学的一个重要的结构是有序对 (X, O)，其中 X 是非空集合，O 是 X 的子集的集合，包含空集、X 本身以及有限子集交和任意子集的并。基于拓扑空间结构，逻辑学家构建了模态逻辑 $S4$ 的拓扑解释结构 $M = ((X,O),V)$ [①]。在拓扑模态结构中，$(X，O)$ 是拓扑空间，而 $V: P \rightarrow P(x)$ 是赋值函数，它表示表达式 P 在空间 X 上的真值。下面，我们以命题 P 与实平面及其拓扑空间为例，分析在该模型结构下命题在模型点 x 上的真值情况：

$M, x \vDash p$，当且仅当，对于任意 $p \in P, x \in V(p)$；

$M, x \vDash \Box p$，当且仅当，$\exists o \in O(x \in o \& \forall y \in o : M, y \vDash p)$；

$M, x \vDash \Diamond p$，当且仅当，$\forall o \in O(x \in o \Rightarrow \exists y \in o : M, y \vDash p)$。

假设赋值函数将命题 p 在实平面及拓扑空间映射下的区域如图 6.4，那么从拓扑模态结构的真值赋值分析可知，图 6.4（a）中的实线形成的空间区域支持命题为真，而区域之外的空白区域表示命题 $\neg p$；而 $\Box P$ 的赋值情况表明命题 p 在包含 x 点的空间子集合上的所有点上为真，命题才必然为真，如图 6.4（b）中的阴影部分；图 6.4（c）则是命题 p 为真的边界。基于命题赋值过程分析，我们不难发现，拓扑模态结构中表达式可能成立的区域为拓扑空间的闭包，而表达式必然成立的区域则是拓扑空间的内部结构，这意味着拓扑模态结构的内部区域是对真值不变的表达式的刻画，因而表达式的意义在该区域内不会发生改变，这保证了拓扑模态结构的内部区域是对空间变化中性质保持不变的知识的表征与解释。

两种不同的时间逻辑凭借自身不同的特点实现了对知识或事实随时间变化的整体分析与局部分析。而基于拓扑结构的模态逻辑的构建，在一定程度上实现了随空间变化的知识的表征。尽管这两类逻辑在表征功能上有所不足，但是这两类逻辑的出现以及发展为知识或事实的时间与空间特征的表征提供了一种研究进路。特别是，这两类逻辑都是在模态逻辑基础上建构而来的，这表明我们可以尝试构建更复杂、更完善的模态逻辑用于对知识的时空特征表征。

---

① 约翰·范本特姆. 逻辑之门：逻辑、认识论和方法论 [M]. 郭佳宏，刘奋荣，等译. 北京：科学出版社，2013：342.

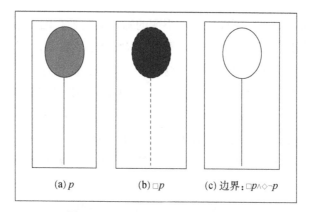

(a) p (b) $\Box p$ (c) 边界：$\Box p \wedge \diamond \neg p$

图 6.4① $S4$ 拓扑结构上的区域解释

四、情境化表征的意义

目前，知识的情境化表征对于计算机而言是巨大的挑战，因为计算机无法主观地对不同情境下的知识进行识别与区分。而通过对模态逻辑的语义学基础以及结构特征分析可知，逻辑结构在一定程度上也适用于知识的情境化表征。此外，时间逻辑与空间逻辑的提出与发展也为知识情境化表征中的时空特征表征提供了潜在的研究思路。尽管基于模态逻辑表征情境知识依然存在许多问题需要解决，然而该方法确实推动了计算机对知识的情境化表征，并在该过程中呈现出重要的研究价值与意义。具体而言，知识的情境化的逻辑表征意义主要体现在以下几方面。

其一，面对计算机的数据风暴，知识情境化表征为数据分析提供了最新的处理方式。这主要体现在数据的两方面研究。首先是基于逻辑的知识情境化表征，为数据提供了合理的分类方式。由于云技术的发展，原本很难收集的数据现在却以指数级增长，这势必引发数据分析问题。而知识情境化表征就是依据情境的相同或相似性对知识进行表征，其实该表征可以视为一种知识分类过程。在该过程中，知识在情境约束下被分为不同的类，因而当情境表征处理数据时，它通过对相同或相似数据的表征，将数据分为不同的类，以满足不同的价值需求。其次是情境化表征对垃圾数据的鉴别。随着网络数据的增长速度越来越快，这就不可避免地会产生可信度低甚至不可信的垃圾

---

① 约翰·范本特姆. 逻辑之门：逻辑、认识论和方法论[M]. 郭佳宏，刘奋荣，等译. 北京：科学出版社，2013：343.

数据。因此，我们需要对数据进行预处理，从大量信息中挑选满足需求的数据，拦截不可信的数据。而情境化表征作为对具有相似性特征的数据的表征，它将不可信或可信度低的数据排除在数据集合之外，在满足价值需求的同时提高了数据分析的效率与精确性。

其二，基于逻辑的知识情境化表征为情境知识表征带来了方法的变革。情境知识是机器智能化进程需要表征的一块重要知识，但是一直都没有一种有效的形式方法被提出。而可能世界语义学的分析表明该语义学中的"可能世界"其实可以理解为现实世界的可能状态、可能情形，这在直观上对应于情境。同时，模态逻辑在结构上与情境计算的相似性，也暗含了基于可能世界语义学的模态逻辑适用于情境表征，特别是可及关系的建构，巧妙地将可能世界联系在一起，表征了随情境变化的知识。可见，无论是模态逻辑的语义学还是形式结构都体现了逻辑是可以被尝试用于情境知识的表征。除此之外，模态逻辑是一种应用性相对成熟的逻辑系统，它早已被计算机用于多方面的研究，因而在形式技术上更容易被用于人工智能领域，这表明我们可以凭借形式逻辑来表征情境知识，甚至可以构造更完善的逻辑用于表征情境知识。

其三，时空特征的表征丰富了计算机对知识的表征。在某些情形下，特定时空因素决定了知识或命题的特殊含义，因此，我们不能忽视时空因素对知识或命题的影响。而基于模态逻辑建立的时间逻辑以数学点与区间两种形式分别从整体与局部两种视角分析了知识与时间的关系，表征了时间相关的知识。此外，拓扑模态逻辑的构建也为空间特征的表征带来了曙光。虽然拓扑模态逻辑还存在一系列问题需要研究，但是该逻辑在一定程度上实现了对空间结构的表征。总之，无论是时间逻辑的发展还是空间逻辑的提出都表明，在模态逻辑基础上，可以构建表征时空特征的逻辑系统，丰富计算机对时空相关知识的表征。

其四，知识情境化表征丰富客观性研究的同时，开启了对主体与知识不同意义之间的关系表征。谈及知识必然会追问知识与主体的关系，因为任何对知识清楚的认识都必须存在一个被认识的客体与认识该客体的主体，并且主体对客体的认识必然会包含主体的思想。特别是在情境知识的解释中，情境语义学学者认为每一种情境都充分体现了主体对该情境的感知，因而他们主张在情境表征中要体现主体思想。而基于逻辑的知识情境化表征并不是如此，该表征中并不会体现个别主体的思想，它只是对知识在该情境下的客观意义的表征，因此它所表征的是科学共同体对知识的统一认识。但是这并不意味着基于逻辑的知识情境化表征就不体现主体的思想。事实上，知识的情境化表征是将不同情境下具有不同意义的知识表征为不同的可能世界链，这些不同的可能世界链就体现了知识与不同情境的关系，同时这些可能世界链也体现了科学共同体对知识不同意义的认识，因此这是一种特殊的主体与知识关系的体现，只是这里的主体是科学共同体而不是个别主体。

无论是可能世界语义学还是模态逻辑的形式结构都表明，模态逻辑也可以被尝试用于情境化的形式表征，并且在此基础上构造的时间逻辑与空间逻辑也为时空特征的表征提供了方法。但是需要指出的是，基于模态逻辑的情境化表征还存在一些问题需要进一步解决，如构建更适宜于表征空间特征的空间逻辑结构。尽管如此，基于逻辑的知识情境化表征依然为计算机表征情境知识提供了一种新的思路与方法。

第三节　模糊性问题的语境逻辑分析

模糊性作为知识的一种特征，"广泛地存在于自然界、人类社会以及自然语言之中"[1]。确实如此，在我们的思维与语言中，大量的主词与谓词是模糊不清的，我们很难精确地理解主词意义与界定谓词的边界。因此，"模糊性是我们不可回避的问题，如果我们想要理解我们的语言与世界，就必须熟悉与解决模糊性问题"[2]。为此，逻辑学家构建了新的逻辑系统，如多值系统与模糊系统，用以表征模糊知识，这两种逻辑也确实在表征与处理模糊问题中表现出许多独特的优点，并发展为计算机表征模糊知识的主要工具。与此同时，这两类逻辑对模糊知识的处理又引发了新的问题。事实上，知识的模糊性问题并不是因为知识的本质是模糊的，而是由于使用者在知识使用过程中没有明确区分知识的语境界限而引起知识的模糊与歧义。如此一来，如果能从语境逻辑的视角限制与区分知识的有效语境，也许模糊问题就可迎刃而解，因此模糊性问题的语境分析具有不可忽视的重要研究价值。

---

① 黎千驹. 模糊语义学导论[M]. 北京：社会科学文献出版社，2007：1.

② Smith N J J. Vagueness and Degrees of Truth[M]. Oxford：Oxford University Press，2008：3.

一、模糊性问题的语境依赖性

随着复杂性思维对不同学科的渗入，模糊性问题作为一种普遍现象出现在不同的研究领域中，特别是机器智能化研究。通常情形下，计算机对模糊性问题的表征与处理是在不同程度上给模糊知识赋予新的命题真值，但这并没有在本质上解决模糊知识。事实上，模糊性表征与处理的理想方式是通过特殊的分析方法将模糊知识转化为精确的知识，而这种理想方法便是语境分析方法。目前，凭借该方式需要解决的模糊性问题主要分为两类：一类是连锁推理中的谓词模糊问题，该问题主要是谓词对微小变化的不敏感所致；另一类是自然语言中主词或句子的语义模糊问题。为此，我们首先需要阐明这两类模糊知识是受语境制约的知识问题。

（一）连锁推理中的谓词模糊问题

连锁推理是指从一个显而易见的真前提开始，通过一个微小变量的连续叠加，最终得出与常识相违背的结论，引发了事物之间质的变化。其中，最具代表性的连锁推理是"秃头"悖论与"沙堆"悖论。现在我们以"沙堆"悖论为例分析连锁推理的模糊性问题。

沙堆悖论的基本前提：一百万粒沙的堆积被视为一堆。推理步骤：如果 n 粒沙是一堆，那么 $n-1$ 粒沙是一堆。结论：一粒沙是一堆。在连锁推理中，前提明显是正确的，但是结论却显然是假的，因此我们唯一能追索的便只有推演过程。[①]从数学的推理视角分析，连锁推理似乎并不存在不合理的过程，但仔细分析会发现推理过程存在许多不合理之处，因为该推理过程引发了滑坡效应。然而连锁推理中引发滑坡效应的原因在于谓词推理的模糊性。由于连锁推理中的谓词是一种程度谓词，因而谓词对容忍度的微小变化并不敏感，因此并不能准确地判断模糊谓词的边界情形，而模糊谓词并不明晰可辨的边界情形也致使模糊谓词难以辨别谓词的正、负外延。"连锁推理中谓词的模糊性也吸引了人们对连续体由一个状态转换为另一个状态的不可能定义的精确时刻的研究"[②]，其严重地挑战了经典逻辑的语义学与二值特

---

① Sorensen R. Vagueness and Contradiction[M]. Oxford：Clarendon Press，2004：1.

② Vlaardingerbroek B. The sorites paradox，"life"，and abiogenesis[J]. Evolution Education and Outreach，2012，5：399.

征，这标志着谓词模糊性问题已经严重地威胁到经典逻辑真值观的有效性。为了回避谓词的模糊推理，逻辑学家与哲学家又纷纷提出了不同的解释进路，赋予模糊谓词新的真值与意义，其中较为成熟的解释理论当属多值解释、度理论解释与超赋值解释。

（1）多值解释。鉴于以布尔代数为基础的经典逻辑已不适用于模糊知识的真值判断，逻辑学家们很自然地会想到以不同于布尔代数的代数结构为基础构建新的多值逻辑系统，用以谓词模糊的推理与修正，其中最简单的多值逻辑是三值逻辑，该逻辑将模糊谓词的真值由经典逻辑的"真""假"扩充为"真"、"边界情形"与"假"三种真值函项（图6.5）。从图6.5中可以直观地看出，连锁推理中模糊谓词的外延被划分为三部分：正外延（与模糊谓词指定事物相符的情形）、负外延（与模糊谓词指定事物不相符的情形）以及边界情形（不能确定是否与模糊谓词相符的情形）。三值逻辑最特别的方面在于允许我们在模糊谓词的使用与意义之间保持平行[①]，即将连锁推理中确定为真的推理指派为真、确定为假的谓词指派为假，而将模糊不清的谓词指派都归于边界情形。此外，该逻辑系统设想了一种新的语义状态，为模糊谓词的精确辨析提供了新的解释。

图6.5　三值逻辑真值图

（2）度理论解释。以三值逻辑为典型代表的有限值逻辑虽然为谓词的模糊解释开辟了新道路，但是有限值逻辑不可回避的问题是该逻辑的理论依然建立在经典集合理论基础之上，而经典集合理论存在一个独特的性质，即集合具有精确的定义。事实上，这正是谓词推理存在模糊性的重要原因，因此模糊集合理论作为经典集合的补充应运而生。逻辑学家接纳了扎德的理论并以该理论为基础建立了模糊逻辑。该逻辑系统将逻辑真值由二值、多值扩展为［0，1］上的任意值，从而拓宽了逻辑的表征力。模糊逻辑的推理过程是由一组不精确的前提到不精确结论的近似推理，其强调的是模糊集合与真之

---

① Smith N J J. Vagueness and Degrees of Truth[M]. Oxford: Oxford University Press, 2008: 51.

间的一种隶属关系，而"模糊集合是通过函数给每个实体指派 0、1 之间的真值，以表征实体的隶属程度"[①]，该函数被称为隶属度函数（定义：μ_A: $U \to [0, 1]$；U 为论域，A 为 U 上的模糊集合，μ_A 是隶属度函数，而 $\mu_A(x)$ 称作 x 相对于 A 的隶属度。图 6.6 是一种典型的沙堆悖论的隶属度函数）。从图 6.6 的隶属度函数关系可以看出，沙粒数为 0 时，其与沙堆的隶属关系为 0；沙粒等于或超过 n 时，其与沙堆的隶属关系为 1。而 $\mu_A(x)$ 中 x 在 $[0, n]$ 之间的不同选择指示了不同 x 与沙堆之间的隶属关系。从代数角度分析可以得出，模糊逻辑打破了经典逻辑的离散取值，也回避了有限值多值逻辑中真值跳跃性变化的特征，实现了模糊集合真值指派的连续性，而该特点也在形式上与谓词推理形成对应关系。而隶属函数精确的函数特征，也表明一旦隶属度函数表征了模糊谓词的推理过程，也就从数量上准确地描述了谓词的模糊性质，消除了谓词的模糊。此外，隶属度函数既在定量上分析了谓词推理过程的变化，又从定性角度认识了事物质的变化，通过对量的刻画反映质的变化，客观地反映了模糊谓词的转变。

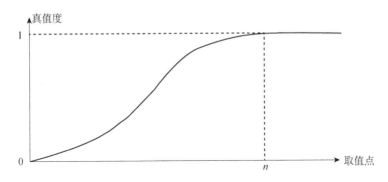

图 6.6　沙堆悖论的隶属度函数

（3）超赋值解释。超赋值理论其实是变异的三值逻辑，因为超赋值逻辑除了将某些语句的真值分为真、假之外，也承认某些描述语句存在"既不真也不假"的真值指派，但是超赋值理论的真值指派意义与经典逻辑的真值指派意义不同。经典逻辑中真值具有相斥性特征，因而经典解释下的谓词的正、负外延必然穷尽谓词所有的可能情形，并且正、负外延之间互不相容。而相比之下，超赋值理论解释下的真指代超真，其意味着语句的真值在所有

① Bergmann M. An Introduction to Many-Valued and Fuzzy Logic[M]. New York：Cambridge University Press，2008：177.

可接受的精确化解释之下保持真值；而超假则与超真截然相反，其意味着所有解释中语句描述都是假的。从超真与超假的意义可以总结出，超赋值理论的超真与超假之间也是互相排斥的。然而，超赋值理论最大的差异在于真值间隙，即第三值"既不真也不假"。超赋值理论中的真值间隙并不类似于三值逻辑，被不加区分地归为一类，而是在不同的谓词精确化方式之下赋予不同的真值。例如"沙堆"推理中，10 000 粒沙与 1 粒沙在每种解释下都分别确定为真与假，那么 10 000 粒沙与 1 粒沙分别被指派为超真与超假。当分别以 5000 粒与 7500 粒沙为堆的标准时，[5000，10 000）之间被赋予的真值并不相同。由此可见，超赋值理论的真值间隙内的语句描述并不具有确定的真值指派，而是一种相对化的指派。正是真值间隙内真值指派的不确定性可以被视为超真与超假的界限，同时真值间隙的精确化处理又确保了该区间内谓词模糊的消解。

三值逻辑、模糊逻辑与超赋值逻辑都在一定程度上解释和表征了谓词的模糊性问题，并且也改变了我们对知识只存在真假之分的定势认识，表明了许多知识是不存在绝对对错的，但是也引发了许多挑战。首先，多值逻辑在解释一阶谓词模糊的过程中引发了高阶模糊。既然经典逻辑的二值原则不能客观地描述模糊谓词的真值，那么多值逻辑将谓词模糊的推理结果分为真、边界情形与假也是存在争议的，因为边界情形与真、假之间的边界也是存在模糊的。因而多值逻辑在边界情形确立过程中会引发边界情形的逐次清晰辨析，形成谓词的高阶模糊现象。其次，"模糊逻辑面临的主要困难是元语言的真值是否是模糊的"[①]。模糊逻辑的真值是一种相似度的描绘，其刻画的是新命题与真命题的相似度，那么真值度为 α 的命题究竟是真还是假，甚至由该命题为前提推理而得的逻辑结论到底为真、为假还是在什么程度上为真，这都是模糊逻辑有待于解释和阐明的问题。最后，超赋值理论中将模糊谓词的真值划分为超真、边界情形以及超假，而超真（假）分别指代在所有可允许的解释下语句描述都保持为真（假），但是"可允许的"与"所有"这两个概念本身就是模糊不可判定的，因而超真（假）其实具有不可确定性。通过对多值逻辑的简单分析可知，多值逻辑虽然都部分程度上消除了谓词模糊问题，但是又在不同程度上引发了新的模糊问题，这些问题甚至比一阶模糊问题更棘手，因此迫切需要新的表征与解释路径被用于谓词的模糊处理。

---

① Rolf B. Sorites[J]. Synthese, 1984, 58: 222.

（二）主词或句子的语义模糊问题

知识的表达中除了存在谓词推理的模糊问题，还存在一类模糊现象，那便是自然语言语句表达中主词或句子的语义模糊现象。主词或句子的语义模糊现象主要是指，在自然语言的使用过程中，短语或句子因没有表明其具体含义，而引发的阅读者对表述者表达意义的理解偏差。造成语义模糊现象其实是主词或句子出现了歧义，是语言使用中的一种普遍现象。而引发语义模糊现象的诸多原因中存在着几个主要原因：其一，主词或句子的多义性引发的语义不明确。当一个词语存在一词多义时，由于表述中意义的不确定就会引发使用者表达的语义模糊。例如"门槛有点高"，当"门槛"一词理解为"门前的槛"则其表达的意义为"门前的槛相比而言较高"，但是当"门槛"一词理解为"标准"时，则句子表达的意义为"标准有点高"，故而引发使用者的语义表达的模糊。其二，句子成分的缺失引发语义模糊。一个句子存在完整的语法组合，当一个句子的语法结构不完整或者结构组合不同都会引发主词或句子意义的模糊不清。其三，主词或句子的语义边界模糊。当一个句子超越了规定的语形时，其会引发句子表达的语义变化，故而造成语义边界的模糊，引起句子的语义模糊。虽然主词或句子的语义模糊是一种客观问题，但是却是人类重要的知识体系，因此如何消除与表征主词或句子的语义模糊也是人工智能研究的重要问题。

（三）模糊问题的语境相干性

连锁推理中谓词模糊性的产生既存在客观误解又存在主观影响。客观上，人们都习惯于认为事物之间总是泾渭分明，存在绝对不可逾越的界限。事实上，事物之间的界限并非一成不变。例如，当以 175cm 为高的边界时，则身高为 180cm 的人是高的；而以 185cm 为界限，则 180cm 身高的人是矮的。这个简单的实例表明模糊谓词是存在界限的，但是模糊谓词的界限是与语境密切相关的。其实，黛安娜·拉芙曼（Diana Raffman）1996 年在《模糊与语境相干性》一文中已经提出该观点，黛安娜·拉芙曼认为"模糊谓词的正确应用是随语境而变化的"[①]，而两个不相容实体之间的边界分割是与所处语境相关的。而主观方面，谓词的模糊推理是受主体所影响的。例如，在"沙堆"推理中，推理过程"n 粒沙为堆则 $n-1$ 粒沙为堆"在数学推

---

① Raffman D. Vagueness and context-relativity[J]. Philosophical Studies，1996，81：175.

理形式上并不存在显著错误，但是该推理却引发了沙堆由量变转化为质变的解释困境。表面上，推理过程中容忍度为 1 的谓词变化看似并没有引发任何问题，其实谓词推理语境已经发生改变，因为在第一次推理过程中 $n-1$ 粒沙是相比 n 粒沙而言依然保留堆的属性。然而在第二次推理中，$n-2$ 粒沙是相对于 $n-1$ 粒沙依然保留堆的属性，而并非相对于 n 粒沙，因而客观上 $n-2$ 粒沙与 n 粒沙并不存在直接因果联系，依次类推可知整个推理过程都是在后者与前者相比的语境下发生的，因此连锁推理中谓词推理语境已经因主观因素而不再统一。而黛安娜·拉芙曼也认为"连锁推理的应用并不是发生在单一语境下的，而是相关于两个语境"[①]，即模糊谓词的内外语境，而模糊谓词在内语境中是存在边界情形的。总而言之，连锁推理中谓词模糊性是因语境变化而造成的，故而可以凭借语境而消除谓词的模糊性。

　　除模糊谓词依赖语境之外，主词或句子的语义模糊也与语境息息相关。自然语言中主词与句子的语义模糊，主要原因在于主词或句子的多义性。虽然主词与句子存在多义性，但是主词或句子通常是不会单独使用的，其都是在一定语境约束下表达自身的意义。而在语境明确的前提下，主词与句子的意义都是确定不变的，因此主词或句子的表达在单一语境内并不会引起语义模糊。与一词多义类似，语言表达的句法结构以及成分缺失引起的语义模糊，也是因为语言表达脱离其具体使用语境，因而将其置于具体的使用环境会因前后语句表达的制约而消除模糊。主词或句子除了表达上的模糊之外，亦存在理解的模糊。当交流双方理解的同一句表述所依附的语境存在差异时，语句所表达的内容也会产生歧义，因此语言的理解也是受语境影响的。由此可见，无论是语言表达还是语言理解，句子的内容与意义都是依赖语境才具备单一性与确定性，所以主词或句子是无法脱离语境而单独探讨其所蕴涵的意义的。

　　由于谓词模糊是一种语境现象，因而谓词的边界情形与语境是密切相关的，当谓词推理语境合理时，谓词的边界情形则清晰可见；再者，谓词的容忍度更是随着语境而变化的，由此可见谓词模糊问题是受语境制约的问题。除此之外，主词或句子的语义模糊也直接受语境影响而蕴涵不同的语义内容，当我们为主词或句子限定了具体的语境后，主词或句子表示的意义才具有确定性。由此可见，上述两种模糊现象都与语境相干，那么在语境逻辑的

---

① Raffman D. Vagueness and context-relativity[J]. Philosophical Studies, 1996, 81: 179.

框架内严格地分析和表征模糊性问题成为当前的新思路。

二、连锁推理中谓词一阶模糊的语境分析

"连锁论证存在两个显著的和令人困惑的特征：其一，论证是强而有力的；其二，我们并不能接受该论证。"[①]在连锁推理中，我们会毫不犹豫地接受前提假设和推理过程，但是我们却不能赞同推理的结果，我们确信连锁推理存在问题，却不知问题出自何处。事实上，引发连锁推理的一个本质原因是谓词的模糊性特征。而谓词之所以不能合理区分事物是否属于谓词或者谓词的否定，主要受两个因素影响：容忍度和边界情形。容忍度描述的是谓词对事物微小变化的不敏感性，它直接关系着谓词允许事物在何种程度上变化，也正是如此才致使事物由量变累积为质变，形成连锁推理。而边界情形是对谓词使用范围的划界，是对事物质变的明确界定。如果谓词边界存在模糊，这意味着谓词使用范围的不确定，这是一种语义不确定现象。一般而言，谓词的模糊研究通常都会将容忍度与语义不确定性联系起来，因为二者存在微妙的关系。因此，从边界情形与容忍度的角度分析谓词模糊是必然所在。

（一）边界情形与谓词模糊

连锁推理如果以一个确定无疑的谓词肯定形式开始而以确定的否定形式结束，那么连锁推理中是否存在最后一个属于谓词的事物，也就是谓词的边界情形。如果假设连锁推理中不存在边界情形，那么意味着"从 n 粒沙为一堆到 1 粒沙也为一堆"的推理过程是正确无误的，但是经验事实表明该结果是不符合客观事实的。如此一来，连锁推理中否认边界存在是错误的假设，是一种违反直觉的现象。而大多数谓词模糊问题的研究者都坚信连锁推理存在不同程度的谓词边界，只是连锁推理中的谓词边界情形是一种不易察觉的现象。认知主义者也认为连锁推理中的谓词是存在确切的边界划分的，而之所以我们无法准确地区分谓词的肯定与否定形式，是由于我们认知能力有限，无法清晰地明辨谓词的边界情形。但是有些人却不相信"堆"概念会随着单颗沙粒的减少而由"堆"转变为"非堆"，因而他们主张模糊谓词不存

---

① Smith N J J. Vagueness and Degrees of Truth[M]. Oxford：Oxford University Press，2008：167.

在边界情形，也不存在准确的外延指称。而罗伊·索伦森（Roy Sorensen）在《模糊与矛盾》一书中指出，他有决定性的间接证据表明每一个模糊谓词都有一个可以适用以及不可适用的阈值，他相信模糊谓词存在边界情形，并将模糊谓词的边界情形分为两类：一类是相对边界情形，该边界情形起因于谓词模糊问题解决中资源的不完整性；另一类便是绝对边界情形，该情形则起因于问题的不完备性。他认为相对边界情形解释了谓词模糊困境的一些确定特征，是许多认识论者所认可的边界情形，但是他认为相对边界情形隐含了个体认知者的思想；相比之下，他更主张谓词的绝对边界情形，因为绝对边界情形是涉及一种不相干于认识主体的思想，是模糊谓词客观存在的边界。①总之，无论是相对边界情形还是绝对边界情形，罗伊·索伦森都认同模糊谓词存在使用范围的约束。此外，从连锁推理中事物质变的过程分析，不同性质的事物应该存在明确的特征界限，否则事物之间就不存在质的差异，因而连锁推理中的模糊谓词理应存在边界情形，而引发边界情形争论的原因在于谓词边界的模糊与不确定性。

连锁推理中"边界情形的确定问题可以看作是确定一个物体是否足够近似或类似于其他物体，并足以确保两者被分为同一类，即一个物体属于谓词的肯定形式则另一个物体也属于谓词的肯定形式"②。而模糊谓词随着近似关系以及分解模式的不同，其阈值也会不同。从这一点看，模糊谓词与容忍度存在着必然的连接关系，即模糊谓词的边界情形会因容忍度的变化而受影响，这意味着容忍度是谓词模糊现象的关键因素，直接影响着模糊谓词的指称范围。因此，容忍度可以被理解和视为模糊谓词的一个算子，甚至作为谓词的调节器或增强器，用以在一定范围内准确地调节模糊谓词的应用范围。所以，容忍度的适当分析足以解决模糊谓词的边界情形，进而解释连锁推理。

（二）容忍度

容忍度是谓词对事物微小变化的敏感性刻画。一个谓词如果存在容忍度，那就标志着充分近的物体可以依据相似性被分为一类，而这种相似关系的衡量标准就是谓词的容忍度大小。事实上，事物之间的相邻关系可以表征为与谓词相关的函数关系，即

---

① Sorensen R. Vagueness and Contradiction[M]. Oxford: Clarendon Press, 2004: 5-39.

② Gaifman H. Vagueness, tolerance and contextual logic[J]. Synthese, 2010, 174: 8.

$$N_p(x,y) \to (p_{(x)} \to p_{(y)}) \tag{6.1}$$

该函数中 x、y 分别表示两个相邻元素，而 $N_p(x,y)$ 是相邻元素在谓词 P 之下的相似关系。该函数关系表明当谓词 P 中相邻元素之间存在 $N_p(x,y)$ 关系时，那么 x 属于谓词 P 时，y 也属于谓词 P。这样一来，连锁推理过程通过相邻关系可以表征为：存在连锁推理元素 x_1，x_2，…，x_n，使得所有相邻元素的关系 $N_p(x_i, x_{i+1})(i < n)$ 都符合谓词的容忍度，因为所有元素之间都满足以下关系：

$$\left(\left(\left(p_{(x_1)} \to p_{(x_2)}\right) \to p_{(x_3)}\right)\dots\right) \to p_{x_n} = \sum_{i=1}^{n-1}\left(p_{x_i} \to p_{x_{i+1}}\right) \tag{6.2}$$

通过连锁推理过程的形式分析可知，推理过程中相似关系以及相邻元素之间的单一推理原则都是合理规范的，而产生连锁推理错误的是（6.2）中的迭代过程 $\left(\left(\left(p_{(x_1)} \to p_{(x_2)}\right) \to p_{(x_3)}\right)\dots\right) \to p_{x_n}$，该迭代过程忽视了谓词的微小变量的累积，进而引发了谓词表达范围的扩张。而连锁推理中之所以会出现如此错误，在于容忍度失去了对模糊谓词有效域的控制，造成了定量推理的急剧滑坡效应。

容忍度意味着连锁推理的有效性，"为了避免连锁推理矛盾，我们可以在单一推理过程中不要串联太多的相似推理"[①]，因为太多的相似推理有可能使得连锁推理由一个性质的连锁链跨越到另一个性质的连锁链。为此，海姆·盖夫曼（Haim Gaifman）提出在容忍度中添加约束规则，该规则可以限制相邻关系的有效推理范围，使得演绎推演过程并不包含所有的连锁推理对象，而是依据不同的容忍度将目标分为两类：第一类是连锁推理的前部分 $\left(p_{(x_1)}, \dots, p_{(x_i)}\right)$，该部分的推理过程遵循的相邻关系是 $N_{p_1}(x,y)$；而第二类便是连锁推理的剩余目标 $\left(p_{(x_{i+1})}, \dots, p_{(x_n)}\right)$，该部分依据的又是另一种相邻关系 $N_{p_2}(x,y)$。在这两种情形之下，连锁链的推理分别依赖不同的容忍度，因而也不能得出 $\left(p_{(x_1)} \to p_{(x_n)}\right)\sum_{i=1}^{n}X_iY_i$ 的结果。[②]海姆·盖夫曼设想的方法中容忍度是局部使用现象，该方法在不同的连锁链中利用不同的容忍度来控制模糊谓词的有效推理，这就如同在连锁推理中建立了一条间隙用以区别谓词的肯定与否定形式。海姆·盖夫曼的想法与彼得·帕金（Peter Pagin）用于处理

---

① Gaifman H. Vagueness，tolerance and contextual logic[J]. Synthese，2010，174：11.

② Gaifman H. Vagueness，tolerance and contextual logic[J]. Synthese，2010，174：17.

模糊谓词的间隙语义学不谋而合。彼得·帕金的"间隙语义学的主要思想是谓词在一个语境特定的量词区域限制情形下被解释"[1]，以至于在受限的区域内谓词好似应用于语境清晰情形，并不存在有问题的或者值得考虑的情形。形式上，这就如同在连锁推理区域内存在一个与谓词相关的中间间隙，用于分隔不同真值的目标。间隙语义学并不试图解决连锁悖论，而是提供一种解释，该解释用以说明在大多数语境下如何回避连锁悖论。由于该思想中的语境是一个由容忍度决定的对象集合，因而必须是满足容忍度分类的语境才是谓词的可行语境，如果脱离了谓词的可行语境，谓词将会释放它的容忍度，从而出现谓词的模糊边界情形，所以谓词可行语境的判断与表征是回避模糊的关键因素。

（三）模糊谓词的可行语境

通过对模糊谓词容忍度的分析，阐明了连锁推理中模糊谓词是对语境存在敏感性的。而语境敏感性是指在语境给定的情形下，谓词的外延所指会随着语境而变化。一般而言，当语境 C 确定时，所有与对象 x 有 N_p 关系的对象都隶属于谓词 P 的正外延；而当语境 C 转变为语境 C_1 时，谓词的容忍度会随语境而变化，从而造成相似关系的改变，形成新的分类结果。凭借模糊谓词对语境依赖的特征，连锁推理回避了谓词推理的模糊现象，因此在语境视域内分析模糊谓词是最为行之有效的方法。

美国哥伦比亚大学教授海姆·盖夫曼在逻辑推理中引入了语境算子，创建了语境逻辑。他认为语境逻辑是一种资源存在边界的推理，可以适用于推演和处理数据受限的情形。该逻辑用逻辑形式可表示为

$$[C]\phi^{[2]} \tag{6.3}$$

其中 ϕ 是合式公式，C 表征语境，而 $[C]\phi$ 意味着 C 语境下的合式公式。通常情形下，这里的语境 C 并不是指代时间或空间的概念，而是表示模糊谓词推理对象所受的容忍度限制或者是其他相关的约束关系。模糊谓词在该语境约束之下，研究对象被准确地划分为 P 与非 P 的集合。既然语境逻辑中谓词推理是在特定语境内的推理，那么对象之间的相似关系也是在相关语境下的相似关系，即

---

① Pagin P. Tolerance and higher-order vagueness[J]. Synthese, 2017, 194: 3734.

② Gaifman H. Vagueness, tolerance and contextual logic[J]. Synthese, 2010, 174: 19.

$$N_p(x,y) \rightarrow [C](p(x) \rightarrow p(y)) \quad (6.4)$$

由于相似关系是特定语境内的关系，那么上文中连锁推理的迭代过程（6.2）必须是在同一语境内发生，如果迭代推理中两个推理过程分别在不同语境中实现，迭代推理得到的结果是不满足容忍度限制，这表明为了回避连锁推理中的模糊现象，谓词推理必须是在可行语境中进行，即在不违背相似关系的情形下，研究对象能够被划分为谓词的肯定与否定形式。这种新的语境框架为

$$C_{可行} \wedge N_p(x,y) \rightarrow [C](p(x) \rightarrow p(y))^{①} \quad (6.5)$$

该框架中 C 是谓词推理的可行语境，而 N_p 关系是可行语境中的相似关系。

谓词可行语境的引入客观地约束了谓词的推理范围，而相似关系 N_p 则确保了对象之间的特征关系，因此谓词推理不再是毫无束缚地遍历目标区域内的每一个对象。谓词 P 在一些语境下可行而在另一些语境下不可行的特点，也暗含了谓词在研究对象中存在一个明显的分界点，也就是谓词的边界情形。因而借助可行语境与相似关系的表征，就可以阐释连锁推理中对象之间量变转化为质变的现象。从形式角度看，利用可行语境可以将上述看似合理的连锁推理分解为完全不同的两个研究区间，确保了同一区间的对象具有类似的特性。如此，依据语境逻辑对连锁推理的表征，依托可行语境对谓词的约束，连锁推理中不合理的推理就可以分解为合理的语境分析。

（四）语境依赖函数的稳定性

通过谓词可行语境的认知，深化了我们对连锁推理的语境依赖性的理解。在这里，具有容忍度的谓词是依赖语境的谓词，而每一个具有容忍度的谓词都有一个 Np 关系用以刻画对象之间的相似关系。本质上，相似关系（Np）并不是对象之间的任意关系，而是一种容忍度影响的函数关系 $f(\bullet)$，因此海姆·盖夫曼称其为语境依赖函数。语境依赖函数描绘的是对象之间的关系，直接影响着对象的归属性，因而语境依赖函数的选择并不是随意的，其必须能反映对象之间的一种排序关系，如单调性、凹凸性等。语境依赖函数除了确保对象分类的准确性之外，还必须具备稳定性，即对象分类在语境发生的情况下具有最小限度的影响。该函数不能因为个别对象的插入或删除

---

① Gaifman H. Vagueness, tolerance and contextual logic[J]. Synthese, 2010, 174: 21.

而引起对象隶属性的反复无常。该过程中语境依赖函数的稳定表现为：当谓词语境发生变化时，语境依赖函数保证了两次分类中尽可能少的对象产生隶属关系的更迭，因此语境依赖函数要将语境的变化控制在合理的范围内，确保不会引起对象的颠覆性变化。

三、谓词高阶模糊的语境分析

语境逻辑凭借对容忍度以及谓词可行语境的分析，诠释了连锁推理中谓词一阶模糊的回避方式，但是谓词模糊现象并不仅仅是一阶模糊，大量实例显示谓词的边界情形与正、负外延之间的边界可能也是模糊的，这表明谓词存在的高阶模糊现象也需要处理。通过对谓词一阶模糊现象的语境逻辑分析，我们确知致使谓词产生模糊现象的是容忍度的松散，因而依据容忍度的语境逻辑分析可以回避模糊现象，而高阶模糊也是如此。面对更加均匀而稠密的对象集合，容忍度很难准确地划分边界情形，进而引发了高阶模糊现象，因此高阶模糊问题也可以通过对容忍度的语境逻辑分析限制谓词的推理范围。当然，高阶模糊现象的消除最终依然要还原到一阶模糊的语境逻辑分析层面，但是对高阶模糊迭代过程的语境逻辑分析也是必不可少的工作。

（一）高阶模糊

容忍度的语境分析巧妙地回避了谓词一阶模糊现象，然而谓词还存在更为复杂的高阶模糊现象亟待解决。这里，我们以"容忍度为1的沙堆推理"为例分析高阶模糊概念。假设 n 粒沙是一堆沙，那么 $n-1$ 粒沙也为一堆沙，以此类推，我们得到1粒沙为一堆沙。然而，事实表明我们很明显能得到 n 粒沙为一堆，而1粒沙不是。因而我们可以将推理划分为三个区间 $[n, n_i]$ $[n_i, n_j]$ $[n_j, 1]$，这三个区间分别对应堆的正外延、边界情形与堆的负外延。该划分貌似合理地区别了谓词肯定与否定所指，然并非如此。因为该连锁推理中均匀而稠密的对象，使得对象之间的相似关系只相差一粒沙，而谓词的容忍度也为1，故而三个区间之间的边界情形 n_i 与 n_j 也是摇摆不定的，因而该连锁推理因边界情形的模糊性形成了二阶模糊，谓词推理如此反复迭代则形成了高阶模糊现象。

高阶模糊现象被认为是模糊谓词普遍存在的一个特征，它是任意一个充分的模糊理论都需要解释的问题。而对于高阶模糊问题的解决存在许多理论，其中大部分理论都支持模糊谓词是存在或者至少是可能存在高阶模糊边界情形的，并将高阶模糊现象的边界情形视为无限的推理过程，形如边界情形、边界的边界情形……而其中有一种理论便是通过在谓词前添加算子来描述复杂的谓词，黛安娜·拉芙曼将这种模糊谓词的处理结果称为"规范的"高阶模糊。这种高阶模糊的处理办法就是将模糊谓词指代其确定的指称对象，约束模糊谓词的应用范围。例如，当我们用"老年人"来描述指称对象时，我们应该将"老年人"一词指代确定的人群，而对于模糊的人群则被排除在该集合之外。黛安娜·拉芙曼希望通过这种方法揭露高阶模糊的误解，尝试说明模糊谓词其实并不存在高阶模糊，谓词存在的只是一阶模糊。① 而当前情形下，第一类理论是被普遍认可的理论，大多数学者都试图通过对高阶边界情形的逐级表示来分析谓词的高阶模糊问题。

（二）确定算子的引入

尽管上述两类理论对于高阶模糊的处理方式并不相同，但是二者都毫无争议地承认高阶模糊是存在边界情形的。而在通常的理论分析下，边界情形是依据程度副词"明显地"或者"确定地"来刻画。基于此，模糊谓词（P）的高阶模糊的一阶边界情形就表示为：既非确定的 P 也非确定的非 P；而二阶边界情形表示为：既非确定地确定的 p 也非确定地非确定的 p，以此类推刻画其他阶的模糊边界。那么，对于上文中沙堆悖论的一阶边界情形是指既不是"确定的"堆也不是"确定的"非堆，而二阶边界情形是指既非确定地确定的堆也非确定地非确定的堆。

基于上述理论利用"确定性"算子对谓词高阶模糊边界的表示，彼得·帕金为了消除谓词的高阶模糊，在逻辑系统内引入了"确定性"算子（Δ），将高阶模糊谓词所指分解为 ΔP、$\neg\Delta P \wedge \neg\Delta(\neg P)$、$\Delta\neg P$。事实上，基特·法恩（Kit Fine）早在超赋值主义解释中已经引入了"确定性"概念，而基特·法恩的"确定性"概念的含义是指在所有可访关系下对象都属于谓词的正、负外延，是对象的一种超真赋值。因此基特·法恩的"确定性"概念本身就是一种模糊性的表述。然而，彼得·帕金引入"确定性"概念并不在于该概念的自然语言意义，只是单纯地作为逻辑系统的技术算子，用于刻画谓词的边界情形与外延。因而，彼得·帕金的"确定性"算子与基特·法

---

① Raffman D. Demoting higher-order vagueness[M]//Dietz R，Moruzzi S. Cuts and Clouds：Vagueness，Its Nature，and Its Logic. Oxford：Oxford University Press，2009：509-522.

恩"确定性"概念之间最大的不同是,彼得·帕金的"确定性"算子只是谓词的算子而非句子的算子。当谓词算子用于描述谓词时(ΔP),ΔP意味着该区间的对象属性是确定的谓词P的属性。因此,Δ是谓词与对象之间的一种确定的、必然的解释。如果谓词对象区域内有一个对象a确定隶属于P(即ΔP为真),那么与对象a有相似关系N_p的所有对象都确定隶属于P,即形成P的确定的正外延,同理也可以构建谓词的负外延,二者之外则就是高阶模糊的边界情形。由此可见,高阶模糊中谓词容忍度与对象之间的相似关系依然决定着ΔP与$\Delta\neg P$的分类。

(三)边界间隙表征

彼得·帕金设想每一个谓词在特定的语境中都存在一个边界间隙,也就是边界情形,用以区别谓词的使用范围。同样,存在高阶模糊的谓词也不例外,只是高阶模糊谓词的边界情形并不像一阶模糊现象存在唯一的边界情形,而是存在高阶的模糊边界情形。如果能够将谓词高阶模糊的边界情形逐一加以分析,那么谓词的高阶模糊便会得到回避。事实上,谓词高阶模糊现象也受容忍度影响:当谓词应用语境不同时,谓词的容忍度是存在差别的,因此谓词的边界间隙也是不同的;但是当谓词使用语境确定时,谓词的容忍度也是确定无疑的,故而该语境下的边界间隙具有相对的稳定性。彼得·帕金依据谓词的边界间隙特征构思了高阶模糊的回避方法。他利用特定的语境(即容忍度确定的情形),将谓词对象划分为谓词正外延ΔP、边界间隙$\neg\Delta P \wedge \neg\Delta(\neg P)$以及谓词负外延$\Delta\neg P$三种情形。而彼得·帕金提出谓词的边界间隙大小并不是任意的,边界间隙的大小至少要保证与容忍度相同,否则边界间隙可能会被谓词的正、负外延所涵盖,进而再次引发模糊现象。因此,边界间隙的选择要尽可能地保证对象的划分是可能而合理的。

彼得·帕金在高阶模糊边界间隙确定过程中,主要构建了三种函数:一个是间隙函数g_c,另一个是容忍度函数Γ_c,第三个是测量函数H_p。[①]间隙函数是边界情形的一种测量函数,它直接决定着谓词边界情形的范围。而容忍度函数是特定语境下,谓词容忍度的一种刻画,因此该函数在特定语境下是确定的。这两个函数存在一个共同特征便是都受语境所制约,因而这两个函数都有一个与语境相关的函数下标C。一般而言,这两者之间存在一种函

---

① Pagin P. Tolerance and higher-order vagueness[J]. Synthese, 2017, 194: 3737.

数关系：

$$g_c^+(p) - g_c^-(p) \geqslant \varGamma_c(p)^{①} \tag{6.6}$$

该函数的下标 C 是指代在语境 C 的约束下，而 $g_c^+(p)$、$g_c^-(p)$ 分别表示谓词 P 的边界情形的左右边界。从形式而言，该函数是对边界间隙的一种量化，它确保了边界间隙的范围至少要等于容忍度的范围。而测量函数 H_P 其实是对对象之间相似关系的表征，也是对对象划分精确性的检验。当 $H_P(a)$ 值大于 $g_c^+(p)$ 时，表明 a 是谓词的正外延；当 $H_P(a)$ 值小于 $g_c^-(p)$ 时，表明 a 是谓词的负外延；当 $H_P(a)$ 值介于二者之间，则表明该对象是边界情形中的元素。彼得·帕金通过容忍度函数的约束，间隙函数的划分以及测量函数的检验，有效地构建了谓词模糊推理的边界间隙，区分了不同属性的对象元素，为高阶模糊的处理奠定了基础。但是需要强调的是，边界间隙分析过程只是要求谓词模糊间隙大小至少要等于容忍度，并没有约束边界间隙的最大限度，这有可能引起边界间隙大小的不确定问题，然而这并不影响高阶模糊的整体分析过程，因为边界情形逐次划定的过程中，对象的隶属关系会越来越精确，因此边界间隙即使开始存在误差，该误差也会逐渐减小，并不会影响高阶模糊的整体研究。

（四）谓词高阶模糊的分析

凭借对边界间隙的表征分析，我们可以将谓词的对象划分为三个区间。但是谓词存在高阶模糊现象，因而谓词的边界间隙就需要继续划分下去。如此一来，这就涉及高阶模糊谓词的第 2 次、第 3 次以及第 n 次划分的边界间隙大小与容忍度选择。通常情形下，无论是高阶模糊的边界间隙大小还是容忍度，二者的选择都应该遵循一定的规律，以保证每次的谓词划分并不与谓词的先前划分产生矛盾。为此，彼得·帕金构建了两个函数用以刻画容忍度的转换关系以及描绘谓词的安全使用界限：其中之一便是容忍度转换函数 δ，另一个是谓词隶属区间的测量函数 ε。②这里，容忍度转换函数是将谓词 P 语境的容忍度转化为"确定性"谓词（ΔP）语境的容忍度，该函数的选择并不是随意的，其必须要保证容忍度会随着迭代过程呈现出单调变化的过程，更严格地要求对象满足 ΔP 的关系。而谓词隶属区间测量函数 ε 是用于

---

① Gaifman H. Vagueness，tolerance and contextual logic[J]. Synthese，2010，174：11.

② Pagin P. Tolerance and higher-order vagueness[J]. Synthese，2017，194：3739.

描述谓词 P、ΔP、$\Delta^2 P$ 等的隶属区间。通过上文的间隙函数、容忍度函数以及容忍度转换函数和谓词隶属区间测量函数,彼得·帕金表征了谓词在确定算子刻画下的容忍度转换关系:

$$\Gamma_c(\Delta P) = \delta(\Gamma_c(P)) \tag{6.7}$$

和谓词隶属区间的测量关系:

$$|g_c^+(\Delta P) - g_c^+(P)| = \varepsilon(\Gamma_c(P)) \tag{6.8}$$

公式(6.7)表明"确定性"谓词 P 的容忍度是谓词 P 在 δ 的转换下所得,该公式阐明了整个高阶模糊消除过程中容忍度的变化过程,同时也限制了边界间隙的选择范围。而公式(6.8)则表示了模糊谓词不同程度的隶属关系,有效地区别了不同特性的对象。然而,通过公式(6.7),我们可以在第一次划分谓词区间后,依据新的容忍度对隶属于谓词 P 的正外延,进而二次划分(图 6.7),谓词 P 的正外延则划分为新的三个区间,即 ΔP、$\neg \Delta P \wedge \neg\neg \Delta P$、$\neg \Delta P$,而谓词 P 的负外延也同样可划分为 $\Delta \neg P$、$\neg \Delta \neg P \wedge \neg\neg \Delta \neg P$、$\neg \Delta \neg P$。如此重复下去,高阶模糊谓词的对象区间会逐渐细化,最终可能划分为不同区间 $\Delta^n P$、$\Delta^{n-1} \neg P$、$\cdots$、$\Delta^n \neg P$,其中区间 $\Delta^n P$ 表示对象在"确定性"为 n 阶的程度上隶属于 P,同理区间 $\Delta^n \neg P$ 表示对象在"确定型"为 n 阶的程度上隶属于 $\neg P$。该过程通过对对象的多次划分,细致地描述了对象与谓词之间的隶属程度关系。通过公式(6.8)则可以在公式(6.7)划分的基础上分别测量出谓词不同隶属程度的区间大小,清晰地表征了不同属性的对象。由上文知,容忍度转换函数是单调变化的函数,通常会随着转换次数的增加呈现出单调递减的变化。从极限函数来说,如果高阶模糊无限次迭代下去,谓词容忍度会逐渐收敛,进而迫使容忍度最终为零,最终在对象之间形成清晰边界,消除了谓词的高阶模糊现象。

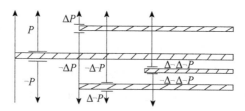

图 6.7 依据谓词容忍度划分对象

基于谓词高阶模糊消除过程的解读,逻辑学家给出了解释和表征高阶模糊现象的语境逻辑模型结构（$E, [[\cdot]], \delta_P, \varepsilon_P, g_P, H_P$）[1]，其中 E 表示谓词推理的目标域，$[[\cdot]]$ 是边界间隙决定的解释函数，而 δ_P、ε_P 分别为容忍度转换函数与谓词隶属区间的测量函数，g_P 为边界间隙函数，H_P 为测量函数。通过对上文的分析可以看出，该逻辑结构与模态逻辑结构（W, R, ϕ）存在异曲同工之妙。模态逻辑结构中 W 表示非空的对象集合，类似于语境逻辑中的 E；而模态逻辑中的 R 关系描述的是目标域二元对象关系，这正类似于 $\delta_P, \varepsilon_P, g_P$ 共同决定的对象之间隶属关系的划分；模态逻辑中的真值指派函数 ϕ 如同 H_P 一样指派对象不同的真值。语境逻辑对对象不同程度的"确定性"描述就如同模态逻辑中的"必然性"模态。而语境逻辑对高阶模糊的分析就好似模态逻辑中 T 系统（$\square P \rightarrow P$）对对象关系的诠释，在 T 系统中"$\square$"与"$\square\square$"具有不同的含义，"$\square$"表示对象具有"必然性"模态，而"$\square\square$"则表示对象具有"必然的""必然"P 属性，后者是对前者属性在程度上的加强。该逻辑系统用于高阶模糊现象的处理，可以将对象与谓词的关系细分为（图 6.8）：$\square^n P$、$\square^{n-1} P \wedge \neg \square^n P$、……、$\square P \wedge \neg \square^2 P$、$P \wedge \neg \square P$、……、$\square^n P$。如此，依据谓词程度关系的不同，对象就被划分为不同的区间，从而消除了谓词的高阶模糊现象。

图 6.8 依据模态逻辑的谓词划分

在一阶模糊问题处理基础上，我们凭借对容忍度与边界情形的动态调整，构建了新的语境逻辑系统用于消除高阶模糊。该逻辑通过对边界情形的逐次界定以及容忍度的单调调整，使得谓词模糊的容忍度逐渐呈现出收敛状态，并在无限推导下，形成容忍度为零的极限情形，从而形成清晰的边界情形，回避了高阶模糊现象。从高阶模糊的分析结果看，逻辑学家构架的语境逻辑与模态逻辑的 T 系统可谓是有共同的表征特性。这表明模态逻辑其实可以作为语境逻辑的一种基础模式，用于构建复杂的语境逻辑模型。此外，需要指出的是，虽然上文集中解释了谓词模糊现象，但也只限于单一谓词的模糊现象解释，那么对于多元谓词模糊问题的解决，依然是我们需要不懈探索的问题。

① Gaifman H. Vagueness，tolerance and contextual logic[J]. Synthese，2010，174：20.

四、主词或句子的语义模糊消除

虽然我们通过语境逻辑已经分析了谓词模糊现象的回避方式，但是这并不表示自然语言中就不存在模糊现象。事实上，自然语言中还存在一类特殊的模糊问题，那就是主词或句子的语义模糊现象。该现象产生的原因在于主词或句子成分的缺失，这些原因归根结底都是主词或句子的推理语境的不确定性以及易变性。如果我们能够对自然语言中主词或句子的使用进行语境标记，那么主词或句子的语义模糊问题也许就能够得到改善，甚至消除。同时，如果凭借语境可以消除主词或句子的模糊问题，这也将促进计算机对自然语言中模糊现象的表征。因此，语境视角为主词或句子的语义模糊解释提供了新思路和新方法。当然，许多逻辑学家也构建了语境逻辑用以消除主词或句子的语义模糊问题，并且取得了突破性进展。

（一）主词或句子模糊的语境逻辑解释

一般来说，自然语言中句子的表达都存在特定的语境，不同的语境蕴涵着主词或句子的内在含义的不同。为了克服该问题，逻辑学家们提出一种对主词或句子的使用语境进行标注的思想，该思想主要存在两个组成部分：其中一个是数据集合，而另一个便是语境集合。数据集合中主要包括自然语言推理表达式的数据，包括主词或句子等推理表达式；而语境集合则包含了数据集合中所有推理表达式的使用语境。该思想表明，在推理过程中，数据集合表达式的每一次推理都在相同语境中完成，因而自然语言的推理过程一直处于语境集合的语境监督下完成，这有效地避免了推理过程的语境混淆，消除了主词或句子的语义模糊。

凭借语境对自然语言推理过程的约束思想，逻辑学家给出了语境逻辑模型（C，D，ap，I）[①]，该模型主要是将语境作为一个逻辑因子用以分析逻辑推理中的数据。语境逻辑模型的核心思想是它的四个结构表达式：首先是语境集合（C），该集合包含了自然语言推理中句子所处的语境，而集合中每一种语境都是对数据使用范围的约束，也是对数据含义的精确刻画；其次是数据集合（D），该集合包含了自然语言中主词或句子模糊推理中所需的

---

① Gardner P，Zarfaty U. An introduction to context logic[M]//Leivant D，de Queiroz R. Logic，Language，Information and Computation. Berlin：Springer，2007：191.

数据；再次是语境变量（I），语境变量是语境集合的子集合，该变量决定了整个推理过程中表达式所处的语境，它保证了表达式推理前后语境的同一性，也是对表达式推理过程中内在含义确定性的描述；最后一个结构是局部应用函数（$ap(c, d)$，其中 c 是语境，d 是数据），该函数表明了数据 d 在语境 c 推理下的结果。从整个结构可以看出，语境逻辑中决定推理结果的两个主要因素是语境变量与局部应用函数：语境变量决定了整个推理过程的语境，也就是为推理预设了一个大前提，同时语境变量也表明了表达式的具体含义；而局部应用函数就是在语境变量的约束下推理出表达式的最终结果，该结果就是表达式在具体含义下所表达的结论。基于对模型的整个推理过程分析，我们不难发现语境逻辑下的表达式推理是一种局部推理模式，该模式下的数据一直在同一语境下进行推理，因而数据的含义在整个推理过程中都没有发生改变，这保证了数据含义的同一性与准确性，也表明了语境逻辑是自然语言中主词或句子模糊问题解释与表征的最佳方式。

（二）多语境的桥规则转换

通过对表征主词或句子模糊的语境逻辑的分析，我们知道该逻辑模型是一种局部推理的语境逻辑模型。每一种语境都是语境模型的一种局部解释，该解释只将主词或句子的表达式在该语境下赋予真值。然而，局部解释之间其实是存在共同包含的信息的，这些共同信息相对于多语境是存在兼容关系的，这意味着一种语境下表达式的真值对于其他语境下真值是存在影响的。从这个视角分析，"我们可以说兼容性关系决定了贯穿于语境间的信息流：在一个语境下确定表达式的真值将影响不同语境下其他表达式的真值"①。那么，这种信息在语境间的变化被称为转化，"转化就是依据语境规则将一种语境转化为另一种语境"②，而不同语境之间是通过语言嵌入而连接的。语言嵌入是指"对于所有的语境 C，存在一个偏函数 l_c，可以将 $U \oplus C$（其中 $\oplus$ 表示语境联合的二元算子）表达式映射为 U 表达式"③。在语言嵌入中，偏函数 l_c 被视为一种语境转换函数，它可以通过兼容关系将 $U \oplus C$ 中表

① Gllridini C，Serafini L. Multicontext Logics—A General Introduction[M]. New York：Springer，2014：381-388.
② Nossum R，Serchai L. Multicontext Logic for Semigroups of Contexts[M]. Berlin：Springer，2002：91.
③ Gabbay D，Nossum R，Woods J. Context-dependent abduction and relevance[J]. Journal of Philosophical Logic，2006，35：68.

达式转化为 U 表达式，也就是将 U 语境转变为 $U \oplus C$ 语境。

尽管偏函数可以被视为一种语境转换函数，然而通常情形下不同语境之间的推理是受桥规则所支配的，其形式表达为

$$\frac{U.l_c(A)}{U \oplus C.A} R_{up_c} \tag{6.9}$$

$$\frac{U \oplus C.A}{U.l_c(A)} R_{dw_c} \tag{6.10} ①$$

其中 $U.l_c(A)$ 表示语境 U 下表达式 A 被偏函数所转化，而 $U \oplus C.A$ 则表示 U 与 C 的联合语境下的 A 表达式，也就是说，桥规则的公式（6.9）凭借偏函数 l_c 将语境 U 下的表达式 A 转化为 $U \oplus C$ 语境下的表达式，而公式（6.10）表明了公式（6.9）所得到的推理结果可以逆向还原为 U 语境的表达式，因此桥规则中的公式（6.9）和公式（6.10）互为可逆关系，二者共同维持了拥有兼容关系的语境之间可以相互转化的特征，保证了共同信息在不同语境推理下的可传递性。语境逻辑中桥规则的引入可谓是极大地提高了语境逻辑的表征力，它打破了上文中语境逻辑的局部推理和局部解释的特征，而语境逻辑通过桥规则将具有共同含义的信息在不同语境之间相互传递，实现了自然语言中主词或句子语义模糊的整体性研究，同时也暗含了不同交流对象之间同一主词或句子的语义同一性；多语境的桥规则转化也促进了计算机对自然语言的语义模糊现象的表征和推理，丰富了机器的知识库，推动了机器智能化的进程。

无论是连锁推理中谓词模糊现象还是自然语言中主词或句子的模糊现象，都起因于语境的不确定，因此逻辑学家们提出了不同的语境逻辑系统用于消除和回避模糊知识问题。本节从两种不同语境逻辑的视角，分别分析和解释了两类模糊问题的解决方案，并且阐明了这两种语境逻辑是两类模糊问题解决的有效路径。需要强调的是，基于容忍度的语境逻辑虽然有效地解释了连锁推理中谓词的模糊性问题，但是也仅限于单一谓词的分析，对于多元谓词以及谓词词组的分析，语境逻辑仍然存在许多棘手的推理问题需要解决。除此之外，另一类语境逻辑巧妙地利用语境集合以及桥规则分别诠释了单一语境及多语境下自然语言中主词或句子的语义模糊问题，然而该逻辑通过为每一语句标注语境，极大地增加了语境逻辑推理的时间复杂度与空间复

---

① Gabbay D，Nossum R，Woods J. Context-dependent abduction and relevance[J]. Journal of Philosophical Logic，2006，35：68.

杂度。因此这两种语境逻辑现在仍然面临许多问题亟待解决，尽管如此，语境逻辑为模糊问题的解决带来的影响毋庸置疑。

第四节　矛盾问题的逻辑演算

矛盾问题是普遍而不可回避的事实，它不仅存在于现实世界语境下的推理中，如常识推理、信念确证过程等；而且它也存在于科学理论情境中，如玻尔的原子理论与麦克斯韦方程之间的不协调。虽然两个命题或理论相互矛盾，但是部分矛盾命题或理论仍具有重要的理论意义和研究价值。而人类正是在对矛盾的不断认识中丰富知识体系的，因此矛盾在人类思维过程中扮演着重要的角色。如果我们想要进一步认识和模拟人类的认知过程，就必须建构可以表征矛盾的工具，用以构建表征矛盾的形式系统。通过对经典逻辑系统的分析可知，该逻辑系统之所以不能表征矛盾，是因为矛盾违反了经典逻辑系统中的矛盾律，并导致系统的失效。倘若可以限制矛盾律的使用范围，避免系统的失效，则可以实现矛盾的形式表征。而标注逻辑正是在此基础上建立的一种表征矛盾的逻辑工具，它通过有利证据与不利证据来表征矛盾现象，并依据正、反证据度的分析给出矛盾的合理解释。

一、矛盾与不一致性概念分析

一致性似乎是逻辑系统的基本假设，故而经典逻辑系统并不允许不一致性命题同时出现，而人类认知的不一致性以及科学理论的不一致性已经屡见不鲜，这必然会为计算机的知识表征与推理带来巨大的挑战。就目前而言，对于不一致性问题的解决主要依赖于次协调逻辑，该逻辑的思想是在一定意义上接受矛盾，但同时又不引起逻辑系统的失效。那么，对于次协调逻辑系统，在何种意义上可以接受矛盾，以及可以接受何种类型的矛盾，成为我们首先需要澄清的问题。为此，我们需要具体阐明矛盾以及不一致性等概念。

（一）矛盾概念的解释

矛盾概念由来已久，沃尔特·卡尔涅利（Walter Carnielli）和马塞洛·埃斯特班·科尼利奥（Marcelo Esteban Coniglio）指出亚里士多德曾将矛盾的本质分为三类：①本体论的，同一属性不可能同时属于和不属于同一物体；②认识论的，同一主体不可能同时支持或不支持一件事；③语言学的，矛盾陈述不可能同时为真。①如果我们想要证明矛盾本质的本体论解释正确，我们必须证明并不存在具有如此特征的对象，但是当前并没有任何迹象表明矛盾的本质是属于本体论特征的。同样，对于矛盾的语言学解释而言，矛盾陈述的真值连接于现实概念，因而现实决定了陈述的真假。这相当于将矛盾的语言学解释与本体论解释联系起来，两种解释将保持同样的真值结果，而由矛盾本体论特征的不可证可知，矛盾本质的语言学解释也是不可证的。②相比于上述两种解释，矛盾本质的认识论解释认为人类在许多情形下都存在矛盾信念。确实如此，如果我们观察一些推理现象，我们会发现人类经常会同时相信一个命题以及它的矛盾形式，甚至有时会同时存在两类命题的证据。这并不表明命题与其矛盾命题同时为真，而是体现我们需要同时分析两类命题，从中推理出最合理的结论。因而，从认识论视角看，矛盾问题的存在是由于同一命题的矛盾信息共同存在，而我们无法排除这些矛盾信息中无效的信息，这是人类认识世界必然经历的过程。因此，我们并不试图从本体论与语言学的视角去证明矛盾是否存在，只是聚焦于矛盾的认识论解释，从共存的矛盾证据中分析矛盾，为矛盾提供合理的解释。

（二）矛盾与次协调思想

就逻辑系统而言，协调性是其重要的概念，它是指一个演绎系统不能同时推导出两个矛盾的公式 A 与 $\neg A$。如果一个逻辑系统不协调，那就意味着逻辑系统的推理过程以及推理结果都将遭受质疑，这个系统相应地也会失效。如果一个逻辑系统的定理集合包含所有的命题，这个系统将是平凡化（不足道）的系统。而导致一个逻辑系统不协调且平凡化的原因在于司各脱法则③（$A \wedge \neg A \vDash B$）的有效性。从司各脱法则的推理前提可以看出，当逻辑系统中的命题 A 和矛盾命题 $\neg A$ 同为真时，该逻辑系统将会推理出所有命题，这必然导致逻辑推理结论的爆炸性扩张，致使逻辑系统的失效。而对于

① Carnielli W, Coniglio M E. Paraconsistent Logic: Consistency, Contradiction and Negation[M]. Switzerland: Springer, 2016: 46.
② Carnielli W, Coniglio M E. Paraconsistent Logic: Consistency, Contradiction and Negation[M]. Switzerland: Springer, 2016: 46-49.
③ 该推理规则的翻译方法参考于张建军的《当代逻辑哲学前沿问题研究》第 481 页。

经典逻辑系统来说，倘若命题 A 与命题 $\neg A$ 同时为真将会与经典逻辑系统的矛盾律相冲突，该冲突违反了经典逻辑系统的基本原则，这是经典逻辑学家必然不能接受的事实。

基于司各脱法则，逻辑系统中矛盾的存在会直接致使系统推理出任何事情。直观上讲，这个规则是荒谬的，因为从一对矛盾命题中显而易见不能保证所推导的结论的正确性，而且一个理性主体可以"相信 A"和"相信并非 A"，但是绝没有一位理性主体会认为一切命题都是真的。从逻辑蕴涵的意义分析，司各脱法则"违反了'可推导'和'蕴涵'的意义，所以该规则不仅仅是假的，而且语义或概念上也是错误的"[①]。因此，司各脱法则被认为是违反人类直觉的推理规则。而通过上文的分析可知，正是司各脱法则的有效性导致经典逻辑系统在处理矛盾时产生了不协调性和平凡化。为了可以合理地解决矛盾问题，我们必须设计一个不协调但非平凡化的逻辑系统。次协调逻辑正是一类具有该特征的逻辑系统，这类逻辑系统通过放弃司各脱法则的有效性，以保证逻辑系统可以容纳矛盾，但是又不会从矛盾推导出一切命题。因此，次协调思想是通过限制矛盾对逻辑系统的作用范围，实现矛盾的表征与分析的。

（三）次协调思想与不一致性

许多逻辑学家认为经典逻辑存在两种不同的一致性概念，其分别是简单一致性和绝对一致性。简单一致性相当于非矛盾性概念，而绝对一致性等同于非平凡化概念。由于经典逻辑中的司各脱法则有效，因而经典逻辑概念中的简单一致性与绝对一致性是等价的，即非矛盾性也意味着非平凡化。[②]而次协调逻辑中的简单一致性与绝对一致性则并不相同，因为次协调逻辑可以放弃简单一致性原则，也就是存在一些矛盾，但是该逻辑系统要保持绝对一致性，即非平凡化。这从侧面反映了次协调逻辑应该相应地存在两种不一致性概念，即简单不一致性和绝对不一致性。简单不一致性是指对于语句集合中一些命题 A，语句集合可以包含命题 A 与 $\neg A$ 作为其中的元素，即 $(\exists A)(A \in \Gamma \wedge \neg A \in \Gamma)$；而绝对不一致性是指语句集合包含所有命题，即

---

① Woods J. Paradox and Paraconsistency: Conflict Resolution on the Abstract Sciences[M]. Cambridge: Cambridge University Press，2003：7.

② Carnielli W，Coniglio M E. Paraconsistent Logic: Consistency，Contradiction and Negation[M]. Switzerland: Springer，2016：51.

$(\forall A)(A \in \Gamma)$。①从两种不一致性概念可以看出，简单不一致性表达的是允许命题集合中包含矛盾信息，但是这些矛盾信息并不会造成逻辑系统的失效；而绝对不一致性概念则表明命题集合是平凡化的集合。由此可见，次协调逻辑可以在一定程度上满足简单不一致性，但决不能容忍绝对不一致性，否则会造成逻辑系统的失效。

对于简单不一致性的表征，次协调逻辑也存在两种表征方式，强次协调性方法和弱次协调性方法。"强次协调性，也就是双面真理论，全盘否认了矛盾律，也就是说，从双面真理论的观点而言，'α和$\neg\alpha$'也许并不为假。……而弱次协调方法主要是否认司各脱法则，并没有讨论矛盾律的有效性。"②可见，强次协调性主张存在真矛盾，这在哲学上是颇受争议也颇具挑战性的观点，迄今为止，这种观点依然没有被完全接受。相比之下，弱次协调方法并不关注矛盾的真值，而聚焦于分析不一致信息，但是并不主张不一致的信息都是正确的，只是依据信息不断地修改理论或信念。这意味着，弱次协调方法认为信念系统可以支持A也可以支持$\neg A$，但是信念系统并不会考察$A \wedge \neg A$是否为真，其关注的是通过信念系统中信息的不断完善，逐渐消除矛盾，推理出正确的信念或知识。虽然我们认为强次协调方法并不是错误的，但是弱次协调方法也许更适用于矛盾的处理，因为弱次协调方法的核心在于分析矛盾而不证明矛盾，因此该方法更适合分析简单不一致性问题。鉴于此，我们将依据次协调方法分析简单不一致性问题。

二、矛盾表征的标注逻辑分析

从矛盾的认识论解释中，我们确信矛盾通常包含了决定性信息。如果我们忽视这些矛盾，那么会对人类认识世界以及知识表征造成不可估量的损失。为此，寻找一种表征矛盾且并不影响矛盾信息储存的语言至关重要。鉴于此，标注逻辑也许是矛盾表征最为合理的框架，该逻辑存储对象的所有信息，并依据可信度概念刻画信息的有效性，进而通过不同可信度信息的分析，给出对象最为合理的解释。标注逻辑的基本框架主要包括四值逻辑、注释格结构以及赋值函数，下面我们将对这些基本概念分别进行阐释。

---

① Bremer M. An Introduction to Paraconsistent Logics[M]. Frankfurt: Europaischer Verlag der Wissenschaften, 2005: 13.

② Dutta S, Chakraborty M K. Negation and paraconsistent logics[J]. Logica Universalis, 2011, 5: 165.

（一）四值逻辑

标注逻辑通常将命题的真值情况分为四类，而这种真值结构正是参考了四值逻辑结构，因此我们首先阐释四值逻辑结构。最为熟知的四值逻辑是贝尔纳普（Belnap）的四值逻辑，该逻辑的建构动机是期望"数据库中较小的不一致性并不应该导致不相关的结论"[①]。该逻辑中命题的真值存在四种状态，T 表示命题为真，F 表示命题为假，None 表示命题既不为真也不为假，Both 表示命题既真也假。其中真值 None 是对不确定性知识的描述，因而可以表征不完备的命题；而 Both 是对矛盾的描述，因而可以表征不一致的命题。由此可见，四值逻辑的真值结构可以用于表征不完备和不一致的信息。基于此，贝尔纳普通过两种不同的方式构建了不同的格结构 $A4$ 和 $L4$，而 $A4$ 结构是将 Both 和 None 分别表示格的顶端和底端，T、F 表示不可比较的点，$L4$ 结构则将 T、F 分别表示格的顶端和底端，Both 和 None 表示不可比较的点。[②]两种格结构的"前者可以用于处理原子表达式，而后者用于处理复合表达式"[③]，因而两种格结构共同实现了逻辑表达式的不一致分析。此外，这两种格中存在一个偏序算子≤，用于表示两个命题间的近似关系。基于四值逻辑的简单分析可知，该逻辑通过对真值的扩展，拓展了命题真值的表征范围，可以将不完备和不一致信息容纳其中。同时，格结构中偏序算子的构建又对同一个命题的不同信息进行了排序，有效地区分了不同信息之间的相互关系。

（二）注释格结构

基于四值逻辑的特征，逻辑学家建立了标注逻辑，并构建了该逻辑重要的逻辑结构——注释格结构，该结构表示为 $\tau = <|\tau|, \leqslant, \neg>$[④]，其中$|\tau|$是注释常量集合，≤是关于命题信息的偏序关系，¬表示否定的意义。注释常量集合包含的元素为 4 个，⊤ 表示不一致，t 表示真，f 表示假，⊥ 表示不确

---

① Sim K M. Bilattices and reasoning in artificial intelligence: concepts and foundation[J]. Artificial Intelligence Review，2001，15：223.

② Sim K M. Bilattices and reasoning in artificial intelligence: concepts and foundation[J]. Artificial Intelligence Review，2001，15：223-224.

③ Abe J M，Akama S，Nakamatsu K. Introduction to Annotated Logics[M]. New York：Springer，2015：102.

④ da Silva Filho J I，Lambert-Torres G，Abe J M. Uncertainty Treatment Using Paraconsistent Logic[M]. Amsterdam：IOS Press，2010：13.

定，而这四种注释常量又形成了一个四顶点格（图 6.9）[①]，格的⊤⊥方向表示知识量排序，ft 方向表示真值排序，格的内部结构反映了命题的表征范围，不同区域的命题真值度也不相同。因此，标注逻辑对命题的表达通常包含两部分，一部分是命题变量，另一部分是注释量 μ，其形式为 p_μ，而 p_μ 的直观意义解释为"我们对命题 P 的信任度为 μ 或者是支持命题 P 的证据度为 μ"，这表明了标注逻辑对于命题的真值描述是以命题的可信度或证据度为标准的。命题的注释量的取值范围为［0，1］，0 表示支持命题的证据度为 0，1 表示支持该命题的证据度为 1，区间中不同的值意味着支持命题的证据的概率程度。注释格结构中的偏序关系与四值逻辑中的偏序关系类似，它是对同一命题的证据度进行排序，排序中的最大值意味着可以为命题提供的最大证据度。由此可见，注释格结构是"基于该结构表征的信息完整性排序真值，以便替代真与假"[②]，并凭借偏序算子来对比不同的信息关系，以获取最可靠的信息。同时，该方法中的真值并不表示命题的真假，而是表明我们可以获取的支持命题为真的证据程度。当数据库中支持命题的信息在不断增加时，命题的真值也相应地增大。因此，标注逻辑对矛盾的表征并不是对命题的肯定与否定形式同时进行表征，而是对命题支持或反对信息的表征，并依据信息不断地更新命题的可信度，进而获取命题最有效的解释。

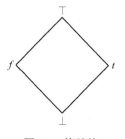

图 6.9　格结构

（三）赋值函数

赋值函数是对每一个表达式的真值判定，而标注逻辑中的赋值函数与其他逻辑系统存在些许不同。该逻辑的赋值过程包含两个过程，首先是对每一个表达式进行解释，其次才是赋值过程。解释（I）是一个函数 $I: p \to \tau$，

① Abe J M，Akama S，Nakamatsu K. Introduction to Annotated Logics［M］. New York：Springer，2015：14.

② Sim K M. Bilattices and reasoning in artificial intelligence：concepts and foundation［J］. Artificial Intelligence Review，2001，15：225.

该函数是对命题变量进行赋值，从函数的值域可以看出，命题的真值是注释量。因此解释函数是对每一个命题赋予注释量，用以标注每一个命题的证据度。"对于每一个解释，相应地存在一个赋值函数$V_I : F \rightarrow 2$，其中F是所有表达式的集合，2={0，1}是真值集合。"[①]赋值函数是一个一元函数，它是在给定的解释函数情形下，判定每一个表达式的真值情况，当$V_I(p_\lambda)=1$时，表明命题变量p在解释I下为真，但是该赋值函数对命题p在解释I中的证据度有要求，其必须大于或等于注释量λ，否则该命题在解释I中为假。这表明标注逻辑中的赋值函数是对表达式在每一个解释I下的真值判定，其反映的是该解释为命题提供的证据程度。当赋值函数被应用于矛盾的表征时，它通过对矛盾在不同解释中的真值判定来描述该解释是否可以合理地分析命题，并最终凭借命题在不同解释下的综合分析挑选出命题最为可信的解释。

（四）否定连词分析

在注释格结构中，我们曾提到该结构中的¬算子表示否定的意义。事实上，标注逻辑结构中存在两种不同意义的否定，其分别是弱否定和强否定。弱否定也被称为认知否定，该否定相当于经典逻辑中的否定连词，但是它的连接对象是注释原子表达式，通常被用于描述注释格中元素之间的映射关系，描述的结果为：¬（⊤）=⊤，¬（t）=f，¬（f）=t，¬（⊥）=⊥。从上述结果可以看出，"认知否定在不改变注释的知识量情形下映射注释给自身"[②]。进一步而言，认知否定并不改变注释的知识量，其改变的只是命题的证据度。我们以命题p_t为例来分析，当认知否定作用于p_t时，$\neg p_t = p_{\neg(t)} = p_f$，整个过程中命题$p_t$唯一的变化便是描述命题$p$的证据度。值得注意的是，在该分析过程中，认知否定通过对注释量的映射实现了否定的消去。而标注逻辑中的强否定是基于弱否定构建的，其形式为：$F = F \rightarrow ((F \rightarrow F) \wedge \neg(F \rightarrow F))$[③]。在强否定的构造中，由于$F$并不是注释原子表达式，认知否定并不表示注释之间的映射关系，其只是用于构建矛盾。基于此，强否定被解释为，如果表达式F成立，则意味着表达式集合中存在矛盾。因此，强否定被用于否定表

---

① Abe J M，Akama S，Nakamatsu K. Introduction to Annotated Logics［M］. New York：Springer，2015：6.

② Nakamatsu K，Abe J M，Akama S. Paraconsistent annotated logic program EVALPSN and its applications［M］// Abe J M. Paraconsistent Intelligent-Based Systems. New York：Springer，2015：42.

③ Nakamatsu K，Abe J M，Akama S. Paraconsistent annotated logic program EVALPSN and its applications［M］// Abe J M. Paraconsistent Intelligent-Based Systems. New York：Springer，2015：43.

达式的存在，以避免矛盾的出现。标注逻辑中两种不同的否定连词，表示了两种不同的用途：一个用于映射注释，分析命题证据度的变化；另一个则用于消除表达式中的矛盾。无论是弱否定还是强否定，都与经典逻辑中的否定连词的意义存在较大的差异，甚至可以说标注逻辑中的否定连词并不是传统的否定意义。

三、矛盾表征的二值注释分析

我们在上文中已经具体分析了标注逻辑的基本结构及其结构特征，但是并没有细致地阐明标注逻辑的功能机制，因此，我们需要进一步解释标注逻辑分析矛盾的机制原理。基于对标注逻辑基本结构的分析，我们确知注释是该逻辑结构的核心概念，它用以刻画矛盾信息的可信度。事实上，矛盾命题的有效分析过程不应只停留于有利信息的单方面分析，应该是从命题的正、反两方面信息整体分析命题，因而单一的可信度并不足以清晰地分析矛盾信息，因此我们需要利用正、反面注释取代单一注释，以更充分地表征和分析矛盾信息。

（一）注释与证据的关系

证据通常是指用以支持或反对某种观点的信息，因而证据概念是知识获取过程中重要的依据，它为知识的确证过程提供了依据。据此可知，如果想要证明某一信念是正确的，就必须提供充分的证据用以支持该命题。那么，在此过程中，我们将不可避免地面临该信念的支持和反对证据。面对这些矛盾信息，"我们需要分析不一致信息的策略，这种需求在一定程度上推动了从矛盾信息的正、反两方面分析潜在结论的论证系统的产生"①。事实上，"某一类次协调形式系统有能力将矛盾思想表达为矛盾证据，并且该逻辑中 A 为真的证据被理解为相信 A 为真的理由，而 A 为假的证据意味着相信 A 为假的理由"②。可见，该类次协调系统基于对矛盾信息中信念的支持证据和反对证据的分析，为信念的确证提供辩护。需要说明的是，该逻辑中的反面证据并不是指正面证据的缺失，而是能够证明信念为假的证据。

---

① Bertossi L, Hunter A, Schaub T. Inconsistent Tolerance[M]. Berlin: Springer, 2004: 4.
② Fitting M. Paraconsistent logic, evidence, and justification[J]. Studia Logica, 2017, 105: 1150.

按照标注逻辑基本结构的解释，标注逻辑与该类次协调逻辑存在同样的理论基础。标注逻辑中的注释概念就是对证据概念的描写，格结构中的注释值则体现了不一致信息为信念的确证提供的证据度。从这一方面而言，标注逻辑亦是一种将矛盾思想视作矛盾证据的方法。不同的是，标注逻辑的基本结构是假设了支持信念的注释量，忽视了反对信念的注释量。而人类通常是通过对客观世界的正、反面对比刻画来认识世界的，因此，构建表征有利证据和不利证据两种注释概念是客观分析矛盾的关键所在。

（二）二值注释格结构

为了更有效地分析矛盾信息，逻辑学家在单值注释格结构基础上构建了二值注释格结构（图 6.10），该结构是通过有序对 $\tau = \{(\mu, \lambda) \mid \mu, \lambda \in [0,1]\}$ 来表征命题 p 的注释量。"有序对 (μ, λ) 中的第一个元素 μ 表示有利证据支持命题 p 的程度，第二个元素 λ 则表示不利证据反对或否认命题 p 的程度。从直观意义上讲，注释 (μ, λ) 意味着命题 p 的有利证据度是 μ，不利证据度是 λ。"[①]二值注释格结构的四个顶点则分别表征了命题的四种状态：$P_{(1,0)}$ 表明存在完全的有利证据，不存在不利证据，其意味着命题为真；$P_{(0,1)}$ 表明不存在有利证据，存在完全的不利证据，其意味着命题为假；$P_{(1,1)}$ 表明存在完全的有利证据和不利证据，其意味着命题是不一致的；$P_{(0,0)}$ 表明并不存在完全的有利证据和不利证据，其意味着命题是不确定的。二值注释格结构中不同的值表明了命题存在不同程度的证据。该结构也存在否定算子，该算子在功能上等同于认知否定，也是对命题注释的一种映射。不同的是，该映射只引起了注释中有利证据度和不利证据度位置与意义的互换，即 $\neg(\mu, \lambda) = (\lambda, \mu)$。

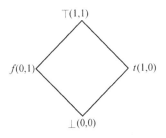

图 6.10　二值格结构

① da Silva Filho J I. Treatment of uncertainties with algorithms of the paraconsistent annotated logic[J]. Journal of Intelligent Learning Systems and Applications，2012，4：145.

虽然二值注释格结构为命题解释提供了两种对立的注释量，但是"对于同一种解释 I，同一命题的两个注释量并不必然地满足条件 $\mu+\lambda\leqslant1$"[①]。该特征与概率推理是相矛盾的，之所以会不同于概率推理，是因为对于命题的两种截然不同的观点来源于不同的专家，而这些专家都彼此独立地为自己的立场提供了相关证据。这意味着二值注释格结构的提出为每一个命题的解释提供了两种视角，一些专家会依据有利证据对命题持有强烈的支持信念，而另一些专家会依据不利证据对同一命题持有强烈的反对信念。在这种情形下，标注逻辑首先尝试保存两种不同的信念，而并不试图直接采取特殊手段予以否定其中的某种观点。在此基础上，标注逻辑依据命题的确定度和矛盾度来分析命题的意义。

（三）确定度与矛盾度

确定度是标注逻辑对输入信息的确定性程度刻画，表示为 $D_c=\mu-\lambda$[②]，确定度的取值范围是 $[-1，1]$。当确定度的值为−1时，它表示从矛盾信息分析的最终逻辑状态为假；而当确定度的值为1时，它表示从矛盾信息分析的最终逻辑状态为真。从几何形式上分析，确定度反映了有利证据和不利证据距线段⊤⊥的距离差。当距离差越大时，其暗含输入信息为命题提供了更充分的有利证据；而当距离差越小时，其暗含输入信息为命题提供了更充分的不利证据；当距离为零时，其表示输入信息中的正、反面证据并不能证明命题是否有效及在何种程度上有效。而矛盾度则是标注逻辑对输入信息的矛盾程度刻画，表示为 $D_{ct}=\mu+\lambda-1$，矛盾度的取值范围也是 $[-1，1]$。当矛盾度的值为−1时，它表示从矛盾信息分析的最终逻辑状态是不确定的；当矛盾度的值为1时，它表示从矛盾信息分析的最终逻辑状态是不一致的。从几何形式上分析，矛盾度指的是距线段 tf 的距离，反映的是有利证据和不利证据之间的不一致性程度，矛盾值越小则表示输入信息中存在更少的矛盾信息。当矛盾度值为0时，其暗含了输入信息中分析命题的证据并不矛盾。

标注逻辑中的确定度是对信息的充分性进行描述，它的值的大小并不反映信息之间的矛盾关系，而矛盾度则是对矛盾信息的刻画。因此，确定度和

---

① Abe J M，Akama S，Nakamatsu K. Introduction to Annotated Logics[M]. New York：Springer，2015：23.

② da Silva Filho J I，Lambert-Torres G，Abe J M. Uncertainty Treatment Using Paraconsistent Logic[M]. Amsterdam：IOS Press，2010：34.

矛盾度分别考察了矛盾信息的确定性程度与不一致性程度，并且二者共同实现了四种不同逻辑状态的表征。但是从整体意义上分析，这两个概念只是分析了矛盾信息中命题的有效证据，并没有试图为命题提供充分的论证过程。而二值标注逻辑对矛盾信息的分析关键在于依据确定度和矛盾度求解命题最终的确定性间隔和真正的确定度。如果缺失了确定性间隔和真正的确定度，我们将无法判定命题的有效证据度，因此确定性间隔和真正的确定度是二值标注逻辑分析矛盾信息的重要因素。

（四）确定性间隔和真正的确定度

由于确定度反映的是信息的充分性，那么我们有理由相信在不改变矛盾度的基础上尽可能地增加有效信息，用以增大确定度。而通过二值注释格结构分析可知，当矛盾度不变时，我们可以分别推断出真假区域的最大确定度，同时该确定度也不再受矛盾度的影响。因此该确定度也被称作确定性间隔（φ），表示为 $\varphi = 1 - |D_{ct}|$[①]。确定性间隔值是支持或反驳命题的最大值，它表明了如何引入证据以改变确定性和命题的关系，即可以通过增加不利证据、减少有利证据获取命题状态趋向于假的最大确定度负值，也可以通过增加有利证据、减少不利证据获取命题状态趋向于真的最大确定度正值。在这个过程中，确定性间隔保证了证据的变化并不会引起矛盾度的变化。然而，从确定性间隔的等式分析，我们确知矛盾度会影响确定性间隔，确定性间隔会随着矛盾度的增大而减小。此外，确定性间隔中正、负符号的添加则暗含了矛盾度的属性：当符号为正时，这表明矛盾度倾向于不一致状态，即 $D_{ct} > 0$，$\varphi = \varphi_{(+)}$；当符号为负时，这表明矛盾度倾向于不确定状态，即 $D_{ct} < 0$，$\varphi = \varphi_{(-)}$。次协调系统对矛盾信息分析的最终目标就是消除矛盾信息的不一致性影响，因此作为次协调系统的标注逻辑的任务就是要获取不受矛盾影响的真正的确定度。而逻辑学家证明真正的确定度是以 t 点（当确定度大于零时，我们取 t 点；当确定度小于零时，我们取 f 点）为圆心，以插入点 (D_c, D_{ct}) 与 t 点的距离为半径，所构成的圆与线段 tf 的交点（图 6.11）。为此，我们首先计算两点之间的距离 $d = \sqrt{(1-|D_c|)^2 + D_{ct}^2}$，并在此基础上求解真正的确定度 $D_{CR} = 1 - d = 1 - \sqrt{(1-|D_c|)^2 + D_{ct}^2}\ (D_c > 0)$ 或

---

① da Silva Filho J I，Lambert-Torres G，Abe J M. Uncertainty Treatment Using Paraconsistent Logic[M]. Amsterdam：IOS Press，2010：59.

$D_{CR} = d - 1 = \sqrt{(1-|D_c|)^2 + D_{ct}^2} - 1 (D_c < 0)$ [1]。由格结构的几何结构可知，当矛盾度增大时，真正的确定度会减小。

确定性间隔的构建就是为了在矛盾度为常量时尽可能地扩充证据，最大限度地支持或反驳命题。而真正的确定度却是一个不受矛盾影响的值，因而真正的确定度描述的是矛盾信息实质上为命题辩护提供的证据度。可见，确定性间隔为真正的确定度提供了证据的变化趋势，以便于提高命题真正的确定度。而真正的确定度又逆向地反映了证据变化的有效性，也就是，如果随着证据的增加真正的确定度减小，那么标志着新证据并没有以确定性间隔所蕴涵的变化趋势发展，这象征着证据的扩充趋势存在偏差。从这层意义上讲，真正的确定度又为证据的变化提供了监督。如此，依据二值注释格结构对矛盾信息的表征，依托确定性间隔对证据变化趋势的约束，以及基于真正的确定度对证据变化的监督，标注逻辑有效地分析了矛盾信息的有效证据度。

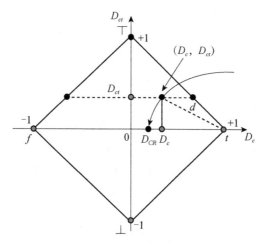

图 6.11　真正的确定度几何结构图[2]

（五）真正的证据度和标准化矛盾度

虽然我们获得了真正的确定度，但是它的值域为 [-1，1]。为了直观地反映命题的证据充分性程度，真正的确定度需要以特殊的关系转化为真正的

① da Silva Filho J I, Lambert-Torres G, Abe J M. Uncertainty Treatment Using Paraconsistent Logic[M]. Amsterdam: IOS Press, 2010: 72.

② da Silva Filho J I. Treatment of uncertainties with algorithems of the paraconsistent annotated logic[J]. Journal of Intelligent Learning Systems and Applications, 2012, 4: 148.

证据度，转换关系为：$\mu_{ER} = \dfrac{D_{CR}+1}{2}$ ①。基于对转换关系的分析证实了，真正的证据度介于（0.5，1]之间时，其意味着证据支持命题，当证据度为 1 时，其标志着命题为真；当真正的证据度为 [0，0.5)时，其意味着证据并不支持命题，当证据度为 0 时，其标志着命题为假。然而，对于真正的证据度最棘手的问题在于证据度为 0.5 时，证据度并不能解释矛盾信息中证据与命题的关系。为此，我们需要一个表征证据间矛盾关系的量，也就是标准化矛盾度，形式为 $\mu_{ctr} = \dfrac{\mu+\lambda}{2}$ ②，该矛盾度的值域为 [0，1]。从形式上分析，标准化矛盾度以 0.5 为界，直观地描绘了矛盾信息中证据之间的关系。如标准化矛盾度介于 [0，0.5)时，其意味着证据之间的关系是不确定的；而当标准化矛盾度介于（0.5，1]时，其意味着证据之间的关系是不一致的。从 μ_{ER} 的形式化分析可知，证据度为 0.5 的点是由插入点形成的两条弧线，这两条弧线分别与真、假状态距离为 1。而通过这些插入点的矛盾度，我们可以推理出标准化矛盾度，进而凭借标准化矛盾度的值判断信息中证据之间的关系。凭借真正的证据度与标准化矛盾度的共同作用，我们可以准确地分析矛盾信息中证据的本质特征，进而判定证据与命题之间的关系，最终实现矛盾信息的表征与分析。

概而言之，标注逻辑的基本结构表明了该逻辑以矛盾信息中命题的有利证据和不利证据来分析命题，并依据确定度和矛盾度来衡量命题的证据充分性程度以及信息之间的矛盾程度。在此基础上，该逻辑尝试以确定性间隔和真正的确定度来约束信息中有效证据的扩充趋势，最大限度地为命题论证提供辩护。最终，依据真正的证据度以及标准化矛盾度来判定命题最终的逻辑状态，实现矛盾信息的合理表征和准确分析，尽可能地给出命题的合理解释。

四、矛盾表征的意义分析

经典逻辑是知识表征与推理的有力工具，但是因它自身的二值特征以及

---

① da Silva Filho J I，Lambert-Torres G，Abe J M. Uncertainty Treatment Using Paraconsistent Logic[M]. Amsterdam：IOS Press，2010：91.

② da Silva Filho J I，Lambert-Torres G，Abe J M. Uncertainty Treatment Using Paraconsistent Logic[M]. Amsterdam：IOS Press，2010：93.

非矛盾性特征限制了经典逻辑的表征能力。而不一致信息作为现实世界重要的知识来源，其不可回避地成为计算机研究的重要方向。为此，表征不一致信息的次协调逻辑应运而生。通过对标注逻辑的诠释可知，该次协调逻辑系统凭借对矛盾信息的分析，从中提炼命题的有效信息，摈弃无效信息，以获取最大的命题证据度，用于解释命题的意义，从而实现矛盾信息的表征。因此，标注逻辑的构建促进了计算机对矛盾信息的表征，拓展了人工智能的研究领域，呈现出重要的研究价值和意义。具体而言，其主要体现在以下几方面。

其一，基于标注逻辑的矛盾分析与表征为矛盾信息的处理带来了新的研究方法。矛盾问题一直制约着人工智能的发展，是逻辑学家迫切想要解决的问题。而次协调思想的提出可谓是为该问题的研究带来了重大变革，因为该思想通过否定矛盾律以允许知识库中矛盾的存在，同时该思想又通过对司各脱法则的回避来保证矛盾的存在并不会致使知识的爆炸性扩张，这暗含了次协调思想可以用于矛盾问题的分析。而标注逻辑的分析表明该逻辑是一种独特的次协调逻辑，它依据对真值的扩张，形成了以四值逻辑为基础的新的逻辑，并且这四值分别表征了知识库中信息可能所处的四种极端逻辑状态。此外，该逻辑还基于四值结构构建了注释格结构，并通过格结构中不同的点表示命题从矛盾信息中获取的不同确定度与矛盾度。在此基础上，标注逻辑凭借真正的确定度与确定性间隔的指引，合理地扩充命题的有效证据，并最终依托真正的证据度来刻画命题的有效性程度。由此可见，标注逻辑的本质即是通过命题的有利证据与不利证据之间的比较，从中提取出命题相关的不受影响的证据，用以分析命题。标注逻辑从不一致信息中推理命题相关的一致性信息的过程，也暗含了该过程是一种消除矛盾的过程，因而其更适用于矛盾问题的解决。

其二，标注逻辑为大数据中的矛盾数据提供了分析方式。目前而言，我们已经处于大数据时代是一个不争的事实。在大数据时代中，由于大数据获取方式的便捷性以及不规范性，计算机存储的数据中必然存在矛盾数据。对于这些数据，如果我们抛弃，那么数据分析的结果会失去准确性；倘若我们保留，这势必会引发矛盾数据的分析问题。而标注逻辑作为一种分析矛盾问题的方法，它通过求解矛盾信息中真正的证据度来刻画矛盾信息的有效性。因而当标注逻辑被用于矛盾数据的分析时，该逻辑亦可以凭借对有利数据与不利数据的分析，求解出真正有效的数据量，并据此给出准确的数据分析结果。此外，基于标注逻辑对矛盾数据的分析也增加了计算机数据库的数据类型，在客观分析数据的同时也丰富了计算机的表征能力与分析能力。

其三，注释结构特征可以增强证据的正确推理能力和决策的精确制定能力。众所周知，对于法律案件而言，双方提供的证据通常都是有利于自身的证据，那么如何对这些证据进行合理分析以推理正确的结论是案件审理过程中需要考虑的问题。而标注逻辑正是依据注释结构标注有利证据和不利证据的证据度，进而推理出真正的证据度。因而当标注逻辑应用于案件分析过程时，该过程可以对案件双方的证据进行标注，并推理双方证据的有效度，给出正确的案件结果。此外，标注逻辑同样可以促进决策制定过程。决策制定通常是依据相关知识、经验以及资料进行的，一般而言，这些数据是由相应的专家提供的，那么这势必造成决策者对数据的认识偏差。为了能够制定精确的决策结果，我们需要对数据的有效信息量进行标注，而注释结构正是对命题证据度的标注，因此标注逻辑可以用于标注决策制定过程中的数据，有效地提高决策制定的精确性。

其四，标注逻辑还可用于模糊性问题的分析。模糊性问题广泛存在于自然语言中，而其中一类便是谓词模糊问题。而之所以会引发谓词模糊问题，是因为自然语言中的一部分谓词是程度谓词，因而对容忍度的微小变化并不敏感，故而造成并不能判断模糊谓词的边界情形。鉴于此，解决模糊性问题最理想的方法便是将模糊知识转化为精确的知识，因此我们需要一种能够区别边界情形的工具。标注逻辑恰好适用于谓词模糊问题的分析，因为该逻辑是对命题真正证据度的反映，因此标注逻辑可以分析模糊谓词边界情形的证据，推理出边界情形中不同的点与正、负外延之间的关系，进而通过概率或证据度确切地描述边界情形所处的逻辑状态，消除谓词的模糊性问题。

其五，标注逻辑对矛盾的分析过程推动了人工智能的发展。该逻辑对人工智能的推动作用主要体现在两方面。首先是标注逻辑与人工神经网络的结合促进神经计算的研究。神经计算就是依据生物神经网络的工作机制，建立人工神经网络模型，并通过神经元之间特殊的算法模拟人类在刺激情形下整合信息的过程。但是人工神经网络中神经元之间信息整合算法基本都局限于经典逻辑框架内，因而只限于对确定性信息的整合。为了扩展神经计算的研究领域，人工智能学者可以在标注逻辑的基础上构建神经元之间的工作机制，用以模拟人类对不确定性知识以及矛盾的处理。其次是基于标注逻辑对自动化控制的研究。自动化控制是当前工、农业普遍应用的技术，但是以经典逻辑为基础的自动化控制限制了自动化的发展。基于标注逻辑构建的次协调自动化控制器则扩展了经典逻辑的二值逻辑状态，促使自动化控制将注释格结构中不同的值对应于不同的逻辑状态，用于对应不同的操作，以完成复杂的任务。无论是神经计算研究还是自动化控制研究都表明，标注逻辑的应用推动了人工智能的进步，丰富了计算机的研究领域。

其六，矛盾的表征与分析将人类理性思维的研究推向了可计算化的新模式。狭义地讲，可计算化是指通过模型化和形式化方法解决问题的过程。在人工智能的发展过程中，我们可以清楚地看到，计算机利用不同的形式工具将人类对现实世界的认识模型化与形式化。从一定意义上讲，这种模型化和形式化都在某种程度上意味着人类理性思维的研究将走向可计算化的趋势。虽然这是一个充满挑战的研究方向，但是却是人工智能学者不懈追求的目标。而矛盾信息作为人类理性认知重要的来源，在很大程度上限制了人工智能的发展。因为面对矛盾信息，经典逻辑框架内构建的算法不仅不能表征这些信息，而且还会引发逻辑系统的失效和推理结果的偏差。而标注逻辑的提出，可以说为矛盾信息的可计算化提供了技术支撑；而且这种可计算化，不只是简单地形式化表征矛盾信息，其也可以通过矛盾信息的分析为命题的判断和信念的确证提供证据。此外，标注逻辑中证据度的多值性也可用于人类理性认知的多状态描述。虽然矛盾的表征与分析并不意味着人类理性思维一定可以被计算机所表征，但是它为困扰人工智能发展的矛盾问题提供了有效的形式工具和演算方法。这极大地扩展了计算机对人类理性思维的研究域，在一定程度上，促使人类理性思维的研究方式向可计算化转变。

第五节　不完备经验知识的概率分析

对于知识的获取过程，经验总结是不可或缺的方式。我们以"所有乌鸦都是黑的"为例，我们对于乌鸦颜色的认知主要是通过对日常生活中成千上万只乌鸦的观察总结而来的。虽然每一次观察都增加了我们对陈述"所有乌鸦都是黑的"的信任度，但是其表现出来的一个明显特征便是，我们对该陈述的认识只是局部信息的认知，其在逻辑上并不能被确证为真，因为我们不可能观察到世界上的所有乌鸦。从这一案例可以看出，依据经验总结获取知识势必会存在不完备的信息。事实上，经验事实中存在许多不完备信息的推理，虽然该推理的严密性与有效性有待商榷，但是不完备信息的推理与表征是我们模拟人类经验推理必须关注的焦点问题。而之所以会产生不完备的信息是因为经验事实中我们并不能逻辑地推理出必然的结论，而只能通过对事实的经验观察进而归纳出合理的结果。由此可见，关于不完备信息的处理方法，最合理的方式便是通过归纳逻辑寻求经验事实或判断中的基本规律与共性，并在此基础上预测经验事实的发展。

一、基于概率的归纳逻辑辩护

归纳逻辑作为不完备的经验知识的理想表征方式，其存在多种解释。狭义上，归纳逻辑是指从个例到一般性的归纳推理；而广义上，归纳逻辑除了涉及归纳推理之外，还包括归纳方法。简单而言，广义的归纳逻辑包括简单枚举法、统计概括、类比论证以及预测推理等，这表明归纳的广义意义远远不同于狭义上归纳逻辑的意义。而正是归纳推理在广义上的丰富性，致使归纳推理的结论超出了前提所蕴涵的论域，故而引发结论的非保真性。为此，我们需要首先为归纳逻辑的合理性提供辩护。

归纳推理是一种由局部向整体的推理方式，在此过程中，局部与整体是一种或然性关系，局部在逻辑上并不能充分证明整体的有效性成为归纳推理备受质疑的原因。而演绎逻辑作为一种前提到结论的必然性推理，影响了许多研究归纳推理的哲学家和逻辑学家，成为他们追求的目标。而概率论作为描述事件发生的或然性度量，其指的是在给定前提为真的条件下产生结论为真的可能性程度。由于概率是描述前提与结论之间的或然性关系，其与归纳推理的本质特征存在相似之处，因而成功地吸引了逻辑学家的注意力。基于概率逻辑的特征，约翰·梅纳德·凯恩斯（John Maynard Keynes）分析了两组命题之间的或然关系，并建立了概率归纳逻辑。不过，凯恩斯把自己构建的归纳逻辑视为一种描述信念度的逻辑，他认为前提和结论是由两组命题构成的，前提的命题组可以在一定程度上支持结论命题组，而概率就是描述前提和结论的程度关系。卡尔纳普把概率逻辑描述为是确证的逻辑，他通过概率逻辑来描述假设和证据之间的逻辑关系，并求解前提与结论的确证度。此外，赖兴巴赫也构建了概率逻辑，但是他的逻辑系统意义与上述两者不同，他将概率解读为频率，是对经验事件中某一特征或属性的事件单位时间内出现次数的统计。

虽然概率的应用增强了归纳推理的形式化，但是归纳逻辑并没有解决休谟问题，因为概率逻辑只是对前提中的经验证据与归纳结论之间的关系进行程度上的划分，并没有刻画归纳推理前提与结论之间的必然关系。那么，对于以概率为基底构建的归纳逻辑，我们是否可以考虑并不用于保证归纳推理的必然性，而是对归纳推理保持一种修改或修正的观念。也就是说，当一个归纳推理提出后，由于前提中经验事实的有限性并不能保证归纳推理的结论一定是正确的，因此我们是否可以通过对已有经验事实概率的分析，寻找出归纳推理中的问题所在，并通过对归纳推理的前提的修改或约束保证结论的合理性。此外，对于局部的、不完备的经验事实，我们可以尝试对现有经验事实进行分析以推理出结论，当结论存在偏差时，我们可以分析结论中的偏差是否是不合理的结论，倘若不是，我们则用概率论刻画结论中不同结果的确信度；倘若是，我们则修正归纳推理，以获取准确的归纳结果。依据笔者上述假设的两种分析方式，我们虽然并不能保证概率归纳逻辑推理的逻辑必然性，但是可以逐步提高概率归纳逻辑推理的准确性，并增强推理的合理性。

由此可见，分析不完备的经验知识理想的方式便是归纳推理，但由于休谟问题，该方法一直都被很多逻辑学家和哲学家所反对。虽然有许多逻辑学家和哲学家试图通过不同的进路为归纳推理寻求有效的基础，但是每种辩护都或多或少地存在不同缺陷，并不能给出完美的辩护。对于归纳推理的必然性辩护，陈波教授认为其在逻辑上是误解的，因为逻辑并不能为该推理提供肯定或否定的答案。[①]尽管归纳推理的前提并不能确保结论的正确性，但是前提却在一定程度上支持结论，因此我们可以尝试依据概率论对归纳推理进行分析，以实现对不完备经验知识的分析与表征。

二、经验的概率分析

尽管许多哲学家以及逻辑学家尝试以不同的哲学视角来分析归纳推理的合理性，但是都遭受了不同的质疑。可是，归纳推理作为经验知识分析最普遍的工具，其亦存在自己的特点。例如，该推理中前提与结论的非必然性逻辑关系可以让我们认识新的知识，再者非必然性特征还可以弥补演绎的必然

---

① 陈波. 逻辑哲学导论[M]. 北京：中国人民大学出版社，2000：276-278.

性推理所带来的不足。倘若我们完全否认该方法，这会在人类认识以及知识库上带来不可估量的影响：其一，经验的归纳总结是我们认识世界的重要方式，否定归纳在一定程度上将否认我们对世界的认识；其二，知识库中的许多知识都是依据经验而获得的，反对经验归纳推理将会束缚知识的扩充。基于此，我们不仅不能舍弃归纳推理，而且要推广归纳推理的非必然性特征，以便于表征和分析经验知识的不确定性。为此，我们利用概率论对不同属性事实的描述来表述不完备、不确定的经验知识。

（一）概率意义的阐释

概率的演算并不复杂，但是概率本身的意义则比较丰富。从帕斯卡最初创建概率论到目前为止，随着对概率的认识以及用途的不断变化，概率意义的解释也在不断变化，其中的每一种解释都存在不同的哲学意义，也阐释了不同的哲学问题。在此笔者并不准备一一赘述，笔者主要基于艾耶尔（Alfred Jules Ayer）对概率的三种分类，从三个视角阐释概率的意义，其中三种解释分别是可能性解释、频率解释以及可信度解释。

1. 概率的可能性解释

艾耶尔将概率首先解释为可能性计算，这种解释通常被称作古典解释。该解释最初起源于赌博游戏，在投掷一枚质地均匀的硬币时，其正面朝上的概率为 1/2，而连续三次正面朝上的概率为 1/8。基于硬币投掷游戏可知，可能性解释是指，当一个随机试验存在 n 个基本事件时，那么每个事件发生的概率是 $1/n$，该解释表明了试验中每一个基本事件发生的概率是相等的。从可能性解释中可知，该解释存在两个特征，其一是试验的样本空间只能存在有限个基本事件，其二是样本空间中的每一个基本事件必须是等可能发生的。此外，我们可以由这两个特征得出试验中的基本事件必须是互斥不相容的。因此，在可能性解释中，倘若事件 A 包含 k 个基本事件，那么事件 A 发生的概率是 k 个基本事件的概率之和，即 k/n。在可能性解释中，硬币连续投掷 m 次正面朝上之后，硬币第 $m+1$ 次正面朝上的概率依然为 1/2，这意味着硬币每次正面朝上的概率为 1/2。从表面上分析，这似乎是违反人类直觉的，因为硬币在连续 m 次正面朝上后，依据个体直觉经验信息，硬币正面朝上的概率会下降。事实上，概率的可能性解释中基本事件每一次发生的概率都是完全独立的，前后并不具有相关性，因此经验信息独立于总数的有效性。

概率可能性解释的理论比较简单易懂，但是该解释在经验应用中却遇到了问题，该问题便是可能性计算被应用到经验事实中时如何指派初始概率[①]。正如我们在上文中论述的，概率的可能性计算是通过列举有限的等可能事件来计算基本事件的初始概率，而这种操作完全是一种纯粹的数学操作。一旦我们走出纯粹的数学计算，我们何以确定一个基本事件是等可能地成为概率可能性计算的关键。而正是由于基本事件初始发生概率的难确定性致使概率的可能性解释在经验应用中受到了约束与限制。

2. 概率的频率解释

概率的第二种解释便是频率解释，该解释源于统计判断，它是指在相同条件下，一个基本事件在 n 次试验中其发生的次数所占的比例。频率描述的是事件发生的频繁程度，当频率较大时则意味着该事件发生频繁，当频率较小时则意味着该事件发生贫乏，而当频率分别为 0 和 1 时则分别意味着该事件是不可能发生的事件和必然事件。在艾耶尔看来，"频率理论的本质是其基于实例的比例辨了事件的概率，而由事件鉴别的该类属性的实例事实上被分布在一类中"[②]，因此艾耶尔认为该理论中陈述所表述的内容并不指代个体事件，而是指代该事件所属的一类事件。艾耶尔指出，概率论的频率理论最初只应用于有穷类，因为我们只能从简单意义上谈论确定百分比的有穷类。但是随着极限概念的引入，频率理论的现代应用者已将其应用到了无穷类中。在无穷类应用中，一个事件的概率是指该事件在所属无穷类中相对频率的极限。对于频率的无穷类应用，部分学者认为无穷序列排序的差异性将直接影响相对频率的极限值。鉴于此，艾耶尔认为统计学的概率陈述应该被分解为两类，第一类是建立在科学理论上的概率，该概率描述的是某些特性的分布，因而比率是有规律的维持，并不会对统计数量进行限制；第二类概率陈述是混合的并且在某些方面是模糊的，所谓混合是因为概率既陈述了记录的百分比又预测了它的延续性，而模糊性是指其并没有清晰地阐明记录百分比所涉及的范围，因而该类概率陈述被认为是总结性的解释，只具有较低限度的预测。[③]

概率的频率解释的优势在于其强调了概率的客观性，通过对客观世界的统计反映客观世界的规律，但是概率的频率解释也存在不足。当我们利用频

---

① Ayer A J. Probability &Evidence[M]. Columbia：Columbia University Press，2006：34.

② Ayer A J. Probability &Evidence[M]. Columbia：Columbia University Press，2006：43.

③ Ayer A J. Probability &Evidence[M]. Columbia：Columbia University Press，2006：49-50.

率解释概率时，我们并不能简单地凭借证据的增加或减少来谈论概率。如果我们处理的是事件的无穷序列，相对频率的极限就是概率，其并不会随着证据而变化，可是，相对频率并没有达到极限时，概率并不适用于描述事件的发生率。如果我们处理的是有穷序列时，一个属性类的频率必须是固定值（无论我们是否能够发现）。此外，概率的频率解释更严重的缺陷是它分析的对象只涉及类，而非个体事件。

3. 概率的可信度解释

艾耶尔将概率的第三类解释称作可信度解释，他之所以将概率解释为可信度，是因为他认为有些命题应该通过可能性来描述，而不应该简单地指派给其真与假。例如，一个事件既不是可能的也不是不可能的，那么很容易推断出它相关于其他事件是可能的或是不可能的。因而可信度解释的影响在于其描述了一些特殊事件有可能发生或者已经发生，甚至其中的某事件比另一事件更可能发生。在这个过程中，经验证据起到了至关重要的作用。通常情形下，我们应当将与事件相关的证据最大化，通过对证据的最佳评估，以获取最合理的结果，但是这并不意味着可信度解释得到的结论必然是正确或错误的，我们允许存在特定的因素说明我们之前的证据不可依赖或者说存在证据表明我们需要修改当前的立场。从这层意义上讲，概率的可信度解释并不是整体上的事实，而是在某种意义上尝试以回顾的形式分析之前的数据，以预测未知的结果。在这个过程中，预测的错误性也是可以接受的，因为它是基于已有数据进行预测的，但是结果并没有按照已有的证据发生。因而，当我们谈论某事件是可能的，只是说某事件基于当前的信息和数据如此发生是最理想的，也是合理的。然而，这并不要求当事件 A 发生时，事件 B 也必然发生，事件 B 只是在多数情形下会发生，这便是我们通常面临的经验归纳问题。

从上述分析中，我们可以看出概率的可信度解释也是基于对经验信息的统计分析，这与概率的频率解释存在相似性，那么这是否意味着二者是相同的。事实上，概率的频率解释与可信度解释并不一样，频率解释是对事件所属类的分析，而可信度解释是对个体事件的分析。此外，概率的可信度解释是通过已有的经验数据分析出最合理的结果，但是推理的结果允许发生错误，错误的发生将标志着存在某些因素或证据影响了事件的发生，这正与人类的经验认识存在相似之处，因此我们考虑利用概率的可信度解释分析不完备的经验知识。与此同时，对事件的可信度判断既保证了前提与结论之间的逻辑关系，同时可信度判断的可错性又丰富了推理的结果。

（二）概率与证据的关系

归纳推理的一般性定义是指，从特殊到普遍的推理，是一种或然性推理。通俗点讲，归纳推理可以理解为人类基于经验信息或者知识的储存，总结其中存在的基本规律，并且类似情形下的事物也遵循这些规律，从而可以预测相同或相似事物的发展。由归纳推理的定义，我们可以知道归纳推理是凭借已有的经验信息或知识来预测未知事物的发展，因而归纳推理在某一时刻保证的结论也许在另一时刻会被反对。不过，鉴于更多新证据的出现，我们也许会重新返回支持原始结论。这种现象通常以两种方式出现："第一种方式是由摩根提出的，他认为主体（推理者或思想家）会逐步考虑更多的因素，那么得到的结论也许会随着他考虑的证据的增加而来回反转；第二种也许发生的方式是，在每一点，主体都兼顾了其所拥有的所有证据，但是新证据会随着时间变得更有效，并导致曾接受的观点被反对，也许会随着证据的增加而重新接纳原来观点。"[1]由此可见，归纳推理中所依据的证据为推理提供了其所依据的信息，而推理的结论则是从证据中获取的信息在某种程度上所支持的结果。因此，"相比一阶逻辑普遍被接受的特点，并不存在普遍接受的归纳逻辑，只是存在支持预设观点的归纳证据"[2]。

经验实在论者主张的立场是，经验概括以及个体未来事件都不是绝对为真的。"有效的证据或多或少地确证了普遍归纳但是并不能蕴涵该归纳"[3]，对于异常事件的预测是可能的但是并不是确定的。证据至多使得假设是可能的，但并不能确保其为真，因而人们认为证据是接受假设的必要但非充分条件，除非我们可以指派给证据一个定量值，用于描述证据的可信度。而由上文中概率的可信度解释可知，概率可以用于刻画经验信息的有效性，进而描述一些事件是可能发生的或者是比其他事件更可能发生的。从这一点分析，概率可以用于定量地描述证据，建立起归纳推理中前提与结论之间的定性关系，虽然这种关系并不是逻辑必然性关系，但是也在一定程度上描绘了证据对结论的支持关系。与此同时，与归纳推理一样，概率也具有或然性特征，

① Kyburg H E Jr. Real logic is nonmonotonic[J]. Minds and Machines, 2001, 11: 580.
② Kyburg H E Jr. Real logic is nonmonotonic[J]. Minds and Machines, 2001, 11: 580.
③ Chattopadhyaya D P. Induction, Probability, and Skepticism[M]. Albany: State University of New York Press, 1991: 3.

适用于不完备经验的归纳推理。

（三）条件概率分析

证据的诠释表明了经验分析是通过对已有经验数据或者信息的分析推理相关预设的发生情况，因而这是一种基于已知条件下求解另一事件发生的概率的方法。而条件概率作为概率论中一个重要的概念，其描述的是事件 A 已经发生的情况下事件 B 发生的概率。从这层意义上分析，条件概率与经验分析表述了同样的内容，故而我们将条件概率作为经验分析的基本工具。

条件概率是指，"设两个事件 A、B，且 $P(A) > 0$，称 $P(B|A) = P(AB)/P(A)$ 为在事件 A 发生的条件下事件 B 发生的条件概率"[1]，其中 $P(B|A)$ 表示事件 A 已经发生的情形下事件 B 发生的概率，$P(AB)$ 表示事件 A 与事件 B 同时发生的概率。对于条件概率，其需要满足以下三个条件：①任何命题或者事件的概率都位于 0 与 1 之间，$0 \leq P(A) \leq 1$；②如果一个命题或事件确定是必然发生的，那么该命题或事件发生的概率为 1，$P(\text{sure}|A) = 1$；③如果两个事件 B 和 C 相互排斥，那么 $P(B \cup C|A) = P(B|A) + P(C|A)$，即事件 A 已发生的情形下 B 和 C 其中一个发生的概率等于事件 A 已发生的情形下 B、C 各自发生的概率之和。

由条件概率的定义可知，条件概率刻画的是事件 B 在事件 A 基础上可能发生的概率。当我们将概率应用到经验分析中时，条件概率中的事件 A 则可以被看作已知的经验知识，而事件 B 则相当于基于已知经验的预设，由此求解的概率便是基于经验总结推理出相关预设的可能性程度。在这一过程中，预设是在条件 A 的基础上获得的，因而事件 A 相当于归纳推理中的证据，而条件概率则可以被视为证据对相关预设的支持度，即该预设相关于证据的可信度。可是，前文所述中曾提到，证据只是在一定程度上支持该结论，二者之间并不是必然相关的关系，故而相同或相似的证据也许可以推理出其他合理的结论。为此，基于概率对不完备的经验知识的整体分析是必不可少的。

（四）不完备经验的概率分析

由于证据与预设之间的关系是或然的，故而并不能只停留于对不完备经

---

① 盛骤，谢式千，潘承毅. 概率论与数理统计[M]. 4 版. 北京：高等教育出版社，2008：15.

验的单一假设分析，如何能够精确地、全面地分析经验知识是不完备经验研究的关键所在。鉴于此，我们可以研究证据与不同预设之间的关系。首先，我们先简单地研究两个互不相容的假设 H 和~H，并通过对条件概率的形式转化可获得假设 H 的条件概率：$P(H|E) = P(H)P(E|H)/P(H)P(E|H) + P(\sim H)P(E|\sim H)$ [1]，其中 H 表示假设，E 表示证据，该表达式描述了经验信息对假设 H 的支持程度。与此类似，我们可以利用~H 替换 H 得出~H 的证据支持度。在此基础上，我们可以将两个假设扩展到多个互不相容的假设上。对于互不相容的假设 H_1、H_2、H_3、H_4、…、H_k，同时 $P(H_i)>0$（$i=1$，2，…，k）；如果 $P(E)>0$，通过扩展上述表达式，我们可以得到每一个假设的条件概率为

$$P(H_j|E) = P(H_j)P(E|H_j) \Big/ \sum_{i=1}^{k} P(H_i)P(E|H_i)$$ [2]

其中 $\sum_{i=1}^{k} P(H_i)P(E|H_i)$ 表示所有的证据。基于每一个假设的发生概率的求解，我们定量地刻画了归纳推理中经验与不同假设之间的关系。

尽管我们基于条件概率分析了经验与预设之间的关系，但是随着经验证据的不断增加，依据之前经验分析的结果可能会存在偏差，故而我们需要重新考察经验与预设的关系。在重新分析经验和预设的关系时，我们首先需要更新证据库，将新的证据添加到证据库，同时要删除无效的证据，并在此基础上，重新计算不同假设的可信度，以精确地反映经验对预设的支持度。随着新证据的不断增加以及经验和预设之间的关系的持续更新，证据和证据对假设的支持度会在一定程度上趋于稳定。

三、不完备经验知识的修正

经验是主体对世界的感知与认识的结果，在此过程中，其可能被多种因素所影响。即使在认识初期，人类面对的是相同的经验，随着认识过程中外界因素的不断介入，最终经验发展的结果并不必然相同。之所以经验推理会

---

[1] Hacking I. An Introduction to Probability and Inductive Logic[M]. Cambridge：Cambridge University Press，2001：70.

[2] Hacking I. An Introduction to Probability and Inductive Logic[M]. Cambridge：Cambridge University Press，2001：70.

以非必然的模式发展，是因为经验的易变性以及不确定性。因为经验的推理是或然的，纵使我们的推理过程依据的是或然的概率，我们也难以回避经验的推理结果与经验实际发生结果的差异性。那么，当经验推理中发生该情形时，我们如何处理这种现象？特别是，在经验知识库中，倘若经验实际发生结果超出了知识库中包含的经验信息，我们又如何处理新的经验结果？我们似乎不得不去考虑基于新的经验结果重新分析知识库。然而，近年来，逻辑学的一个重要分支方向便是主要聚焦于人类信念的修正过程。逻辑学家通过对信念的不断认识，考察新、旧信念是否正确，并且寻找二者之间的关系是相容或是相斥，进而通过对信念的扩张、修正以及收缩过程来更新信念。既然逻辑学家可以依据信念的逐步修正过程来纠正我们对信念的认识，同样，我们是否可以尝试将上述方法应用到经验知识库的修正过程，以便于确保知识库的正确性与合理性。

经验的非确定性意味着经验的推理过程势必会出现新的经验结果，这些经验结果可能与已有的经验知识毫无关系，亦可能是已有经验知识的深层发展或是反驳已有经验知识。鉴于新的经验结果与已有经验知识之间不同的关系，我们需要依据不同的方法更新，下面将详细论述新的经验结果的更新过程。

（一）经验知识的添加

逻辑学家曾提出，如果新信念的发现与已知信念并没有发生不兼容现象，只是一种全新的认识，那么我们可以在已有的信念集合中直接添加新的信念。同样，如果新的经验结果只是一种新的发现，并不与已有的经验知识矛盾，我们则可以依据上述理念来更新经验知识库。不过，经验知识库的更新过程与信念更新过程存在不同之处，因为基于条件概率对经验知识的分析只是描述了已有证据对假设的支持度，其对新的经验结果还缺乏较强的推理能力。因此，经验知识库的更新过程首先需要分析条件概率的推理结果。

如果实际发生的经验结果并没有超出条件概率的分析结果，我们则只需要依据新的经验证据重新分析不同假设的支持度；倘若实际发生的经验结果已经超出了已知的假设，我们则需要将新的经验结果引入知识库中，并且要鉴定新的经验结果与知识库中不同经验知识的关系。在此，我们首先分析的是一种新的经验知识，但是该知识并不矛盾于已有的经验知识。

假设我们的经验知识库为 $K = \{s_1,\ s_2,\ s_3,\ s_4, \cdots,\ s_n\}$，其中 s_i 是知识库

中已经包含的经验知识，在此基础上，我们发现的新的经验知识为 s_{n+1}，该知识是不同于知识库中任何知识的新知识。由于该知识与知识库中的知识并不矛盾，那么我们可以以将该知识添加到已有的知识库中，形成新的知识库 $K^+=\{K^+ \mid K^+=K \bigcup s_{n+1}\}$。与此同时，我们需要重新分析与不同经验知识相关的证据，并总结与新知识 s_{n+1} 相关的证据。在这里，我们需要利用推广的条件概率公式重新求解新的知识库中不同经验知识的支持度，考察经验知识的变化，重新诠释经验知识的意义。这需要强调的是，由于新的经验知识是第一次出现，因而新知识的证据支持度在初始阶段一定是较低的，但是随着新的经验知识出现次数的递增，我们可以凭借推广的条件概率不断地更新所有经验知识的支持度，最终新知识的支持度会逐渐提高，甚至会逐步趋于稳定。

新的经验知识的添加作为经验知识库的一种扩充方式，在一定程度上实现了归纳推理过程中新知识的表征，从而弥补了归纳推理在形式化表征过程中对新知识表征的局限性，同时丰富了知识库的表征域。此外，经验知识库对经验知识的不断添加过程也动态地刻画了人类对经验知识的认识过程。

（二）经验知识的替代

新的经验知识与已有的经验知识不可能只是一种不相关的关系，它们可能存在的第二种关系便是新的经验知识是在已有经验知识基础上的递进发展。例如，物理学中对光的性质的认识就属于该类情形。在光的早期认识中，格里马第通过小棍子在光束下的影子发现了光的衍射现象，据此提出光可能是一种波动现象；随后，胡克提出"光是以太的一种纵向波"假说；在此基础上，惠更斯通过对光学实验与格里马第实验的分析，提出了比较完整的波动说理论，并认为光是一种机械波；此后，越来越多的物理学家依据衍射现象的分析，坚定地相信光是波动现象；但是，牛顿在光的色散实验中谈到光是由粒子组成的，并利用光的粒子性解释了色散现象；伴随波动说与粒子说的发展，许多物理学家开始争论二者的正确性；直到二十世纪，爱因斯坦提出光具有波粒二象性，这一争论才结束。从光的本质认识过程，我们不难发现，新的知识可能是已有知识的补充与发展，因而经验知识库的修正过程不可回避地需要解决该类知识的更新过程，以完善经验知识的表征与分析。

在此，我们同样假设经验知识库为 $K = \{s_1, s_2, s_3, s_4, \cdots, s_n\}$，其中 s_i

同样表示已有的经验知识，在此基础上，我们发现的新的经验知识为 $s'_j(1 \leqslant j \leqslant n)$，该知识是知识库中已有知识的补充或者是进一步延伸。由于该知识同样不矛盾于知识库中的知识，那么我们亦可以将该知识添加到知识库 K 中，但是我们需要替代原来知识库中的经验知识 s_j 形成新的知识库 $K' = \{K' | K' = (K - s_j) \cup s'_j\}$。鉴于此，我们需要重新分析和总结与新的经验知识 s'_j 相关的证据，并丢弃与知识库不相关的证据。此外，我们也需要利用推广的条件概率公式重新求解新的知识库中不同经验知识的支持度，摒弃原来知识库中 s_j 的意义，重新阐释经验知识 s'_j 的意义。需要说明的是，由于经验知识 s'_j 是经验知识 s_j 的延伸，支持经验知识 s_j 的证据并不一定完全支持经验知识 s'_j，因此我们必须认真地考察原来的证据信息。新的经验知识作为知识库中已有经验知识的延伸，其拓展了我们对经验知识的认识，弥补了我们在对客观世界认识过程中的不足，完善了经验知识的知识体系，同时也在一定程度上提高了知识库的准确性与合理性。

（三）经验知识的删除

除了以上两种关系外，第三种关系便是新的经验知识与已有的经验知识之间存在矛盾。例如，米丽都学派最初提出地心说的理念，后来经过欧多克斯、亚里士多德、托勒密的进一步发展而逐渐完善。托勒密在地心说理念中主张地球是宇宙的中心且静止不动，地球外存在月球、水星、金星、太阳等在各自的轨道上绕地球运行，并且行星在本轮上运动，而本轮又依据均轮绕着地球运行；而随着对天体认识的深入，哥白尼提出了日心说，他认为所有的行星都是以太阳为中心而转动的，地球也不例外，同时他还指出地球不仅存在自转同时又环绕太阳转动。虽然以我们现在的知识来评判日心说，其同样不是完全正确的，但是日心说的提出极大地促进了我们对宇宙结构的认识，在此基础上，我们认识到日心说与地心说相矛盾，并证明了地心说是错误的。在这里，日心说与地心说的关系就是典型的第三种关系。早期我们认识的局限性，致使我们产生了错误的经验认识，因而新的经验知识与已有的经验知识产生了矛盾，故而我们需要删除知识库中错误的经验知识。新的经验认识反驳已有经验知识是错误的知识只是矛盾关系中存在的一种可能，其还存在另一种可能性，也就是，我们发现新的经验认识矛盾于已有的经验结果，但是需要我们考察哪一种认识是正确的。在此，我们将从整体上分析这两种矛盾关系。

与上文类似，我们同样假设已有经验知识库为 $K = \{s_1, s_2, s_3, s_4, \cdots, s_n\}$，其中 s_i 同样表示已有的经验知识，在此基础上，我们发现的新的经验知识为 $s_k'(1 \leqslant k \leqslant n)$，该经验知识与已有的经验知识 s_k 相矛盾。鉴于此，我们首先需要分析的是经验知识 s_k' 与 s_k 中哪一种经验知识是错误的。如果经验知识 s_k' 是错误的，那么知识库不需要进行更新；如果经验知识 s_k 是错误的，我们则需要用 s_k' 替换 s_k，并同时更新知识库为：$K^- = \{K^- | K^- = (K - s_k) \bigcup s_k'\}$；如果经验知识 s_k' 与 s_k 都存在问题，我们则需要删除经验知识 s_k，形成新的知识库：$K^- = \{K^- | K^- = (K - s_k)\}$。对于第一种情形，我们并不需要对知识库中不同经验知识重新进行证据分析；但是，对于后两种矛盾关系，我们则需要重新分析知识库中不同经验知识的证据，并计算相对应的证据支持度，用于定量地描述新的经验知识的变化与意义。由于第三类关系是矛盾关系，所以原有的证据中应该存在与新的经验知识库不协调的证据，我们必须在证据分析过程中鉴别有效证据，摒弃无效证据。经验知识之间矛盾关系的表征与修正，不仅纠正了人类的认识错误，而且也保证了知识库的一致性，避免了知识库因矛盾引发的爆炸性扩张。

经验知识并不是一类确定性知识，因而人类在认识过程中必然面临经验知识正确性的反复判断，在这个过程中，我们需要依据新的认识不断地修正存在偏差的经验认识。通过借鉴信念修正的方法与理念，笔者从三个视角对经验知识的修正过程进行了分析，期望能够为经验的深入认识提供合理的方法，并拓展经验知识库的表征域，提高知识库的准确性。此外，经验知识作为人类知识库的一块重要内容，它的表征范围的扩张、表征工具的丰富、表征结果的精确将能为人工智能提供更为夯实的基础。

四、不完备经验知识表征的意义

通常而言，计算机是机械式的表征和分析过程，因而对于人类对客观世界认识过程的模拟是比较困难的。特别是，人类在经验的认识过程中，其势必会遭遇认识错误或者认识的片面化，并在不断的认识过程中逐渐纠正和完善自己的认识。相比之下，计算机则并不能主观上发现自身知识库内错误的经验知识，同时依据有效的方法修正经验知识。根据不完备经验知识的概率分析，笔者认为可以利用条件概率分析经验知识的可信度，并借鉴信念修正理论的理念修正经验知识的错误认识。经验知识的概率分析也许还有很多问题亟待解决，但是该方法确实可以促进经验知识的研究，同时表现出丰富的研究意义。

其一，经验知识库的表征为人工智能的研究提供了丰富的数据资源。在智能化时代，数据资源是计算机推理、表征以及应用的前提条件，故而计算机数据资源的多样性以及充分性在很大程度上影响计算机的应用能力。假如计算机的数据库中不包含该类型的数据，那么计算机在应用中将不能识别该类型数据的意义。而经验知识作为一块重要的知识块，其直接反映了人类对客观世界的认识以及常识性推理的认知。可是，经验知识也因其易变性和偶然性致使经验呈现出结果的多样性，这也是计算机在经验知识表征问题上的困难所在。而通过条件概率的分析，我们可以分析经验信息在何种程度上支持知识库的经验知识，这不仅在程度上刻画了经验知识，同时也在形式上表征了经验知识，为计算机表征经验知识提供了方法。此外，经验知识的修正理念也确保了知识库中的经验知识无矛盾，保证了基于经验知识库的推理过程的有效性。

其二，基于条件概率分析经验知识可以为预测不确定的事实或知识提供研究思路。归纳推理是认识经验知识最为普遍的方法，但是并不存在一种特别有效的形式化工具可以用于预测不确定的经验知识或事实的发展。而上文中论述的条件概率是在已有的经验基础上考察经验信息对预设的支持度，这个过程体现了条件概率是通过刻画经验信息中有效的证据来分析经验推理的结果的。那么，我们可以利用概率计算一些相同或近似证据的证据度，用以分析这些证据在一定程度上可以支持什么结果，进而预测可能发生的经验事实或知识。该想法也许并不成熟，但是可以为我们预测经验事实或知识可能发生的结果提出一种潜在的研究进路。

其三，经验知识的研究方式可以为大数据处理提供归类方式，并在一定程度上提高证据的可信度。由于网络数据分辨的困难性，数据库中的数据类型复杂、有效信息低，我们并没有特别有效的方法可以用于鉴别海量数据，并将无效或是垃圾数据过滤掉，因而如何合理地从大数据中提取有效数据是需要解决的问题之一。而条件概率是针对预设计算证据对其的支持度，那么我们可以将特定目标作为预设，从数据库提炼与目标相符的数据信息，并将其他不相关的数据排除在证据之外。基于特定假设寻找与其相关的数据，可以作为大数据分类的一种方式，同时该方法还可以降低数据的计算复杂度。除此之外，数据库中的数据质量差，数据的准确度低、可信赖度低，许多数据是不具有任何意义的，甚至是存在错误的数据。鉴于此，我们需要修正这些数据，而笔者在前文中曾提出了修正经验知识的方法，该方法可以被尝试用于修正数据库中的错误数据，以提高数据的有效性与可靠性。

其四，经验知识认识模式的模拟，可以促进计算机对人类认知过程的模拟。模拟人类的认知过程一直是计算机前进的动力，可是经验知识推理的或然性限制了计算机对其机械式地表征。不过，概率论通过对经验证据的分析不仅在定量上刻画了不同经验知识的可信度，也从侧面定性地描绘了不同经验知识是否有效，因而计算机通过概率论表征经验知识可以在一定程度上反映人类认识经验知识过程中的认知方式和思维模式，这推动了计算机对人类或然性推理的模拟与表征。在此基础上，经验知识的修正过程是对人类认识过程的一种客观描绘，如果计算机可以利用该理念修正和更新计算机经验知识库，计算机在功能表征上则可以进一步模拟人类的认知过程。

小 结

人工智能与逻辑相结合的时间很难准确地确定，可是逻辑与人工智能紧密结合的时间应该追溯到 20 世纪 50 年代的后期。这一时期是逻辑推理占统治地位的时期，该期间逻辑主要被用于研究一些具有确切定义的确定性问题。而经典数理逻辑毕竟是借助数学的方法构建的逻辑，该逻辑采用了数学的符号化、形式化和公理化方法，这样的逻辑演算必然会像代数一般机械、严格与准确，因而完全摒弃了自然语言的模糊性、歧义性。也正是由于经典数理逻辑的精确性，限制了该逻辑不能表征不确定性问题。至此，人工智能与逻辑的关系开始疏远，人工智能的研究开始陷入低谷。鉴于此，逻辑学家对经典数理逻辑的推理规则进行了革命性的变革，在适当的程度上降低了对逻辑演绎的约束；与此同时，逻辑学家还构建了不同的逻辑算子用于在时间、空间以及真势模态上描述命题不同的意义。此时，逻辑与人工智能以一种前所未有的紧密关系联系在一起。

在当代科学哲学发展中，许多问题的研究都是与语境紧密联系在一起的，同样非经典逻辑的分析也不例外。随着逻辑基础与应用域的不断扩展，非经典逻辑呈现出对语境的敏感性，因而非经典逻辑可以被视为一种依赖语境的分析方法。在非经典逻辑演绎过程中，每一次推理都是在特定条件下的推理。而给定了推理的前提条件，就意味着给定了非经典逻辑推理的语境。因此，给定条件下的推理结果，就是该命题在该前提语境下的意义所指。可见，非经典逻辑的形式表征与推理是与语境相一致的。如果离开了特定的语境约束，非经典逻辑的演算将无法准确地表达结果，这鲜明地刻画了语境分析方法与逻辑分析的融合。再者，可能世界语义学以及情境语义学的产生与发展，也反映了非经典逻辑与语境的相关性。可能世界语义学源于莱布尼茨的可能世界，只是莱布尼茨将现实世界视为一个可能世界，该解释表明了可能世界语义学与语境并不存在关系。许多学者并不认同这种观点，他们更愿意将可能世界解释为现实世界的可能状态。从现实世界的可能状态理解可能世界，我们会发现每一种可能状态其实是为命题的解释划定了范围，因而该状态下的解释便赋予了该状态所包含的特殊的意义。从这一层意义讲，理解命题的可能状态可以看作是理解命题的语境，不同的可能状态对应于不同的命题解释语境。而情境语义学则强调"一个语言表达式的意义不仅存在于这个表达式本身之中，而且主要是存在于这个表达式和它所描述的情境的关系之中"①。可见，意义明确地交流必然是基于表述者所描述的情境，情境的准确判别将限制命题、句子以及表达式的意义所指，因此，句子表述的情境限定相当于确定了句子的解释语境，同时也约束了句子的意义。

此外，非经典逻辑的形式化表征也是语境形式化与可计算化的一种体现。目前，语境分析方法基本上还是以语言分析为主，而如果语境分析方法想被广泛应用于自然科学甚至计算机科学的研究中，其归根结底要实现形式化的表征与演算。在这方面，非经典逻辑是一种值得借鉴的研究模式。非经典逻辑虽然与经典数理逻辑存在许多不同之处，却是基于经典逻辑系统构建的，故而保留了经典逻辑符号化、形式化的特征，是一种可计算化的逻辑系统。由此可知，非经典逻辑的分析过程是一种基于语境的形式化推理过程，因而该方法在对问题进行内涵意义解释的同时，也形式化地表征了问题的分析过程。总之，无论是非经典逻辑的形式化推理过程，还是该逻辑对命题的内涵意义解释，都表明该逻辑方法是一种依赖语境的分析方法。这里需要明确的是，尽管非经典逻辑可以被视为一种语境分析方法，但是该方法并未形成成熟的研究体系，这也是逻辑学未来需要解决的问题。

---

① 吴允曾. 情境语义学——一种新的"意义理论"[M]. 北京：北京科学技术出版社，1991：99.

第七章　科学解释规范性的重建与意义建构的语境化趋向

要通过语境分析的模型化、形式化和计算化来构建语境化的语义分析方法，重新构建科学解释模型，实现科学哲学的意义建构，进而建立起以语境为基底的科学哲学的现代性研究范式，也需要重视科学解释中的规范性问题，把恢复科学理性的地位当作当前科学哲学研究的重要论题，这也是科学解释与意义建构的语境化趋向的必然诉求与旨趣。因为语境的模型化、形式化与计算化的前提是，语境本身是规范性的，就语义学等领域而言，这种规范性体现在理性、意义（语言）与世界三者之间的规范性联系之中。然而，20世纪七八十年代以来，这种规范性联系受到一系列的冲击，甚至连规范性概念以及科学理性本身也受到质疑，这就使得重建科学哲学的规范性、回归科学理性成为当前亟待解决的论题。

第一节　规范性语境中的意义解释与建构

自规范性问题的"语义转向"以来，"规范性"在当代语义学的发展中彰显出其越来越重要的方法论意义，特别在语言使用和意义的相关分析中体现出其必要性和独特性，而且规范性论题内含着不同的层次和维度。当我们基于语义学的视域，追问有意义的语言表达式与其运用的正确性条件之间的关系时，更需要进一步考察说话者的心灵状态，而对语言表达式和心灵内容的分析始终无法脱离说话者言语行为的语用意蕴和语用效力。意义的规范性与心灵内容的规范性之间密不可分，意义归因需要借助信念归因才能得以充分解释。对于语言意义的规范性，传统的语义分析方法多从强规范性和显规范性的视角进行解读，而忽视了在言语实践语境中关于心灵状态等因素的弱规范性分析所具有的基础性意义。因此，意义的规范性无法在自身领域内得到充分解释，心灵内容的规范性分析也应作为解读意义的规范性的必要条件，这进一步彰显了弱规范性的地位。

心灵内容的规范性更揭示出：相对于规范性的"显性"维度，规范性的"隐性"维度对于说明主体的行为特别是言语行为具有不可或缺的意义和优先性地位。传统语义学研究对于显规范性和强规范性的强调，不足以提供规范性问题的整体图景。而在语义学和语用学相结合进行解读的基础上，将规范性问题置于一种实践理性的视域中进行探讨，有助于全面呈现规范性论题的整体脉络及其特征，以及这些基本特征如何促成了规范性语境的构成。

总体上看，规范性就其基本论域而言，主要可以区分为意义和心灵内容这两种不同的规范性。关于前者的分析表明，与强规范性相比，弱规范性更能体现规范性要求的合理内涵；关于后者的讨论揭示了隐规范性比显规范性更具有基础性和决定性地位。这就体现出规范性探讨的一种整体变化：从显规范性到隐规范性，从强规范性到弱规范性。这一变化实际上指出了规范性问题在研究进路和探讨方式上的总体趋向：从语义规范性到语用规范性。

这就意味着，要澄清规范性的本质和内涵，语义学的"应该"需要结合语用学的"应该"，语义规范性中渗透着非语义规范性的特征。说话者的意向、欲望、行为、态度等方面的语用分析对于说明语义结构和内容具有重要意义。这就使规范性问题的探讨无论在研究内容还是在方法论层面都呈现出一种语用倾向和进路，并为规范性语境的构建提供了基础。鉴于"规范性"论题本身的理论特征与意蕴，本节通过语法、语义和语用三重维度全面地呈现并解读这一问题，在此基础上分析规范性语境的可能性及其意义。

一、语言表达式的规范性意蕴及其语法特征

意义的规范性与心灵内容的规范性阐释为规范性语境的构成性分析提供了基础，阐释的过程本身也表明了规范性语境构成中的语义维度与语用维度。与此同时，这种构成性分析也内在地要求我们对规范性表达式的语法规则及其特征予以澄清，进而表明语法层次的规范性问题与语义、语用层次的规范性之间的内在联系与差异。因此，语法的、语义的以及语用的规范性内涵及其基本特征确证了规范性语境的构成。其中，语法层面的规范性问题是规范性语境的建构中不可或缺的一部分，而阐明规范性语言的表达及其特征

需要重视以下几个方面。

第一，在说话者使用语言表达式的过程中，表达式语法上的规范性体现出一种内化性与潜在性趋向，说话者对语法规则的了解与把握也呈现出一种程序性与默会性特征，从而语法层次的规范性可以与语义和语用层次的规范性内在地结合起来。就语法的规则与规范性而言，这里同样存在着类似于能动者知道如何采取行动与实际上实施此行动之间的关系问题。在探讨表达式的意义时，一方面，我们总是试图揭示有哪些规则或规范决定了这些表达式能够符合语法，而且通常认为语言意义及其规则在很大程度上依赖于这种语言的说话者如何使用相关的表达式；但是另一方面，我们却不能作此断言，即描述某种语言的语法规则或者语形上的规范性要求就相当于知道说话者实际上会如何使用该语言。可见在对于语法的规范性探讨中，也类似地存在着知识论领域中的常见难题，即"能力之知"（Knowing-How）与"命题之知"（Knowing-That）的区分与联系问题。在对语言表达式的使用方式的具体考察中可以发现，说话者会如何使用某一表达式并不能归于有关语法规则与规范性的一般性描述，即这里的"Knowing-How"仍然不能归为"Knowing-That"。而且，我们在实际使用中所表达的话语严格来讲都是不符合语法甚至违背语法规则的，看似并没有遵循那些规范性要求，但是这并不代表就会言不达意或发生错误，也并不会必然导致与语义和语用层次上的规范性要求相违背。也就是说，表达式使用中正确与错误之分并不是由某种形而上意义的语法规则所决定的，对于正确与错误的判断不能脱离语义和语用层次上的规则与规范性。

具体地讲，当说话者在语法上对表达式的规范性使用有所了解和把握时，这类似于对程序性知识的把握，它体现的是能动者或说话者对于语法规则与规范性的一种内化。一般而言，所谓的程序性知识是相对于陈述性知识而言的。人们有时候能够在没有慎思相关规范的情况下就自然地使其行为符合于规范，原因在于，能够把握一种程序性而非陈述性知识，也就是知道"如何做"但并不清楚地知道关于此知识的描述。这种情况就像知识论意义上所说的能动者知道"Knowing-How"但并不了解"Knowing-That"，他把握了在具体情形中如何行为的程序性知识但并不能描述这种应做的行为"是什么"。实际上，可以将这一过程视作对于默会性知识或默会性规范的把握与运用，能动者的行为往往受到这种非理智主义方式的程序性知识与默会性规范的影响，语法规则在说话者使用表达式的过程中发挥的作用同样如此。

　　第二，正因为人们对于语法规范性的掌握也体现出一定的程序性与默会性特征，所以当我们基于说话者使用表达式的语境而重新考量语法的规范性时，会将它与语义规范性和语用规范性看作一个不可分割的系统，并采取一种"自下而上"的整体性分析与解决方案。之所以称为"自下而上"，是因为与那种关于语言表达式的认知、习得和使用的传统方案相比，这一方案体现了逆向的方法与特征。按照关于语言表达式使用的传统方案来看，当说话者学习如何使用一个表达式时，首先会获得一种应该怎样正确地使用该表达式的语法知识，然后通过该语法规则而习得该表达式的意义，进而可以按照符合该表达式意义的方式来具体使用它，我们可以将这一从"规则"到"应用"的过程称为"自上而下"的方式。但是，语言的实际使用过程却常常与之相反，这可以体现为：当说话者学习如何正确地使用某一表达式时，可以认为他确实对这种使用有某种程度的获得与了解，但与传统方案不同的是，这一过程可以不必以明确清晰的语法规则作为开端。也就是说，这一方案预先考虑到了说话者此时可能并没有获得命题知识层次上的语法规则这一情况，所以他也不了解由语法规则做出的在各种情形中应如何使用表达式的具体规定，我们也可以认为这一方案已经内在地或潜在地存在于说话者的认知结构之中。

　　按照这一方案，并非语法上的规范性指示严格规定了说话者如何使用表达式并力求在使用中体现出该表达式的意义，而是这种规范性指示成为对使用表达式的一种描述。在这种意义上讲，心理学上通过计算机做比喻的典型案例可以较为恰当地刻画这种规范性特征。正像计算机所拥有的程序性知识那样，当说话者拥有了相关的"编译"知识时，他在具体行动中并没有时时意识到和特意调出这种知识，而是在其行动中自动地导入了相关程序。需注意的是，这种规范性的作用并不仅限于描述的层次，它还体现了说话者"应该"如何的部分。但是，这种"应该"类似于语义规范性那样，它在语法的层次上也表明那种严格的强规范性实际上是无法达到的，说话者在使用中才体会并遵从规范。

　　第三，我们可以进一步给出说话者知道如何行动却无法描述相关规范性指示这类情况的详细理由。首先，了解或知道"如何"使用表达式（"Knowing-How"）提出的要求是，说话者在每一种具体使用该表达式的情形中知道自己会做什么，但这并不等价于他必须要预先对"应该"如何做出充分描述。其次，如果说话者在具体情形中知道如何使用表达式，也并没有要求他这种"知道"必须是关于语法规则的，即并不一定要把握那种明确的命题意义上的语法知识。他可能在每种使用过程中都清楚地"知道"自己的行为，只是无法在命题层次上加以描述（"Knowing-That"），但这并不影响表达式的正确使用。举例来讲，有一位熟悉某种语言的说话者，他知道怎样使用该语言，但尽管如此，他也无法保证总是能将这一语言系统中的每种表达式或者一个表达式的每种用法都使用得恰如其分。而且，当他没有将表达式使用得恰如其分时，他对这种不恰当使用有所感知，也经常能通过自我省察的方式来了解这一点，从而促使自己按照"应该"的方式来使用表达式。总之，基于规范性语境来考察时会发现，说话者可以在不清楚语法规则也没有刻意遵从规则的情况下，却了解表达式的意义并知道如何正确地使用该表达式。我们完全可以想象说话者知道表达式含义却不了解其语法规则的情形。可见，语法的规范性并不一定总是作为语义规范性和语用规范性的前提和基础，实际情形往往呈反向的趋势，语义和语用层次上的规范性往往发挥着奠基性与引领性作用。

综合以上几个方面可知，语法层次上的规范性对于主体而言，体现出一种主观内化与潜在化趋向，这使得主体对于语法规范性的把握也呈现出一种默会性特征，从而拥有程序性知识，并通过表达式的具体使用而与语义和语用层次的规范性内在地结合起来。语法规范性的这一特征与指向的作用特别体现在，它使得说话者在言语实践中无须经过慎思（或深思熟虑）就可以自然而然地使用表达式，并能体现其意义。此外，规范性语言表达式的使用方式和特征与表述语法和语义的规则相类似，语法层面上的相同的"应该"，其实际意蕴却呈现出多指向的特征。总之，如果要使语言表达式在语法上准确的同时又富有意义，则要使语法和语义的规范性条件都发挥作用，使其既保持彼此独立又能相互补充，同时在说话者的使用过程中辅以语用的规范性，即结合说话者心灵状态等方面的规范性条件，从而使这几方面构成关于语言意义问题的整体性解读方案，这也正是规范性语境的构成基础。规范性在语法、语义、语用三重维度上呈现出各自独立又彼此结合的特征，这使得说话者在言语实践过程中既受到一种规范性力量的引导又无须慎思具体的规范性条件。而用波洛克（John L. Pollock）与克拉兹（Joseph Cruz）等的话来说，程序性知识发挥作用的方式可称为"无需思考规范的规范性引导"①，尽管他

---

① 约翰·波洛克，乔·克拉兹. 当代知识论[M]. 陈真译. 上海：复旦大学出版社，2008：158-160.

们的分析主要基于知识论的视域，但同样可以援引来描述言语实践的情形。

当我们在言语实践的过程中描述默会性知识或程序性知识对说话者的影响时，再将目光转回语言哲学的视域，会发觉这也暗合了后期维特根斯坦论述中的深意，维特根斯坦揭示出传统哲学的本质主义导致了人们保持错误的倾向，即以为语言表达式的意义旨在体现对象的"本质特征"，而人们是在预先把握了语法规则和固定的语言意义的情况下来使用表达式的，这一误解也是哲学上混乱状况的重要原因。实际上常见的情形往往是，说话者可能没有获得相关语法规则甚至在从未学过语法的情况下而使用表达式，而且他的表达也完全有可能合乎语法规则。这时我们就能体会到维特根斯坦这句话中潜在的意蕴："当我遵守规则时，我不做出选择。我盲目地遵守规则。"①

二、"规范性"的语义维度及其特征

在描述规范性指示的表达式中，尽管对于"应该"的使用可能在语法层面上相同，但其实际意蕴却呈现出多重指向性的特征，这也需要我们结合语义规范性来把握其意义，在看似相同的"应该"中辨别其不同用法。"规范性"的语义维度及其特征可以通过以下几方面予以解读。

第一，体现了规范性要求的语言表达式不仅在语法、语义方面受到规范性条件的约束，而且在表述内容上也呈现出相应的特征，即常常通过"应该/必须……"来描述说话者在某一情境中应该遵循的规范性指示。既然说话者在具体语境中对于这种规范性指示的遵从是程序性和默会性的，因而将规范性指示中要求说话者做的行为与他事实上所实施的行为进行对比就显示出其必要性。关于规范性要求的描述与相应的行为之间存在着很大差异，而且即使假设说话者是在明确规则的前提下采取行动的，也难以避免这一差异的存在。但是，由于这种差异在程序性知识的讨论中体现得尤为明显，所以这里仍举例说明程序的规范性问题。我们将语法上相同的"应该"可能会具有的不同语义意蕴与指向归结为以下几种类型。

（1）"应该"的"义务"指向性，即一种范畴意义上的规范指向性。常见的那些关于道德、义务与责任方面的规范性判断就体现了这种特征。例

---

① 维特根斯坦. 哲学研究[M]. 韩林合译. 北京：商务印书馆，2013：150.

如，在"作为道德主体的人'应该'坚守自己的承诺"这句中体现了对于主体的一种明确规定性，指定了他需要承担的义务和责任。

（2）"应该"的"手段/目的"指向性。这一指向表示的是说话者为了实现某一愿望而需要采取的方式和手段，或者想要达到他的目标而应该要做的事，举例来讲，如果说话者想要从牛津出发而在中午到达剑桥，那么他"应该"搭乘早班火车。在这一陈述中的"应该"体现的是明显的目的指向特征。

（3）"应该"的行动构成指向性，或者可以考虑将其称为"应该"的"Knowing-How"指向性。这种指向性与前两种有差异，但相比之下更接近于"手段/目的"指向性，因为在这种蕴涵"应该"的规范性表达式中，可以将说话者"应该"做的行为看作他要完成的整体性行为的必要构成部分。比如，"在下棋过程中，如果要使这一活动能够进行下去，你应该遵守一定的规则"。在这一案例中，与其说为了实现下棋这一目的，那么你"应该"做某事（即遵守一定规则），不如说遵守这些规则构成了下棋活动的必要组成部分，因此这里的"应该"表明了构成某种行动的指向性。还有一种常见的典型例子："当骑自行车的时候，如果自行车向左/右倾斜，你应该将把手向左/右方向转。"对此更恰当的说法是，你骑车时应该如何是骑车这一活动的构成性部分。①

第二，语言表达式语法上的规范性不能脱离语义和语用的规范性来进行探讨，它们共处于对表达式规范性问题的整体性解读方案之中，而且语义和语用的规范性对于充分解读语法上的规范性要求还具有指引性作用。尽管如此，也要注意这些不同的维度在其基本规则与规范性条件方面还是有区别的，因而不能忽视它们之间的基本差异性。实际上，语义规范性与语用规范性在其特征方面的区别与联系非常明显，这里主要对语法和语义层次上规范性的区分进行解释。

如果对这一区分进行溯源可发现它也有其传统的论述与不同派别。如何正确地陈述语法和语义的规则并使其适应"从语法到语义层面"或"从语义到语法层面"的转换，这是争论已久的问题。然而，争论的焦点并不是语言的内在性质以及有无这种规则上的区别与相互转换，而在于其中的方向性问

---

① 波洛克与克拉兹曾经举过这一骑自行车的案例，并且对程序知识、规范性语言等问题也予以关注，但他们的相关探讨主要是基于认识的规范问题而展开的。参见约翰·波洛克，乔·克拉兹. 当代知识论[M]. 陈真译. 上海：复旦大学出版社，2008：152-188.

题。涉及的代表性观点主要有：① "生成语义学" 的观点。持此观点的学者认为，语义层次上的表达是衍生出句法表达即语言表层结构的基础，这一理论更深化了语言的深层结构，而且深层结构实质上就成为语义解释，它到表层结构之间的转换过程被拉长，句法也由此变得更加抽象。它指出规则上的转换并不会改变表达式的意义，但此原则也遭到了解释语义学派的激烈批评。② "解释语义学" 的观点。持此观点的学者主张，语义层次上的表达需要依赖于有关从 "句法基础" 中衍生出来的那种规则的阐释，即语句的语义描述由其句法基础派生出来，该观点也不再主张具有相同深层结构的语句的意义总是会相同的。很明显，实际上这两派的出发点都可以追溯至乔姆斯基在 1965 年提出的著名的 "标准理论"，即认为任何语句都有表层结构（和限定语音解释相关的句法层次）与深层结构（和语义解释相关的句法层次），而使用有关省略成分与改变语句成分的位置等转换的规则，则可以从深层结构生成表层结构，该规则还保持了语句的原意。①

　　与这两派的代表性观点有所不同，杰弗里·利奇（Geoffrey Leech）在综合了这些观点之后提出了一种比较中立的想法，他认为语义层次与语法层次的表达各自都有其独立结构，也有其合乎规范的条件，因而语言表达式才能符合语法规则而又体现出意义。②利奇的观点揭示了生成语义学与解释语义学各自的研究进路，同时表明语法规范性和语义规范性各自有其特征而不可混同。还有一个需注意的问题是，存在着某种表达规则可以把那些有不同结构的句法表达和语义表达联系起来，对于该规则的考虑主要是基于说话者的角度，它的作用体现在将句法和语义层面的表达中的一方 "映现" 于另一方之中。但是也会存在这样的情况，即存在于其中一个层次上的某些成分无法映现于另一个层次上。比如，有时表达式中的某些成分满足了语法层次上的规范性条件但却没有语义内容，这时就出现了所谓的 "零映现" 现象。可见，语法和语义层次的表达既相互映现又并非一一对应，这一现象也从另一方面表明了不同层次上的规范性条件具有关联之中的相对独立性。

　　第三，在区分了规范性要求的各种层次特别是 "应该" 的不同意蕴和指向性之后，可以更清晰地解读语义规范性的内涵及其特征。由规则所体现的不同程度的规范性要求也更加明晰化。

---

① Chomsky N. Aspects of the Theory of Syntax[M]. Cambridge：MIT Press, 1965：128-147.

② 关于 "生成语义学" "解释语义学" 之间的争论及利奇的相关评述可参见：杰弗里·N. 利奇. 语义学[M]. 李瑞华，王彤福，杨自俭，等译. 上海：上海外语教育出版社，2005：252-264，485-503.

（1）一般来讲，语言表达式具有意义的必要条件是存在关于它正确使用的条件，但有关表达式使用的规则往往仅指定或详述了表达式的正确性条件，而没有明确地指定一位说话者"应该"做什么或者"应该"断言什么。也就是说，当规则仅仅表述了表达式使用的条件而没有规定说话者的"义务"和"责任"时，这只是表达了较宽泛意义上的规范性要求。以表述某一语词正确性条件的规则为例，这里 w 是一个词项，F 表示它的意义，f 体现了 F 的特征或特征的集合，正由于此，F 在这里是适用的。我们因而得到了一个最常见的表述"正确性条件"的规则 R_1：

R_1：w 意谓 $F \to (x)$（w 正确地用于 $x \leftrightarrow x$ 是 f）

或简单地表述为：R_1^*：(x)（w 正确地用于 $x \leftrightarrow a$ 是 f）①

由于这一"正确性条件"的规则是最基本而屡见不鲜的，甚至往往被称为"老生常谈"。哈特甘迪（Anandi Hattiangadi）指出，对于一个语词与世界所能具有的各种语义关系而言，"正确地使用"这个表达式往往发挥着一种占位符的作用，"w 正确地用于 x"表示"w 指的是 x"，"w 指谓 x"，或"w 适用于 x"。②因此，如果 w 意谓"马"，w 适用于所有的并且仅仅是"马"这种对象；如果 w 意谓"白"，它指谓"白"并且仅仅是体现了"白"这一属性的对象。简而言之，可以说，根据上述规则 R_1，一个语词的意义可以通过它的正确性条件来表达。之所以我们将 R_1 看作关于表达式最普遍意义上的规则，主要因为它几乎没有被拒绝的可能性，这里的"正确性"对于表达式的意义而言几乎是构成性的，为了具有意义，表达式必须有正确性条件，这正是将语言表达式的使用与毫无意义的纯粹声音区分开来的东西。但是，这里的规则还未提到任何一位说话者，也没有明确地体现意义的规范性维度。

（2）如果表述语言表达式正确性条件的规则不仅诠释了该表达式的意义，而且指出了说话者如何使用表达式是"正确的"，或在使用表达式时"应该"遵循什么，那么就体现了规范性要求，但仍然存在强弱的差别。假定说话者表示为 S，其他表述方式仍然与上面相同，则我们可以通过两种表达式来体现这种强弱差别。

---

① 相关表达式可参见 Hattiangadi A. Is meaning normative？[J]. Mind and Language，2006，21（2）：222；Hattiangadi A. Oughts and Thoughts：Rule-Following and the Normativity of Content[M]. Oxford：Clarendon Press，2007：53-55.

② Hattiangadi A. Is meaning normative？[J]. Mind and Language，2006，21（2）：222-223.

R_2：S 以 w 意谓 $F \rightarrow (x)$（S 将 w 正确地用于 $x \leftrightarrow x$ 是 f）①

在表达式 R_2 中，意义的规范性体现在当说话者以一个表达式来意谓某对象时，他需要遵循相关的规则，这一规则并没有规定说话者"应该"或"必须"做什么，而只是将符合表达式意义的使用方式与不符合其意义的方式区分开。严格地讲，从 R_2 中，不能得出说话者"应该/必须"将 w 用于 x，当且仅当 x 是 f，而只是表明，说话者在遵循这样的规则，如果他将 w 用于 x，则他的使用就可以评价为"正确的"，如果用于非 x 的对象，就可以将这种使用描述为"不正确的"。实际上，R_2 仅体现了一种较弱的规范性。

表述正确性条件的规则还可以体现更强的规范性，如下：

R_3：S 以 w 意谓 $F \rightarrow (x)$（S "应该"将 w 正确地用于 $x \leftrightarrow x$ 是 f）

R_3 表达的规范性意蕴比 R_2 更强，也对说话者提出了更高的要求。在规则 R_1 或 R_1^* 中，它们无限地指定了"w"很多可能的使用情形，只要在"x"所涉及对象的无穷域的范围内。规则 R_2 对于何为"正确的"使用以及"不正确的"使用作了区分，并对说话者的使用方式有所评价，而 R_3 则更明确地指定了任一位以"w"意谓 F 的说话者 S "应该"或"必须"要做的事，R_2 与 R_3 表达了不同程度的规范性意蕴和要求。

显然，R_3 表达的规范性要求过高而在实际情形中难以达到。很明显，任何一位说话者都无法承担这样的义务，即将"w"用于那些所有体现 F 的对象上，没有人能将语词"w"用于每种符合该意义的对象。另外，如果"应该"意指"能够"，说话者同样无法也不必承担这样的义务和责任。退一步讲，即使我们假设一位说话者负有将语词"w"用于体现 F 的对象这一义务，该义务对于"w"的意义也并不是构成性的，它没有内在地蕴涵于"w"的意义之中。这一义务最多也仅仅体现在说话者将"w"用于体现 F 的对象，而不是将其用于每一个符合条件的对象。总之，这里的"应该"不必有范畴意义上的规范指向性，即使涉及"义务"，也需将其作为诠释正确性条件的补充，而不应作为强规范性的指示。

第四，由于上面的 R_3 实际上也体现的是一种较强的规范性要求，因此它可以被看作一种有关强规范性的表达式，并将其分为两个条件句进行分别探讨。为了将讨论的主题集中在规范性上，我们将 R_3 分解的两个表达式都以"规范性"来表示，记为 N_1 和 N_2。因此，"S 以 w 意谓 $F \rightarrow (x)$（S '应

---

① Hattiangadi A. Is meaning normative? [J]. Mind and Language, 2006, 21（2）: 224.

该'将 w 正确地用于 $x \leftrightarrow x$ 是 f)" 可以分解为

N_1：S 以 w 意谓 $F \rightarrow (x)$（x 是 $f \rightarrow S$ '应该'将 w 正确地用于 x）

N_2：S 以 w 意谓 $F \rightarrow (x)$（S '应该'将 w 正确地用于 $x \rightarrow x$ 是 f）

如上所示，N_1 对说话者提出了过高的规范性要求而无法应用于实际情形，这里无须赘述，而且 N_1 也正体现了意义怀疑论者所质疑的那种从"是"到"应该"的推论，怀疑论者强调的正是二者之间的鸿沟。需要关注的是 N_2 这个表达式，与 N_1 相比，这种规范性蕴涵了某种较弱的要求，但尽管如此，哈特甘迪认为 N_2 也是欠缺合理性和说服力的。哈特甘迪曾提供了拒绝 N_2 的两个理由，在这些情况中，我们一般认为说话者没有违反其语义义务。

首先，一位说话者有可能故意地误用一个语词并且没有违反任何语义义务。例如，这个说话者可能说谎，或者用讽刺的、嘲讽的方式来使用某个表达式，也可能出于其他修辞的目的而以特殊方式来使用表达式。为表明这一方式，哈特甘迪曾给出了关于一位说话者 Matilda 的例子，当她在说"我的房子着火了"的时候是在说谎。按照该例子中 Matilda 对"着火"的使用方式，她此刻确实是通过表达式"着火"来意谓着火的情形的，尽管 Matilda 将它用在了没有着火的对象上。一种可能存在的情况是，如果 Matilda 的本意是想要说谎而非道出实情，那么她"应该"将表达式"着火"用于她的房子。因此，尽管她对该表达式的使用不符合实际发生的情况，她仍然在以"着火"来意谓着火。由此可知，N_2 是不成立的。

其次，一位说话者也可能因为某种无关紧要、微不足道的原因而未能将一个语词用于那些位于它外延范围的对象上。例如，这位说话者可能没有正确使用这个语词的想法，或者他此时有其他更好的事情要做。在其中任何一种情况下，说话者并没有犯语义学上的错误，也并不表示他做了"不应该"的事情。哈特甘迪认为，如果说话者没有按照符合其正确性条件的方式来使用一个表达式，也并不表明在所有这类情况下都违反了某种语义义务。①

但是，从另一个角度讲，N_2 也可以说是得到了满足。首先，在一位说话者故意地误用一个语词的情况中，她可能说谎，或者用讽刺的、嘲讽的方式来使用某个表达式，也可能出于其他修辞的目的。在这种情况下，N_2 对说话者可能或"应该"做的事情有所约束，如果她要真正地用某一表达式来意谓

① Hattiangadi A. Oughts and Thoughts：Rule-Following and the Normativity of Content[M]. Oxford：Clarendon Press，2007：185-188.

它所意谓的东西。就 Matilda 的例子来说，如果她知道某一个对象并没有体现 F 的意义，那么根据 N_2 表述的规范性指示，她并不会负有这种语义义务，即将一个意谓 F 的表达式用于那个对象上。由此可知，即使 Matilda 想要说谎，但她并不负有义务而将表达式"着火"用于那个未体现此特征的房子上。从语义学的角度来讲，她可以使用其他表达式用于这个对象。这种考察方式反而体现了语言表达式的使用与说话者的语义义务相符合。

如果不考虑强规范性的可能性和实现情况，我们还可以对 N_2 作这样一种分析。假设说话者并非出于故意，而是由于某些微不足道的具体原因而没有以 w 意谓 F，但根据 N_2 中所体现的关系，也不能排除该说话者仍然负有义务将 w 正确地用于那些体现 F 的对象上。这表明，如果由说话者以 w 意谓 F 可以得出他负有将 w 正确地用于体现 F 意义的对象这一义务，那么通过说话者没有如此意谓的情况并不能排除他这种义务。

第五，由于过强的语义规范性要求在说话者的言语行为实践中难以达到，因而可以将这种要求和条件进一步弱化，这具体体现在，除了肯定一般意义上的言语实践的规范性意蕴之外，还要将说话者在使用表达式过程中的"应该"也予以弱化。比如，考虑到 N_1 和 N_2 都使得说话者负有语义义务而在现实情形中难以满足，我们可以从哈特甘迪的相关论述中总结出一种可供选择的理解语义规范性的方案。

结合爱卢华多（Reinaldo Elugardo）对哈特甘迪有关规范性问题的分析，我们以 N_3 来表示这一语义规范性方案，并将其表示为

N_3：S 以 w 意谓 F →（S "应该"会使得：（(x)（S 将 w 用于 x）→ x 是 f））①

与 N_2 相比，变化之处在于由"S'应该'……"转变为"S'应该'会使得……"，这表明，N_3 中的"应该"是伴随着"S 以 w 意谓 F"而发生的一种可能性，它不是强规范性的"应该"，而是可能会导致的结果，这就将原来的语义规范性弱化了许多，而且避免了 N_1 和 N_2 所遭遇的种种反驳。

N_2 与 N_3 代表了不同程度的语义规范性，按照爱卢华多的观点，其不同之处在于"应该"在 N_2 的表达式中显得范围较窄，而在 N_3 中范围相对较宽。在探讨说话者使用表达式中的"应该"时，哈特甘迪认为，按照较宽范围的规范性解释，可以得出的是，说话者"应该"避免将语词"绿色"用于

---

① 参见 Elugardo R. Review of anandi hattiangadi, ouglits and thoughts: scepticism and the normativity of meaning[J]. Notre Dame Philosophical Reviews, 2008, (4). 参见: http://ndpr.nd.edu/news/23433/?id=12784.

那些非绿色的对象，若将这个准则与某一对象是非绿色的事实结合起来，这并非意指说话者"应该"制止不将"绿色"用于非绿色的对象。哈特甘迪认为，这没有准确地表达我们原始的直觉。事实上，尽管哈特甘迪表达了对于语义规范性的"弱解释"，却没有明确指出无论对于宽范围意义上的"应该"还是对于窄范围意义上的"应该"，都不会表示说话者应制止不将某一表达式用于某个对象，这里没有强制意义上的"应该/不应该"。说话者不负有将"绿色"用于那些体现绿色属性的对象的义务；反过来讲，也不表示说话者负有不将"绿色"用于那些非绿色对象的语义义务。

因而，通过语义规范性的"强""弱"的不同解释形式，可以得出的是，当 x 没有体现 F 的意义（比如对象是非绿色的），则可以说，要么说话者不将"w"用于 x（如不以"绿色"意谓非绿色的对象），要么说话者没有义务将"w"用于 x，这与说话者负有义务而不将"w"用于 x 有根本的区别，这就类似于"说话者没有义务将'绿色'用于非绿色对象"与"说话者有义务不将'绿色'用于非绿色对象"之间的区别那样。因为后者仍然以反向的方式为说话者规定了一种强规范性，仍然使说话者负有难以完成的语义义务。

实际上，对语言表达式的使用来讲，主要难点在于由语言表达式使用的正确性条件如何得出说话者的"应该"，特别是如何使他在实践中产生相应的"动机"。尽管说话者以"绿色"意谓那些体现绿色属性的对象对于他来说是很自然的，但如何通过这种关于"正确性"的判断来为说话者在实践中的语义意向和行为提供一种充分理由仍然是需要解释的。这时我们往往会诉诸"动机内在论"，即如果说话者对于表达式的正确使用条件有理性的认知与把握，则他会被激发而产生遵循此规则的内在动力，因而，只有在某一对象处于该表达式的外延之内，说话者才能将该表达式用于这个对象。

然而，怀疑论者往往会指出，没有自然意义上的事实会蕴涵说话者被激发以某种正确的方式来使用表达式，而且还不取决于说话者本身的欲望。似乎没有什么自然事实能够为这种规范性论断提供基础。因此，怀疑论者要想利用此类论证，首先需要假定语义上的规范性判断涉及评价性断言，而这些评价性断言才为动机的产生提供了可能。这就需要我们进一步探讨这种评价性断言与动机之间是否存在实质性关联，比如评价性断言是否引发了某种说话者处于某种动机状态，说话者在此状态中可以按照表达式的正确使用规则来使用它们。但是，在这种情况下，说话者被激发而产生的动机状态往往是多种因素作用的结果，即使用表达式的原因主要并非由他的欲望本身决定，而涉及一种综合的影响因素集，包括他的理解与认知能力、慎思过程、对规则的坚持度、意向和欲望等，这就要求我们在说话者或能动者的实践过程中对上述因素进行综合考量，因而，"规范性"的语用维度就显示出了其必要性。

三、"规范性"的语用维度及其特征

通过对语法层次和语义层次的"规范性"问题的考察可知，无论是探讨能动者对于规范性准则的遵循，还是说明说话者对于语言表达式的使用，都呈现出一种与本质主义研究方式不同的进路。能动者并非在前理论的意义上就充分把握了规则的应用，说话者也并非在预先明确了语法规则和本质意义的情况下才开始使用语言表达式。他们往往还未在命题层次上了解语法规则与语义规则之时，就已经能够"规范性"地使用规则，这不是将命题层次的"知道"具体化为能力层次的践行，而经常体现为一种从"能力之知"上溯到"命题之知"的过程，即从"Knowing-How"到"Knowing-That"的过程，由此，规范性的"语用"维度就在这种实践过程中体现出了其基础性与奠基性意义。

（一）规范性问题的语用进路：基本特征

如前所述，语法和语义层次上的"规范性"考察蕴涵着一种语用的指向，表明了从语用维度探讨此问题的必要性。当我们基于能动者遵循规则或者说话者使用表达式的过程而考量"规范性"论题时可知，与当前流行的语义学研究进路相比，规范性的语用进路具有以下基本特征。

首先，从意义发生的原因和过程来看，规范性的语用进路肯定了意义在本质上对于使用具有依赖性。语言表达式的意义正是在共同体成员的言语行为实践中建立起来的。虽然意义与使用之间有密切关联，但仍应对二者之间的关系采取一种较为审慎的解读方式。意义使用理论的坚持者常常遵循"意义即使用"的原则，但这一原则往往遭到过度阐释而被误解和滥用。在强调"使用"的同时不应该忽略言语行为的规范性特征和语言意义的规范意蕴，如果仅从行为主义视角对言语行为进行因果性还原，就会忽略意义的自主性，导致意义的消解或解构。也就是说，要避免通过"去规范性"的使用而

消解意义。

其次，规范性传统研究和语义分析将规范等同于规则，将规范性等同于显规范性，这就使规范性成为一种强规范性。虽然语言表达式的使用具有一些约束性的规则，表达式的意义也与规则密切相关，但不能因此认为这些规则或正确性条件完全决定了意义甚至等同于意义。说话者处于语言共同体中，其言语实践必定会遵循一定的规则，体现出某种规范性特征，但正如前文所指出的，那种决定意义的规定性规则表达了强规范性，其合理性令人质疑。某些意义的理论使用者将语言的使用与棋类游戏作类比。①在棋类游戏中，下棋的目标、步骤及结果完全是由参与者约定的规则决定的，规则也构成了这一活动的意义。然而语言的使用与此不同，没有遵循这种规定性规则的言语行为并非无法获得意义，也不代表违反了某种语义义务。虽然语言共同体的言语实践是意义发生的前提，但仅仅着眼于意义的发生角度或言语行为的实施过程并不能充分地解释意义归因，规范性的语用进路仍坚持意义的独立性和自主性。

最后，将规范性等同于显规范性的另一个后果是，它使对规范性的语义分析容易陷入还原主义的窠臼，把规范性特征或规范性看成是对自然特征或关系的一种表征。而推理主义语义学将规范性归结为规范性表达式之间的推论关系，这又容易导致语言与世界的分离。规范性的合理解释在强调语用规范性的同时并不否认规范性表达式具有表征外部世界的命题内容，因而没有置身于语言与世界的关系之外。其不同之处在于：①规范性仅仅指定了表达式运用的正确条件，由此而产生的规范性约束只是一种较弱意义上的规范性，这种规范性不能作任何形式的还原。因此规范性的语用进路不再仅仅诉诸具有明确规则形式的显规范性，也不再仅仅把语言表达式看作表征外部世界的符号系统，而主要在言语实践过程中考察交流者的意向、信念以及他们在达成理解的过程中需具备的条件。②在规范性构建的解释模式中，我们不再认为表达式对其对象的指称或表征是不证自明的，不再把"指称""意谓""真"等看作毋庸置疑的前理论意义的概念，而是结合内容的规范性，通过

---

① 维特根斯坦在《哲学研究》中反复将语言规则与棋类规则做类比，以阐明其语言游戏理论，这一类比受到语言使用论者的普遍重视。达米特（Michael Dummett）为了说明语义规则对于意义形成的重要性也曾采用这一类比（参见 Dummett M. The Seas of Language[M]. Oxford：Clarendon Press，1996：96，102-103）。但也有很多人反对这一类比，如戴维森曾分析了遵守规则的游戏与语言实践之间的重要区别（参见 Davidson D. Subjective，Intersubjective，Objective[M]. New York：Oxford University Press，2001：106-121）。

说话者的信念归因来具体说明这种表征关系和表达式的正确性条件，进而达到意义归因的辩明。

因此，基于一种弱规范性的理解，规范性的语用进路将语义学的"应该"与语用学的"应该"结合起来，规范性往往与说话者的命题态度或心灵状态联系在一起，并且依赖于说话者使用语言表达式时所持的相关信念。因此，显规范性的语义解释必然被引向关于信念规范性的语用解释，而这一过程表明，态度、信念等语用层面的规范性不再是可有可无的，它对于语言表达式的意义可以发挥更为基础性的作用。

（二）规范性问题的语用进路：作用和意义

其一，意义与未来行动的意向之间的规范性联系体现了语用的特征和指向，对规范性的语义分析内含着对语用规范性的依赖。克里普克曾指出："计算错误，我能力的有限性以及其他干扰因素可能会导致我没有'倾向于'像我'应该'的那样来回答，如果确实发生这种情形，我就没有按照我的意向来行动。意义和未来行动的意向之间的关系是规范性的，不是描述性的。"①这里的"规范性"并不意味着强规范性，运算者或说话者的未来行动源于他要达到的某种目标或要满足的某种欲望，他想达成这种愿望就应该做某事。如果他没有做到，并不会必然得出他违反了某种义务。

这里的"应该"只是表明，为了符合某种意向或实现某个目标，做出某种行动是合适的。这种规范性可以类比于康德哲学中的"假言命令"，后者从经验上设定了一些达到某种既定目标的可能方法，即如果某人想要达到某种目的 P，就应该做 A。当然就一般情况而言，如果没有做 A，并不表示某人做了他"不应该"做的事，也不一定表示某人没有达到目的，因为可能存在其他的达到目的的方式。不过，规范性与这种假言命令还是有区别的，因为它并没有像假言命令那样从经验上指定实现一个目标的可能方法，而只是强调说话者"应该"以符合他"意向"的方式来行动。比如，如果说话者要正确而有意义地运用"马"这个词项，就要将"马"用于对象的马，这是表达式运用的恰当方式。但是，如果说话者没有将"马"用于它适用的对象，也并不表示他违反了语义义务，只是说明其意向没有实现，其中不涉及规定性的"应该"。可见，意义与未来行动的意向之间关联并不是内在的或本质

---

① Kripke S. Wittgenstein on Rules and Private Language[M]. Oxford：Blackwell，1982：37.

的，说话者或能动者所谓的"应该"主要取决于他所处语境中的非语义学特征，与欲望、意向、认知等因素密切相关，常常体现的是道德、审美、法律等方面的"应该"。在语言共同体的实际交流中，强规范性的语义学"应该"几乎是不存在的，它仅仅表示一种假设的达到意向目标的方式或手段，需要通过语用的规范性才有可能完成。

其二，通过规则和意义之间的关系来解读语义规范性时，以语用背景为基底分析规范性的内涵和本质比单纯的语义分析更加有效。如果一个语言表达式有意义，那就一定有其运用的正确性条件或规则。然而，说话者遵守了这些规则是否就意味着他做出了正确的断言？反之，就做出了错误的断言？如果这些规则只体现了语义学规范性的一般要求，或许可以做出这样的推论；而如果这是强规范性要求，则不仅可以这样推论，而且还可以进一步要求说话者以"应该/不应该"的方式做出断言。可是，实际情况并非如此，规则的规范性本质和力量并非仅仅是语义的，它更多地体现在语用层面，以保证语言共同体的交流互动能够顺利进行。举例而言，塞尔曾对以言行事的行为结构进行了分析[1]，其中的真诚性规则指出，只有当说话者 S 相信 p 时，才断言 p。然而，实际上会有这样的情况发生：①即使说话者 S 遵守真诚性规则，他仍有可能做出不正确的断言。比如 S 确实真诚地相信 p，但断言时由于某种原因发生了错误。②即使说话者 S 违反了真诚性规则，他也仍有可能断言 p，于是做出了正确的判断。比如，S 虽然不相信 p，但由于说谎或其他原因，结果也断言了 p。可见，遵守规则并不总是意味着做出了正确的断言；同样，违反规则也并不总是意味着做出了错误的断言。规则对于能动者并没有强规范性要求。正是在语用背景的基础上，言语行为的变化体现了与具体语境趋向的内在关联性。

其三，在信念的规范性解读中，推论的合理性问题也显示出语用分析的旨趣。有关信念规范性的探讨不能仅限于某一个体单一信念的合理性问题，而且还要考察信念之间推论关系的合理性；也就是说，单一信念需要被置于一个信念集之中才能得到充分说明。首先，为了说明将某一信念归于一位说话者的原因，或者解释这一信念为"真"的合理性条件，需要将说话者彼此相关的一组信念融合于一种前后融贯的理性模式之中进行分析，进而在此模式之内确定已有信念集的限制性条件。在这一过程中，只有结合心灵状态的

---

[1] Searle J. Speech Acts: An Essay in the Philosophy of Language[M]. Cambridge: Cambridge University Press，1969：64-67.

内容和语义属性进行分析，才能体现语用规范性在确立限制性条件时所具有的导向意义。其次，在对说话者的信念进行归因的过程中，还需要把握构成其合理信念集的各种背景因素，而语用意蕴和效力也渗透在信念之间的推论中。

可以考虑这样两个例子：①对于一个命题 p，如果说话者 S 相信 p，并且 p 蕴涵 q，能否得出 S 相信 q？这种推论是不合理的，因为要清晰地解释一个说话者的信念、意向等命题态度，必然要了解相关背景性问题。由于命题态度具有语义的不透明性，在尚未全面把握一个说话者对某一事态的理解程度、表征能力与表征方式之前，无论命题 p 蕴涵 q 还是等价于 q，都不能由"说话者 S 相信 p"就直接推出"S 相信 q"，否则就会违反命题态度的严密性和确定性。②对于一个命题 p，如果说话者 S 相信 p，并且 p 蕴涵 q，能否得出 S "应该"相信 q？如果未辅以一些限制性条件，这种涉及"应该"的推论过程也是不恰当的。因为就说话者本身而言，他在言语行为中并没有体现出有"相信 q"的义务，所以这种信念归因还缺少具体说明与合理性辩护。

其四，通过对语言表达式功能的特征化表述，可以对表达式"应该"如何被运用的问题进行语用分析，从而消除强规范性导致的困难。有关表达式"应该"怎样被运用实际上并不隐含说话者的语义义务，如果把这种"应该"理解为关于表达式功能和特征的表述，会使问题更清晰。比如，说"黑色"不应该被用于"雪"，这可以理解为对谓词"黑色"的部分特征描述。也许有人在某一时刻出于某种原因而将"黑色"用于"雪"，也并不表示他做了违反自己语义义务的事。又如，伞"应该"被用来遮阳挡雨，这种"应该"只是表示了伞的功能特征。如果伞没有被用来遮阳挡雨而用作他途，也并不说明使用者"不应该"有这样的行为。

由此可见，规范性问题的语义分析不可避免地涉及其语用特征，对意义与内容这两种规范性的阐释都内含着一种语用意蕴。因此只有将语义规范性和语用规范性这两个基本维度相结合，进而凸显语用规范性在言语实践中的基础性和指引性作用，才可能更清晰准确地把握规范性问题。

四、规范性语境的可能性及其意义

通过语用层面上对"规范性"的进一步分析可知，这种语义转向必然指向一种语用的规范性。从某种程度上讲，规范性表达式的语法特征及其语义维度只有在阐明其语用维度的基础上才能得到澄清。然而，根据规范性的传统研究方式特别是语义层面的相关分析可知，显规范性与强规范性被给予了过多的关注，而弱规范性的意义并没有得到应有的重视。在讨论规范性要求时，也多是在强规范性的意义上体现了对主体的"义务"和"责任"要求，而没有结合能动者特定的心灵状态与实践过程中的语境因素进行综合考察。通过对规范性表达式的语法以及语义特征的分析表明，命题层次上的正确性条件只是规范性地表达了对于能动者实施某一行动的一般性要求，在能动者的实践过程中它应体现为一种弱规范性要求，能动者的意向、信念与欲望等语用层次的规范性指向也确证了这种弱规范性的合理性。

可见，我们需将语法的、语义的和语用的规范性看作一个互为解释和补充的关联系统，它们共同构成了能动者实施行动的规范性语境。在这一语境中，能动者既感受到规范性条件的指引和约束，又体现了一种对于规范性条件的逆向认知、解读与把握过程。具体地讲，能动者实践中并非总是在遵循传统的路线，即关于规范性条件命题层次上的认知与习得在先，然后才将其付诸使用。在规范性语境中，能动者的实践往往呈现出由语用层次上溯到语法和语义层次的过程。这一过程同时也揭示出，就规范性的探讨主题而言，相关的研究体现了从语言到心灵、从意义到内容的进路；表达规范性要求的规则体现了从强规范性到弱规范性的趋向；涉及行动理由和动机的理论也相应地呈现了从"强解释"到"弱解释"的过程，而总体来看，这些解释的理论在方法论特征上经历了从语法和语义维度的规范性到语用规范性的变化。

总体来看，尽管规范性在语法、语义和语用这三重维度上相互区别并彼此独立，但在实践过程中这三方面的自然关联与整合却成为必然的选择，而且有关规范性的语法和语义维度的阐释内在地隐含着语用的指向，因此它们可以彼此补充和互为说明，从而为规范性语境的形成提供了可能性。当能动者在规范性的语境中实施某一行动时，语法和语义层次上的规范性条件呈现出一种内化性与潜在性倾向，而能动者对于规范性条件或要求的认知和把握也表现出程序性与默会性特征。不论从规范性论题的研究内容还是诠释进路而言，这些转变以及趋向都呈现了规范性问题的多重意蕴，并指出了整体的规范性语境所具有的突出的实践性特征。以规范性语境作为基础，我们不仅可以进一步澄清规范性的基本内涵与本质，而且有助于说明能动者如何基于规范性理由而实施行动。能动者在这种实践过程中既没有脱离规范性力量的指引和约束，又不必局限于命题层次上对具体的规范性条件或规则深思熟虑，不必将"命题之知"作为必不可少的预设和前提。这种规范性发挥作用的模式使他们可以在无须明确规范性准则的前提下展开行动，尽管这时语法和语义层面的命题性知识仅仅构成了这些行动的外在理由和基础，但却能够渗透于行动的过程之中，能动者通过语用层次上的实践推理而达到"能力之知"，同时使得那种外在的规范性理由与要求进一步明晰化。

这一过程也揭示出，如果能动者能够基于理由而合理地行动，关键并不在于他要领会和把握的那些规则或规范性条件本身的合理性与融贯性，也不在于能动者如何能够通过理性认知而了解这些规则，进而在其行动中体现出对各种规则的"遵循"和执行，而在于能动者的自身信念系统需保持内在的融贯性。因为这种从命题性规则的"知道"到在行动中执行相关规则的反应模式，已经预设了命题性规则与"遵守规则"行为之间的鸿沟，而在试图填补这种鸿沟的过程中就不可避免地产生了各种各样的争论与分歧。不可否认，能动者的行动要基于某种规范性理由与根据，但这种"理由"只潜在地作为一种程序性知识蕴涵在实践过程之中，这并不等同于能动者对各种命题性规则的学习与了解。实际上，各种实践行为往往并非基于对各种规则的明确"知道"，进而使得行动去"符合"这些规则。合理的行动过程并不总是以清晰的语法和语义层面上的规范性指示作为起点，能动者不明确这些指示并不表示他不知道如何正确地行动。比如，说话者不明确语法和语义的规则，无法预先对"应该"如何使用一个语言表达式做出描述，但却能正确而合乎规则地使用该表达式，他已经在语用的层面上践行着规则。

正如在规范性语境中追溯规则与遵守规则的行动时，不必预设二者之间的鸿沟进而讨论行动如何去"符合"那种外在的规则，麦克道威尔（John McDowell）也曾经在更广泛的意义上指出，关于心灵的讨论应关注我们拥有的某些能力的应用，以及应该以怎样的方式来描述这种应用，这不是关于主体的某种非物质部分的解释。那种能力伴随着主体的大脑活动并且产生于主体与环境的交互作用之中，并不能通过生物学、物理学以及计算机科学等表述方式进行还原和解释。因此，为了理解一种心灵状态或者某一片段如何指向世界，就如同一种信念或判断指向世界的方式那样，我们需要将这一状态或者片段放在一种规范性语境之中，将有关思维指向对象这一情况的反思建立在对经验世界负责的基础之上。按照麦克道威尔的观点，我们应克服传统二元论的理论预设，不必预设主体的认知能力与外部世界之间存在着某种分界面，因为循此思路并不能保证主体的认知能力达到和把握那些对象本身，而应把心灵作为一种与世界彼此交融的能力系统，它与世界之间具有彼此作用与相互渗透的关系，而这一关系需依赖于主体的能力系统在实践的过程中与规范性语境中的各种要素相互作用，通过这种方式才能阐明心灵是如何与世界打交道的。①麦克道威尔的论述对于规范性论题的探讨同样予以启示，如果我们预设了一种作为外在理由的规则，它与能动者的认知和行动过程相对立，需要通过按照规则采取行动的过程才能"符合"规则，这种二元的理论预设必然使我们无法脱离所谓的规则遵循的悖论。只有将这一过程置于规范性语境之中进行综合性考量，才能明确规范性的"应该"是如何发挥其作用的。如前所述，规范性语境中的"应该"更多地体现为一种语用层面的弱规范性作用，通过弱规范性维度的引导作用和实践行为来明确语法和语义方面的命题性规则，也就是说，可以通过指向的语用规范性来为描述规定性要求的语义规范性奠定基础。

总之，当代语义学视域中的规范性涉及规则、意义、心灵内容等重要问题，并从一种独特的视角折射出当代语义学研究方法的演变特征与发展趋向。而基于规范性语境，语言表达式的意义问题可以呈现出其独特的诠释进路。

第二节　隐喻模型的语境化建构

隐喻为我们的科学研究提供了一种新的认知方式，在科学表征中具有重要的方法论意义，20世纪60年代以来，从隐喻的视角来考察科学模型也逐渐受到科学家们的广泛关注。一方面，以隐喻互动论为起点来考察隐喻表征的层级性，借助于隐喻中的语境关联，最后落足于隐喻的动态类型层级的表征方式的考察，将为科学研究提供一种灵活开放的表征方式。另一方面，将隐喻及其模型应用于科学表征的实践中具有明显的认知优势，以科学隐喻为基础建构的科学模型能够更好地表征物质世界的结构，为科学家提出的关于世界的假设提供最佳说明。同时，科学模型作为一种扩展的隐喻，"具有指

① 参见约翰·麦克道威尔. 心灵与世界[M]. 韩林合译. 北京：中国人民大学出版社，2014：1-17；McDowell J. Mind and World[M]. Cambridge：Harvard University Press，1996：xi-xxiv；Putnam H. The Threefold Cord：Mind，Body and World[M]. New York：Columbia University Press，1999：179-181.

导所研究系统的思维的潜能，为科学研究指明新的方向"①。

实际上，随着科学创新和科学思想的发展，隐喻的思维创造性功能逐渐显现，隐喻的认知结构、思维机制和理论模型也逐渐成为科学哲学研究领域中的重要项目。隐喻表征为科学创新与科学研究提供了一种新的视角，科学家通过隐喻对世界进行推论，设计并解释实验，然后在科学共同体之内进行交流，并向科学共同体之外推广。不论如何，这些科学实践中隐喻表征的映射过程避不开语境，任何科学实践都需要首先确定特定语境中的实体要素及其表征意义，如语词、概念的结构、图表和图画等，这决定着科学理论或模型建构的逻辑推导的基本思路。

本质上，隐喻模型的建构充分体现了语境化的重构倾向，隐喻互动所牵涉的概念间的继承性，决定了隐喻表征的层级性，这种层级性的建构又受语境关联的相似性的制约，同时，语境的动态开放性决定了隐喻表征的动态类型层级（DTH）体系的形成。DTH 体系具有一套能隐藏和强调类型层级中某些节点和关联的掩蔽，可以根据语境的变化动态地产生新的类型层级中的概念节点和连接，而且当新的概念域产生时，类型层级中原有的概念很可能需要重新组织，成为类型层级中的基本部分，同时，其中使用较少的且不重要的概念节点可能消亡。可见，类型层级的动态性表现为层级中的节点和连接随语境的变化而不断变化，换言之，语境关联的动态性使得隐喻表征具有某种开放性和活力，因此，DTH 体系无疑是较为完善的隐喻表征方式，它推动了科学表征的发展，从而也推动了科学哲学的发展。不过，隐喻表征方式的探讨并不因 DTH 体系的提出而终结，因为随着时代的发展和科技的进步，我们认知世界的方式不断变化，社会、文化和历史的语境也将不断发生变化，这就为我们提出了新的研究方向。因此，"将科学隐喻研究与语境论相结合……应当是未来科学隐喻研究的一个重要趋向"②。

更重要的是，由于科学表征必然牵涉语境因素，在本质上是语境相关的，因此，我们可以说，隐喻建模过程的实质是：对该隐喻推理所涉及的各种相关语境要素之间的关系进行整合，然后在此基础上通过模型建构将这种整合关系呈现出来。重要的是，在这个整合过程中，语境本身由于其语境要素与表征对象的关联度不同而体现为不同的层级，同时，语境要素之间的互

① Brown T L. Making Truth: Metaphor in Science[M]. Urbana-Champaign: University of Illinois Press, 2003: 26.
② 郭贵春. 科学隐喻的方法论意义[J]. 中国社会科学, 2004, (2): 101.

动是连续且不断变化的，因此，基于隐喻推理而建构的模型系统具有动态层级性。另外，这种语境关联性与动态层级性不仅体现在表征现实系统的隐喻建模过程中，而且还体现在表征虚拟世界的隐喻建模过程中。这是因为科学表征常常不可避免地要超越于现有理论体系之外，对我们的认知能力难以直接把握或对尚未知晓的世界进行理论建构，其实质也是一种基于隐喻理解的模型表征，促进了科学表征从已知领域向尚未可知的领域的不断探索。

实际上，作为有限的实在，我们所面临的世界是非常复杂的，致力于对这个复杂的世界进行表征常常是令人气馁的。因此，最佳方法是，应用越来越复杂的方法论技巧和科学工具来解决科学表征中所面临的问题。科学表征中常常借助于隐喻方法和模型方法来对现象进行间接表征，同时，理想化的引入也为我们提供了一种描述科学和表征实在的重要方法。实际上，隐喻方法在科学表征的理论化实践和建模实践中发挥着重要作用，历史上的很多重大科学发现和科学创新都来自科学家通过隐喻建构的关于未知对象的模型之启发。更重要的是，将基于隐喻思维对科学模型进行建构置于理想化的方法论框架中进行考察，体现了科学表征的语境特征，因此，我们可以尝试着将隐喻表征、模型表征与理想化统一于语境论的纲领下进行研究。

其一，隐喻的意义建构牵涉到隐喻概念化，隐喻概念化既具有普遍性，又具有多样性。一方面，人类在基于共同的身体经验对世界进行隐喻表征的过程中，其所形成的概念隐喻具有一定的普遍性；另一方面，由于语境因素的影响，隐喻的意义建构在不同的文化之间体现出差异性和动态性。从认知语言学的角度来看，科学表征中所形成的经验主义的概念系统具有一定的层级性，同时，隐喻表征是建立在语境关联的相似性基础之上的，那么，隐喻的意义建构所形成的表征系统就体现为内在的层级性与动态性。更重要的是，这种层级性和动态性是通过隐喻"互动论"所建构的表征机制而展现出来的，具体而言，隐喻"互动论"有助于我们在澄清语言基础、类型层级与概念图表之间的关系的基础上，对隐喻概念系统中的静态关系和动态关系进行整体把握，从而基于隐喻思维分析科学模型。将模型看作一种隐喻来分析，并在隐喻思维的基础上建构科学模型，体现了科学表征的创造性。

其二，科学表征的目标毕竟是要建立一种理论体系，而这种理论体系的最直观的表现形式就是建构模型系统，这应该是科学家共同体所达成的方法论上的共识。作为理论与世界之间的媒介，模型依赖于理论基础而对经验现象进行表征。模型的整体层级包含了从现象到现象数据的联系、从数据到现象的科学模型的联系、从科学模型到现象的联系。具体而言，模型与世界（现象）本身之间存在着一定的鸿沟，苏佩斯关于模型层级的观点的引入具有重要意义，它假设了模型表征的整体层级，包括数据模型、实验模型与理论模型。换言之，数据、现象与理论通过模型联系起来，为基于隐喻思维的科学模型表征提供了前提条件。由于科学模型表征世界的过程中，不可避免地会对所谓"现象"进行重构，而这种重构过程受到语境的影响，最终的模型表征系统也就会在不同科学共同体之间呈现出一定的差异性，同时，模型表征过程中还会涉及虚构主义和理想化方法，这也会导致科学模型的表征系统在某种程度上偏离现实情境。尽管如此，基于隐喻思维的科学模型表征仍然体现了科学家对认知实践的重构，为科学研究提供了新的方法论思路，也为科学表征的发展预设了合理性发展策略。

其三，既然隐喻建模在科学表征的过程中发挥着解释性、启发性和预测性的功能，那么，隐喻建模发挥其功能的表征机制有什么特征呢？由于科学表征与语境密切相关，故而隐喻建模实际上是对隐喻推理所涉及的语境要素的整合，并通过模型的形式表现出来。在此过程中，语境体现出动态的层级性。正是对隐喻建模的语境相关特征的考察，奠定了隐喻建模的语境论基础。由于语境是一种具有本体论的实在，不同的语境就意味着不同的本体论立场。[①]于是，基于语境实在的视角考察隐喻建模这种科学表征的独特方式，必然要以隐喻建模所内含的三个基本问题为切入点，结合语境方法对科学表征中的隐喻建模实例进行分析考察，从而说明隐喻建模的主体意向性、表征精确性和对象实在性。总之，语境贯穿于科学表征的整个实践过程中，对科学表征具有至关重要的作用。基于语境实在的立场研究隐喻建模在科学表征中的本质特征和推理作用，是科学表征发展的一种必然要求，为我们反思当代科学哲学中有关科学表征的一系列问题提供了新的思路，从而也丰富了科学实在论的辩护语境。

其四，隐喻建模过程中不可避免地会引入理想化的方法，理想化在科学表征过程中具有一定的普遍性与不可消除性。在科学表征过程中，人类认知能力的有限性与现实世界的无限性之间的矛盾，使得我们往往需要借助于理想化来描述部分世界，然后再凭借一个部分世界模型的框架来对完整世界进行表征。因此，消除了所有理想化的理论陈述常常是非常复杂的，以至于它

① 郭贵春. 论语境[J]. 哲学研究, 1997, （4）: 46-52.

们对我们并没有任何工具性意义或者认知意义。于是，传统的科学表征内容需要被修正，从而加上理想化在科学中所发挥的作用。实际上，我们完全可以将理想化方法作为一种研究纲领，从而对科学哲学中的大量问题进行研究。当然，这并不意味着：科学理论并不表征实在或者科学理论不可能通过现实世界中所收集到的证据而得以确证。通过关注于理想化的逻辑方面，我们就可以避免基于理想化而对科学实在论进行的各种攻击。因此，本质上，理想化是科学合理性的关键因素，而基于理想化假设的隐喻建模在广义的方法论意义和逻辑学意义上体现了科学合理性。在方法论意义上，隐喻建模的理想化表征本质上是一种简单化的过程，在相似性的基础上建立起意向性的关系系统，最终证明理想化是科学表征中的普遍特征，原则上具有不可消除性。在逻辑学意义上，我们需要为各种理想化陈述的系统化提供一种恰当的逻辑，并为它们的真值条件提供一种解释。具体而言，理想化理论应该被看作是一种特殊的反设事实条件句，而反设事实的理想化逻辑具有非经典性。

其五，经典科学的其中一个目标就是发现近似真理，甚至是发现纯粹真理的过程，但是，经典科学也会通过理想化的方法形成一些理论陈述，这些陈述在消除了理想化的反设事实时为真。这就意味着，科学表征过程至少有两个维度：第一个维度与理论陈述的真值或者近似真值有关；第二个维度与内涵于这些陈述中的简化度（理想化）有关。本质上，经典科学就是描绘实在的一种尝试，与此同时尽可能地保持其简单性，因此也就涉及计算的简易性与表征的精确性之间的一种内在的冲突。因此，在现实实践中，科学表征的目标实际上是要在计算简易性和表征精确性之间寻求一种平衡，从而在已知人类自身的局限性与技术上放大的局限性条件下实现最佳的实践结果。实际上，从广义的方法论视角来看，实在论与反实在论之争表明，双方在很大程度上都未意识到，科学表征的目标具有多重性。一方面，反实在论者过多地关注于科学理论的工具主义特征，因此也就忽略了：在许多具有实践意义但严格来讲是错误的理论中还存在着大量的真理。当我们将这些理论理解为一种特殊的反设事实的形式时，它们就是真实的。另一方面，实在论者常常并未认识到，真理或近似真理并不是科学的唯一目标，因此，它们也就不能认识到科学应用理想化的方式。这种科学实在论形式太过于死板，因为他们将"所有理想化都是可消除的"这个观点整合为一种先验的准则。然而，从整体上将所有理想化进行消除在实践中是不可能实现的，甚至在原则上也是不可能实现的。但是，科学必然会致力于追求这个目标——通过不断消除理想化而实现对现实世界的完整表征。我们的实践成就与理论成就至少会表明，随着时间的不断推移，我们将会对实在的本质拥有更加深化和全面的理解。尽管科学实践会面临许多挫折，甚至常常陷入死胡同中，但是，科学总体上是进步的，科学的目标就是通过观察支配着实在的基础原则来理解世界。

总之，根本而言，隐喻建模应该消解传统实在论中基本概念的静态指称，从而致力于一种动态的整体性形式。基于科学实在论的视角考察科学表征语境下的隐喻建模的科学性和实在性，旨在说明：作为表征媒介的隐喻模型、隐喻建模所表征的对象和隐喻建模的语境条件都是结构性的实在，同时，基于语境实在论的隐喻建模为科学表征的动态模式提供了可能性，它将整个世界视作一个流动的连续统，其表征模式由于语境的灵活性而呈现动态性和开放性。因此，可以说，基于语境实在论的隐喻建模推动了科学表征实践朝着更加立体的和综合的方向发展，从而促进了科学哲学的新进展，并逐渐成为当代科学哲学研究的一种新范式，影响了 21 世纪科学哲学的发展。同时，关于理想化的反设事实的说明反映了现实的科学实践，这种说明能够为解决实在论与反实在论之争提供一种新思路，随着关于隐喻建模与理想化的研究的逐渐展开、成熟，科学表征的理论基础都将获得进一步的深化和拓展，从而也将使得隐喻建模、理想化和科学实在论在语境论的整体框架中获得更完善的综合。换言之，隐喻建模是更加完善的科学表征方法，为科学解释的发展提供了一种新的思路，也为科学实在论的辩护提供了新的内容。同时，基于语境实在论为自然科学建构隐喻模型的表征系统，将作为科学表征领域内的一场方法论变革，影响当代科学哲学研究的走向和趋势。

第三节　意义的可计算化建构

科学理论解释意义建构的过程表明，给定语境下现实世界可以被模型化与形式化表征，这些表征方式有效地将语境与真值统一起来。如此统一下，科学理论解释的特定语境与真值是等价的。从这层意义上讲，语境的模型化和语境模型的逻辑演算，奠定了科学理论解释的意义建构在某种程度上走向计算化趋势的基础。尽管这是一个充满了挑战和论争的方向，但它不能不受到当代科学哲学家们的极大关注。因为在当代以"大数据"和"云计算"为背景的技术进步中，与科学理论解释相关的任何特定语境内的所有要素以及语境与语境之间的关联，都具有了可形式化计算的技术支撑；而且这种计算化，会促进科学理论解释创造性的功能发挥。换句话说，"语境的计算化"或"计算化的语境"体现了科学理性思维的进步。因此，科学理论解释的意义建构将迈进"计算语境的时代"①。面对这样一个"时代难题"的挑战，科学哲学家必须予以回答、应对和解读，因为这是他们不可回避的历史责任。狭义地讲，所谓"计算语境"就是指在科学理论解释中，意义建构的语境分析方法的模型化、形式化和可计算化。该研究方法既可以形式化地整合语境信息，避免信息的误读与缺失；同时可以整体地分析解释对象，寻求最合理的解释路径和方法，这对学术共同体达成科学解释的共识具有深远的意义。

一、科学解释与意义建构的计算化趋势

毋庸置疑，计算化已经是科学解释与意义建构研究比较有前途的研究方法之一。而引发这种趋势的因素主要存在以下几方面：其一，科学解释的对象越来越复杂，这就要求我们从对象中提取有用信息，避免无效信息扭曲分析对象的意义与价值；其二，计算机硬件技术的提升、软件算法的更新以及数据信息的海量汇集，研究对象的解释过程可依据的研究工具、方法与信息会越来越完善，这也为科学解释可计算化分析提供了技术支撑；其三，意义建构对象因主体、时间、空间、属性等因素而不确定的变化，相应地会产生不同的意义，可一旦我们以不同的因子或变量具体表征对象的不同属性，那么意义建构就成为系统的逻辑演算过程。为此，我们将从以下几方面具体阐释科学解释与意义建构的计算化发展。

第一，意义建构对象的非确定性将科学解释推向可计算化。

---

① 我们在此所讲的"计算语境"是一个基于逻辑语义模型分析的科学理性思维的哲学概念。它既有分析哲学形式化模型分析的传统，又具有当代人工智能、信息应用技术以及认知语言学等发展成果的启迪和支撑。同时，我们更需敏锐地意识到，目前德国在全世界率先提出的"工业4.0"计划，就是一个可将远距离"人-机"对话和"机-机"对话的全球网络化生产模式推向"计算化语境时代"的标志。因为它深刻地全面反映了科学技术化和理性思维模型可计算化的新模式。这个标志着"计算化语境时代"即将到来的"工业4.0"计划，从技术进步革命性变革的角度，呼唤着科学哲学家从方法论的理论层面上，将科学理性思维的语境模型计算化，从而推动科学理论"意义建构"的各种要素及其结构系统，在可计算的语境模型中实现人类理性思维进步的新目标。

机器学习是当前人工智能重要的研究方向之一，其主要是依据环境提供的信息修改知识库，以增强机器执行任务的能力，也就是说，机器学习实际上是提供一些算法用于增强计算机的自主学习能力。机器学习的目标是为计算机提供学习方法，以模仿人类的学习能力，并试图推动机器的智能化进程。在机器学习过程中，存在几个重要因素影响着机器学习的效果，其分别是环境、知识库以及学习系统的执行力，环境为机器学习提供学习的信息，知识库决定了机器可学习的知识的类型，而执行能力最终刻画了系统对数据的分析和预测能力。虽然三个因素都很重要，但是在笔者看来，三者之中最为基础的是知识库，因为学习系统不可能在没有任何类型知识的情况下获取知识，因而知识库包含的知识的类型决定了机器可学习的知识类型。而随着人类认识的不断深入、人类日常生活的多样性以及对计算机智能化的追求，计算机所需表征的知识类型也发生了很大程度的变化，简单、确定性特征已经不足以概述计算机需要表征的知识类型，反而这些知识绝大程度上是一类不确定的、模糊的、易受环境因素以及主体因素影响的知识。这显然为计算机的表征和分析带来了巨大的挑战，也是机器学习进程中亟待解决的重要问题。

不得不说，对于不确定性知识的研究由来已久，但是这并不意味着计算机已经能够完美地处理该问题。在传统的经典逻辑的指导下，虽然计算机在表征方面取得了显著的进展，但同时也限制了知识的表征范围，因而经典逻辑遭受的质疑也随着知识多样性以及现实需求与日俱增，这势必为机器智能化发展提出了更高的要求。非经典逻辑，作为在经典逻辑基础上构建的一类逻辑系统群，也正是在这样的因素影响下被逐步提出并完善的。非经典逻辑在一定程度上修改了经典逻辑的推理规则，以尽可能地符合人类的认识特点与实际推理过程，并取得一系列重要的研究成果。由此非经典逻辑形成了具有各种特征的逻辑系统集合，这些逻辑系统的构成要素复杂、结构特别、功能丰富，并通过对经典逻辑系统中某些推理规则的微小改动使得逻辑系统具备独有的特征与功能。在此意义上，逻辑学家将非经典逻辑广泛地用于不确定知识的表征。

固然，在非经典逻辑基础上，人工智能学者在很大程度上实现了不确定知识的表征。可是，每一种逻辑在不确定知识表征过程中或多或少地呈现出不同的不足与缺陷。鉴于此，许多逻辑学家尝试完善非经典逻辑系统群，以尽可能地弥补和克服非经典逻辑系统所面临的困境。前文也揭示了不确定知识表征的必然性与紧迫性，明确指出非经典逻辑是不确定性知识表征和分析的有效途径，并通过知识类型的特征差异设想一些与众不同的逻辑思想或系统来阐释知识表征问题潜在的研究方法。

我们基于非经典逻辑对不确定性知识的表征不仅仅为这些知识提供一种可能的表征思想或理论，同时该过程也反映了复杂的知识也可以尝试被具有较强推理能力的逻辑来表征和分析，这意味着人类复杂的日常认识也可以通过逻辑等形式推理工具来分析，甚至可以从更宽泛的意义上讲，复杂对象的意义建构的研究途径将是一种趋向于可计算化的研究方法。在这种研究方式下，许多问题所存在的特征和影响因素会从本质上被剥离出来，并将这些特征和因素分别赋予不同的变量，在此基础上，依据这些特征和影响因素之间的关系构建抽象的模型或形式系统。

第二，大数据的特征以及计算主义的重新架构深刻影响了科学解释意义建构的可计算化。

除了上述所提到的知识表征问题反映了意义建构将走向一种可计算化趋势外，事实上，还有许多问题暗含了未来的科学解释可以是一种可计算化研究，特别是当前处于前沿研究的大数据分析。随着一大波新的计算机技术浪潮的袭来，我们周围的环境已经发生了翻天覆地的变化，从日常生活到工作应用，网络应用与智能机器可以说无处不在。尤其是移动终端设备、物联网和云共享的高速发展，网络数据的增长速度已经在基数上完全超越了往日的数据增长速度。那么，这就引发了一个问题，那就是更多的解释意义将会受到这些数据的影响。为了能够获得有效的数据并做出正确的解释，我们首先需要做的便是数据的鉴别、更新、提取和分析。可是，该过程正是大数据时代所面临的最困难的问题，因为大数据所具有的五个特征决定了该问题的困难性。

首先是数据体量的规模庞大性。由于当前数据来源方式的多样性，如物联网、移动互联网、手机以及各式各样的感应器等，由此产生的瞬时数据量会很大，并且也引发数据库整体数据量上的巨大，这表明了智能机器需要存储和计算的数据量会很大。而就目前的存储技术和数据分析能力而言，伴随着数据继续大规模增长，智能机器在未来也许并不能精确地分析这些数据。其次是数据类型的多样性。依据数据来源的多样性，数据库中的数据还存在一个特征，便是数据类型繁多，包括音频、视频、图片、日志以及表格等各种类型数据。同时，这些数据并不都是一种结构形式的数据，其中除了结构化数据外，还包括半结构化和非结构化数据，而半结构化和非结构化数据也因自身的不规则性和不完整性对分析提出了更高的要求。再者是数据的价值密度较低。相比传统数据库，大数据的数据量大，可是有价值的数据量却只局限在较小的范围内，而数据库中的其他数据基本上是一些没有价值的数据，因而大数据总体上具有较低的价值密度。因而，面对这些庞杂数据，我们如何挖掘有价值的数据也是大数据未来面临的重要问题。再然后就是速度快。按照上文数据来源的论述可知，大数据中的数据增长速度非常快，那么在数据分析过程中，势必需要具有非常快的处理速度，以保证数据分析的时效性。例如在企业问题分析过程中，效率是一个企业应对危机的关键，如果能够快速地从海量数据中分析出引发问题的原因所在，这将为企业挽回巨大的经济损失。最后便是数据的质量。数据来源的普遍性以及不加限制致使数据库中的数据呈现出一种混杂性，这种混杂性蕴涵了数据库中不仅存在有效的数据信息，同时也存在一些不相关甚至是负面影响的数据信息，后者的存在直接影响了整体的可信度，也会间接地影响数据分析结果。从上述特征的分析可知，大数据来源的广泛性、类型的繁杂性、价值的低廉性揭示了我们必须摒弃这些数据中的垃圾数据，提取出有效的数据信息，以提供精准的预测；而数据较快的增长速度也表明了我们需要大幅度地提高数据的计算和分析能力，以确保数据分析的高效性。无论是数据分析的精确性还是高效性都意味着未来的数据分析已经超出了非计算化的范围，必然会走向一种更高效、更快捷的研究模式，这就要求数据的分析与意义建构过程必须具备更强的计算能力。

除此之外，研究方法的不断改进也预示着未来的智能化研究将走向可计算化道路。首先，当前的逻辑研究重点聚焦于变异逻辑和哲学逻辑的研究，逻辑学家期望能够通过不同逻辑系统的构建尽可能地表征人类的认识过程。在此基础上，逻辑学家还将数学方法引入逻辑系统中用于丰富逻辑系统的形式推理能力和表征力。其次，基于神经网络的深度学习法的研究。深度学习的主要研究内容是机器对大脑学习过程的模拟，该方法通过对神经网络在学习过程中的结构认识来构建人工神经网络模型，并在不断训练中提高算法的精确性。目前，深度学习法是比较火热的研究领域，特别是 AlphaGo 击败职业围棋选手证明了深度学习法研究的实质性飞跃，也诠释了可计算化在机器智能化研究中的远大前景。最后，超级计算机的设计也预示了计算机在计算和数据处理能力上具有不可估量的潜力。无论是从大数据分析还是从研究方法上，我们都可以清楚地认识到未来科学解释的意义建构必然是一种可计算化的研究模式，这意味着意义建构也将继续走向计算主义，只不过我提到的计算并不是刚性的计算，而是一种柔性的计算，这种计算具有可纠错性和多变性。

谈起计算主义一词，这并不是一个陌生的概念，其最早出现于机械论者提出的人类与机器的类比中。机械论者认为，通过机器与人类的对比可以依据机械论原则解释人类的行为。随后，"拉·梅特里大胆宣称：人是机器；心灵是大脑的属性，而大脑是人体的一部分。那么，控制机械活动的物理规律和数学公式，同样适用于对心灵活动的描述"①。这一主张的提出可以说拉开了计算主义研究的序幕。接着，霍布斯提出推理即为计算和莱布尼茨设想出一种由符号和语言构成的普遍语言意味着计算主义思想开始逐渐成形。而计算主义成熟化的标志应该归于逻辑主义的发展。在莱布尼茨普遍语言的基础上，弗雷格构建了逻辑演绎系统，用于形式化推理过程。逻辑演绎系统不仅为逻辑学的发展奠定了扎实的基础，其也为形式化推理和表征带来了巨大变革。

笔者个人认为，计算主义之前最主要的应用领域是认知科学，并且主要包含两种研究方式。第一种研究方式是物理符号系统假设，该研究方式把人解释为符号操作系统，并把人的认知过程或信息处理过程抽象为一个符号结构的模型。只是物理符号系统中的符号是一个广义概念，泛指所有形式的符号，其可能是字母、文字、图片等，亦可是数学形式或逻辑形式的符号。随着计算机对人类认知模拟的不断深入，物理符号系统是指在计算机上编写的一系列具有特定功能的程序，那么从这层意义上看，物理符号系统随后指代的是基于逻辑推理或是数学推理构建的一类表征系统，这也是早期人工智能研究较为普遍的研究方法。而第二种研究方式便是联结主义。联结主义的研究是建立在多学科上的一种研究方式，比如数学、生物学、心理学等学科。该研究方式的理论基础是人类的认识过程是建立在大量神经元的相互作用中，故而该研究方式是通过大量单一处理单元之间的微分关系的刻画来模拟人类的认知过程。从联结主义的理论基础可知，该研究方式是一种建立在认知微观结构上的研究方法，这势必需要我们对神经系统的工作机制有深层次的认识。无论是物理符号系统还是联结主义在当前可计算化发展中都存在一

---

① 李建会，符征，张江. 计算主义—— 一种新的世界观[M]. 北京：中国社会科学出版社，2012：8.

些质疑，比如物理符号系统遭遇常识表征的困难，联结主义对神经系统的深层模拟等问题，这些问题为计算主义的未来发展提出了更高的要求。

尽管计算主义目前遭受了许多质疑，可是笔者认为计算主义并不会走向没落或者是消亡，反而会在不断完善中以一种全新的范式呈现出来。新的计算主义概念并不单单局限于认知科学和计算机领域的解释，它应该具有更广泛的意义，可以用于绝大部分科学理论的解释或说明，是一种具有远大前景的研究方法，甚者是一种新的世界观。就目前的计算主义，笔者个人认为它应该需要重新审视多个方面的发展，比如计算主义的物理构架、计算主义构建的形式和途径、计算主义的研究对象以及表征方法等。在这里，笔者将从以下几个方面粗浅地谈一下计算主义的未来发展。

首先是计算主义的物理构架。计算主义的解释不再只限于认知科学和计算机领域，这似乎表明不再需要重视计算主义构建的物理基础。事实上，计算机技术已经完全融入了我们的日常生活，现在的许多问题的处理都需要借助计算机，计算主义的发展同样离不开计算机，因而我们在此依然还是要考虑计算主义的物理基础与结构。随着大数据的井喷式增长，计算主义在存储结构与运行结构上都需要做出重大改变。鉴于数据量级的变化，数据的集中存储在未来已经不切实际。因而，在存储结构上，计算主义应该采取分布式存储系统，将数据分散在不同的存储设备上；而在数据使用时，计算机通过数据的位置信息调取所需数据，实现数据的集中管理。同时，计算主义还应该采取数据的网络共享，也就是将数据存储在网络的不同用户端，并允许不同用户端的数据保持共享的状态。从这两点而言，计算主义在存储结构上将实现分布式存储、集中调取的工作模式。而在运行结构上，计算机目前已经由串行操作转向了并行操作，并行操作意味着可以同步并行地运行多个程序。在此基础上，我们可以构建多台计算机并行运行不同的任务，然后整合不同运行结果从全局上分析命题。此外，云计算同样也是由大量计算机构成的具有并行运算特征的超级虚拟计算机，该方法通常用于大型数据和任务的分析，是未来计算主义最富潜力的研究方法。以高阶模糊问题为例，在高阶模糊的分析过程中，我们通过语境限制模糊问题的有效域，并将模糊推理分为不同语境下的推理。那么，对于高阶模糊在不同语境下的推理，我们可以分布在不同的计算机设备上运行，最终将分析结果整合为一体。这种分析方式既可以提高高阶模糊的分析效率，又可以确保每一次模糊推理都处在严格的语境约束内。

其次是计算主义的研究方式。目前，计算主义通过模型或形式系统来分析问题，这里的模型与形式系统是指通过对问题的本质认识抽象出可以客观反映问题结构的框架。在当前情形下，我们使用的模型与形式系统以确定性推理和单调性推理居多。可是，研究领域的扩展意味着模型与形式系统也应该做出相应的调整。而从前文论述中，我们知道当前的许多问题与语境因素存在密不可分的关系，因而计算主义的模型和形式系统需要在语境基底上构建，这标志着模型和形式系统将是一类趋向于语境化的模型群或形式系统群，而模型的语境化特征也预示着模型和形式系统将是一种局部化表征。此外，计算主义的模型和形式系统还需要具备不确定性、非单调性等特征。从这两层意义来看，计算主义未来的研究方式将是由语境决定的具有不确定性、非单调性特征的局部模型或形式系统。在前文高阶模糊分析中，笔者曾指出有效语境的混淆是引发模糊性问题的主要原因，鉴于此，高阶模糊的分析过程便是界定其被解释的有效语境；而计算主义未来的研究方式正是一种由语境决定的局部模型或形式系统，因而计算主义在高阶模糊的分析中会呈现出更多独特的优势。

再次是计算主义的研究对象。前文中曾提到，科学解释的对象已经由确定性推理转向了非确定性推理，同样计算主义的研究对象也将重点聚焦于非确定性推理。不仅如此，计算主义不再只关注认知科学、机器学习以及人工智能的问题，甚至不只是自然科学的问题，其亦可以用于社会科学的问题研究，例如经济学领域就存在许多数学形式工具的应用。除此之外，我们可以尝试构建社会学模型或者依据社会学中某些现象的特征构建具有相应特征的形式工具，以便于从定量上刻画或者解释一些社会学问题，特别是社会学中的复杂性问题。例如，计算主义将会更多地聚焦于自然语言中模糊性问题的分析、常识认识中局部信息的推理以及社会学的决策制定与调整等问题的研究中。整体而言，这些应用反映了计算主义可用于多学科、多领域问题的综合研究，并且由一阶推理拓展到高阶推理。

最后是计算主义的研究方法。从计算主义的历史来看，计算主义的研究方法经历了一阶逻辑系统、物理符号系统和联结主义三种主要的研究范式。就目前而言，笔者认为计算主义是一种多方法并行的综合性研究方法。其一，目前不确定性知识的研究主要依据的是由变异逻辑和哲学逻辑构成的非经典逻辑系统群，并且在非经典逻辑系统中引入了许多数学工具。其二，人工智能学者现在通常凭借对神经系统的模拟来构建类神经系统用于模拟人类的认知功能，并通过数学微分关系调整和训练类神经系统的学习能力。其三，随着量子理论在计算思想中的渗透，量子计算与量子逻辑被提出用于构建新的量子计算机。倘若量子计算机可以被成功构建的话，其不仅可以提高计算机的计算能力，而且可以克服经典计算所遇到的计算复杂性问题。除此之外，计算主义的研究方法还是一种涉及多门学科的研究方法，其中就包括逻辑、概率论、统计学、物理学、生物学等学科，这意味着计算主义未来极有可能是融合众多学科的研究方法。特别是在不确定性知识的表征过程中，我们一直以来都是分别以不同的方法来模拟人类对不确定性知识的分析过程，如概率统计、逻辑表征或者神经网络模拟等方法，但是这些方法都或多或少地存在自身的不足与缺陷，这就需要我们能够取长补短，综合不同研究方法的特征，尽可能合理地表征不确定性知识。而计算主义正是一种走向综合的整体性研究方法，通过计算主义我们既可以依据概率分析不确定性知识的或然性，也可以凭借逻辑确保推理的有效性，同时还可以根据神经网络提高计算机对不确定性知识的自主学习能力，强化我们对不确定性知识的认识，完善计算机对不确定性知识的处理。

通过对计算主义四个方面的简单介绍，笔者认为计算主义具备成为未来主流研究范式的基本条件。在此，笔者想要指出的是，笔者憧憬的计算主义与之前的计算主义存在一些差别，之前的计算主义是科学研究中基础的研究方法，不过笔者所设想的计算主义在下层意义上可以解释为科学研究的研究方法，而在上层意义上它可以作为我们认识世界、表征世界的指导思想。目前，计算主义的发展并不是完善的，它依然需要被不断地补充与修正，笔者认为计算主义在未来的发展应该走向：①计算与意义的结合，在关注计算分析的同时重视意义的阐释；②确定与不确定之间的补充，不仅静态地分析确定性问题，也要动态地考察不确定性问题的变化；③多学科、多方法的融合，以多视角来认识问题和分析问题。

第三，研究内容的解释困境对科学解释的可计算化提出了更高的要求。

当然，研究方法的进步也意味着我们可以在研究内容上进行相应的扩展。虽然以逻辑演算为基础的计算主义对不确定性问题分析起到至关重要的作用，可是这些问题只是科学解释问题中的冰山一角。事实上，科学理论的意义建构过程中依然存在许多问题有待于进一步分析。在此，笔者将简要阐述一些具有重要研究价值的问题。

这里，我们首先关注的是常识性知识的表征推理。常识推理是据于常识知识和某一情节的信息推理另一情节的信息，因而常识推理其实是一种智能行为和想法，它可以填补我们的空白，重构一个情节中丢失的信息，甚至指出或预测事件的结果。为了使计算机可以自动化地推理情节，我们首先需要表征现实世界的情节和现实世界的常识知识，其中就包含现实世界的对象、主体、随时间变化的属性、事件、行为、时间等基本常识实体，在此过程，我们必须保证表征对象的同一性。而在此基础上的常识推理通常涉及三种类型：其一，由已知的现实世界情节以及常识知识推理未知的情节信息；其二，由已知的初始状态和最终状态寻找引发状态变化的事件；其三，由造成最终结果的事件反向推导事件的初始状态。可是，由于情节的表征通常涉及时间、空间以及心理状态，因而常识推理容易受情节信息的语境敏感性、非确定性和连续变化以及情节之间的并发性、非直接性等因素所影响，从而致使常识推理的不确定性和多变性，这也为表征和推理常识推理带来了巨大的挑战，同时也构成了科学解释意义建构所需解决的重要问题。

除了常识推理之外，意义建构亟待解决的另一类不确定性问题就是自然语言的研究。自然语言虽然看似是由简单的字、词、句以及标点构成的字符串，但是对自然语言的理解并不容易，因为我们确知自然语言通常都具有多义性、模糊性以及语境相关性，这些因素直接影响了自然语言的意义。故而，计算机对自然语言的研究首先应该是致力于对自然语言的理解，准确地把握自然语言的意义。而当前对自然语言理解的研究主要依靠的是经验数据的统计，这种分析方法可以给出许多可能的解释，但是并不能准确地给出一种解释。如果想要为自然语言提供一个清楚的解释，语境辨析是至关重要的方法，也是自然语言理解最有潜力的研究进路。此外，计算机在自然语言理解的基础上以形式表达自然语言的思想是自然语言研究的另一个重要内容，被称为自然语言生成。尽管当前已经开始对自然语言生成进行研究，但是研究进程相对比较缓慢，这主要是由于自然语言理解研究的困境影响了自然语言生成的研究。可见，自然语言理解在很长的一段时间内依然是意义建构的重要内容。

我们不得不说，意义建构对象的非确定性标志着从简单的语言学视角已经不足以精确地解释和说明科学理论以及构建相应语境下的意义。在此基础上，科学解释所依托的信息的规模化、无序化以及计算主义架构的发展为科学解释的计算化发展提出更高要求的同时也提供了扎实的技术支撑，为意义的进一步计算化构建提供了潜在的可能。与此同时，一些难题的解释困境也直接推动了科学解释的可计算化趋向。

二、人类理性的计算化发展

理性是人类依据所习得的知识或信息进行思维和活动的能力，它直接影响着人类的认识、思维以及各种实践活动。通常意义上，人类理性被分为认识理性和思维理性两种形式，其中认识理性是指人类所具有的依据现有的认识理论认识世界的能力，它对人类认识行为具有主导作用；而思维理性是指人类依据现有的价值理论和行为规则进行思维的能力，它直接影响着人类的思维与行动。人类理性的两种形式共同保证了人类认识过程和思维过程的合理性，指导和监督了人类的实践活动。可是，当前人类对确定性知识的认识具有较高的准确性，相比之下，人类并不能准确地把握模糊的、不确定的知识的意义和内涵，这也是目前人类理性认识的困境所在。

而前文依据非经典逻辑系统对不同特征的不确定性知识的分析，指出非经典逻辑是可以被用于表征这些不确定性知识的，不确定性知识的逻辑表征意味着不确定性知识是可以实现形式化或模型化分析的，这也暗含了人类理性的不确定认识可以得到形式化或模型化表征，特别是模糊性问题的分析。众所周知，当前的不确定知识主要是我们对事物本质发展认识的模糊性导致的，因而不确定性知识解决的基本策略就是寻找引发认识模糊性的因素，并通过限制这些因素来消除模糊。前文就曾基于语境逻辑对谓词以及主词和句子的模糊问题进行了分析，并通过语境约束回避模糊性问题的产生，同时还重点分析了高阶模糊问题，指出高阶模糊的处理应该是逐阶分析的过程，在每一阶的分析过程中，高阶模糊都被视为一阶模糊问题，这种分析方法相当于将高阶模糊还原为一阶模糊，最终依据一阶模糊的分析方法来分析高阶模糊问题。

高阶模糊的非经典逻辑分析与表征标志着复杂的、模糊的、不确定的知识在一定程度上也是可以进行可计算化处理的，这同时意味着人类理性的认识过程和思维过程也可以被尝试计算化表征。通过高阶模糊的分析，我们确知高阶模糊的解决思想是一种逐步精确化的过程，在此过程中，高阶模糊由复杂转化为简单，由模糊逐渐走向精确，可见，未来不确定性知识的研究将趋向于精确化的发展。与此同时，高阶模糊的形式化处理也表明了人类理性在不确定性认识上可以进一步实现可计算化处理，揭示了人类理性的研究将由一阶问题扩展到高阶问题，并且不确定性知识精确化的分析也蕴涵了精确化将是人类理性最终追求的目标。

从这层意义上而言，人类理性的可计算化将是人工智能学者期望实现的目标，却也是人工智能研究的难点所在。而依据前文中新的计算主义的简单分析，我们确知，由于计算主义在研究方法上的融合和研究模式上的改变，其相应地也丰富了计算主义的研究内容。这意味着计算主义不仅可以完美地刻画人类理性的确定性认识，同时其也可以被用于描述模糊的人类理性认识，并且还可以从模糊认识的一阶问题研究扩展到高阶问题研究。随着计算主义的不断变革以及人类理性认识的深入，模糊认识的高阶问题必然是计算主义未来研究的重点与难点。而模糊问题的可计算化研究事实上是模糊认识的一种定量描述和刻画，该过程是将问题的模糊化认识逐渐转化为精确化解释。由此可见，计算主义的发展意味着可计算化将是人类理性进步的一种重要研究方式，也是人类理性进步的重要标志，同时计算主义对人类理性认识的研究是一种趋向精确化的解释、说明与表征。

三、科学理性与人文理性的统一

科学是运用逻辑演绎或归纳对表象进行严密的逻辑论证所得到的结论，它是对表面现象下深层属性的描述。理性则是在现有的理论基础上，通过合理的逻辑推理得到的结论。对客观事物的认识过程，科学与理性是相辅相成的，科学的认识需要理性的推理与判断，理性则需要科学为其提供夯实的基础。从这一点看，科学与理性在现实世界的客观认识过程中是紧密联系在一起的，二者共同保证了对事物客观规律和属性描述的合理性与准确性，因此科学理性的基本特征是求真。而人文强调的是人在认识过程中的主体地位，其描述的是人类以抽象的思维对人类生活的认识。事实上，人文与理性也存在不可分割的联系，它描述的是人类对客观世界认识背后的价值与意义。同样，对于科学理论而言，其也存在价值和意义，故而对科学理论的人文理性认识，就是要对科学理论进行价值分析和意义阐释。由此可见，科学理论的研究应该是对科学理性分析的同时兼顾人文理性的判断。

非经典逻辑的研究正尝试实现科学理性与人文理性的统一。从认识论的角度来说，科学理性是人类认识对象与世界的一种能力，它依据各种科技手段来观察现象世界，通过对现象的逻辑推理以期实现对对象世界的本质以及规律的形式化表征。因而，科学理性追求的是事物发展的本质规律与属性，是脱离了人类意识的客观世界，并且科学理性以严格的推理证明作为其根本准则，进而构建完整的形式演绎系统。而人文理性关注的是人类对外在世界的内在认识，是一种超越了事物本质与规律的内在意识的体现，探寻的是现实世界本质、属性与规律背后的意义，因而人文理性是一种不可形式化和演绎的表征。

　　而非经典逻辑的产生使得人文理性的形式化表征成为一种可能，因为非经典逻辑是一种语境可计算化的逻辑，它将逻辑真值推理视为一种依赖于语境的真值推理，它的逻辑演绎过程都是在一定的语境范围内进行的，因而逻辑推理中的符号都指称特定语境下的对象，推理所得的结果也是特定语境下对表达式意义的解释，故而非经典逻辑的演绎推理都赋予了该语境所特有的意义。语境的可计算化既实现了价值理性的形式化表征，同时还体现了形式的价值理性，有效地实现了二者的统一。由此可见，非经典逻辑不仅对自然科学进行了抽象表达，也试图体现人类对科学理论的内在认识，是对科学理性与人文理性统一化的尝试。虽然非经典逻辑并没有完满地刻画二者的统一关系，但是逻辑学家们正在努力发展非经典逻辑，进一步丰富它的表达力，以便于利用该逻辑描述科学理性与人文理性之间的关系。

小　　结

　　一种新的科学理论解释的趋势，就是"解释（说明）并释放科学"[①]。这就意味着，要把科学的本质从形式体系的表征中，通过意义建构的过程将其"释放"出来，就必须有合理的解释或说明。一旦这种科学的本质被释放出来之后，它与人文精神的本质就是一致的和统一的了，这就是嵌入在科学理性中的形式理性与价值理性的统一。所以，到目前为止，科学哲学研究的本质功能，始终是在科学研究中进行着解释或说明，实现对科学理论的意义建构，也即是理性的重建，如果失去了这一点，科学哲学的存在就丧失了它的合理性。然而，如何提升和创新科学理论意义建构的途径或方式，恰恰是当代科学哲学研究所面对的最重要的难题。在这一点上，我们认为立足于语

---

① Dhaskar R. Reclaiming Reality: A Critical Introduction to Contemporary Philosophy[M]. Abingdon: Routledge，2011：89.

境论的意义的可计算化建构，是具有前景的科学理论解释的方法论之一，这既能规范"意义"建构的合理性，同时也能确保意义建构的精确性。

语境模型化与可计算化的前提是，语境应该具有规范性特性，该特性是科学哲学的重要标志，它是对科学理性的刻画，体现了理性、意义与计算化建构之间的统一性。而规范性的语义分析是指，我们应该首先在语义层面上澄清问题的内涵与本质，这一分析不仅提供了规范性概念的合理解释，同时也为语言表达式的意义提供了规范性说明。如此一来，在科学解释的意义建构过程中，规范性的语义分析将会建构或揭示形式表达式已被规定的意义，保证表达式的形式表征与意义解释的同一性。

科学解释规范性的重建，阐明规范性既可以在语义维度上说明语言表达式的意义及其正确性条件，又可以在语用维度上理解表达式的运用，并通过规范性语境为意义建构提供解释与辩护，规范科学解释意义的合理性。在合理性的规范下，隐喻的语境化模型以及逻辑的语境化建构将实现对客观世界的近似化或理想化表征。从一定意义上讲，科学解释规范化的重建让科学哲学的研究重回科学理性的道路，同时语境的模型化与形式化意味着科学哲学的研究走向可计算化，充分揭示了语境可计算化对科学哲学的重要意义。

结束语：科学解释语境的计算化

就科学与科学哲学之间的关系而言，科学的本性是对自然的解释，而科学哲学则是对这种解释的解释。从经验证实标准到科学发现的逻辑，从范式理论到科学研究纲领，从覆盖律模型到解释的语用学，从溯因推理到最佳说明推理等，这些都表明科学解释一直以来都是科学哲学研究的重心与核心。其中，科学哲学的目的便是实现科学解释的意义建构。对意义建构而言，我们首先需要对科学理论或科学概念进行解释或再解释，并在新的规则、理论指导下重新建构科学研究对象的意义，这势必需要我们提出一种新的科学解释的范式。而科学哲学的现代性研究正是在这种需求下应运而生的一种全新的研究视角。当前的现代性研究主要是以语境为基础，通过语义分析方法规范科学概念和科学理论解释中语义内容与语境条件的匹配。具体而言，科学哲学现代性研究方法主要从意义建构的语境化、语境模型化、语境计算化全面规范和构建科学解释的意义。

"语言学转向"的哲学进程中内在的"分析学转向"意味着"语义学转向"的必然趋势。因为在"分析学转向"的时期，罗素、弗雷格等就意识到了不同的语境存在不同的限制，不同概念框架可以给出不同的语境趋向。并且在确定语境的情形下，每一个命题、概念、理论或事实都存在一个最具优势、最合理的形式表征系统或模型，这些合理的表征形式和系统都是由具体的语境价值所确定的。而在合理表征形式给定的过程中，基于语境的语义分析就是要为命题的形式表征提供最佳的意义解释。因而，我们所要构建的方法论就是语境基底上的语义分析方法。该方法具有更加清晰的特征：其一，该方法的出发点是语境论的整体性基础，而不是单纯的语句真值的考量。其二，该方法建立的是一个各种分析立场和价值取向相互借鉴、交融和渗透的语境平台，该平台的语义分析是综合了各种价值取向所做出的意义分析。尤其是语境基底上科学修辞学的应用，反映了科学哲学在辩证理性道路上对自身定位的多元思考以及对科学解释范围的重新衡量。语境融合视野下的科学修辞解释研究将理性主义和非理性主义还原为一种平等而有效的思维方式，从而在科学理性的基础上提供了一个可供科学解释产生化学反应的平台。

在语义学方法的指导下，我们期望实现对科学解释意义建构的模型化，其中就会涉及科学解释的模型建构问题。就当前而言，隐喻是模型建构中比较前沿的研究方法，该方法借助隐喻的语境关联性，通过考察隐喻表征的层级性，最终落足于隐喻动态类型层级的表征。因此，隐喻建模实质上是，整合隐喻推理所涉及的各种相关语境要素之间的关系，然后在模型建构中呈现出来。在此过程中，我们需要建构最合理的隐喻模型，这就涉及隐喻建模的一个核心思想——理想化模型，正是通过理想化的隐喻假设建构起有限的模型系统，才最终实现了对自然科学中的事物或现象的部分的表征。可以说，理想化模型的建构弥合了我们的认知局限以及现实世界复杂性之间的鸿沟。

语境模型化为科学解释提供了意义建构的模式，但是意义建构并不能局限于语义分析，我们同样希望在语义分析的基础上构建具体的语形表征，实现科学理论解释的语形分析与语义分析的一致性。这里，我们就必然要提到意义建构的语境形式化与计算化表征。语境形式化与计算化表征是指我们通过抽取、整合语境中的不同信息，形成一个以逻辑演算为基础的形式系统。在该系统中，语义分析定性地分析命题、概念以及理论的意义，而语形分析则从定量上具体刻画命题的真值，二者在意义与真值之间形成有效的统一体。从本质上而言，语境的形式化和计算化表征就是实现语境的可计算化，最终构建"计算语境"系统。

基于科学理论解释的语境形式化与可计算化的构建，我们在一个新的视域下将科学哲学研究的方法论提升到一个新层次。我们必须意识到：①在"计算语境"中，有意义的语境信息均被形式化、规范化和逻辑化，使其被整合并成为语境系统中必不可少的要素，从而发挥它们的信息功能。否则，它们可能是碎片化的、非系统的和缺乏功能的。更重要的是，这会更大限度地避免信息被扭曲和误读，使特定信息的价值意义最大化。②主体的心理意向或语境的价值取向，会充分地体现在语境模型前提条件的预设中，以及语境边界的划定上。然而，一旦主体确立了这些条件预设和边界划定，语境内在的演化就将成为一个自然的逻辑演算过程。所以，在特定语境下，给定系统的价值取向的自主选择性与给定边界条件下逻辑演算的确定性之间的统一，就是科学理论解释的意义建构过程中主客观之间的统一。③"计算语境"的优势在于，它易于把必然性和偶然性、选择性和可能性以及已知性和未知性的有关要素逻辑地统一起来，促进人们最优化地去寻求理解和分析解释对象的方式与途径。特别是在科学理论的进步过程中，经典的理论结论要面对可能世界的新选择，这一优势就显得尤为珍贵。④还必须强调的是，"计算语境"是将"关系的存在"（规则）与"实体的存在"（要素）逻辑地统一起来的可演算的结构系统。这种新的统一的实在性，可以有效地消解传统科学实在论在科学理论解释时，在对本体论说明中逻辑上的无限后退。

我们不能不说，"计算语境"是语境生成、存在及其发挥功能的新形式、新结构和新系统。在当下"科学的技术化"与"技术的科学化"的时代，科学理论解释的意义建构与信息技术进步的一体化及一致性也是必然的。所以，意义建构的计算化趋势不仅强化了原本意义建构的所有内在本质，而且突出了意义建构计算化趋势的新特征：其一，科学理论解释在特定语境下意义建构的计算化，是伴随"大数据"和"云计算"时代的出现而内生的科学哲学研究方法论的提升，是科学理性进步的一个重要表现。其二，意义建构的计算化是形式化的定量分析与理性判断的定性分析不可分割的统一。也就是说，量化分析的定性化与定性分析的定量化是一致的，它们在科学理论解释的"计算语境"中，不存在不可逾越的界限。其三，"计算语境"是价值理性与形式理性的统一。在这里，价值理性的形式化与形式化的价值理性之统一并非是任意的，必然要受到科学理性进步的严格考问。因此，在"计算语境"中，具体的数据计算过程与可选择的价值取向的约束和要求，在给定的形式系统中获得了同一性。其四，"计算语境"不单纯是静态的演算模式或演算模型，而是动态的、有创新需求和创新能力的整体意义建构体系中的一个不可或缺的组成部分。所以，通过不断地"再语境化"，它将有力地推动科学理性创新性的进步与发展，这表明了意义建构的计算化趋势是科学理论解释的方法论进步和发展中的一个重要方向。

整体而言，未来科学解释的研究方法应该是转向语境基底上的语义分析方法，该方法既可以规范语言表达式的意义，同时又为表达式的语形表征提供了边界。在此基础上，我们可以构建科学理论解释的理想化模型，并从形式化和计算化的视角刻画科学解释的语境。虽然该方法是当前科学解释意义建构最新颖也是最具前途的研究方法，但是目前的研究依然存在许多不足，需要进一步深入研究。首先，本书并没有对理想化在隐喻建模的具体应用语境中进行分析，而只是着重对隐喻建模和理想化分别进行了语境相关的分析。换言之，本书似乎仅仅阐明了隐喻建模与语境、理想化与语境的关系，而对隐喻建模过程与理想化方法本身之间的具体关系缺乏细致而系统的论述。其次，本书在意义的语境建构中，还仅限于思想、理论和简单形式与技术上的阐释，并没有形成严密的逻辑系统。再次，语境的可计算化模型应该以逻辑演算为基础，同时广泛地引入各学科的研究方法，构成综合的语境可计算化体系。最后，本书利用计算语境具体分析的问题还比较局限，只针对范畴论、波函数以及四类不确定性问题进行了分析，在今后的工作中，我们需要进一步扩展计算语境的应用范围，尽可能应用于多学科、多问题的综合分析。

　　本书是近年来我们在科学哲学领域潜心研究取得的最新成果。更荣幸的是，该研究 2016 年受到教育部人文社会科学重点研究基地重大项目"科学解释与科学哲学的现代性研究"（项目编号：16JJD720013）的支持，在该项目的支持下，课题得到深入的研究，并取得了丰硕的成果，在国内核心期刊《中国社会科学》《哲学研究》等发表多篇文章。在此，我们对教育部人文社会科学项目给予的支持表示衷心的感谢。同时，我们要感谢各位同行与专家在研究中给予的支持与认可。此外，还要感谢课题组的所有成员在课题研究和部分撰写工作上付出的努力，其中前言和第一章由赵晓聃博士参与撰写工作，第二章由张旭博士参与撰写工作、李欢博士参与整理工作，第三章由杨烨阳博士参与撰写工作，第四章由孔祥雯博士参与撰写工作，第五章由刘敏博士参与撰写工作、张博宇博士参与整理工作，第六章由崔帅博士参与撰写工作，第七章由赵晓聃博士、杨烨阳博士和崔帅博士参与撰写工作。最后，我们要感谢国家重点学科教育部人文社会科学重点研究基地山西大学科学技术哲学研究中心给予的大力支持。

参 考 文 献

阿托奇娅·阿利西达，唐纳德·吉利斯. 2015. 逻辑的、历史的和计算的方法[M]//西奥·A. F. 库珀斯. 爱思唯尔科学哲学手册·一般科学哲学：焦点主题. 郭贵春，等译. 北京：北京师范大学出版社.

安军，郭贵春. 2005. 科学隐喻的本质[J]. 科学技术与辩证法，（3）：42-47.

安军，郭贵春. 2007. 隐喻的逻辑特征[J]. 哲学研究，（2）：100-106.

安军. 2009. 家族相似：科学类比与科学模型的隐喻思维特征[J]. 科学技术哲学研究，（4）：21-25，50.

曹天予，李宏芳. 2015. 在理论科学中基本实体的结构进路[J]. 自然辩证法通讯，（1）：33-39.

曹天予. 2008. 20 世纪场论的概念发展[M]. 上海：上海世纪出版集团.

曹天元. 2008. 上帝掷骰子吗：量子物理史话[M]. 沈阳：辽宁教育出版社.

陈波. 2000. 逻辑哲学导论[M]. 北京：中国人民大学出版社.

成素梅，郭贵春. 2002. 论科学解释语境与语境分析法[J]. 自然辩证法通讯，（2）：24-30.

成素梅，郭贵春. 2004. 语境实在论[J]. 科学技术与辩证法，（3）：60-64，92.

成素梅. 2009. 如何理解微观粒子的实在性问题：访斯坦福大学赵午教授[J]. 哲学动态，（2）：79-85.

成素梅. 2010. 量子力学的哲学基础[J]. 学习与探索，（6）：1-6.

程瑞，郭贵春. 2009. "洞问题"与当代时空实在论[J]. 科学技术与辩证法，（2）：34-38，105.

程瑞. 2011. 时空语境实在论[J]. 科学技术哲学研究，（1）：21-27.

程守华. 2006. 量子场论的关系本体论承诺[J]. 山西煤炭管理干部学院学报，（2）：98-99.

董菲菲. 2013. 化学键概念的语境解释研究[D]. 太原：山西大学硕士学位论文.

弗兰西斯·克里克. 2000. 惊人的假说——灵魂的科学探索[M]. 汪云九，齐翔林，吴新年，等译. 长沙：湖南科学技术出版社.

甘莅毫. 2014. 科学修辞学的发生、发展与前景[J]. 当代修辞学，（6）：69-76.

葛岩，吴永忠. 2014. 富勒科学哲学思想演化探析[J]. 长沙理工大学学报（社会科学版），（3）：28-32.

弓肇祥. 2003. 可能世界理论[M]. 北京：北京大学出版社.

郭贵春，安军. 2003. 隐喻与科学理论的陈述[J]. 社会科学研究，（4）：1-6.

郭贵春，安军. 2013. 科学解释的语境论基础[J]. 科学技术哲学研究，（1）：1-6.

郭贵春，成素梅. 2002. 当代科学实在论的困境与出路[J]. 中国社会科学，（2）：87-97.

郭贵春，贺天平. 2001. 测量的语境分析及其意义[J]. 自然辩证法研究，（5）：6-13.

郭贵春，康仕慧. 2006. 当代数学哲学的语境选择及其意义[J]. 哲学研究，（3）：74-81.

郭贵春，李龙. 2012. 原子的对称性语境分析及其意义[J]. 科学技术哲学研究，（4）：1-7.

郭贵春，刘敏. 2014. 玻姆语境下作为法则的波函数[J]. 科学技术哲学研究，（6）：1-6.

郭贵春，刘敏. 2015. 量子空间的维度[J]. 哲学动态，（6）：83-90.

郭贵春，王凯宁. 2008. 量子力学中的隐喻思维[J]. 科学技术哲学研究，（3）：1-6，111.

郭贵春，殷杰. 2001. 后现代主义与科学实在论[J]. 自然辩证法研究，（1）：6-11，47.

郭贵春，赵丹. 2007. 论能量——时间不确定关系的解释语境[J]. 自然辩证法通讯，（2）：17-24.

郭贵春. 1989. 语义分析方法在现代物理学中的地位[J]. 山西大学学报，（1）：23-29，72.

郭贵春. 1990. 语义分析方法的本质[J]. 科学技术与辩证法，（2）：1-6.

郭贵春. 1994. "科学修辞学转向"及其意义[J]. 自然辩证法研究，（12）：13-20.

郭贵春. 1994. "意义大于指称"——论科学实在论的意义观[J]. 晋阳学刊，（4）：42-49.

郭贵春. 1997. 论语境[J]. 哲学研究，（4）：46-52.

郭贵春. 2000. 科学修辞学的本质特征[J]. 哲学研究，（7）：19-27.

郭贵春. 2000. 语境分析的方法论意义[J]. 山西大学学报（哲学社会科学版），23（3）：1-6.

郭贵春. 2001. 当代语义学的走向及其本质特征[J]. 自然辩证法通讯，（6）：8-17.

郭贵春. 2001. 科学实在论教程[M]. 北京：高等教育出版社.

郭贵春. 2002. 科学实在论的语境重建[J]. 自然辩证法通讯，（5）：9-14，95.

郭贵春. 2004. 科学实在论的方法论辩护[M]. 北京：科学出版社.

郭贵春. 2004. 科学隐喻的方法论意义[J]. 中国社会科学，（2）：92-101，206.

郭贵春. 2008. 语义分析方法与科学实在论的进步[J]. 中国社会科学，（5）：54-64，205.

郭贵春. 2009. 当代科学哲学的发展趋势[M]. 北京：经济科学出版社.

郭贵春. 2009. 语境的边界及其意义[J]. 哲学研究，（2）：94-100，129.

郭贵春. 2011. 语境论的魅力及其历史意义[J]. 科学技术哲学研究，（1）：1-4.

郭贵春. 2016. 科学研究中的意义建构问题[J]. 中国社会科学，（2）：19-36，205.

贺天平. 2010. 量子力学诠释的哲学观照[J]. 学习与探索，（6）：7-12.

贺天平. 2012. 量子力学多世界解释的哲学审视[J]. 中国社会科学，（1）：48-61.

贺伟. 2006. 范畴论[M]. 北京：科学出版社.

加达默尔. 1999. 真理与方法（下卷）[M]. 洪汉鼎译. 上海：上海译文出版社.

杰弗里·N. 利奇. 2005. 语义学[M]. 李瑞华，王彤福，杨自俭，等译. 上海：上海外语教育出版社.

金立. 2008. 指称理论的语用维度[J]. 哲学研究，（1）：95-99.

鞠玉梅. 2014. 解析亚里士多德的"修辞术是辩证法的对应物"[J]. 当代修辞学，（1）：21-25.

康仕慧，吕立超. 2016. 当代数学哲学的语境走向[J]. 科学技术哲学研究，33（6）：17-22.

康仕慧，张汉静. 2013. 数学本质的先物结构主义解释及困境[J]. 科学技术哲学研究，30（5）：11-18.

黎千驹. 2007. 模糊语义学导论[M]. 北京：社会科学文献出版社.

李德新，郭贵春. 2014. 量子对象的模糊同一性问题[J]. 自然辩证法研究，（2）：3-9.

李海平. 2006. 语境在意义追问中的本体论性——当代语言哲学发展对意义的合理诉求[J]. 东北师大学报，（5）：24-28.

李红满，王哲. 2014. 近十年西方修辞学研究领域的新发展[J]. 当代修辞学，（6）：31-40.

李宏芳. 2005. 量子力学的退相干解释及哲学[J]. 自然辩证法通讯，（5）：94-99.

李宏芳. 2009. 退相干和量子力学的诠释[J]. 河池学院学报，（3）：8-13.

李洪强，成素梅. 2006. 论科学修辞语境中的辩证理性[J]. 科学技术与辩证法，23（4）：41-44，73.

李继堂，郭贵春. 2013. 规范理论解释和结构实在论[J]. 自然辩证法通讯，（4）：8-13，125.

李继堂. 2001. 量子力学基础的语境分析[D]. 西安：陕西师范大学硕士学位论文.

李建会，符征，张江. 2012. 计算主义——一种新的世界观[M]. 北京：中国社会科学出版社.

李欣. 2011. 科学语境论浅析[D]. 太原：山西大学硕士学位论文.

刘崇俊. 2013. 科学论争场中修辞资源调度的实践逻辑——基于"中医还能信任吗"争论的个案研究[J]. 自然辩证法通讯，（5）：71-76，127.

刘杰，孙嫚莉. 2015. 赫尔曼的模态结构主义[J]. 科学技术哲学研究，32（5）：25-30.

刘亚猛. 2008. 西方修辞学史[M]. 北京：外语教学与研究出版社.

欧阳康，史蒂夫·富勒. 1992. 关于社会认识论的对话（上）[J]. 哲学动态，（4）：7-10.

让·格朗丹. 2009. 哲学解释学导论[M]. 何卫平译. 北京：商务印书馆.

任远. 2007. 指称问题的概念家族和层次框架[J]. 中山大学学报（社会科学版），（4）：53-56.

沈健，桂起权. 2011. 量子逻辑：一种全新的逻辑构造[J]. 安徽大学学报（哲学社会科学版），（1）：51-58.

盛骤，谢式千，潘承毅. 2008. 概率论与数理统计[M]. 4版. 北京：高等教育出版社.

斯塔西斯·普斯洛斯. 2015. 对解释的以往和当代观点[M]//西奥·A. F. 库珀斯. 爱思唯尔科学哲学手册·一般科学哲学：焦点主题. 郭贵春，等译. 北京：北京师范大学出版社.

孙林叶，成素梅. 2009. 范·弗拉森的科学说明观[J]. 科学技术与辩证法，26（3）：36-42.

谭笑，刘兵. 2008. 科学修辞学对于理解主客问题的意义[J]. 哲学研究，（4）：80-85，122.

谭笑. 2011. 修辞的认识论功能——从科学修辞学角度看[J]. 现代哲学, (2): 85-90.

谭笑. 2012. 科学修辞学方法的反思与边界——从一场争论谈起[J]. 科学与社会, (2): 74-88.

万小龙. 2005. 全同粒子的哲学问题[J]. 哲学研究, (2): 112-117, 128.

王凯宁, 郭贵春. 2014. 从新埃弗雷特解释到多计算解释——量子计算语境下多世界解释的演变[J]. 哲学研究, (4): 83-90.

王凯宁. 2008. 隐喻与量子世界的表征[D]. 太原: 山西大学硕士学位论文.

王秀国. 2009. 语文课程中隐喻教学的探索[D]. 济南: 山东师范大学硕士学位论文.

威廉·贝奇特尔, 安德鲁·汉密尔顿. 2015. 还原、整合与科学的统一: 自然科学、行为科学和社会科学以及人文科学[M]//西奥·A. F. 库珀斯. 爱思唯尔科学哲学手册·一般科学哲学: 焦点主题. 郭贵春, 等译. 北京: 北京师范大学出版社.

维特根斯坦. 2013. 哲学研究[M]. 韩林合译. 北京: 商务印书馆.

魏屹东, 郭贵春. 2002. 科学社会语境的系统结构[J]. 系统辩证学学报, (3): 60-64.

魏屹东, 杨小爱. 2013. 自语境化: 一种科学认知新进路[J]. 理论探索, (3): 5-11.

魏屹东. 2012. 语境论与科学哲学的重建[M]. 北京: 北京师范大学出版社.

温科学. 1999. 二十世纪美国修辞批评体系[J]. 修辞学习, (5): 47-49.

温科学. 2006. 20 世纪西方修辞学理论研究[M]. 北京: 中国社会科学出版社.

吴国林. 2011. 实体、量子纠缠与相互作用实在论[J]. 理论月刊, (3): 5-11, 2.

吴国林. 2014. 量子信息的哲学追问[J]. 哲学研究, (8): 99-106.

吴允曾. 1991. 情境语义学——一种新的"意义理论"[M]. 北京: 北京科学技术出版社.

西奥·A. F. 库珀斯. 2015. 序言: 科学哲学中的阐释[M]//西奥·A. F. 库珀斯. 爱思唯尔科学哲学手册·一般科学哲学: 焦点主题. 郭贵春, 等译. 北京: 北京师范大学出版社.

肖显静. 2006. 科学哲学研究三大转向的内涵及意义简析——《科学实在论的方法论辩护》的启发[J]. 科学技术与辩证法, (2): 52-56, 111.

徐鲁亚. 2010. 西方修辞学导论[M]. 北京: 中央民族大学出版社.

亚里士多德. 1993. 形而上学[M]//苗力田. 亚里士多德全集: 第七卷. 北京: 中国人民大学出版社.

闫坤如, 桂起权. 2009. 科学解释的语境相关重建[J]. 科学技术与辩证法, (2): 29-33.

闫世强, 李洪强. 2014. 科学修辞语言战略[J]. 科学技术哲学研究, 31 (1): 22-27.

颜泽贤. 2005. 突现问题研究的一种新进路——从动力学机制看[J]. 哲学研究, (7): 101-107.

杨柳. 2009. 自在——论海德格尔的无蔽[J]. 内蒙古农业大学学报 (社会科学版), (2): 307-308.

姚喜明, 等. 2009. 西方修辞学简史[M]. 上海: 上海大学出版社.

殷杰, 郭贵春. 2002. 从语义学到语用学的转变——论后分析哲学视野中的"语用学转向"[J]. 哲学研究, (7): 54-60.

殷杰，郭贵春. 2002. 论语义学和语用学的界面[J]. 自然辩证法通讯，（4）：13-18.

殷杰. 2003. 论"语用学转向"及其意义[J]. 中国社会科学，（3）：53-64.

殷杰. 2006. 语境主义世界观的特征[J]. 哲学研究，（5）：94-99.

约翰·波洛克，乔·克拉兹. 2008. 当代知识论[M]. 陈真译. 上海：复旦大学出版社.

约翰·范本特姆. 2013. 逻辑之门：逻辑、认识论和方法论[M]. 郭佳宏，刘奋荣，等译. 北京：科学出版社.

约翰·麦克道威尔. 2014. 心灵与世界[M]. 韩林合译. 北京：中国人民大学出版社.

张华夏. 2009. 科学实在论和结构实在论——它们的内容、意义和问题[J]. 科学技术哲学研究，（6）：1-11.

张建军. 2014. 当代逻辑哲学前沿问题研究[M]. 北京：人民出版社.

赵丹. 2012. 退相干理论视野下的量子力学解释[J]. 科学技术哲学研究，（5）：14-19.

赵丹. 2015. 关于多世界解释的几点哲学思考[J]. 南京工业大学学报（社会科学版），（1）：85-89.

赵丹. 2001. 量子测量的语境论解释[D]. 太原：山西大学博士学位论文.

曾文雄. 2006. 中西语言哲学"语用学转向"探索[J]. 社科纵横，（4）：115-118.

周北海. 1997. 模态逻辑导论[M]. 北京：北京大学出版社.

祝青山，肖玲. 2009. 实践科学观：马克思主义研究的新视野[J]. 宁波大学学报（人文科学版），（1）：81-85.

邹崇理. 2002. 逻辑、语言和信息[M]. 北京：人民出版社.

Abe J M，Akama S，Nakamatsu K. 2015. Introduction to Annotated Logics[M]. New York：Springer.

Adams E W. 1993. On the rightness of certain counterfactuals[J]. Pacific Philosophical Quarterly，74（1）：1-10.

Aets D，D'Hondt E，Gabora L. 2000. Why the disjunction in quantum logic is not classical[J]. Foundation of Physics，30（9）：1473-1480.

Albert D Z. 1996. Elementary quantum metaphysics[M]//Cushing J，Fine A，Goldstein S. Bohmian Mechanics and Quantum Theory：An Appraisal（132）. Berlin：Springer.

Augusto J C. 2001. The logical approach to temporal reasoning[J]. Artificial Intelligence Review，16（4）：301-333.

Awodey S. 1996. Structure in mathematics and logic：a categorical perspective[J]. Philosophia Mathematica，4（3）：209-237.

Awodey S. 2004. An answer to Hellman's question："Does category theory provide a framework for mathematical structuralism？"[J]. Philosophia Mathematica，12（1）：54-64.

Ayer A J. 2006. Probability & Evidence[M]. Columbia：Columbia University Press.

Baird A C，Thonssen L. 1947. Methodology in the criticism of public address[J]. Quarterly

Journal of Speech，33（2）：134-138.

Barwise J. S. 1989. The Situation in Logic[M]. Stanford：Center for the Study of Language and Information Publication.

Bell J. 1987. Speakable and Unspeakable in Quantum Mechanics[M]. Cambridge：Cambridge University Press.

Benacerraf P. 1965. What numbers could not be[J]. Philosophical Review，74（1）：47-73.

Bergmann M. 2008. An Introduction to Many-Valued and Fuzzy Logic[M]. New York：Cambridge University Press.

Bernstein R J. 1983. Beyond Objectivism and Relativism：Science，Hermeneutics，and Praxis[M]. Philadelphia：University of Pennsylvania Press.

Bertossi L，Hunter A，Schaub T. 2004. Inconsistent Tolerance[M]. Berlin：Springer.

Bhaskar R. 2001. Reclaiming Reality：A Critical Introduction to Contemporary Philosophy[M]. Abingdon：Routledge.

Bird A. 1998. Philosophy of Science[M]. London：Routledge.

Bizzell P，Herzberg B. 1990. The Rhetorical Tradition[M]. Boston：St. Martin's Press.

Black E. 1965. Rhetorical Criticism[M]. Madison：University of Wisconsin Press.

Blass A. 1984. The interaction between category theory and set theory[J]. Contemporary Mathematics，30：5-29.

Blute R，Philip S. 2004. Category theory for linear logicians[M]//Ehrhard T，Ruet P，Girard J Y，et al. Linear Logic in Computer Science. Cambridge：Cambridge University Press.

Bondecka-Krzykowska I，Murawski R. 2008. Structuralism and category theory in the contemporary philosophy of mathematics[J]. Logique & Analyse，51（204）：365-373.

Bonk T. 2008. Underdetermination：An Essay on Evidence and the Limits of Natural Knowledge[M]. Dordrecht：Springer.

Born M. 1956. Physics in My Generation[M]. Oxford：Pergamon Press.

Bremer M. 2005. An Introduction to Paraconsistent Logics[M]. Frankfurt：Europaischer Verlag der Wissenschaften.

Brown T L. 2003. Making Truth：Metaphor in Science[M]. Urbana-Champaign：University of Illinois Press.

Bunge M. 1998. Philosophy of Science[M]. New Brunswick：Transaction Publishers.

Burke K. 1950. A Rhetoric of Motives[M]. New York：Prentice-Hall.

Campbell J A. 1986. Scientific revolution and the grammar of culture：the case of Darwin's origin[J]. Quarterly Journal of Speech，72（4）：351-376.

Cappelen H. 2007. Semantics and pragmatics：some central issues[M]//Preyer G，Peter G. Context-Sensitivity and Semantic Minimalism：New Essays on Semantics and Pragmatics.

New York: Oxford University Press.

Cappelen H. 2008. The creative interpreter: content relativism and assertion[J]. Philosophical Perspectives, 2008, 22: 33.

Carnielli W, Coniglio M E. 2016. Paraconsistent Logic: Consistency, Contradiction and Negation[M]. Switzerland: Springer.

Cartwright N, Shomar T, Suárez M. 1995. The tool box of science: tools for the building of models with a superconductivity example[M]//Herfel W E, Krajewski W, Niiniluoto I, et al. Theories and Models in Scientific Processes. Amsterdam: Rodopi.

Cartwright N. 1983. How the Laws of Physics Lie[M]. Oxford: Clarendon Press.

Cartwright N. 1989. Nature's Capacities and Their Measurement[M]. Oxford: Oxford University Press.

Cartwright N. 1994. Fundamentalism vs. the patchwork of laws[J]. Proceedings of the Aristotelian Society, 94: 279-292.

Cartwright N. 1998. How theories relate: Takeovers or partnerships? [J]. Philosophia Naturalis, 35 (1): 23-34.

Cartwright N. 1999. The Dappled World: A Study of the Boundaries of Science[M]. Cambridge: Cambridge University Press.

Chakravartty A. 2001. The semantic or model-theoretic view of theories and scientific realism[J]. Synthese, 127 (3): 325-345.

Chattopadhyaya D P. 1991. Induction, Probability, and Skepticism[M]. Albany: State University of New York Press.

Chomsky N. 1965. Aspects of the Theory of Syntax[M]. Cambridge: MIT Press.

Cole J. 2010. Mathematical structuralism today[J]. Philosophy Compass, 5 (8): 689-699.

Cooper R. 1986. Tense and discourse location in situation semantics[J]. Linguistics and Philosophy, 9 (1): 17-36.

Copeland B J. 2002. The genesis of possible worlds semantics[J]. Journal of Philosophy Logic, 31 (2): 99-137.

D'Avila Garcez A S, Lamb L C, Gabby D M. 2008. Neural-Symbolic Cognitive Reasoning [M]. Heidelberg: Springer.

da Costa N, French S. 2003. Science and Partial Truth: A Unitary Approach to Models and Scientific Reasoning[M]. Oxford: Oxford University Press.

da Silva Filho J I. 2012. Treatment of uncertainties with algorithems of the paraconsistent annotated logic[J]. Journal of Intelligent Learning Systems and Applications, 4 (2): 144-153.

da Silva Filho J I, Lambert-Torres G, Abe J M. 2010. Uncertainty Treatment Using Paraconsistent Logic[M]. Amsterdam: IOS Press.

Daniela M. 2002. Bailer-jones, models, metaphors and analogies[M]//Machamer P, Silberstein M. The Blackwell Guide to the Philosophy of Science. Oxford: Blackwell.

Darwin F. 1896. Life and Letters of Charles Darwin. Vol. 2[M]. New York: D. Appleton.

Darwin F. 1903. More Letters of Charles Darwin. Vol. 1[M]. New York: D. Appleton.

David L. 1973. Counterfactuals[M]. Cambridge: Harvard University Press.

Davidson D. 2001. Subjective, Intersubjective, Objective[M]. New York: Oxford University Press.

Davis S, Gillon B S. 2004. Semantics[M]. Oxford: Oxford University Press.

Davis W A. 2005. Nondescriptive Meaning and Reference[M]. Oxford: Clarendon Press.

Demolombe R. 2003. Belief change: from situation calculus to modal logic[J]. Journal of Applied Non-Classical Logics, 13 (2): 187-198.

Dennett D C. 1991. Real patterns[J]. The Journal of Philosophy, 88 (1): 27-51.

Deutsch K W. 1951. Mechanism, organism, and society: some models in natural and social science[J]. Philosophy of Science, 18 (3): 230-252.

Duhem P. 1954. The Aim and Structure of Physical Theory[M]. Princeton: Princeton University Press.

Dummett M. 1996. The Seas of Language[M]. Oxford: Clarendon Press.

Dutta S, Chakraborty M K. 2011. Negation and paraconsistent logics[J]. Logical Universalis, 5 (1): 165-176.

Eddington A S. 1927. The Nature of the Physical World[M]. Cambridge: Cambridge University Press.

Ethninger D. 1982. Contemporary Rhetoric[M]. Illinois: Scott, Foresman& Company.

Feferman S. 1977. Categorical foundations and foundations of category theory[M]//Butts R, Hintikka J. Foundations of Mathematics and Computability Theory. Dordrecht: Reidel.

Fermuller C G. 2008. Dialogue games for many-valued logics—an overview[J]. Studia Logica, 90 (1): 43-68.

Fine A. 1993. Fictionalism[M]//French P, Uehling T, Wettstein H. Midwest Studies in Philosophy. Vol. XVIII. Notre Dame: University of Notre Dame Press.

Fitting M. 2017. Paraconsistent logic, evidence, and justification[J]. Studia Logica, 105 (6): 1149-1166.

Fodor J, Leporc E. 2004. Out of context[J]. Proceedings and Addresses of American Philosophical Association, 78 (2): 77-94.

Forbus K, Gentner D, Law K. 1995. MAC/FAC: A model of similarity-based retrieval[J]. Cognitive Science, 19 (2): 141-205.

Foss S K. 1991. Contemporary Perspectives on Rhetoric[M]. Long Grove: Waveland Press.

Frigg R. 2010. Models and fiction[J]. Synthese, 172: 251-268.

Gabbay D, Nossum R, Woods J. 2006. Context-dependent abduction and relevance[J]. Journal of Philosophical Logic, 35 (1): 65-81.

Gadamer H G. 1977. Philosophical Hermeneutics[M]. Linge D E (trans. and ed.). Berkeley: University of California Press.

Gaifman H. 2010. Vagueness, tolerance and contextual logic[J]. Synthese, 174: 5-46.

Gaonkar D P. 1989. The oratorical text: the enigma of arrival[M]//Leff M C, Kauffeld F J. Texts in Context: Critical Dialogues on Significant Episodes in American Political Rhetoric. Davis: Hermagoras.

Gaonkar D P. 1997. The idea of rhetoric in the rhetoric of science[M]//Gross A G, Keith W M. Rhetorical Hermeneutics. Albany: State University of New York Press.

Garcia-Carpintero M, Macia J. 2006. Introduction[M]//Garcia-Carpintero M, Macia J. Two-Dimensional Semantics. New York: Oxford University Press.

Gardner P, Zarfaty U. An introduction to context logic[M]//Leivant D, de Queiroz R. Logic, Language, Information and Computation. Berlin: Springer, 2007: 191.

Gasquet O, Herzig A, Said B, et al. 2014. Kripke's Worlds: An Introduction to Modal Logic via Tableaux[M]. London: Springer.

Giere R. 1988. Explaining Science: A Cognitive Approach[M]. Chicago: Chicago University Press.

Giere R. 2004. How models are used to represent reality[J]. Philosophy of Science, 71 (5): 742-752.

Giunchiglia F, Bouquet P. 1997. Introduction to contextual reasoning[M]//Kokinov B. Perspectives on Cognitive Science. Vol. 3. Sofia: NBU Press.

Gllridini C, Serafini L. 2014. Multicontext Logics—A General Introduction[M]. New York: Springer.

Greene B. 1999. The Elegant Universe: Superstrings, Hidden Dimensions, and the Quest for the Ultimate Theory[M]. London: W. W. Norton & Company.

Habermas J. 2003. Truth and Justification[M]. Cambridge: MIT Press.

Hacker P. 2007. Analytic philosophy: beyond the linguistic turn and back again[M]//Beaney M. The Analytic Turn: Analysis in Early Analytic Philosophy and Phenomenology. New York: Routledge.

Hacking I. 1983. Representing and Intervening[M]. Cambridge: Cambridge University Press.

Hacking I. 2001. An Introduction to Probability and Inductive Logic[M]. Cambridge: Cambridge University Press.

Harris R A. 1997. Landmark Essays on Rhetoric of Science[M]. Mahwah: Lawrence Erlbaum Associates.

Hattiangadi A. 2006. Is meaning normative? [J]. Mind and Language, 21 (2): 220-240.

Hattiangadi A. 2007. Oughts and Thoughts: Rule-Following and the Normativity of Content[M]. Oxford: Clarendon Press.

Heelan P A. 1970. Complementarity, context dependence, and quantum logic[J]. Foundation of Physics, 1 (2): 95-110.

Hellman G. 2003. Does category theory provide a framework for mathematical structuralism?[J]. Philosophia Mathematica, 11 (2): 129-157.

Herrick J A. 1997. The History and Theory of Rhetoric[M]. Boston: Allyn and Bacon.

Hesse M. 1966. Models and Analogies in Science[M]. Notre Dame: University of Notre Dame Press.

Hintikka J. 1983. Situation, possible worlds, and attitudes[J]. Synthese, 54: 153-162.

Holton G. 2005. Victory and Vexation in Science: Einstein, Bohr, Heisenberg and Others[M]. Cambridge: Harvard University Press.

Horowitz B. 2013. Categories within the Foundation of Mathematics[J/OL]. https://arxiv.org/abs/1312.6198v1[2013-12-21].

Humphreys P. 2016. The Oxford Handbook of Philosophy of Science[M]. New York: Oxford University Press.

Jacobs B. 1999. Categorical Logic and Type Theory[M]. Amsterdam: Elsevier.

Jasinski J. 1997. Instrumentalism, contextualism, and interpretation in rhetorical criticism[M]// Gross A G, Keith W M. Rhetorical Hermeneutics. Albany: State University of New York Press.

Kant I. 1998. The Critique of Pure Reason[M]. Guyer P, Wood A W (ed.). Cambridge: Cambridge University Press.

Kertész A. 2001. Metascience and the metaphorical structure of scientific discourse[M]// Kertész A. Approaches to the Pragmatics of Scientific Discourse. Frankfurt am Main: Peter Lang.

Kiringa I, Gobaldon A. 2010. Synthesizing advanced transaction models using the situation calculus[J]. Journal of Intelligent Information Systems, 35 (2): 157-212.

Kitcher P. 2013. Toward a pragmatist philosophy of science[J]. Theoria: An International Journal for Theory, History and Foundations of Science, 28 (77): 185-231.

Knippendorff K. 2006. The Semantic Turn: A New Foundation for Design[M]. Boca Raton: Taylor & Francis Group.

Kripke S. 1982. Wittgenstein on Rules and Private Language[M]. Oxford: Blackwell.

Krömer R. 2007. Tool and Object: A History and Philosophy of Category Theory[M]. Berlin: Birkhäuser.

Kuhn T S. 1993. Metaphor in science[M]//Ortony A. Metaphor and Thought. Cambridge:

Cambridge University Press.

Kyburg H E Jr. 2001. Real logic is nonmonotonic[J]. Minds and Machines, 11: 577-595.

Lakemeyer G. 2010. The situation calculus: a case for modal logic[J]. Journal of Logic, Language and Information, 19: 431-450.

Lakemeyer G, Levesque H J. Situations, si! situation terms, no![J]. http://www.docin. com/p-1583661224.htm[2016-09-18].

Lance M N, Hawthorne J. 2008. The Grammar of Meaning: Normativity and Semantic Discourse[M]. Cambridge: Cambridge University Press.

Landry E, Marquis J-P. 2005. Categories in context: historical, foundational, and philosophical[J]. Philosophia Mathematica, 13 (1): 1-43.

Landry E. 1999. Category theory: the language of mathematics[J]. Philosophy of Science, 66 (3): s14-s27.

Lappin S. 1997. The Handbook of Contemporary Semantic Theory[M]. Oxford: Blackwell.

Lawvere F W. 1966. The category of categories as a foundation for mathematics[M]//Eilenberg S, Harrison D, Röhrl H. Proceedings of the Conference on Categorical Algebra. Berlin: Springer.

Lawvere F W. 1969. Adjointness in foundations[J]. Dialectica, 23: 281-296.

Lawvere F W. 2005. An elementary theory of the category of sets (long version) with commentary[J]. Reprints in Theory and Applications of Categories, 11: 1-35.

Laymon R. 1989. Cartwright and the lying laws of physics[J]. Journal of Philosophy, 86 (7): 353-372.

Leff M C, Sachs A. 1990. Words the most like things: iconicity and the rhetorical text[J]. Western Journal of Speech Communication, 54 (3): 252-273.

Leplin J. 1980. The role of models in theory construction[M]//Nickles T. Scientific Discovery, Logic, and Rationality. Dordrecht: D. Reidel Publishing Company.

Levins R. 1966. The strategy of model building in population biology[M]//Sober E. Conceptual Issues in Evolutionary Biology. Cambridge: MIT Press.

Lewis P. 2004. Life in configuration space[J]. British Journal for The Philosophy of Science, 55 (4): 713-729.

Linnebo Øystein, Pettigrew R. 2011. Category theory as an autonomous foundation[J]. Philosophia Mathematica, 19 (3): 227-254.

Liu H, Gao J, Lynch S, et al. 2003. A four-base paired genetic helix with expanded size[J]. Science, 302 (5646): 868-871.

Lobner S. 2002. Understanding Semantics[M]. New York: Oxford University Press.

Lucas S E. 1988. The Renaissance of American public address: text and context in rhetorical criticism[J]. Quarterly Journal of Speech, 74: 241-260.

MacLane S. 1992. The protean character of mathematics[M]//Echeverria J，Ibarra A，Mormann T. The Space of Mathematics. Berlin：de Gruyter.

Makkai M，Reyes G E. 1995. Completeness results for intuitionistic and modal logic in a categorical setting[J]. Annals of Pure and Applied Logic，72（1）：25-101.

Marquis J P. 1995. Category theory and the foundations of mathematics：philosophical excavations[J]. Synthese，103（3）：421-477.

Mateus P，Pacheco A，Pinto J，et al. 2001. Probabilistic situation calculus[J]. Annals of Mathematics and Artificial Intelligence，32：393-431.

Matthewson J，Weisberg M. 2009. The structure of tradeoffs in model building[J]. Synthese，170（1）：169-190.

Mayberry J. 1994. What is required of a foundation for mathematics？[J]. Philosophia Mathematica，2（1）：16-35.

McDowell J. 1996. Mind and World[M]. Cambridge：Harvard University Press.

McErlean J. 1999. Philosophies of Science：From Foundations to Contemporary Issues[M]. Belmont：Wadsworth，Thomson Learning.

McLarty C. 1990. The uses and abuses of the history of topos theory[J]. British Journal for the Philosophy of Science，41（3）：351-375.

McLarty C. 2004. Exploring categorical structualism[J]. Philosophia Mathematica，12（1）：37-53.

McMullin E. 1985. Galilean idealization[J]. Studies in History and Philosophy of Science，16（3）：247-273.

Meyer H. 1951. On the heuristic value of scientific models[J]. Philosophy of Science，18：111-123.

Miller J H，Page S E. 2007. Complex Adaptive Systems：An Introduction to Computational Models of Social Life[M]. Princeton：Princeton University Press.

Monton B. 2006. Quantum mechanics and 3N-dimensional space[J]. Philosophy of Science，73：778-789.

Morgan M，Morrison M. 1999. Models as Mediators[M]. Cambridge：Cambridge University Press.

Morrison M C. 1999. Morgan and Morrison，Models as Mediators[M]. Cambridge：Cambridge University Press.

Moschovakis Y. 1994. Notes on Set Theory[M]. New York：Springer.

Mulaik S A. 1995. The metaphoric origins of objectivity，subjectivity，and consciousnesses in the direct perception of reality[J]. Philosophy of Science，62（2）：283-303.

Mundici D. 2000. Foreword：logics of uncertainty[J]. Journal of Logic，Language and Information，9：1-3.

Myanna L. 2005. Technocracy, democracy, and U. S. climate politics: the need for demarcations[J]. Science, Technology, and Human Values, 30 (1): 137-169.

Nakamatsu K, Abe J M, Akama S. 2015. Paraconsistent annotated logic program EVALPSN and its applications[M]//Abe J M. Paraconsistent Intelligent-Based Systems. New York: Springer.

Ney A. 2012. The status of our ordinary three dimensions in a quantum universe[J]. Wiley Periodicals, 46 (3): 525-560.

Ney A, Albert D Z. 2013. The Wave Function: Essays on the Metaphysics of Quantum Mechanics[M]. Oxford: Oxford University Press.

Nichols M H. 1955. The criticism of rhetoric[M]//Hochmuth M. A History and Criticism of American Public Address. Vol. 3. New York: Longmans.

Niiniluoto I. 1999. Critical Scientific Realism[M]. New York: Oxford University Press.

Norris C. 2004. Philosophy of Language and the Challenge to Scientific Realism[M]. London: Routledge.

Nossum R, Serafini L. 2002. Artificial Intelligence, Automated Reasoning, and Symbolic Computation[M]. Heidelberg: Springer.

Nossum R, Serchai L. 2002. Multicontext Logic for Semigroups of Contexts[M]. Berlin: Springer.

Nowak L, Nowakowa I. 2000. Idealization X: The Richness of Idealization[M]. Amsterdam: Rodopi.

Nowak M A. 2006. Evolutionary Dynamics: Exploring the Equations of Life[M]. Cambridge: Harvard University Press.

O'Rourke M, Washington C. 2007. Situating Semantics: Essays on the Philosophy of John Perry[M]. Cambridge: MIT Press.

Ortony A. 1993. Metaphor and Thought[M]. Cambridge: Cambridge University Press.

Pagin P, Pelletier F J. 2007. Content, context, and compositio[M]//Preyer G, Peter G. Context-Sensitivity and Semantic Minimalism: New Essays on Semantics and Pragmatics. New York: Oxford University Press.

Pagin P. 2015. Tolerance and higher-order vagueness[J]. Synthese, 194: 3727-3760.

Pera M, Shea W R. 1991. Persuading Science[M]. Canton: Science History Publications.

Pera M. 1994. The Discourses of Science[M]. Chicago: University of Chicago Press.

Pérez-Liantada C. 2012. Scientific Discourse and the Rhetoric of Globalization: The Impact of Culture and Language[M]. London: Continuum.

Putnam H. 1999. The Threefold Cord: Mind, Body and World[M]. New York: Columbia University Press.

Radder H. 2012. What prospects for a general philosophy of science? [J]. Journal for General

Philosophy of Science，43（1）：89-92.

Raffman D. 1996. Vagueness and context-relativity[J]. Philosophical Studies，81：175-192.

Raffman D. 2009. Demoting higher-order vagueness[M]//Dietz R，Moruzzi S. Cuts and Clouds：Vagueness，Its Nature，and Its Logic. Oxford：Oxford University Press.

Reck E H，Price M P. 2000. Structures and structuralism in contemporary philosophy of mathematics[J]. Synthese，125（3）：341-383.

Rehg W. 2009. Cogent Science in Context[M]. Cambridge：MIT Press.

Reichenbach H. 1958. The Philosophy of Space and Time[M]. New York：Dover Publications.

Rendell P. 2002. Turing universality of the game of life[M]//Adamatzky A. Collision-based Computing. London：Springer.

Richard M. 2003. Meaning[M]. Oxford：Blackwell.

Riehl E. 2016. Category Theory in Context[M]. Mineola：Dover Publications.

Robert May. 2001. Stability and Complexity in Model Ecosystems[M]. Princeton：Princeton University Press.

Rodabaugh S E，Klement E P. 2003. Topological and Algebraic Structures in Fuzzy Sets[M]. Dordrecht：Kluwer.

Rolf B. 1984. Sorites[J]. Synthese，58：219-250.

Rorty R. 1991. Objectivity，Relativism and Truth[M]. Cambridge：Cambridge University Press.

Roughgarden J. 1997. Primer of Ecological Theory[M]. Upper Saddle River：Prentice Hall.

Salmon W C. 2005. Reality and Rationality[M]. New York：Oxford University Press.

Schlosshauer M. 2007. Decoherence and the Quantum to Classical Transition[M]. Berlin：Springer.

Schrödinger E. 1982. Collected Papers on Wave Mechanics[M]. New York：Chelsea Publishing Company.

Searle J. 1969. Speech Acts：An Essay in the Philosophy of Language[M]. Cambridge：Cambridge University Press.

Sellars W. 1962. Philosophy and scientific image of man[M]//Colodny R. Frontiers of Science and Philosophy. Pittsburgh：University of Pittsburgh Press.

Shapiro S. 1997. Philosophy of Mathematics：Structure and Ontology[M]. Oxford：Oxford University Press.

Shapiro S. 2011. Foundations：structures, sets, and categories[M]//Sommaruga G. Foundational Theories of Classical and Constructive Mathematics. Dordrecht：Springer.

Sher G. 2011. Is logic in the mind or in the world？[J]. Synthese，181：353-365.

Sider T. 2010. Logic for Philosophy[M]. Oxford：Oxford University Press.

Sim K M. 2001. Bilattices and reasoning in artificial intelligence：concepts and foundation[J].

Artificial Intelligence Review, 15 (3): 219-240.

Sklar L. 2000. The Nature of Scientific Theory[M]. New York: Garland Publishers.

Smith J M. 1989. Evolutionary Genetics[M]. Oxford: Oxford University Press.

Smith N J J. 2008. Vagueness and Degrees of Truth[M]. Oxford: Oxford University Press.

Smith R S. 1991. Modal logic[J]. Artificial Intelligence Review, (5): 5-34.

Sorensen R. 2004. Vagueness and Contradiction[M]. Oxford: Clarendon Press.

Stanford P K. 2006. Exceeding our Grasp[M]. Oxford: Oxford University Press.

Stem J. 2000. Metaphor in Context[M]. Cambridge: MIT Press.

Stephen C. 1983. Levinson, Pragmatics[M]. Cambridge: Cambridge University Press.

Stephen P S, Ted A W. 1994. Mental Representation[M]. Oxford: Blackwell.

Stokes D E. 1997. Pasteur's Quadrant: Basic Science and Technological Innovation[M]. Washington, D. C.: Brookings Institution Press.

Suárez M. 2003. Scientific representation: against similarity and isomorphism[J]. International Studies in the Philosophy of Science, 17 (3): 225-244.

Suárez M. 2004. An inferential conception of scientific representation[J]. Philosophy of Science, 71 (5): 767-779.

Suárez M. 2009. Scientific fictions as rules of inference[M]//Suárez M. Fictions in Science: Philosophical Essays on Modeling and Idealization. London: Routledge.

Suppes P. 1962. Models of data[M]//Nagel E, Suppes P, Tarski A. Logic, Methodology, and Philosophy of Science. Stanford: Stanford University Press.

Suppes P. 2002. Representation and Invariance of Scientific Structure[M]. Stanford: CSLI Publications.

Swoyer C. 1991. Structural representation and surrogative reasoning[J]. Synthese, 87 (3): 449-508.

van Benthem J. 2002. Modal logic meets situation calculus[EB/OL]. http://www.illc.uva.nl/ Research/Publications/Reports/PP-2007-04.text.pdf[2017-3-31].

Vlaardingerbroek B. 2012. The sorites paradox, "life", and abiogenesis[J]. Evolution Education and Outreach, 5: 399-401.

Vlack F. 1983. On situation semantics for perception[J]. Synthese, 54: 129-152.

Wallace D, Timpson C G. 2010. Quantum mechanics on spacetime I: spacetime state realism[J]. British Journal for the Philosophy of Science, 61 (4): 697-727.

Warnick B. 1992. Leff in context: what is the critic's role[J]. Quarterly Journal of Speech, 78 (2): 232-237.

Weisberg M. 2004. Qualitative theory and chemical explanation[J]. Philosophy of Science, 71 (5): 1071-1081.

Wichelns H A. 1925. The literary criticism of oratory[M]//Drummond A M. Studies in Rhetoric and Public Speaking in Honor of James Alert Winans. New York：Russell and Russell.

Wimsatt W C. 1981. Robustness，reliability，and overdetermination[M]//Brewer M，Collins B. Scientific Inquiry and the Social Sciences. San Francisco：Jossey-Bass.

Winsberg Eric. 2009. A function for fictions：expanding the scope of science[M]//Suárez M. Fictions in Science：Philosophical Essays on Modeling and Idealization. London：Routledge.

Woods J. 2003. Paradox and Paraconsistency：Conflict Resolution on the Abstract Sciences[M]. Cambridge：Cambridge University Press.